全国普通高等院校生命科学类"十二五"规划教材

细胞生物学

主　编　何玉池　刘静雯
副主编　杨焕杰　汤行春　白占涛　金朝霞
编　委　（以姓氏笔画为序）
　　　　白占涛　延安大学
　　　　刘静雯　集美大学
　　　　汤行春　湖北大学
　　　　李横江　华中科技大学武昌分校
　　　　杨焕杰　哈尔滨工业大学
　　　　吴春红　江汉大学文理学院
　　　　何玉池　湖北大学
　　　　张建萍　塔里木大学
　　　　武　燕　大庆师范学院
　　　　金朝霞　大连工业大学
　　　　屈长青　阜阳师范学院
　　　　龚妍春　江西科技师范大学
　　　　董玉梅　云南农业大学

U0260025

华中科技大学出版社
中国·武汉

内 容 简 介

本书是全国普通高等院校生命科学类"十二五"规划教材。

本书按照细胞的结构层次和相关知识之间的内在联系,循序渐进安排教学内容,构建了模块化的知识结构体系。本书强调模块化知识之间的内在联系以及动态综合的知识体系,将全书划分为 7 个模块,分别是细胞生物学概要,细胞外膜及物质运输,细胞内膜及蛋白质分选,细胞环境、细胞骨架及细胞社会联系、细胞信号转导系统,遗传信息荷载系统,细胞重大生命活动与调控。

本书可供综合性、师范类、农林、医学等院校相关专业本科生使用,也可供研究生、相关科研人员参考。

图书在版编目(CIP)数据

细胞生物学/何玉池,刘静雯主编. —武汉:华中科技大学出版社,2014.5
ISBN 978-7-5609-9698-1

Ⅰ.①细…　Ⅱ.①何…　②刘…　Ⅲ.①细胞生物学-高等学校-教材　Ⅳ.①Q2

中国版本图书馆 CIP 数据核字(2014)第 101451 号

细胞生物学　　　　　　　　　　　　　　　　　　何玉池　刘静雯　主编

策划编辑:罗　伟
责任编辑:罗　伟
封面设计:刘　卉
责任校对:周　娟
责任监印:朱　玢
出版发行:华中科技大学出版社(中国·武汉)　　　电话:(027)81321913
　　　　　武汉市东湖新技术开发区华工科技园　　　邮编:430223
录　排:华中科技大学惠友文印中心
印　刷:武汉华工鑫宏印务有限公司
开　本:787mm×1092mm　1/16
印　张:25.5　插页:4
字　数:687 千字
版　次:2018 年 7 月第 1 版第 2 次印刷
定　价:59.80 元

全国普通高等院校生命科学类"十二五"规划教材
编　委　会

全国普通高等院校生命科学类"十二五"规划教材
组编院校

北京理工大学	华中科技大学	云南大学
广西大学	华中师范大学	西北农林科技大学
广州大学	暨南大学	中央民族大学
哈尔滨工业大学	首都师范大学	郑州大学
华东师范大学	南京工业大学	新疆大学
重庆邮电大学	湖北大学	青岛科技大学
滨州学院	湖北第二师范学院	青岛农业大学
河南师范大学	湖北工程学院	青岛农业大学海都学院
嘉兴学院	湖北工业大学	山西农业大学
武汉轻工大学	湖北科技学院	陕西科技大学
长春工业大学	湖北师范学院	陕西理工学院
长治学院	湖南农业大学	上海海洋大学
常熟理工学院	湖南文理学院	塔里木大学
大连大学	华侨大学	唐山师范学院
大连工业大学	华中科技大学武昌分校	天津师范大学
大连海洋大学	淮北师范大学	天津医科大学
大连民族学院	淮阴工学院	西北民族大学
大庆师范学院	黄冈师范学院	西南交通大学
佛山科学技术学院	惠州学院	新乡医学院
阜阳师范学院	吉林农业科技学院	信阳师范学院
广东第二师范学院	集美大学	延安大学
广东石油化工学院	济南大学	盐城工学院
广西师范大学	佳木斯大学	云南农业大学
贵州师范大学	江汉大学文理学院	肇庆学院
哈尔滨师范大学	江苏大学	浙江农林大学
合肥学院	江西科技师范大学	浙江师范大学
河北大学	荆楚理工学院	浙江树人大学
河北经贸大学	军事经济学院	浙江中医药大学
河北科技大学	辽东学院	郑州轻工业学院
河南科技大学	辽宁医学院	中国海洋大学
河南科技学院	聊城大学	中南民族大学
河南农业大学	聊城大学东昌学院	重庆工商大学
菏泽学院	牡丹江师范学院	重庆三峡学院
贺州学院	内蒙古民族大学	重庆文理学院
黑龙江八一农垦大学	仲恺农业工程学院	

前　　言

细胞生物学是一门综合性的前沿学科,知识的更新速度非常快,与其他学科的交叉日益深入。因而课堂教学应紧跟学科前沿,拓展教学外延,引导学生洞悉学科发展趋势。本书将以"有利于学生学习,有利于教师教学,有利于知识拓展"为宗旨,全面服务于师生的教学相长。

本书参编人员均具有丰富的细胞生物学教学和研究经验,是一支具有丰富创造力的团队。在本书编写过程中查阅了大量国内外最新资料,充分吸取各方营养,并将实际教学过程中的各种经验和体会充分融入到本书编写中,突出本书的自身特色。

细胞生物学的特点是"形散而神聚",如何将众多的知识展现在一本有限的教材里,教材的结构编排显得尤为重要。本书按照细胞的结构层次和相关知识之间的内在联系,循序渐进安排教学内容,构建了模块化的知识结构体系。本书强调模块化知识之间的内在联系以及动态综合的知识体系,将全书划分为 7 个模块,分别是细胞生物学概要,细胞外膜及物质运输,细胞内膜及蛋白质分选,细胞环境、细胞骨架及细胞社会联系,细胞信号转导系统,遗传信息荷载系统,细胞重大生命活动与调控。

全书共 16 章,其中第一章绪论由杨焕杰编写,第二章细胞生物学研究方法由汤行春编写,第三章细胞质膜由武燕编写,第四章物质运输由龚妍春编写,第五章细胞内膜由张建萍编写,第六章蛋白质分选由何玉池编写,第七章细胞环境由董玉梅编写,第八章细胞骨架由吴春红编写,第九章细胞社会联系由武燕编写,第十章细胞信号转导由白占涛编写,第十一章细胞核和第十二章染色质与染色体由金朝霞编写,第十三章核糖体由张建萍编写,第十四章细胞周期与调控由李横江编写,第十五章细胞分化与基因表达调控由刘静雯编写,第十六章细胞衰老与凋亡由屈长青编写。全书由何玉池和刘静雯统稿、审稿和定稿。

细胞生物学研究涉及面广,知识更新速度快。虽然编写团队力求把编写工作做到尽善尽美,但因水平有限,时间仓促,书中难免会有疏漏和不妥之处,敬请各位专家、读者批评指正。

衷心感谢编写团队的各位成员为本书倾注的大量心血,特别感谢华中科技大学出版社的全体同仁对编写工作的支持和帮助!

编　者

目　录

模块一
细胞生物学概要

第 1 章　绪　论

提要　细胞生物学是研究细胞的结构、功能及各种生命活动规律的一门学科,也是生命科学的重要基础学科之一。细胞生物学的研究对象是细胞,一切有机体都由细胞构成,细胞是有机体结构与功能的基本单位。依据细胞核结构的不同,细胞可分为原核细胞和真核细胞。从研究内容来看细胞生物学的研究可分为三个层次,即显微水平、亚显微水平和分子水平。从时间纵轴来看细胞生物学的研究历史大致可以划分为四个主要的阶段,包括细胞的发现和细胞学说的建立、细胞学的形成、细胞学分支学科的发展以及细胞生物学的形成与发展。随着现代生物技术尤其是分子生物学技术的快速发展,细胞生物学与分子生物学等各学科相互渗透与交融成为总的发展趋势,研究细胞的分子结构及其在生命活动中的作用亦成为细胞生物学研究的主要任务,其中信号转导、蛋白质分选、基因调控、细胞增殖、细胞分化以及细胞衰老与死亡成为当代细胞生物学研究的热点。

1.1　细胞生物学的主要研究内容与发展现状

细胞生物学是在细胞学(cytology)基础上发展而来的。细胞学是研究细胞的结构、功能和生活史的一门学科。细胞生物学(cell biology)是运用近代物理学和化学的技术成就,以及分子生物学的理论与方法,在细胞整体、显微、亚显微和分子水平上研究细胞结构与功能以及生命活动规律的学科。在我国基础学科发展规划中,细胞生物学与分子生物学、神经生物学和生态学并列为生命科学的四大基础学科。细胞生物学是一门综合性的学科,与生命科学的许多学科都存在不同程度的交叉。从生命结构层次看,细胞生物学位于分子生物学与发育生物学之间,同它们相互衔接,相互渗透。细胞生物学作为现代生命科学的前沿分支学科之一,它是在细胞的不同结构层次上来揭示细胞生命活动的基本规律,其研究内容涉及生物膜系统与细胞器,细胞信号转导系统,细胞环境及细胞社会联系,细胞骨架系统,细胞核、染色体与基因表达,细胞重要生命活动及其调控,细胞工程,细胞的起源与进化等。

1.1.1　生物膜系统与细胞器

生物膜主要由脂类和蛋白质组成。脂类物质构成了生物膜的主体,蛋白质以各种方式镶嵌在脂质双分子层中。生物膜系统包括细胞(质)膜与细胞内膜系统。作为细胞与环境之间的界膜,细胞膜对细胞与环境之间的物质、能量与信息交换以及细胞内环境稳定性的维持至关重要。除脂类和蛋白质以外,细胞膜还含有少量糖类物质。在细胞膜的外表面,蛋白质和脂类多与寡糖链结合形成糖蛋白或糖脂。这些糖基侧链如同天线一般,在细胞间相互识别与黏附过程中发挥信号识别的作用。对细胞膜糖蛋白与寡糖链的研究,是继基因组与蛋白质组学之后渐渐兴起的糖组学的研究内容。

具有膜性结构的细胞器组成了细胞的内膜系统。细胞器是细胞完成各种复杂的生命活动所必需的结构,对细胞器的结构与功能的研究始终是细胞生物学的重要内容。线粒体和叶绿体的结构及其能量转化机制已经明确,线粒体和叶绿体的 DNA 序列分析使得人们对这两种细胞器的半自主性有了更加深入的了解。对内质网、高尔基体、溶酶体的功能研究也有很多新的进展。目前在这一领域,研究者们继续围绕着细胞器之间的相互作用以及蛋白质的定向分选与运输等方面开展研究。

1.1.2　细胞信号转导系统

多细胞有机体完成特定的生理功能依赖于细胞间的相互协调,细胞对细胞微环境做出正确反应是个体发育、组织修复、免疫应答以及维持正常组织平衡的基础。细胞信号转导系统构成一个复杂的信号网络,指导基本的细胞生理活动,协调细胞间的行动。

近几十年来,细胞信号转导始终是细胞生物学最受关注的领域之一。传统的细胞生物学研究一般集中于单个细胞信号通路的揭示,主要围绕在以下几个方面:信号分子的结构与功能以及信号分子与受体的相互作用;以 G 蛋白偶联为代表的受体与信号跨膜转导;细胞内信号的传递途径,即通过蛋白质的磷酸化级联反应调节目的基因的转录表达。随着信息技术在生命科学各领域的渗透,研究者也从系统生物学角度研究细胞信号转导的网络以及信号网络各成员的互作关系。

1.1.3　细胞环境与细胞社会联系

细胞内有生命的环境和细胞外环境共同构成了以细胞为主体的细胞环境,是细胞内和细胞间物质、能量和信息间互作的网络。一旦细胞遭受生物或非生物胁迫时,细胞及其环境共同作出应答反应。因此,良好和有序的细胞环境是细胞和有机体维持正常生命活动的前提条件,对细胞结构和功能的维持具有重要意义。

在多细胞生物体内,没有哪个细胞是"孤立"存在的,它们通过细胞通讯、细胞黏着、细胞连接以及细胞与胞外基质的相互作用构成复杂的细胞社会。细胞的社会联系体现在细胞与细胞间、细胞与胞外环境甚至机体间的相互作用、相互制约和相互依存。细胞的这种社会联系调节着细胞的迁移与生长,并在胚胎发育、组织构建以及机体稳态平衡的维持等方面发挥重要作用。

1.1.4　细胞骨架系统

细胞骨架包括细胞质骨架和细胞核骨架,也有学者认为还包括细胞外骨架。在细胞质中含有复杂的胞质纤维网,根据纤维大小分为微管(20～25 nm)、微丝(5～6 nm)、中间纤维(7～11 nm)和微梁网络(3～6 nm),这些纤维组成了细胞质骨架系统。在细胞核内存在以蛋白质为主,含有少量 RNA 的精细网架体系的细胞核骨架。细胞骨架系统是一种高度动态的结构,在细胞内处于组装与去组装的动态变化过程中。细胞骨架系统不单对细胞的结构起支撑作用,在细胞运动、细胞分裂、受精作用、基因表达和信息传递、能量转换等方面也具有重要作用。

就细胞运动而言,在高等动物的生命活动过程中,细胞的定向运动与胚胎发育、伤口愈合、免疫应答、组织发育等活动都密切相关;人类的许多重大疾病,如肿瘤的转移等,也与细胞运动直接相关。近年来,胚胎发育和肿瘤转移过程中的上皮间质转化(EMT)或间质上皮转化(MET)受到普遍关注,这一转变过程中细胞骨架系统在分子水平的改变及其调控的机理成为研究的热点之一。

1.1.5 细胞核、染色体与基因表达

细胞核是真核细胞内最大的细胞器,也是最重要的细胞器。细胞核不仅是遗传物质 DNA 储存的场所,更是真核细胞基因复制与表达的调控中心。基因表达与调控是在细胞水平和分子水平紧密结合的最活跃研究领域,生命科学的重要分支学科,包括细胞生物学、遗传学、分子生物学和发育生物学无一不涉及基因表达与调控的研究。

基因决定生物的性状,染色体(与染色质)是基因的载体。真核生物的基因表达需要经历染色质结构活化、转录、翻译及翻译后加工等过程。规模宏大的人类基因组计划揭示人类能够编码蛋白质的基因数目少得惊人,因此对基因表达的研究可能具有更为重要的意义。近几年,这方面的研究取得了很大的进展,证实即便只有小部分基因转录形成编码蛋白的信使 RNA,大部分的基因组还是被转录成了非编码的 RNA 分子,其中一些现在已知是基因表达的重要调控因子。例如一类重要的非编码微小 RNA,它们通过与目的 mRNA 互补配对在转录后水平调控编码 mRNA 的稳定性和翻译,很多研究报道了 miRNA 对细胞增殖、细胞死亡、发育和分化等重要生物学过程的调控作用。

近年来,染色体 DNA 与组蛋白修饰在基因表达调控中的作用,即表观遗传学(epigenetics)受到越来越多的关注。表观遗传学研究转录前基因在染色质水平的结构修饰对基因功能的影响,主要包括 DNA 甲基化、组蛋白修饰和染色质重塑。染色质的基本单位为核小体,由四种组蛋白(H2A、H2B、H3、H4)各两个分子构成核小体的八聚体核心。核小体周围绕着两圈长约 166 bp 的 DNA,之间连接 10~80 bp 的 DNA 分子,并通过组蛋白 H1 经超螺旋压缩成直径为 30 nm 的纤丝。组蛋白可以发生乙酰化、甲基化和磷酸化以及泛素化修饰。DNA 甲基化与去甲基化,以及上面提到的组蛋白修饰,和染色质的压缩状态直接制约基因的活化状态。这一领域目前在细胞生物学、遗传学、发育生物学以及肿瘤与免疫研究中成为普遍关注的热点问题之一。

1.1.6 细胞重要生命活动及其调控

细胞在其一生的生命历程中,会经历分裂、分化、衰老和死亡等一系列重要生命活动。分裂、分化、衰老和死亡各自有其自身复杂的调控机制,但彼此之间又存在着某些紧密联系,是细胞生物学研究的热点问题。

1. 细胞增殖及调控

细胞增殖是生物体的重要生命特征,是生物体生长、发育、繁殖和遗传的基础。细胞增殖以细胞周期的方式进行,受到精确的调控。影响细胞周期进行的因素包括生长因子及其受体、细胞周期蛋白、细胞周期蛋白激酶及其抑制因子。调控细胞周期的关键基因一旦发生异常,将导致细胞周期的紊乱。例如,癌症就是一种细胞增殖失控的疾病。对细胞增殖机制的研究将有利于透彻理解癌症发生的分子机理,也将为靶向性药物研发奠定理论基础。

2. 细胞分化及调控

细胞分化(cell differentiation)是指在个体发育中由一个或一种细胞增殖产生的后代在形态结构和功能上向着不同方向稳定变化的过程。因此,从受精卵发育为正常成体动物过程中,细胞多样性的出现是细胞分化的结果。完整的细胞分化概念包括时、空两个方面的变化过程:时间上的分化是指不同发育时期细胞之间的区别;空间上的分化是指处于不同空间位置上同一种细胞的后代之间出现的差异。细胞分化的分子基础是细胞固有基因在时空上精确的、严格有序的表达。在基因选择性激活、转录和翻译过程中任一环节的微小错误都将可能导致细胞异常分化甚至癌变。因此,细胞分化是一个非常复杂的过程,在分子水平上受到一系列基因的精确调控。

在细胞分化过程中,细胞往往由于高度分化而完全失去了再分裂的能力,最终衰老死亡。为了弥补这一不足,机体在发育适应过程中保留了一部分未分化的原始细胞,称之为干细胞(stem cell)。干细胞是一类未达终末分化、具有自我更新和分化潜能的细胞。根据干细胞所处的发育阶段将其分为胚胎干细胞(embryonic stem cell,ES 细胞)和成体干细胞(somatic stem cell)。但近几年的研究发现,已经分化的细胞可以去分化变成具有多种分化潜能的细胞,即细胞的重新编程。研究证实将 Otc3/4、Sox2、Klf4 和 c-Myc 这四个基因导入人纤维芽细胞后,这些已分化的细胞将被重新编程,变成具有多种分化潜能的诱导性多潜能干细胞(iPS细胞)。iPS 技术是细胞生物学在干细胞研究领域的一项重大突破,它不仅解决了人们争论已久的伦理问题,也让研究者在干细胞移植的免疫排斥问题上看到了曙光。随着 iPS 技术的不断发展与完善,它对生命科学和医学领域的贡献将会日趋明显。

细胞分化失控或者分化异常可能导致细胞恶性变化,成为癌细胞(cancer cell)。癌细胞与正常分化细胞明显不同的一点是,分化细胞的细胞类型各异,但都具有相同的基因组;而癌细胞的细胞类型相近,但基因组却发生了不同形式的改变。

3. 细胞衰老与死亡

细胞衰老与死亡是细胞生命活动的必然规律,也是细胞生命活动的重要现象。细胞衰老是指细胞内部结构和生理功能的减退与丧失。机体衰老表现得多种多样,衰老的机制也错综复杂。尽管有若干假说从不同的角度解释细胞与机体衰老的机制,但对于衰老机制的理解尚有待深入探讨。

细胞生长到一定程度就会经衰老而死亡。与细胞生长一样,细胞死亡也是细胞生命活动的重要现象,有机体细胞数量的恒定控制依赖于细胞增殖与细胞死亡的动态平衡。早在 20 世纪 70 年代,凋亡作为一种主要的程序性细胞死亡的形式就被提出,并在 90 年代取得极大的进展,揭示了细胞凋亡过程中发挥重要作用的凋亡相关基因以及凋亡的细胞内与细胞外信号通路。经过几十年的发展,目前细胞凋亡已成为细胞生物学、发育生物学和肿瘤生物学研究的重要方向。随着研究的深入,近几年人们也发现了其他的程序性死亡的形式,即自噬和坏死。

自噬是一条精确调控的代谢途径,在进化上高度保守,细胞通过自噬过程对细胞质中的长寿蛋白以及衰老死亡的细胞器进行降解供细胞再利用。正常情况下,自噬以很低的水平发生,但在恶劣的条件下,如营养或生长因子缺乏或细胞处于应激状态时,自噬过程则被激活。细胞发生自噬的过程极为短暂却非常复杂,目前已知 30 余种自噬相关基因(autophagy related gene,ATG)参与自噬的启动、自噬体的形成以及自噬体形成后的成熟过程。一般情况下自噬被认为是对细胞处于不利环境条件下的一种保护,而过度的自噬则诱导细胞走向Ⅱ型程序性细胞死亡。与凋亡不同,坏死一直被认为是一种随机的、非可控的细胞死亡过程。近年来,随着坏死的关键因子的发现,程序性坏死的概念也被提出。

1.1.7　细胞工程

　　所谓 21 世纪是生物学的时代,将主要体现在细胞工程方面。细胞工程是应用工程的原理和方法去解决细胞与分子生物学的理论与应用问题,通过人工的方法改造和利用细胞,获得特定的细胞及其细胞产品或具有新性状的个体。细胞工程的奠基石是细胞培养技术,在此基础上发展了细胞融合、染色体工程、细胞核移植和胚胎移植技术。利用该技术已在植物优良品种繁育以及单克隆抗体的制备等方面取得了重大成就。在动物细胞工程方面,1997 年,克隆羊多莉的诞生,标志着核移植技术取得突破性进展,也在世界范围内掀起了克隆的热潮,各国克隆动物相继出现,预期将在优良畜种培育、转基因动物生产以及复制濒危的动物物种等方面做出重大贡献。

1.1.8　细胞的起源与进化

　　细胞是如何产生的? 这个问题可能是生物学家面对的最无法回答的问题。有人提出细胞可能起源于一些前细胞的生命形式,而这些前细胞的生命形式由原始海洋中的有机物质进化而来。尽管细胞的起源与进化是我们一直在思考与探索的问题,但迄今为止,细胞的起源对于生物学家而言几乎还完全是一个谜。

　　从以上细胞生物学的研究内容与发展现状可以看出,与分子生物学(包括分子遗传学与生物化学)的相互渗透与交融使得细胞生物学不断产生新的生长点,在分子水平上探讨生命活动的规律已成为当前细胞生物学研究的主要趋势,染色体 DNA 与蛋白质的相互作用关系、细胞增殖、细胞分化与细胞死亡及其调控、细胞信号转导、蛋白质定向分选以及细胞结构体系的组装的分子机制正日益受到关注。

1.2　细胞生物学发展简史

1.2.1　细胞的发现及细胞学说的建立

1. 细胞的发现

　　绝大多数细胞的直径在 30 μm 以下,远远超出了人类裸眼所能分辨的范围,因此细胞的发现与光学放大装置的发明密不可分。最早的一台显微镜是由荷兰的眼镜商 Janssen 父子在 1604 年组装的。这台显微镜的分辨率并不高,可以用来观察小型昆虫的整体结构,如跳蚤,故名"跳蚤镜"。这台显微镜的生物学价值虽然不大,与细胞的发现也无直接关系,但它将光学放大装置提高到显微镜水平的技术却为后人提供了一定的参考。

　　半个多世纪以后,英国物理学家 Hooke 制造了第一台显微镜并用于生物样本的观察。Hooke 将他在显微镜下观察到的软木塞的蜂巢样结构汇编成《显微图谱》一书,发表于 1665 年。在此书中他这样描述了显微镜下的结构:"我一看到这些现象,就认为是我的发现,因为它的确是我第一次见到过的微小孔洞,也可能是历史上的第一次发现,使我理解到软木为什么这样轻的原因。"在这部论著中,Hooke 首次使用拉丁语 "cella"(即小室)一词描述显微镜下的微小孔洞。此后,生物学家就用细胞"cell"一词来描述生物体的基本结构单位并一直沿用至今。实际上 Hooke 所观察到的小室,是植物已死细胞的细胞壁,但 Hooke 的工作是人类历史上第一次看到细胞的轮廓,因此,后人将细胞的发现归功于 Hooke,他所描绘的这些蜂巢样结构成为细胞学史上第一个细胞模式图。

真正利用显微镜进行活细胞观察的是荷兰科学家 Leeuwenhoek。Leeuwenhoek 以经营布匹和纽扣生意为生,其业余爱好是磨制透镜并将其组装成简单的显微镜。利用自制的显微镜,Leeuwenhoek 首先观察并描述了池塘水中的不同形态的细菌。他把观察的现象报告给英国皇家学会,得到英国皇家学会的肯定而成为会员。Leeuwenhoek 一生磨制了很多透镜,组装了上百架显微镜,至今,他所组装的显微镜还陈列在荷兰的一所大学,以纪念他对活细胞的发现。

2. 细胞学说的建立

从 19 世纪初到中期,这一时期的突出成就是建立了细胞学说(the cell theory)。

在 Hooke 发现细胞后的一百多年间,显微镜技术没有得到明显的改进,限制了人们对细胞的研究。尽管如此,科学家们还是做了很多有意义的观察。1827 年,Bear 在蛙卵和几种无脊椎动物的卵中观察到了细胞核。1835 年,Dujerdin 把低等动物根足虫和多孔虫细胞内的黏稠物质称为"肉样质"。1839 年,捷克著名的显微解剖学家 Pukinje 首先提出了原生质(protoplasm)的概念,随后 Von Mohl 将原生质概念应用于植物细胞。而 Schultze 发现动物细胞中的"肉样质"和植物细胞中的原生质在性质上是一样的,建立了"原生质学说"。自此,形成了"细胞是有膜包围的原生质团"的基本概念。此后学者们又更明确地把围绕在核周围的原生质称为细胞质,把核内的原生质称为核质。

直到 19 世纪 30 年代,细胞的重要性才受到普遍关注,其中代表性的工作来自于德国的两位科学家 Schleiden 和 Schwann。1838 年,德国植物学家 Schleiden 总结了关于植物细胞的工作,发表了《植物发生论》一文,提出尽管各种植物组织在结构上千差万别,但所有的植物都是由细胞组成的,并且植物胚胎来自于一个单个的细胞。一年后,德国动物学家 Schwann 发表了关于动物细胞研究的综合工作报告《关于动植物的结构和生长一致性的显微研究》,论证了动物细胞和植物细胞在结构上的相似性,并提出了细胞学说的两点主要内容:所有的有机体都是由一个或多个细胞构成的;细胞是生物体的基本结构单位。

细胞学说的建立首次论证了生物界的统一性和共同起源,对此恩格斯曾给予高度评价,把它与达尔文的进化论及爱因斯坦的能量守恒定律并列为 19 世纪的三大发现,并指出"三大发现使我们对自然过程相互联系的认识大踏步地前进了"。

然而,对于细胞起源的问题上,Schleiden 和 Schwann 都认为细胞可能来自于非细胞物质。鉴于这两位科学家在细胞领域的突出成绩,这一观点始终被大多数的科学家所认可。直到 1855 年,德国病理学家 Virchow 根据实验观察明确指出:"细胞只能由已经存在的细胞分裂而来。"这一理论的提出对细胞学说做了重要的补充,也为现代组织胚胎学的形成奠定了理论基础。

经过 Virchow 的补充,细胞学说的基本内容可以概括为以下三点:所有的有机体都是由一个或多个细胞构成的;细胞是生物体的基本结构单位;细胞只能由已经存在的细胞分裂而来。

1.2.2　细胞学的形成

细胞学说的建立把生物学的注意力引向细胞,有力地推动了细胞的研究。特别是在 19 世纪下半叶,对细胞的研究进入了极其繁荣的时期,许多重要的细胞器和细胞活动现象被相继发现。

首先是细胞分裂现象的揭示。由于显微技术的限制,最早对有丝分裂的认识来自对细胞核与细胞分裂的观察,并没有将染色体与细胞分裂联系起来。1841年,波兰生物学家Remak在其发表的论文中详细记载了鸡幼胚有核红细胞分裂成为两个带核子细胞的全过程。1842年,瑞士植物学家Von Nageli在其出版的著作中阐明植物细胞核在分裂过程中被一群很微小、生存时间很短的微结构所替代。这一结构在1848年得到了Hofmeister的证实,并在1890年由Walderyer将其命名为染色体(chromosome)。Hofmeister在他1849年出版的专著中精确地记载了植物有丝分裂过程,包括细胞分裂前期细胞核形态的变化、核膜的消失,细胞中期纺锤体和染色体的复合结构,细胞分裂后期两组染色体的产生,细胞分裂末期核膜的重新形成以及在两个子细胞中间出现细胞壁。1877年,德国生物学家Flemming在对各种蝾螈细胞有丝分裂进行了认真的研究之后,第一个提出了染色体"纵向分裂"模式。随后Schneider的工作也证实在细胞分裂过程中,染色体纵分为二,分别进入到两个子细胞中,他将这一过程称为核分裂。由于在分裂过程中出现染色质丝,Flemming在他1882年出版的著作中,将其称为有丝分裂(mitosis)。随后,Strasburger根据染色体的行为把有丝分裂期分为前期(prophase)、中期(metaphase)和后期(anaphase)。1894年,Richard的助手提出用"telophase"一词表示有丝分裂的末期。根据染色体的形态变化,复杂的有丝分裂的过程被划分为前期、中期、后期、末期四个时期。1915年,Lundegardh提出用"interphase"一词表示细胞分裂的间期。至此,人们在形态学上对有丝分裂的全过程有了全面的认识。

这一时期,科学家也发现染色体的数目在同一物种是恒定的。Strasburger和Flemming分别以植物和动物为材料进行研究,提出细胞核从一代细胞传到下一代子细胞中,保持着实体的连续性。1882年,Strasburger发现一种百合科植物的染色体数目总是12条,而一种石蒜科植物的染色体数目保持在8条。比利时动物学家Beneden在马蛔虫中也观察到其体细胞含有相同数量的染色体。1885年,Rabl在蝾螈中看到24条染色体,并首次提出一个物种的染色体数目保持不变的理论。19世纪80年代末,Boveri报道说:动物体配子在形成过程中染色体数目减少一半。不久Strasburger在植物细胞中也发现了这种现象。1905年,Farmer和Moore把生殖细胞通过分裂使染色体数目减半的分裂方式称为减数分裂(meiosis)。这些研究阐明了生殖细胞内染色体在减数分裂过程中减少了一半,通过受精在下一代又恢复到原来数目,揭示了核物质在两代个体间保持数目恒定的机制。至此,人们对几种重要的细胞分裂方式有了全面的认识。

其次是重要细胞器的发现。这一时期,在细胞质基质中,相继发现许多细胞器。例如1887年,Boveri和Beneden在细胞质中发现中心体。同年Benda发现了线粒体。1898年Golgi发现了高尔基体,这些工作代表人们对细胞结构在显微水平的细微了解。

从以上的工作可以看出,19世纪下半叶是细胞学发展的黄金时代,新的发现不断涌现,恰在此时,德国胚胎学家和解剖学家Hertiwig发表了《细胞与组织》(Zelle and Gewebe)这一名著,提出:"有机体的进化过程是细胞进化过程的反应",为细胞学(cytology)作为一个新学科从生物学分离出来奠定了基础。此后,1925年,Wilson发表了《细胞——在发育和遗传中》(The Cell——in Development and Heredity)一书。在该书的第二版中,Wilson绘制了一张含有核、核仁、染色质丝、中心粒、质体、高尔基体、液泡和油滴等结构的细胞模型图,代表着光学显微镜下人们对细胞的整体认识,是细胞学史上第二个具有代表意义的细胞模式图。

1.2.3　细胞学分支学科的产生

19 世纪末到 20 世纪初,随着对细胞形态结构认识的深入,学者们对细胞的遗传现象、细胞器的功能以及细胞生化代谢和生理活动等方面的研究也相继地开展起来,于是便以细胞为中心,发展起来一系列新兴学科,如细胞遗传学、细胞生理学、细胞化学和实验胚胎学等。

1. 细胞遗传学

1876 年,Hertwig 发现了动物的受精现象。随后 Strasburger(1888 年)和 Overton(1893年)在植物细胞中也发现了受精现象。1883 年,Roux 提出染色体是遗传单位的携带者。1884年,Hertwig 和 Strasburger 提出细胞核含有控制遗传性状的因子。关于遗传的物质基础,人们进行了种种猜测,提出了异胞质和泛生子的概念。1885 年,Weismann 提出了种质学说,明确指出种质完全不同于体细胞,是遗传性的唯一携带者,并且明确地区分了种质和体质,认为种质可以影响体质,而体质不能影响种质,在理论上为遗传学的发展开辟了道路。这一时期,在受精现象和细胞分裂方面的研究所取得的进展,也为理解 1865 年 Mendel(孟德尔)的遗传定律奠定了理论基础。1900 年,Mendel 的工作得到荷兰的 Devries、德国的 Correns 和奥地利的 Tschermak 三位从事植物杂交工作学者的重新证实,他所提出的遗传学基本理论随即获得了广泛的认可。1909 年,丹麦植物生理学家和遗传学家 Johansen 将孟德尔式遗传中的遗传因子称为基因。而 Boveri 和 Sutton 所建立的遗传的染色体学说,将染色体的行为同孟德尔的遗传因子联系起来,为遗传因子赋予了实质的内涵。1910 年,Morgan 在其基因学说中直接指出基因直线排列在染色体上,是决定遗传性状的基本单位。

2. 细胞生理学

在细胞生理学方面,1907 年,Harrison 利用淋巴液成功培养了神经细胞。在此基础上,Carrel 于 1912 年建立了更为复杂而科学的组织培养技术,包括无菌操作、培养液的制备和专业培养器皿的选择。这一技术在我们目前应用的组织培养技术中仍在采用,只是在此基础上稍有改进。

1943 年,Claude 建立了差速离心技术,从细胞匀浆中分离出各种细胞器,并对其化学组成以及酶在各种细胞器中的定位进行了研究,使得人们对细胞的代谢以及某些细胞器的功能有了新的认识。

3. 细胞化学

这一时期在细胞化学方面也有很多发现。1871 年,Miescher 从白细胞中提取出了核素,其后,Altmann 将核素纯化后分析发现,其化学组成为特定的糖和含氮碱基构成的大分子,于是他把核素更名为核酸。1915 年,Feulgen 创立了 Feulgen 染色法以显示染色体 DNA 的存在。

4. 实验胚胎学

实验胚胎学的研究对促进早期细胞学的发展做出了重要贡献,例如,His、Roux 研究了早期胚胎不同分裂球的发育能力与各个发育阶段的关系。后来 Driesch 的工作更深入发现海胆卵分裂到两个细胞和四个细胞阶段的胚胎,每个分裂球都有发育成完整幼体的能力,说明早期胚胎的分裂球具有全能性。

1.2.4　细胞生物学的形成与发展

由于光学显微镜的分辨率受可见光的波长的限制难以大幅度提高,人们对细胞的细微结构的认识无法取得突破性的进展。1932 年,德国科学家 Ruska 在西门子公司设计制造了世界上第一台电子显微镜,并因此获得 1986 年诺贝尔物理学奖。电子显微镜以电子束为光源,其波长与电场的电压成反比,通过提高电压可以大幅度降低波长,使得分辨率大幅度提高。

电子显微镜的发明结合超薄切片技术的建立把细胞学研究从显微水平提升到了亚显微水平。电镜下的细胞世界完全不同于光镜下看到的细胞形态,各种已知的细胞结构,如细胞膜、细胞核、高尔基体和线粒体等以更为精细的结构呈现出来,而且电镜下也显示出光镜能力不及的超微结构,包括内质网、核孔复合体、溶酶体和核糖体等。更为重要的是亚显微结构显示出细胞器之间的联系,如内质网囊泡向高尔基体的运输。1961 年,Bracbet 根据电镜下观察到的细胞的超微结构及其动态变化结构绘制了一幅细胞模式图,这是继 Hooke 和 Wilson 之后细胞学史上第三个具有代表意义的细胞模式图。

DeRobetis 如此评价这一时期的细胞学发展:"亚显微世界的发现非常重要,因为组成它的分子或分子团、酶、激素等以及各种代谢产物之间,产生着生命现象所特有的全部化学变化和能量转化。"1965 年,DeRobetis 将他原著的《普通细胞学》更名为《细胞生物学》,率先提出细胞生物学这一概念。

由于电镜的样品制备一般采用低温固定,影响了对细胞骨架系统的观察。直到 20 世纪 60 年代,采用戊二醛常温固定,才显示出细胞质基质中微管、微丝和中等纤维的存在。至 20 世纪 70 年代,由于使用了高压电镜,能显示出细胞的立体结构,因而又发现细胞基质中除了微管、微丝等外,还有网状物微梁网架的存在。至此,大家才认识到所谓细胞质基质,并不像过去想象的是均匀的溶胶和凝胶,而是有一定秩序的立体结构,这些结构形成了纵横交错的骨架,总称为细胞骨架。细胞骨架同细胞器的空间分布、功能活动有着密切的联系。细胞骨架的发现体现了超微结构研究方面的更大进步,1976 年,Porter 绘制了细胞微梁的模式图。虽然这个模式图还称不上是细胞学史上的第四个细胞模型,但它却在细胞的结构方面刷新了过去的一些概念,如游离核糖体的空间定位,以及细胞器之间的相互关系等。

从以上发展简史可以看出,细胞生物学由细胞学发展而来,但又不同于细胞学。细胞学是在光学显微镜时代形成和发展的,它侧重于细胞整体水平的形态和生理变化的研究;细胞生物学是在电镜并结合其他新技术,如加速离心法的基础上形成的,它从细胞整体水平研究生命现象,又通过分析超微结构的功能揭示细胞生命活动现象的本质。

从细胞的发现到细胞生物学的形成历经三百余年,这三百余年来每一次细胞生物学在理论上的重大突破都是以技术的重大进步为前提的。上面提到的四张细胞模式图作为里程碑,代表着人们对细胞四个不同层次的认识,其中每一次理论的重大突破都伴随标志性技术的出现。1953 年 Watson 和 Crick 发现了 DNA 的双螺旋结构,为分子生物学的到来揭开了新的篇章。20 世纪 80 年代以来,分子生物学技术的融入使得在分子水平上揭示细胞结构和功能关系成为可能,也使人们对细胞的认识进入了一个更加微观的新境界。

1.3 细胞生物学的研究对象——细胞

细胞生物学(cell biology)的研究对象是细胞。一切有机体都由细胞构成,细胞是构成有机体的基本单位。

细胞是有膜包围的能独立进行繁殖的原生质团,是生物体最基本的结构和功能单位,它具有进行生命活动的最基本的要素,即具有一套基因组、具有一层质膜以及一套完整的代谢机构;细胞又是独立、有序的自控代谢体系,是代谢与功能的基本单位;细胞是有机体生长与发育的基础;细胞是遗传的基本单位,具有遗传的全能性。因此没有细胞就没有完整的生命。

早在 20 世纪 20 年代,美国生物学家 E. B. Wilson 就已阐述了细胞的重要性,他指出"一切生物学问题的答案最终都要到细胞中寻找。因为所有的生物体都是或曾经是一个细胞"。正是由于这一研究对象的特殊性,使得细胞生物学在生命科学中占据核心地位。生命科学的诸多重要分支学科,如动物学、植物学、微生物学、生理学、病理学、胚胎学、神经生物学、分子生物学等,都需要从细胞水平解释各自领域的生命现象,可以说离开细胞,现代生命科学的重要分支学科都将失去意义。

1.3.1　细胞的基本组成成分

生物体无论简单还是复杂,其细胞的化学组成都是相似的,以 C、H、O、N、P、S、K、Ca、Mg 等常见的化学元素为主,同时还有微量元素,包括 Fe、Zn、Mn、Cu、Mo、B 等。这些基本元素不仅构成了细胞内环境的基本成分——水和无机盐等,也形成了细胞内的生物大分子如核酸、蛋白质、脂类和糖类等,而这些生物大分子又以复合分子的形式组成细胞的基本结构。

水在细胞中含量最多,它是由 C、H、O 组成的极性化合物。一切生命体都离不开水,水在细胞中是良好的溶剂,细胞中的无机盐、极性小分子化合物和大分子物质都要溶于水。细胞中的新陈代谢反应是在水环境下进行的,水分子为新陈代谢提供了必要场所。

无机盐是细胞中重要的化学成分,虽然含量不多,却是细胞生命活动所必需的。许多无机盐在细胞中以游离态或离子态存在,其主要功能是维持细胞内环境的平衡,同时也为新陈代谢提供所需的离子,为各种活性大分子提供所需的基础微量元素。

核酸的基本组成单位是核苷酸。单核苷酸由 1 分子碱基、1 分子戊糖和 1 分子磷酸组成。碱基与戊糖以糖苷键的形式相连形成核苷,核苷 5′碳原子的羟基被磷酸酯化,形成核苷酸。依据磷酸集团的数目,核苷分为单磷酸核苷、二磷酸核苷和三磷酸核苷。三磷酸核苷为核酸的合成原料,其中三磷腺苷(ATP)是细胞能量转换的关键分子,被称为细胞内的能量"货币"。核酸是基本的遗传物质,决定蛋白质的生物合成和遗传信息的传递,在细胞生长、遗传与变异等重要细胞生命活动过程中起关键作用。

蛋白质的基本结构单位是氨基酸。每个氨基酸都含有一个羧基(—COOH)和一个氨基(—NH₂)。与羧基相邻的碳原子上还常结合一条侧链(—R),对氨基酸的理化性质和蛋白质的空间结构都有重要的影响。组成蛋白质的氨基酸有 20 多种。不同的氨基酸,其侧链不同。蛋白质不仅是细胞的重要组成成分,也是细胞生命活动的执行者,在细胞的物质运输、信号转导以及新陈代谢等重要活动中必不可少。

脂肪酸是脂肪族碳氢链,一般含一个羧基,其通式为 $CH_3(CH_2)_nCOOH$。在天然产生的脂肪酸中 n 值为 10~20,且总是偶数。脂肪酸的碳氢链是疏水性的,无化学活性;羧基则在溶液中电离,是亲水的,易形成酯和酰胺。脂类中的脂肪主要起到储能的作用,磷脂是构成生物膜的成分。

因生化学家发现某些糖类的分子式可写成 $C_n(H_2O)_m$,所以糖类又被称为碳水化合物,是多羟基醛或多羟基酮及其缩聚物和某些衍生物的总称,一般由 C、H、O 三种元素所组成。糖类可以分为单糖、二糖和多糖。单糖中以戊糖和己糖最重要,戊糖中的核糖和脱氧核糖是核酸的组成成分;己糖中的葡萄糖则是细胞的能源物质,在葡萄糖分解过程中,释放的能量用以合成 ATP,供细胞生命活动的需要。

1.3.2　细胞的大小、形态及数目

目前已知最小的细胞结构是支原体,直径约为 0.1 μm。细菌细胞比支原体大 10 倍,多数动植物细胞比细菌大 10 多倍。不同类型的细胞在大小上差别很大,有些神经细胞如坐骨神经细胞可长达 1 m,其胞体直径约 1 cm;人体较小的细胞,如白细胞直径只有 3~4 μm;人的红细胞直径为 7 μm。但高等动植物来源于同一器官或组织的细胞,无论其种的差异多大,细胞的大小基本处于一个恒定的范围,差别不大,如肝细胞在牛、人与小鼠的大小都差不多。生物体的体积与细胞数目相关,而与细胞大小无关。

生物有机体根据组成其细胞数量的多少可以分为单细胞生物和多细胞生物。单细胞生物的有机体只由一个细胞构成。多细胞生物的有机体根据复杂程度由数百以及数以万(亿)计的细胞构成。高等生物通过细胞分裂进行细胞数目的增加,通过细胞分化则进行细胞种类的增加。但有些极低等的多细胞生命体如盘藻,仅由几个或者几十个未分化的相同细胞构成。它们实际上是单细胞和多细胞之间的过渡类型。高等动植物有机体由无数功能和形态不同的细胞构成。有人统计成人的有机体大约含有 10^{15} 个细胞。刚出生的婴儿机体约含有 2×10^{12} 个细胞。人的大脑是由 10^{12} 个细胞构成的复杂体系。1 g 哺乳动物肝或肾脏组织有 2.5 亿~3亿个细胞。人体内有 200 多种不同类型的细胞,但根据其分化程度还可以分为 600 多种,它们的形态结构与功能差异很大,但都是由一个受精卵分裂和分化而来,这样就保证了每一个细胞都具有该物种所有的遗传信息。

1.3.3　细胞的基本类型——原核细胞、真核细胞、古核细胞

在种类繁多的细胞世界中,根据其进化地位、遗传装置的类型与主要生命活动的形式,可以将细胞分为原核细胞(prokaryotic cell)和真核细胞(eukaryotic cell)两大类,这种分类方法被使用了相当长一段时间。但 1977 年 Woese 根据对 16S rRNA 核苷酸顺序的同源性比较,提出将生命划分为三界,即真细菌(eubacteria)、真核生物(eucaryote)和古细菌(archae-bacteria)。1996 年 Bult 领导的研究小组在《Science》上发表了詹氏甲烷球菌(*Methanococcus jannaschii*)的全基因组序列,进一步证明它既不是典型的细菌也不是典型的真核生物,而是介于两者之间的生命体,即生命的第三形式。

1. 原核细胞

原核细胞体积一般很小,直径为 0.1~10 μm 不等,结构简单。原核细胞没有核膜,也没有核仁,遗传物质集中分布在一个没有明确界限的低电子密度区,故称之为拟核(nucleoid)。DNA 为裸露的环状分子,通常没有结合蛋白,环的直径约为 2.5 nm,周长约几十纳米。大多数原核生物没有恒定的内膜系统,核糖体为 70S 型,原核细胞和真核细胞都由细胞膜形成选择性渗透屏障,但原核细胞内没有分化出以膜为基础的具有专门结构与功能的细胞器。只有非膜性细胞器核糖体承担蛋白质合成的功能。而且,原核细胞中不存在纺锤体样的结构,复制后的遗传物质由细胞膜向中间生长完成向两个子细胞的分配,以简单二分裂方式繁殖,无有丝分裂或减数分裂。长期以来,人们认为细胞骨架仅为真核生物所特有的结构,但后来研究表明在细菌等原核生物中也可发现与真核细胞骨架蛋白中的微管蛋白、肌动蛋白丝及中间丝类似的骨架成分。

2. 典型的原核生物

原核细胞构成的生物称为原核生物,均为单细胞生物,进化地位较低。典型的原核生物包括支原体、衣原体、立克次体、细菌、放线菌与蓝藻。

(1)支原体 支原体是目前发现的最小、最简单的细胞,具备了细胞的基本形态结构,并具有作为生命活动基本单位存在的主要特征。具有细胞生存所需要的最低数量的蛋白质,约 700 种。以一分为二的方式进行繁殖。其直径为 100 nm 左右,维持细胞基本生命活动的细胞直径要求为 100 nm,支原体已经接近该极限。

(2)细菌 细菌没有典型的核结构,只有拟核,核区不表现 Feulgen 的正反应。细菌细胞的表面结构包含细胞膜、中膜体、细胞壁、荚膜、鞭毛(图 1-1)。细菌细胞的核糖体沉降系数为 70S。部分为附着核糖体,大部分为游离核糖体。细菌中除了核区 DNA 外,还存在可自主复制的遗传因子,称为质粒。质粒 DNA 常用作基因重组与基因转移的载体。细菌细胞内生孢子是不良条件下的休眠体,是单细胞特殊的分化方式。

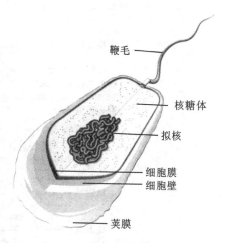

图 1-1 原核细胞细菌的结构模式图

(鞭毛 核糖体 拟核 细胞膜 细胞壁 荚膜)

(3)蓝藻 蓝藻又称蓝细菌(cyanobacterium),是最简单的光能自养生物之一,能进行与高等植物类似的光合作用(以水为电子供体,放出 O_2),但与光合细菌的光合作用机制不同,因此被认为是最简单的植物。蓝藻没有叶绿体,仅有十分简单的光合作用装置,光合作用片层上附有藻胆蛋白体,将光能传递给叶绿素,仅含叶绿素 a,仅能进行原始、低效的光合作用。蓝藻的遗传物质分布于中心质,遗传信息载体与其他原核细胞一样,是一个环状 DNA 分子,但遗传信息量很大,可与高等植物相比。细胞体积较其他原核细胞大,常以单细胞、群体、丝状体等形式存在,依靠分裂进行繁殖。

3. 真核细胞

与原核细胞相比,真核细胞体积较大,直径 20～100 μm,结构复杂。真核生物包括原生生物、动物、植物和人类。所谓原核与真核,是指核结构的差异,真核细胞具有真正的细胞核(图 1-2),由结构复杂的核被膜将遗传物质从细胞质中分隔出来,这种核结构的差异是原核与真核命名的由来。真核细胞的 DNA 为线性结构,与组蛋白结合形成染色质,与原核细胞相比,大多数真核细胞的基因组信息量大。

与原核细胞不同,真核细胞除细胞膜外,其内部还含有细胞器膜、核膜等生物质膜,这些膜彼此联系构成真核细胞的生物内膜系统。内膜系统在细胞质中区域化,形成许多结构、功能不同亚细胞结构,即细胞器。如:进行细胞内呼吸和能量转换的线粒体;具有蛋白质合成、加工和脂类合成等多种功能的内质网;负责细胞中物质的加工、运输和分泌的高尔基体;负责细胞内消化的膜性结构溶酶体;利用氧分子进行氧化反应,从而分解细胞内的有毒物质的过氧化物酶体;植物细胞进行光合作用的细胞器叶绿体(图 1-2)。

核糖体是原核细胞和真核细胞都具有的细胞器,但真核细胞的核糖体是 80S 型。

真核细胞具有微管、微丝和中间纤维组成的细胞骨架系统,这种蛋白质成分构成的非膜性细胞器在细胞内形成网架结构,参与细胞形状的维持、细胞的运动、细胞分裂、细胞内物质运输以及信号转导等重要的细胞生命活动。由于细胞骨架系统的存在,真核细胞可以以有丝分裂的方式进行细胞增殖,复制好的遗传物质由微管组成的纺锤体牵引被分配到两个子细胞中。

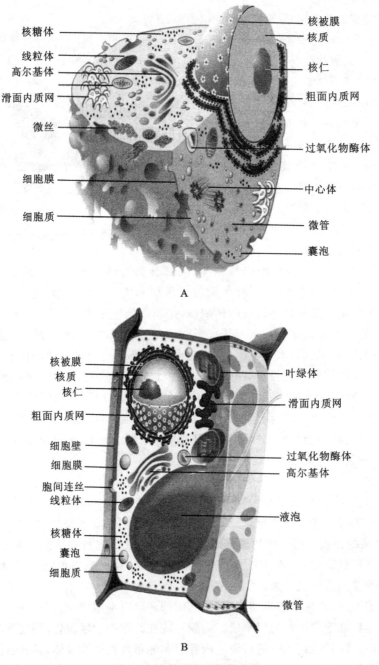

图 1-2　真核细胞结构模式图

A. 动物细胞；B. 植物细胞

4. 古核细胞

　　古细菌又称原细菌，是一些生长在极端特殊环境中的细菌。古核细胞没有核膜，其基因组结构为一环状 DNA，常具有操纵子结构。由于其形态结构、DNA 结构及基本生命活动方式与原核细胞相似，过去把它们归属为原核生物。然而近年来的研究表明古核细胞与真核细胞曾在进化关系上更为密切，也有人认为它是原核生物和真核生物的过渡状态(图 1-3)。

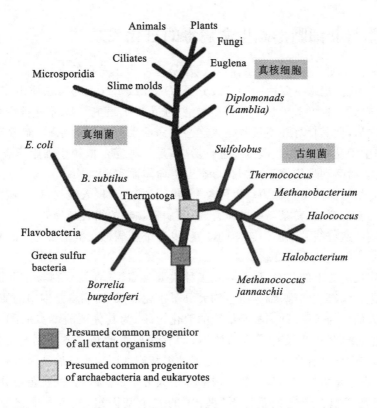

图 1-3 真细菌与古细菌和真核细胞的关系

古核细胞的基因组中像真核细胞一样存在内含子,而细菌的基因组 DNA 是连续的,不存在内含子。古核细胞 DNA 中有重复序列存在,原核细胞基因组没有重复序列。古核细胞中组蛋白能与 DNA 形成类似核小体结构,而原核细胞的 DNA 是裸露的。古核细胞的核糖体对抗生素不敏感,与真细菌核糖体的差异很大,更类似真核细胞的核糖体。除上述特点外,古细菌的转译使用真核生物的启动和延伸因子,且转译过程需要真核生物中的 TATA 框结合蛋白和 TFIIB,也说明古细菌与真核生物在进化上的关系较真细菌类更为密切。真细菌、古细菌和真核细胞的比较详见表 1-1。

表 1-1 真细菌、古细菌和真核细胞的比较

成　　分	真　细　菌	古　细　菌	真　核　细　胞
细胞壁	含肽聚糖,对抗生素敏感	不含肽聚糖,对抗生素不敏感	不含肽聚糖,对抗生素不敏感
DNA 与基因结构	不含重复序列	存在重复序列	存在大量重复序列
核小体结构	无组蛋白,无核小体结构	有组蛋白,有核小体结构,与真核生物的核小体有差异	有组蛋白,有核小体结构
核糖体	70S,55 种蛋白质,对抗生素敏感	70S,60 种以上蛋白质,对抗生素不敏感	80S,70～84 种蛋白质,对抗生素不敏感
5S rRNA	细菌 5S rRNA	与真核生物 5S rRNA 类似,与细菌 5S rRNA 差别很大	为真核 5S rRNA

1.3.4　细胞与非细胞形态生命病毒的进化关系

病毒(virus)并非是细胞形态的生命体,但却是迄今为止发现的最简单的具有生命活动的个体。从组成上而言,病毒主要由一种核酸分子(DNA 或 RNA)与蛋白质组成。新发现的朊病毒(prion)组成更为简单,仅由具有感染特性的蛋白质组成。病毒具备生命的最基本特征——复制与遗传,但其自身并不具备完成这些生命活动所必需的原料、能量与酶系统等,因此,病毒需要寄生于动物、植物或微生物进行增殖,是一种完全依赖于细胞形态生命体的寄生个体,它的主要生命活动均依赖于在细胞形态的生命体而实现。

病毒在宿主细胞内的增殖称为病毒的复制,包括:①病毒侵入细胞,病毒核酸的侵染;②病毒核酸在宿主细胞的复制、转录与蛋白质合成;③病毒颗粒的组装与释放。绝大部分病毒在宿主细胞内的复制会造成宿主细胞形态学的改变,也有个别病毒在宿主细胞中的复制、组装甚至释放并不引起宿主细胞的明显变化。

病毒与细胞在起源上的关系,目前存在三种主要观点:病毒是生物与非生物的演变桥梁;生物大分子进化为病毒或细胞;细胞由生物大分子进化而来,而病毒是细胞的演化产物。上述第三种观点被人们广为接受,即病毒是细胞的演化产物,为其佐证的事实是:①病毒为完全的寄生性,没有细胞的存在就没有病毒的繁殖;②有些病毒的核苷酸序列与哺乳动物细胞的DNA 片段的碱基序列具有高度的相似性,尤其是细胞癌基因与病毒癌基因具有相似的同源序列;③病毒可以看作是由核酸和蛋白质形成的复杂大分子,与细胞内的核蛋白分子相似。由此推论,病毒可能是细胞在特定的条件下"抛出"的一个基因组,或者是有复制、转录功能的mRNA。

思考题

1.如何理解科学技术在细胞生物学发展各阶段的巨大推动作用?

2.细胞学说的主要内容是什么?它在近代科学史上占有怎样的地位?

3.细胞生物学与经典的细胞学相比,在研究内容方面有哪些更新?

4.试比较原核细胞与真核细胞在内部结构方面的差异。

5.当今细胞生物学研究的热点问题有哪些?其中你对哪些内容最感兴趣?谈谈你自身的体会。

6.如何理解非细胞形态的生命体病毒从细胞演化而来?

拓展资源

1.杂志类

《Cell》

《中国细胞生物学学报》

《细胞学杂志》

2.网站

http://www.ncbi.nlm.nih.gov

http://www.cscb.org.cn

http://www.cjcb.org
http://www.ascb.org

参考文献

［1］韩贻仁.分子细胞生物学［M］.北京:科学出版社,2001.

［2］汪堃仁.细胞生物学［M］.2 版.北京:北京师范大学出版社,1998.

［3］翟中和,王喜忠,丁明孝.细胞生物学［M］.4 版.北京:高等教育出版社,2011.

［4］Gerald K. Cell Biology［M］. 6th ed. New York:John Wiley and Sons,Inc,2010.

［5］Alberts B,Johnson A,Lewis J,et al. Molecular Biology of the Cell［M］. 4th ed. New York:Garland Science,2002.

［6］Lodish H, Berk A,Kaiser CA,et al. Molecular Cell Biology［M］. 6th ed. New York:W. H. Freeman and Company,2009.

［7］Gerald K. Cell and Molecular Biology:Concepts and Experiments［M］. 3rd ed. New York:Wiley & Sons,2002.

第2章 细胞生物学研究方法

提要 细胞生物学是一门实验性很强的科学,其研究方法的建立和完善促进了细胞生物学的发展。本章重点介绍了细胞生物学领域中常用的技术方法和原理。

显微技术是细胞生物学最基本的技术,包括光学显微技术和电子显微技术。光学显微镜主要包括普通双筒显微镜、荧光显微镜、相差显微镜、微分干涉显微镜、扫描激光共聚焦显微镜、倒置显微镜。电子显微镜是研究亚细胞结构的主要工具,根据观察样品的需求,可对观察样品采用特殊的制样方法,如超薄切片技术适用于观察细胞内部精细结构,而扫描电镜则用来观察细胞表面的形貌特征。荧光显微镜技术和透射电子显微镜技术都可与免疫学技术相结合,实现了生物大分子在细胞内的定位与分布的观察。

细胞组分的分析可采用细胞化学、免疫细胞化学、原位杂交等方法;超速离心技术与生化提纯可用于细胞组分的分离与纯化。流式细胞分选技术是细胞生物学与现代生物技术中的重要技术,不仅可用于细胞分选,也可用于染色体分选。同位素标记技术和放射自显影技术相结合,可应用于研究生物大分子在细胞内的动态变化。

细胞工程技术是利用细胞生物学的原理和方法,结合工程学的技术手段,按照人们预先的设计,有计划地改变或改造细胞遗传性的技术。细胞培养技术是细胞工程的基础,细胞融合、杂交瘤制备及组织工程都是建立在良好的细胞培养技术基础上的。显微操作技术为细胞器移植提供了技术平台。

细胞及生物大分子的动态变化主要包括荧光漂白恢复技术、酵母双杂交技术、荧光共振能量转移技术等。荧光漂白恢复技术用于检测所标记分子在活体细胞表面或细胞内部的运动及其迁移速率。酵母双杂交技术和荧光共振能量转移技术都是用来检测蛋白质和蛋白质相互作用的重要手段。

蛋白质是细胞各种复杂生理功能的执行者。通过蛋白质组学技术对所有蛋白质在不同时间与空间的表达谱和功能谱分析可揭示生命活动的本质。蛋白质组学技术包括蛋白质分离技术(双向凝胶电泳、多维液相色谱、毛细管电色谱等)、蛋白质鉴定技术(质谱、蛋白质芯片技术等)和生物信息学技术。

细胞生物学是一门实验科学,它的许多成果和理论都是通过实验得以发现和建立的。细胞生物学的发展与研究技术的进步和实验工具的改进密不可分。因此,技术方法创新对细胞生物学的进一步发展将起到巨大的推动作用。现代细胞生物学的研究方法很多,本章拟从细胞显微技术、细胞及组分分析技术、细胞工程技术、分子生物学实验方法等几个方面介绍有关细胞生物学的研究方法。

2.1 细胞显微技术

　　细胞生物学的建立和发展首先离不开显微镜的发明和改进,正是因为有了显微镜,人们才得以认识和了解细胞的形态和结构,进而建立了细胞学说,为细胞学的兴起和发展打下了基础。随着显微技术与图像技术的快速发展,显微镜在研究细胞的结构和功能,特别是大分子在活细胞中的定位及动态变化和相互作用等方面展示了新的活力。

2.1.1 光学显微镜技术

2.1.1.1 普通光学显微镜技术

　　人类肉眼的分辨率一般只有 0.2 mm,很难观察到细胞及其内部精细而复杂的结构。17世纪,光学显微镜的出现把人眼的分辨率大大提高了,延伸到了最小分辨距离 0.2 μm。1665年英国物理学家罗伯特·虎克首次用自制的显微镜观察到橡树的栓木细胞,人们才开始了对细胞的认识。

　　普通生物光学显微镜是复合式显微镜,基本结构包括光学系统和机械系统两大部分。光学部分是利用可见光为光源,由目镜和物镜两镜系统来放大成像,光学系统的好坏直接决定着显微镜的性能,是显微镜的核心。机械装置包括镜座、镜筒、转换器、调焦螺旋等部件,是显微镜的基本组成单位,主要保证光学系统的准确配置和灵活调控(图 2-1)。

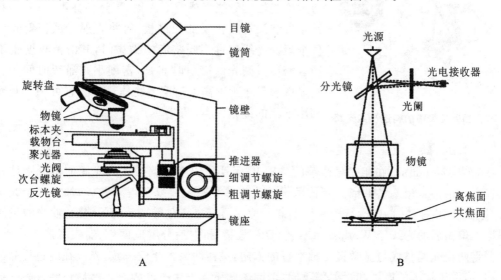

图 2-1　光学显微镜的成像系统

A. 复式光学显微镜剖面图;B. 复式光学显微镜光路图

　　对于任何显微镜来讲,识别微观现象能力的重要参数是分辨率。分辨率是指分辨出相邻两个点的能力。分辨率的高低取决于光源的波长 λ,物镜镜口角 α(样本在光轴的一点对物镜镜口的张角)和介质折射率 N,它们之间的关系是:

$$R = 0.61\lambda / N \cdot \sin(\alpha/2)$$

由公式可以看出,为了提高分辨率,光源的波长越短越好,而物镜的镜口率越大越好,要增大镜口率必须提高物镜与标本介质之间的折射率。空气的折射率为 1,水的折射率为 1.33,香柏油的折射率为 1.55。因此,使用油镜可使光学显微镜的最大分辨率达到 0.2 μm。

光学显微镜技术适合于观察染色的高反差样品,如果观察组织样品,需先将样品固定、切片、染色,然后再进行观察。

2.1.1.2 相差显微镜技术

用普通光学显微镜很难看清未经染色的活细胞,通常必须将标本染色,再依靠颜色(光波的波长)和亮度(光波的振幅)的差别达到检测的目的。活细胞无色透明,光线通过时其波长和振幅变化不显著。为了便于观察活细胞的结构,需要提高细胞各结构的反差。通常当两束光通过光学系统时会发生相互干涉,如果它们的相位相同,干涉的结果是使亮度增强,反之变暗,这就是光波的干涉现象。光线与物体相互作用也会改变光波的相位。包括光波在内的一切波在传播过程中遇到障碍物时,传播方向会偏离,即发生光的衍射现象。1935 年,荷兰科学家 F. Zermike 发明了相差显微镜。其基本原理是利用光的干涉现象,通过环状光阑和相位板将透过标本光线的相位差转变为人眼可察觉的振幅差,从而使原来透明的物体表现出明显的明暗差异,增加了对比度,实现了对非染色活细胞的观察。

相差显微镜在结构上与普通显微镜的区别主要在于:一是在聚光镜下方用环状光阑代替了可变光阑,作用是使透过聚光器的管线形成空心光锥,聚焦到标本上;二是在物镜中安装涂有氟化镁的相位板,可将直射光或衍射光的相位推迟。光线通过不同密度的物质时,其滞留程度也不相同。密度大则光的滞留时间长,密度小则滞留时间短。相差显微镜易于观察高度透明的物体,因此,它可用于观察活细胞或薄的细胞样本(图 2-2)。

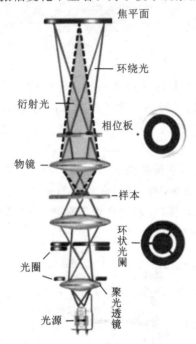

图 2-2　相差显微镜的构造及其光路

2.1.1.3 微分干涉显微镜技术

1952 年,Nomarski 在相差显微镜的基础上,发明了以平面偏振光为光源的微分干涉显微镜,又称 Nomarsk 相差显微镜。其技术设计比相差显微镜要复杂得多,它增加了四个光学组件:偏振器、DIC 棱镜、DIC 滑行器和检偏器。偏振器直接装在聚光系统的前面,使光线发生线性偏振。偏振后的光线经 Wollaston 棱镜(DIC 棱镜)折射后分解成两束光,二者成一小夹角。聚光器将两束光调整成与显微镜光轴平行的方向,最初两束光相位一致,光线在经过样品的相邻区域后,由于样本的厚度和折射率不同,引起了两束光发生了光程差。然后再经过另一棱镜(DIC 滑行器)将这两束光汇合成一束,此时两束光的偏振面仍然存在。最后光束穿过检偏器将两束垂直的光波组合成具有相同偏振面的两束光,从而使二者发生干涉。这样在视场观察中,任一物体上像的干涉强度,都与两个分光束之间的相位差及两物体点的厚度和折射率有关。由于两束光的裂距极小,虽在相位上略有差别,但无重束现象,使像呈现出浮雕状立体的感觉。

微分干涉显微镜更适合于研究活细胞中较大的细胞器。如将微分干涉显微镜接上录像装置,可以观察记录活细胞中的颗粒及细胞器的运动。

2.1.1.4 荧光显微镜技术

荧光显微镜是以紫外线为光源,使样品被照射而激发出可见的荧光。它是目前在光镜下对特异的蛋白质、核酸、糖类、脂质以及某些离子等组分进行定性、定位研究的有力工具。

在自然界中荧光现象极为普遍,物质吸收波长较短而能量较高的光线后,把光源的几乎全部能量转化为波长较长的可见光,这种光即荧光,这些发光的物质称为荧光物质。在这个过程中光源能量极少转化为热能,所以荧光也称为冷光。物质经过激发光照射后发出的荧光分为两种:第一种为自发荧光,如叶绿素、血红素等经过紫外线照射后,能发出红色的荧光;第二种是诱发荧光,即物质经过荧光染料染色后再通过激发光照射发出的荧光。

不同的荧光染料激发后可发出不同的荧光,因此,用不同的荧光探针对同一标本染色,可使细胞不同成分呈现不同的颜色。表 2-1 显示了常用荧光探针的激发波长和发射波长的范围。

表 2-1 常用荧光素的波长特点

染料名称	用途	激发波长/nm	发射波长/nm
DAPI	标记 DNA	350	460
丫啶橙	标记 DNA 和 RNA	405	530～640
溴化乙啶	标记 DNA	488	610
碘化丙啶	标记 DNA,荧光示踪	488	620
FITC	标记抗体	495	530
TRITC	标记抗体	550	620
罗丹明	荧光示踪	556	572

荧光显微镜由光源、滤板系统和光学系统等主要部件组成。荧光光源一般采用超高压汞灯,它可发出各种波长的光。每种荧光物质都有一个产生最强荧光的激发波长,所以需要加用滤光片阻断杂质光。滤光系统以及专用的物镜镜头是荧光显微镜的核心部件,由激发滤光片和阻断滤光片组成(图 2-3)。

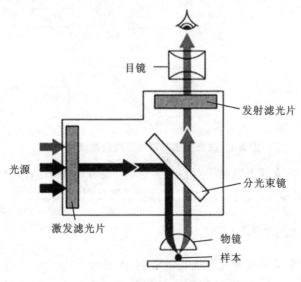

图 2-3 荧光显微镜光路图

荧光显微镜技术包括免疫荧光技术和荧光素直接标记技术。例如,将标记荧光素的纯化肌动蛋白显微注入培养细胞中,可以看到肌动蛋白分子组装成肌动蛋白纤维。可将产生荧光的绿色荧光蛋白(green fluorescent protein,GFP)基因与某种蛋白质基因融合,在表达这种融合蛋白的细胞中,便可直接在活体状态下观察到该蛋白在活细胞内的动态变化。不同荧光素的激发波长范围不同,所以同一样品可以用两种以上的荧光素标记,同时显示不同成分在细胞中的定位。

2.1.1.5 激光扫描共聚焦显微镜技术

激光扫描共聚焦显微镜是 20 世纪 80 年代发展起来的一项新技术,它是在普通荧光显微镜成像基础上加装了激光扫描装置,利用计算机进行图像处理,把光学成像的分辨率提高了1.4~1.7 倍,使用紫外光或可见光激发荧光探针,从而得到细胞或组织内部微细结构的荧光图像。

传统的光学显微镜使用的是场光源,标本上每一点的图像都会受到邻近点的衍射或散射光的干扰;激光扫描共聚焦显微镜利用激光束经照明针孔形成点光源对标本内焦平面的每一点扫描,标本上的被照射点,在探测针孔处成像,由探测针孔后的光电倍增管(PMT)或冷电耦器件(cCCD)逐点或逐线接收,迅速在计算机监视器屏幕上形成荧光图像。照明针孔与探测针孔相对于物镜焦平面是共轭的,焦平面上的点同时聚焦于照明针孔和发射针孔,焦平面以外的点不会在探测针孔处成像,这样得到的共聚焦图像是标本的光学横断面,克服了普通显微镜图像模糊的缺点(图 2-4)。

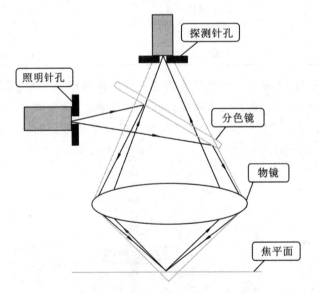

图 2-4　激光扫描共聚焦显微镜原理图

激光扫描共聚焦显微镜既可以用于观察细胞形态,也可以用于细胞内生化成分的定量分析、光密度统计以及细胞形态的测量,配合焦点稳定系统可以实现长时间活细胞动态观察。

2.1.2 电子显微镜技术

光学显微镜的分辨率受到照明光源波长的限制,无法分辨小于 $0.2~\mu m$ 的细微结构,而电子的波长要比普通光的波长短得多,所以用电子代替普通光可大大提高显微镜的分辨率。电子显微镜的实际分辨率可达到 0.1 nm。1932 年德国学者 Knolls 和 Ruska 发明了第一台电子显微镜,可以用肉眼观察到许多光学显微镜下看不到的结构,如细胞膜、细胞核、核孔复合体、线粒体、高尔基体、中心体等细胞器的超微结构。因此,电子显微镜的发明开启了细胞生物学研究的新时代,使细胞生物学的研究从显微水平飞跃到超微水平。

2.1.2.1　透射电子显微镜技术

电子显微镜与光学显微镜的成像原理基本一样,所不同的是前者用电子束作光源,用电磁场作透镜。由电子枪发射出来的电子束,在真空通道中沿着镜体光轴穿越聚光镜,通过聚光镜将之会聚成一束尖细、明亮而又均匀的光斑,照射在样品室内的样品上;样品内致密处透过的电子量少,稀疏处透过的电子量多;经过物镜的会聚调焦和初级放大后,电子束进入下级的中间透镜和第 1、第 2 投影镜进行综合放大成像,最终被放大了的电子影像投射在观察室内的荧光屏上。透射电子显微镜由电子束照明系统、成像系统、真空系统和记录系统四部分构成(图2-5)。电子束照明系统包括电子枪和聚光镜。由高频电流加热钨丝发出电子,通过高电压的阳极使电子加速,射出的电子经聚光镜汇聚成电子束。成像系统也即电磁透镜组,包括物镜、中间镜和投影镜等。物镜使经过样品的电子射线发生折射而产生物像,中间镜和投射镜则把物像再放大,最后投射到荧光屏或照片胶片上。真空系统是用两级真空泵不断抽气,保持电子枪、镜筒及记录系统内的高度真空,以利于电子的运动。电子成像可用荧光屏观察,或用感光

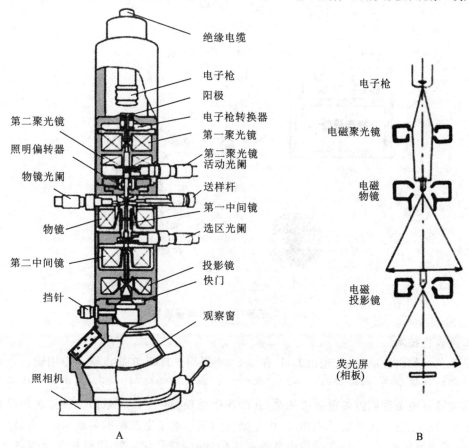

图 2-5　电子显微镜成像原理

A. 透射电子显微镜剖面图;B. 透射电子显微镜电子成像原理图

胶片或 CCD(charge couple device)记录终像。电镜样品主要的制备技术包括超薄切片技术、负染色技术和冷冻蚀刻技术等。

1. 超薄切片技术

由于电子穿透能力有限,要求透射电镜样本的厚度为 40～50 nm,这需要样品既要有一定的刚性,又要有一定的韧性,为此样品往往要包埋在特殊的介质中。超薄切片的制作过程包括取材、固定、脱水、浸透、包埋聚合、切片及染色等步骤(图 2-6)。包埋剂常用环氧树脂,要用戊二醛和锇酸进行固定,用专门的超薄切片机玻璃刀或钻石刀切成薄片,然后用重金属盐类醋酸双氧铀及柠檬酸铅等进行染色,以增强细胞结构间的反差。

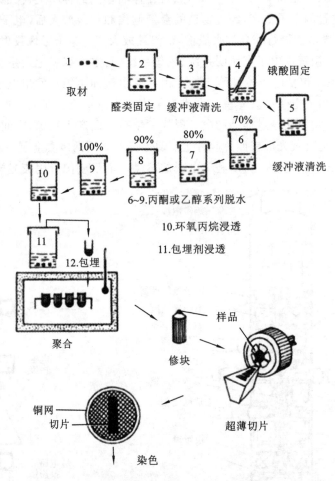

图 2-6 电子显微镜样品制备流程图

2. 负染色技术

负染色又称阴性染色,首先由 Hall 在 1955 年提出。Hall 在病毒研究中用磷钨酸染色后,发现图像的背景很暗,而病毒像一个亮晶的"空洞"被清楚地显示出来。在超薄切片的染色中,染色后的样品电子密度因染色而被加强,在图像中呈现黑色。而背景因未被染色而呈光亮,这种染色称为正染色。而负染色则相反,由于染液中某些电子密度高的物质(如重金属盐等)"包埋"低电子密度的样品,结果在图像中背景是黑暗的,而样品像"透明"地光亮。两者之间的反差正好相反,故称为负染色。负染色技术可以显示生物大分子、细菌、病毒、分离的细胞器以及蛋白质晶体等样品的形状、结构、大小以及表面结构的特征。

3. 冰冻蚀刻技术

冰冻蚀刻技术是从 20 世纪 50 年代开始为配合透射电镜观察而设计的一种标本制作技术，它是研究生物膜内部结构的一种有用的技术。

在样品的制备过程中包括冰冻断裂与蚀刻复型两步（图 2-7）。样本的制作过程是：首先将标本固定在标本台上，于－100 ℃的干冰或－196 ℃的液氮中，进行超低温冰冻，然后用冷刀骤然将标本断开，升温后，冰在真空条件下迅速升华，暴露出断面结构，称为蚀刻（etching）。蚀刻后，向断面以 45°角喷涂一层蒸汽铂，再以 90°角喷涂一层碳，加强反差和强度，然后用次氯酸钠溶液消化样品，把碳和铂的膜剥下来，此膜即为复膜（replica）。复膜显示出了标本蚀刻面的形态，在电镜下得到的影像即代表标本中细胞断裂面处的结构（图 2-8）。

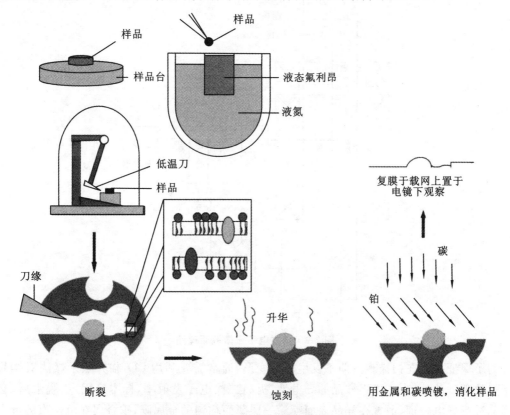

图 2-7　冰冻蚀刻技术示意图

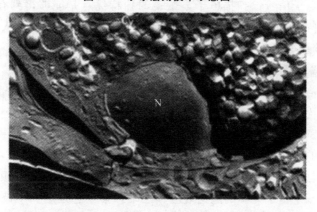

图 2-8　用冰冻蚀刻技术制备胃壁分泌细胞断面电子显微镜照片

2.1.2.2　扫描电子显微镜技术

扫描电子显微镜(scanning electron microscope,SEM)是 1965 年发明的较现代的细胞生物学研究工具,主要是利用二次电子信号成像来观察样品的表面形态。SEM 的工作原理是用一束极细的电子束扫描样品,在样品表面激发出次级电子,次级电子的多少与电子束入射角有关,也就是说与样品的表面结构有关,次级电子由探测体收集,并在那里被闪烁器转变为光信号,再经光电倍增管和放大器转变为电信号来控制荧光屏上电子束的强度,显示出与电子束同步的扫描图像(图 2-9)。

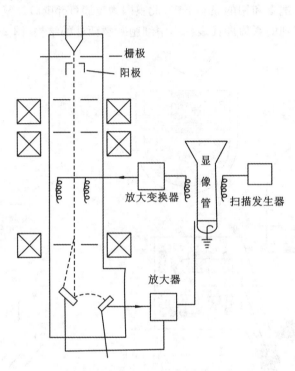

图 2-9　扫描电子显微镜原理图

为了保证样品在扫描观察前不发生表面变形,通常需要利用 CO_2 临界点干燥法对样品进行干燥处理。此外,为了增强样品的导电性,提高二次电子发射率,标本经固定、脱水后,必须对样品进行导电处理,通常在样品表面喷涂一层薄而均匀的金属膜,重金属在电子束的轰击下可发出较多的次级电子信号。扫描电子显微镜的独特优点是能够得到有真实感的立体图像(图 2-10),其次是样品可以在样品室内进行各向水平移动和转动,便于从各个角度进行观察。目前,扫描电镜的分辨率为 6~10 nm。

2.1.2.3　扫描隧道显微镜技术

扫描隧道显微镜(scanning tunneling microscope,STM)是一种利用量子理论中的隧道效应探测物质表面结构的仪器。它于 1981 年由 Binning 和 Röhrer 在 IBM 位于瑞士苏黎世的苏黎世实验室发明。STM 使人类第一次能够实时地观察单个原子在物质表面的排列状态和与表面电子行为有关的物化性质,在表面材料科学、生命科学等领域的研究中有着重大的意义和广泛的应用前景,因此,两位发明者与恩斯特·鲁斯卡分享了 1986 年诺贝尔物理学奖。

其基本原理是基于量子力学的隧道效应和三维扫描。它是用一个极细的尖针,针尖头部为单个原子去接近样品表面,当针尖和样品表面靠得很近,即小于 1 nm 时,针尖头部的原子

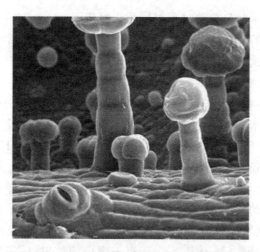

图 2-10　黑核桃叶下表面扫描电子显微镜图像

和样品表面原子的电子云发生重叠。此时若在针尖和样品之间加上一个偏压,电子便会穿过针尖和样品之间的势垒而形成纳安级 10 A 的隧道电流。通过控制针尖与样品表面间距的恒定,并使针尖沿表面进行精确的三维移动,就可将表面形貌和表面电子态等有关表面信息记录下来(图 2-11)。

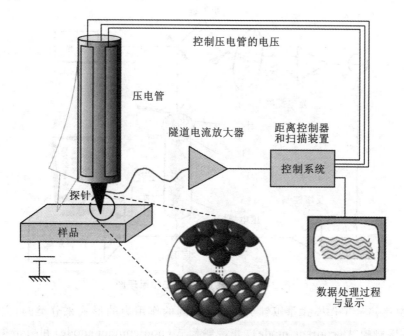

图 2-11　扫描隧道显微镜装置示意图

扫描隧道显微镜主要构成有:顶部直径为 50～100 nm 的极细金属针尖(通常由金属钨制成),用于扫描和电流反馈的控制器,三个相互垂直的压电陶瓷(Px,Py,Pz),主要应用压电陶瓷的良好的压电性能进行三维扫描。

STM 在生物学中的主要优点有:①具有原子级高分辨率,在平行于样品表面方向上的分辨率可达 0.1 nm;②可在真空、大气、常温等不同环境下工作,样品甚至可浸在水和其他溶液中,不需要特别的制样技术并且探测过程对样品无损伤。

目前,STM 作为一种新技术,已被广泛应用于生命科学各研究领域。人们已用 STM 直接观察到 DNA、RNA 和蛋白质等生物大分子及生物膜、病毒等结构。

2.1.2.4 原子力显微镜技术

扫描隧道显微镜所观察的样品必须具有一定程度的导电性,对于半导体观测的效果就差于导体,对于绝缘体则根本无法直接观察。如果在样品表面覆盖导电层,则由于导电层的粒度和均匀性等问题又限制了图像对真实表面的分辨率。Binning 等人 1986 年研制成功的原子力显微镜(atomic force microscope,AFM)可以弥补扫描隧道显微镜这方面的不足。

原子力显微镜利用微悬臂感受和放大悬臂上尖细探针与受测样品原子之间的作用力,即范德华力,从而达到检测的目的,具有原子级的分辨率。在原子力显微镜的系统中,可分成三个部分:力检测部分、位置检测部分、反馈系统(图 2-12)。原子力显微镜的基本原理是:将一个对微弱力极敏感的微悬臂一端固定,另一端有一微小的针尖,针尖与样品表面轻轻接触,由于针尖尖端原子与样品表面原子间存在极微弱的排斥力,通过在扫描时控制这种力的恒定,带有针尖的微悬臂将对应于针尖与样品表面原子间作用力的等位面而在垂直于样品的表面方向起伏运动。利用光学检测法或隧道电流检测法,可测得微悬臂对应于扫描各点的位置变化,从而可以获得样品表面形貌的信息。

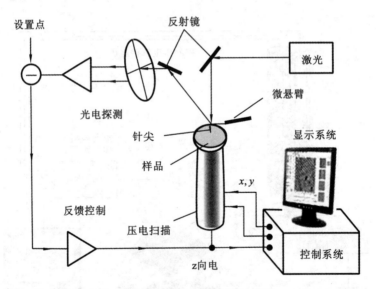

图 2-12 原子力显微镜工作原理图

原子力显微镜的工作模式是以针尖与样品之间的作用力的形式来分类的,主要有以下三种操作模式:接触模式(contact mode)、非接触模式(non-contact mode)和敲击模式(tapping mode)。随着科学技术的发展,生命科学开始向定量科学方向发展。大部分实验的研究重点已经变成生物大分子,特别是核酸和蛋白质的结构及其相关功能的关系。因为 AFM 的工作范围很宽,可以在自然状态(空气或者液体)下对生物医学样品直接进行成像,分辨率也很高。因此,AFM 已成为研究生物医学样品和生物大分子的重要工具之一。AFM 的应用主要包括三个方面:生物细胞的表面形态观测,生物大分子的结构及其他性质的观测研究,生物分子之间力谱曲线的观测。

2.2　细胞及其组分的分析方法

2.2.1　细胞组分的分离与细胞分选技术

显微技术的发展使人们对细胞形态结构以及细胞器和大分子聚集物在细胞中的排列有一定认识,但要对细胞内大分子进行深入了解,必须对细胞各个组分进行生理生化分析,这样才能更精确把握细胞的结构与功能。因此,细胞组分的分离和纯化与显微技术一样,是现代细胞生物学常采用的研究方法。

2.2.1.1　细胞组分的分离技术

分离技术包括细胞组分的分离和生物大分子的分离。

1. 离心分离技术

离心分离技术是利用物体高速旋转时产生强大的离心力,使置于旋转体中的悬浮颗粒发生沉降或漂浮,从而使某些颗粒达到浓缩或与其他颗粒分离的目的。悬浮颗粒往往是指制成悬浮状态的细胞、细胞器、病毒和生物大分子等。因此,离心分离技术是蛋白质、酶、核酸及细胞亚组分分离的最常用的方法之一,也是生化实验室中常用的分离、纯化或沉淀的方法,尤其是超速冷冻离心已经成为研究生物大分子实验室中的常用技术方法。常用的离心机有多种类型,一般低速离心机的最高转速不超过 6000 rpm,高速离心机在 25000 rpm 以下,超速离心机的最高速度达 30000 rpm 以上。

差速离心是在密度均一的介质中由低速到高速逐级离心,用于分离不同大小的细胞核、细胞器(图 2-13)。匀浆后的样本先用低速,使较大的颗粒沉淀,再用较高的转速,将负载上清液中的颗粒沉淀下来,从而使各种细胞结构得以分离。由于各种细胞器在大小和密度上相互重叠,而且某些慢沉降颗粒常常被快沉降颗粒裹到沉淀块中,一般重复 2～3 次的效果会好一些。差速离心只用于分离大小悬殊的细胞,更多用于分离细胞器。在差速离心中细胞器沉降的顺序依次为:细胞核、线粒体、溶酶体与过氧化物酶体、内质网与高尔基体、核蛋白体。

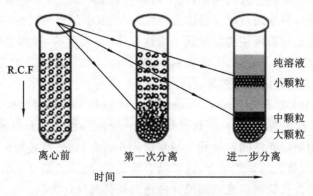

图 2-13　差速离心的原理

密度梯度离心是样品在密度梯度介质中进行离心,使密度不同的组分得以分离的一种区带分离方法。通常用一定的介质在离心管内形成连续或不连续的密度梯度,将细胞混悬液或匀浆置于介质的顶部,通过重力或离心力场的作用使细胞分层、分离(图 2-14)。密度梯度离心常用的介质为氯化铯、蔗糖。蔗糖的最大密度是 1.3 g/cm³,常可用于分离膜结合的细胞器,如高尔基体、内质网、溶酶体和线粒体。而离心分离密度大于 1.3 g/cm³ 的样品,如 DNA、RNA,需要使用密度比蔗糖大的介质,氯化铯(CsCl)是目前使用的最好的离心介质。

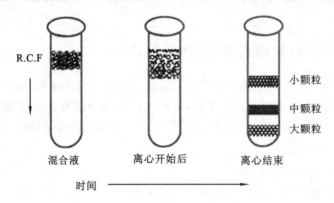

图 2-14　密度梯度离心原理

2. 层析分离技术

层析分离技术(chromatography)是应用于蛋白质分离的常用方法,是根据蛋白质的形态、大小和电荷的不同而设计的物理分离方法。各种不同的层析方法都涉及共同的基本特点:有一个固定相和流动相。当蛋白质混合溶液(流动相)通过装有珠状或基质材料的管或柱(固定相)时,由于混合物中各组分在物理、化学性质(如吸引力、溶解度、分子的形状与大小、分子的电荷性与亲和力)等方面的差异使各组分在两相间进行反复多次的分配而得以分开。流动相的流动取决于引力和压力,而不需要电流。用层析法可以纯化得到非变性的、天然状态的蛋白质。层析的方法很多,其中凝胶过滤层析、亲和层析、离子交换层析等是目前最常用的层析方法。

(1)凝胶过滤层析　凝胶过滤层析(gel filtration chromatography)又称排阻层析或分子筛方法,是利用具有网状结构的凝胶的分子筛作用,根据被分离物质的分子大小不同来进行分离和纯化。层析柱中的填料是某些惰性的多孔网状结构物质,多是交联的聚糖(如葡聚糖或琼脂糖)类物质,小分子物质能进入其内部,流下时路程较长,而大分子物质却被排除在外部,其下来的路程短。当混合溶液通过凝胶过滤层析柱时,溶液中的物质就按不同分子量筛分开了。

此法的突出优点是层析所用的凝胶属于惰性载体,不带电荷,吸附力弱,操作条件比较温和,可在相当广的温度范围下进行,不需要有机溶剂,并且对分离成分的理化性质保持独到之处,对于高分子物质有很好的分离效果。

(2)亲和层析　亲和层析(affinity chromatography)是一种吸附层析,抗原(或抗体)和相应的抗体(或抗原)发生特异性结合,而这种结合在一定的条件下又是可逆的。在生物分子中有些分子的特定结构部位能够同其他分子相互识别并结合,如酶与底物的识别结合、受体与配体的识别结合、抗体与抗原的识别结合,这种结合既是特异的,又是可逆的,改变条件可以使这种结合解除。亲和层析就是根据此原理设计的蛋白质分离纯化方法。

将具有特殊结构的亲和分子制成固相吸附剂放置在层析柱中,当要被分离的蛋白质混合液通过层析柱时,与吸附剂具有亲和能力的蛋白质就会被吸附而滞留在层析柱中。那些没有亲和力的蛋白质由于不被吸附,直接流出,与被分离的蛋白质分开,然后选用适当的洗脱液,改变结合条件将被结合的蛋白质洗脱下来,从而达到分离的目的。

亲和层析法具有高效、快速、简便等优点。理想的载体应具有下列基本条件：①不溶于水，但高度亲水；②惰性物质，非特异性吸附少；③具有相当量的化学基团可供活化；④理化性质稳定；⑤机械性能好，具有一定的颗粒形式以保持一定的流速；⑥通透性好，最好为多孔的网状结构，使大分子能自由通过；⑦能抵抗微生物和醇的作用。

（3）离子交换层析　离子交换层析（ion exchange chromatography）是以离子交换剂为固定相，依据流动相中的组分离子与交换剂上的平衡离子进行可逆交换时的结合力大小的差别而进行分离的一种层析方法。

1848 年，Thompson 等人在研究土壤碱性物质交换过程中发现离子交换现象。20 世纪 50 年代，离子交换层析进入生物化学领域，应用于氨基酸的分析。目前离子交换层析仍是生物化学领域中常用的一种层析方法，广泛应用于各种生化物质如氨基酸、蛋白质、糖类、核苷酸等的分离纯化。离子交换层析中，基质是由带有电荷的树脂或纤维素组成。带有正电荷的称为阳离子交换树脂，而带有负电荷的称为阴离子交换树脂。离子交换层析同样可以用于蛋白质的分离纯化。由于蛋白质也有等电点，当蛋白质处于不同的 pH 值条件下时，其带电状况也不同。阴离子交换基质结合带有负电荷的蛋白质，所以这类蛋白质被留在柱子上，然后通过提高洗脱液中的盐浓度等措施，将吸附在柱子上的蛋白质洗脱下来。结合能力较弱的蛋白质首先被洗脱下来。反之阳离子交换基质结合带有正电荷的蛋白质，结合的蛋白质可以通过逐步增加洗脱液中的盐浓度或是提高洗脱液的 pH 值洗脱下来。

2.2.1.2　细胞分选技术

细胞分选（cell sorting）是根据细胞的属性，将混合细胞分为具有不同特性的几种类群的方法。

流式细胞仪（flow cytometry，FCM）是对细胞进行自动分析和分选的装置。它可以快速测量、存储、显示悬浮在液体中的分散细胞的一系列重要的生物物理、生物化学方面的特征参量，并可以根据预选的参量范围把指定的细胞亚群从中分选出来。流式细胞仪主要由四部分组成，即流动室和液流系统、激光源和光学系统、光电管和检测系统、计算机和分析系统。其工作原理是：将待测细胞染色后制成单细胞悬液，用一定压力将待测样品压入流动室，不含细胞的磷酸缓冲液在高压下从鞘液管中喷出，鞘液管入口方向与待测样品流成一定角度，这样鞘液就能够包绕着样品高速流动，组成一个圆形的流束，待测细胞在鞘液的包被下单行排列，依次通过检测区域（图 2-15）。

进行流式细胞分选时，常对待测群体的某种成分进行特异的荧光染色，然后使悬液中的细胞一个个快速通过流式细胞仪，从而达到分选目的。

2.2.1.3　细胞电泳

细胞电泳（cell electrophoresis）是指在一定 pH 值下细胞表面带有净的正电荷或负电荷，能在外加电场的作用下发生泳动的现象。常用于测定细胞表面电荷，真核细胞表面常显负电性。

各种细胞或处于不同生理状态的同种细胞的荷电量有所不同，故在一定的电场中的泳动速度不同。在恒定的电场条件下，同种细胞的电泳速度相当稳定，因而可通过测定电泳速度来推算出细胞的 ξ 电位。ξ 电位常因细胞生理状态和病理状态而异，因此在诊断疾病上有一定价值。此外由于不同类型的细胞在电场中的泳动速度不同，细胞电泳尚可用来分离不同种类的细胞，例如可把淋巴样细胞与造血细胞分开。

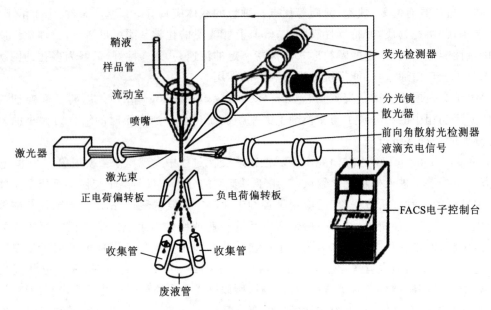

图 2-15　流式细胞仪分选细胞示意图

2.2.2　细胞生物化学技术

细胞生物学的一个主要特点是将细胞形态观察与细胞成分分析结合起来,其中一个重要的研究手段就是生物化学(cytochemistry)技术。生物化学技术是指在保持细胞结构完整的条件下,通过细胞化学反应研究细胞内各种成分(主要是生物大分子)的分布情况以及这些成分在细胞活动过程中的动态变化的技术。细胞化学技术不是单一的技术,而是一整套有关联的技术,包括酶细胞化学技术、免疫细胞化学技术、放射自显影技术、示踪细胞化学技术等。

2.2.2.1　细胞成分的细胞化学显示方法

细胞化学显示方法是利用染色剂可与细胞的某些特定成分发生反应而着色的原理,从而得以对某些成分进行定性和定量分析与研究。利用这种方法对细胞的各种成分几乎都能显示,包括核酸、蛋白质、糖类、脂类、酶类等各种组织化学显示法。

核酸显示可根据核酸组分的含氮碱基、戊糖和磷酸三种成分的细胞化学反应进行。最典型的是对 DNA 的 Feulgen 反应显示法,这种反应具有高度专一性。其原理是,标本经稀盐酸水解后,DNA 分子中的嘌呤碱基被解离,从而在核糖的一端出现醛基,Schiff 试剂中的无色品红与醛基反应,呈现出紫红色。甲基绿-派洛宁可以显示 RNA,甲基绿和 DNA 的亲和力高,派洛宁与 RNA 的亲和力高。甲基绿分子上有 2 个正电荷,使细胞核 DNA 分子染成蓝绿色,派洛宁只有 1 个正电荷,能与低聚分子结合,结果使 RNA 染成红色。

四氧化锇与不饱和脂肪酸反应呈黑色,用以证明脂滴的存在。而苏丹Ⅲ染色则通过扩散进入脂滴中,使脂滴着色。

蛋白质的成分有多种检测方法。如氮-汞试剂可与组织中蛋白质侧链上的酪氨酸残基反应,形成红色沉淀。蛋白质中的—SH 基可用形成硫醇盐共价键的试剂检测。

酶的细胞化学定位对研究细胞的生理功能和病理过程有重要作用,而且很多酶可以作为细胞膜和各种细胞器的标志酶。酶类只能通过酶的化学反应间接证明酶的定位与活性。如检测碱性磷酸酶的格莫瑞(Gomori)方法,是用甘油磷酸酯做底物,由于酶水解释放的磷酸根,在钙离子存在情况下转变成不溶性的磷酸钙,然后使磷酸根转变成金属银、硫化铅、硫化钴或其他有色化合物,就可以见到钙盐的存在部位,即碱性磷酸酶的活性部位。

高碘酸希夫(PAS)反应可确定多糖的存在,其原理同样是利用希夫试剂与醛基之间的正反应。

2.2.2.2　特异蛋白抗原的定位与定性

20 世纪 70 年代以来,免疫学的迅速发展为细胞生物学的研究提供了强有力的手段,特别是在细胞内特异蛋白定位与定性方面,单克隆抗体与其他一些检测手段相结合发挥了重要作用。应用免疫学基本原理,即抗原与抗体特异性结合的原理,通过化学反应使标记抗体的显色剂(荧光素、酶、金属离子、同位素)显色来确定组织细胞内抗原(多肽和蛋白质),对其进行定位、定性及定量的研究,称为免疫组织化学技术(immunohistochemistry)或免疫细胞化学技术(immunocytochemistry)。免疫细胞化学技术主要分为两类,即免疫荧光技术和免疫电镜技术。

1. 免疫荧光技术

所谓免疫荧光技术(immunofluorescence),是指将免疫学方法(抗原抗体特异结合)与荧光标记技术结合起来研究特异蛋白抗原在细胞内分布的方法。由于荧光素所发出的荧光可在荧光显微镜下检出,从而可对抗原进行细胞定位。常用的荧光素有 FITC、Rhodamine、TRITC 等。

免疫荧光技术方法包括直接和间接免疫荧光技术两种。直接法是将标记的特异性荧光抗体直接加在抗原标本上,经一定的温度和时间的染色,用缓冲液洗去未参加反应的多余荧光抗体,室温下干燥后封片、镜检。在运用直接免疫荧光技术时要注意:①对荧光标记的抗体的稀释,要保证抗体的蛋白质有一定的浓度,一般稀释度不应超过 1∶20;②染色的温度和时间需要根据各种不同的标本及抗原而变化;③为了保证荧光染色的正确性,首次试验时需设置下述对照,以排除某些非特异性荧光染色的干扰。间接法则先用已知未标记的特异抗体(第一抗体)与抗原标本进行反应,用缓冲液洗去未反应的抗体,再用标记的抗体(第二抗体)与抗原标本反应,使之形成抗原—抗体—抗体复合物,再用缓冲液洗去未反应的标记抗体,干燥、封片后镜检。如果检查未知抗体,则表明抗原标本是已知的,待检血清为第一抗体,其他步骤的抗原检查相同。间接免疫荧光技术应注意:①荧光染色后一般在 1 h 内完成观察,或于 4 ℃保存 4 h,时间过长,会使荧光减弱;②每次试验时,需设置三种对照,即阴性对照、阳性对照、荧光标记物对照;③已知抗原标本片需在操作的各个步骤中,始终保持湿润,避免干燥。

免疫荧光技术的主要特点是特异性强、敏感性高、速度快。主要缺点是非特异性染色问题尚未完全解决,结果判定的客观性不足,技术程序也还比较复杂。

2. 免疫电镜技术

免疫电镜技术是免疫化学技术与电镜技术结合的产物,是在超微结构水平研究和观察抗原、抗体结合定位的一种方法。根据标记方法的不同,可分为免疫铁蛋白技术、免疫酶标技术和免疫胶体金技术,其中免疫胶体金技术是用得最多的技术(图 2-16),胶体金本身具有许多优点,如制备容易、对组织细胞的非特异性吸附作用小,几乎不出现非特异性吸附,金颗粒大小可以控制,颗粒均匀,可进行双重和多重标记等。

免疫荧光和免疫电镜技术,两者都是应用免疫组织化学的原理,标记并检查组织中的目的蛋白(抗原)。不同点是:免疫荧光技术是用带有荧光的抗体去标记和检测目的蛋白(抗原),标记后用荧光显微镜观察,属于光镜、细胞水平的观测;免疫电镜技术是使用带有过氧化物酶或

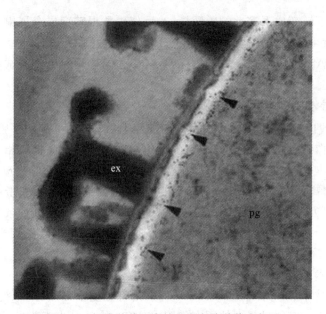

图 2-16 拟南芥花粉中糖蛋白免疫胶体金标记

图中箭头所指金颗粒所示为糖蛋白在花粉粒中的位置；ex 表示花粉外壁；pg 表示花粉粒

金颗粒的抗体去标记组织中的目的蛋白，进而制成电镜标本，最终用电子显微镜观察，属电镜、亚细胞水平上的检测。

2.2.2.3 放射性核素示踪技术

放射性核素示踪技术是利用电离辐射对乳胶（含 AgBr 或 AgCl）的感光作用，对细胞内生物大分子进行定性、定位与半定量研究的一种细胞化学技术。用于研究标记化合物在机体、组织和细胞中的分布、定位、排出以及合成、更新作用机理和作用部位等。

其原理是将放射性同位素（如 ^{15}C 和 ^{3}H）标记的化合物导入生物体内，经过一段时间后，将标本制成切片或涂片，涂上卤化银乳胶，经一定时间的放射性曝光，组织中的放射性即可使乳胶感光。然后经过显影、定影处理显示还原的黑色银颗粒，即可得知标本中标记物的准确位置和数量，放射自显影的切片还可再用染料染色，这样便可在显微镜下对标记上放射性的化合物进行定位或相对定量测定。这种技术与电镜样品处理，则为电镜放射自显影。

2.2.2.4 细胞内特异核酸的定位与定性

细胞内特异核酸（DNA 或 RNA）的定位研究是基于 DNA 分子复制原理发展起来的一种技术，将带有标记的 DNA 或 RNA 片段作为核酸探针，与组织切片或细胞内待测核酸（DNA 或 RNA）片段进行杂交，然后根据标记方法的不同选择相应的显色方法，确定目的 DNA 或 mRNA 的存在和定位（图 2-17）。由于此方法是在原位研究细胞或组织的基因表达，通常也称为原位杂交（in situ hybridization）。原位杂交技术因其高度的灵敏性和准确性而日益受到许多科研工作者的欢迎，并广泛应用到基因定位、性别鉴定和基因图谱的构建等研究领域中。

2.2.2.5 PCR 技术

聚合酶链式反应（polymerase chain reaction，PCR）是一种分子生物学技术，用于放大特定的 DNA 片段。Khorana（1971）等最早提出核酸体外扩增的设想：经 DNA 变性，与合适的引物杂交，用 DNA 聚合酶延伸引物，并不断重复该过程便可合成 tRNA 基因。1983 年 Mullis 用同位素标记法检测到了 10 个循环后的 49 bp 长度的第一个 PCR 片段；随后他在 Cetus 公司工

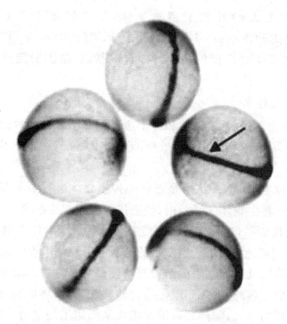

图 2-17　用原位杂交技术显示斑马鱼胚 15 hpf *myoD* 基因的表达(箭头所指)

作期间,发明了 PCR,由此开创了分子生物学技术的新时代。

　　PCR 的原理是利用 DNA 的半保留复制特性,双链 DNA 在多种酶的作用下可以变性解旋成单链,在 DNA 聚合酶的参与下,根据碱基互补配对原则复制成同样的两分子拷贝。因此,通过温度变化控制 DNA 的变性和复性,加入设计引物、DNA 聚合酶、dNTP 就可以完成特定基因的体外复制(图 2-18)。PCR 由变性—退火—延伸三个基本反应步骤构成。①模板 DNA 的变性:模板 DNA 经加热至 93 ℃左右一定时间后,使模板 DNA 双链或经 PCR 扩增形成的双链 DNA 解离,使之成为单链,以便它与引物结合,为下轮反应做准备。②模板 DNA 与引物的退火(复性):模板 DNA 经加热变性成单链后,温度降至 55 ℃左右,引物与模板 DNA 单链的互补序列配对结合。③引物的延伸:DNA 模板-引物结合物在 TaqDNA 聚合酶的作用下,以 dNTP 为反应原料,靶序列为模板,按碱基互补配对与半保留复制原理,合成一条新的与模板 DNA 链互补的半保留复制链,重复循环变性—退火—延伸三个过程就可获得更多的"半保留复制链",而且这种新链又可成为下次循环的模板。每完成一个循环需 2～4 min,2～3 h 就能将待扩目的基因扩增放大几百万倍。

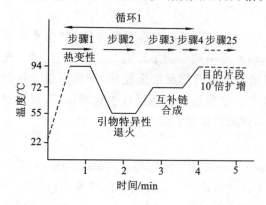

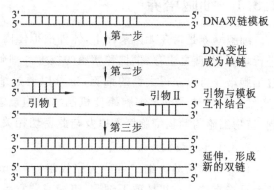

图 2-18　PCR 原理图

在普通 PCR 技术上人们开发了多种变体,如逆转录 PCR(RT-PCR)、定量 PCR(quantitative PCR)、巢式 PCR(nested PCR)、多重 PCR(multiplex PCR)等。PCR 可用于扩增目的的 DNA,现在有着十分广泛的用途。如合成基因、基因的定点突变、法医学、疾病诊断等。

2.2.2.6　基因工程技术

基因工程是在生物化学、分子生物学和分子遗传学等学科的研究成果基础上逐步发展起来的。1973 年,Cohen 等首次完成了重组质粒 DNA 对大肠杆菌的转化表明基因工程已正式问世。

基因工程技术,又称重组 DNA 技术是指将一种生物体(供体)的基因与载体在体外进行拼接重组,然后转入另一种生物体(受体)内,使之按照人们的意愿稳定遗传并表达出新产物或新性状的 DNA 体外操作程序,也称为分子克隆技术。因此,供体、受体、载体是重组 DNA 技术的三大基本元件。一个完整的、用于生产目的的基因工程技术程序包括以下基本内容:①外源目标基因的分离、克隆以及目标基因的结构与功能研究。这一部分的工作是整个基因工程的基础,因此又称为基因工程的上游部分;②适合转移、表达载体的构建或目标基因的表达调控结构重组;③外源基因的导入;④外源基因在宿主基因组上的整合、表达及检测与转基因生物的筛选;⑤外源基因表达产物的生理功能的核实;⑥转基因新品系的选育和建立,以及转基因新品系的效益分析;⑦生态与进化安全保障机制的建立;⑧消费安全评价。

基因工程技术已广泛应用于医、农、牧、渔等产业,甚至与环境保护也有密切的关系。研究成果最显著的是基因工程药物,转基因植物的研究也取得了喜人的成果。

2.3　细胞培养与细胞工程技术

细胞工程技术(cell engineering)是细胞生物学与遗传学的交叉领域,是利用细胞生物学的原理和方法,结合工程学的技术手段,按照人们预先的设计,有计划地改变或创造细胞遗传性的技术。包括体外大量培养和繁殖细胞,或获得细胞产品,或利用细胞体本身。主要内容包括:细胞融合、细胞生物反应器、染色体转移、细胞器移植、基因转移、细胞及组织培养。本节主要介绍动植物细胞培养技术以及与细胞培养直接相关的一些技术。

2.3.1　细胞培养

细胞培养是指在无菌条件下,体外模拟体内的生理环境,把动植物细胞从有机体分离出来进行培养,并使之生存、生长和增殖的技术。细胞培养是细胞生物学研究的一个重要方面,通过细胞培养可以获得大量的细胞,也可以通过细胞培养研究细胞的全能性、细胞周期及其调控、细胞信号转导以及细胞癌变机制与细胞衰老等。细胞培养包括原核生物细胞、真核单细胞、植物细胞与动物细胞培养以及与此密切相关的病毒的培养。

2.3.1.1　动物细胞培养

体外培养的动物细胞可分为原代培养(primary culture)与传代培养(subculture)。原代培养是指直接从有机体取下细胞、组织或器官后立即进行培养。原代培养的细胞一般传至 10代,细胞生长出现停滞,大部分细胞衰老死亡。因此,有人把传至 10 代以内的细胞统称为原代细胞培养。传代细胞是指在适应体外条件下继续继代培养的细胞。将原代培养的细胞从培养瓶中取出,以 1∶2 以上的比例扩大培养,为传代培养。在原代细胞培养中,也有少数细胞可以继续传下去,一般可以顺利传 40～50 代次,并且仍保持染色体二倍性和接触抑制性行为,这种类型的细胞称为细胞株(cell strain)。因此,细胞株是通过选择法或克隆法从原代培养物中获得的具有特殊性质或标志的培养细胞。有些细胞在传代培养过程中发生遗传突变,带有癌细胞的特点,可以在体外培养条件下无限制地传下去,这种传代细胞称为细胞系(cell line)。细胞系细胞的特点是染色体数目明显改变,失去接触抑制的特点,易继代培养。如 HeLa 细胞系、CHO 细胞系(中国仓鼠卵巢细胞)与 BHK-21 细胞系(来自叙利亚仓鼠肾成纤维细胞)等。

动物细胞培养分为贴壁培养和悬浮培养。体外培养的细胞,无论是原代细胞,还是继代细胞,一般不能保持体内原有的细胞形态。大体可分为两种基本形态:成纤维样细胞(fibroblast like cell)与上皮样细胞(epithelial like cell)。分散的细胞悬浮在培养瓶中很快(在几十分钟至数小时内)就贴附在瓶壁上,称为细胞贴壁。原来是分散呈圆形的细胞一经贴壁就迅速铺展呈多形态,此后细胞开始有丝分裂,逐渐形成致密的细胞单层,称单层细胞(single layer cell)。当贴壁生长的细胞分裂生长到表面相互接触时,就停止分裂增殖,相互紧密接触的细胞不再进入 S 期,这种现象称为接触抑制(contact inhibition)。长成单层的细胞经过一段时间后必须重新分散后分瓶继续培养,才能使其继续分裂增殖。悬浮培养的细胞在培养中不贴壁,一直悬浮在培养液中生长,如 T 淋巴细胞。悬浮培养的条件较为复杂,难度相对较大,但容易同时获得大量的培养细胞。

体外培养细胞时,营养和环境条件非常重要。营养物质必须与体内相同,体外培养细胞所需的营养是由培养基提供的。培养基通常含有细胞生长所需的氨基酸、维生素、糖和微量元素。培养基可分为天然培养基和合成培养基。一般培养细胞所用的培养基是合成培养基,但在使用合成培养基时需要添加一些天然成分,其中最重要的是血清,这是因为血清中含有多种促细胞生长因子和一些生物活性物质。环境因素主要是指无菌环境、合适的温度(35～37 ℃)、一定的渗透压、气体环境(O_2 和 CO_2)和 pH 值(7.2～7.4)。

2.3.1.2 植物细胞培养

植物细胞培养是指离体的植物器官、组织或细胞,在培养了一段时间后,会通过细胞分裂,形成愈伤组织。由高度分化的植物器官、组织或细胞产生愈伤组织的过程,称为植物细胞的脱分化,或者称为去分化。脱分化产生的愈伤组织继续进行培养,又可以重新分化成根或芽等器官,这个过程称为再分化。再分化形成的试管苗,移栽到地里,可以发育成完整的植物体。

植物细胞培养主要有如下几种技术。

(1)组织培养 先诱发产生愈伤组织,如果条件适宜,可分化培养出再生植株。用于研究植物的生长发育、分化和遗传变异,或进行无性繁殖。

(2)悬浮细胞培养 在愈伤组织培养技术基础上发展起来的一种培养技术。植物细胞悬浮体系由于分散性好、细胞性状及细胞团大小一致,而且生长迅速、重复性好、易于控制等有利因素,因此,适合于进行产业化大规模细胞培养,获得植物次生代谢产物。

(3)原生质体培养 脱壁后的植物细胞称为原生质体(protoplast),其特点是:①比较容易摄取外来的遗传物质,如 DNA;②便于进行细胞融合,形成杂交细胞;③与完整细胞一样具有全能性,仍可产生细胞壁,经诱导分化成完整植株。

(4)单倍体培养 利用植物的单倍体细胞进行体外培养获得单倍体植株。通常用花药或花粉培养可获得单倍体植株,再经人为加倍后可得到完全纯合的个体。

2.3.2 细胞融合及单克隆抗体技术

细胞融合(cell fusion)是在自发或人工诱导下,两个或多个细胞或原生质体相互接触合并成一个双核或多核细胞的过程。基因型相同的细胞融合成的杂种细胞称为同核体(homokaryon),来自不同基因型的杂交细胞则称为异核体(heterokaryon)。细胞融合包括自发融合和诱导融合。自发融合的频率很低,在实际研究工作中意义不大。诱导细胞融合的方法很多,常用的有生物法(如灭活的仙台病毒)、化学法(如聚乙二醇)和物理法(如电脉冲、振动、离心、电激)。目前应用最广泛的是聚乙二醇(polyethyleneglycol,PEG),因为它易得、简便,且融合效果稳定。PEG 的促融机制尚不完全清楚,它可能引起细胞膜中磷脂的酰键及极性基团发生结构重排。动植物细胞融合方法不同,生物法利用灭活仙台病毒(Sendai virus)是动物细胞融合所特有的。

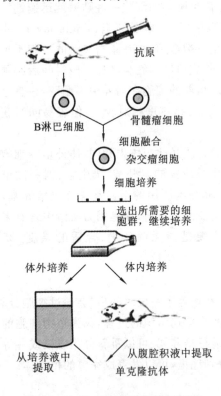

抗原

B淋巴细胞　骨髓瘤细胞
细胞融合
杂交瘤细胞
细胞培养
选出所需要的细胞群,继续培养

体外培养　体内培养

从培养液中提取　从腹腔积液中提取单克隆抗体

图 2-19　单克隆抗体技术流程图

细胞融合不仅可用于基础研究,而且还有重要的应用价值。单克隆抗体的制备就是细胞融合的一个重要应用。1975 年英国科学家 Milstein 和 Kohler 将产生抗体的淋巴细胞同骨髓瘤细胞融合,成功建立了单克隆抗体技术,两人因这项重要的贡献而获得 1984 年诺贝尔生理学或医学奖。其原理是:B 淋巴细胞能够产生抗体,但在体外不能进行无限分裂,而瘤细胞虽然可以在体外进行无限传代,但不能产生抗体,将这两种细胞融合后得到的杂交瘤细胞具有两种亲本细胞的特性,然后通过 HAT 培养基进行筛选、鉴定,最后得到生产单克隆抗体的细胞。HAT 培养基是选择性培养基,含有次黄嘌呤(hypoxanthine,H)、氨基蝶呤(aminopterin,A)和胸腺嘧啶(thymine,T)核苷。由于骨髓瘤细胞缺乏胸腺嘧啶核苷激酶(TK)或次黄嘌呤合成 RNA 的磷酸核糖转移酶(HGPRT),在含氨基蝶呤的培养液内不能存活。只有融合的细胞才能在含 HAT 的培养液中通过旁路合成核酸而得以生存(图 2-19)。

单克隆抗体技术最主要的优点是可以用不纯的抗原分子制备纯一的单克隆抗体。目前,单克隆抗体技术与基因克隆技术相结合为分离和鉴定新的蛋白质和基因开辟了一条广阔途径,而且在临床诊断与肿瘤等疾病的治疗中也具有重要的作用。

2.3.3 显微操作技术与动物的克隆

真核细胞主要由细胞核和细胞质组成,为了探明核质互作的机制,人们创建了细胞拆合技术。细胞拆合技术又称细胞质工程技术,是通过物理或化学方法将细胞质与细胞核分开,再进行不同细胞间核质的重新组合,重建成新细胞,可用于研究细胞核与细胞质关系的基础研究和育种工作。过去在植物上置换的方法是进行连续回交。例如,为了研究柳叶菜属的细胞质遗传,曾连续回交了 25 代,结果还是不能把全部母核替代出来。现在由于核移植和原生质体的分离方法的改进,推进了这项工程的进展。

显微操作技术(micromanipulation technique)是指在高倍复式显微镜下,利用显微操作装置对细胞或早期胚胎进行操作的一种方法(图 2-20)。显微操作技术包括细胞核移植、显微注射、嵌合体技术、胚胎移植以及显微切割等。

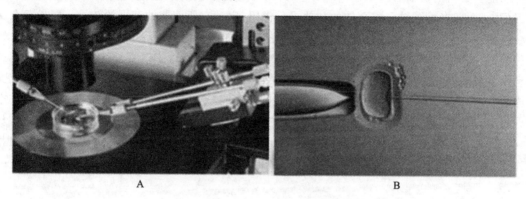

图 2-20　显微操作技术
A.显微操作仪局部图;B.应用显微注射技术进行细胞核移植

细胞拆合技术、显微操作技术与现代分子生物学技术相结合,使这些经典的胚胎技术展现出极大的潜力,也对研究个体发生、细胞分化、核质关系、细胞的结构和生物大分子的功能、基因表达与调控、外源遗传物质对细胞或生物体的作用等方面发挥着重要作用。

2.4　细胞及生物大分子动态变化

2.4.1　荧光漂白恢复技术

荧光漂白恢复技术(fluorescence photobleaching recovery,FPR)是 20 世纪 70 年代开创的利用亲脂性或亲水性的荧光分子,如荧光素、绿色荧光蛋白等与蛋白质或脂质耦联,用于检测所标记分子在活体细胞表面或细胞内部运动及其迁移速率。FPR 技术的原理是:利用高能激光照射细胞的某一特定区域,使该区域内标记的荧光分子不可逆地淬灭,这一区域称荧光漂白(photobleaching)区。随后,由于细胞质中的脂质分子或蛋白质分子的运动,周围非漂白区荧光分子不断向光漂白区迁移。结果使荧光漂白区的荧光强度逐渐地恢复到原有水平。从理论上讲,活细胞生理过程中的任何分子,只要能用荧光标记,就可以利用 FPR 技术对它进行实时动态观测,揭示该分子迁移的方向、速度、比例等信息,这对研究细胞分子动力学、分子机制以及构建理论模型都有重要意义。目前,FPR 技术已广泛应用于测定人工膜、细胞膜以及细胞质分子的二维运动。

2.4.2　酵母双杂交技术

酵母双杂交系统主要用于研究活细胞内蛋白质相互作用,对蛋白质之间微弱的、瞬间的作用也能够通过报告基因的表达产物敏感地检测得到,它是一种具有很高灵敏度的研究蛋白质之间关系的技术。该技术由 Fields 等于 1989 年首先建立。它的建立得益于对真核生物调控转录起始过程的认识。细胞起始基因转录需要有反式转录激活因子的参与,转录激活因子往往由两个或两个以上相互独立的结构域构成,其中有 DNA 结合结构域(DNA binding domain,简称为 BD)和转录激活结构域(activation domain,简称为 AD),它们是转录激活因子发挥功能所必需的。前者可识别 DNA 上的特异序列,并使转录激活结构域定位于所调节的基因的上游,后者可同转录复合体的其他成分作用,启动它所调节的基因的转录。酵母双杂交系统正是利用杂交基因通过激活报告基因的表达来研究蛋白质-蛋白质的相互作用。将已知基因(诱饵基因)和靶基因或含有靶基因的 cDNA 分别构建在含 BD 及 AD 质粒载体上,当这两种质粒共同转化酵母感受态细胞时,若 BD 结合的诱饵蛋白能够与 AD 结合的靶蛋白或文库中某些 cDNA 编码的蛋白质相互作用、彼此间结合时,则会导致位于侧翼的 BD 与 AD 在空间上接近,呈现转录因子的完全活性,启动下游的报告基因如 His 及 LacZ 等基因的表达,从而在特定的缺陷培养基上生长(图 2-21)。因此,利用酵母双杂交系统能够筛选与诱饵蛋白相互作用的蛋白质,还可以研究已知蛋白质间的相互作用。

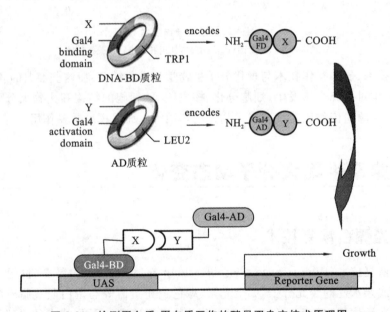

图 2-21　检测蛋白质-蛋白质互作的酵母双杂交技术原理图

　　酵母双杂交系统最主要的优点是可快速、直接分析已知蛋白质之间的相互作用及分离新的与已知蛋白质作用的配体及其编码基因。目前,酵母双杂交技术还在不断完善,并由此衍生出一些相关的新技术。

2.4.3　荧光能量共振转移技术

　　荧光能量共振转移(fluorescence resonance energy transfer,FRET)是较早发展起来的一项技术,随着绿色荧光蛋白应用技术的发展,FRET 已经成为检测活体中生物大分子纳米级距离和纳米级距离变化的有力工具,在生物大分子相互作用分析、细胞生理研究、免疫分析等方面有着广泛的应用。其原理是当一个荧光分子(又称为供体分子)的荧光光谱与另一个荧光分子(又称为受体分子)的激发光谱相重叠时,供体荧光分子的激发能诱发受体分子发出荧光,同时供体荧光分子自身的荧光强度衰减。FRET 程度与供体、受体分子的空间距离紧密相关，一般为 7～10 nm 时即可发生 FRET，随着距离延长，FRET 则显著减弱。

　　FRET 技术用于检测体内两种蛋白质之间是否存在直接相互作用时，青色荧光蛋白（cyan fluorescent protein，CFP）、黄色荧光蛋白（yellow fluorescent protein，YFP）为目前蛋白质-蛋白质相互作用研究中最广泛应用的 FRET 对。CFP 的发射光谱与 YFP 的吸收光谱相重叠。将供体蛋白 CFG 和受体蛋白 YFG 分别与两种目的蛋白融合表达。若两个融合蛋白之间的距离在 5～10 nm 的范围内，则供体 CFP 发出的荧光可被 YFP 吸收，并激发 YFP 发出黄色荧光，此时可通过测量 CFP 荧光强度的损失量来确定这两个蛋白质是否相互作用（图 2-22）。两个蛋白质距离越近，CFP 所发出的荧光被 YFP 接收的量就越多，检测器所接收到的荧光就越少。

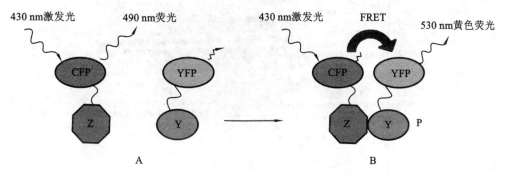

图 2-22　荧光共振能量转移技术原理图

　　A. 携带 CFP 的供体蛋白与携带 YFP 的受体蛋白分子之间的距离大于 10 nm 时，在一定波长的紫外激发光（430 nm）的照射下，只有供体蛋白中的 CFP 被激发，释放波长为 490 nm 的蓝色荧光，而受体中的 YFP 不会被激发出黄色荧光。B. 如果这两个蛋白之间的距离在 1～10 nm 的范围内，供体蛋白中 CFP 发出的蓝色荧光可被受体蛋白中的 YFP 所吸收，并激发 YFP 发出波长为 530 nm 的黄色荧光

2.5　蛋白质组学技术

　　1994 年，澳大利亚科学家 M. Wilkins 提出蛋白质组（proteome）的概念，是指一个基因组所表达的全部蛋白质。蛋白质组学（proteomics）是应用各种技术手段来研究蛋白质组的一门新兴科学，是指从整体的角度分析细胞内动态变化的蛋白质组成成分、表达水平与修饰状态，了解蛋白质之间的相互作用与联系，揭示蛋白质功能与细胞生命活动规律。

　　蛋白质组学技术主要包括蛋白质分离技术和蛋白质鉴定技术，同时生物信息技术也是蛋白质组学研究技术中不可或缺的重要组成部分。

2.5.1　双向凝胶电泳

　　双向凝胶电泳的思路最早由 Smithies 和 Poulik 提出。1975 年由意大利生化学家 O'Farrell 等建立了双向凝胶电泳技术，它是一种高分辨率的蛋白质分离技术。双向凝胶电泳的原理是第一向基于蛋白质的等电点不同，用等电聚焦分离，第二向则按分子量的不同，用 SDS-PAGE 分离，把复杂蛋白质混合物中的蛋白质在二维平面上分开（图 2-23）。蛋白质是两性分子，在不同的 pH 环境中可以带正电荷、负电荷或不带电荷。对每个蛋白质来说都有一个特定的 pH,将蛋白质样品加载至 pH 梯度介质上进行电泳时,它会向与其所带电荷相反的电极方向移动。在移动过程中,蛋白质分子可能获得或失去质子,并且随着移动的进行,该蛋白质所带的电荷数和迁移速度下降。当蛋白质迁移至其等电点 pH 位置时,其净电荷数为零,在电场中不再移动。蛋白质与十二烷基硫酸钠(SDS)结合形成带负电荷的蛋白质。所带的负电荷远远超过蛋白质分子原有的电荷量,能消除不同分子之间原有的电荷差异,从而使得凝胶中电泳迁移率不再受蛋白质原有电荷的影响,而主要取决于蛋白质分子质量的大小。

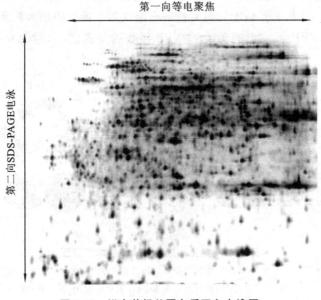

图 2-23　拟南芥根总蛋白质双向电泳图

2.5.2　色谱技术

色谱技术是利用不同物质在由固定相和流动相构成的体系中具有不同的分配系数,当两相做相对运动时,这些物质随流动相一起运动,并在两相间进行反复多次的分配,从而使各物质达到分离目的。在当今的蛋白质组学研究中,大多数生物样品都具有高复杂性,传统的一维分离技术因其解决能力和峰容量的缺陷而受到限制,多维液相色谱是采用两种或两种以上不同的分离机制组合,利用样品的不同特点将复杂的混合物分离成单一组分。毛细管电泳(capillary electrophoresis,CE)是以弹性石英毛细管为分离通道,以高压直流电场为驱动力,依据样品中各组分之间淌度(单位电场下的电泳速度)和分配行为上的差异而实现分离的电泳分离分析方法。该技术集成了毛细管电泳的高效分离性和 HPLC 的高选择性。毛细管电泳技术和高效液相色谱技术由于分辨率高,所需样品量少,易于和电喷雾离子化质谱联用而成为蛋白质组分析的重要手段。

2.5.3　质谱技术

质谱(mass spectrometry)是带点原子、分子或分子碎片按荷质比的大小顺序排列的图谱。质谱技术能鉴定蛋白质并准确测量肽段和蛋白质的相对分子质量、氨基酸序列及翻译后的修饰。质谱学方法被认为是一种同时具备高特异性和高灵敏度且得到了广泛应用的普适性方法,其基本原理是使试样中各组分在离子源中发生电离,生成不同荷质比的带正电荷的离子,经加速电场的作用,形成离子束,进入质量分析器。在质量分析器中,再利用电场和磁场使发生相反的速度色散,将它们分别聚焦而得到质谱图,从而确定其质量。

根据蛋白质样品分子离子化的方式不同可分为电喷雾离子化质谱(electrospray ionisation mass spectrometry,ESI-MS)和基质辅助激光解吸离子化质谱(matrix-assisted laser desorption ionization mass spectrometry,MALDI-MS)。电喷雾离子化质谱技术的优势就是它可以方便地与多种分离技术联合使用,如液-质联用(LC-MS)是将液相色谱与质谱联合而达到检测大分子物质的目的。MALDI-MS 是近年来发展起来的一种软电离新型有机质谱,具有灵敏度高、准确度高、分辨率高、图谱简明、质量范围广及速度快等特点,在操作上制样简便、可微量化、大规模、并行化和高度自动化处理待检生物样品,而且在测定生物大分子和合成高聚物应用方面有特殊的优越性,已成为检测和鉴定多肽、蛋白质、多糖、核苷酸、糖蛋白、高聚物以及多种合成聚合物的强有力工具。当用一定强度的激光照射样品与基质形成的共结晶薄膜时,基质从激光中吸收能量,基质-样品之间发生电荷转移使得样品分子电离,电离的样品在电场作用下加速飞过飞行管道,根据到达检测器的飞行时间不同而被检测,即测定离子的质量电荷之比与离子的飞行时间成正比来检测离子。MALDI-MS 已成为生命科学领域蛋白质组研究中必不可缺的重要关键技术之一。

2.5.4　蛋白质芯片

蛋白质芯片(protein chip,protein microarray)技术的研究对象是蛋白质,其原理是对固相载体进行特殊的化学处理,再将已知的蛋白质分子产物固定其上,根据这些生物分子的特性,捕获能与之特异性结合的待测蛋白,从而对待测蛋白进行分离和鉴定。蛋白质芯片是一种高通量的蛋白质功能分析技术,可用于蛋白质表达谱分析,研究蛋白质与蛋白质的相互作用,甚至 DNA-蛋白质、RNA-蛋白质的相互作用,筛选药物作用的蛋白靶点等。目前,蛋白质芯片主要有三类:蛋白质微阵列、微孔板蛋白质芯片、三维凝胶块芯片。

2.5.5　生物信息学

生物信息学(bioinformatics)是在生命科学的研究中,以计算机为工具对生物信息进行存储、检索和分析的科学。它是当今生命科学和自然科学的重大前沿领域之一。其研究重点是把基因组 DNA 序列信息分析作为源头,在获得蛋白质编码区的信息后进行蛋白质空间结构模拟和预测,然后依据特定蛋白质的功能进行必要的药物设计。基因组信息学、蛋白质空间结构模拟以及药物设计构成了生物信息学的三个重要组成部分。

当今生物学各学科之间的交叉性越来越强,特别是在研究方法上可以互相借鉴,除了本章上述介绍的一些方法外,其他实验技术,如基因操作技术、各种生理学技术、微生物学技术和遗传学技术等常应用于细胞生物学。毋庸置疑,实验技术的改进和发展,对推动细胞生物学的发展起着重要作用。

2.6　细胞生物学研究的模式生物

生物学家通过对选定的生物物种进行科学研究,可揭示某种具有普遍规律的生命现象,此时,这种被选定的生物物种就是模式生物。常见的模式生物有病毒、细菌、酵母、线虫、果蝇、斑马鱼、小鼠以及植物中的拟南芥。

2.6.1 病毒

病毒结构简单,基因组小,繁殖快,适合遗传操作。主要用于基因表达调控、生物大分子相互作用、生命物质自组装以及肿瘤的发生与防治方面的研究。

2.6.2 细菌

细菌基因结构简单,培养方便,生长快,突变株的诱导,转基因技术和鉴定分离技术成熟,且大肠杆菌测序已经完成,有利于开展深入研究。

2.6.3 酵母

酵母是单细胞真核生物的代表,生长迅速而且易于遗传操作,不仅具有细菌的一些优点,而且具有真核细胞的组织结构。用于研究的主要有裂殖酵母和芽殖酵母。

2.6.4 线虫

秀丽隐杆线虫(*Caenorhabditis elegans*)在当今的生命科学研究中起着举足轻重的作用。20世纪60年代,Brenner在确立了分子遗传学的中心法则以后,为探索个体及神经发育的遗传机制,而最终选择了秀丽隐杆线虫这一比果蝇更简单的生物。秀丽隐杆线虫是雌雄同体的,一生可以产生约300粒受精卵,可以快速大量繁殖。同时在自然条件或诱导下,可以产生雄性个体来进行杂交实验,这一特征使得秀丽隐杆线虫在遗传学研究方面有着无可比拟的优势。另外,秀丽隐杆线虫细胞谱系清楚,在全部1090个细胞中,有131个细胞以一种不变的方式在固定的发育时间和固定位置消失,该特征决定了秀丽隐杆线虫在研究细胞凋亡方面的特殊地位。

2.6.5 果蝇

黑腹果蝇(*Drosophila melanogaster*)属于昆虫纲双翅目,20世纪初Morgan选择黑腹果蝇作为研究对象,建立了遗传的染色体理论,奠定了经典遗传学的基础并开创了利用果蝇作为模式生物的先河。20世纪80年代以后针对果蝇的基因组操作取得重大进展,并发展出一系列的有效技术,如增强子陷阱技术、定点同源重组技术。2000年,果蝇的全基因组测序基本完成,全基因组约165 Mb。果蝇基因组进化保守,与人类同源性较高,具有丰富的生物学行为,易于遗传操作。在利用果蝇模型研究的人类疾病中,目前研究较多的是神经退行性疾病,包括帕金森病等。此外,果蝇还可作为肿瘤、心血管疾病、线粒体病等的研究模型。

2.6.6 斑马鱼

斑马鱼属于脊椎动物,容易繁殖,孵化3个月后性成熟,每次产卵200个左右,受精卵直径约1 mm,便于进行显微注射和细胞移植。斑马鱼体外受精,胚胎在体外发育并且透明,易于观察和操作;基因组大小与人类类似,许多基因与人类存在对应关系。其生长发育过程、组织系统结构与人有很高的相似性,两者在基因和蛋白质的结构和功能上也表现出高度的保守性,因此斑马鱼也是研究人类疾病发生机理的优良模式生物。

2.6.7　小鼠

小鼠作为哺乳动物中的唯一模式生物,在进化上很接近人类,基因组测序显示其序列与人类非常相近。小鼠在人的生理病理研究中担负着重要角色。通过开展大规模的基因删除研究,建立删除基因小鼠品系,分析各基因的功能,也是现在小鼠研究的热点。

2.6.8　拟南芥

拟南芥(*Arabidopsisthaliana*)属十字花科,株高 7～40 cm。生长周期为 6 周左右,种子数量多,生活力强,自花授粉植物,基因高度纯合。2000 年完成了拟南芥基因组全序列的测序工作,拟南芥成为第一个被完整测序的植物,是植物发育研究的模式生物,又被称为植物界的"果蝇"。

酵母作为一种模式生物在实验系统研究方面具有许多内在的优势。①酵母易于培养和操作、增殖快,酵母的基因组很小,是研究真核生物生命活动的首选模式生物,有真核生物中的"大肠杆菌"之称。②酵母能在单倍体和二倍体的状态下稳定生长,并能在实验条件下较为方便地控制单倍体和二倍体之间的相互转换。③利用酵母可构建出更适合真核生物基因表达的载体系统,甚至还可利用酵母染色体的这些元件构建出更大、更为有效的大片段序列克隆系统,如酵母人工染色体(YAC)。④酵母的生命周期很适合经典的遗传学分析,使得在酵母染色体上构建精细的遗传图谱成为可能。

■ 思考题

1.光学显微镜技术包括哪些,各有什么优缺点?

2.透射电子显微镜与普通光学显微镜的成像原理有何异同? 为什么电子显微镜不能代替光学显微镜?

3.什么是免疫荧光技术? 免疫荧光技术操作过程中应注意哪些事项?

4.为什么说细胞培养是细胞生物学研究最基本的实验技术之一? 单克隆抗体技术的基本原理是什么?

5.细胞组分的分离与分选有哪些基本的实验技术?

6.细胞及生物大分子间的相互作用与动态变化涉及哪些实验技术? 它们各有哪些优点和不足?

7.设计试验追踪活细胞中蛋白质合成与分泌过程。

■ 拓展资源

《中国细胞生物学学报》

《细胞生物学杂志》

《细胞与分子免疫学杂志》

《Cell》

《Plant Cell》

《Cell Research》

《Journal Of Cellular Biochemistry》

参考文献

[1] 翟中和,王喜忠,丁明孝. 细胞生物学[M]. 北京:高等教育出版社,2011.

[2] Alberts B,Johnson A,Lewis J,et al. Molecular Biology of the Cell[M]. 4th ed. New York & London:Garland Publishing Inc,2002.

[3] Julio C E. Cell Biology:A Laboratory Handbook [M]. 3th ed. Denmark:Academic Press Inc,2005.

[4] Hayat M A. Principles and Techniques of Electron Microscopy Biological Applications [M]. 4th ed. Cambridge:Cambridge University Press,2000.

[5] 张鸿卿,连慕兰. 细胞生物学实验方法与技术[M]. 北京:北京师范大学出版社,1992.

[6] 张春霞,刘峰. 斑马鱼高分辨率整胚原位杂交实验方法与流程[J]. 遗传,2013,35(4):522-528.

模块二
细胞外膜及物质运输

第3章 细胞质膜

提要 细胞膜为细胞的生命活动提供相对稳定的内环境,同时与外环境进行物质交换、能量交换和信息传递。膜的主要成分是脂类、蛋白质和糖类。甘油磷脂、鞘磷脂和胆固醇是主要的膜脂。根据膜蛋白与质膜的结合方式可分为外周膜蛋白、脂锚定蛋白和整合膜蛋白,细胞质膜的生物学功能主要是通过膜蛋白来体现的。糖类一般以糖脂或糖蛋白的形式存在,分布于质膜的外表面。流动性和不对称性是膜的主要特征,膜脂的流动性包括膜脂的侧向扩散、旋转运动等方式,并受脂肪酸链的饱和度、卵磷脂和鞘磷脂的比例及温度等因素的影响;膜脂、膜蛋白及膜糖的不对称分布导致膜功能的不对称性,保证细胞生命活动高度有序进行。

细胞膜(cell membrane)是围绕在细胞最外面的一层生物膜,又称质膜(plasma membrane)。细胞膜是原始生命物质在长期进化过程中形成的,它的出现使原始生命物质从非细胞形态进化到细胞形态,是生物进化上的一大飞跃。细胞膜不仅是细胞结构上的边界,而且使细胞具有更大的相对独立性,保证了细胞内环境的稳定,同时与外环境进行物质交换、能量交换和信息传递。

3.1 细胞质膜

3.1.1 细胞质膜结构研究简史

探索细胞外边界层化学性质的第一线曙光来自 Ernest Overton 在18世纪90年代所进行的研究。Overton 知道非极性溶质更容易溶解到非极性溶剂而不是极性溶剂中,而极性溶质的性质恰恰相反。Overton 认为,环境中的物质要进入细胞,必须首先溶解在细胞的外边界中。为了测试细胞外边界层的通透性,Overton 将植物的根毛浸入数以百计的不同溶液中,每种溶液含有不同溶解性的溶质。他发现脂溶性越好的化合物越容易进入根毛细胞。最后,他推断细胞的外边界层的溶解能力与脂肪油的溶解能力相匹配。

1925年,两个荷兰科学家 E. Gorter 和 F. Grendel 首先提出细胞膜可能是由磷脂双分子层构成的。研究人员从人红细胞提取脂类分子,测量当其在水面上分散时这些脂类分子所覆盖的表面积。由于成熟哺乳动物的红细胞失去细胞核和细胞器,所以质膜就成为唯一含脂类成分的结构。抽提的脂类分子所覆盖的水的表面积和计算出的它所来源的红细胞的表面积的比值在1.8:1至2.2:1之间。E. Gorter 和 F. Grendel 猜测实际的比值应该是2:1,因此推测质膜所含的是双层脂分子,即脂双层(lipid bilayer)。随后,人们发现质膜的表面张力远小于完全的脂类结构的数值,已知脂滴表面如吸附蛋白质成分则表面张力降低,基于此,J. Danielli & H. Davson 在 1935 年提出质膜由脂双层构成,并且各有一层球状蛋白质分子排列在脂双层内、外表面,提出"蛋白质—脂质—蛋白质"的三明治质膜结构模型。

1959 年,J. D. Robertson 利用电子显微镜研究观察各种细胞膜和内膜系统,用高锰酸钾或锇酸固定细胞时,电镜超薄切片观察结果显示"暗—亮—暗"的三条带,两侧的暗带厚度约 2 nm,推测是蛋白质,中间亮带厚度约 3.5 nm,推测是脂双层,整个膜的厚度约 7.5 nm。他将此结构称为单位膜,并在此基础上对三明治结构模型加以修改,提出了单位膜模型(unit membrane model)(图 3-1)。这一模型得到 X 射线衍射分析结果的支持。

图 3-1　电镜超薄切片显示的红细胞膜结构

19 世纪 60 年代后期,一系列实验获得了质膜结构的全新概念。如免疫荧光抗体标记技术结合人鼠细胞融合实验证明膜中的蛋白质的流动性,电镜冰冻蚀刻技术显示了脂双层中存在蛋白质颗粒。基于此,S. J. Singer & G. Nicolson 于 1972 年提出了流动镶嵌模型(fluid mosaic model),在该模型中,脂双层仍然是质膜的核心,但焦点已经转移到脂的物理学状态。与前面的模型不同,流动镶嵌模型中的脂双层以流体形式存在,单个的脂分子可以在膜平面内侧运动。膜蛋白以不连续的颗粒形式嵌入脂双层。更重要的是,该模型认为细胞膜是一个动态结构,其组分可以运动,还能聚集以便参与各种瞬时的或非永久性的相互作用。

近些年提出的脂筏模型(lipid raft model)是对膜流动性的新的理解。该模型认为在甘油磷脂为主体的生物膜上,胆固醇、鞘磷脂等富集区域形成相对有序的脂相,如同漂浮在脂双层上的"脂筏"一样载着执行某些特定生物学功能的膜蛋白。脂筏最初可能在高尔基体上形成,最终转移到细胞质膜上,有些脂筏可在不同程度上与膜下细胞骨架蛋白交联。据推测,一个直径 100 nm 的脂筏可载有 600 个蛋白质分子。目前已发现几种不同类型的脂筏,它们在细胞信号转导、物质的跨膜运输及 HIV 等病原微生物侵染细胞过程中起重要的作用。

3.1.2　细胞质膜的基本成分

在各种不同类型的细胞中,细胞膜的化学组成基本相同,主要由脂类、蛋白质和糖类组成,此外还有水、无机盐和金属离子。但不同类型细胞膜的组成成分比例不完全相同,一般功能复杂的膜中蛋白质所占比例较大,如线粒体膜蛋白占 75%,而髓鞘膜蛋白仅占 25%。这与膜本身的结构和功能有关。

1. 膜脂

生物膜上的脂类具有广泛的多样性,在大多数动物细胞中,脂类物质约占细胞膜总量的50%,而且所有的脂类都是两性的,即它们都具有疏水和亲水区域。膜脂主要有三种类型,包括甘油磷脂、鞘磷脂和胆固醇。

（1）甘油磷脂 大多数的膜脂都含有磷酸基团，因此称为磷脂。由于大多数的生物膜磷脂都以甘油为骨架，因此称为甘油磷脂（phosphoglyceride）。与带有 3 个脂肪酸链、非双亲性的三酰甘油不同，生物膜甘油酯是二酰甘油（甘油中只有两个羟基与脂肪酸形成酯键）；第三个羟基与亲水的磷酸基团形成酯键。如果除磷酸和两个脂酰链外没有其他的代替，这种分子称为磷脂酸，而事实上大多数生物膜上并不存在这样的分子。生物膜上的甘油磷脂在磷酸基团上连有额外的基团，最常见的是胆碱（形成磷脂酰胆碱，PC）、乙醇胺（形成磷脂酰乙醇胺，PE）、丝氨酸（形成磷脂酰丝氨酸，PS）或肌醇（形成磷脂酰肌醇，PI）。这些都是亲水性的小基团，它们与其相连的带负电荷的磷酸基团一起在分子的末端形成高度水溶性的结构域被称为亲水性的头部基团。与此相比，含有 16～20 个碳原子的脂肪酸链无支链并呈疏水性。生物膜上的脂肪酸可以是完全饱和（即缺失双键）、单不饱和（即具有一个双键）或多不饱和（即具有一个以上的双键）。甘油磷脂通常含有一个不饱和脂肪酸链和一个饱和的脂肪酸链。由于分子尾部的非极性的脂肪酸链和头部的极性基团，甘油磷脂表现出明显的双亲性（图 3-2）。

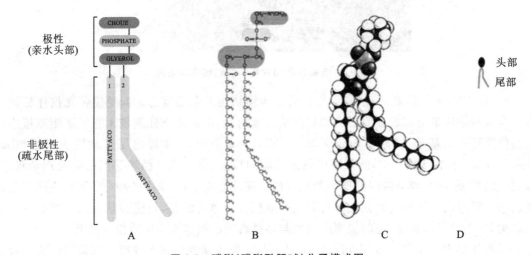

图 3-2 磷脂（磷脂酰胆碱）分子模式图

A. 分子组成；B. 分子结构；C. 模型；D. 头、尾部示意图

（2）鞘磷脂 鞘磷脂是另一类含量较少的膜脂神经鞘脂（sphingolipide），是鞘氨醇的衍生物，即带有较长碳氢链的氨基醇。神经鞘脂是通过其氨基与脂肪酸连接的鞘氨醇构成的，这种分子称为 N-脂酰鞘氨醇。各种鞘氨醇脂都在鞘氨醇末端的醇基的位置有额外的基团与其脂化。如果置换的是磷酸胆碱，就称为鞘磷脂（sphingomyelin），这是生物膜上唯一不以甘油为骨架的磷脂；如果置换的是单糖，这种糖脂为脑苷脂（cerebroside）；如果是寡糖，就为神经节苷脂（ganglioside）。由于所有的神经鞘脂都在一端含有两条长的、疏水性的碳氢链，在另一端含有亲水区，因此它们都是兼性的，并且在整体结构上基本和甘油磷脂相似。

（3）胆固醇 胆固醇是最重要的一种动物固醇，存在于真核细胞的膜上，其含量一般不超过膜脂的 1/3。胆固醇分子由三部分组成，包括极性的羟基团头部、非极性的类固醇环结构和非极性的碳氢尾部（图 3-3）。细胞膜上的胆固醇散布于磷脂分子之间，其极性头部紧靠磷脂分子的极性头部，分子之间相互作用，增强了膜的稳定性，在调节膜的流动性中起重要作用。

胆固醇除了作为生物膜的主要结构成分外，还是很多重要的生物活性分子的前体化合物，如固醇类激素、维生素 D 和胆酸等。人们还发现胆固醇可以与发育调控的重要信号分子 Hedehog 共价结合。

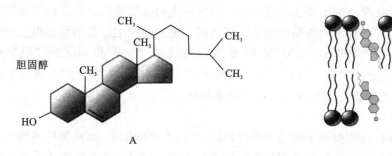

图 3-3 胆固醇
A.胆固醇分子分子式;B.脂双层中磷脂分子和胆固醇的相互关系

（4）脂质体 磷脂分子均具有共同的结构特点,即具有亲水的极性头部和疏水的非极性尾部,均为兼性分子。这种结构特点使其具有一种独特的物理性质,当其在水溶液中时,极性头部在外面与水接触,非极性的尾部则避开水,向着内侧,形成双分子层的结构。脂质体就是根据磷脂分子可在水相中形成稳定的脂双层的现象而制备的人工膜(图 3-4)。

脂质体和细胞质膜都是双层脂分子构成的封闭结构,它们在形态、理化性质等方面极为相似,若在脂质体中组装上蛋白质就可与细胞质膜类似,用人工膜脂质体研究膜的通透性从而得知 CO_2 和 O_2、小的不带电荷的极性分子,如乙醇、H_2O 等均可渗透通过脂双层,而大的不带电荷的极性分子葡萄糖,以及另外一些离子如 K^+、Ca^{2+} 等都不能自由渗透过脂膜。

由于脂质体与细胞质膜相互作用时,可以相互吸附,之后脂质体与质膜两者的脂双层融合。在临床治疗中,脂质体显示出诱人的应用前景。脂质体中裹入不同的药物或酶等具有特殊功能的生物大分子,有望用于治疗多种疾病。特别是脂质体技术与单克隆抗体及其他技术结合,可使药物更有效地作用于靶细胞以减少对抗体的损伤。

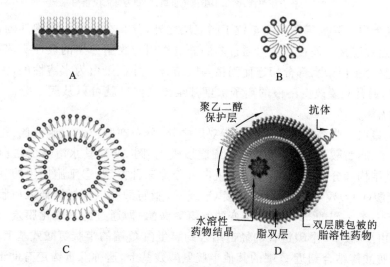

图 3-4 几种类型的脂质体
A.水溶液中的单层磷脂分子;B.水溶液中的磷脂分子团;
C.球形脂质体;D.用于靶向药物治疗的脂质体示意图

2. 糖类

真核细胞的质膜含有糖类,它们共价连接到膜脂和膜蛋白上。由于种属和细胞类型的不同,质膜上糖类的质量分数在 $2\%\sim10\%$ 之间。质膜上所有的糖链都朝向细胞外基质一侧。

而细胞内膜上的糖链也是背向细胞质基质的一侧。这些伸出的寡糖链在介导细胞与周围环境的相互作用以及分选膜蛋白到不同的细胞组分中都起到了重要的作用。红细胞质膜上的糖脂中的糖链决定了一个人的血型是 A、B、AB 或 O 型。A 型血的人有一种将 N-乙酰半乳糖胺加到糖链末端的酶,而 B 型血的人有一种在糖链末端加上半乳糖的酶,AB 型血的人具有上述两种酶,而 O 型血的人缺乏糖链末端加入任何一种糖基的酶。

3. 膜蛋白

膜蛋白主要承担和执行质膜和生物膜的各种功能,不同类型的细胞,其膜蛋白的种类和数量有很大的差异。动物细胞质膜中包含催化各种物质代谢反应的酶,运输各种物质的载体蛋白和运输各种离子的通道蛋白,这两类运输蛋白含量占质膜蛋白总量的 50%,质膜中还有接受外界信号和传递信息的受体蛋白。膜蛋白根据与脂双层关系的密切程度可分为三类:外周膜蛋白(peripheral protein)、脂锚定蛋白(lipid-anchored protein)和整合膜蛋白(integral protein)(图 3-5)。

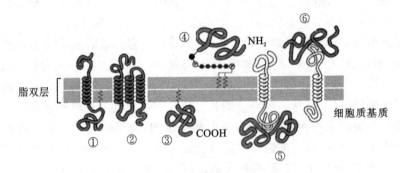

图 3-5 蛋白质与膜的结合方式
①②为整合膜蛋白;③④为脂锚定蛋白;⑤⑥为外周膜蛋白

(1)外周膜蛋白 外周膜蛋白完全位于脂双层之外,分布在胞质侧或胞外侧,与质膜表面都以非共价键形式连接。外在膜蛋白通过弱的静电作用与膜脂分子的极性头部相结合,或从脂双层伸出的整合蛋白亲水部分相连而间接与膜结合。外在蛋白为水溶性的,占膜蛋白总量的 20%～30%,通常只要改变溶液的离子浓度甚至提高温度就可以从膜上分离下来,而膜的结构并不遭到破坏。

(2)脂锚定蛋白 脂锚定蛋白也位于脂双层之外,分布在胞质侧或胞外侧,是通过与之共价相连的脂分子(脂肪酸或糖脂)而锚定在细胞质膜上(图 3-5),其水溶性的蛋白质部分位于脂双层外,按其结构和分布的不同,脂锚定蛋白可分为三种类型:①细胞质内的某些蛋白质可在 N 端的甘氨酸(Gly)残基发生酰化,连接 C_{15} 或 C_{16} 脂肪酸并以其烃链插入质膜的内层。例如病毒癌基因 *v-src* 编码的 Src 蛋白(突变的酪氨酸激酶)即通过此种酰化膜蛋白引起细胞的恶性转化。②由 15 或 20 个碳链长的烃链结合到膜蛋白 C 端的半胱氨酸残基上,有时还有另一条烃链或脂肪酸链结合到近 C 端的其他半胱氨酸残基上,这种双重锚定有助于蛋白质更牢固地与膜脂结合。例如 *ras* 原癌基因编码的 Ras 蛋白即为双锚定膜蛋白,分布在细胞膜胞质一侧,参与细胞的信号转导。③蛋白质的羧基端通过磷酸乙醇胺与糖基化的磷脂酰基醇(glycosyl phosphatidyl inositol,GPL)共价结合,并借助烃链插入质膜的外层中,称为 GPL-锚定蛋白。

(3)整合膜蛋白 所有的整合膜蛋白都是跨膜蛋白,即它们穿过脂双层,在结构上分为胞外结构域、跨膜结构域和胞质内结构域三部分。就像脂双层中的磷脂分子一样,整合膜蛋白也是兼性的,兼有亲水和疏水部分,跨膜结构域的氨基酸残基与脂双层的脂酰链之间形成疏水的相互作用,这样就把蛋白质封闭在膜的脂"壁"中。而整合膜蛋白深入胞质和胞外间隙的结构域表面具有亲水的物质,因而在生物膜的边缘能与水溶性的物质(小相对分子质量的物质、激素和其他蛋白质)相互作用。一类具有亲水性通道的整合膜蛋白,由亲水性氨基酸残基连接形成跨越脂双层的通道。

整合膜蛋白通过几种方式和膜结合在一起:膜蛋白的跨膜结构域与脂双层分子的疏水核心的相互作用,这是内在膜蛋白与膜脂结合的最主要和最基本的结合方式;跨膜结构域两端携带正电荷的氨基酸残基,如精氨酸、赖氨酸等与磷脂分子带负电的极性头部形成离子键,或带负电的氨基酸残基通过钙离子、镁离子等阳离子与带负电的磷脂极性头部相互作用;某些膜蛋白通过在自身胞质一侧的半胱氨酸残基共价结合到脂肪酸分子上,后者插入脂双层中进一步加强膜蛋白与脂双层的结合力。

由于整合膜蛋白具有疏水跨膜区,所以很难以可溶性形式分离。从膜上去除这些蛋白质通常需要使用去垢剂,和膜脂一样,去垢剂也是兼性的,即由一个极性末端和一个非极性碳氢链构成。由于其结构的缘故,去垢剂能够代替磷脂稳定整合膜蛋白,而使它们在水溶液中呈可溶状态。只要这些蛋白质通过去垢剂溶解,就可以利用各种手段进行分析,来确定蛋白质的氨基酸组成、相对分子质量、氨基酸序列等。

去垢剂分为两种类型:离子型去垢剂和非离子型去垢剂。常用的离子型去垢剂如带电荷的十二烷基硫酸钠(SDS),其结构式如下:

$$H_3C—(CH_2)_{11}—OSO_3—Na^+$$

SDS 可以使膜崩解,与整合膜蛋白输水部分结合并使其与膜分离,高浓度的 SDS 还可以破坏蛋白质中的离子键和氢键等非共价键,甚至改变蛋白质亲水部分的构象,使蛋白质变性。所以为了获得有生物活性的膜蛋白时,常采用不带电荷的非离子型去垢剂 Triton X-100,其结构式为:

$$H_3C—\overset{\displaystyle CH_3}{\underset{\displaystyle CH_3}{C}}—CH_2—\overset{\displaystyle CH_3}{\underset{\displaystyle CH_3}{C}}—\!\!\!\left\langle\!\!\!\bigcirc\!\!\!\right\rangle\!\!\!—(O—CH_2—CH_2)_{10}—OH$$

Triton X-100 也可以使细胞膜崩解,但对蛋白质的作用相对 SDS 比较温和,它不仅用于膜蛋白的分离与纯化,也用于除去细胞的膜系统,以便对细胞骨架蛋白和其他蛋白质进行研究。

3.1.3　细胞质膜的基本特征

1. 膜的流动性

生物膜是一种动态结构,其各组分可处于运动状态,故具有膜脂的流动性和膜蛋白的运动性,这两方面总称为膜的流动性。膜的流动性是细胞质膜也是所有生物膜的基本特征之一,是细胞生长增殖等生命活动的必要条件。

(1)膜脂的流动性　生物膜在生理条件下,多呈液晶态,当温度下降到某一点时,可从液晶态转变为晶态,当温度上升到某一点时,晶态又可溶解再变成液晶态。这一临界温度值称为相变温度。生物膜上脂类的组分不同,其相变温度也各不相同。如脂类的碳氢链短或具有双键时,则其相变温度低,不易形成晶态,膜脂处于液晶态。在某一温度下,有些脂类处于晶态,而另外一些脂类处于液晶态,处于两种不同状态的磷脂分子各自汇集而发生相分离,从而形成一些流动性不同的微区(microdomain)。

应用电子自旋共振、核磁共振等技术可以探测生物膜中脂类分子的运动。大量研究表明，在相变温度以上的条件下，膜脂分子有以下几种运动方式(图 3-6)。

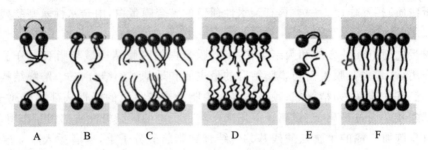

图 3-6 膜脂分子的运动方式
A. 侧向扩散；B. 旋转运动；C. 摆动；D. 伸缩振荡运动；E. 翻转运动；F. 旋转异构化运动

①侧向扩散：在同一单分子层内的脂类分子极易与邻近分子交换位置。侧向扩散速度快，每秒约 10^7 次，相当于每秒扩散 $2\mu m$。

②旋转运动：膜脂分子不断地围绕着与膜平面垂直的轴做快速旋转运动。膜脂的碳氢链发生弯曲，在膜脂双层的中心区域，也就是靠碳氢链的尾部弯曲程度较大。

③摆动：膜脂分子围绕与脂平面相垂直的轴进行左右摆动。

④伸缩振荡运动：膜脂的脂肪酸链沿着与膜平面垂直的长轴伸缩振荡运动，越靠近脂肪酰链甲基端的分子运动能力越强，显示出一种流动梯度，伸缩运动的频率小于 10^{-9} s。

⑤翻转运动：膜脂分子的翻转运动是指膜脂分子从脂双层的一层翻转到另一层去的运动，运动速度极慢，翻转运动需要消耗能量，并由翻转酶(flippase)催化方能进行。这对膜脂分子的不对称分布起到很大的作用。

⑥旋转异构化运动：膜脂分子沿着其碳氢链旋转时，次甲基从反式构象向歪扭构象转变过程中形成旋转异构化作用，使脂肪酸链变短而流动性增大。变动频率约为 10^{-10} s。

膜脂的流动性受以下几种因素的影响。

①膜脂脂肪酸链的不饱和度和链的长度：脂肪酸链上含不饱和双链的部位易弯曲，能降低分子间排列的有序性，增加膜的流动性。另外，脂肪酸链越短，就越能降低脂肪酸链尾部间的相互作用，使膜的流动性增强。

②卵磷脂和鞘磷脂的比例：在哺乳动物细胞膜中，卵磷脂和鞘磷脂的含量约占整个膜脂的50%，它们的流动性不同，卵磷脂的不饱和程度高，脂肪酸链较短，相变温度低，而鞘磷脂饱和程度高，相变温度较高且范围宽(25～35 ℃)，在 37 ℃时，虽然两者都处于流动状态，但鞘磷脂的微黏度值比卵磷脂高 5～6 倍，所以卵磷脂与鞘磷脂的比例越高，膜的流动性就越大。在衰老和动脉粥样硬化的细胞膜上卵磷脂和鞘磷脂的比值降低，故膜的流动性降低。

③膜中胆固醇的影响：真核细胞膜中含有大量的胆固醇，在脂双层中胆固醇分子的羟基紧紧靠近磷脂分子的极性头部，而刚性的板状固醇环与接近磷脂极性头部的碳氢链相互作用。在相变温度以上，胆固醇可以抑制磷脂分子脂肪酸链旋转异构化运动，加强膜脂双层的稳定性，增强膜脂的有序性而降低流动性。在相变温度以下，胆固醇又可以有效地防止碳氢链的相互凝集，抑制温度变化引起的相变，防止温度下降时膜的流动性剧烈降低。由此可见，胆固醇对膜的流动性起着重要的双重调节作用。

(2)膜蛋白的流动性　1970 年由 Larry Frye 和 Michael Edidin 做的人鼠细胞融合实验是

证明膜蛋白能够在膜平面运动的第一个实验。在他们的实验中,用灭活的仙台病毒介导小鼠和人的细胞融合,当两种细胞的膜融合时开始跟踪质膜上特定蛋白质的定位。为了跟踪融合后不同时间的小鼠膜蛋白或人的膜蛋白的分布,制备了与荧光染料共价连接的抗膜蛋白的抗体。针对小鼠膜蛋白的抗体结合绿色荧光染料,而针对人膜蛋白的抗体结合红色荧光染料。当抗体加入融合细胞后,它们与人或小鼠的膜蛋白结合,并能够在荧光显微镜下进行观察。发生融合时,质膜的一半是人的,一半是小鼠的,即这两种膜蛋白位于它们各自的半球而相互分离。随着融合后时间的延长,发现膜蛋白在膜中侧向运动,进入相对的半球。大约 40 min 后,两个不同种属来源的膜蛋白在整个杂种细胞的膜上呈均匀分布(图 3-7)。如果在更低的温度下处理同样的时间,脂双层的黏度会增加,膜蛋白的运动能力减弱。

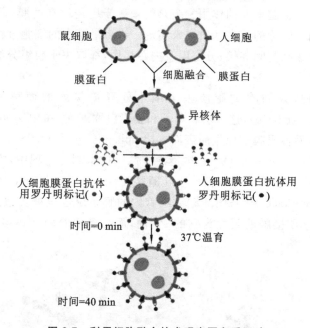

图 3-7　利用细胞融合技术观察蛋白质运动

在某些细胞中,当荧光抗体标记时间继续延长,已均匀分布在细胞表面的标记荧光会重新排布,聚集在细胞表面的某些部位,即成斑现象(patching),或聚集在细胞的一端,即成帽现象(capping)。对这两种现象的解释是二价的抗体分子交联相邻的膜蛋白分子,同时也与膜蛋白和膜下骨架系统的相互作用以及质膜与细胞内膜系统之间膜泡运输有关。

有几项技术能使研究者在光镜下跟踪分子在活细胞的膜中的运动。在光漂白荧光恢复技术(fluorescence recovery after photobleaching,FRAP)中,培养细胞的整合膜蛋白首先通过连接荧光染料被标记。膜蛋白可以通过用非特异性染料(如荧光素异硫氰酸酯)处理细胞进行无差别标记,这种染料与所有暴露的蛋白质分子发生反应;或者使用特异性的探针如荧光抗体,对特定的蛋白质进行标记。一旦被标记,将细胞放在显微镜下用高度聚焦的激光束进行逐个照射。激光会使被照射的荧光分子发生不可逆的漂白,从而在缺乏荧光的细胞表面留下一个漂白的空斑(通常直径约 1 μm)。如果标记的膜蛋白能够运动,那么这些分子的随机运动会使照射圈(漂白的空斑)逐渐重新出现荧光。荧光恢复的速度提供了一种直接测量运动蛋白的扩散速率的方法。荧光恢复的程度提供了一种量度能够自由扩散的标记分子的百分比。

机体中膜蛋白的运动受各种因素的制约。在极性细胞中,质膜蛋白被某些特殊的结构紧密连接限定在细胞表面的某个区域。有些细胞 90% 的膜蛋白是自由运动的,而有些细胞只有 30% 的膜蛋白处于流动状态,原因之一是某些膜蛋白与膜下细胞骨架结构相结合,限制了膜蛋白的运动。如果用阻断微丝形成的药物细胞松弛素 B 处理细胞后,膜蛋白的流动性大大增加。因此,膜蛋白与膜脂分子的相互作用也是影响膜流动性的重要因素。

(3)膜流动性的意义 如果膜是一种刚性的、有序的结构则无法运动;而一个完全液态、毫无黏性的膜又会造成膜成分无法组织成结构,同时也不能提供机械支持,而膜的流动性在这两者之间达到了完美的折中。除此之外,膜的流动性允许在膜中发生相互作用。比如有了膜的流动性,膜蛋白可以在膜的特定位点聚集成簇,并形成特定的结构,如细胞连接、光捕获复合体和轴突。由于膜的流动性,相互作用的分子可以聚集在一起,进行必要的反应,以及分离。膜的流动性在膜的组装中也起重要的作用。膜只能来源于已经存在的膜,而膜的生长则依赖将脂类和蛋白质组分插入膜片的液态基质中来实现。许多最基本的细胞过程,包括细胞运动、细胞生长、细胞分裂、形成细胞间连接、分泌以及内吞作用,都取决于膜组分的运动。

2. 膜的不对称性

为了研究的方便,人们将细胞质膜与细胞外环境接触的面称质膜的细胞外表面 (extracytoplasmic surface,ES),这一层脂分子和膜蛋白称细胞膜的外小叶(outer leaflet)。与细胞质基质接触的膜面称质膜的原生质表面(protoplasmic surface,PS),这一层脂分子和膜蛋白称细胞膜的内小叶(inner leaflet)。在电镜冷冻蚀刻技术制样过程中,膜通常从双层脂分子疏水端断裂,这样又产生了质膜的细胞外小叶断裂面(extracytoplasmic face,EF)和原生质小叶断裂面(protoplasmic face,PF)(图 3-8)。细胞内的膜系统也根据类似的原理命名,如细胞内的囊泡,与细胞质基质接触的膜面为它的 PS 面,而与囊泡腔内液体接触的面为 ES 面(图 3-8)。

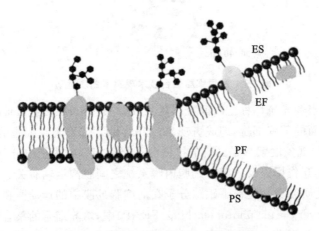

图 3-8 生物膜各膜面的名称

(1)膜脂的不对称性 质膜上脂类的分布是高度不对称的。一系列的实验得出了这个结论,实验证明能消化脂类的酶不能透过质膜,所以只能消化驻留在脂双层 ES 面的脂类。如果用能消化质膜的磷脂酶处理完整的人的红细胞,大约膜上 80% 磷脂酰基醇(PC)都会被水解,但是膜上仅有约 20% 的磷脂酰乙醇胺(PE)和不到 10% 的磷脂酰丝氨酸(PS)会被水解。这些数据显示,与 PS 面相比,ES 面含有相对更好浓度的 PC 与较低浓度的 PE 和 PS。于是得出如下结论:脂双层可以被认为是由两个相对稳定、独立的单层构成的,各单层具有不同的物理、化学性质。

除了少数情况外,膜脂的不对称性的生物学意义并不完全为人所知。所有的糖脂都在 ES 面,它们可能作为胞外配体的受体。如果在衰老的淋巴细胞的 ES 面出现磷脂酰丝氨酸,表明这些细胞被巨噬细胞破坏,而如果它在血小板的外表面出现则表示凝血的信号。

(2)膜蛋白的不对称性　所有的膜蛋白在质膜上的分布都是不对称的。如细胞表面受体和膜上的载体蛋白都是按照一定的方向传递信号和转运物质的。各种质膜内外两侧分布着许多种酶,它们也是不对称的,如膜外侧有 Mg^{2+}-ATP 酶、磷脂酯酶和 $5'$-核苷酸酶,而膜内侧分布的是腺苷酸环化酶。质膜上的糖蛋白,其糖残基均分布在质膜的 ES 面,它们与细胞外的基质成分,以及生长因子、凝集素和受体等相互作用。

各种生物膜的特征及其生物学功能主要是由膜蛋白来决定的。膜蛋白的不对称性是生物膜完成复杂的在时间与空间上有序的各种生理功能的保证。

3.1.4　细胞质膜的功能

1. 提供选择性通透屏障

膜能够阻止分子从一侧到另一侧的自由交换。同时,膜也提供了它们所分隔的隔室间的通讯方式。包被着细胞的质膜就像城堡外的护城河一样,形成一道普通的屏障,具有门控的"通道",促进适宜的物质进出膜所包围的生存空间。

2. 功能定位与组织化

膜是连续、完整的薄层,因而它必然会形成封闭的区域。质膜包裹整个细胞的所有内含物,而核膜与细胞内膜在细胞内包裹不同的区域。细胞内各种膜结构显然具有不同的内含物。由于细胞内区域化(compartmentalization),特异性活动的进行很少受到外界的干扰,同时能独立进行调节。

3. 运输溶质

质膜上具有通过物理方式转运物质的装置,能够将物质从膜的一侧运输到另一侧,通常是从低浓度区域运输到更高浓度的区域。质膜的运输装置致使细胞积累物质,例如糖类和氨基酸这类必需原料,为新陈代谢提供能量并组成自身的大分子物质。质膜还能运输特异性的离子,从而形成跨膜的离子梯度,这种能力对于神经和肌肉细胞尤为重要。

4. 应答细胞外界信号

在细胞对外界刺激作出应答反应的过程中,质膜起着至关重要的作用,该过程称为信号转导(signal transduction)。膜上具有受体(receptor),受体能和结构互补的特异性分子配体(ligand)结合。不同类型细胞的质膜具有不同的受体,因此能识别应答它们环境中的不同配体。质膜上的受体与外界配体的相互作用可导致质膜产生信号,进而促进或抑制细胞的活性。例如,质膜上产生的信号可能告诉细胞生产更多的糖原,为细胞分裂做好准备,对某些高浓度的化合物作出趋向性运动,释放内部储存的钙离子,或者可能"自杀"。

5. 细胞间的相互作用

多细胞的生物质膜位于每个活细胞的外围,介导细胞和相邻细胞间的相互作用。质膜能让细胞间相互识别和传递信号,让它们在合适的时候产生黏着,以及交换物质和信息。

6. 能量转换

膜涉及一种形式的能量转换成另一种形式的能量的过程。最基本的能量转换发生在光合作用中,太阳光能被膜所结合的色素吸收,转换成化学能储存在糖中。膜也参与将糖类和脂肪中的能量转移到 ATP 中。在真核细胞中,负责能量转换的装置位于叶绿体和线粒体的膜上

（图 3-9）。

质膜的功能将在后面相关章节详细阐述。

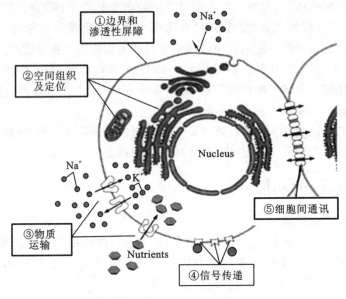

图 3-9　细胞质膜的功能

3.2　膜骨架

膜骨架（membrane skeleton）是细胞质膜的一种特别结构，是由膜蛋白和纤维蛋白组成的网架，它参与维持细胞质膜的形状并协助质膜完成多种生理功能。膜骨架首先是通过红细胞膜研究出来的。红细胞经低渗处理，细胞破裂释放出血红蛋白和胞内其他可溶性蛋白，留下一个保持原形的空壳，称为血影（blood ghost）。成熟的哺乳动物血红细胞没有核和内膜系统，是研究膜骨架的理想材料。红细胞膜内存在的蛋白质主要包含血影蛋白或称红膜肽、锚蛋白、带 3 蛋白、带 4.1 蛋白、肌动蛋白、血型糖蛋白等。血影蛋白和肌动蛋白是外周蛋白，去除后血影的形状变得不规则，膜蛋白的流动性增强。血型糖蛋白和带 3 蛋白为整合蛋白，经 Triton X-100 处理消失后血影仍可维持原来的形状。

思考题

1. 简述膜的流动镶嵌模型的要点。它在膜生物学研究中有什么开创性意义？
2. 从生物膜结构模型的演化谈谈人们对生物膜结构的认识过程。
3. 何谓内在膜蛋白？它以什么方式与膜质结合？
4. 简述细胞膜的基本功能及对细胞生命活动的影响。
5. 新生儿呼吸窘迫综合征同膜流动的关系如何？
6. 为什么用细胞松弛素处理细胞可以增加膜的流动性？
7. 动脉硬化的细胞学基础是什么？

■ 拓展资源

1. 杂志类
《中国细胞生物学学报》
《细胞生物学杂志》
《细胞与分子免疫学杂志》
《Cell》
《Cell Research》
《Journal Of Cellular Biochemistry》
2. 网站
http://www.cscb.org.cn/
http://www.bscb.org.cn/
http://www.sscb.org.cn/
http://www.cytoskeleton.com/

■ 参考文献

[1] 翟中和,王喜忠,丁明孝.细胞生物学[M].4 版.北京:高等教育出版社,2011.

[2] 王金发.细胞生物学[M].北京:科学出版社,2003.

[3] 韩贻仁.分子细胞生物学[M].3 版.北京:高等教育出版社,2007.

[4] Karp G,Cell and Molecular Biology:concepts and experiments[M]. 3rd ed. New York:John Wiley&Sons Inc,2006.

[5] Gerald Karp. Cell and molecular biology concepts and experiments[M].4th ed. 北京:高等教育出版社,2010.

[6] Maruyama T,Tanaka S,Shimada A,et al. Insulin intervention in slowly progressive insulin-dependent(type 1) diabetes mellitus [J]. Clin Endocrinol Metab,2008,93(6):2115-2121.

[7] Seddon A M,Cumow P,Booth P J. Membrane proteins,lipids and detergents:not just a soap opera [J]. Biochim Biophys,2004,1666(1-2):105-117.

[8] Speers A E,Blacker A R,Wu C C. Shotgun analysis of integral membrane proteins facilitated by elevated temperature [J]. Anal Chem,2007,79(12):4615-4620.

[9] Takuhei Y,Takyuki E,Satoshi S,et al. Plasma membrane proteomics identifies bone marrow stromal antigen 2 as a potential therapeutic target in endometrial cancer [J]. Int J Cancer,2013,152(2):472-484.

[10]Zhang L,Xie J,Wang X,et al. Proteomic analysis of mouse liver plasma membrane:use of differential extraction to enrich hydrophobic membrane proteins [J]. Proteomics,2005,5(17):4510-4524.

第**4**章 物 质 运 输

提要 细胞膜是细胞与外环境之间的一种选择性通透屏障,物质的跨膜运输对细胞的生存和生长至关重要。物质通过细胞膜的转运主要有三种途径:被动运输、主动运输以及胞吞与胞吐作用。被动运输是指通过简单扩散或协助扩散实现物质顺浓度梯度的跨膜转运,不需要细胞提供代谢能量。其中包括简单扩散和协助扩散。简单扩散是指小分子的热运动可使分子以简单扩散的方式顺浓度梯度从膜的一侧进入另一侧。协助扩散是指转运物质顺浓度梯度的跨膜转运,不需要能量,其主要特点就是细胞膜上存在载体蛋白和通道蛋白两种膜转运蛋白。载体蛋白既可介导被动运输,又可介导逆浓度或电化学梯度的主动运输,其在细胞膜上有特异性结合位点,可与特异性底物(溶质)结合;通道蛋白只能介导顺浓度或电化学的被动运输,所介导的被动运输不需要与溶质分子结合,而是横跨膜形成亲水通道,允许适宜大小的分子与带电荷的离子通过。离子通道又区分为电压门控通道、配体门控通道和压力激活通道。

主动运输是由载体蛋白所介导的逆浓度梯度的跨膜转运的方式。根据主动运输过程所需能量来源的不同可归纳为三种:①ATP 直接提供能量;②ATP 间接提供能量;③光能驱动提供能量。Na^+-K^+ 泵和钙离子泵是 ATP 直接供能的转运方式。ABC 转运器是细菌质膜上的一种运输 ATP 酶,通过构象的改变将与之结合的底物转移至膜的另一侧。协同运输是一类由 Na^+-K^+ 泵(或 H^+ 泵)与载体蛋白协同作用,靠间接消耗 ATP 所完成的主动运输方式。物质跨膜运动所需要的直接动力来自于膜两侧离子电化学浓度梯度,而维持这种离子电化学梯度则是通过消耗 ATP 所实现的。

真核细胞通过胞吞作用和胞吐作用完成大分子与颗粒性物质的跨膜运输,在运输过程中涉及膜的融合与断裂,因此也需要消耗能量,属于主动运输。胞吞作用是通过细胞膜内陷形成囊泡,将外界物质裹进并输入细胞的过程。根据形成的吞泡的大小和胞吞物质,胞吞作用又可分为胞饮作用和吞噬作用两类。根据胞吞的物质是否有专一性,又可以分为受体介导的胞吞作用和非特异性的胞吞作用。胞吐作用是将细胞内的分泌泡或其他某些膜泡中的物质通过细胞质膜运出细胞的过程。一类是组成型胞吐途径,另一类调节型胞吐途径。

4.1 被动运输

被动运输(passive transport)是指通过简单扩散或协助扩散实现物质由高浓度向低浓度方向的跨膜转运。转运的动力来自物质的浓度梯度,不需要细胞提供代谢能量。

4.1.1　简单扩散

简单扩散(simple diffusion)也称自由扩散,是指小分子的热运动可使分子以简单扩散的方式从膜的一侧通过细胞膜进入膜的另一侧,其结果是分子沿着浓度梯度降低的方向转运。其特点是,疏水的小分子或小的不带电荷的极性分子在以简单扩散的方式跨膜转运中,不需要细胞提供能量,也没有膜蛋白的协助。

一般认为,在简单扩散的跨膜转运中,跨膜物质溶解在膜脂中,再从膜一侧扩散到另一侧,最后进入细胞质水相中。因此,其通透性主要取决于分子大小和分子的极性。脂溶性越高通透性越大,水溶性越高通透性越小;非极性分子比极性分子容易透过,小分子比大分子容易透过。具有极性的水分子容易透过可能是因为水分子小,可通过由于膜脂运动而产生的间隙。

非极性的小分子如 O_2、CO_2、N_2 可以很快透过脂双层,不带电荷的极性小分子,如水、尿素、甘油等也可以透过人工脂双层,尽管速度较慢,分子量略大一点的葡萄糖、蔗糖则很难透过,而膜对带电荷的物质如 H^+、Na^+、K^+、Cl^-、HCO_3^- 是高度不通透的(图 4-1)。

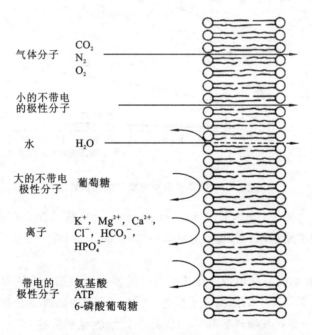

图 4-1　人工脂双层膜对不同分子的相对透性

某种物质对膜的通透性(P)可以根据它在油和水中的分配系数(K)及其扩散系数(D)来计算:$P=KD/t$(t 为膜的厚度)。

事实上在细胞的物质转运过程中,透过脂双层的简单扩散现象很少,绝大多数情况下,物质是通过载体或者通道来转运的。离子、葡萄糖、核苷酸等物质有的是通过质膜上的运输蛋白的协助,按浓度梯度扩散进入质膜的,有的则是通过主动运输的方式进行转运。

4.1.2　协助扩散

协助扩散(facilitated diffusion)也称促进扩散,是各种极性分子和无机离子如糖、氨基酸、核苷酸以及细胞代谢物等顺其浓度梯度或电化学梯度减小方向的跨膜转运,该过程不需要细胞提供能量。这与简单扩散相同,因此两者均称为被动运输。

例如,葡萄糖分子以简单扩散的方式穿越细胞膜,其通透系数为 10^{-7} cm/s,以协助扩散的方式穿越红细胞的质膜时其通透系数为 10^{-2} cm/s。通透系数增加了 10^5 倍。如果以通透性(或转运速率)为纵坐标,以葡萄糖浓度为横坐标(图 4-2),将两种跨膜转运方式的曲线进行比较就会发现,协助扩散具有以下特征:①转运速率高。②存在最大转运率(V_{max}),在一定限度内运输速率同物质浓度成正比;如超过一定限度,浓度再增加,运输也不再增加。因为膜上载体蛋白的结合位点已达饱和。因此可用达到最大转运速率一半时的葡萄糖浓度作为其 K_m 值,用以衡量某种物质的转运速率。③不同分子的 K_m 值,可以看出其转运的特异性,如红细胞质膜,D 构型的葡萄糖 K_m 值为 1.5 mmol/L,而 L 构型的葡萄糖 K_m>3000 mmol/L。④细胞膜上存在膜转运蛋白(membrane transport proteins),负责无机离子和水溶性有机小分子的跨膜转运。

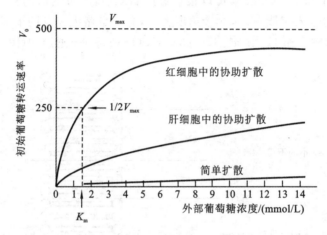

图 4-2 简单扩散和协助扩散的比较

膜转运蛋白可分为两类:载体蛋白(carrier proteins),它既可介导被动运输,又可介导逆浓度或电化学梯度的主动运输;通道蛋白(channel proteins),只能介导顺浓度或电化学的被动运输。

(1)载体蛋白及其功能 载体蛋白是几乎所有类型的细胞膜上普遍存在的多次跨膜蛋白分子。每种载体蛋白能与特定的溶质分子结合,通过一系列构象改变介导溶质分子的跨膜转运(图 4-3)。人类 $b^{0,+}$ 型氨基酸转运载体的变异会导致胱氨酸尿症,即一种肾小管的遗传性缺陷,由于肾小管重吸收胱氨酸减少,使其在尿中含量增加而引起,尿路中常有胱氨酸结石形成。

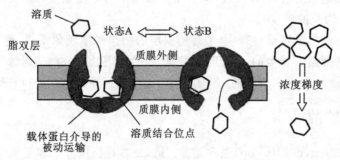

图 4-3 载体蛋白通过构象改变介导溶质被动运输示意图

膜上的载体蛋白以两种构象状态存在:状态 A 时,溶质结合位点在膜外侧暴露;状态 B 时,同样的溶质结合位点在膜内侧暴露。该模型认为,两种构象状态的转变随机发生而不依赖于是否有溶质结合和是否完全可逆。假如溶质浓度在膜外侧高,则状态 A 到 B 的转换比状态 B 到 A 的转换更常发生,因此溶质顺浓度梯度进入细胞。

载体蛋白又称为通透酶(permease),因其在细胞膜上有特异性结合位点,可与特异性底物(溶质)结合,一种特异性载体只转运一种类型的分子或离子。转运过程具有类似于酶与底物作用的饱和动力学曲线:既可被底物类似物竞争性抑制,又可被微量的某种抑制剂非竞争性抑制以及对 pH 的依赖性等。与酶不同的是,酶不能改变反应平衡点,只能增加达到反应平衡的速率,而载体蛋白可以改变过程的平衡点,加快物质沿自由能减少的方向跨膜运动的速率;另外,载体蛋白对转运的溶质分子不作任何共价修饰,而酶往往通过共价修饰来改变其活性。

(2)通道蛋白及其功能　通道蛋白所介导的被动运输不需要与溶质分子结合,而是横跨膜形成亲水通道,允许适宜大小的分子与带电荷的离子通过。

目前发现的通道蛋白已有 100 余种。大多数通道蛋白能够形成与离子转运有关的选择性开关的多次跨膜通道,故又称为离子通道(表 4-1)。

表 4-1　离子通道蛋白的举例

离子通道	典型定位	功　　能
K^+ 渗透通道	大多数动物细胞的质膜	维持静息膜电位
电压门控 Na^+ 通道	神经细胞轴突的质膜	介导产生动作电位
电压门控 K^+ 通道	神经细胞轴突的质膜	起始动作电位后使膜恢复静息电位
电压门控 Ca^{2+} 通道	神经终末的质膜	刺激神经递质释放,将电信号转换为化学信号
乙酰胆碱受体 (乙酰胆碱门 Na^+ 和 Ca^{2+} 通道)	肌肉细胞的质膜(神经-肌肉接头处)	兴奋性突触信号传递(在靶细胞将化学信号转换为电信号)
GABA 受体(GABA 门 Cl^- 通道)	许多神经元的质膜(突触处)	抑制性突触信号传递
压力激活的阳离子通道	内耳听觉毛细胞	检测声音振动
HCN 通道	心肌细胞	心脏起搏(产生超激化激活电流作为有自发性活动细胞的基本起搏电流)

离子通道具有以下三个显著的特征。

第一,具有离子选择性。离子通道对被转运的离子的大小与电荷都有高度的选择性。根据通道可通过的不同离子,可将离子通道分为 K^+ 通道、Na^+ 通道、Ca^{2+} 通道等。驱动带电荷的溶质跨膜转运的净驱动力称为电化学梯度(electrochemical gradient),即溶质的浓度梯度和跨膜电位差,这种梯度决定溶质跨膜的被动运输方向。

第二,高速转运特性。神经细胞膜上的单个通道最高转运速度可达 10^8 个/s,其速率是已知任何一种载体蛋白的最快速率的 1000 倍以上。

第三,离子通道是门控的。离子通道的开启和关闭称为门控。在门控动力过程中,通常将所有开放状态看作一类,所有关闭状态看作一类,这个过程也称为聚集马尔可夫模型

(aggregated Markov process，AMP)。该模型认为细胞通道活动表现为少数种关闭状态和少数种开放状态之间的转移，状态间的强度仅仅依赖于当前的状态，而与该状态存在时间的长短（即先前状态的历史）无关。多数情况下，离子通道呈关闭状态，只有在膜电位变化、化学信号或压力刺激后，才开启形成跨膜的离子通道。因此，离子通道又区分为电压门控通道（voltage-gated channel）、配体门控通道（ligand-gated channel）和压力激活通道（stress-activated channel）（图4-4）。离子通道在神经元与肌细胞冲动传递过程中起重要作用。另外抑制多精入卵、保持原生动物的趋避特性、控制植物叶柄运动和气孔开放等都和离子通道的门控性有关，而局麻药物则是电压门通道的阻滞剂。目前发现许多生理异常现象，如心律失常、糖尿病和红斑狼疮都可能与电压门控通道异常有关。

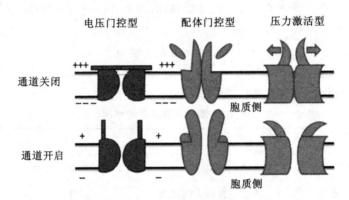

图 4-4　各类离子通道

　　长期以来，普遍认为细胞内外的水分子是以简单扩散的方式透过脂双层膜。后来发现某些细胞在低渗溶液中对水的通透性很高，很难以简单扩散来解释。如将红细胞移入低渗溶液后，很快吸水膨胀而溶血，而水生动物的卵母细胞在低渗溶液中不膨胀。因此，人们推测水的跨膜转运除了简单扩散外，还存在某种特殊的机制，并提出了水通道的概念。

　　①电压门控通道：电压门控通道（voltage gated channel）是对细胞内或细胞外特异离子浓度发生变化时，或对其他刺激引起膜电位变化时，致使其构象变化，"门"打开。如神经肌肉接点由乙酰胆碱门控通道开放而出现终板电位时，这个电位改变可使相邻的肌细胞膜中存在的电位门控 Na^+ 通道和 K^+ 通道相继激活（即通道开放），引起肌细胞动作电位；动作电位传至肌质网，Ca^{2+} 通道打开引起 Ca^{2+} 外流，引发肌肉收缩。

　　根据对 Na^+、K^+、Ca^{2+} 通道蛋白质的结构分析，发现它们一级结构中的氨基酸排列有相当大的同源性，属于同一蛋白质家族，是由同一个远祖基因演化而来。电位门控 K^+ 通道由四个 α 亚单位（Ⅰ～Ⅳ）构成，每个亚单位均有 6 个（S_1～S_6）跨膜 α 螺旋节段，N 端和 C 端均位于胞质面（图4-5）。连接 S_5～S_6 段的发夹样 β 折叠（P 区或 H_5 区）构成通道的内衬，大小可允许 K^+ 通过。

　　电压门控 K^+ 通道具有三种状态：开启、关闭和失活。通常认为 S_4 片段对门控起着重要作用，是电压感受器，序列高度保守，属于疏水片段，但每隔两个疏水残基即有一个带正电荷的精氨酸或赖氨酸残基。S_4 片段上的正电荷可能是门控电荷，当膜去极化时（膜外为负，膜内为正），引起带正电荷的氨基酸残基转向细胞外侧面，通道蛋白构象改变，"门"打开，大量 K^+ 外流，此时相当于 K^+ 的自由扩散。电位门控 K^+ 通道和乙酰胆碱配体门控通道一样只是瞬间（约几毫秒）开放，然后失活。此时 N 端的球形结构，堵塞在通道中央，通道失活，稍后球体释

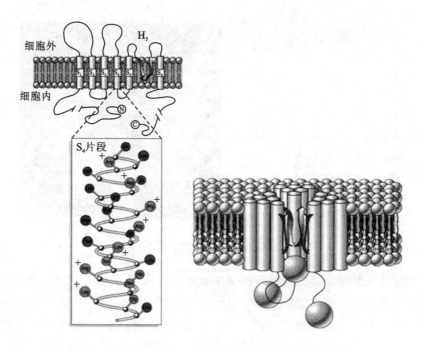

图 4-5　电压门控钾通道

放,"门"处于关闭状态。

链霉菌(*Streptomyces lividans*)的电压门控钾离子通道 KcsA 也是由四个亚单位构成的,但每个亚基只有两个跨膜片段,结构较为简单。1998 年,Roderick MacKinnon 等用 X 射线衍射技术获得了高分辨的 KcsA 通道图像,发现离子通透过程中离子的选择性主要发生在狭窄的选择性过滤器中。选择性过滤器长 1.2 nm,孔径约为 0.3 nm(K^+ 脱水后直径约为 0.26 nm),内部形成一串钾离子特异结合位点,从而只有钾离子能够"排队"通过通道。

河豚毒素(Tetrodotoxin,TTX)能阻滞电压门控钠离子通道,毒素带正电荷的胍基伸入钠通道的离子选择性过滤器,和通道内壁上的游离羧基结合,毒素其余部分堵塞通道外侧端,妨碍钠离子进入,导致肌肉麻痹。

②配体门控通道:配体门控通道(ligand-gated channel)是表面受体与细胞外的特定物质(配体)结合,引起门控通道蛋白发生构象变化,结果使"门"打开,又称离子通道型受体。分为阳离子通道,如乙酰胆碱、谷氨酸以及五羟色胺的受体,和阴离子通道,如甘氨酸和 γ-氨基丁酸的受体。

N 型乙酰胆碱受体是目前了解较多的一类配体门通道。它是由 4 种不同的亚单位组成的 5 聚体,总分子量约为 290 kD。亚单位通过氢键等非共价键,形成一个结构为 $\alpha_2\beta\gamma\delta$ 的梅花状通道样结构,其中的两个 α 亚单位是同两分子乙酰胆碱相结合的部位(图 4-6)。

乙酰胆碱门控通道具有三种状态:开启、关闭和失活。当受体的两个 α 亚单位结合乙酰胆碱时,引起通道构象改变,通道瞬间开启,膜外 Na^+ 内流,膜内 K^+ 外流。使该处膜内外电位差接近于 0 值,形成终板电位,然后引起肌细胞动作电位,肌肉收缩。即使在结合乙酰胆碱时,乙酰胆碱门通道也处于开启和关闭交替进行的状态,只不过开启的概率大一些(90%)。乙酰胆碱释放后,瞬间即被乙酰胆碱酯酶水解,通道在约 1 ms 内关闭。如果乙酰胆碱存在的时间过长(约 20 ms 后),则通道会处于失活状态。

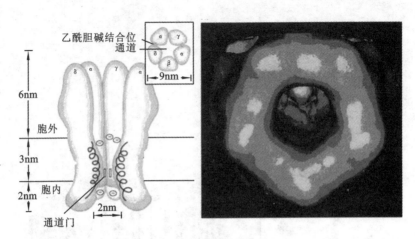

图 4-6　乙酰胆碱受体

筒箭毒和 α 银环蛇毒素可与乙酰胆碱受体结合,但不能开启通道,导致肌肉麻痹。

配体门控通道在膜表面附近的水溶液中通常附加有一个配体结合域,它的功能便是改变孔道的开关构象。最近研究得到了一种由 Ca^{2+} 激活的配体门控 K^+ 通道(MthK 的 K^+ 通道)的三维结构。通过 X 射线晶体学显示每个亚基包含两个跨膜片段,通道的 4 个亚基下面存在 4 个 RCK 二聚体,是对门控有重要作用的结构域,可能是作为配体的 Ca^{2+} 结合的地方。这 4 个 RCK 二聚体在胞质侧形成一个门控环,当 Ca^{2+} 结合上去后,通道的跨膜结构域构象变化,允许 K^+ 通过。

③压力激活通道:细胞可以接受各种各样的机械力刺激,如摩擦力、压力、牵拉力、重力、剪切力等。细胞将机械刺激的信号转化为电化学信号最终引起细胞反应的过程称为机械信号转导(mechanotransduction)。

目前比较明确的有两类压力激活通道(stress-activated channel),其一是牵拉活化或失活的离子通道,另一类是剪切力敏感的离子通道。前者几乎存在于所有的细胞膜中,研究较多的有血管内皮细胞、心肌细胞以及内耳中的毛细胞等;后者仅发现于内皮细胞和心肌细胞。牵拉敏感的离子通道是指能直接被细胞膜牵拉所开放或关闭的离子通道。其特点为对离子的无选择性、无方向性、非线性以及无潜伏期。这种通道为 2 价或 1 价的阳离子通道,有 Ca^{2+}、Na^+、K^+,以 Ca^{2+} 为主。研究表明,当内皮细胞被牵拉时,由于通道开放引起 Ca^{2+} 内流,使以 Ca^{2+} 介导的血管活性物质分泌增多,Ca^{2+} 还可作为胞内信使,导致进一步的反应。

内耳毛细胞顶部的听毛也是对牵拉力敏感的感受装置,听毛弯曲时,毛细胞会出现短暂的感受器电位。从听毛受力而致听毛根部所在膜的变形,到该处膜出现跨膜离子移动之间,只有极短的潜伏期。

④水通道:1988 年 Agre 在分离纯化红细胞膜上的 Rh 血型抗原时,发现了一个 28 kD 的疏水性跨膜蛋白,称为 CHIP28(Channel-Forming integral membrane protein),1991 年得到 CHIP28 的 cDNA 序列,Agre 将 CHIP28 的 mRNA 注入非洲爪蟾的卵母细胞,在低渗溶液中,卵母细胞迅速膨胀,并于 5 min 内破裂,纯化的 CHIP28 置入脂质体,也会得到同样的结果。细胞的这种吸水膨胀现象会被 Hg^{2+} 抑制,而这是已知的抑制水通透的处理措施。这一发现揭示了细胞膜上确实存在水通道,Agre 也因此与离子通道的研究者 Roderick

MacKinnon 共享了 2003 年的诺贝尔化学奖。

目前在人类细胞中已发现的此类蛋白至少有 11 种,被命名为水通道蛋白(aquaporin,AQP),均具有选择性的让水分子通过的特性。在实验植物拟南芥(*Arabidopsis thaliana*)中已发现 35 个这类水通道。

水通道的活性调节可能具有以下途径:通过磷酸化使 AQP 的活性增强;通过膜泡运输改变膜上 AQP 的含量,如血管加压素(抗利尿激素)对肾脏远曲小管和集合小管上皮细胞水通透性调节;通过调节基因表达,促进 AQP 的合成。

(3)离子载体　另外还有一类离子载体(ionophore),是一些能够极大提高膜对某些离子通透性的载体分子。而大多数离子载体是细菌产生的抗生素,它们能够杀死某些微生物,其作用机制就是提高了靶细胞膜通透性,使得靶细胞无法维持细胞内离子的正常浓度梯度而死亡。所以离子载体并非是自然状态下存在于膜中的运输蛋白,而是人工用来研究膜转运蛋白的一个概念。

离子载体也是以被动的运输方式运输离子,根据改变离子通透性的机制不同,可将离子载体分为两种类型:通道形成型(channel-forming ionophore)和离子运载型(ion-carrying ionophore)。在温度降低至膜的凝固点以下时,离子运载型载体不能扩散通过脂双层而停止工作,但通道形成型离子载体则能正常运输离子,因此,可以此作为鉴别这两种离子载体的指标。

离子运载型离子载体:如缬氨霉素(valinomycin),它是一个环形的聚合体(图 4-7),能增加膜对 K^+ 的通透性。该环外侧疏水,内侧亲水,疏水的外侧面与脂双层的疏水部分碳氢核心接触,极性的内侧面能精确地固定单个 K^+。因此,它能在膜的一侧结合 K^+,顺着电化学梯度通过脂双层,在膜的另一侧释放 K^+,且能往返进行,可使 K^+ 的扩散速率提高 10^5 倍。其作用机制就像虹吸管可以使玻璃杯中的水跨越杯壁屏障,向低处流动一样。此外,2,4-二硝基酚(DNP)、羰基-氰-对-三氟甲氧基苯肼(FCCP)可转运 H^+,离子霉素(ionomycin)、A23187 可转运 Ca^{2+}。

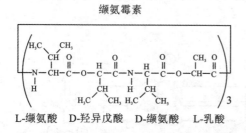

图 4-7　缬氨霉素的分子结构

通道离子载体:如短杆菌肽(gramicidin)A 是由 15 个疏水氨基酸构成的短肽,2 分子的短杆菌肽形成一个跨膜通道(图 4-8),有选择的使单价阳离子如 H^+、Na^+、K^+ 按化学梯度通过膜,这种通道并不稳定,不断形成和解体,但其运输效率远高于离子运载型离子载体。

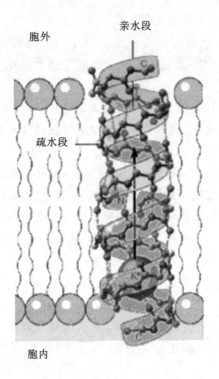

图 4-8 短杆菌肽构成的通道

4.2 主动运输

主动运输(active transport)是由载体蛋白所介导的逆浓度梯度或电化学梯度由浓度低的一侧向高浓度的一侧进行跨膜转运的方式。转运分子的自由能变化为正值,因此需要与某种释放能量的过程相偶联。

根据主动运输过程所需能量来源的不同可归纳为三种:①ATP 直接提供能量;②ATP 间接提供能量;③光能驱动提供能量(图 4-9)。

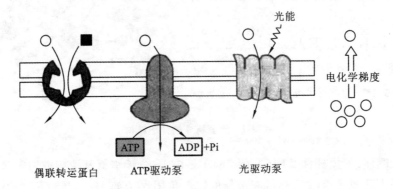

图 4-9 驱动主动运输的三种类型

主动运输普遍存在于动植物细胞和微生物细胞。这些细胞的内外离子浓度是非常不同的(图 4-10),表明细胞膜具有逆浓度梯度进行主动运输的功能(表 4-2)。

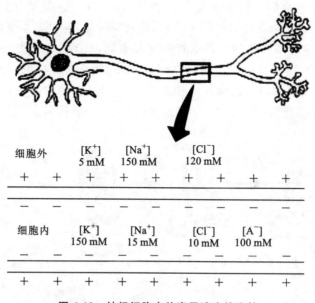

图 4-10 神经细胞内外离子浓度的比较

表 4-2 典型哺乳类细胞内外离子浓度的比较

组 分	细胞内浓度/(mmol/L)	细胞外浓度/(mmol/L)
阳离子		
Na⁺	$5\sim15$	155
K⁺	150	5
Mg²⁺ *	0.5	$1\sim2$
Ca²⁺ *	10^{-4}	$1\sim2$
H⁺	7×10^{-5}(pH7.2)	4×10^{-5}(pH7.4)
阴离子		
Cl⁻	$5\sim15$	110
固定的阴离子**	高	0

注：* 给出的 Ca^{2+} 和 Mg^{2+} 浓度是胞质中的游离离子浓度,细胞中共有约 2020 mmol/L Mg^{2+} 和 $1\sim2$ mmol/L Ca^{2+},但大多数与蛋白质和其他底物结合,因此不能离开细胞,大多数的细胞总储存于不同的细胞器内。

** 固定的阴离子是带负电荷的大小不同的有机分子,它们被捕获在细胞内,不能透过质膜。

4.2.1 由 ATP 直接提供能量的主动运输——钠钾泵

在细胞膜的两侧存在很大的离子浓度差,特别是阳离子浓度差。一般的动物细胞要消耗 1/3 的总 ATP 来维持细胞内低 Na⁺ 高 K⁺ 的离子环境,神经细胞则要消耗 2/3 的总 ATP,这种特殊的离子环境对维持细胞内正常的生命活动、对神经冲动的传递以及对维持细胞的渗透平衡、恒定细胞的体积都是非常必要的。

Na^+-K^+ 泵由 α 和 β 两个亚基组成,α 亚基的相对分子质量为 120×10^3,是一个跨膜多次的整合膜蛋白,具有 ATP 酶活性,因此 Na^+-K^+ 泵又称为 Na^+-K^+-ATP 酶。β 亚基的相对分子质量为 50×10^3,是具有组织特异性的糖蛋白。其工作模式(图 4-11)是 Na^+-K^+-ATP 酶通过磷酸化和去磷酸化过程发生构象的变化,导致与 Na^+、K^+ 的亲和力发生变化。在膜内侧 Na^+ 与酶结合,激活 ATP 酶活性,使 ATP 分解,酶被磷酸化,构象发生变化,于是与 Na^+ 结合的部位转向膜外侧;这种磷酸化的酶对 Na^+ 的亲和力低,对 K^+ 的亲和力高,因而在膜外侧释放 Na^+,而与 K^+ 结合。K^+ 与磷酸化酶结合后促使酶去磷酸化,酶的构象恢复原状,于是与 K^+ 结合的部位转向膜内侧,K^+ 与酶的亲和力降低,使 K^+ 在膜内被释放,而又与 Na^+ 结合。其总的结果是每一个循环消耗一个 ATP,转运出三个 Na^+,转进两个 K^+。

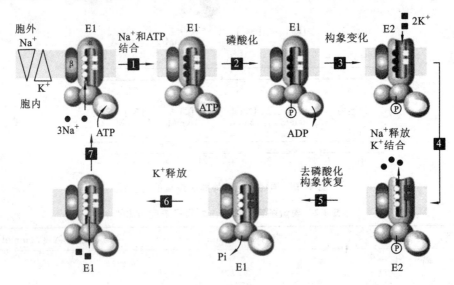

图 4-11 Na^+-K^+ 泵工作模式

钠钾泵的一个特性是对离子的转运循环依赖自磷酸化过程,ATP 上的一个磷酸基团转移到钠钾泵的一个天冬氨酸残基上,导致构象的变化。通过自磷酸化来转运离子的离子泵就叫做 P-type,与之相类似的还有钙泵和质子泵。它们组成了功能与结构相似的一个蛋白质家族。

Na^+-K^+ 泵的作用:①维持细胞的渗透性,保持细胞的体积;②维持低 Na^+ 高 K^+ 的细胞内环境,维持细胞的静息电位。乌本苷(ouabain)、地高辛(digoxin)等强心剂能抑制心肌细胞 Na^+-K^+ 泵的活性,从而降低钠钙交换器效率,使内流钙离子增多,加强心肌收缩,因而具有强心作用。而 Mg^{2+} 和少量的膜脂提高 Na^+-K^+ 泵活性。生物氧化抑制剂如氰化物使 ATP 供应中断,结果 Na^+-K^+ 泵失去能源以致停止工作。Na^+-K^+ 泵阻断剂哇巴因(Ouabain)通过与血管内皮细胞上的特异受体结合抑制 Na^+-K^+ 泵的功能,导致内皮细胞内钙的增加,从而增强基础性内皮细胞释放的舒张因子(EDRF)的释放。

许多疾病的发生和 Na^+-K^+ 泵的异常有关。研究证明高血压病患者下丘脑释放一种 Na^+-K^+ 泵抑制因子,能抑制 Na^+-K^+ 泵并增加血管平滑肌细胞对钙的摄取及增加对缩血管物质的反应性,从而使血压升高。在充血性心衰时,钠泵活性明显降低,使 Na^+ 跨膜梯度下降,通过 Na^+-Ca^{2+} 交换、Na^+-H^+ 交换作用,使细胞内 Ca^{2+}、H^+ 积聚,细胞内 pH 降低,出现心力衰竭的早期疲劳现象。

Na^+-K^+ 泵存在于一切动物细胞的细胞膜上。根据实验结果推测,在红细胞表面需要 Na^+-K^+ 泵来维持细胞内外 Na^+、K^+ 的相对稳定的离子浓度,而氧自由基可以通过对 Na^+-K^+ 泵结构的直接损伤以及所处微环境的改变,导致 Na^+-K^+ 泵的活性下降,从而破坏这种稳定状态。动物细胞靠 ATP 水解供能驱动 Na^+-K^+ 泵工作,结果造成质膜两侧的 Na^+、K^+ 不均匀分布,有助于维持动物细胞的渗透平衡。由于质膜对水的可透性,水会从低溶质浓度的一侧(高水浓度)向高溶质浓度的一侧(低水浓度)运动,这种运动称为渗透。水分子运动的驱动力等于跨膜水压的差异,称为渗透压(osmotic pressure)。在无任何相反压力时,水向细胞的渗透运动将使细胞膨胀甚至破裂。不同细胞用不同的机制解决这种危机。动物细胞借助 Na^+-K^+ 泵维持渗透平衡;植物细胞以其坚韧的细胞壁防止膨胀和破裂,于是能耐受较大的跨膜渗透差异,并具有相应的生理功能,如保持植物茎坚挺等;生活在水中的一些原生动物(如草履虫),通过收缩细胞收集和排除过量的水。但对大多数细胞而言,Na^+-K^+ 泵对保持渗透平衡是十分关键的(图 4-12)。此外,胞外高浓度的 Na^+ 代表大量的能量储存,即使用乌本苷人为停止 Na^+-K^+ 泵工作,储存的能量也可以维持由 Na^+ 驱动的其他运输过程工作数分钟。

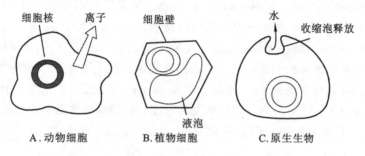

图 4-12 细胞以三种不同的机制避免渗透膨胀

4.2.2 由 ATP 直接提供能量的主动运输——钙泵和质子泵

钙泵(Ca^{2+} pump)又称 Ca^{2+}-ATP 酶,对细胞基本功能具有重要的作用。钙泵是由 1000 个氨基酸残基组成的多肽构成的跨膜蛋白,相对分子质量为 100×10^3,与 Na^+-K^+ 泵的 α 亚基同源,每一泵单位中有约 10 个跨膜 α 螺旋,可能它们有共同的进化来源。

通常细胞内钙离子浓度(10^{-7} M)显著低于细胞外钙离子浓度(10^{-3} M),主要是因为质膜和内质网膜上存在钙离子转运体系。细胞内钙离子泵有两类:一类是 P 型离子泵(图 4-13),其原理与钠钾泵相似,每分解一个 ATP 分子,泵出 2 个 Ca^{2+};另一类叫做钠钙交换器(Na^+-Ca^{2+} exchanger),属于反向协同运输体系(antiporter),通过钠钙交换来转运钙离子。钠钙交

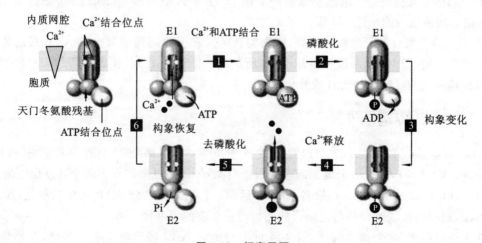

图 4-13 钙离子泵

换器对 Ca^{2+} 的亲和性低,但容量大,主要负责起始阶段大量 Ca^{2+} 的外排;而 P 型离子泵对 Ca^{2+} 的亲和力高,但容量小,主要负责精细调控 Ca^{2+} 的转运,并在细胞信号转导中发挥重要作用。

钙离子泵存在 E1 和 E2 两种构象状态,在催化循环中,两种构象交替存在。在 E1 构象状态下,钙离子泵的 Ca^{2+} 高亲和结合位点暴露于质膜的胞质一侧,与 Ca^{2+} 结合后,位于活性位点的天门冬氨酸残基被 ATP 磷酸化,促进酶从 E1 到 E2 的构象转变。在 E2 构象下,酶将结合的 Ca^{2+} 暴露于细胞外表面,且 Ca^{2+} 与其结合位点的亲和力大大下降,从而使 Ca^{2+} 释放到细胞外。Ca^{2+} 释放后,E2 中间体被水解,酶转变回 E1 构象。在整个循环中,每水解 1 mol ATP,钙离子泵可转运 1 mol Ca^{2+}。

位于肌浆网(sarcoplasmic reticulum)上的钙离子泵是了解最多的一类 P 型离子泵,占肌质网膜蛋白质的 90%。肌浆网是一类特化的内质网,形成网管状结构位于细胞质中,具有贮存钙离子的功能。肌细胞膜去极化后引起肌浆网上的钙离子通道打开,大量钙离子进入细胞质,引起肌肉收缩之后由钙离子泵将钙离子泵回肌浆网。胰岛 β 细胞主要表达的钙离子泵对 Ca^{2+} 的敏感性很高的,在很低的 Ca^{2+} 浓度下就能启动钙调蛋白对它的激活作用,提示胰岛 β 细胞需要很精细的 Ca^{2+} 调控。Ca^{2+} 调控的失常可能直接影响到胰岛素的分泌,而具有胰岛素抗性的细胞往往会伴随着胞内 Ca^{2+} 代谢的紊乱。因此,钙离子泵与 2 型糖尿病之间可能存在着重要的联系。

质子泵,即 H^+ 泵,存在于植物细胞、真菌(包括酵母)和细菌细胞的质膜上。质子泵将 H^+ 泵出细胞,建立跨膜的 H^+ 电化学梯度(取代动物细胞 Na^+ 的电化学梯度),驱动转运溶质进入细胞。例如,细菌细胞对糖和氨基酸的摄入主要是由驱动的同向运输完成的。这一过程中,H^+ 泵的工作也产生细胞周围基质中的酸性 pH 值。在一些光合细菌中,电化学梯度由光驱动的 H^+ 泵(如细菌视紫红质)活性建立。

质子泵可分为如下三种。

① P 型质子泵与 Na^+-K^+ 泵和 Ca^{2+} 泵结构相似,在转运 H^+ 的过程中涉及磷酸化和去磷酸化,存在于真核细胞的细胞膜上。如植物细胞膜上的 H^+ 泵、H^+-K^+ ATP 酶(位于胃表皮细胞,分泌胃酸)。

② V 型质子泵存在于动物细胞溶酶体膜和植物细胞液泡膜上,转运 H^+ 过程中不形成磷酸化的中间体。其功能是从细胞质基质中泵出 H^+ 并进入细胞器,有助于保持细胞质基质中性 pH 值和细胞器内的酸性 pH 值。

③ H^+-ATP 酶存在于线粒体内膜、植物类囊体膜和多数细菌质膜上,它以相反的方式来发挥其生理作用,即 H^+ 顺浓度梯度运动,将所释放的能量与 ATP 合成偶联起来。比如线粒体的氧化磷酸化和叶绿体的光合磷酸化作用。

4.2.3 ABC 转运器

ABC 转运器(ABC transporter)最早发现于细菌,是细菌质膜上的一种运输 ATP 酶(transport ATPase),属于一个庞大而多样的蛋白家族,每个成员都含有两个高度保守的 ATP 结合区(ATP binding cassette),故名 ABC 转运器。它们通过结合 ATP 发生二聚化,ATP 水解后解聚,通过构象的改变将与之结合的底物转移至膜的另一侧。

在大肠杆菌中 78 个基因(占全部基因的 5%)编码 ABC 转运器蛋白。当然,在动物基因中可能更多。虽然每一种 ABC 转运器只转运一种或一类底物,但是其蛋白家族中具有能转运离子、氨基酸、核苷酸、多糖、多肽甚至蛋白质的成员。ABC 转运器还可催化脂双层的脂类在两层之间翻转,这在膜的发生和功能维护上具有重要的意义。

第一个被发现的真核细胞的 ABC 转运器是多药抗性蛋白(multidrug resistance protein,MDR)。因此,ABC 转运器与病原体对药物的抗性有关,如临床上常用的抗真菌药物有氟康唑、酮康唑、伊曲康唑等,真菌对这些药物产生耐药性的一个重要机制是通过 MDR 蛋白降低了细胞内的药物浓度。同时有研究表明该基因在 40% 肝癌患者的癌细胞中过度表达,并降低了化学治疗的疗效。

4.2.4　协同运输

协同运输(cotransport)是一类由 Na^+-K^+ 泵(或 H^+ 泵)与载体蛋白协同作用,靠间接消耗 ATP 所完成的主动运输方式。物质跨膜运动所需要的直接动力来自于膜两侧离子电化学浓度梯度,而维持这种离子电化学梯度则是通过消耗 ATP 所实现的。

根据物质运输方向与离子顺电化学梯度的转移方向的关系,协同运输又可分为共运输(symport)和对向运输(antiport)。共运输是物质运输方向与离子转移方向相同,如小肠上皮细胞吸收葡萄糖或氨基酸等有机物,就是伴随 Na^+ 从细胞外流入细胞内完成的。完成共运输的载体蛋白有两个结合位点。必须同时与 Na^+ 和特异的氨基酸或葡萄糖分子结合才能进行共运输(图 4-14、图 4-15)。在某些细菌中,乳糖的吸收伴随着 H^+ 的进入,每转移一个 H^+ 吸收一个乳糖分子。

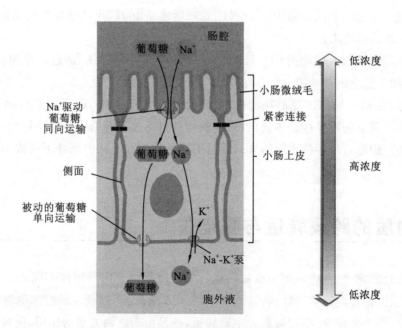

图 4-14　小肠对葡萄糖的吸收

葡萄糖分子通过 Na^+ 驱动的共运输方式进入上皮细胞,再经载体介导的协助扩散方式进入血液;Na^+-K^+ 泵消耗 ATP 维持 Na^+ 的电化学梯度。

对向运输是指物质跨膜转运方向与离子转移方向相反,如动物细胞常通过 Na^+ 驱动的 Na^+-H^+ 对向运输的方式来转运 H^+ 以调节细胞内的 pH 值。细胞内特定的 pH 值是细胞正

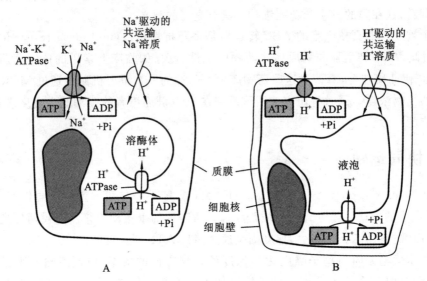

图 4-15　Na^+-K^+ 泵或（H^+ 泵）与载体蛋白的协同运输

A. 动物细胞；B. 植物细胞

常代谢活动所需要的,在不分裂的细胞内 pH 值由 7.2 提高到 7.4,细胞开始生长与分裂。在这一过程中,细胞中的 H^+ 减少约 40%,主要由细胞膜上的 Na^+-H^+ 交换载体完成,即 H^+ 输出伴随 Na^+ 进入细胞。在线粒体中,Na^+-H^+ 对向运输是由 H^+ 电化学梯度驱动的,将 Na^+ 由内膜的基质一侧转运出来。

　　还有一种机制是 Na^+ 驱动的 Cl^--HCO_3^- 交换,即 Na^+ 与 HCO_3^- 的进入伴随着 Cl^- 和 H^+ 的外流,如红细胞膜上的带 3 蛋白。

　　综上所述,主动运输都需要消耗能量,所需能量可直接来自 ATP 或来自离子电化学梯度。同样也需要膜上的特异性载体蛋白,这些载体蛋白不仅具有结构上的特异性,而且具有结构上的可变性。细胞运用各种不同的方式通过不同的体系在不同的条件下完成小分子物质的跨膜运动。

4.3　物质的跨膜转运与膜电位

　　细胞膜内外的离子,在膜两侧不断被转运。一方面是由于内外浓度不同而产生的扩散作用,使得离子从高浓度向低浓度转运,这是被动的一方面;而 Na^+-K^+ 泵的作用将离子从低浓度泵向高浓度,要消耗能量,所以被称为主动转运,正是由于这两方面的作用,使得膜两侧离子分布情况不断变化,从而产生不断变化的电位差。插入细胞微电极便可测出细胞膜两侧各种带电物质形成的电位差的总和,即膜电位(图 4-16)。安静时存在于细胞膜内外两侧的电位差,也称为跨膜静息电位,简称静息电位(resting potential)。当细胞受到阈刺激处在活动状态时,静息电位发生去极化至阈电位时,细胞膜两侧出现快速而可逆的电位倒转,在刺激部位的膜上呈一个负电位变化,称动作电位(action potential)。

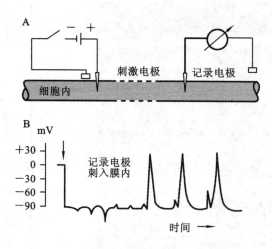

图 4-16 插入细胞微电极测定的膜电位

　　静息电位主要是由质膜上相对稳定的离子跨膜运输或离子流形成的。Na^+-K^+ 泵的工作造成细胞内高 K^+ 低 Na^+，细胞外高 Na^+ 低 K^+ 的巨大离子梯度，而细胞膜在正常状态（安静）时主要对 K^+ 通透，即膜上的 K^+ 通道蛋白是处在开放状态，于是 K^+ 以协助扩散的形式顺电化学梯度由胞内移至胞外，而膜内带负电荷的蛋白质大分子（有机负离子）不能随之移出细胞，结果出现细胞内负离子过量而细胞外正离子过量的状态，称作 K^+ 平衡电位，从而产生静息膜电位。质膜对 K^+ 通透性大于 Na^+ 是静息电位产生的主要原因，由于静息时膜对 Na^+ 也有极小的通透性，只有 K^+ 通透性的 $1/100 \sim 1/50$，这种弱小的 Na^+ 内向流也会抵消一部分 K^+ 外移造成的膜内负电位，Cl^- 甚至细胞中的蛋白质分子（一般净电荷为负值）对静息电位的大小也有一定的影响，故细胞的静息电位的实际值略小于 K^+ 平衡电位。Na^+-K^+ 泵对静息电位的相对恒定起重要的作用。

　　静息电位时，质膜内为负值，质膜外为正值，这种现象称为极化（polarization）。在动物细胞中，根据不同生物和不同细胞类型，静息膜电位变化范围在 $-200 \sim -20$ mV 之间。当细胞接受刺激信号（电信号或化学信号）超过一定阈值时，电压门控 Na^+ 通道将介导细胞产生动作电位。细胞接受阈值刺激，Na^+ 通道打开，引起 Na^+ 通透性大大增加，超过了 K^+ 通透性的 600 倍，随着越来越多的 Na^+ 通道的开放，膜电位开始减小，当达到阈电位时，Na^+ 通道开放的数量已经足以启动一个动作电位产生的正反馈进程，使余下的大量的 Na^+ 通道也相继开放。瞬间大量的 Na^+ 流入细胞内，膜内电位负值迅速减少甚至消失，即为质膜的去极化过程（depolarization）。Na^+ 进一步增加达到平衡电位，形成瞬间的内正外负的动作电位。此时，动作电位随即达到最大值，动作电位的膜极性翻转部分称为超射（overshot）。在 Na^+ 大量进入细胞时，K^+ 通透性也逐渐增加，随着动作电位出现，Na^+ 通道从失活状态到缓慢关闭，电压门控 K^+ 通道缓慢打开，K^+ 流出细胞从而使质膜再度极化，以至于超过原来的静息电位，此时称超极化（super polarization）。超极化时，电位使 K^+ 通道关闭，膜电位又恢复至静息状态（图 4-17）。在一个给定的细胞中，动作电位的波形永远是相同的。

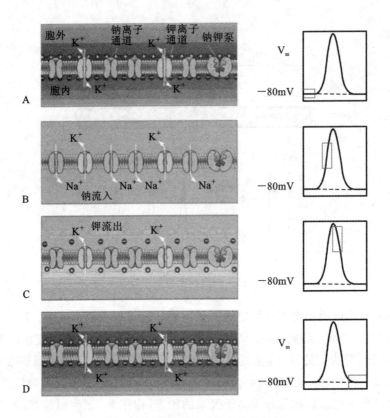

图 4-17 离子流和动作电位的关系

4.4 胞吞作用与胞吐作用

真核细胞通过胞吞作用(endocytosis)和胞吐作用(exocytosis)完成大分子与颗粒性物质的跨膜运输,如蛋白质、多核苷酸、多糖等。在转运过程中,物质包裹在脂双层膜围绕的囊泡中,因此又称膜泡运输。在这种形式的运输过程中涉及膜的融合与断裂,因此也需要消耗能量,属于主动运输。这种运输方式常常可同时转运一种或多种数量不等的大分子和颗粒性物质,故又称为批量运输(bulk transport)。

4.4.1 胞饮作用与吞噬作用

胞吞作用是通过细胞膜内陷形成囊泡,将外界物质裹进并输入细胞的过程。根据形成的吞泡的大小和胞吞物质,胞吞作用又可分为两类:胞吞物若为溶液,形成的囊泡较小,则称为胞饮作用(pinocytosis),胞饮作用存在于白细胞、肾细胞、小肠上皮细胞、肝巨噬细胞和植物细胞;胞吞物若为大的颗粒性物质(如微生物或细胞碎片),形成的囊泡较大,则称为吞噬作用(phagocytosis),吞噬作用是原生动物获取营养物质的主要方式,在多数细胞动物中亦存在吞噬作用。如在哺乳动物中,中性粒细胞和巨噬细胞具有极强的吞噬能力,以保护机体免受异物侵害。最近的研究表明,白蛋白纳米粒,一种以白蛋白为基质,包裹或吸附药物的实心球体,作为一种固态胶体药物释放体系,主要也是经由胞饮作用进入细胞的。

　　胞饮作用形成的胞吞泡又称胞饮泡,吞噬作用形成的胞吞泡称吞噬泡。它们之间的区别是:①胞吞泡的大小不同。胞饮泡直径一般小于 150 nm,而吞噬泡直径大于 250 nm;②所有真核细胞都能通过胞饮作用连续摄入溶液和分子,而大的颗粒性物质则主要是通过特殊的吞噬细胞摄入的,前者是一个连续发生的过程,后者先需被吞噬物与细胞表面结合并激活细胞表面受体,因此是一个信号触发过程(triggered process);③胞吞泡形成机制不同。胞饮泡的形成需要网格蛋白(clathrin)或这一类蛋白的帮助。网格蛋白是由一个重链和一个轻链组成的二聚体,三个二聚体形成包被的结构单位——三脚蛋白复合物(triskelion)。当配体与膜上受体结合后,网格蛋白聚集在膜下的一侧,逐渐形成一个质膜凹陷,称网格蛋白衣被小窝(clathrin coated pit)(图 4-18 ②),与 GTP 结合蛋白(dynamin)装配成环,最终脱离质膜形成网格蛋白衣被小泡(clathrin coated vesicle)(图 4-18 ④);然后网格蛋白脱离衣被小泡,返回质膜附近重复使用(图 4-18 ⑤)。去被的囊泡与早胞内体(early endosome)融合,将转运分子与部分胞外液体摄入细胞(图 4-18 ⑥)。

　　在大分子跨膜转运中,网格蛋白本身并不起捕获特异转运分子的作用,有特异性选择作用的是包被中另一类接合素蛋白(adaptin),它既能结合网格蛋白,又能识别跨膜受体胞质面的尾部肽信号(peptide signal),从而通过网格蛋白衣被小泡介导跨膜受体及其结合配体的选择性运输(图 4-18)。在膜泡运输中,不同途径的转运小泡可能结合不同的包被蛋白,除网格蛋白衣被小泡外,还有一类 COP 蛋白衣被小泡(COP-coated vesicle),介导内质网和高尔基体之间非选择性的膜泡运输。同样接合素蛋白至少也有两类:一类与网格蛋白结合,负责受体介导的胞吞作用;另一类也与网格蛋白结合,但负责高尔基体向溶酶体的膜泡运输。

　　吞噬泡的形成则需要有微丝及其结合蛋白的帮助,如果用降解微丝的药物(细胞松弛素B)处理细胞,则可阻断吞噬泡的形成,但胞饮作用仍继续进行。

4.4.2　受体介导的胞吞作用

　　根据胞吞的物质是否有专一性,可以分为受体介导的胞吞作用(receptor mediated endocytosis)和非特异性的胞吞作用。受体介导的胞吞作用是大多数动物细胞通过网格蛋白衣被小泡从胞外液摄取特定大分子的有效途径。被转运的大分子物质(配体)与细胞表面的受体相结合,形成受体-配体复合物,并扳动内化作用(internalization)。首先是该处质膜部位在网格蛋白参与下形成衣被小窝(coated pit),然后是深陷的小窝脱离质膜形成衣被小泡(coated vesicles)。受体介导的胞吞作用是一种选择浓缩机制(selective concentrating mechanism),既可保证细胞大量地摄入特定的大分子,同时又避免了吸入细胞外大量的液体(图 4-18)。

　　与非特异性的胞吞作用相比,受体介导的胞吞作用可使特殊大分子的内化效率增加 1000多倍。一个重要的例子是动物细胞通过受体介导的胞吞作用对胆固醇的摄取(图 4-19),比如鸟类卵细胞摄取卵黄蛋白、肝细胞摄入转铁蛋白等。某些激素,如胰岛素与靶细胞表面受体结合进入细胞,巨噬细胞通过表面受体对免疫球蛋白及其复合物、细菌、病毒乃至衰老细胞的识别和摄入,以及其他一些基本代谢物,如合成血红蛋白所必需的维生素 B_{12} 和铁的摄取,都是通过受体介导的胞吞作用进行的。视网膜色素上皮细胞能够摄入光感受器细胞外基质中携带负电荷的大分子物质,这一作用也是通过受体介导的内吞作用完成的,从而保证光感受器细胞的正常功能。

　　胆固醇主要在肝细胞中合成,随后与磷脂和蛋白质形成复合物,即低密度脂蛋白(low-density lipoproteins,LDL)进入,通过与细胞表面的低密度脂蛋白受体特异结合形成受体-

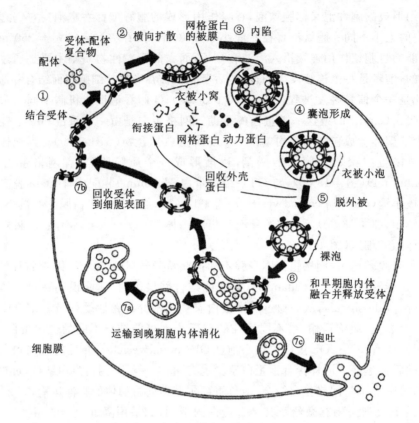

图 4-18　受体介导的胞吞作用

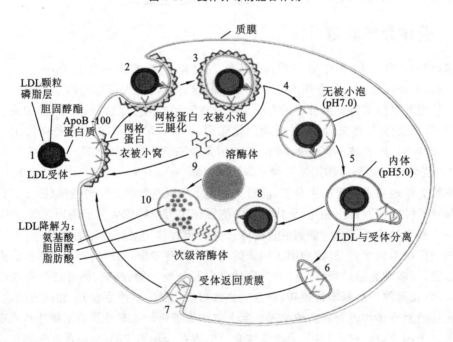

图 4-19　胆固醇的摄取过程

LDL 复合物,几分钟内便通过网格蛋白衣被小泡的内化作用进入细胞,经脱被作用并与胞内体(endosome)融合。胞内体是动物细胞内由膜包围的细胞器,其作用是传输由胞吞作用新摄入的物质到溶酶体降解。胞内体膜上 ATP 驱动的质子泵,将 H^+ 泵进胞内体腔内,使腔内的 pH 值降低(pH5～6),从而引起 LDL 与受体分离。胞内体以出芽的方式形成运载受体的小囊泡,返回细胞质膜,受体重复使用。然后含有 LDL 的胞内体与溶酶体融合,低密度脂蛋白被水解,释放出胆固醇和脂肪酸供细胞利用。

　　在细胞胞吞过程中,胞内体被认为是膜泡运输的主要分选站之一。其中的酸性环境在分选过程中起关键作用。已知有 25 种以上的不同受体,具有不同的分选信号,参与不同类型分子的受体介导的胞吞作用。在受体介导的胞吞作用过程中,不同类型的受体在胞内体分选途径不同。

　　(1)大部分受体返回它们原来的质膜结构域,如 LDL 受体的循环利用。

　　(2)有些受体不能再循环而是进入溶酶体被消化。导致受体的数量下降,称为受体下行调节(receptor down-regulation)。如与表皮生长因子结合的细胞表面受体,大部分在溶酶体被降解,从而导致细胞表面表皮生长因子受体浓度降低。

　　(3)有些受体被运至质膜不同的结构区域,该过程称作跨细胞的转运(transcytosis)。如母鼠的抗体从血液通过上皮细胞进入母乳中。在具有极性的上皮细胞中,这是一种将胞吞作用与胞吐作用相结合的物质跨膜转运方式,即转运的物质通过胞吞作用从上皮细胞的一侧被摄入细胞,再通过胞吐作用从细胞的另一侧输出。

4.4.3　胞吐作用

　　与细胞的胞吞作用相反,胞吐作用是将细胞内的分泌泡或其他某些膜泡中的物质通过细胞质膜运出细胞的过程。组成型胞吐途径(constitutive exocytosis pathway)是指所有的真核细胞都有从高尔基体反面管网区分泌的囊泡向质膜流动并与之融合的稳定过程。新合成的囊泡膜的蛋白和脂类不断地供应质膜更新。正是这条途径确保细胞分裂前质膜的生长;囊泡内可溶性蛋白分泌到细胞外,有的成为质膜外周蛋白,有的形成胞外基质组分,有的作为营养成分或信号分子扩散到胞外液。真核细胞除了这种连续的组成型胞吐途径之外,特化的分泌细胞还有一种调节型胞吐途径(regulated exocytosis pathway),是指分泌细胞产生的分泌物(如激素、黏液或消化酶)储存于分泌泡内,当细胞在受到胞外信号刺激时,分泌泡与质膜融合并将内含物释放出去(图 4-20)。

　　组成型胞吐途径是指通过一种称为限定途径(default pathway)的方式来完成蛋白质的转运过程。这种模式认为,在糙面内质网中合成的蛋白质除了某些有特殊标志的蛋白驻留在 ER 或高尔基体中或选择性进入溶酶体和调节性分泌泡外,其余的蛋白均沿着糙面内质网→高尔基体→分泌泡→细胞表面这一途径完成其转运过程。如将含有糖基化信号的三肽 Asn-Tyr-Thr分子加入体外培养细胞的营养液中,这种小肽可穿过细胞膜,进入细胞质基质,甚至进一步进入到内质网腔中,并被糖基化。N-连接寡糖的修饰阻碍它返回细胞质基质中,在 10 min 内就可以从糙面内质网经高尔基体转运到细胞表面。这可能是质膜蛋白的最快的转运速度。

　　调节型的胞吐途径存在于特殊机能的细胞中。所有的哺乳动物细胞可能都采用共同的机制,其分选信号存在于蛋白本身,而蛋白的分选可能主要由高尔基体 TGN 上的受体类蛋白来决定。如已知脑垂体细胞分泌促肾上腺皮质激素、胰岛的 β 细胞分泌胰岛素、胰腺的腺泡细胞分泌胰蛋白酶原,这三种分泌产物均分别储存在各自细胞的可调节性分泌泡中。用基因重组技术在垂体肿瘤细胞系中同时表达胰岛素与胰蛋白酶原,结果发现三种产物都存在于同一可

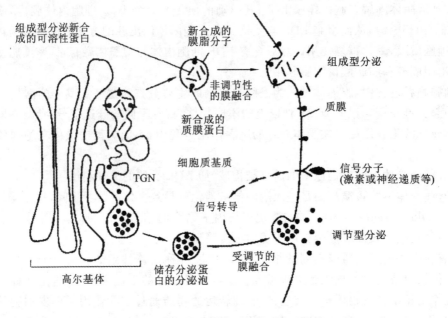

图 4-20 细胞组成型和调节型胞吐作用

调节性分泌泡中,并在相应的激素信号作用下向细胞外分泌。

　　真核细胞无论是通过胞吞作用摄取大分子还是通过胞吐作用分泌大分子,都是通过膜泡运输的方式进行的,并且转运的囊泡只与特定的靶膜融合,从而保证了物质有序地跨膜转运。无论是胞吞作用还是胞吐作用,一旦转运囊泡识别靶膜并停泊于那里之后,下一步即涉及膜的融合过程,以卸掉囊泡内含物。在正常情况下,细胞膜不能自发地融合,只有除去亲水膜表面的水分子使膜之间距离近至 1.5 nm,才有可能发生融合。在细胞的胞吞或胞吐过程中可能有某种膜融合蛋白(fusion proteins)参与催化,以克服质膜融合过程中的能量障碍。

　　目前已发现两种融合蛋白参与介导膜泡的融合过程:①N-乙基顺丁烯二酰亚胺-敏感融合蛋白(N-ethylmaleimide-sensitive fusion protein,NSF),是一种 ATP 酶;②可溶性 NSF 连接蛋白 SNAPs。某些病毒包膜蛋白在较低 pH 值时,具有催化膜融合的功能,如仙台病毒。目前已克隆出多种具有融合作用的病毒融合基因,并进一步证明用这类基因转染的真核细胞表面存在表达的病毒包膜融合蛋白。

　　此外,当分泌泡或转运泡与质膜融合并通过胞吐作用释放其内含物后,会使质膜表面积增加,但可能同时发生在质膜其他区域的胞吐作用则减少其表面积,这种动态过程对质膜更新和维持细胞的生存与生长是必要的。

思考题

1. 如何鉴定细胞膜上的膜运输蛋白?
2. 比较主动运输与被动运输的特点及其生物学意义。
3. 试述 Na^+-K^+ 泵的工作原理及其生物学意义。
4. 试述小肠上皮细胞中 Na^+ 浓度梯度是如何驱动葡萄糖转运的。
5. 比较胞饮作用和吞噬作用的异同。
6. 试述 LDL 受体是如何介导细胞对 LDL 的内吞作用的。

7. 比较组成型胞吐途径和调节型胞吐途径的特点及其生物学意义。

8. 试分析和细胞的跨膜运输异常有关的疾病。

9. 细胞基质中钙离子浓度低的原因是什么?

10. 试分析动作电位与 Na^+、K^+ 离子通道的关系。

拓展资源

1. 杂志类

《中国细胞生物学学报》

《分子细胞生物学报》

《细胞学杂志》

《细胞与分子免疫学杂志》

《Cell》

2. 网站

http://www.cscb.org.cn/

http://www.bscb.org.cn/

http://www.sscb.org.cn/

http://www.wiki8.com/baoyinzuoyong_105291/

http://www.biomart.cn/experiment/430/488/730/46241.htm

http://www.bioon.com/biology/cell/523634.shtml

http://www.cytoskeleton.com/

参考文献

[1] 翟中和,王喜忠,丁明孝.细胞生物学[M].4 版.北京:高等教育出版社,2011.

[2] Benga G. The first discovered water channel protein, later called aquaporin 1: molecular characteristics, functions and medical implications[J]. Mol Aspects Med, 2012, 33 (5-6): 518-534.

[3] Jones P M, George A M. Mechanism of the ABC transporter ATPase domains: catalytic models and the biochemical and biophysical record [J]. Crit Rev Biochem Mol Biol, 2013, 48(1): 39-50.

[4] Mallika Valapala, Jamboor K. Lipid Raft Endocytosis and Exosomal Transport Facilitate[J]. Journal of Biological Chemistry, 2011, 286(35): 30911-30925.

[5] Raiborg C, Rusten T E, Stenmark H. Protein sorting into multivesicular and endosomes[J]. Curr Opin Cell Biol, 2003, 15(4): 446-455.

[6] Schweizer P A, Yampolsky P, Malik R, et al. Transcription profiling of HCN-channel isotypes throughout mouse cardiac development [J]. Basic Res Cardiol, 2009, 104 (6): 621-629.

模块三
细胞内膜及蛋白质分选

第5章　细胞内膜

提要　细胞内膜系统是指在结构、功能乃至发生上相互关联,由膜包被的细胞器或细胞结构,包括内质网、高尔基体、溶酶体、胞内体和分泌泡等。也有学者认为,广义上的内膜系统也包括线粒体、叶绿体、过氧化物酶体等细胞内所有膜结合的细胞器。

内质网是细胞内蛋白质与膜脂合成的基地。糙面内质网主要合成分泌蛋白、膜蛋白及内质网、高尔基体和溶酶体中的蛋白质。膜脂在光面内质网的细胞质基质膜面上合成,随后部分膜脂转移到内质网腔面膜上,进而通过出芽、磷脂转换蛋白的协助或膜的融合方式,运送到其他部位。

高尔基体是一种有极性的细胞器,由高尔基体的 cis 面膜囊、中间膜囊、trans 面膜囊和反面网状结构(TGN)构成。高尔基体与细胞分泌活动关系密切。高尔基体在蛋白质的加工、分选、修饰、包装与转运和细胞内的"膜流"运动中发挥重要作用。

溶酶体中含有多种酸性水解酶类,主要的功能是进行细胞内的消化作用,此外,某些细胞的溶酶体还具有防御功能和其他重要的生理功能。过氧化物酶体是真核细胞直接利用分子氧的细胞器,与溶酶体一样也是一种异质性的细胞器,但在酶的种类、功能和发生等方面都与溶酶体有很大区别。

线粒体是有氧呼吸的主要场所,是细胞内供应能量的"动力工厂"。存在于各类真核细胞中,其主要功能是进行氧化磷酸化。线粒体是半自主性细胞器,但编码的遗传信息十分有限,其 RNA 转录、蛋白质翻译、自身构建和功能发挥等必须依赖核基因组编码的遗传信息。线粒体由分裂或出芽增殖而来。关于线粒体的起源有两种观点,即内共生学说和非内共生学说。

叶绿体是光合作用的场所,是细胞内养料制造工厂和能量转换器。主要存在于植物细胞中,其主要功能是进行光合磷酸化。与线粒体一样也是半自主性细胞器,且其增殖也是由原有的叶绿体分裂而来,关于叶绿体的起源,也同线粒体一样,有两种学说,但普遍接受内共生学说,认为叶绿体的祖先是蓝藻或光合细菌。

5.1　内质网

内质网(endoplasmic reticulum,ER)是由一层单位膜形成的囊状、泡状和管状结构,并形成一个连续的网膜系统。它是真核细胞中最普遍、最多变、适应性最强的细胞器。内质网的发现要比线粒体和高尔基体等细胞器晚得多。1945 年,K. R. Porter 和 A. D. Claude 等人在体外培养成纤维细胞时初次观察到细胞质不是均质的,其中可见到一些形状和大小略有不同的网状结构，并集中在内质中，建议称为内质网。随着超薄切片和固定技术的改进，Palade 和 Porter 等于 1954 年证实内质网是由膜围绕的囊泡所组成的。虽然以后发现内质网不仅仅存在于细胞的内质部位，但仍习惯沿用此名称。

内质网通常占细胞膜系统的一半左右，体积占细胞总体积的 10％以上。内质网的存在大大地增加了细胞内膜的表面积，为各种酶体系提供了大面积的结合位点。内质网是细胞内除核酸以外一系列重要的生物大分子，如蛋白质、脂质和糖类的合成基地。同时，内质网形成的完整封闭体系，将内质网合成的物质与细胞质基质中合成的物质分隔开来，更有利于它们的加工和运输。原核生物没有内质网，由细胞膜代行其某些类似的功能。在不同类型的细胞中，内质网的数量、类型与形态差异很大。同一细胞在不同发育阶段和不同的生理状态下，内质网的结构与功能也有明显的不同。在细胞周期的各个阶段，内质网的变化是极其复杂的。细胞分裂时，内质网要经历解体与重建等过程。

5.1.1　内质网的形态结构

根据内质网上是否附有核糖体，将内质网分为两种基本类型：糙面内质网（rough endoplasmic reticulum，rER）和光面内质网（smooth endoplasmic reticulum，sER）。由于内质网是一种封闭的囊状、泡状和管状结构，一般内质网的外表面称为胞质溶胶面（cytosolic space），内表面称为潴泡面（cisternal space）。

（1）糙面内质网（rough endoplasmic reticulum，rER）　多呈扁囊状，排列较为整齐，因其膜表面附有大量的核糖体而命名（图 5-1A）。它是核糖体和内质网共同构成的复合结构，普遍存在于分泌蛋白质的细胞中，其主要功能是合成分泌蛋白、多种膜蛋白和酶蛋白。因此在分泌细胞（如黄体细胞）和分泌抗体的浆细胞中，糙面内质网非常发达，而在一些未分化的细胞与肿瘤细胞中则较为稀少。内质网膜上有一种称为移位子（translocon）的蛋白复合体，直径约 8.5 nm，中心有一个直径为 2 nm 的"通道"，其功能与新合成的多肽进入内质网有关。

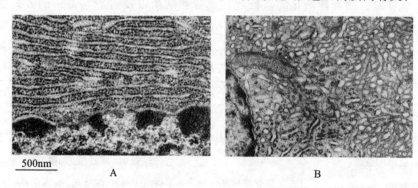

500nm　　　　　A　　　　　　　　　　　　　　B

图 5-1　糙面内质网与光面内质网结构
A.胰腺外分泌细胞中发达的糙面内质网，内质网膜及外核膜上均附有核糖体；
B.黄体细胞有丰富的光面内质网

（2）光面内质网（smooth endoplasmic reticulum，sER）　无核糖体附着的内质网称为光面内质网，通常呈小的管状和小的泡状，而非扁平膜囊状。广泛存在于各种类型的细胞中，包括骨骼肌、肾小管和分泌类固醇的内分泌腺。光面内质网是脂质合成的重要场所。细胞中光面内质网通常只是作为内质网这一连续结构的一部分。光面内质网所占的区域通常较小，往往作为出芽的位点，将内质网上合成的蛋白质或脂类转运到高尔基体内。在某些细胞中，光面内质网非常发达并具有特殊的功能,如合成固醇类激素的细胞(图 5-1B)及肝细胞等。

5.1.2 糙面内质网的功能

1. 蛋白质的合成是糙面内质网的主要功能

细胞中的蛋白质都是在核糖体上合成的,并都起始于细胞质基质游离核糖体。有些蛋白质在起始合成不久后便转移至内质网膜上,继续肽链延伸并完成蛋白质合成。在糙面内质网上,多肽链边延伸边穿过内质网膜进入内质网腔中,以这类方式合成的蛋白质主要包括向细胞外分泌的蛋白质,这类蛋白质常以分泌泡的形式通过细胞的胞吐作用输送到细胞外;膜的整合蛋白,如细胞质膜上的膜蛋白及内质网、高尔基体和溶酶体膜上的膜蛋白;构成内膜系统细胞器中的可溶性驻留蛋白,有些驻留蛋白需要与其他细胞组分严格隔离,如溶酶体与植物液泡中的酸性水解酶类,以及内质网、高尔基体和胞内体(endosome)中可溶性驻留蛋白;需要进行修饰的蛋白,如糖蛋白。

2. 蛋白质的修饰与加工

蛋白质的修饰主要包括糖基化、羟基化、酰基化、二硫键形成等,其中最主要的是糖基化,几乎所有内质网上合成的蛋白质最终都被糖基化。糖基化可以保护蛋白质不被抗消化酶作用,也可以赋予蛋白质传导信号的功能,而且某些蛋白只有在糖基化之后才能正确折叠。蛋白质糖基化是指其在酶的催化下寡糖链被连接在肽链特定的糖基化位点,形成糖蛋白。蛋白质糖基化修饰对蛋白质折叠、分选及其定位有重要的影响。糖链结构不同还将影响糖蛋白的半衰期和降解。参与靶蛋白糖基化修饰的寡糖链具有共同的内核结构。糖基化主要有 N-连接糖基化和 O-连接糖基化(O-linked glycosylation)两种类型。N-连接糖基化起始于内质网,糖的供体为核苷糖,然后通过膜上糖基转移酶的作用,形成高甘露糖型糖蛋白,再转移至高尔基体完成蛋白质 N-连接糖基化修饰。O-连接糖基化发生在高尔基体上,与靶蛋白直接结合的糖是 N-乙酰半乳糖胺。两种糖基化的寡糖链在成分和结构以及合成与加工的方式也完全不同(表 5-1)。在内质网发生的蛋白质连接糖基化的加工后,还需要转移至高尔基体经过一系列复杂的修饰,其进一步加工过程参见高尔基体功能。

表 5-1   N-连接与 O-连接的寡糖比较

特　　征	N-连接	O-连接
合成部位	糙面内质网和高尔基体	高尔基体
合成方式	来自同一个寡糖前体	一个个单糖加上去
与之结合的氨基酸残基	天冬酰胺	丝氨酸、苏氨酸、羟赖氨酸、羟脯氨酸
最终长度	至少 5 个糖残基	一般 1~4 个糖残基,但 ABO 血型抗原较长
第一个糖残基	N-乙酰葡糖胺	N-乙酰半乳糖胺等

另一种蛋白质修饰酰基化(acylation)发生在内质网的胞质侧,是形成脂锚定蛋白的重要方式。此外,新生肽的脯氨酸和赖氨酸要进行羟基化(hydroxylation),形成羟脯氨酸和羟赖氨酸,不过这种反应只在少数蛋白质上发生。在合成胶原的细胞中,脯氨酸和赖氨酸羟基化则是一个主要的反应。

3. 新生多肽的折叠与装配

肽链的合成仅需几十秒钟至几分钟即可完成,而新合成的多肽在内质网停留的时间往往长达几十分钟。不同的蛋白质在内质网停留的时间长短不一,这在很大程度上取决于蛋白质正确折叠所需的时间。有些多肽还要进一步参与多亚基寡聚体的组装。不能正确折叠的畸形肽链或未组装成寡聚体的蛋白质亚基,不论在内质网膜上还是在内质网腔中,一般都不能进入高尔基体,这类多肽一旦被识别,便通过 Sec61p 复合体从内质网腔转至细胞质基质,进而通过泛素依赖性降解途径被蛋白酶体(proteasome)所降解。由此可见内质网是蛋白质分泌转运途径中行使质量监控的重要场所。粗面内质网腔含有分子伴侣,如结合蛋白(binding protein, Bip)和钙连接蛋白(calnexin)。分子伴侣(molecular chaperone)可以识别和结合没有折叠或折叠错误的蛋白质并使它们形成正确的即天然的三维结构。内质网的分子伴侣还在新生蛋白脱离易位子通道并进入内质网腔的转移过程中起作用。Bip 是属于 Hsp70 家族的分子伴侣,在内质网中有两个作用:①Bip 同进入内质网的未折叠蛋白质的疏水氨基酸结合,防止多肽链不正确地折叠和聚合,或者识别错误折叠的蛋白质或未装配好的蛋白质亚单位,并促进它们重新折叠与装配;②防止新合成的蛋白质在转运过程中变性或断裂。一旦这些蛋白质形成正确构象或完成装配,便与 Bip 分离,进入高尔基体。蛋白二硫键异构酶和 Bip 等蛋白质都具有 4 肽驻留信号(KDEL 或 HDEL)以保证它们滞留在内质网中,并维持很高的浓度。Bip 还可同 Ca^{2+} 结合,可能通过 Ca^{2+} 与带负电的磷脂头部基团相互作用,使 Bip 结合到内质网膜上。

5.1.3　光面内质网的功能

1. 光面内质网是脂质合成的重要场所

光面内质网合成细胞需要包括磷脂和胆固醇在内的几乎全部膜脂,其中最主要的磷脂是磷脂酰胆碱(卵磷脂)。合成磷脂所需要的 3 种酶都定位在内质网膜上,其活性部位在膜的细胞质基质侧。内质网的磷脂不断合成,使得内质网的膜面积越来越大,必须有一种机制将磷脂转运到其他的膜才能维持内质网膜的平衡。在内质网合成的磷脂向其他膜的转运主要有 3 种可能的机制(图 5-2):①以出芽的方式通过膜泡将磷脂转运到高尔基体、溶酶体和细胞质膜上;②通过水溶性磷脂交换蛋白(phospholipid exchange protein, PEP)的作用,在不同的膜结合细胞器之间转移磷脂。转移的过程:PEP 首先与磷脂分子结合形成水溶性的复合物,进入

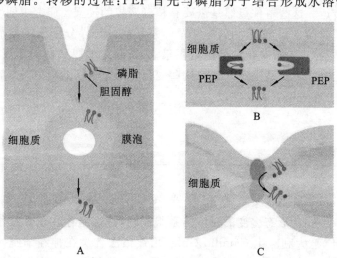

图 5-2　胆固醇与磷脂在供体膜与受体膜之间可能的转运机制
A. 通过膜泡转运脂质;B. 通过 PEP 介导的脂质转运;C. 膜嵌入蛋白介导的膜间直接接触

细胞质基质,通过自由扩散,直至遇到靶膜时,PEP 将磷脂卸载下来,并安插在膜上,结果是从磷脂含量高的膜转移到磷脂含量低的膜上,例如从磷脂合成部位内质网转移到线粒体、过氧化物酶体等膜上;③供体膜与受体膜之间通过膜嵌入蛋白所介导的直接接触。

2. 解毒作用

光面内质网的一个独特的功能就是能够对外来的有毒物质,如农药、毒素和污染物进行解毒(detoxification)。肝细胞中的光面内质网很丰富,它是合成外输性脂蛋白颗粒的基地。肝细胞中的光面内质网中还含有一些酶,介导氧化、还原和水解反应,使有毒物质由脂溶性转变成水溶性而被排出体外,此过程称为肝细胞的解毒作用(detoxification)。研究较为深入的是细胞色素 P450 家族酶系的解毒反应,聚集在光面内质网膜上的水不溶性毒物或代谢产物在 P450 混合功能氧化酶(mixed-function oxidase)作用下羟基化,完全溶于水并转送出细胞进入尿液排出体外。某些药物如苯巴比妥(phenobarbital)进入体内,肝细胞中与解毒反应有关的酶便大量合成,几天之中光面内质网的面积成倍增加。一旦毒物消失,多余的光面内质网也随之被溶酶体消化,5 天内又恢复到原来的大小。

3. Ca^{2+} 的调节作用

肌质网是细胞内特化的光面内质网,是储存 Ca^{2+} 的细胞器。肌质网膜上重要的膜蛋白 Ca^{2+}-ATP 酶,将细胞质基质中的 Ca^{2+} 泵入肌质网腔中储存起来。当肌细胞膜的兴奋信号传递到肌质网时,引起肌质网释放 Ca^{2+},从而导致肌细胞的收缩活动。当肌肉松弛时,Ca^{2+} 又重新泵回肌质网。所以肌质网实际上是作为钙库,其内有钙结合蛋白,每个钙结合蛋白可以结合 30 个左右的 Ca^{2+}。

4. 类固醇激素的合成

在某些合成固醇类激素的细胞如睾丸间质细胞中,光面内质网也非常丰富,其中含有制造胆固醇并进一步产生固醇类激素的一系列的酶。类固醇激素的合成涉及多个途径中的酶,包括存在于胞质溶胶和光面内质网中的酶类。但是合成的起始物质是胆固醇前体物质甲羟戊酸(mevalonate),它的合成是由光面内质网中的 HMG-CoA 还原酶催化的。

此外,内质网与基因表达的调控也有关系。许多蛋白需要在内质网中折叠、装配、加工、包装及向高尔基体转运。这些事件显然是需要有精确调控的过程。研究表明至少有 3 种不同的从内质网到细胞核的信号转导途径,其中涉及一系列信号转导分子最终调节细胞核内特异基因的表达:①内质网腔内未折叠蛋白的超量积累;②折叠好的膜蛋白的超量积累;③内质网膜上膜脂成分的变化——主要是固醇缺乏。这些变化将通过不同的信号转导途径诱导不同的基因活化,最终细胞表现出相应的反应。

5.2 高尔基体

高尔基体(Golgi body)又称高尔基器(Golgi apparatus)或高尔基复合体(Golgi complex),是由大小不一、形态多变的囊泡体系组成的,是普遍存在于真核细胞内的一种重要的细胞器。1898 年,意大利医生 Camillo Golgi 用镀银法首次在神经细胞内观察到一种网状结构,命名为内网器(internal reticular apparatus)。后来在很多细胞中相继发现了类似的结构并称之为高尔基体。高尔基体从发现至今已有百余年历史,其中几乎一半时间是进行关于高尔基体形态乃至是否真实存在的争论。20 世纪 50 年代以后随着电子显微镜技术的应用和超薄切片技术的发展，才确证了高尔基体的真实存在。

5.2.1　高尔基体的形态结构与极性

1. 形态结构

电子显微镜所观察到的高尔基体特征性结构是由一些排列较为整齐的扁平膜囊（saccules）堆叠而成的（通常 4～8 个），构成了高尔基体的主体结构（图 5-3），扁平膜囊多呈弓形，也有的呈半球形或球形。高尔基体由平行排列的扁平膜囊、液泡（vacuole）和小泡（vesicle）等膜状结构所组成。

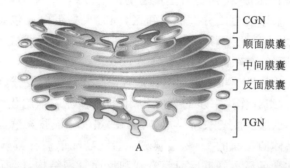

CGN
顺面膜囊
中间膜囊
反面膜囊
TGN
A

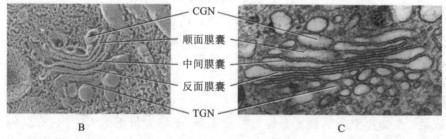

CGN
顺面膜囊
中间膜囊
反面膜囊
TGN
B　　　　C

图 5-3　高尔基体的形态结构

A. 来自动物分泌细胞电镜三维结构重建的高尔基体的分区示意图；B. 动物细胞冷冻蚀刻扫描电镜观察到的高尔基体；C. 小鼠回肠 Paneth 细胞电镜超薄切片观察到的高尔基体

（1）扁平膜囊　扁平膜囊是高尔基体的主体部分。一般由 3～10 层扁平膜囊平行排列在一起组成一个扁平膜囊堆（stack of saccule），每层膜囊之间的距离为 15～30 nm，每个扁平囊是由两个平行的单位膜构成，膜厚 6～7 nm。

（2）液泡　多见于扁平膜囊扩大之末端，可与之相连。直径 0.1～0.5 μm，泡膜厚 8 nm。液泡内部为电子密度不同的物质，与这些物质的成熟阶段有关，液泡又称浓缩泡（condensing vesicle）。当分泌颗粒排出时，液泡膜与细胞膜融合，将分泌物排出。

（3）小泡　在扁平膜囊的周围有许多小泡，直径 40～80 nm。这些小泡较多地集中在高尔基体的形成面。一般认为它是由附近的糙面内质网出芽形成的运输泡。它们不断地与高尔基体的扁平膜囊融合，使扁平膜囊的膜成分不断得到补充。

2. 高尔基体的极性

高尔基体是一种有极性的细胞器，这不仅表现在它在细胞中往往有比较恒定的位置与方向，而且物质从高尔基体的一侧输入，从另一侧输出，因此每层膜囊也各不相同。

（1）结构上的极性　高尔基体可分为几个不同功能的区室。①靠近细胞核的一侧，扁囊弯曲成凸面又称形成面(forming face)或顺面(cis face)。由于顺面是网状结构,所以又称高尔基体顺面网状结构(cis Golgi network,CGN)。一般认为,CGN 接受来自内质网新合成的物质并将其分类后大部分转入高尔基体中间膜囊,少部分内质网驻留蛋白质与脂质再返回内质网。②中间膜囊(medial Golgi)由扁平膜囊与管道组成,形成不同间隔,但功能上是连续的、完整的膜囊体系。多数糖基修饰与加工、糖脂的形成以及与高尔基体有关的多糖的合成都发生在中间膜囊。扁平膜囊特殊的形态大大增加了糖的合成与修饰的有效表面积。③面向细胞质膜的一侧常呈凹面(concave)又称成熟面(mature face)或反面(trans face),是高尔基体最外侧的管状和小泡状结构组成的网络,因此,其又称为高尔基体反面网状结构(trans Golgi network,TGN)。它是高尔基体的组成部分,并且是最后的区室。TGN 内 pH 值可能比高尔基体其他部位低。TGN 是高尔基体蛋白质分选的枢纽区,同时也是蛋白质包装形成网格蛋白/AP 包被膜泡的重要发源地之一。此外,某些"晚期"的蛋白质修饰也发生在 TGN,如蛋白质酪氨酸残基的硫酸化及蛋白原的水解加工作用等。

(2)高尔基体的生化极性 根据高尔基体的各部膜囊特有的成分,可用电镜组织化学染色方法对高尔基体的结构组分作进一步的分析,常用的 4 种标志细胞化学反应:①嗜锇反应:经锇酸浸染后,高尔基体的顺面膜囊被特异地染色。②焦磷酸硫胺素酶(TPP 酶)的细胞化学反应:可特异地显示高基体的反面的 1～2 层膜囊。③胞嘧啶单核苷酸酶(CMP 酶)和酸性磷酸酶的细胞化学反应:常常可显示靠近反面膜囊状和反面管网结构,CMP 酶也是溶酶体的标志酶。④烟酰胺腺嘌呤二核苷磷酸酶(NADP 酶)或甘露糖苷酶的细胞化学反应:高尔基体中间几层扁平膜囊的标志反应。组织化学染色技术可以反映高尔基体的生化极性。高尔基体的各种标志反应不仅有助于对高尔基体结构与功能的深入了解,而且可以用来更准确地鉴别高尔基体的极性。

3. 数量及分布

(1)数量 生物体中高尔基复合体的数量不等,平均为每细胞 20 个。在低等真核细胞中,高尔基复合体有时只有 1～2 个,有的可达 10 000 多个。在分泌功能旺盛的细胞中,高尔基复合体都很多,如胰腺外分泌细胞、唾液腺细胞和上皮细胞等。而肌细胞和淋巴细胞中高尔基复合体较少见。

(2)分布 高尔基复合体只存在于真核细胞中,在一定类型的细胞中,高尔基复合体的位置比较恒定,如外分泌细胞中高尔基体常位于细胞核上方,其反面朝向细胞质膜;神经细胞的高尔基体有很多膜囊堆分散于细胞核的周围。

4. 高尔基体的化学组成

从蛋白质含量看,高尔基复合体高于内质网和质膜。质膜的蛋白质含量为 40%,内质网的蛋白质含量为 20%,而高尔基体的蛋白质含量占 60%。从总磷脂看,高尔基体为 45%,介于内质网(61%)和质膜(40%)之间。高尔基复合体的膜上含有丰富的酶类,如糖基转移酶、磺化糖基转移酶、氧化还原酶、磷酸酶、激酶、甘露糖苷酶、磷脂酶等。但在膜上的分布并不均一。高尔基复合体的标志酶是糖基转移酶。

5.2.2 高尔基体的功能

高尔基体的主要功能是将内质网合成的多种蛋白质进行加工、分类与包装,然后分门别类地运送到细胞特定的部位或分泌到细胞外。内质网合成的脂质一部分也通过高尔基体向细胞质膜和溶酶体膜等部位运输。因此,高尔基体是细胞内物质运输的交通枢纽。此外,高尔基体还是细胞内糖类合成的工厂,在细胞生命活动中起多种重要的作用。

1. 高尔基体与细胞的分泌活动

分泌型蛋白在细胞内的合成与转运过程是通过高尔基体来完成的,还有多种细胞质膜上的膜蛋白、溶酶体中的酸性水解酶及胶原等胞外基质成分,其定向转运过程都是通过高尔基体完成的。高尔基体 TGN 区是蛋白质包装分选的关键枢纽,在这里至少有 3 条分选途径(图5-4),分别为溶酶体酶的包装与分选途径,可调节性分泌途径和组成型分泌途径。溶酶体酶的包装与分选途径是指具有甘露糖-6-磷酸(M6P)标记的溶酶体酶与相应膜受体结合,通过出芽方式形成网格蛋白/AP 包被膜泡,再转运至晚期胞内体,在这里溶酶体酶(M6P 残基)与膜受体解离,受体返回再利用,溶酶体酶被释放到溶酶体。具体过程详见本书蛋白质分选的相关内容。可调节性分泌途径和组成型分泌途径见物质运输部分相关内容。

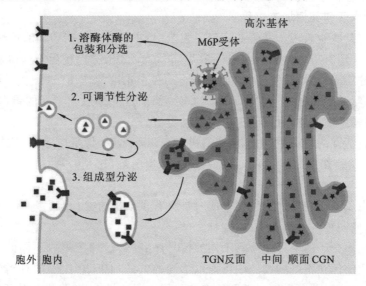

图 5-4 发生在高尔基体 TGN 区的蛋白质分选途径

2. 蛋白质的糖基化及其修饰

高尔基体在大多数蛋白质或膜脂的糖基化修饰的过程中发挥关键的作用。溶酶体酶类、质膜上大多数膜蛋白和可溶性分泌蛋白都是糖蛋白,修饰蛋白质侧链的寡糖链是在糙面内质网上合成中及其从内质网向高尔基体转运过程中发生一系列有序加工的结果。而细胞质基质和细胞核中绝大多数蛋白质都缺少糖基化修饰,仅有的例外是某些转录因子和核孔复合体上发现的一些糖蛋白,但其糖都比较简单。与细胞内其他生物大分子不同,糖蛋白中寡糖链的合成与修饰都是在没有模板条件下,是依靠不同的糖基转移酶、在细胞的不同间隔中经历复杂的加工过程才完成的。这自然会使人们联想,真核细胞中普遍存在的蛋白质糖基化一定具有某些重要的生物学功能:①为各种蛋白质打上不同的标志,以利于高尔基体的分类与包装,同时保证糖蛋白从粗面内质网至高尔基体膜囊单方向进行转移;②影响多肽的构象,用衣霉素(tunicamycin)阻断蛋白质糖基化,结果粗面内质网中合成的多肽,由于缺少糖基侧链不能正确折叠而滞留在内质网中;③很多糖蛋白的分选与行使其功能并非需要糖基化的修饰,而是糖基化增强了糖蛋白的稳定性;④多羟基糖侧链还可能影响蛋白质的水溶性及蛋白质所带电荷的性质,如哺乳动物细胞表面常常带有负电荷,显然与很多膜蛋白糖侧链上的唾液酸残基的存在有关。对蛋白质糖基化生物学意义还有待于深入的研究。高尔基体参与了 N-连接糖基化修饰的后期过程,而 O-连接糖基化则在高尔基体中进行。关于糖基化的详细知识已在内质网部分详述。

3. 蛋白聚糖的合成

除了蛋白质的糖基化以外,高尔基体中也可以进行多糖的合成。细胞中还有一类重要的糖蛋白,即蛋白聚糖(proteoglycan),也是在高尔基体中完成组装的。它是由一个或多个糖氨聚糖(glycosaminoglycan)结合到核心蛋白的丝氨酸残基上,与一般 O-连接寡糖不同,直接与丝氨酸羟基结合的不是 N-乙酰半乳糖胺而是木糖(xylose)。在植物细胞中,高尔基体合成和分泌多种多糖,它们含 12 种以上的单糖,多数多糖呈分支状且有很多共价修饰,远比动物细胞复杂得多,估计构成植物细胞典型初生壁的过程就涉及数百种酶。除少数酶共价结合在细胞壁上外,多数酶都存在于内质网和高尔基体中。

4. 蛋白酶的水解和其他加工过程

有些多肽,如某些生长因子和某些病毒囊膜蛋白,在糙面内质网中切除信号肽后便成为有活性的成熟多肽。还有很多肽激素和神经多肽(neuropeptides)当转运至高尔基体的 TGN 或 TGN 所形成的分泌泡中时,在与 TGN 膜相结合的蛋白水解酶作用下,经特异性水解(常常发生在与一对碱性氨基酸相邻的肽键上)才成为有生物活性的多肽。不同的蛋白质在高尔基体中酶解加工的方式各不相同,可归纳为以下几种类型。

(1)没有生物活性的蛋白原(proprotein)进入高尔基体后,将蛋白原 N 端或两端的序列切除形成成熟的多肽。如胰岛素、胰高血糖素及血清蛋白等,这是一种比较简单的蛋白质加工形式。

(2)有些蛋白质分子在糙面内质网合成时是含有多个相同氨基酸序列的前体,然后在高尔基体中被水解形成同种有活性的多肽,如神经肽等。

(3)一个蛋白质分子的前体中含有不同的信号序列,最后加工形成不同的产物;有些情况下,同一种蛋白质前体在不同的细胞中可能以不同的方式加工,产生不同种类的多肽,这样大大增加了细胞信号分子的多样性。不同的多肽采用不同的加工方式,推测其原因是:①有些多肽分子太小,在核糖体上难以有效地合成,如仅由 5 个氨基酸残基组成的神经肽;②有些可能缺少包装并转运到分泌泡中的必要信号;③更重要的是可以有效地防止这些活性物质在合成它的细胞内提前发挥作用。假如胰岛素在糙面内质网中合成后便具有生物活性,那么它很可能与内质网膜上的受体结合启动错误的反应。胰岛素即使进入分泌泡后也不会与受体结合,因为它仅在 pH 值为 7 左右的条件下与受体结合,而储存胰岛素的分泌泡中 pH 值为 5.5。

5. 蛋白质的硫酸化

硫酸化作用也是在高尔基体中进行的,硫酸化反应的硫酸根供体是 3'-磷酸腺苷-5'-磷酸硫酸(3'-phosphoadenosine-5'-phosphosulfate,PAPS),它从细胞质基质中转入高尔基体膜囊内,在酶的催化下,将硫酸根转移到肽链中酪氨酸残基的羟基上。硫酸化的蛋白质主要是蛋白聚糖。

5.3 溶酶体

1955 年,de Duve 与 Novikoff 合作首次用电子显微镜证明了溶酶体的存在。溶酶体(lysosome)是单层膜围绕、内含多种酸性水解酶类的囊泡状细胞器,在细胞内起消化和保护作用,可与吞噬泡或胞饮泡结合,消化和利用其中的物质。也可以消化自身细胞破损的细胞器或残片,有利于细胞器的重新组装、成分的更新及废物的消除。溶酶体几乎存在于所有的动物细胞中,植物细胞内也有与溶酶体功能类似的细胞器,如圆球体、糊粉粒及植物细胞的中央液泡,原生动物细胞中也有类似溶酶体的结构。典型的动物细胞含数百个溶酶体,但在不同的细胞内溶酶体的数量和形态有很大差异,即使在同一种细胞中溶酶体的大小、形态也有很大变化,这主要与溶酶体处于不同生理功能阶段相关。

5.3.1 溶酶体的形态结构

溶酶体是一种异质性(heterogeneous)的细胞器,这是指不同的溶酶体的形态大小,甚至其中所含水解酶的种类都可能有很大的不同。不同来源的溶酶体形态、大小,甚至所含有酶的种类都有很大的不同。溶酶体呈小球状,大小变化很大,直径一般为 $0.25\sim0.8\ \mu m$,最大的可超过 $1\ \mu m$,最小的直径只有 $25\sim50\ nm$。

(1)溶酶体膜 溶酶体膜在成分上也与其他生物膜不同:①嵌有质子泵,利用 ATP 水解释放的能量将 H^+ 泵入溶酶体内,使溶酶体中的 H^+ 浓度比细胞质中高 100 倍以上,以形成和维持酸性的内环境;②具有多种载体蛋白用于水解产物向外转运;③膜蛋白高度糖基化,可能有利于防止自身膜蛋白的降解,以保持其稳定。

(2)溶酶体酶 溶酶体酶都有一个共同的特点:都是水解酶类,在酸性 pH 值条件下具有最高的活性。溶酶体酶主要包括蛋白酶、核酸酶、脂酶、糖苷酶等。

5.3.2 溶酶体的类型

根据溶酶体处于完成其生理功能的不同阶段,大致可为初级溶酶体(primary lysosome)、次级溶酶体(secondary lysosome)和残余体(residual body)。

(1)初级溶酶体 呈球形,直径 $0.2\sim0.5\ \mu m$,内容物均一,不含有明显的颗粒物质,外面由一层脂蛋白膜围绕(图 5-5)。溶酶体含有多种酸性水解酶类,如蛋白酶、核酸酶、糖苷酶、脂酶、磷脂酶、磷酸酶和硫酸酶等,酶的最适 pH 值为 5.0 左右。若将可透过细胞膜的碱性物质加入细胞培养液中,致使溶酶体内 pH 值提高至 7.0 左右,则导致溶酶体酶失活。

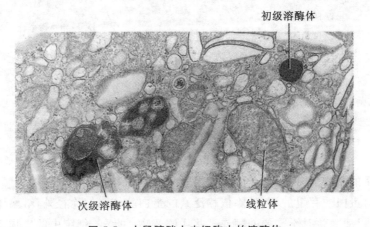

图 5-5 小鼠膀胱上皮细胞中的溶酶体

(2)次级溶酶体 初级溶酶体与细胞内的自噬泡或异噬泡(胞饮泡或吞噬泡)融合形成的

进行消化作用的复合体,分别称为自噬溶酶体(autophagolysosome)和异噬溶酶体(heterophagolysosome)。电镜观察显示次级溶酶体内部结构复杂多样,含有多种生物大分子、颗粒、膜片甚至某些细胞器,因此次级溶酶体形态不规则,大者直径可达几个微米。次级溶酶体内经历消化后,小分子物质可通过膜上载体蛋白转运到细胞质基质中,供细胞代谢利用,未被消化的物质残存在溶酶体内,形成残质体或称后溶酶体。残质体可通过类似胞吐的方式将内容物排出细胞。

少量的溶酶体酶泄露到细胞质基质中,并不会引起细胞损伤,其主要原因是细胞质基质中的 pH 值为 7.0 左右,在这种环境中溶酶体酶的活性大大降低。此外,在酵母细胞质中已发现一些蛋白质可以特异地与溶酶体酶结合而使其丧失活性。植物细胞的液泡中含有多种水解酶类,具有与动物细胞溶酶体类似的功能,一般液泡占细胞总体积的 30% 以上,但在不同细胞中液泡体积从 5%~90% 不等。

5.3.3 溶酶体的功能

溶酶体的基本功能是细胞内的消化作用,这对于维持细胞的正常代谢活动及防御微生物的侵染都有重要的意义。溶酶体的消化作用一般可概括成内吞作用、吞噬作用和自噬作用 3 种途径,每种途径都将导致不同来源的物质在细胞内被消化(图 5-6)。内吞作用是指可溶性大分子通过质膜包被小窝内化和内吞泡摄入细胞,然后与初级溶酶体结合形成异噬溶酶体被消化。吞噬作用是指破损细胞或病原体及不溶性颗粒物质通过异噬泡形式进入细胞,与初级溶酶体结合被消化。自噬作用则是指细胞内破损细胞器和批量细胞质形成自噬泡与初级溶酶体结合被消化。

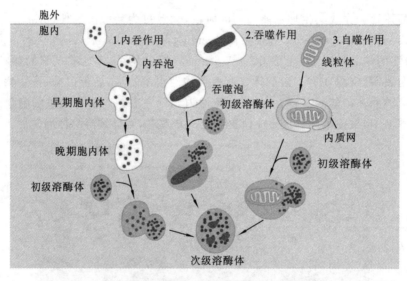

图 5-6　溶酶体消化作用的 3 种途径

1. 清除无用的生物大分子、衰老的细胞器及衰老损伤和死亡的细胞

真核细胞对蛋白质存量的调节,除依赖泛素的蛋白酶体降解途径外,溶酶体是另一个重要的降解途径,用以清除暂时不需要的酶或某些代谢产物。此外,细胞中的生物大分子及细胞器都有一定的半衰期,很多生物大分子的半衰期只有几小时至几天,肝细胞中线粒体的平均寿命约 10 天,细胞质膜也处在不断的更新之中。通过溶酶体的消化作用不断地清除衰老的细胞器和生物大分子,是保障细胞正常代谢活动与调控所必需的。占成人细胞总数 1/4 的红细胞仅能存活 120 天,因此人体每天清除的红细胞多达 10^{11} 个。此外,还要清除在发育中和成体中凋亡的细胞。这些任务主要由溶酶体和蛋白酶体共同承担,所以溶酶体起着“清道夫”的作用。当基因突变导致溶酶体酶缺失或产生溶酶体酶功能异常时,其底物不能被水解而积留在溶酶体中,结果会导致代谢紊乱,引起疾病。溶酶体酶对水解底物似乎没有选择性,但暂不需要的大分子和衰老的细胞器选择性地进入自噬泡,溶酶体识别并与之融合,这显然是一个精确的调控过程,其机制还不清楚。对衰老细胞的清除主要是由巨噬细胞完成,如衰老的红细胞膜骨架发生改变,导致细胞韧性的改变,而不能进入比其直径更小的毛细血管中。同时细胞表面糖链中的唾液酸残基脱落,暴露出半乳糖残基,从而被巨噬细胞识别并捕获,进而被吞噬和降解。

2. 防御功能

防御功能是某些细胞特有的功能,它可以识别并吞噬入侵的病毒或细菌,在溶酶体作用下将其杀死并进一步降解。在哺乳动物中,吞噬细胞如巨噬细胞和中性粒细胞,就像清道夫一样清除碎片和潜在的有害微生物。被吞噬的细菌通常在溶酶体内的低 pH 值环境中失活,然后被酶消化。估计一个吞噬能力旺盛的巨噬细胞有 1 000 个溶酶体。

3. 其他重要的生理功能

(1)作为细胞内的消化“器官”为细胞提供营养,如降解内吞的血清脂蛋白,获得胆固醇等营养成分等。很多单细胞真核生物如黏菌、变形虫等靠吞噬细菌和某些真核微生物而生存,其溶酶体的消化作用就显得更为重要。饥饿状态下,溶酶体可分解细胞内的生物大分子即自噬作用,以保证机体所需的能量。在肝细胞中,每小时降解的蛋白质占肝细胞蛋白总量的 4.5%,这一过程主要由溶酶体完成。

(2)在分泌腺细胞中,溶酶体常常摄入分泌颗粒,参与分泌过程的调节。在甲状腺中,甲状腺球蛋白(thyroglobulin)储存在腺体内腔中,通过吞噬作用进入分泌细胞内并与溶酶体融合,甲状腺球蛋白被水解成甲状腺素,然后分泌到细胞外进入毛细血管。

(3)无尾两栖类发育过程中蝌蚪尾巴的退化,哺乳动物断奶后乳腺的退行性变化等都涉及某些特定细胞程序性死亡,死亡后的细胞被周围吞噬细胞溶酶体消化清除。

(4)在受精过程中的顶体反应,精子的顶体(acrosome)相当于特化的溶酶体,其中含多种水解酶类,如透明质酸酶、酸性磷酸酶、β-N-乙酰葡糖胺酶及蛋白水解酶等,它能溶解卵细胞的被膜及滤泡细胞,产生孔道,使精子进入卵细胞,精子冷冻保存中的技术难题之一就是防止顶体的破裂。

5.3.4　溶酶体的发生

如前所述,溶酶体酶是在糙面内质网上合成并经 N-连接糖基化基础修饰,然后转至高尔基体,在高尔基体的 *cis* 面膜囊中寡糖链上的甘露糖残基被磷酸化形成甘露糖-6-磷酸(mannose-6-phosphate,M6P),在高尔基体的反面膜囊和 TGN 膜上存在 M6P 的受体,这样溶酶体酶就与其他蛋白质区分开来,并得以浓缩,最后以出芽的方式形成网格蛋白/AP 包被膜泡转运到溶酶体中。事实上,溶酶体的形成是分泌型蛋白分选的一个特例,该部分内容在蛋白质分选部分还会有详细介绍。

溶酶体的发生及其转运过程如图 5-7 所示。第 1 步:具有 M6P 标记的溶酶体酶与膜受体结合,在 TGN 出芽,形成网格蛋白/AP 包被膜泡。第 2 步:包被复合物解聚,形成脱被转运膜泡。第 3 步:转运膜泡与晚期胞内体融合。第 4 步:磷酸化的酶与 M6P 受体解离,形成溶酶体;2a 和 4a 表示包被蛋白和 M6P 受体可再循环利用。第 5 步:某些受体可转运到细胞表面,磷酸化的溶酶体酶偶尔也会通过组成型分泌途径转运到细胞表面或分泌到细胞外。第 6～8 步:分泌的酶通过受体介导的内吞作用被回收。

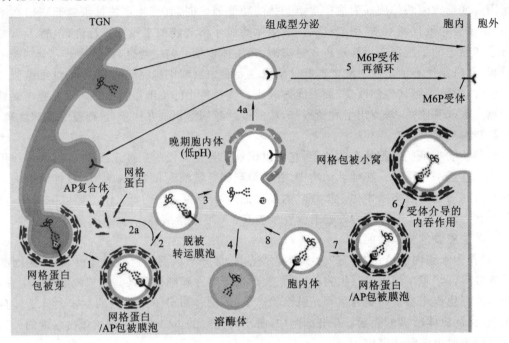

图 5-7   新合成的可溶性溶酶体酶从高尔基 TGN 和细胞表面转运到溶酶体的示意图

溶酶体酶的 M6P 特异标志是目前研究高尔基体分选机制中较为清楚的一条途径。然而这一分选体系的效率似乎不高,一部分含有 M6P 标志的溶酶体酶会通过转运膜泡直接分泌到细胞外。在细胞质膜上,存在依赖于 Ca^{2+} 的 M6P 受体,它同样可与胞外的溶酶体酶结合,在网格蛋白/AP 协助下通过受体介导的内吞作用,将酶送至前溶酶体中,M6P 受体也同样可返回细胞质膜,循环使用。分泌到细胞外的溶酶体酶多数以酶前体的形式存在且具有一定的活性,但蛋白酶是一例外,其前体没有活性。蛋白酶需要进一步切割与加工才能成为有活性的蛋白酶,这一过程是否发生在前溶酶体或溶酶体中,尚不清楚。

在溶酶体中,除可溶性水解酶外,还有一些是结合在膜上的酶,如葡萄糖脑苷脂酶(glucocerebrosidase),此外还有溶酶体膜上的特异膜蛋白,这些蛋白也是在内质网上合成,经高尔基体加工与分选的。M6P 标志的作用是把可溶性的蛋白质结合在特异膜受体上,因此溶酶体的膜蛋白就无需 M6P 化,但这些膜蛋白如何同其他蛋白质区分开来而特异地分选到溶酶体膜上,其机制尚不清楚。实际上,溶酶体的发生可能是多种途径的复杂过程。不同种类的细胞可能采取不同的途径。

5.3.5   溶酶体与疾病

溶酶体是细胞内消化的主要场所,由于遗传缺陷致使溶酶体中缺乏某种水解酶,导致相应的底物不能被降解而积蓄在溶酶体内,由于溶酶体过载、代谢紊乱,引起溶酶体储积症(lysosomal storage diseases),例如泰-萨二氏病(Tay-Sachs disease)就是因为己糖胺酶 A 的先天性缺失,从而不能有效降解神经节苷脂 GM_2,结果导致患儿智力迟钝、失明,一般在 2～6 岁死亡。还有一些其他类型的溶酶体储积症，也是由于相关溶酶体酶的缺失，引起底物储积造成的。另一个案例是 I 细胞病，其主要病因不是由于酶的生成障碍，而是由于乙酰氨基葡萄糖磷酸转移酶缺乏 M6P 信号，致使异常转运不能进入溶酶体而分泌进入血液，结果底物在溶酶体内积蓄形成很大的包含体。此外，由于不同因素引起溶酶体膜稳定性下降，导致溶酶体水解酶类外逸，也可导致与溶酶体相关的疾病发生，如矽肺、类风湿性关节炎等。

5.4 过氧化物酶体

1954 年，在电子显微镜下检查肾小管时发现一种膜结合的颗粒，直径为 0.5～1.0 μm。由于不知道这种颗粒的功能，将它称为微体（microbody）。微体有两种主要类型：过氧化物酶体和乙醛酸循环体（glyoxysomes），后者只在植物中发现。由于微体在形态大小及降解生物大分子等功能上与溶酶体类似，再加上微体也是一种异质性的细胞器，其确切的生理功能尚不清楚，因此人们在很长时间里把它看做是某种特殊溶酶体，直至 20 世纪 70 年代才逐渐被确认，微体是一种与溶酶体完全不同的细胞器。

5.4.1 过氧化物酶体的形态结构

过氧化物酶体（peroxisome）又称微体（microbody），是由单层膜围绕的内含一种或几种氧化酶类的细胞器（图 5-8）。过氧化物酶体普遍存在于真核生物的各类细胞中，尤其在肝细胞和肾细胞中数量特别多。过氧化物酶体的标志酶是过氧化氢酶，它的作用主要是将过氧化氢水解，从而对细胞起保护作用。

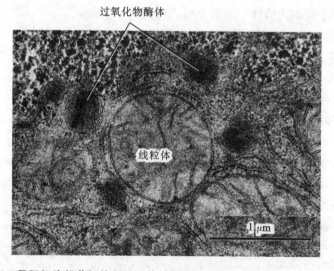

图 5-8 鼠肝细胞超薄切片所显示的过氧化物酶体和其他细胞器如线粒体等

(1)过氧化物酶体的酶类 过氧化物酶体含有丰富的酶类，目前已知的有 40 余种，主要是氧化酶、过氧化氢酶和过氧化物酶。过氧化氢酶是其标志酶。

(2)过氧化物酶体与溶酶体的区别 过氧化物酶体和初级溶酶体的形态与大小类似，但过氧化物酶体中的尿酸氧化酶等常形成晶格状结构，因此可作为电镜下识别的主要特征。此外，这两种细胞器在成分、功能及发生方式等方面都有很大的差异，详见表 5-2 所示。

表 5-2　过氧化物酶体与初级溶酶体的特征比较

特　征	过氧化物酶体	初级溶酶体
形态及大小	球形，哺乳动物细胞中直径 $0.15\sim0.25\ \mu m$，有酶的晶体	多呈球形，直径 $0.2\sim0.5\ \mu m$，无酶的晶体
酶种类	氧化酶类	酸性水解酶
pH	7.0 左右	5.0 左右
是否需要 O_2	需要	不需要
功能	多种功能	细胞内的消化作用
发生	酶在细胞质基质中合成，经组装与分裂形成	酶在糙面内质网合成，经高尔基体出芽形成
标志酶	过氧化氢酶	酸性水解酶等

5.4.2　过氧化物酶体的功能

　　过氧化物酶体是一种异质性细胞器，不同生物的细胞中，甚至单细胞生物的不同个体中所含酶的种类及其行使的功能都有所不同。如在含糖培养液中生长的酵母细胞内过氧化物酶体的体积很小，但当它生长在含甲醇的培养液中时，过氧化物酶体体积增大、数量增多，可占细胞质体积的 80% 以上，并能氧化甲醇，当酵母生长在含脂肪酸培养基中，则过氧化物酶体非常发达，并可把脂肪酸分解成乙酰辅酶 A 供细胞利用。对动物细胞过氧化物酶体的功能了解很少，已知在肝细胞或肾细胞中，它可氧化分解血液中的有毒成分，起到解毒作用，例如饮酒后几乎半数的酒精是在过氧化物酶体中被氧化成乙醛的。

　　(1)使毒性物质失活　过氧化物酶体是真核细胞直接利用分子氧的细胞器，其中常含有两种酶：①依赖于黄素腺嘌呤二核苷酸(FAD)的氧化酶，其作用是将底物氧化形成 H_2O_2；②过氧化氢酶，其含量常占过氧化物酶体蛋白质总量的 40%，它的作用是将 H_2O_2 分解，形成水和氧气。由这两种酶催化的反应，相互偶联，从而使细胞免受 H_2O_2 的毒害。

　　(2)对氧浓度的调节作用　过氧化物酶体与线粒体对氧的敏感性是不一样的，线粒体氧化所需的最佳氧浓度为 2% 左右，增加氧浓度，并不能提高线粒体的氧化能力。过氧化物酶体的氧化率是随氧张力增强而成正比的提高。因此，在低浓度氧的条件下，线粒体利用氧的能力比过氧化物酶体强，但在高浓度氧的情况下，过氧化物酶体的氧化反应占主导地位，这种特性使过氧化物酶体可使细胞免受高浓度氧的毒性作用。

　　(3)脂肪酸的氧化　过氧化物酶体可降解生物大分子，最终产生 H_2O_2，其中多数反应也可在其他细胞器中进行，但并不产生 H_2O_2。因此有的学者提出，过氧化物酶体另一种功能是分解脂肪酸等高能分子向细胞直接提供热能，而不必通过水解 ATP 的途径获得能量。在植物细胞中过氧化物酶体起着重要的作用。①在绿色植物叶肉细胞中，它催化 CO_2 固定反应的副产物的氧化，即所谓光呼吸作用；②在种子萌发过程中，过氧化物酶体降解储存在种子中的脂肪酸产生乙酰辅酶 A，并进一步形成琥珀酸，后者离开过氧化物酶体进一步转变成葡萄糖。因上述转化过程伴随着一系列称为乙醛酸循环的反应，因此又将这种过氧化物酶体称为乙醛酸循环体(glyoxysome)。在动物细胞中没有乙醛酸循环反应，因此动物细胞不能将脂肪中的脂肪酸转化成糖。

（4）含氮物质的代谢　在大多数动物细胞中,尿酸氧化酶对于尿酸的氧化是必需的。尿酸是核苷酸和某些蛋白质降解代谢的产物,尿酸氧化酶可将这种代谢废物进一步氧化去除。另外,过氧化物酶体还参与其他的氮代谢,如转氨酶(aminotransferase)催化氨基的转移。

5.4.3　过氧化物酶体的发生

人们早期认为过氧化物酶体的发生与溶酶体类似,但现有的证据表明,过氧化物酶体的发生过程与线粒体或叶绿体类似,但在过氧化物酶体中不含 DNA,组成过氧化物酶体的膜蛋白和可溶性的基质蛋白均由细胞核基因编码,主要在细胞质基质中合成,然后分选转运到过氧化物酶体中。现在已知,过氧化物酶体的发生有 2 种途径:细胞内已有的成熟过氧化物酶体经分裂增殖而产生子代细胞器和在细胞内重新发生。过氧化物酶体重新发生包括 3 个阶段的装配过程(图 5-9):①过氧化物酶体的装配起始于内质网,即由内质网出芽衍生出前体膜泡,然后过氧化物酶体的膜蛋白掺入,形成过氧化物酶体雏形(peroxisomal ghost),其中 Pex19 蛋白作为过氧化物酶体膜蛋白靶向序列的胞质受体而发挥作用,另两种蛋白质 Pex3 和 Pex16 辅助过氧化物酶体膜蛋白正确插入新形成的前体膜泡,待所有过氧化物酶体膜蛋白都插入后,形成过氧化物酶体雏形,为基质蛋白输入提供基础;②具有 PTS1 和 PTS2 分选信号的基质蛋白,它们分别以 Pex5 和 Pex7 为胞质受体,各自靶向序列与相应受体结合再与膜受体(Pex14)结合,在膜蛋白复合物(Pex10、Pex12 和 Pex2)的介导下完成基质蛋白输入产生成熟的过氧化物酶体;③成熟的过氧化物酶体经分裂产生子代过氧化物酶体,分裂过程依赖于 Pex11 蛋白。

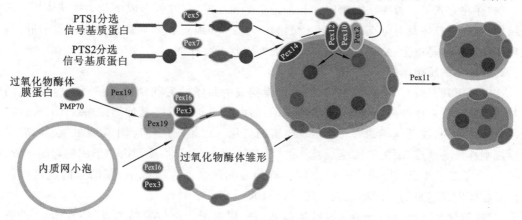

图 5-9　过氧化物酶体的生物发生与分裂过程

根据酵母突变体分析,现已发现有 20 多种基因对过氧化物酶体的生物发生是必要的,用研究两种特异蛋白相互作用的双杂交技术证明,过氧化物酶体膜上存在几种可与信号序列相识别的受体蛋白,但实际上还有许多细节是不清楚的。

5.5　细胞能量转换器——线粒体

1890 年,德国生物学家 Altmann 首先在光学显微镜下观察到动物细胞内存在一种颗粒状结构,取名为生命小体(bioblast)。1897 年,Benda 将之命名为线粒体(mitochondrion)。在植物细胞中,Meves 于 1904 年首次发现了线粒体,从而确认线粒体是普遍存在于真核细胞内的重要细胞器。

5.5.1 线粒体的形态结构

在动、植物细胞中,线粒体是一种高度动态的细胞器,包括由于运动导致位置和分布的变化、形态变化以及融合和分裂介导的体积与数目的变化等。

1. 线粒体的形态和分布

(1) 大小 线粒体的形状多种多样,一般呈线状,也有的呈粒状或短线状,直径为 $0.3\sim1.0\ \mu m$,长度为 $1.5\sim3.0\ \mu m$。但在许多动、植物细胞或特定细胞周期时相中,线粒体的大小和形态可能随着细胞生命活动的变化而呈现很大的变化。例如,人成纤维细胞线粒体可长达 $40\mu m$,植物分生组织细胞中会出现环核的片层状线粒体等。

(2) 数量 在不同类型的细胞中线粒体的数目相差很大,但在同一类型的细胞中数目相对稳定。有些细胞中只有一个线粒体,有些则有几十、几百,甚至几千个线粒体。例如,衣藻和红藻等低等的真核细胞每个细胞只含有一个线粒体,而高等动物细胞内含有数百到数千个线粒体,说明细胞中线粒体的数目受到物种遗传信息的调控。在同一种高等动植物体内,细胞内线粒体数目与细胞类型相关,说明细胞内线粒体的数目随着细胞分化而变化。

(3) 分布 在多数细胞中,线粒体均匀分布在整个细胞质中,但在某些细胞中,线粒体的分布是不均一的。线粒体较多分布在需要 ATP 的部位(如肌细胞和精细胞);或较为集中分布在有较多氧化反应底物的区域(如脂肪滴),因为脂肪滴中有许多要被氧化的脂肪。

(4) 存在方式 线粒体在细胞中并非都是单个存在的,有时可形成由几个线粒体构成的网络结构,有些线粒体具有分支,可以相互交错在一起。如通过相差显微镜检查完整的肝细胞,发现线粒体并非是单个存在的,而是以交织的网络状态存在的。

2. 线粒体的超微结构

在电镜下观察线粒体为由内外两层单位膜构成的封闭的囊状结构,由外膜、内膜、膜间隙及基质组成。线粒体的外膜平展,起界膜作用;而内膜则向内折叠延伸形成嵴(cristae)。在不同的真核生物中,线粒体嵴的形态也呈现丰富的变化。比如,动物细胞中常见的"袋状嵴"是由内膜规则性折叠而成,而植物细胞线粒体的"管状嵴"则是内膜不规则内陷形成的弯曲小管(图5-10)等。存在于外膜和内膜之间的空间被称为膜间隙。通常情况下,膜间隙的宽度比较稳定。线粒体内膜包裹的空间称之为基质(图 5-10C)。

(1) 外膜(outer membrane) 线粒体最外的一层封闭的单位膜结构,厚约 6 nm。外膜含有孔蛋白(porin),直径为 $2\sim3$ nm,可根据细胞的状态可逆性地开闭。因此,外膜的通透性非常高,使得膜间隙中的环境几乎与胞质溶胶相似,ATP、NAD、辅酶 A 等相对分子质量小于 1 000 的物质均可自由通过外膜。外膜上还含有一些特殊的酶类,如参与肾上腺素氧化、色氨酸降解、脂肪酸链延长的酶等,表明外膜不仅参与膜磷脂的合成,还可对将在线粒体基质中彻底氧化的物质进行先行初步分解。外膜的标志酶是单胺氧化酶(monoamine oxidase)。

(2) 内膜(inner membrane) 位于外膜的内侧,是把膜间隙与基质分开的一层单位膜,厚 $6\sim8$ nm。内膜缺乏胆固醇,富含心磷脂(cardiolipin),约占磷脂含量的 20%。这种组成决定了内膜的不透性(impermeability),从而限制了所有分子和离子的自由通过,是质子电化学梯度的建立及 ATP 合成所必需的,所有分子和离子的运输都要借助膜上的特异转运蛋白。一部分内膜向线粒体腔内突出皱褶形成线粒体嵴(crista),大大增加了内膜的表面积。线粒体内

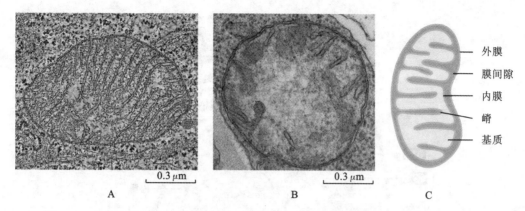

外膜
膜间隙
内膜
嵴
基质

图 5-10　人淋巴细胞线粒体、拟南芥幼叶线粒体的超微结构及线粒体超微结构的模式图

A.人淋巴细胞线粒体；B.拟南芥幼叶线粒体；C.线粒体超微结构

膜是氧化磷酸化的关键场所。早期的研究发现内膜的嵴上存在许多规则排列的颗粒，称为线粒体基粒(elementary particle)。基粒由头部、柄部及基部组成。实验证明，这些颗粒即为ATP 合酶(ATP synthase)。内膜的标志酶是细胞色素氧化酶。

　　(3)膜间隙(intermembrane space)　线粒体内、外膜之间的腔隙，宽 6～8 nm，内含可溶性的酶、底物和辅助因子。其功能为催化 ATP 分子末端磷酸基团转移到 AMP，生成 ADP。膜间隙的标志酶是腺苷酸激酶。

　　(4)基质(matrix)　内膜包围的空隙，位于线粒体嵴之间，含有可溶性蛋白质的胶状物质，具有特定的 pH 值和渗透压。催化线粒体重要生化反应，如三羧酸循环、脂肪酸氧化、氨基酸降解等相关的酶类存在于基质中。此外，基质中还含有 DNA、RNA、核糖体以及转录、翻译所必需的重要分子。基质的标志酶是苹果酸脱氢酶。

5.5.2　线粒体的化学组成及线粒体酶蛋白的分布

　　经过对线粒体各结构组分的生化分析，线粒体的化学组分主要是蛋白质和脂质。蛋白质占线粒体干重的 65%～70%，其中内膜蛋白占线粒体蛋白含量的 21%，外膜蛋白占 4%，大量的蛋白质存在于线粒体基质中。大多数基质中的酶类和部分线粒体外膜蛋白是可溶性的，不溶蛋白是构成膜的必要组分，包括结构蛋白和酶蛋白。

　　线粒体是糖类、脂肪和氨基酸最终氧化释放能量的场所。糖类和脂肪等营养物质在细胞质中经过降解作用产生丙酮酸和脂肪酸，这些物质进入线粒体基质中，再经过一系列分解代谢形成乙酰辅酶 A(乙酰 CoA)进入三羧酸循环(tricarboxylic acid cycle，TCA 循环)。TCA 循环中脱下的氢经过线粒体内膜上的电子传递链，最后传递给氧生成水。所以，有氧氧化和TCA 循环的酶类主要在基质，电子传递链的酶类主要在线粒体内膜。

5.5.3　线粒体氧化磷酸化的分子结构

　　线粒体是氧化代谢的中心，细胞内储能的大分子化合物糖和脂肪经酵解或分解形成丙酮酸和脂肪酸。后者进入线粒体后进一步分解成乙酰 CoA。乙酰 CoA 通过 TCA 循环，产生含有高能电子的 NADH 和 $FADH_2$，这两种分子中的高能电子通过电子传递链最终传递给氧，生成水(图 5-11)。在结构完整的线粒体中氧化与磷酸化这两个过程紧密偶联，即氧化释放的

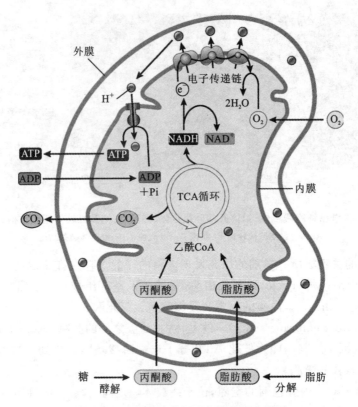

图 5-11 线粒体产能(ATP)的原理示意图

能量用于 ATP 合成,这个过程就是氧化磷酸化。氧化是磷酸化的基础,而磷酸化是氧化的结果,氧化磷酸化是生物体获得能量的主要方式。

1. 线粒体内膜电子传递链

线粒体内膜上存在一组传递电子的酶复合物,能够可逆地接受和释放电子或 H^+,经过一系列的电子传递体,最后传递给被激活的氧分子而生成水。这个电子传递的体系称为电子传递链(electron transport chain,ETS)。或电子传递体系,又称呼吸链(respiratory chain)。

电子传递链是典型的多酶氧化还原体系,它们在电子传递过程中与释放的电子结合并将电子传递下去,通常将这些化合物称为电子载体(electron carrier)。参与传递的电子载体有 5 种:黄素蛋白、细胞色素、铜原子、铁硫蛋白及泛醌。在这四类电子载体中,除了泛醌以外,接受和提供电子的氧化还原中心都是与蛋白相连的辅基。

2. 电子载体的排列顺序

电子载体有严格的排列顺序和方向,按氧化还原电位从低向高排序。其中 $NAD^+/NADH$ 的氧化还原电位值最低($E'_0 = -0.32$ V),而 O_2/H_2O 的最高($E'_0 = +0.82$ V)。氧化还原电位值越低,提供电子的能力越强,位于电子传递链的前面。每一个载体都从呼吸链前一个载体获得电子被还原,随后再将电子传递给相邻的下一个载体被氧化。这样,电子就从一个载体传向下一个载体,沿呼吸链传递并伴随能量的释放。其中释放自由能较多足以用来形成 ATP 的电子传递部位称为偶联部位(coupling site)。呼吸链的 4 个复合物中,复合物Ⅰ、复合物Ⅲ以及复合物Ⅳ是偶联部位(图 5-12),复合物Ⅱ不是偶联部位。

3. 电子传递复合物

将分布于线粒体内膜、含有电子传递催化中心的这些膜蛋白复合物被称作电子传递复合

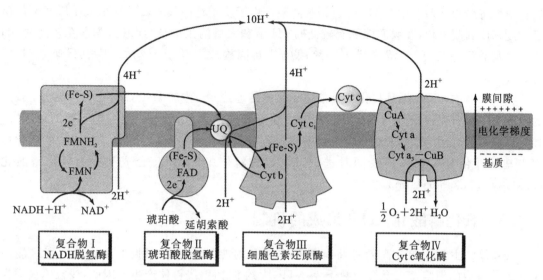

图 5-12　电子传递链复合物的组成与排列顺序示意图

物。线粒体内膜上电子传递复合物包括 NADH 脱氢酶、琥珀酸脱氢酶、细胞色素还原酶和细胞色素氧化酶,分别被命名为复合物Ⅰ、复合物Ⅱ、复合物Ⅲ和复合物Ⅳ。实验证明,每一种复合物都能催化电子穿过呼吸链中的某一段。例如:复合物Ⅰ和Ⅱ分别催化电子从两种不同的供体 NADH 和 $FADH_2$ 传递到泛醌(UQ);复合物Ⅲ使电子从泛醌传递到细胞色素 c(Cyt c);复合物Ⅳ将电子从 Cyt c 转移到 O_2。可见,线粒体内膜上的电子传递实际上是由 4 种膜蛋白复合物分段催化完成的(图 5-12)。

(1)复合物Ⅰ　即 NADH-CoQ 还原酶,又称 NADH 脱氢酶。在哺乳动物中由 40 余条多肽链组成,总分子量差不多有 1 000 kD。除了很多亚单位外,还含有一个 FMN-黄素蛋白和至少 6 个铁硫蛋白。高分辨率电镜显示复合物Ⅰ呈"L"形,一个臂位于膜内,另一个臂伸展到基质中。复合物Ⅰ是电子传递链中最复杂的酶系,其作用是催化一对电子从 NADH 传递给泛醌,一对电子从复合物Ⅰ传递时伴随着 4 个质子被传递到膜间隙。

(2)复合物Ⅱ　即琥珀酸-CoQ 还原酶,又称琥珀酸脱氢酶。由 4～5 条多肽链组成,总分子量为 140 kD,含有一个 FAD 为辅基的黄素蛋白和两个铁硫蛋白。复合物Ⅱ是 TCA 循环中唯一个结合在膜上的酶,其作用是催化来自琥珀酸的 1 对电子经 FAD 和 Fe-S 传递给泛醌,来自琥珀酸的电子能量较低,传递过程中不伴随质子的跨膜转移。

(3)复合物Ⅲ　即 CoQ-Cyt c 还原酶,又称细胞色素还原酶或 Cyt bcl 复合物(简称 bcl)。由 10 条多肽链组成,总分子量为 250 kD,含一个 Cyt b(携带 2 个血红素基团 b562 和 b566)、一个 Cyt Cl 以及一个铁硫蛋白。Cyt b 由线粒体基因编码。其作用是催化电子从泛醌传给 Cyt c。每一对电子穿过该复合物到达 Cyt c 时有 4 个 H^+ 从基质跨膜转移到膜间隙。

(4)复合物Ⅳ　即细胞色素氧化酶,又称 Cyt c 氧化酶。由 13 条多肽链组成,总分子量约为 204 kD,含一个 Cyt a 和一个 Cyt a_3 及 2 个铜离子(CuA,CuB)。其中最大且疏水性最强的 3 个多肽由线粒体基因编码。其主要作用是将电子从 Cyt c 传给氧,每传递一对电子,要从线粒体基质中摄取 4 个 H^+,其中 2 个 H^+ 用于水的形成,另外 2 个 H^+ 被跨膜转运到膜间隙。

5.5.4　电子传递与氧化磷酸化的偶联

在电子沿呼吸链传递的过程中,复合物Ⅰ、复合物Ⅲ、复合物Ⅳ都能利用电子传递所释放的自由能将线粒体基质中的 H^+ 传递到膜间隙。由于质子跨内膜的转移而形成了膜两侧的质子浓度梯度和膜电位,在膜间隙侧有较低的 pH 值和大量的正电荷,而基质侧存在较高的 pH 值和大量的负电荷,质子浓度梯度和跨膜电位共同构成了质子驱动力,从而驱动 ATP 的合成。

在线粒体中,TCA 循环提供的高能电子最终传递给 O_2,生成 H_2O(图 5-14)。该电子传递的本质是一个氧化过程($H^- \rightarrow 2e^- + H^+$)。在这个过程中,是质子驱动力用于驱动 ADP 磷酸化形成 ATP。由于 ATP 合成时的磷酸化过程(ADP + Pi→ATP)以电子传递中的氧化过程为基础并依托线粒体内膜同时进行,所以,线粒体中的 ATP 合成被称为氧化磷酸化(oxidative phosphorylation)。

5.5.5　氧化磷酸化:ATP 形成的机制

线粒体的主要功能是高效地将有机物中储存的能量转换为细胞生命活动的直接能源 ATP。人体内的细胞每天要合成数千克 ATP,大约 95% 由线粒体产生。因此,线粒体被誉为细胞的"动力工厂"(power plant)。线粒体通过氧化磷酸化作用进行能量转换,其内膜上的 ATP 合酶、电子传递及内膜本身的理化特性为氧化磷酸化提供了必需的保障。

ATP 合酶合成 ATP 的作用机制一直是研究的热点,为多数人接受的 ATP 合酶合成 ATP 的模型是 Boyer 于 1979 年提出了结合变构机制(binding change mechanism),以解释质子流驱动 ATP 合成的分子过程。该机制认为:F_1 中的 γ 亚基作为 C 亚基旋转中心中固定的转动杆,旋转时会引起 αβ 复合物构型的改变。有三种不同的构型,对 ATP 和 ADP 具有不同的结合能力:①O 型几乎不与 ATP、ADP 和 Pi 结合;②L 型同 ADP 和 Pi 的结合较强;③T 型与 ADP 和 Pi 的结合很紧,并能自动形成 ATP,并能与 ATP 牢牢结合。γ 亚基的一次完整旋转,必然被每一个 β 亚基都经历 3 种不同的构象改变,导致合成 3 个 ATP 并从 ATP 合酶表面释放(图 5-13)。ATP 合酶中使化学能转换成机械能的效率几乎达 100%,是迄今发现的自然界最小的"分子马达"。

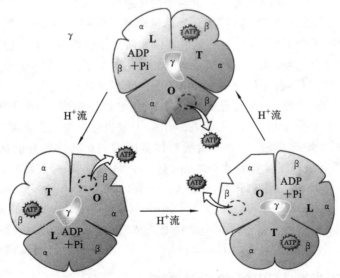

图 5-13　ATP 合酶的"结合变构"模型

L—松弛(loose)构象;T—紧密(tight)构象;O—开放(open)构象

5.5.6　线粒体的半自主性细胞器

在真核生物的细胞中,线粒体和叶绿体是一类特殊的细胞器。它们的功能主要受细胞核基因组调控,但同时又受到自身基因组的调控。因此,真核细胞中这两种特殊的细胞器被称为半自主性细胞器(semiautonomous organelle)。

1.线粒体 DNA

绝大多数真核细胞的线粒体 DNA(mitochondrial DNA,mtDNA)呈双链环状,分子结构与细菌的 DNA 相似。不同的物种之间,其 mtDNA 的分子大小不同。比如,人类的 mtDNA 约为 16 kb,酵母的约为 78 kb,而高等植物拟南芥的 mtDNA 约为 366 kb 等。继 1981 年人类的线粒体基因组被成功测序之后,目前已有一千多种真核生物的 mtDNA 序列信息被解读。^{3}H-嘧啶核苷标记实验证明,mtDNA 的复制主要在细胞周期的 S 期及 G_2 期进行,且以半保留方式进行复制,复制所需的 DNA 聚合酶、解旋酶等均由核基因组编码。

2.线粒体的蛋白质合成

线粒体除具有 DNA 外,还有自己的蛋白质合成系统,如 tRNA、核糖体等。但是合成蛋白质的种类十分有限,包括线粒体复合物Ⅰ、复合物Ⅲ、复合物Ⅳ和 F_0 的部分亚基。线粒体内膜的酶复合物是由线粒体和细胞质二者合成的蛋白质共同组成。组成线粒体的结构蛋白大部分由核基因编码,并在细胞质中合成,然后被准确地定向运输到线粒体,参见蛋白质分选与膜泡运输一章的相关内容。

5.5.7　线粒体的增殖与起源

1.线粒体的增殖

线粒体生长到一定大小就要开始分裂,形成两个小的、新的线粒体。线粒体在细胞间期时就能进行分裂,不一定要和细胞同步分裂。线粒体通过分裂进行增殖,其分裂可通过间壁或隔膜分离、收缩分离和出芽等方式完成。

2.线粒体的起源

有两种学说阐述线粒体的起源,即内共生学说(endosymbiosis hypothesis)和非内共生学说(nonendosymbiosis hypothesis)。

(1)内共生学说　认为线粒体来源于细菌,即细菌被真核生物吞噬后,在长期的共生过程中,通过演变,形成了线粒体。内共生学说的主要根据:①共生是生物界的普遍现象;②线粒体都有其独特的 DNA,可以自行复制,不完全受核 DNA 的控制,线粒体的 DNA 同细胞核的 DNA 有很大差别,但同细菌和蓝藻的 DNA 却很相似;③线粒体都有自己特殊的蛋白质合成系统,不受核的合成系统的控制,线粒体的核糖体与细菌的一致,也是由 30 S 和 50 S 两个亚基组成,抗生素可以抑制细菌的生长,也具有抑制真核生物中的线粒体的作用,这也说明线粒体与细菌是同源的;④线粒体的内、外膜有显著差异,内、外膜之间充满了液体。研究发现,它们内、外膜的化学成分是不同的。外膜与宿主的膜比较一致,特别是和内质网膜很相似,内膜则分别同细菌的膜相似。总之,"内共生假说"得到了多方面的实验支持,因而被越来越多的人所接受,但也有其不足之处。

(2)非内共生学说　认为线粒体的发生是质膜内陷的结果。已提出几种模型,其中 T. Uzzell 等的模型认为:在进化的最初阶段,原核细胞基因组进行复制,并不伴有细胞分裂,而是在基因组附近的质膜内陷形成双层膜,将分离的基因组包围在这些双层膜的结构中,从而形成结构可能相似的原始的细胞核和线粒体等细胞器。后来在进化的过程中加强了分化,核膜失去了呼吸作用,线粒体成了细胞的呼吸器官,这一学说解释了核膜的渐进演化过程。

5.5.8　线粒体与疾病

线粒体是细胞内最敏感的细胞器,最易受到损伤,因此,线粒体的变化可显示细胞受损伤的程度。在病变细胞内较早出现的线粒体明显异常的病理变化,称为线粒体病(mitochondrial disease,MD)。克山病就是一种心肌线粒体病,病因是缺硒导致心肌线粒体膨胀、嵴减少和不完整,使心肌代谢紊乱。线粒体病也与线粒体 DNA 的损伤和缺失有关,线粒体 DNA 或核 DNA 异常导致的氧化磷酸化功能的缺陷是引起神经肌肉疾病、心血管病、糖尿病、肠胃病、酒精中毒症、神经退行性疾病以及肿瘤等多种疾病的重要病因。由于线粒体 DNA 异常,导致呼吸链电子传递酶系和氧化磷酸化酶系异常。线粒体病通常表现为 ATP 能量减少、活性氧自由基(ROS)增多和乳酸中毒等生理变化,造成细胞损伤。

线粒体中许多功能蛋白复合物(如 ATP 合酶、电子传递复合物 I 等)是由线粒体基因组和核基因组编码的蛋白质亚基共同组成的。因此,线粒体病既有可能来源于线粒体 DNA 的突变,又有可能来源于核 DNA 的突变。例如,常见的 Leigh 综合征(亚急性坏死性脑脊髓病)既有可能由线粒体编码的基因突变引起,又有可能由细胞核编码的其他多个基因突变造成。区别线粒体病致病基因核-质性质的简单方法是分析病症的遗传规律。线粒体 DNA(基因)突变导致的线粒体病呈单纯的母系遗传。

细胞中线粒体的数量随年龄增长而减少,体积随年龄增长而增大。在年龄增长的同时,损伤线粒体 DNA 的积累也越来越多。线粒体也是细胞内自由基的主要来源,它们是决定细胞衰老的生物钟。正常情况下,氧自由基可被线粒体中的超氧化物歧化酶清除,机体衰老及退行性疾病时,超氧化物歧化酶活性降低,氧自由基积累在线粒体内,从而导致多种疾病的发生。线粒体还可通过释放细胞色素 C 参与细胞凋亡。另外,线粒体作为药物的靶点在疾病发生和治疗中的重要性也越来越受到重视。

植物的线粒体基因组编码较多的蛋白质(如拟南芥线粒体 DNA 编码 122 种蛋白质)。虽然这些蛋白质的变异同样导致个体缺陷,但植物材料中很少使用线粒体病的概念。农业生产中广为利用的细胞质雄性不育,事实上是一种典型的植物线粒体病,由于该性状具有极高的生产利用价值,国内外学者一致热衷于研究其分子机制。中国科学家刘耀光的研究组 2006 年首先破解了水稻细胞质雄性不育及其恢复的机制。

5.6　细胞能量转换器——叶绿体

地球上的绿色植物通过光合作用将太阳能转化为生物能源的产量高达 2 200 亿吨/年,相当于全球每年能耗的 10 倍。可见,叶绿体及其光合作用为地球上包括人类在内的大多数生物提供了必需的能源。叶片是高等植物进行光合作用的主要器官,叶绿体(chloroplast)是绿色植物细胞进行光合作用的主要细胞器,含有光合磷酸化酶系、CO_2 固定和还原酶系等,叶绿体能利用光能同化二氧化碳和水,合成储藏能量的有机物,同时产生分子氧。

5.6.1 叶绿体的形态结构

在植物细胞中,叶绿体也是一种动态的细胞器。这种动态表现为光调控下的分布和位置变化、形态变化以及叶绿体分裂导致的数目变化等。

1.叶绿体的形态和分布

(1)形态大小 高等植物中的叶绿体为球形、椭圆形或卵圆形,为双凹面,有些叶绿体呈棒状,中央区较细小而两端膨大,直径为 5~10 μm,短径为 2~4 μm,厚为 2~3 μm。对于特定的细胞类型来说,叶绿体的大小相对稳定,但受遗传和环境的影响。例如,多倍体细胞内的叶绿体就比单倍体细胞的要大些。在植物细胞中,叶绿体是最容易观察到的细胞器。这是因为叶绿体中含有叶绿素,与透明的细胞质之间呈现较大的反差。

(2)数量 不同植物中叶绿体的数目相对稳定,大多数高等植物的叶肉细胞含有几十到几百个叶绿体,可占细胞质体积的 40%。

(3)分布 叶绿体在细胞质中的分布有时是很均匀的,但有时也常集聚在核的附近,或者靠近细胞壁。叶绿体在细胞内的分布和排列因光能量的不同而有所变化。叶绿体可随植物细胞的胞质环流而改变位置和形状。

2.叶绿体的超微结构

叶绿体的超微结构可分为 3 个部分:叶绿体被膜(chloroplast envelope)或称叶绿体膜(chloroplast membrane)、类囊体(thylakoid)及基质(stroma)(图 5-14)。这 3 部分结构组成一个三维的产能"车间",为光合作用提供了必需的结构支持。

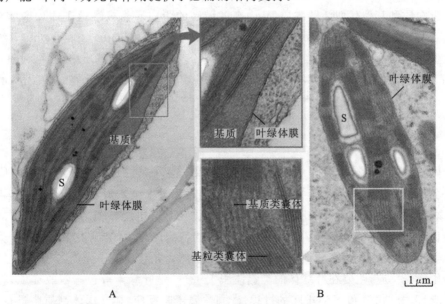

图 5-14 电子显微镜下观察到叶绿体

不同植物或同一植物不同绿色组织中叶绿体的超微结构略有差别。如拟南芥幼叶中的叶绿体 A 边缘较为扁平,基粒类囊体层数较少;而水稻幼芒中的叶绿体 B 边缘相对浑圆,基粒类囊体层数较多等。此外,基粒类囊体的层数还与植物的受光情况相关。S 为淀粉粒

(1)叶绿体膜 与线粒体相同,叶绿体也是一种由双层单位膜包被的细胞器。其外膜和内膜的厚度为每层 5~10 nm。叶绿体内、外膜之间的腔隙称为膜间隙(intermembrane space),

为 10～20 nm。叶绿体的内膜并不向内折成嵴,但在某些植物中,内膜可皱折形成相互连接的泡状管状结构,称为周质网(peripheral reticulum)。这种结构的形成可增加内膜的表面积。与线粒体膜一样,叶绿体的外膜通透性大,含有孔蛋白,允许相对分子质量高达 100 000 的分子通过;而内膜则通透性较低,成为细胞质与叶绿体基质间的通透屏障。

(2)类囊体　叶绿体内部由内膜衍生而来的封闭的扁平膜囊,称为类囊体。类囊体囊内的空间称为类囊体腔(thylakoid lumen)。在叶绿体中,许多圆饼状的类囊体有序叠置成垛,称为基粒(grana)。组成基粒的类囊体称为基粒类囊体(granum-thylakoid)。类囊体垛叠成基粒是高等植物叶绿体特有的结构特征。这种垛叠大大增加了类囊体片层的总面积,有利于更多地捕获光能,提高光反应效率。而贯穿于两个或两个以上基粒之间,不形成垛叠的片层结构称为基质片层(stroma lamella)或基质类囊体(stroma thylakoid)(图 5-14)。基粒类囊体的直径为 $0.25～0.8\ \mu m$,厚约 $0.01\ \mu m$。一个叶绿体通常含有 40～60 个甚至更多的基粒。每个基粒由 5～30 层基粒类囊体组成。基粒类囊体的层数在不同植物或同一植物的不同绿色组织间可出现较大变化。在光照等因素的调节下,基粒类囊体与基质类囊体之间可发生动态的相互转换。类囊体膜的主要成分是蛋白质和脂质,脂质中的脂肪酸主要是不饱和脂肪酸,具有较高的流动性。类囊体膜的内在蛋白主要有细胞色素 b_6/f 复合体、质体醌(PQ)、质体蓝素(PC)、铁氧化还原蛋白、光系统Ⅰ和光系统Ⅱ复合物等,是进光反应的场所。类囊体膜中分布有大量的光合色素,主要起吸收光能、传递光能的作用,在光合作用中心将光能转化成活跃的化学能,形成 ATP 和 NADPH,同时分解水,释放分子氧。

(3)基质　叶绿体内膜与类囊体之间的区室,称为叶绿体基质(stroma)。基质的主要成分是可溶性蛋白质和其他代谢活跃物质,其中丰度最高的蛋白质为核酮糖-1,5-二磷酸羧化酶／加氧酶(ribulose-1,5-biphosphate carboxylase/oxygenase,简称 Rubisco)。Rubisco 约占类囊体可溶性蛋白质的 80% 和叶片可溶性蛋白质的 50%。在叶绿体的基质中,植物利用光反应形成的 ATP 和 NADPH 还原 CO_2,合成糖类,因此,基质是植物进行暗反应的场所。此外,叶绿体基质中还有 DNA、RNA 和蛋白质合成体系等。

5.6.2　光合作用

叶绿体的主要功能是光合作用。绿色植物、藻类和蓝细菌通过光合作用将水和 CO_2 转变为有机化合物并放出氧气。高等植物的光合作用的过程分 3 个步骤,即光能的吸收、电子传递和光合磷酸化及碳同化。光能的吸收主要由原初反应完成;电能转变为活跃的化学能由光合电子传递和光合磷酸化完成;而活跃的化学能转变为稳定的化学能,则由碳同化过程完成。上述 3 个步骤相互配合,最终有效地将光能转换为化学能。光合作用中光能的吸收、电子传递和光合磷酸化属光反应,主要在叶绿体的类囊体膜上进行,是叶绿素等色素吸收光能,将光能转化为化学能,形成 ATP 和 NADPH 的过程;碳同化属于暗反应,在叶绿体基质中进行,是不需要光的过程,主要利用光反应产生的 ATP 和 NADPH 作为能源和动力,使 CO_2 固定并转变为糖类等有机物,同时释放 ADP、Pi 和 $NADP^+$ 等。

1. 光吸收

光合作用的第一步是捕获光能,是指从光合色素分子被光激发,到引起第一个光化学反应的过程。它包括色素分子对光能的吸收、传递与转换,即光能被天线色素分子吸收并传递至反应中心,在反应中心发生最初的光化学反应,使电荷分离从而将光能转换为电能的过程。光吸收通常也称原初反应(primary reaction)。原初反应速度非常快,可在低温下进行,同时光能利用率高。300 个左右的色素分子围绕一对反应中心色素组成一个光合单位。光合单位包括聚光色素系统和光合反应中心两部分,它们结合于类囊体膜上,是完成光化学反应的最小结构功能单位。光的吸收和光能的传递是通过光系统完成的,整个过程如图 5-15 所示。

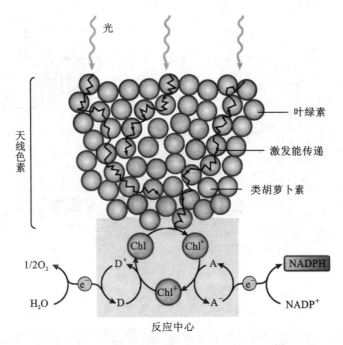

图 5-15　光合作用原初反应的能量吸收、传递与转换图解

　　光化学反应实质上是由光引起的反应中心色素分子与原初电承受体和次级供体之间的氧化还原反应。天线色素分子将光能吸收和传递到反应中心后,使反应中心色素分子(P)激发而成为激发态(P^*),同时释放电子给原初电子受体(A)。这时反应中心色素分子(P)被氧化而带正电荷(P^+),原初电子受体(A)被还原而带负电荷(A^-)。这样,反应中心发生了电荷分离,原初的 P^+ 又可从原初电子供体(D)那里夺取电子,于是反应中心色素恢复原来状态(P),而原初电子供体却被氧化(D^+)。这样通过氧化还原反应,完成光能转变为电能的过程。

2. 电子传递和光合磷酸化

　　反应中心的色素分子受光激发发生电荷分离,将光能转换为电能,接着进行的是电子在电子传递体之间传递和光合磷酸化,将电能转化为活跃的化学能,形成 ATP 和 NADPH。

　　(1)电子传递　光合作用中光吸收的功能单位称为光系统(photosystem),每一个光系统由捕光复合物(light-harvesting complex,LHC)和反应中心复合物(reaction-center complex)组成,连接两个光系统之间的电子传递是由几种排列紧密的电子传递体完成,称为光合电子传递链(photosynthetic electron transfer chain),光合链中的电子载体包括细胞色素、黄素蛋白、醌和铁氧化还原蛋白,它们位于叶绿体类囊体膜上,分别装配成光系统 I (photosystem I ,PS I)、光系统 II (photosystem II ,PS II)和细胞色素 b_6/f 复合物。PS II 的颗粒较大,直径约 17.5 nm,主要分布在类囊体的垛叠部分,由反应中心复合物和 PS II 捕光复合物组成,负责利用吸收的光能在类囊体两侧建立质子梯度。PS I 的颗粒较小,直径约 11 nm,主要分布在类囊体膜的非垛叠部分,由反应中心复合物和 PS I 捕光复合物组成,其主要作用是利用吸收的光能或传递来的激发能在类囊体膜的基质侧还原 $NADP^+$，形成 NADPH。细胞色素 b_6/f 复合物则负责将 PS Ⅱ 和 PS Ⅰ 连接在一起。图 5-16 显示叶绿体中两个光系统及电子传递途径，由光驱动的电子，经 PS Ⅱ、细胞色素 b_6/f 复合物和 PS Ⅰ 最后传递给 $NADP^+$，电子传递经过两个光系统，在电子传递过程中建立质子梯度。

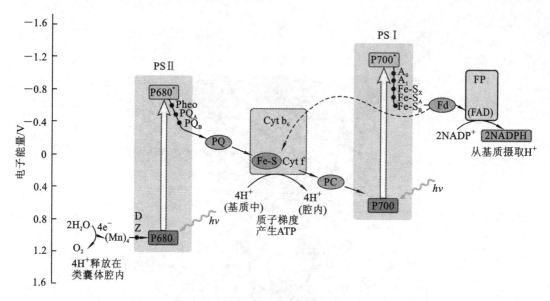

图 5-16 叶绿体的电子传递

(2)光合磷酸化　由光照所引起的电子传递与磷酸化作用偶联而生成 ATP 的过程，称为光合磷酸化(photophosphorylation)。光合磷酸化由光能形成 ATP，用于 CO_2 同化而将能量储存在有机物中。类囊体膜进行的光合电子传递与光合磷酸化需要 4 个跨膜复合物参加，即 PS Ⅱ、细胞色素 b_6/f 复合物、PS Ⅰ 和叶绿体 ATP 合成酶(CF_0-CF_1 ATP synthase)。按照电子传递的方式，可将光合磷酸化分为循环式和非循环式两种。①非循环式光合磷酸化(non-cyclic photophosphorylation)：光驱动的电子经两个光系统和细胞色素 b_6/f 复合物最后传递给 $NADP^+$，并在电子传递过程中建立质子梯度，驱使 ADP 磷酸化产生 ATP。在线性电子传递中，电子传递是一个单向的电子流动，非循环式电子传递和光合磷酸化的最终产物有 ATP、NADPH 和 O_2。②循环式光合磷酸化(cyclic photophosphorylation)：光驱动的电子从 PS Ⅰ开始，在循环式电子传递中，电子从 PS Ⅰ 传递给铁氧化还原蛋白后不是进一步传递给 $NADP^+$，而是传递给细胞色素 b_6/f 复合物，再经由质体蓝素(PC)而流回到 PS Ⅰ。在此过程中，电子循环流动释放能量，细胞色素 b_6/f 复合物转移质子，建立质子梯度并与磷酸化相偶联，产生 ATP。这种电子传递形成一个闭合的回路，由 PS Ⅰ 单独完成，故称为循环式光合磷酸化。此过程中，只有 ATP 的合成，不伴随 NADPH 的生成和 O_2 的释放。光合磷酸化的机制同线粒体进行的氧化磷酸化相似，同样可用化学渗透学说来说明。在类囊体膜中光和电子传递链的各组分按一定的顺序排列，呈不对称分布。在电子传递过程中，细胞色素 b_6/f 复合物起质子泵作用，将 H^+ 从叶绿体基质泵到类囊体腔中，结果使腔内的 H^+ 浓度增加，在类囊体膜两侧建立质子电化学梯度，形成质子驱动力。通过旋转催化使叶绿体 ATP 合成酶中的 3 个 β 催化亚基按顺序参与 ATP 的合成，释放的 ADP 和 Pi 结合。由于叶绿体 ATP 合成酶 F_0 亚基位于类囊体膜中，F_1 亚基位于类囊体膜的基质侧，所以，新合成的 ATP 立即被释放到基质中。同样 PS Ⅰ 所形成的 NADPH 也在基质中,便于被在叶绿体基质中进行的碳同化利用。

3. 光合碳同化

二氧化碳同化(CO₂ assimilation)是光合作用过程中的固碳反应。从能量转换角度看,碳同化的本质是将光反应产物 ATP 和 NADPH 中的活跃化学能转换为糖分子中高稳定性化学能的过程。高等植物的碳同化有 3 条途径:卡尔文循环、C₄ 途径和景天酸代谢(CAM)。其中卡尔文循环是碳同化的基本途径,具备合成糖类等产物的能力。其他两条途径只能起到固定、浓缩和转运 CO₂ 的作用,不能单独形成糖类等产物。这里我们只简单介绍卡尔文循环。

卡尔文循环(Calvin cycle)以甘油酸-3-磷酸(三碳化合物)为最初产物固定 CO₂,故也称作 C₃ 途径。20 世纪 50 年代卡尔文(Calvin)等应用 $^{14}CO_2$ 示踪的方法揭示了该著名的碳同化过程。由于 Calvin 在光合碳同化途径上做出的重大贡献,1961 年被授予诺贝尔化学奖。C₃ 途径是所有植物进行光合碳同化所共有的基本途径,包括 3 个主要的阶段,羧化(CO₂ 固定)、还原和 RuBP 再生(图 5-17)。

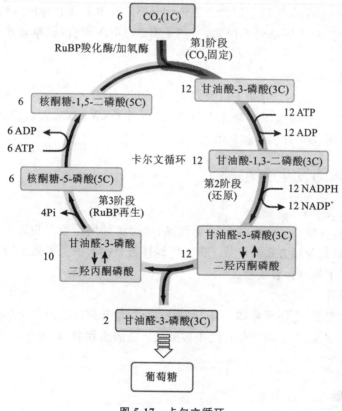

图 5-17　卡尔文循环

(1)羧化阶段　CO₂ 被 NADPH 还原固定的第一步是被羧化生成羧酸。此时,核酮糖-1,5-二磷酸(ribulose-1,5-biphosphate,RuBP)作为 CO₂ 的受体。在 RuBP 羧化酶/加氧酶(RuBP carboxylase/ oxygenase,Rubisco)的催化下,1 分子 RuBP 与 1 分子 CO₂ 反应形成 1 分子不稳定六碳化合物,并立即分解为 2 分子甘油酸-3-磷酸。此过程被称为 CO₂ 羧化阶段(CO₂ carboxylation phase)。

(2)还原阶段　甘油酸-3-磷酸首先在甘油酸-3-磷酸激酶的催化下被 ATP 磷酸化形成甘油酸-1,3-二磷酸,然后在甘油醛-3-磷酸脱氢酶的催化下被 NADPH 还原成甘油醛-3-磷酸。

这是一个耗能过程,光反应中合成的 ATP 和 NADPH 主要是在这一阶段被利用。还原反应是光反应和固碳反应的连接点,一旦 CO_2 被还原成甘油醛-3-磷酸,光合作用便完成了储能过程。甘油醛-3-磷酸等在叶绿体内可进一步转化合成淀粉,也可透出叶绿体在胞质中合成蔗糖。

(3)RuBP 的再生　利用已形成的甘油醛-3-磷酸经一系列的相互转变最终生成核酮糖-5-磷酸,然后在核酮糖磷酸激酶的作用下,发生磷酸化作用生成 RuBP,再消耗一个 ATP。

5.6.3　叶绿体的半自主性细胞器

1.叶绿体 DNA

叶绿体 DNA(cpDNA)或称质体 DNA(ptDNA),呈闭合环状,分子大小依物种的不同而呈现较大差异,在 200～2 500 kb 之间。在发育中的幼嫩叶片中,叶绿体含较多拷贝的 cpDNA(最多时接近 100 个),而当叶成熟后,每个叶绿体中的 cpDNA 数量呈现明显的下调,维持在 10 个左右。cpDNA 均以半保留方式进行复制。[3]H-嘧啶核苷标记实验证明,cpDNA 主要在 G_1 期复制,且受细胞核基因的控制,复制所需的 DNA 聚合酶、解旋酶等均由核基因组编码。

2.叶绿体的蛋白质合成

参加叶绿体组成的蛋白质来源有 3 种情况:①由叶绿体 DNA 编码,在叶绿体核糖体上合成;②由核 DNA 编码,在细胞质核糖体上合成;③由核 DNA 编码,在叶绿体核糖体上合成。组成叶绿体的蛋白质至少 70% 由核基因组编码。

5.6.4　叶绿体的发生和起源

1.叶绿体的发生

在个体发育中,叶绿体是由前质体分化而来,叶绿体的增殖也是由原有的叶绿体分裂而来,但对叶绿体的确切分裂方式并不很了解。叶绿体数量的增加主要靠幼龄叶绿体,成熟的叶绿体在正常的情况下不再分裂增殖。

2.叶绿体的起源

关于叶绿体的起源,也同线粒体一样,有两种学说,但普遍接受内共生学说,认为叶绿体的祖先是蓝藻或光合细菌,在生物进化过程中被原始真核细胞吞噬,共生在一起进化成为今天的叶绿体。

思考题

1.蛋白质糖基化的基本类型、功能定位及生物学意义是什么?

2.内质网和高尔基体都是细胞内的膜结构细胞器,它们在功能上的主要区别是什么?

3.溶酶体有哪些功能?请举例说明。

4.过氧化物酶体与溶酶体有哪些区别?怎样理解过氧化物酶体是异质性的细胞器?

5.内膜系统中各构成在结构、功能和发生上如何密切相关?

6.如果线粒体 DNA 发生突变,你认为会对细胞的生命活动产生影响吗?有可能导致遗传病的发生吗?

7.线粒体和叶绿体的 DNA 结构如何？有什么特点？

8.植物叶肉细胞中既然存在大量叶绿体这种产能细胞器，为什么还须有线粒体？

9.怎样理解叶绿体与线粒体的半自主性？

10.线粒体与叶绿体的内共生起源学说有哪些证据？

拓展资源

http://www.cscb.org.cn/

http://www.bioon.com/biology/biostructure/

http://www.bscb.org.cn/

http://www.sscb.org.cn/

http://www.zjscb.org/

http://www.wiki8.com/neizhiwang_48375/

http://www.wiki8.com/gaoerjiti_48376/；

http://www.wiki8.com/rongmeiti_48378/；

http://www.wiki8.com/weiti_106072/；

http://www.wiki8.com/xianliti_48377/

参考文献

[1] 胡以平.医学细胞生物学[M].北京:高等教育出版社,2005.

[2] 王金发.细胞生物学[M].北京:科学出版社,2003.

[3] 翟中和,王喜忠,丁明孝.细胞生物学[M].4 版.北京:高等教育出版社,2011.

[4] Bernales S,Papa F R,Walter P. Intracellular signaling by the unfolded protein response[J]. Annu Rev Cell Dev Biol,2006,22:487-508.

[5] Hiderou Yoshida. ER stress and diseases[J]. FEBS J,2007,274:630-658.

[6] Kubota H. Quality control against misfolded proteins in the cytosol:a network for cell survival[J]. J Biochem,2009,146:609-616.

[7] Glynn J M,Froehlich J E,Osteryoung K W. Arabidopsis ARC6 coordinates the division machineries of the inner and outer chloroplast membranes through interaction with PDV2 in the intermembrane space[J]. Plant Cell,2008,20:2460-2470.

[8] Lackner L L,Nunnari J M. The molecular mechanism and cellular functions of mitochondrial division[J]. Biochim Biophy Acta,2009,1792:1138-1144.

第6章 蛋白质分选

提要 在有机体内,所有的生物分子都是协同作用的,均是在特定的部位、特定的时间,行使其特定的功能。细胞内合成的蛋白质如果不能正确定位,必然会影响细胞正常功能的发挥。蛋白质由核糖体合成,合成之后必须准确无误地运送到细胞的各个部位。根据蛋白质是否携有分选信号以及分选信号的性质,选择性地将其送到细胞不同的部位,这一过程称为蛋白质分选(protein sorting),也称为蛋白质寻靶(protein targeting)。细胞内合成的蛋白质之所以能够定向转运到特定的部位取决于两个方面,一是蛋白质中包含特殊的信号序列(signal sequence),二是细胞特定部位上存在特定的信号识别装置即分选受体(sorting receptor)。目前已发现指导蛋白质定向转运的信号包含引导蛋白质向内质网转运的信号肽;引导蛋白质向线粒体转运的导肽;引导蛋白质向叶绿体转运的转运肽;过氧化物酶体蛋白质的定位序列 PTS 1(peroxisome targeting signals 1)和 PTS 2 序列以及亲核蛋白质入核定位信号(nuclear localization signal, NLS)等系列信号。蛋白质分选按照合成与转运的顺序可分为共翻译转运途径和翻译后转运途径,共翻译转运途径主要转运分泌蛋白质,边合成边转运,而翻译后转运途径主要分选非分泌蛋白质,合成完成后再转运。按照蛋白质具体的转运方式可以分为选择性门控运输、跨膜运输、膜泡运输以及细胞质基质的蛋白质转运。参与膜泡运输的小泡主要有 COPⅡ、COPⅠ及网格蛋白(clathrin)衣被小泡共 3 种类型。三种类型的小泡结构组成也各不相同,每种膜泡均有各自工作的区间及具体功能,其共同的作用为选择性地将特定蛋白聚集在一起,如同模具一样决定运输小泡的外部特征,形成运输小泡将蛋白质定向转运。COPⅡ小泡的主要功能是从内质网转运蛋白到顺面高尔基体;COPⅠ小泡主要负责捕获顺面高尔基体上逃逸的内质网驻留蛋白并将其运回内质网;网格蛋白衣被小泡主要从反面高尔基体将蛋白质分选至目的地。运输小泡在细胞内的运输是高度有序的,每一种运输小泡对其靶膜有高度选择性和专一性。各类运输小泡之所以能够准确地和靶膜融合,主要是因为运输小泡表面的标志蛋白能被靶膜上的受体识别,其中涉及识别过程的两类关键性的蛋白质是 SNAREs (soluble NSF attachment protein receptor)和 Rabs(targeting GTPase)。SNAREs 的作用是提供运输小泡与靶膜的专一性识别,介导运输小泡特异性停泊和融合;Rabs 的作用是使运输小泡靠近靶膜,SNAREs 和 Rab 蛋白一起进一步保证运输小泡在靶膜上停靠和融合的专一性。蛋白质跨膜运输的靶细胞器主要有叶绿体、线粒体和过氧化物酶体;选择性门控运输的目标细胞器为细胞核。线粒体蛋白质的转运需要导肽的引导,并有多种蛋白复合体参与,主要有 TOM 复合体(translocase of outer membrane, TOM)、TIM 复合体(translocator of the inner mitochondrial membrane)及 OXA 复合体(oxidase assembly complex)3 种类型。叶绿体蛋白的转运需要转运肽的引导,外膜转位因子 TOC(translocons on the outer envelop of chloroplasts)与内膜转位因子 TIC(translocons on the inner envelop of chloroplasts)共同参与完成蛋白质的定向转运。过氧化物酶体所有的蛋白质都是由细胞核 DNA 编码,在游离的核糖体上合成,然后在信号序列 PTS 1 和 PTS 2 的引导下,进入过氧化物酶体。蛋白质入核转运除需要 NLS 的定位外,还需要多种胞质蛋白因子的协助,目前已经明确参与转运的因子有 NLS 的受体蛋白(importin α/importin β)、分子开关 Ran 等。

6.1 蛋白质分选概述

6.1.1 蛋白质分选的意义

核糖体是蛋白质合成的场所,合成之后必须准确无误地运送到细胞的各个部位以行使具体功能。细胞类蛋白质种类众多,如何保证每一种蛋白质的正确定位是一项十分复杂的系统工程。在漫长的进化过程中,每种蛋白质形成了一个明确的地址签,细胞通过对蛋白质地址签的识别进行运送,事实上正是不同的地址签作为信号序列指导蛋白质的定位和分选。因此蛋白质分选(protein sorting)是指依靠蛋白质自身信号序列,从蛋白质起始合成部位转运到其功能发挥部位的过程。蛋白质分选的主要作用为提高细胞对蛋白质的合成和利用效率;使蛋白质分子能准确定位到功能部位,并使其能准确行使其生物学功能;同时分选过程中伴随着对蛋白质分子的加工和修饰,使真核细胞蛋白质分子的结构和功能更加多样化。蛋白质分选(图6-1)大致分为 2 种主要路径,一是分泌蛋白的分选,这类蛋白质首先在游离的核糖体上开始

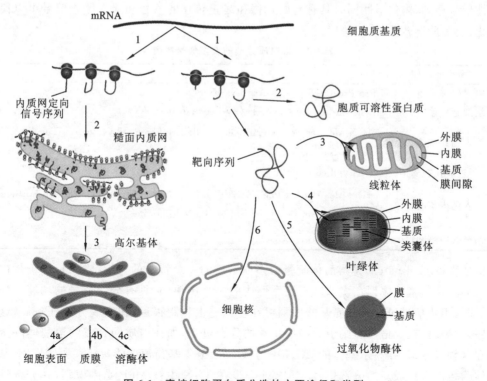

图 6-1　真核细胞蛋白质分选的主要途径和类型

合成,随后在信号序列的引导下转位到粗面内质网继续合成,最后通过高尔基体的分泌作用将蛋白质运送至细胞表面、质膜和溶酶体;二是非分泌蛋白的分选,这类蛋白质一直在细胞质基质中的游离核糖体上完成合成,随后在各自信号序列的引导下转运至细胞核、线粒体、叶绿体和过氧化物酶体。

6.1.2 蛋白质分选信号

引导蛋白质最终定位到目的地的信号序列有许多,如输入到核的信号序列、输入到线粒体的信号序列、输入到过氧化物酶体的信号序列等,它们彼此的一级序列存在巨大差异(表6-1)。蛋白质的分选信号根据其具体结构可以分为两种类型,一类是信号肽(signal peptide),另一类是信号斑(signal patch)(图6-2)。研究发现在一些分泌蛋白质的新生肽链 N 末端,有一段长度不等的肽段,通常由 20~30 个氨基酸残基组成。它们的存在,决定了含有这类肽段的新生肽链能被分泌到细胞外,而在已被分泌到细胞外的成熟蛋白质中,则不再含有这类肽段。含有这类肽段的肽链通常被称为蛋白质前体,而这类肽段则被称为前肽(prepeptide),或称为前序列(presequence)。因为这类肽段是新生肽链分泌到细胞外的信号,后来发现它们也是一些蛋白质定位在质膜和其他一些与细胞外相通的细胞器(包括内质网、高尔基体和溶酶体等)内的信号,因而也被称为信号肽。信号肽是位于蛋白质上的一段连续的氨基酸序列,一般有 15~60 个氨基酸残基,具有分选信号的功能。在引导蛋白质到达目的地即完成其分选信号任务后,多数信号肽常常从蛋白质上被切除。信号肽通常引导蛋白质从细胞质基质进入内质网、线粒体和细胞核等不同部位,同时也引导蛋白质从细胞核返回到细胞质基质以及从高尔基体返回到内质网。也有部分蛋白质含有内信号肽(internal signal peptide),它是位于多肽链内部的疏水性信号序列,内信号肽同时具有起始转移和终止转移的信号功能。停止信号可以使易位子钝化,使多肽链转移停止、跨膜。

表 6-1 蛋白质分选的典型信号序列

信号序列的功能	信号序列
输入到细胞核	-Pro-Pro-Lys-Lys-Lys-Arg-Lys-Val-
从细胞核输出	-Leu-Ala-Leu-Lys-Leu-Ala-Gly-Leu-Asp-Ile-
输入到线粒体	^+H_3N-Met-Leu-Ser-Leu-Arg-Gln-Ser-Ile-Arg-Phe-Phe-Lys-Pro-Ala-Thr-Arg-Thr-Leu-Cys-Ser-Ser-Arg-Tyr-Leu-Leu-
输入到过氧化物酶体	-Ser-Lys-Leu-COO^-
输入到内质网	^+H_3N-Met-Met-Ser-Phe-Val-Ser-Leu-Leu-Leu-Val-Gly-Ile-Leu-Phe-Trp-Ala-Thr-Glu-Ala-Glu-Gln-Leu-Thr-Lys-Cys-Glu-Val-Phe-Gln-
回输到内质网	-Lys-Asp-Glu-Leu-COO^-

信号斑(signal patch)是溶酶体酶蛋白多肽形成的一个特殊的三维结构,是位于蛋白质不同部位的几个氨基酸序列在多肽链折叠后形成的一个斑块区,具有分选信号的功能。当多肽链伸展时,组成信号斑的不同氨基酸序列可在多肽链上相距很远,在完成分选任务后,这些氨基酸序列继续存在。信号斑则引导一些特殊的分选过程,如在内质网合成的溶酶体酶蛋白上便存在这种信号斑,在高尔基体的 CGN 中可被 N-乙酰氨基葡萄糖磷酸转移酶所识别,从而使溶酶体酶蛋白上形成新的分选信号 M6P,进一步在 TGN 中被 M6P 受体识别,并分选进入运输小泡最终送到溶酶体。

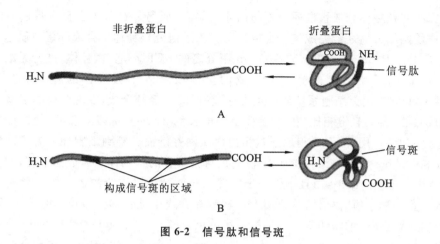

图 6-2　信号肽和信号斑

6.1.3　蛋白质分选的基本途径和类型

按照蛋白质合成和转运的先后顺序,可以将蛋白质分选分为翻译后转运途径(post translocation)和共翻译转运途径(cotranslocation)。翻译后转运途径指蛋白质在细胞质基质中完成合成,然后转运至膜性细胞器(线粒体、叶绿体、过氧化物酶体、细胞核)及细胞质基质的特定部位。共翻译转运途径则是蛋白质在细胞质基质开始合成,随后转移至 rER 继续完成蛋白质的合成,最后经高尔基体转运至溶酶体、细胞膜或分泌到胞外或驻留在内质网与高尔基体内的蛋白质。

按照蛋白质分选的类型和机制的不同,可以分为跨膜转运、膜泡运输、选择性门控转运和细胞质基质中蛋白质的转运四种类型。①跨膜转运(transmembrane transport):在细胞质基质中合成的蛋白质转运到内质网、线粒体、叶绿体和过氧化物酶体等细胞器,蛋白质以非折叠态跨膜,但蛋白质进入各细胞器的机制又各不相同。②膜泡运输(vesicular transport):蛋白质被选择性包装成各种运输小泡,定向转运至靶细胞器。此过程涉及各种不同类型运输小泡的定向转运,以及膜泡出芽与融合的过程。高尔基体的分泌作用将蛋白质运送至细胞表面、质膜和溶酶体的过程都属于膜泡运输。③选择性门控转运(selected gated transport):细胞质基质中合成的蛋白质通过核孔复合体输入至核内或从细胞核返回细胞质。④细胞质基质中蛋白质的转运:此过程和细胞骨架相关。

6.2 信号肽假说和膜泡运输

6.2.1　信号肽假说

蛋白质高度选择性地跨膜定位和分拣对于细胞特别是真核细胞正常功能的行使至关重要。为了维持各种不同细胞器的自身特性,相关蛋白质必须准确地到达自己的"领地"。关于细胞内特定的多肽链是如何横跨生物膜进入属于自己的亚细胞空间或被分泌到细胞外的问题曾一直吸引研究者的关注。

为什么有些核糖体合成蛋白质时不与内质网结合,而另外一些正在合成蛋白质的核糖体又必须与内质网结合后才能完成整个合成过程? 为了研究核糖体上合成的蛋白质是否进入了内质网腔,Colvin Redman 和 David Sabatini 用分离的 RER 小泡(微粒体)进行无细胞系统的蛋白质合成,证明了膜结合核糖体上合成的蛋白质进入了微粒体的腔。1972 年,César Milstein 和他的同事用无细胞系统研究免疫球蛋白(IgG)轻链合成,发现合成的多肽与分泌到细胞外的成熟的(IgG)轻链相比,在 N 端多出一段长约 20 个氨基酸的肽链,他们推测这段肽链具有信号序列的作用,使 IgG 得以通过粗面内质网并继而分泌到细胞外。为了证实这种设想,Blobel 和 Dobberstein 继续研究 IgG 轻链在与膜结合的核糖体上合成的过程,他们不仅重复出了 César 实验室的结果,而且还进一步发现在与微粒体膜结合的核糖体上合成的 IgG 轻链,对加入的蛋白酶水解有抗性,这说明 IgG 轻链在合成中被转移到微粒体的腔中,随后充当信号的序列被微粒体上的酶切除了。根据上述结果,1975 年 G. Blobel 和 B. Dobberstein 正式提出信号假说(signal hypothesis)。具体内容为:编码分泌蛋白的 mRNA 在翻译时首先合成 N 末端带有疏水氨基酸残基的信号肽,它可被内质网膜上的受体识别并与之相结合。信号肽经由内质网膜中蛋白质形成的孔道到达内质网腔,随即被位于腔表面的信号肽酶水解,由于它的引导,新生的多肽链便能够通过内质网膜进入腔内,最终被分泌到胞外。信号假说不仅正确地解释了分泌蛋白是如何通过内质网最后被分泌出细胞,更为探索其他需要跨膜转移蛋白质的定向运输机制提供了正确的方向。

信号假说提出后得到了许多实验的支持,其中最有力的一项证据是基因重组实验的研究结果。黑猩猩的 α-球蛋白是一种在游离核糖体上合成并存在于胞质溶胶中的可溶性蛋白,科学家在编码该蛋白的基因上接上一段编码 E. coli 分泌蛋白 β-半乳糖透性酶(β-lactamase)的信号序列 DNA,然后将该基因加入到无细胞系的转录和翻译体系中,并加入从狗组织中分离的 ER 膜,研究结果发现,杂合蛋白出现在 ER 腔中,而且信号序列被切除了。这一研究结果不仅证实了信号假说的正确性,还揭示了信号序列的另一个重要特性,即信号序列没有特异性,并且原核生物的信号序列在真核生物中同样可以发挥作用。

6.2.2　信号肽及作用机制

1. 信号肽结构

信号肽并不存在于成熟蛋白质中,因此只能从细胞内分离不成熟的肽链,然后测定它们的 N 末端氨基酸残基序列,才能了解信号肽的结构特征。经比较研究,发现分泌蛋白 N 端信号肽的序列并没有很高的同源性,但是仍有一些可循的规律。其中疏水氨基酸比较多,信号肽的几个部分分别具有不同的结构特征,而且在行使信号功能时所起的作用也各不相同。信号肽位于分泌蛋白的 N 端。一般由 15～30 个氨基酸组成。一个带正电的 N 端,称为碱性氨基末端;一个中间疏水序列,以中性氨基酸为主,能够形成一段 α 螺旋结构,它是信号肽的主要功能区;一个较长的带负电荷的 C 端,含小分子氨基酸,是信号序列切割位点,也称加工区(图6-3)。

2. 信号肽假说中发挥作用的关键成员

新生肽链中的信号肽只有和相应的识别系统相互作用后,才能发挥作用。信号肽的作用机制相当复杂,有关组分包括信号肽识别颗粒(SRP)及其受体、信号序列受体(SSR)、核糖体受体、信号肽酶复合物及易位子等。这些组分中大多数是由多个蛋白质分子组成的复合物,有的还含有核酸。

图 6-3 信号肽的结构示意图

(1) 信号序列受体 (signal sequence receptor, SSR) 信号序列受体即糙面内质网上存在的特异受体, 能与分泌性蛋白质氨基末端的信号序列结合, 导致合成信号序列的游离核糖体与糙面内质网结合, 与此同时, 在信号序列周围形成一瞬间穿膜小孔, 使新合成的多肽链穿过内质网膜。

(2) 信号肽识别颗粒 (signal recognition particle, SRP) 信号识别颗粒 (SRP) 存在于真核生物细胞质中, 是一种细长形的含 RNA 蛋白, 由 6 条多肽链和一个 7S RNA 组成的复合体, SRP 上有三个结合位点即信号肽识别结合位点、SRP 受体蛋白结合位点和翻译暂停结构域。SRP 既能识别露出核糖体之外的信号肽并与之结合, 又能识别内质网膜上的 SRP 受体。通常 SRP 与核糖体的亲和力较低, 但当游离核糖体合成信号肽后, 它便增加了与核糖体的亲和力, 并与之结合形成 SRP-核糖体复合体, 由于 SRP 占据了核糖体的 A 位点, 使蛋白质合成暂时终止。同时它又可和 ER 膜上的停泊蛋白识别和结合, 从而将 mRNA 上的核糖体带到 ER 膜上。

(3) 信号肽识别颗粒受体 (signal recognition particle receptor, SRPR) 信号肽识别颗粒受体又称停泊蛋白 DP (docking protein), 它定位于内质网膜, 为膜整合蛋白, 在蛋白质运输过程中与 SRP 结合后使得新生肽通过易位子进入内质网腔继续完成肽链的延伸。SRP 的受体是含有 72 kD 和 30 kD 两个亚基的二聚体。大亚基的 N 端锚定在 ER 中, 蛋白质的大部分伸在胞液中, 蛋白质此区域的大部分顺序与核结合蛋白相似, 带有很多正电荷的氨基酸, 表明 SRP 受体识别 SRP 中的 7S RNA。

(4) 信号肽酶 (signal peptidase) 信号肽酶是由 6 种蛋白组成的复合体。实际上只有其中的一种蛋白具有酶的活性, 其他的蛋白可能起到修饰作用或者与形成一定的结构有关, 如膜的定位或形成膜上的通道有关, 表明它起到结构功能的作用。信号肽酶位于 ER 膜的内表面上, 表明信号肽在被切割前必须穿过内质网膜。

(5) 易位子 (translocon) 易位子为位于内质网膜上的与新合成的多肽进入内质网有关的蛋白复合体, 其成员有 Sec61、SRP、SRPR、TRAM 及信号肽酶等, 其本质是一种通道蛋白。可结合信号肽和停止转移序列, 引导新生肽进入 ER 腔, 在形成跨膜蛋白中有重要作用。易位子相关蛋白 (translocon-associated protein, TRAP) 是广泛存在于高等真核生物中的一种膜蛋白, 其作为信号序列的受体蛋白位于内质网膜上。该蛋白能选择性地识别信号序列, 并与 Sec61 相互作用形成一个以 Sec61 为核心、TRAP 侧向延伸的椭圆状转运通道, 从而靶向新生肽链进入内质网腔。

3. 信号肽的作用机制

合成新生肽的核糖体转移到内质网膜需要几个关键成员协同作用, 主要包含信号识别颗粒 (SRP)-核糖体复合体形成、核糖体与内质网膜结合、多肽链进入内质网腔三个主要步骤 (图 6-4)。具体细节如下: ①新合成的多肽链长度达到 70 个左右氨基酸时, 此时 25～30 残基的信号肽暴露在核糖体外面,相邻的约 40 个氨基酸仍在核糖体中,SRP 与信号肽结合使翻译暂停;②SRP-核糖体复合体与内质网膜上的 SRP 受体结合;③SRP 受体在蛋白质转运中的作用是短暂的,SRP 很快从复合体中释放并进入再循环,暂停的蛋白质翻译重新启动,在信号肽的引导下,新合成的蛋白质进入内质网腔。而信号肽序列则在信号肽酶的作用下被切除。其路线图可以简化为:信号肽与 SRP 结合→肽链延伸终止→与 SRP 受体结合→SRP 脱离→肽链进入内质网→ 肽链边合成边转运→信号肽切除→肽链延伸终止 →蛋白质折叠形成正确构象。

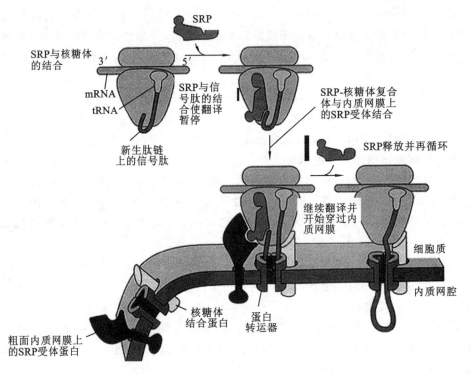

图 6-4　信号肽的作用机制

4. 蛋白质转运过程中的能量消耗

研究表明,SRP 和 SRP 受体都是 G 蛋白,都具有 GTPase 的活性。它们不仅将合成蛋白质的核糖体引导到内质网,而且通过 GTP-GDP 的交换,将内质网膜中的易位子(translocon)通道打开,让信号序列与之结合。GTP 水解作为信号序列转运的能量来源,游离的 SRP 首先与 GDP 结合,当它与核糖体携带的新生肽链的信号肽结合时,GTP 取代 GDP,然后与结合有 GTP 的 SRP 受体结合,形成核糖体-新生肽链-SRP-SRP 受体复合体。最后 SRP 和 SRP 受体的 GTP 均发生水解,导致复合体解离,核糖体-新生肽链-易位子复合体形成,SRP 和 SRP 受体进入下一轮循环(图 6-5)。

6.2.3　内质网跨膜蛋白质的转运

新生肽是否含有起始转移信号和停止转移信号以及具体的数目,决定了新生肽最终在内质网上的定位。内质网膜蛋白的跨膜次数是由其所含起始信号序列和停止转移信号序列的数目决定的,这些信号序列都是多肽链中的疏水氨基酸区,因此,根据多肽链中疏水氨基酸区的数目和位置可以预测其穿膜情况。开始转移序列(start transfer sequence)是引导和启动肽链

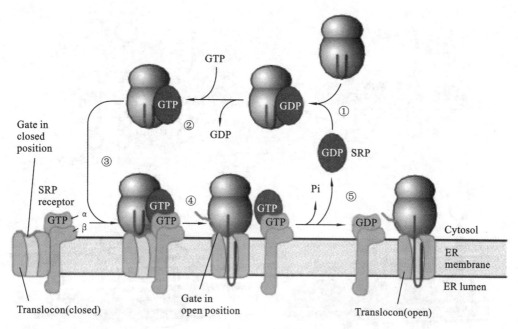

图 6-5　蛋白质转运过程中的能量消耗

穿过内质网膜的信号肽,N 端的信号序列和内含信号序列都可作为起始转移信号,但 N 端的信号序列是可切除的,而内含信号序列是不可切除的。内含信号序列又称内含信号肽(internal signal peptides),是指位于多肽链内部的疏水性信号序列,内信号肽具有起始转移和终止转移信号功能。内信号肽可作为蛋白质共翻译转移的信号被 SRP 识别,同时它也是起始转移信号。停止转移序列(stop transfer sequence)为肽链上的一段特殊序列,与内质网膜的亲和力很高,能阻止肽链继续进入内质网腔,使其成为跨膜蛋白。另外,由于膜蛋白总是从胞质溶胶穿入内质网膜,并且总是保持信号序列中含正电荷多的氨基酸一端朝向胞质溶胶面,因而相同蛋白质在内质网中的取向也必然相同。结果造成内质网膜中蛋白质取向的不对称性。

1. 内质网腔中蛋白质的转运

如果转运到内质网中的蛋白质仅含有起始转移序列,但没有相应的停止转移序列,该蛋白质跨越内质网膜进入内质网腔后,起始转移序列被信号肽酶切除,最终成为内质网腔中的可溶性蛋白(图 6-6A)。

2. 停止转移肽(stop-transfer peptide)与单次跨膜蛋白

单次跨膜蛋白的形成除了与内含信号序列有关外,还与停止转移序列的形成相关。如果共转运的蛋白在 N 端的信号肽作为转移起始信号,但没有额外的内含转移信号,而且只含有一个停止转移信号序列,则会形成单次跨膜蛋白(图 6-6B)。当停止转移信号进入通道后,与通道内的结合位点相互作用,使通道转运蛋白失活,从而停止蛋白质的转运。由于 N 端的信号序列是可切除的,信号序列被切除后形成单次跨膜蛋白。也有部分单次跨膜蛋白只有一个中间转移信号序列,作为内在信号序列指导其转移和跨膜(图 6-6C)。

3. 二次跨膜蛋白与多次跨膜蛋白

所谓二次跨膜就是在蛋白质中有两个跨膜的疏水区,多次跨膜则蛋白质需含有多个起始转移信号与多个停止转移信号,它们的形成与内含信号序列和终止转移信号相关(图 6-6D)。如果是二次跨膜,则含有一个内含信号序列和一个停止转移信号。内含信号序列形成一个跨

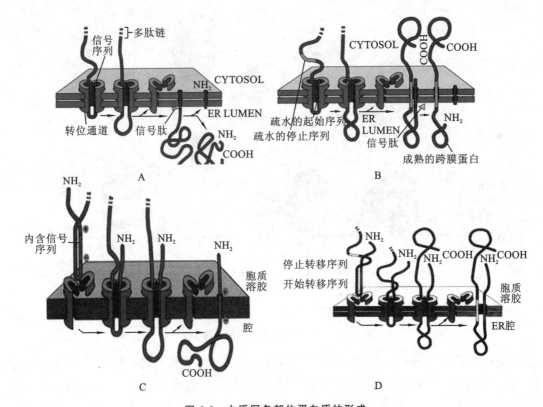

图 6-6　内质网各部位蛋白质的形成
A.内质网腔蛋白的形成；B.内质网单次跨膜蛋白的形成；
C.具内含信号序列跨膜蛋白的形成；D.内质网二次跨膜蛋白的形成

膜区,停止转移序列形成一个跨膜区,二者相加就成为二次跨膜蛋白。在了解了二次跨膜蛋白的形成方式之后,不难推测多次跨膜蛋白的形成一定含有多个内含信号序列和多个停止转移信号。

6.2.4　蛋白质的修饰、折叠和质量控制

6.2.4.1　蛋白质的修饰

分泌蛋白在细胞质中游离的核糖体上起始合成后必须转运进入内质网,新生的分泌蛋白在信号肽的引导下准确地靶向内质网膜,并通过转位通道穿过内质网膜的脂质双层。膜蛋白和可溶性的分泌蛋白在粗面内质网上合成后,在它们到达分选的目的地之前,一般要经历四种主要的修饰:①进入内质网中的蛋白质发生系列化学修饰,如糖基化、羟基化、酰基化与二硫键的形成等;②多肽链的正确折叠以及组装成多亚单位的蛋白质;③在内质网、高尔基体以及分泌小泡中发生特殊的蛋白水解切割。此部分的详细内容请参见细胞内膜章节内质网的相关内容。

6.2.4.2　蛋白质折叠与分子伴侣

蛋白质折叠被称为"21 世纪的生物物理学"的重要课题,它是分子生物学中心法则尚未解决的一个重大生物学问题。从一级序列预测蛋白质分子的三级结构并进一步预测其功能,是极富挑战性的工作。研究蛋白质折叠,尤其是早期的折叠过程,即新生肽段的折叠过程是全面并最终阐明中心法则的一个根本问题。现在认为新生肽在细胞内的折叠和成熟在多数情况下

是不能自发完成的,而是需要其他蛋白质的帮助。新生肽的折叠在合成早期已经开始,而不是合成完后才开始进行,随着肽段的延伸同时折叠,同时不断进行构象的调整,先形成的结构会作用于后合成肽段的折叠,而后合成的结构又会影响前面已形成结构的调整。因此,肽段延伸过程中形成的结构往往不一定是最终功能蛋白质的结构。目前已认识到的在细胞内帮助新生肽链折叠的蛋白有两类:一类称为分子伴侣蛋白(molecular chaperones),另一类是催化与折叠直接有关的化学反应的酶,又称折叠酶。分子伴侣显然是一种具有新功能的蛋白质,近年来已经鉴定出越来越多新的分子伴侣蛋白质或已知蛋白质的分子伴侣活性。

1. 分子伴侣

1987 年 Lasky 首先提出了分子伴侣(molecular chaperones)的概念,他将细胞核内能与组蛋白结合并能介导核小体有序组装的核质素(nucleoplasmin)称为分子伴侣。分子伴侣是指一类在序列上没有相关性但有共同功能的蛋白质,共同之处在于可以帮助其他蛋白质完成正确的组装,并且在组装完毕后与之分离,并不成为这些蛋白质执行功能时的任何组分。分子伴侣对靶蛋白没有高度专一性,同一分子伴侣可以促进多种氨基酸序列完全不同的多肽链折叠,成为空间结构、性质和功能都不相同的蛋白质。分子伴侣的催化效率很低,行使其功能需要水解 ATP,以改变其构象,释放底物,进行再循环。

2. 分子伴侣的功能

(1)参与新生肽链形成　在蛋白质合成过程中,分子伴侣能识别与稳定多肽链部分折叠的构象,从而参与新生肽链的折叠与装配。植物光合作用的关键酶——二磷酸核酮糖羧化酶加氧酶在合成时,新合成的亚基单体组装成全酶(共 8 个大亚基、8 个小亚基,大亚基基因组叶绿体编码,小亚基基因组核编码)之前,就有 Rubisco 结合蛋白(RBP)参与,RBP 实际上就是一种“分子伴侣”。大亚基先与 RBP 结合,然后与转运进叶绿体的小亚基装配成完整的全酶。抗RBP 的抗体阻止新合成的亚基装配成 Rubisco。

(2)参与蛋白运送　在蛋白跨膜运送过程中,也有分子伴侣的参与。核糖体上新合成的多肽在定向跨膜运送到不同细胞器时,要维持非折叠状态。分子伴侣 Hsp70 家族在蛋白质移位时打开前体蛋白的折叠,致使跨膜蛋白疏水基团外露,分子伴侣便能够识别并与之结合,保护疏水面,防止相互作用而凝聚,直至跨膜运送开始。完成跨膜运送后,分子伴侣又参与重折叠与组装过程。

(3)免疫保护　分子伴侣不仅是胞内蛋白折叠、组装与转运的帮助蛋白,更令人惊奇的是它还可以成为感染性疾病中的免疫优势抗原,激发宿主体内的体液免疫反应和 T 细胞介导的细胞免疫反应,证实其在细菌或寄生虫感染中具有免疫保护作用。蛋白质的错误折叠会给细胞和生物体的健康带来风险。分子伴侣是完整的蛋白质组管理的“细胞救生员”。此外分子伴侣可以成为肿瘤或感染性疾病中的免疫优势抗原,激发宿主的免疫反应。

3. 蛋白质转运的质量控制

内质网不仅具备蛋白质的合成功能,而且它同时还提供了众多的分子伴侣,为蛋白质折叠和成熟提供帮助。位于细胞质中以及内质网腔中的分子伴侣帮助蛋白质的转运,并推动蛋白质在内质网腔中的折叠以及组装,蛋白质以此获得它们最初的构象,然后转运出内质网并继续完成它们的分泌途径。虽然细胞提供了这些辅助措施,但蛋白质在合成过程中仍然非常容易出错,新生肽在折叠和成熟的过程中由于转录或翻译出现错误,或受到各种环境刺激而损伤,最终大约有 1/3 的新生蛋白质会因各种错误而被降解。为提高蛋白质生物合成的效率,必须处理掉不能继续正确折叠的或错误折叠的“次品”或“废品”,防止这些“垃圾”堆积而危害内质网的正常生命活动。因此进化机制赋予了内质网对蛋白质质量进行控制的功能,为了维持内环境的稳态,蛋白质质量控制系统会将这些"不合格产品"移交到胞质溶胶当中,不完全折叠的蛋白质以及未组装的蛋白质会被内质网中组成型的质量控制系统所识别,然后分拣出这些异常的蛋白质并包裹上泛素蛋白,然后将它们运输至细胞质中被蛋白酶降解,这个过程又被称为内质网相关降解 ERAD(ER associated degradation)。随着在越来越多的病理过程当中发现了内质网质控系统功能缺陷的现象,人们也开始逐渐意识到细胞内这套蛋白质质量控制系统的重要性。ERAD途径似乎是非常保守的一条途径,可见于从酵母细胞到哺乳动物细胞等种类众多的真核生物细胞。借助生化技术和遗传筛选的方法发现了一批 ERAD 系统的组成单位,同时也对 ERAD 系统的功能展开了相关研究。"蛋白质质量控制系统"中分子伴侣发挥了重要作用,分子伴侣能帮助新生肽正确折叠。Hsp70 伴侣蛋白以及葡聚糖依赖的分子伴侣蛋白(glycan-dependent chaperone)会与非天然蛋白结合,防止其转运至高尔基体,而且还可以与氧化还原酶类(oxidoreductases)蛋白一起帮助构象不正确的蛋白重新折叠,改变其构象。传统的观点认为,蛋白运送装置只会在蛋白质正确折叠之后才根据其氨基酸序列中的"离开信号(exit signals)"将其转运出内质网。另一种观点则认为,在决定是否将蛋白质转运出内质网时存在一个比较宽泛的标准,是依据蛋白质的能量(级)状态和细胞的折叠环境而定的。

　　内质网的质量控制系统利用寡聚糖内所载的信息作为传感器来监测蛋白的折叠状态。当内质网向新近由核糖产生的并被移至内质网腔的蛋白质附着一个寡糖(Glc3Man9GlcNAc2)时,这个过程就开始了。错误折叠的蛋白质在内质网内被降解掉需要以下几个步骤(图 6-7):①附着在内质网膜上的泛素连接酶与其他辅助因子一起识别出折叠错误的蛋白质;②蛋白质被转运进入胞质溶胶中;③在内质网的胞质溶胶面,底物蛋白被 E3 泛素连接酶泛素化修饰;④在 AAA＋ATP 酶和 Cdc48 蛋白的作用下,底物蛋白从膜上被去除掉,进入 26S 蛋白酶体,被降解处理。

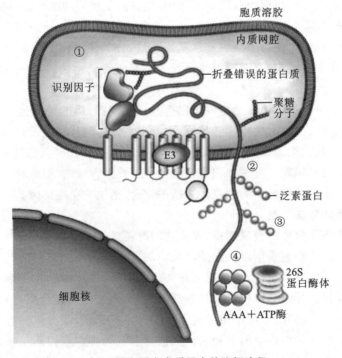

图 6-7　蛋白质在内质网内的降解途径

　　分子伴侣如何具体参与内质网中的蛋白质质量控制？相关研究表明内质网中的蛋白质经由 Sec61 蛋白被转运入内质网中之后（图 6-8 ①）；未折叠的蛋白质在分子伴侣的作用下可以被折叠成正确的构象 F（图 6-8 ②）；外向转运因子能选择这些折叠正确的蛋白质并将它们运送至高尔基体（图 6-8 ③ ④）；但是滞留因子则会阻止未折叠的蛋白质离开内质网（图 6-8 ⑤）。分子伴侣会努力帮助任何折叠发生错误的蛋白质恢复成未被折叠的状态，使其能够重新进行正确的折叠（图 6-8 ⑥）。在步骤⑦中，滞留因子会使折叠错误的蛋白质停留在内质网中，这些异常蛋白质以及一部分处于折叠中间状态的蛋白质最终会经胞质溶胶途径被降解（图 6-8 ⑧）。

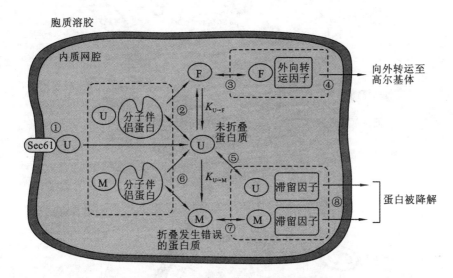

图 6-8　内质网中的蛋白质处理途径

6.2.5　胞内膜泡运输

　　细胞生命活动依赖于胞内运输系统。细胞内的运输系统将大量需要运输的物质分拣、包装到膜状的囊泡结构中，利用动力蛋白（又称为分子马达，molecular motor）水解 ATP 产生的能量驱动囊泡沿着微管或微丝移动，高效精确地将各种货物定向运输到相应的亚细胞结构并发挥其生理功能。囊泡运输分为几个环节：货物识别、沿着轨道运输以及货物卸载。囊泡在细胞内沿微管或微丝运输，与膜泡运输有关的马达蛋白有 3 类：动力蛋白（dynein），趋向微管负极；驱动蛋白（kinesin），趋向微管正极；肌球蛋白（myosin），趋向微丝的正极。在这些马达蛋白的牵引下，可将膜泡运到特定的区域。

　　（1）胞内膜泡的类型　真核细胞内不同部位间的物质运输是由衣被小泡调控的，原始的外壳蛋白 COPⅠ、COPⅡ和网格蛋白是很保守的。参与膜泡运输的小泡主要有 COPⅡ、COPⅠ及网格蛋白/接头蛋白（clathrin）衣被小泡共三种类型（表 6-2，图 6-9）。每种膜泡有自己各自工作的区间，COPⅡ主要的功能是从内质网转运蛋白到顺面高尔基体；COPⅠ主要负责捕获顺面高尔基体上逃逸的内质网蛋白被运回内质网；网格蛋白衣被小泡主要从反面高尔基体将蛋白分选至目的地。三种类型的小泡结构组成也各不相同，其基本结构特点及功能见表6-2。其共同的作用为选择性地将特定蛋白聚集在一起，如同模具一样决定运输小泡的外部特征，形成运输小泡将蛋白定向转运。

近年来对 COP Ⅰ 和 COP Ⅱ 衣被小泡的研究进一步发现有一类单体 GTP 酶,称为衣被募集 GTP 酶(coat-recruitment GTPase),在衣被小泡的衣被装配和去装配过程中起重要作用。像其他单体 GTP 酶一样,衣被募集 GTP 酶具有分子开关作用,可在活性状态(与 GTP 结合)和非活性状态(与 GDP 结合)之间变换,鸟嘌呤交换因子(GEF)可催化其从 GDP 到 GTP 的变换,GTP 酶激活蛋白(GAP)则可启动 GTP 水解,使 GTP 转换成 GDP。衣被募集 GTP 酶有多种,一种称为 ADP-核糖化因子(ADP-ribosylation factor,简称 ARF),参与 COP Ⅰ 和网格蛋白衣被的装配;另一种是 Sar1 蛋白,参与 COP Ⅱ 衣被的装配。

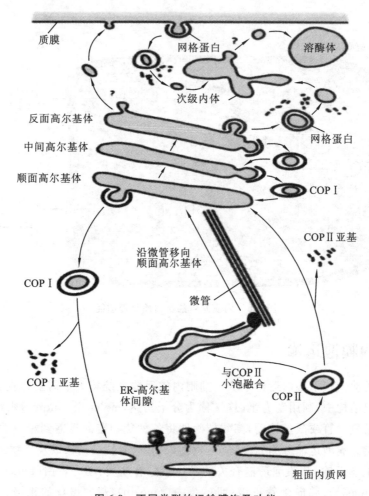

图 6-9 不同类型的运输膜泡及功能

表 6-2 不同小泡的特点以及功能

衣被类型	GTP 酶	组成与衔接蛋白	运 输 方 向
clathrin	ARF	Clathrin 重链与轻链,AP2	质膜→内体
		Clathrin 重链与轻链,AP1	高尔基体→内体
		Clathrin 重链与轻链,AP3	高尔基体→溶酶体或植物液泡
COP Ⅰ	ARF	COPαββ′γδεζ	高尔基体→内质网
COP Ⅱ	Sar1	Sec23/Sec24 复合体,Sec 15/31 复合体,Sec 16	内质网→高尔基体

①COPⅡ衣被小泡：COPⅡ衣被小泡介导从内质网到高尔基体的物质运输,内质网出口是由交织在一起的管道和囊泡组成的网络结构,没有核糖体附着。由内质网到高尔基体的蛋白转运中,COPⅡ衣被识别位于跨膜蛋白胞质面的结构域信号序列。其中大多数跨膜蛋白直接结合在 COPⅡ衣被上,但是少数跨膜蛋白和多数可溶性蛋白须通过特定受体与 COPⅡ衣被结合,这些受体在完成转运后,通过 COPⅠ衣被小泡返回内质网。

COPⅡ衣被由多种蛋白质构成,主要的亚基有 Sar1、Sec23/Sec24、Sec15/Sec31、Sec12(图 6-10)。COPⅡ小泡的装配需要一种称为 Sar1 的 G 蛋白参与,Sar1 为 GTP 酶,具有分子开关的作用,主要作用为调节包被的装配和去装配。首先,衣被募集 GTP 酶 Sar1,Sar1 通常以非活性状态(与 GDP 结合)存在于细胞质基质中;Sar1-GDP 与位于内质网膜中的 GEF 结合,使 Sar1 释放 GDP 并与 GTP 结合,成为具有活性的 Sar-GTP,这一变换使 Sar1 蛋白发生构型变化,使原先位于蛋白质内部的一个脂肪酸尾巴暴露出来并插入内质网膜中,结合到内质网膜上的 Sar1-GTP 就募集 COPⅡ衣被蛋白附着到内质网膜上,启动小泡形成;接着,诱导 Sec23/Sec24 蛋白复合体的形成并和 Sar1 一起构成包被内层;然后 Sec15/Sec31 复合体则参与构成包被外层;最后,由一种结合在内质网表面的 Sec16 与 Sec23/Sec24 复合物、Sec15/Sec31 复合物相互作用,装配成一个完整的小泡;在 GAP 作用下,GTP 水解,使 Sar1-GTP 转换成 Sar1-GDP,Sar1 蛋白构型变化,脂肪酸尾巴从内质网膜中抽出,使衣被去装配。膜泡融合到相应靶膜上,被运输的物质到达目的地,外被可被再次循环利用。一般认为,在衣被装配过程中,GTP 酶像计时器一样以一种慢而定时的速度工作,每隔一段时间会发生 GTP 水解,使衣被去装配。因此,只有芽生速度快于定时的去装配过程时才能形成衣被小泡。

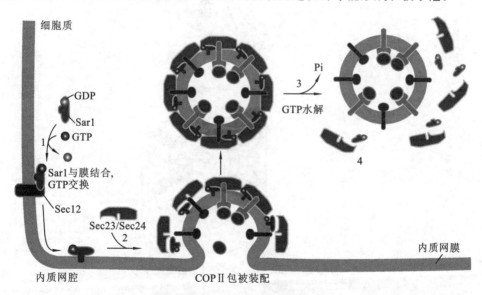

图 6-10　COPⅡ小泡的装配过程

②COPⅠ衣被小泡：负责回收、转运内质网逃逸蛋白(escaped proteins)的膜泡为 COPⅠ衣被小泡。COPⅠ包被含有 8 种蛋白亚基,其依赖 ADP 核糖基化因子 ARF(ADP-ribosylation factor)调节包被的装配与去装配(图 6-11)。ARF 也是一种小 G 蛋白,它在细胞骨架的装配和蛋白质的小泡运输中起着重要的作用。ARF 的鸟苷酸交换因子(ARF-GEF)位于靶膜区,调控着 ARF 的活性,其中 ARF-GEF 的核心结构域即"SEC7"的结构域负责行使催化功能,即将 ARF-GDP 转换成活化态的 ARF-GTP。SEC7 结构域最初是在酵母中发现的,

后来人们发现该结构域在酵母、动植物和人类中都是高度保守的。通过无细胞系统研究了COPⅠ运输小泡的出芽过程（图 6-11）：ARF 在鸟苷酸交换因子（ARF-GEF）的调节下，释放所结合的 GDP，随后结合 GTP，形成 ARF-GTP 复合物，并整合在高尔基体膜中；COPⅠ同 ARF以及高尔基体膜蛋白的细胞质部分结合；在脂酰 CoA（fatty-acyl CoA）的帮助下形成 COPⅠ衣被小泡，但脂酰 CoA 的确切作用机制尚不清楚。一旦 COPⅠ衣被小泡形成，便立即从供体膜释放出来，COPⅠ包被去聚合，并与膜脱离，这一过程是由与 ARF 结合的 GTP 水解触发的。

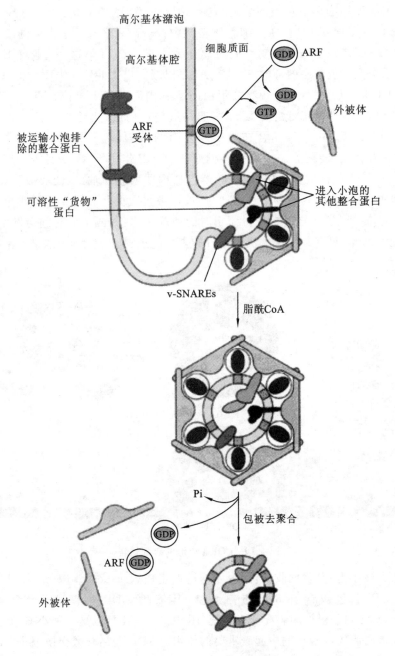

图 6-11 COPⅠ衣被小泡形成机制

内质网向高尔基体输送运输小泡时,一部分属于内质网自身的蛋白质有时候也会被错误输出到高尔基体,如没有有效的回收机制则会影响内质网自身功能的正常发挥。内质网通过两种机制来维持自身蛋白质的平衡。一是 COP Ⅱ 运输小泡直接将被保留的驻留蛋白(resident protein)拒之门外,如有些驻留蛋白参与形成大的复合物,因而不能被包装在出芽形成的转运泡中,结果被保留下来;二是通过对逃逸蛋白进行回收,使之返回到正常驻留的部位。

内质网的驻留蛋白,不管在腔中还是在膜上,它们在 C 端含有一段回收信号序列(retrieval signals)。回收信号主要存在 2 种类型。内质网腔中的蛋白,如蛋白二硫键异构酶和协助折叠的分子伴侣,均具有典型的回收信号 Lys-Asp-Glu-Leu(KDEL);另外内质网的膜蛋白(如 SRP 受体)在 C 端有一个不同的回收信号,通常是 Lys-Lys-X-X(KKXX,X:任意氨基酸),同样可保证它们的回收。如果驻留蛋白逃逸进入转运泡并错误运送至高尔基体 cis 面,则启动相应的回收机制,位于 cis 面的膜结合受体将识别并结合逃逸蛋白的回收信号,形成 COP Ⅰ 衣被小泡将它们返回内质网(图 6-12)。这种受体又是如何被 COP Ⅰ 识别并包装进入 COP Ⅰ 衣被小泡的? 研究发现,KDEL 受体的细胞质面有 Lys-Lys-X-X 序列作为 COP Ⅰ 的识别信号。由于内质网的驻留蛋白具有回收信号,即使有的蛋白发生逃逸,

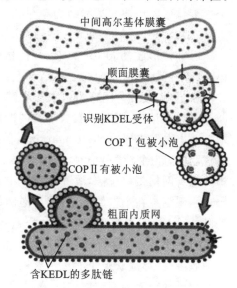

图 6-12　内质网驻留蛋白回收机制

也会保留或回收回来,所以有人将内质网比喻成"开放的监狱"(open prison)。

COP Ⅰ 衣被小泡除具备回收内质网逃逸蛋白的功能之外,还可以介导高尔基体不同区域间的蛋白质运输,参与行使从 ER→高尔基体中间组分→高尔基体反面的物质运输;同时在组成型分泌过程中,在非选择性的批量运输中也发挥重要作用。

③网格蛋白衣被小泡:网格蛋白是一种在进化上高度保守的蛋白质,过去的研究证实细胞内大量重要的生理过程如生长因子及受体的摄入、病原体入侵及神经信息传递都依赖于网格蛋白介导的内吞作用(CME)。网格蛋白衣被小泡是最早发现的衣被小泡,典型的网格蛋白衣被小泡的直径为 50～100 nm,介导高尔基体到内体、溶酶体、植物液泡的运输,以及质膜到内膜区隔的膜泡运输。网格蛋白由分子量为 180 kD 的重链和分子量为 35～40 kD 的轻链组成二聚体,三个二聚体形成包被的基本结构单位——三联体骨架(triskelion),称为三腿蛋白(three-legged protein)。许多三腿复合物再组装成六边形或五边形网格结构,即包被亚基,然后由这些网格蛋白亚基组装成网格蛋白小泡。网格蛋白形成的衣被中还有衔接蛋白(adaptin)。它介于网格蛋白与配体受体复合物之间,起连接作用。目前至少发现 3 种不同类型的衔接蛋白,可分别结合不同类型的受体,形成不同性质的转运小泡:AP1,衔接蛋白 AP1 参与反面高尔基体的网格蛋白衣被小泡的出芽;AP2,衔接蛋白 AP2 是由 α 衔接蛋白(α 链)和 β 衔接蛋白(β 链)两种衔接蛋白组成的异二聚体,参与反面高尔基体网络的网格蛋白小泡的组装;AP3,最近在酵母和鼠的研究中又鉴定了一种衔接蛋白 AP3,具有 AP3 突变的酵母,反面高尔基体的某些蛋白就不能被运输到液泡、溶酶体。

在本书物质运输章节曾经提到胞吞作用,根据摄入物质的类型以及胞吞泡大小分为胞饮作用(pinocytosis)和吞噬作用(phagocytosis)。胞饮小泡的形成也需要网格蛋白或这一类蛋

白的帮助。在蛋白质分选过程中,网格蛋白衣被小泡发挥了非常关键的作用。

网格蛋白衣被小泡的形成分为外被组装和货物选择、芽体形成、小泡形成、脱包被共四个基本过程。

a. 外被组装和货物选择(coat assembly and cargo selection):在胞吞过程中,待转运的货物(配体)先同膜表面特异受体结合,并通过衔接蛋白(adaptin)与网格蛋白(clathrin)结合。三个二聚体形成包被的基本结构单位——三联体骨架(triskelion),称为三腿蛋白(three-legged protein)。

b. 芽体形成(bud formation):网格蛋白衣被小窝是网格蛋白小泡形成过程中的一个中间体。然后网格蛋白装配的亚基结合上去,使膜凹陷成小窝状。由于这种小窝膜外侧结合有许多网格蛋白,故称为网格蛋白衣被小窝。在形成包被时,钙泵将 Ca^{2+} 泵出细胞外,使胞质中的 Ca^{2+} 保持低浓度,有利于衣被小窝的形成。

c. 小泡形成(vesicle formation):在形成了网格蛋白衣被小窝之后,很快通过出芽的方式形成小泡,即网格蛋白小泡,小泡须在动力素(dynamin)的作用下与质膜割离。由于此时的小泡外面有网格蛋白包被,故称为衣被小泡。当网格蛋白衣被小泡形成时,可溶性蛋白动力素聚集成一圈围绕在小泡的颈部,将小泡柄部的膜尽可能地拉近(小于 1.5 nm),从而导致膜融合,掐断(pinch off)衣被小泡。动力素是一种 GTP 酶,调节小泡以出芽形式脱离膜的速率。动力素可以召集其他可溶性蛋白在小泡的颈部聚集,通过改变膜的形状和膜脂的组成,促使小泡颈部的膜融合,形成衣被小泡。当衣被小泡从膜上释放后,衣被很快就解体,属于 Hsp70 家族的一种分子伴侣充当衣被解体的 ATP 酶,一种辅蛋白(auxilin)可以激活这种 ATP 酶。

d. 脱包被(uncoating):网格蛋白小泡形成之后,很快脱去网格蛋白的外被,成为无被小泡。在真核细胞中有一种分子伴侣 Hsc70 催化网格蛋白小泡的外被去聚合形成三腿复合物,并重新用于网格蛋白小泡的装配。一旦形成被膜小泡,Ca^{2+} 同网格蛋白的轻链结合,使包被不稳定而脱去。

网格蛋白介导的内吞作用(CME)错误调节与一些类型的癌症和神经退化性疾病有关,并且这种 CME 蛋白机器能被几种病毒包括艾滋病病毒、登革病毒等利用来作为进入健康细胞的手段。科学家们设计并合成了网格蛋白靶向性化合物,并将其命名为"pitstops"。研究人员证实 pitstops 能够特异地抑制网格蛋白和它的蛋白配体结合,从而影响正常功能。这种复合物小分子能够在数分钟内阻断信号分子进入细胞,其中包括刺激细胞生长与分化的因子,有效阻止 HIV 病毒等进入细胞,抑制突触囊泡循环。通过荧光蛋白研究结果显示,这种细胞内阻断效应是由于损害了网格蛋白和它的配体蛋白造成的

(2)分泌蛋白形成的特例——溶酶体的生物发生 溶酶体的形成是一个相当复杂的过程,涉及的细胞器有内质网、高尔基体和内体等,目前了解比较清楚的是甘露糖-6-磷酸途径(mannose 6-phosphate sorting pathway)。溶酶体的酶上都有一个特殊的标记 6-磷酸甘露糖(mannose 6-phosphate,M6P),这一标记是溶酶体酶合成后在粗面内质网和高尔基体通过糖基化和磷酸化添加上去的。溶酶体的酶类在内质网上起始合成,跨膜进入内质网的腔后进行 N-连接糖基化,经加工后形成带有 8 个甘露糖残基和 2 个 N-乙酰葡萄糖胺残基的糖蛋白;随后溶酶体酶前体从粗面内质网转移到顺面高尔基体,通过溶酶体酶蛋白信号斑与磷酸化酶相互作用,以此完成进行甘露糖残基的磷酸化。磷酸基的供体是 UDP N-乙酰葡萄糖胺(N-acetylglucosamine,GlcNAc),每个溶酶体酶蛋白至少有一个甘露糖残基被磷酸化;在反面高尔基网络,磷酸化的酶同 M6P 受体结合,通过该受体将溶酶体的酶包装到由纤维状网格蛋白

包被的小泡中,然后网格蛋白外被很快解体,无包被的运输小泡很快与次级内体融合,次级内体通过 H⁺-质子泵下调溶酶体分泌小泡中的 pH 值,致使磷酸化的酶与 M6P 受体脱离,而受体重新回到高尔基体再利用;溶酶体酶脱磷酸后成为成熟的初级溶酶体。关于溶酶体生物发生的详细过程请参见本书细胞内膜中的相关内容。

初级溶酶体是在高尔基体的 trans 面以出芽的形式形成的,其形成过程可以总结如下(图 6-13):内质网上核糖体合成溶酶体蛋白→进入内质网腔进行 N-连接糖基化修饰→进入高尔基体 cis 面膜囊→N-乙酰葡萄糖胺磷酸转移酶识别溶酶体水解酶的信号斑→将 N-乙酰葡萄糖胺磷酸转移在 1-2 个甘露糖残基上→在中间膜囊切去 N-乙酰葡萄糖胺形成 M6P 配体→与 trans 膜囊上的受体结合→选择性地包装成初级溶酶体。

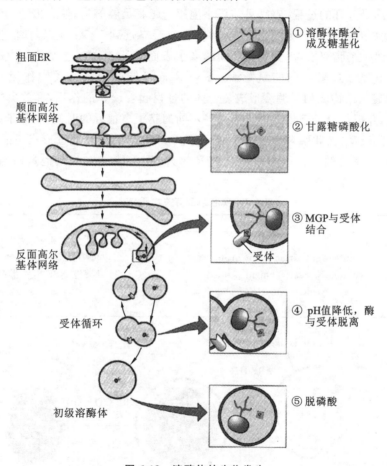

图 6-13　溶酶体的生物发生

(3)膜泡运输的定向机制　运输小泡在细胞内的运输是高度有序的,每一种运输小泡对其靶膜有高度选择性和专一性。各类运输小泡之所以能够准确地和靶膜融合,是因为运输小泡表面的标志蛋白能被靶膜上的受体识别,其中涉及识别过程的两类关键性的蛋白质是 SNAREs(soluble NSF attachment protein receptor)和 Rabs(targeting GTPase)。SNARE 蛋白的作用是提供运输小泡与靶膜的专一性识别,介导运输小泡特异性停泊和融合,Rabs 的作用是使运输小泡靠近靶膜,SNAREs 和 Rabs 蛋白一起进一步保证运输小泡在靶膜上停靠和融合的专一性。运输小泡沿着细胞内的微管或微丝被运输到靶细胞器,马达蛋白水解 ATP 提供运输的动力。膜的定向融合是膜泡定向运输中的关键环节。

① SNAREs 与小泡运输的专一性识别　SNAREs 的作用是保证识别的特异性和介导运输小泡与目标膜的融合。动物细胞中已发现 20 多种 SNAREs,分别分布于特定的膜上,位于运输小泡膜表面的 SNAREs 称为 v-SNAREs,位于靶膜上的 SNAREs 称为 t-SNAREs(表 6-3)。小泡停泊的特异性是由 SNAREs 蛋白提供的。小泡携带的 v-SNAREs 与靶膜上的 t-SNAREs 都具有一个螺旋结构域,能相互缠绕形成跨 SNAREs 复合体(trans-SNAREs complexes),并通过这个结构域将运输小泡的膜与靶膜连接在一起,从而实现运输小泡的特异性停泊和融合(图 6-14)。运输小泡停靠到靶膜后,即可通过膜融合把小泡的膜蛋白输入到靶膜中,把小泡内容物释放到靶细胞器内或细胞外。膜融合可在小泡停靠后立即发生,也可以停留一段时间再发生,例如在调控型分泌过程中,需要胞外信号的触发方能启动膜融合。因此,停靠和融合是两个分开的过程,停靠只需要小泡膜与靶膜足够靠近,使突出于脂双层的膜蛋白能相互作用;而融合需要两膜更加靠近,当两个脂双层靠近到 1.5 nm 以内时,脂分子可从一个脂双层流到另一个脂双层,水分则从两膜的亲水表面离开。这一过程需要特殊的融合蛋白参与,以提供一种方式来克服能量障碍。SNAREs 可能起着这种关键作用,v-SNARE 与 t-SNARE 的螺旋状结构域相互缠绕形成复合体的过程起着绞车的作用,释放出的能量使两膜的脂双层靠近,并把水分子挤出界面。当两种不同的膜距离很近的时候,脂分子可在两个脂双层的内侧单层间流动,彼此融合形成两个柄,而两个外侧单层相互靠近形成新的脂双层,最后新的脂双层断裂,完成融合过程。除了 SNAREs 外,还可能有一些其他蛋白与 SNAREs 合作,一起启动膜的融合过程。

表 6-3　膜泡融合有关物质简表

代　号	英 文 全 称	含　义
NSF		N-乙基顺丁烯二亚胺 敏感融合蛋白
SNAREs	soluble NSF attachment protein	可溶性 NSF 的受体
SNAP	soluble NSF attachment protein	可溶性 NSF 附着蛋白
v-SNAREs	vesicle-SNAREs	
t-SNAREs	target-SNAREs	

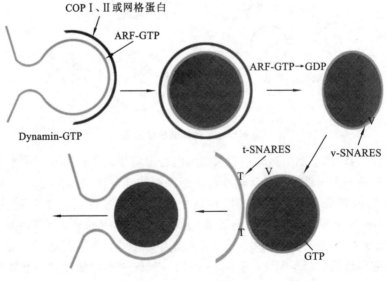

图 6-14　小泡定向融合机理

在 SNAREs 接到新一轮的运输小泡停泊之前,SNAREs 必须以分离的状态存在,NSF (N-ethylmaleimide-sensitive fusion protein)催化 SNAREs 的分离,它是一种类似"分子伴侣"的 ATP 酶,能够利用 ATP 作为能量通过插入几个适配蛋白(adaptor protein)将 SNAREs 复合体的螺旋缠绕分开。在神经细胞中 SNAREs 负责突触小泡的停泊和融合,破伤风毒素和肉毒素等细菌分泌的神经性毒素实际上是一类特殊的蛋白酶,能够选择性地降解 SNAREs,从而阻断神经传导。精卵的融合、成肌细胞的融合均涉及 SNAREs,另外病毒融合蛋白的工作原理与 SNAREs 相似,介导病毒与宿主质膜的融合。实验证明包含 SNAREs 的脂质体和包含匹配 SNAREs 的脂质体间可发生融合,尽管速度较慢。这说明除了 SNAREs 之外,还有其他的蛋白参与运输泡与目的膜的融合。

② Rabs 与膜泡定向运输　Rabs 蛋白是一类单体 GTP 酶,它们是 GTP 酶最大的亚家族,有 30 多个成员,也具有分子开关的特性。Rabs 蛋白的 C 末端氨基酸序列有很大差异,它决定了每一种 Rabs 蛋白在细胞内的特征性分布,每一种细胞器的细胞质基质面至少有一种 Rabs 蛋白(表 6-4)。不同膜上具有不同的 Rabs 类型,每一种细胞器至少含有一种 Rabs。

Rabs 的作用是促进和调节运输小泡的停泊和融合,在小泡运输过程中帮助和调节小泡停靠的速率以及使 v-SNAREs 和 t-SNAREs 相配,以此进一步保证小泡停靠的专一性。像衣被募集 GTP 酶一样,Rabs 蛋白也在膜与细胞质基质之间循环。在细胞质基质中 Rabs 与 GDP 结合呈非活性状态,在 GEF 作用下使 Rabs 与 GTP 结合,Rabs 蛋白发生构型变化,暴露与其结合的脂肪酸尾巴插入膜中,并以 Rab-GTP 形式进入运输小泡的膜中。当运输小泡靠近靶膜时,呈活性状态的 Rab-GTP 就可与靶膜上相应的 Rab 效应子(Rab effector)结合,介导小泡的停靠过程,在停靠过程中同时帮助 v-SNAREs 与 t-SNAREs 配对。当小泡与靶膜融合后,Rabs 蛋白水解与其结合的 GTP,将 Rab-GDP 释放到细胞质基质中循环使用。Rabs 还有许多效应因子,其作用是帮助运输小泡聚集和靠近靶膜,触发 SNAREs 释放它的抑制因子。许多运输小泡只有在包含了特定的 Rabs 和 SNAREs 之后才能形成。

表 6-4　不同细胞器中的 Rabs 蛋白

Rabs 蛋白	细 胞 器
Rab1	内质网与高尔基体
Rab2	CGN
Rab3A	分泌颗粒
Rab4	早期内体
Rab5A	细胞膜、网格蛋白衣被小泡
Rab5C	早期内体
Rab6	高尔基体中间膜囊和反面膜囊
Rab7	晚期内体
Rab8	分泌小泡(细胞基侧面)
Rab9	晚期内体、TGN

6.2.6　蛋白质定向转运的潜在价值

近年来,由于基因工程技术的不断完善,人们已经可以通过基因工程的方法,改造蛋白质的序列,制备各种融合蛋白。这些方法不仅是研究和发现与蛋白质定位相关的信号肽的有效手段,而且借此人们还可有目的地改变蛋白质的定位。最近有些实验室在一些蛋白质的 C 末端接上一些能导致蛋白质糖基磷脂酰肌醇化的肽段,从而将一些原本不存在于细胞质膜上的蛋白质定位到了细胞质膜上,并称之为细胞表面工程。随着对蛋白质空间属性认识的不断深入,蛋白质定向转运必将展现其强大的应用前景。

6.3 蛋白质的跨膜运输

细胞内除了许多分泌蛋白之外,还有众多的非分泌蛋白,这部分蛋白普遍采用翻译后转运途径进行分选,分选的具体类型为蛋白质的跨膜运输和选择性门控运输 2 种。蛋白质的跨膜运输的目标细胞器主要有叶绿体、线粒体和过氧化物酶体;选择性门控运输的目标细胞器为细胞核。

细胞质基质中合成的蛋白质,定向转运到各种膜性细胞器的过程称为蛋白质的跨膜运输。各靶细胞器的外膜中存在一种特殊的蛋白质转运子(protein translocator),其功能是识别蛋白质的分选信号并协助其穿膜。一般情况下,需要跨膜运输的蛋白质必须呈非折叠状态,但也有一些蛋白质可以在折叠状态下穿膜。蛋白质从细胞质基质进入叶绿体、线粒体和过氧化物酶体都采用跨膜运输的方式,但具体的运输机制则各不相同。

6.3.1 线粒体蛋白质定向转运

线粒体是真核细胞中的能量"供应站",同时还与细胞凋亡、细胞衰老等重要细胞事件具有密切关系,具有非常重要的作用。线粒体具有半自主性,本身含有基因组 DNA,具有独立转录和翻译功能,但是编码的蛋白质有限。在其含有的 1000 多种蛋白质中,自身只能合成少量蛋白质,主要为线粒体能量供应系统中的少部分内膜蛋白。绝大多数蛋白质由核基因编码,在细胞质中合成后定向转运至线粒体。因此,这些蛋白质如何跨越线粒体膜转运至内部一直是令人感兴趣的问题。线粒体蛋白质在运输之前已完成全部的翻译过程,其由"成熟"蛋白和 N 端的信号序列即导肽(leader sequence)共同组成,完成转运后导肽被信号肽酶(signal peptidase)切除,从而成为成熟蛋白,这种现象属于后转运。线粒体的蛋白质合成后一般都以非折叠的前体形式存在,它们往往与细胞质内的一些辅助分子(如分子伴侣:热休克蛋白 Hsp70 或 Hsp90)形成复合物以免受到分解或相互凝聚。一旦到达线粒体表面后,便立即与辅助分子解离并进行跨膜运输。值得注意的是,在转运过程中线粒体蛋白都是以前体蛋白的形式存在的,大多数是线性形式,与之结合的分子伴侣(属 Hsp70 家族)帮助前体蛋白质保持处于非折叠状态以利于跨膜。跨膜完成后,在分子伴侣 Hsp60 的辅助下重新折叠成为活性蛋白。

大部分线粒体蛋白质在细胞质核糖体上合成时,其 N 端都带有一肽段,称为导肽,内含定向运往线粒体的信息,导肽一般含 10~80 个氨基酸残基,序列的长短与被引导的蛋白质在线粒体的不同定位有一定的关系。线粒体导肽序列具有以下特点:①一般位于肽链的 N 端,由大约 20 个氨基酸构成;②不含带负电荷的氨基酸,可以形成一个两性 α 螺旋,带正电荷的氨基酸残基和不带电荷的疏水氨基酸残基分别位于螺旋的两侧,该螺旋结构可能与转位因子的识别有关;③导肽序列不具有识别的特异性,非线粒体蛋白连接上导肽序列,也能够转运到线粒体上;④此外有少数信号序列位于蛋白质内部,完成转运后不被切除,还有些信号序列位于前体蛋白 C 端,如线粒体的 DNA 解旋酶 Hmi。

6.3.1.1 线粒体转位因子

线粒体蛋白质的转运涉及多种蛋白复合体,即转位因子(translocator),由受体和蛋白质通道两部分组成,主要有 TOM 复合体(translocase of outer membrane,TOM)(也称为外膜转运酶)、TIM 复合体(translocator of the inner mitochondrial membrane)(即线粒体内膜上的蛋白质转运体)和 OXA 复合体(oxidase assembly complex)共 3 种类型。

TOM 复合体为外膜转运酶(图 6-15),位于线粒体的外膜,负责通过外膜进入膜间隙的蛋白转运。前体蛋白与不同的 TOM 受体蛋白结合转运进入线粒体。TOM 复合体的功能相当于内质网上的 SRP 受体。TOM 复合体的通道被称为 GIP(general import pore),它们主要运输膜间隙、内膜和膜基质的蛋白质。TOM 复合体种类众多,功能各异。Tom20、Tom22 和 Tom70 为表面受体;Tom40 、Tom7、Tom6、Tom5 组成运输孔道。其中 Tom40 是核心亚单位。凡是运送到或分选至线粒体各部分的蛋白质首先必须与 Tom 复合体发生相互作用。位于 N 端的线粒体定位序列(MTS)与 Tom20、Tom22 结合是大多数线粒体定位基因的转运途径,而位于蛋白质内部的信号肽与 Tom70 结合,主要完成某些载体蛋白的转运。TIM 复合体为线粒体内膜上的蛋白质转运体,位于线粒体的内膜(图 6-16)。TIM 复合体和 TOM 复合体一样,由很多具有不同功能的亚基组成,主要成员有 Tim23、Tim17、Tim50、Tim21 、Tim44 等主要结构组分。其中 Tim23 负责将蛋白质转运到基质,也可将某些蛋白质安插在内膜中;Tim22 负责将线粒体的代谢物运输蛋白(如 ADP/ATP 和磷酸的转运蛋白)插入内膜。OXA 复合体是线粒体内膜上的一种蛋白质转运体,负责将线粒体自身合成的蛋白质插到内膜上,同样也可使经由 Tom/TIM 复合体进入基质的蛋白质插入内膜。

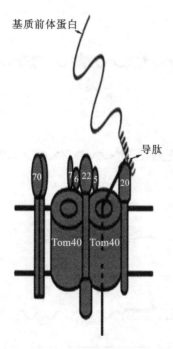

图 6-15 TOM 复合体的组成

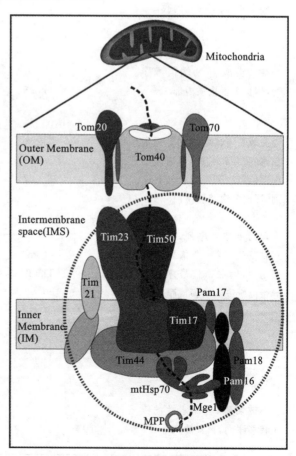

图 6-16 TIM 复合体的组成及蛋白质转运

6.3.1.2 线粒体蛋白质的转运过程

线粒体具有 4 个功能区隔,即外膜、内膜、膜间隙、基质,蛋白质进入线粒体各个不同的亚单位具有复杂的调控机制。定位到线粒体不同部位的蛋白质具有不同的信号序列和转运装置,具体内容见表 6-5。此外,线粒体蛋白质的输入是一个耗能的过程,能量的来源主要是水解 ATP 和利用质子动力势。首先在线粒体外解除与前体蛋白质结合的分子伴侣,需要通过水解 ATP 获得能量;随后在通过 TIM 复合体进入基质时利用质子动力势作为动力,具体机制目前还不是很清楚;最后前体蛋白进入线粒体基质后,线粒体 Hsp70 和 Hsp60 将结合在蛋白质分子上以帮助其完成折叠,这一过程也需要消耗 ATP。

表 6-5 线粒体蛋白定向分选*

信 号 序 列	定位	转运装置	信号序列位置
位于 N 端,富含带正电荷的和疏水的氨基酸,形成两性 α 螺旋,完成转运后被切除	基质	Tom Tim23	N—(+ + + +)螺旋—C
被切除,含疏水性的停止转移序列,被安插到内膜	内膜 A	Tom Tim23	N—(+ + + +)螺旋—■—C
结构类似于 N 端信号序列,但位于蛋白质内部	内膜 B	Tom Tim23	N—■—(+ + + +)螺旋—C
为线粒体代谢物的转运蛋白,如腺苷转位酶,具有多个内部信号序列和停止转移序列,形成多次跨膜蛋白	内膜 C	Tom Tim22	N—■—■—■—C
含两个信号序列,首先转运到基质,第一个信号序列被切除,第二个信号序列引导蛋白质进入内膜或膜间隙	内膜间隙 A	Tom Tim23	N—(+ + + +)螺旋—[+ ■]—C Matrix-targeting
具有一段内在信号序列	内膜间隙 B	Tom Tim23	N—■—C
不被切除,含疏水性的停止转移序列,被安插到外膜	外膜	Tom	N—(+ + + +)螺旋—■—C

1. 蛋白质定位于线粒体基质

位于线粒体基质的蛋白质具有 N 端的基质靶向序列,在胞质 Hsc70 的帮助下折叠后通过 Tom 穿过外膜,然后通过 Tim 进入到线粒体基质,基质靶向序列被蛋白酶切除,成为活化的蛋白质(图 6-17)。线粒体基质的蛋白质转运过程中,前体蛋白首先与外膜表面受体 Tom20/Tom22 结合,在 Tom5 的协助下,前体蛋白以去折叠状态并以 N 端先通过的方式穿过 Tom 复合物的跨膜通道;在 Tim23 复合物亚基 Tim23 和 Tim50 的协同作用下,出现在膜间隙侧的前体蛋白被牵引至 Tim23 复合物表面;在线粒体内膜膜电位和 mtHsp70 水解 ATP 提供的能量驱动下,前体蛋白穿过 Tim23 跨膜通道,并依次与 Tim44 和 mtHsp70 结合,最终被 mtHsp70 牵引进线粒体基质。在基质中,前体蛋白被剪切掉前导肽后折叠形成成熟的蛋白质(图 6-18)。

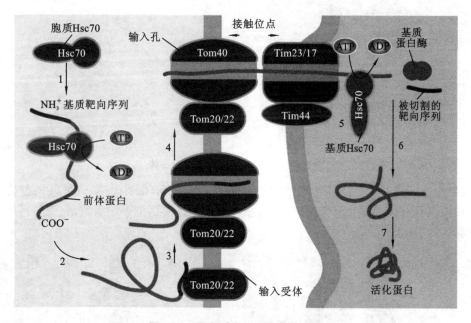

图 6-17　蛋白质定位于线粒体基质

2. 线粒体内膜跨膜蛋白质的形成

线粒体跨膜蛋白质的形成与内质网跨膜蛋白形成过程相似:如果转运的线粒体蛋白具有 N 端的信号肽和 1 个停止转移信号序列,则会形成单次跨膜蛋白;如果转运的蛋白质具有 N 端的信号肽和 2 个停止序列,则形成 2 次跨膜蛋白;含有多个内含信号序列和多个停止转移信号序列的蛋白则形成多次跨膜蛋白。进入线粒体内膜的前体蛋白往往具有 2 个信号序列,一是基质靶向序列,另外一个则是内膜靶向序列。蛋白质在转运肽的引导下,经 Tom40/Tim23 进入基质后,随后 N 端信号肽被切除,在分子伴侣的帮助下进行折叠暴露出导向内膜的信号序列,随后插入内膜(图 6-18A);如蛋白质具有 N 端信号序列和多个 Oxa1 靶向序列,在转运肽的引导下,经 Tom40/Tim23 进入基质后,然后 N 端信号肽被切除,在 Oxa1 靶向序列的引导下,成为 2 次跨内膜的蛋白质(图 6-18B);如果前体蛋白具有多个内部信号序列和停止转移序列,经 Tom40/Tim 进入内膜,则成为定位在内膜上的多次跨膜蛋白(图 6-18C)。

3. 蛋白质输入到线粒体膜间隙

蛋白质进入到线粒体膜间隙主要有 2 个途径:一是蛋白质具有 N 端的基质靶向序列和内膜间隙靶向序列,蛋白质插入到内膜后,内膜间隙靶向序列被蛋白酶体水解,蛋白质定位于膜

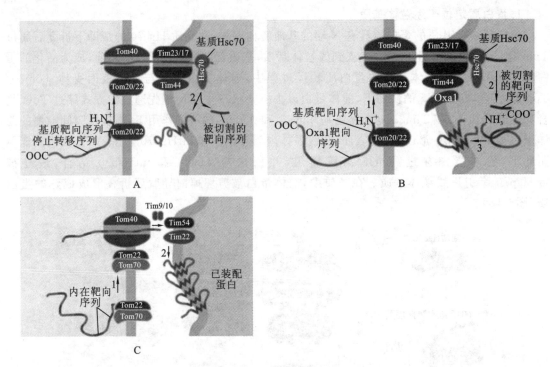

图 6-18　线粒体跨膜蛋白质的运输

间隙,或者蛋白质具有 N 端的基质靶向序列和内在信号序列(图 6-19A)。另外一种情况是蛋白质仅在内部具有一段内膜间隙靶向序列,在其引导下直接定位于膜间隙,完成转运后该序列被保留(图 6-19B)。

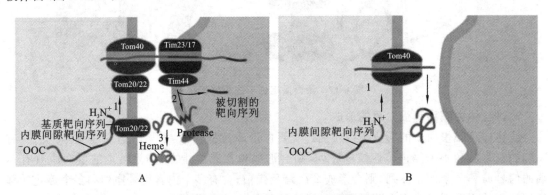

图 6-19　蛋白质输入到线粒体膜间隙

A.内膜间隙靶向序列被切割;B.内膜间隙靶向序列不被切除

4.线粒体外膜蛋白质的转运

线粒体的前体蛋白部分含有 N 端的信号序列,有的则含有内在靶向序列。蛋白质的信号序列被输入蛋白 Tom20 和 Tom22 所识别,随后在 Tom5 的帮助下进行转运,与 Tom40 形成复合物。前体蛋白从 Tom40 的通道转运出来后,在与内膜结合之前,优先与 Tom22 的膜间隙结构区结合。载体蛋白携带着含有内在信号序列的蛋白被 Tom70 受体识别。随后 SAM(sorting and assembly machinery)复合体帮助蛋白质插入到外膜上,如线粒体的各类孔蛋白(图 6-20)。

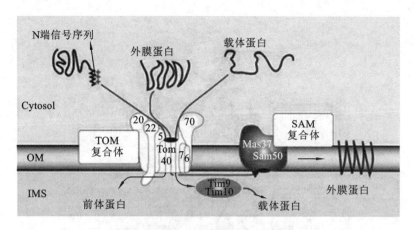

图 6-20　线粒体外膜蛋白质的转运

6.3.2　叶绿体的蛋白质转运

在高等植物中,叶绿体蛋白质数量占其蛋白质总数的 $10\%\sim25\%$。叶绿体含 $2000\sim2500$ 种蛋白质,叶绿体自身的环状基因组仅能编码 $50\sim150$ 个蛋白质,大量的蛋白质需要由核基因编码,而核基因编码的蛋白质则需要在细胞质中完成合成,然后通过与线粒体蛋白质类似的翻译后转运方式运入叶绿体。

6.3.2.1　转运肽

许多核基因编码的叶绿体蛋白质的转运需要自身携带的前导序列的协助,这种序列称为转运肽(transit peptide,TP)。转运肽能够保证叶绿体蛋白质定位到质体内合适区间。转运肽包含三部分结构:N 端序列缺乏带正电荷的氨基酸,以及甘氨酸和脯氨酸;C 端形成两性 β 折叠;中间富含羟基化的氨基酸,如丝氨酸和苏氨酸。转运肽的长度一般在 $20\sim150$ 个氨基酸,通常含有丰富的带正电荷的碱性氨基酸,但是不同转运肽序列的长度、组成和组织差异很大。还有某些前体蛋白没有转运肽,它们的叶绿体定位信息存在于其成熟蛋白的内部。叶绿体蛋白质转运与线粒体蛋白质转运相似,都发生翻译后转运,但是两者的蛋白质转运体系中除了某些分子伴侣相同外,转位因子复合体则是截然不同的。

6.3.2.2　叶绿体转运复合体

核基因编码的叶绿体蛋白质在游离的核糖体上合成后,必须转运到叶绿体内合适的区间以执行特定功能。叶绿体转运复合体在蛋白质运输中发挥关键作用。叶绿体转运复合体由外膜转位因子 TOC(translocons on the outer envelop of chloroplasts)与内膜转位因子 TIC(translocons on the inner envelop of chloroplasts)共同组成(图 6-21,彩图 1)。TOC 复合物中最重要的部分是 TOC 核心复合物,其大小约为 500 kD,由 Toc159、Toc34 和 Toc75 共同组成核心复合体,Toc75 镶嵌在膜中,是 TOC 通道的主要构成蛋白;Toc34 和 Toc159 是 TOC 复合物中的受体物质,调控前体蛋白的识别。质体外膜上的 TOC 复合体负责前体蛋白的识别与通过外膜的转运,该过程需要消耗能量。除 TOC 核心复合物外,TOC 复合体还含有一些其他的成分。TIC 复合物中仅鉴定了其中的几种蛋白质,大部分的组成物质尚待研究。TIC 通道至少包含 Tic20 和 Tic110 两种蛋白。Tic20 是一个高度疏水的膜整合蛋白,由四条跨膜的 α 链组成可跨膜通道,其大部分蛋白质结构内嵌在膜中参与形成 TIC 复合体的孔道,在前体蛋

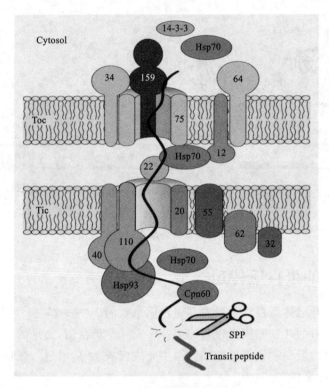

图 6-21　叶绿体转运复合体

白的转运过程中具有非常重要的作用。Tic110 是另外一种通道组成蛋白,主要在转运后期起调节作用。内膜上的 TIC 复合体与 TOC 复合体通过物理接触联合在一起,为内膜上蛋白质的转运提供孔道。TIC-TOC 超级复合体(TOC-TIC supercomplex)的直接结合发生在内外膜结合的位点。在 TOC 复合体以及 TIC 复合体转运蛋白的过程中还有一些叶绿体内外的分子伴侣的协助,分子伴侣的作用一般包括保持蛋白质的展开状态、协助被转运的蛋白质恢复折叠的构型以及为蛋白质的转运提供一定的动力。

6.3.2.3　叶绿体蛋白质的转运

叶绿体分为外膜、膜间隙、内膜、基质、类囊体膜、类囊体腔共 6 个区隔,由于涉及的转运区间众多,因此保障蛋白质的准确定位的转运途径也非常复杂。定位于叶绿体类囊体腔的蛋白质含有双向的定位信号(bipartite targeting signals)。氨基端的序列作为靶向叶绿体定位的信号,羧基端的序列作为定位于类囊体中的信号。氨基端的序列被切除后,暴露出羧基端第二个信号序列,将蛋白质导向内膜或类囊体膜。

1. 叶绿体基质蛋白的转运

核酮糖 1,5-二磷酸酸羧化酶(ribulose-1,5-bisphosphate carboxylase,Rubisco)是叶绿体基质中进行 CO_2 固定的重要酶类,总共有 16 个亚基,其中 8 个大亚基含有催化位点,8 个小亚基是全酶活性所必需的。Rubisco 的小亚基由核基因编码,在游离核糖体上合成后被运送到叶绿体基质中。Rubisco 小亚基前体蛋白的 N 端有一段长为 44 个氨基酸残基的引导肽序列,作为定位运输的信号。它的小亚基的运输大致分为两步:①导肽与叶绿体的外膜受体结合;②以翻译后转运机制跨过叶绿体膜进入基质,导肽被金属蛋白酶水解掉(图 6-22)。在 Rubisco 小亚基蛋白运输中,与通道形成和打开有关的受体蛋白有三种:Toc86 主要是识别信号序列,

Toc75 是通道蛋白,Toc34 是调节蛋白,与 GTP 结合后可改变 Toc75 的构型使通道打开。与线粒体基质蛋白转运不同的是,叶绿体基质蛋白转运的能量仅仅是 ATP,不需要电化学梯度的驱动。

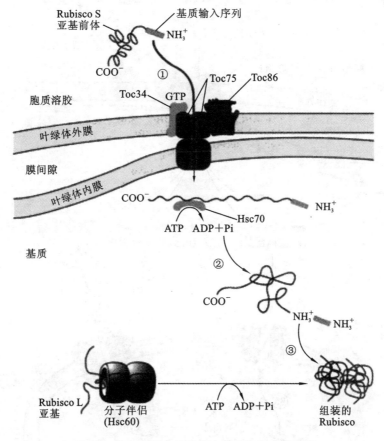

图 6-22　**Rubisco 小亚基蛋白的转运及全酶装配**

2. 定位于类囊体膜或腔的蛋白运输

定位于类囊体的蛋白在经过叶绿体基质后,要继续穿越类囊体膜,最终进入类囊体腔。定位于类囊体膜或腔的蛋白的前体含有两个导向序列,分别为叶绿体基质导向序列和类囊体导向序列。在叶绿体基质导向序列的牵引下,进入叶绿体基质,导肽酶将基质导向序列切除,然后由类囊体导向序列引导蛋白至类囊体膜或类囊体腔。质体蓝素(plastocyanin,Pc)位于类囊体膜内表面,是一种含有铜原子的蛋白质,是光合链中的重要成员。在细胞质中合成后被转运到叶绿体类囊体腔中执行电子传递功能。质体蓝素的前体含有 2 个转运肽,其中 N 端序列与跨叶绿体膜有关,C 端序列与穿过类囊体有关。其中质体蓝素一直保持非折叠状态,直到进入类囊体腔。而金属结合蛋白(metal-binding protein)进入叶绿体基质后要进行折叠,然后以折叠的方式进入类囊体腔(图 6-23)。

3. 叶绿体前体蛋白的内膜转运

前体蛋白转运跨越叶绿体外膜后,到达膜间隙区域,然后跨过叶绿体内膜进入叶绿体。同外膜转运一样,前体蛋白通过内膜的过程中也需要有易位子的协助。这些易位子就是 TIC 复合物。迄今为止,TIC 复合物中仅鉴定了其中的几种蛋白,大部分的组成物质尚待研究。叶绿体前体蛋白的 TOC-TIC 转运机制已经具备大体轮廓,但是在转运的整个过程中还是有很多

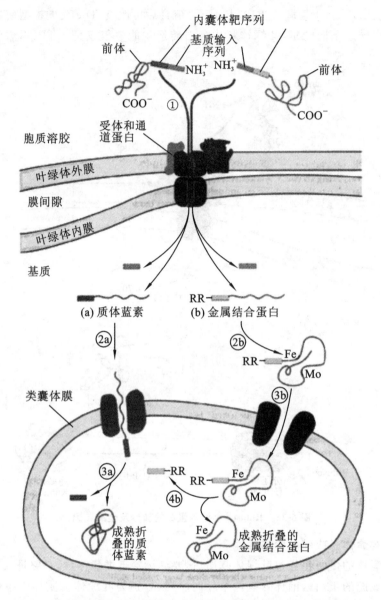

图 6-23 　质体蓝素和金属结合蛋白在类囊体腔中的定位过程

疑点值得我们探究。叶绿体蛋白组学研究发现,有部分核编码的叶绿体蛋白没有任何预测的叶绿体转运肽序列,这些蛋白如何穿越叶绿体内外膜并正确定位于叶绿体内,如何穿越类囊体膜定位于叶绿体类囊体腔,这些都是有待研究的问题。

6.3.3 　过氧化物酶体蛋白质分选

　　过氧化物酶体(peroxisome)广泛分布于真核生物的细胞中,内含 40 余种酶,主要有氧化酶、过氧化氢酶和过氧化物酶,其标志酶是过氧化氢酶。氧化酶和过氧化氢酶同时存在于过氧化物酶体中,从而对细胞起保护作用。过氧化物酶体没有自己的 DNA 和核糖体,因此过氧化物酶体所有的蛋白质都是由细胞核 DNA 编码,在游离的核糖体上合成,然后在信号序列的引导下,进入过氧化物酶体。但目前对于过氧化物酶体膜上与蛋白质输入有关的受体和转位因子了解甚少，其转运机理明显不同于线粒体和叶绿体的蛋白质转运。蛋白质从细胞质基质到过氧化物酶体的运输过程中，通过 ATP 水解提供能量，但不需要跨膜电化学梯度的帮助。

目前已知有 2 类过氧化物酶体蛋白质定位信号（peroxisome targeting signals，PTS），PTS1 和 PTS2。PTS1 是位于蛋白质 C 端的三肽，其一致的序列为(S/A/C)-(K/R/H)-(L/A)，过氧化物酶体中大部分基质蛋白都含有这类 PTS1 序列，其中最典型的 PTS1 信号的序列为-Ser-Lys-Leu-COO-，简称 SKL 序列。过氧化氢酶进入过氧化物酶体后，其 SKL 信号肽并不被切除。将 SKL 序列连接到其他细胞质蛋白质上，同样可以引导所连接的蛋白质输入到过氧化物酶体中，说明 SKL 序列和其他信号序列一样不具备专一性。PTS2 是位于蛋白质 N 端的多肽，其序列一般为(R/K)-(L/V/I)-XXXXX-(H/Q)-(L/A/F)，其中 X 代表任意氨基酸。如硫解酶(thiolase)，在 N 端含有由 26 个氨基酸组成的信号序列，这种信号序列在细胞质基质中也可与 PTSIR 受体蛋白结合，然后与过氧化物酶体膜上的相关蛋白质转运子结合，介导其输入过氧化物酶体。但是这些蛋白质进入过氧化物酶体后，其 N 末端信号肽被相应信号肽酶切除。当然也有很多蛋白质不具备这 2 类信号序列，它们也许依赖驮背机制（piggy-back mechanism）进行运输，这些蛋白质可能事先与具有 PTS1 信号序列的基质蛋白结合，然后伴随它们一起转运至过氧化物酶体中。

过氧化物酶体 Pex-15（peroxin-15）和 Pex-17 组成过氧化物酶体的输入受体的停泊复合体，其他膜上的蛋白形成 ring-finger-complex 结构域，包含 Pex-2、Pex-10、Pex-12，这个区域是泛素酶 E3 的特征性单元，且通过 Pex-8 与停泊复合体（docking complex）相连。Pex-4 是泛素酶 E2 的成员，通过 Pex-22 锚定在过氧化物酶体膜上。Pex-6 通过 Pex-15（酵母）或 PEX-26（哺乳动物）与 AAA＋蛋白相互作用（图 6-24）。

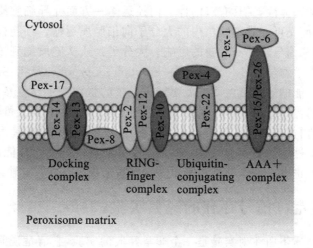

图 6-24　过氧化物酶体膜转运复合体

Pex-5 识别细胞质基质中的 PTS1 信号序列，然后运输至过氧化物酶体并插入到膜上形成蛋白输入复合体，Pex-15 和 Pex-15，结合 Pex-17 参与膜受体的识别、组装以及稳定，过氧化物酶体的内膜因子 Pex-8 参与启动货物蛋白的释放。系列蛋白质相互作用触发了 Pex-5 的去组装和循环，Pex-5 脱离复合体回到细胞基质，由 Pex-1 和 Pex-6 驱动并依赖 ATP 提供能量。当 Pex-5 循环受阻的时候将由泛素酶进行降解，保证过氧化物酶体的正常功能（图 6-25，彩图2）。

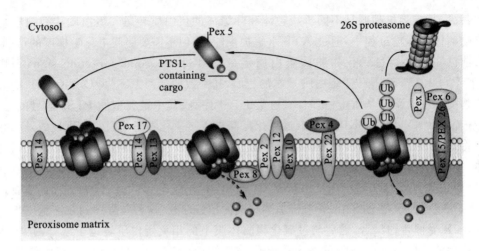

图 6-25 瞬时小孔运输模型

6.4 选择性门控运输——细胞核蛋白质分选

真核细胞中的核膜将核质与胞质分隔开,两者间大分子物质(大于 40 ku)的流动、交换大多数是以主动运输的形式穿过 NPC(nuclear pore complex)。NPC 是细胞核内外进行物质交换的主要通道,它就像一扇能选择性开放的门,对核质之间的物质交换进行调控。蛋白质在细胞质基质与细胞核之间的运输是通过 NPC 来实现的,因此把这种蛋白质运输方式称为门控运输。门控运输既具有选择性,又具有双向性。门控运输一方面介导细胞质基质的蛋白质向细胞核内运输,另一方面又可介导细胞核内的大分子向细胞质运输。细胞核内外物质交换的精确调控,对基因表达和信号转导有重要的影响。大分子物质从胞质侧到核质侧的转运是真核生物物质交换的重要生物学事件。亲核蛋白(karyophilic protein)是指在细胞质内合成,需要进入细胞核内发挥功能的一类蛋白质。需要转运入核的蛋白质主要是参与基因的复制、转录的蛋白因子和各种酶,如 RNA、DNA 聚合酶、组蛋白、拓扑异构酶及大量转录、复制调控因子等,以上这些亲核蛋白都必须从细胞质进入细胞核才能发挥正常功能。大多数亲核蛋白在一个细胞周期中会一次性地被转运到核内,并一直停留在核内行使其功能活动,典型的如组蛋白、核纤层蛋白等;但也有一些亲核蛋白需要多次穿梭于核、质之间,如输入蛋白(importin)。

6.4.1 证实核定位信号存在的经典实验

爪蟾卵母细胞核质蛋白注射实验是一个非常经典的实验,它清楚说明在亲核蛋白内部具有某种信号序列,引导蛋白质进入细胞核。从爪蟾卵母细胞核中提取出核质素蛋白(nucleoplasmin),相对分子质量为 165×10^3,是一个五聚体。蛋白经水解分离成头部和尾部两个片段,将头部和尾部片段用放射性同位素标记后再分别注射到爪蟾卵母细胞质内,放射自显影结果表明完整的核质蛋白能够在细胞核内迅速地积累(图 6-26A),头部片段则滞留在细胞质内(图 6-26 B),而尾部片段也能被高效地转运到细胞核内(图 6-26 C)。另外用 20 nm 胶体金颗粒与核质素尾部片段结合,然后注射到蛙卵母细胞质内,胶体金颗粒依然随着核质素尾部片段进入细胞核内(图 6-26 D)。以上 4 个实验现象综合说明某种亲核蛋白的输入信号存在于尾部片段。人们逐步发现核质蛋白的 C 端含有核定位信号序列,具有"定向"和"定位"作用,可引导蛋白质进入细胞核。

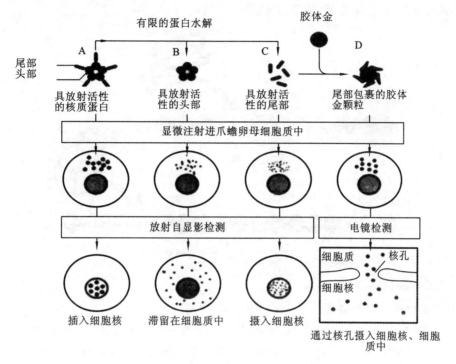

图 6-26　爪蟾卵母细胞核质蛋白注射实验

6.4.2　核定位信号的类型和特点

通过研究核质蛋白的入核转运,人们逐步发现了指导亲核蛋白入核信号的存在。进入细胞核的蛋白质必须在其氨基酸序列上拥有特殊的核定位信号(nuclear localization signal, NLS),以方便相应的核转运蛋白(karyopherins)识别。核定位信号一般都由带正电荷的赖氨酸、精氨酸和脯氨酸组成,具体的氨基酸序列因不同蛋白质而异。进一步研究表明,核定位信号可以是线性信号肽,也可以是立体的信号斑。许多细胞核蛋白质中可存在 1 个或 2 个信号序列,信号序列在蛋白质中的位置并不重要,可位于多肽链的任何部位,转运完成后核定位信号不被切除。细胞分裂时细胞核内的蛋白质与细胞质混合,由于入核蛋白质的核定位信号没有被切除,分裂完成后便很容易再次输入细胞核。核转运蛋白识别入核蛋白的核定位信号后,与核孔蛋白相互作用,协助入核蛋白通过核孔到达细胞核。如果在体外将核定位信号接在其他非亲核蛋白质上,也可引导它们进入细胞核,说明核定位信号也不具备专一性。

6.4.2.1　经典核定位信号

经典核定位信号(classical NLS,cNLS)是存在最广泛、研究最为深入的一种类型。cNLS一般分为 2 种,即单分型的 NLS 和双分型的 NLS(图 6-27)。第一个被确定序列的单分型NLS(monopartite NLS),是来自猴肾病毒(SV40)的 T 抗原(相对分子质量为 92×10^3),是一段 4～8 个氨基酸组成的富含碱性氨基酸的短肽,其 7 个氨基酸残基构成序列为 Pro-Lys-Lys-Lys-Arg-Lys-Val。脯氨酸的存在可能阻断碱性氨基酸残基上游的 α 螺旋的形成。cNLS 序列中仅 1 个氨基酸残基突变就会导致该蛋白在胞质内不正常积累;双分型的 NLS(bipartite NLS)信号序列其特征是由两簇碱性氨基酸残基组成,两簇碱性序列之间被 10～12 个非保守氨基酸残基间隔,如核质蛋白的 NLS。核定位信号除了经典的 NLS 之外,还存在其他类型的 NLS,但不同的 NLS 之间尚未发现共有的特征序列。

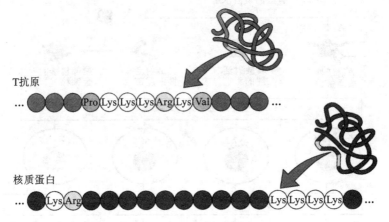

图 6-27　经典核定位信号

6.4.2.2　其他类型的 NLS

1. 空间表位型核定位信号

前面提到的 cNLS 都属于线性的 NLS,自然界还存在空间表位的 NLS,如 STAT1(signal transducers and activators of transcription 1),在它的一级结构中,并不存在被任何核转运蛋白识别的目标序列,但当其亚基聚合时,每个亚基的几个碱性氨基酸彼此靠近形成一个被内输蛋白 α 识别的空间表位,发挥 NLS 的功能。

2. 隐秘型核定位信号和假核定位信号

另外还有很多预测出的 NLS,可能是隐秘型 NLS,这类 NLS 由于整个蛋白构象的原因,或其两侧氨基酸序列的影响不能与核孔复合物上的受体结合,因此通常情况下不一定发挥核定位的功能。但在某些刺激信号的存在下,蛋白发生构象的变化,则变为功能性 NLS。目前,用 NLS 预测软件得到的相当数量的 NLS 并不一定具有核定位的能力,这种具有某类 NLS 的序列特征,但并不发挥功能的 NLS 称为假 NLS(pseudo NLS)。

3. 多核定位信号

更多的研究发现,在一个核蛋白中,往往存在不止一个有功能的核定位序列,这使得蛋白质的核转运机制变得更加复杂。对于多核定位信号存在的意义,有人认为多核定位信号有不同的分工。有的 NLS 在穿越核膜中发挥作用,而有的 NLS 则是在细胞核亚定位中发挥作用。

6.4.3　核输入蛋白及核蛋白入核的机制

输入蛋白(importin)也就是核定位信号的受体蛋白,存在于胞质溶胶中,是可溶性的细胞质基质蛋白,它既能与输入蛋白的核定位信号结合,又可与核孔复合体的核孔蛋白(nucleoporin)结合,从而介导了蛋白质通过核孔通道的运输。它们作为一种穿梭受体(shuttling receptor)在细胞质内与核蛋白的核定位信号结合,然后一起穿过核,在核内与亲核蛋白分离后再返回到细胞质中。输入蛋白有 α 和 β 两种亚基。核输入受体是由相关的基因家族编码的一类受体蛋白,每一个家族成员编码一种核输入受体,可识别一组具有相似核定位信号的细胞核蛋白质。核孔复合体由 50 多种核孔蛋白组成,有些核孔蛋白形成触须状纤维从核孔复合体的边缘伸向细胞质,还有些核孔蛋白排列在整个核孔通道上。核孔蛋白含有大量由苯丙氨酸和甘氨酸组成的短的氨基酸重复序列(Phe-X-Phe-Gly 和 Gly-Leu-Phe-Gly),称 FG 重复序列,它们是核输入受体的结合位点。在细胞质基质中,核输入受体与蛋白质的核定位信号结合形成蛋白复合体,再结合到从核孔复合体伸向细胞质的核孔蛋白纤维上,这些蛋白复合体通过与 FG 重复序列结合、解离、再结合、再解离的方式沿着核孔通道移动,一旦进入细胞核,核输入受体与结合的蛋白质解离,蛋白质留在细胞核内,受体本身则返回到细胞质。核输入受体并不总是直接与核定位信号结合,有时在核输入受体与核定位信号之间有一个接合蛋白(adaptor)作为连接桥梁。接合蛋白在结构上与核输入受体相似,它们在进化上可能是同源的。联合使用核输入受体和接合蛋白,可使细胞能识别各种核定位信号。

亲核蛋白通过核孔复合体的转运是分步进行的,根据整个过程对能量的需求可粗略地分为两步:结合(binding)与转移(translocation)。蛋白入核转运除需要 NLS 的定位外,还需要多种胞质蛋白因子的协助,目前已经明确参与转运的因子有 NLS 的受体蛋白、分子开关 Ran 等。核定位信号的受体蛋白存在于细胞质中,可与核定位信号结合,帮助亲核蛋白进入细胞核,这种受体称为输入蛋白(importin),输入蛋白有 α 和 β 两种亚基。它们作为一种穿梭受体(shuttling receptor)参与亲核蛋白的转运。亲核蛋白首先结合到核孔复合体的胞质面,结合步骤不需要能量,仅依赖正常的 NLS;随后的转移步骤则需要 GTP 水解供能。此转运机制依赖于 GTP 偶联蛋白 Ran。

Ran 是一种广泛分布于核内的小分子 GTP,依赖 Ran-GTP/Ran-GDP 两种状态的转换为蛋白质的门控运输提供能量。Ran-GTP 酶在细胞核和细胞质都存在,核输入和核输出系统都需要它。Ran 是一种分子开关,以两种构型状态存在,一种状态与 GDP 结合,另一种状态与 GTP 结合。两种状态之间的转换由两种特异的调节蛋白启动,一种是位于细胞质的 GTP 酶激活蛋白(GTPase-activating protein,简称 GAP),启动 GTP 水解,将 Ran-GTP 转换成 Ran-GDP;另一种是鸟嘌呤交换因子(guanine exchange factor,GEF),促进 GDP 到 GTP 的变换,从而将 Ran-GDP 转换成 Ran-GTP。在细胞质中,Ran 以 Ran-GDP 的形式存在,起到稳定转运复合物的作用;在细胞核中,Ran 以 Ran-GTP 的形式存在,Ran-GTP 与 importin α 竞争结合 importin β,从而导致内输蛋白 β 从转运复合物上解聚。另外 Ran-GTP 还可以与 importin α 的出核转运蛋白 Ces1 形成复合物,辅助内输蛋白 α 的回输。Ran 于近几年逐步被确认为是一种重要的细胞分裂调控因子,参与调控细胞周期中各个时期的许多细胞生命活动,如细胞核质转运,细胞核膜重建,DNA 复制,RNA 转录、加工和运输,细胞分裂时纺锤体的组装及脂多糖信号传导等。

在胞质蛋白因子的协助下,亲核蛋白的入核转运可分为如下几个步骤(图 6-28):①在蛋白入核前,蛋白的核定位信号(NLS)与 importin α 结合,随后招募 importin β 形成 NLS-输入蛋白 α/β 三聚体。②在 importin β 的介导下,三聚体复合物与核孔复合体的胞质纤维结合。③转运复合物改变构象,通过胞质丝的弯曲把三聚体复合物从胞质面转移到核质面。④三聚体复合物与 Ran-GTP 相互作用,同时激活 importin β,导致复合物解离,亲核蛋白释放。⑤importin β 与 Ran-GTP 结合成二聚体返回到胞质,在 Ran-GTPase 作用下解离,importin β 参与下一轮的入核转运;importin α 在 CAS(importin α 的连接子)蛋白和 Ran-GTP 的作用下形成三聚体返回到胞质,并在 Ran-GTPase 作用下解离,importin α 参与下一轮的入核转运。Ran-GTP 在胞质内水解形成 Ran-GDP。

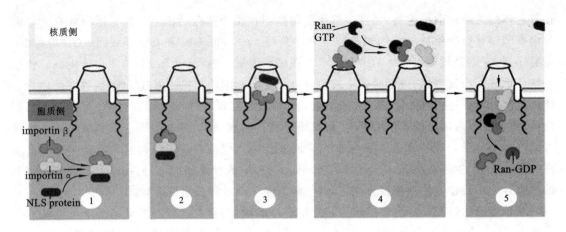

图 6-28　含有 NLS 的亲核蛋白从细胞质向细胞核输入过程示意图

6.4.4　门控运输中大分子转运的调节

蛋白质通过核孔复合体的运输是受各种因素调节的,不同大分子运输的调节因素也不相同。需要指出的是 NLS 只是亲核蛋白入核的一个必要条件,某种亲核蛋白是否被转运入核还受到其他因素的影响。已经发现有很多带有 NLS 的蛋白质由于种种原因而滞留在胞质内。它们有的是因为其 NLS 的活性被封闭(如磷酸化修饰)。如有些基因调节蛋白,平时被控制于细胞质内,只有在需要时才转运到细胞核内。这种控制是通过调节核定位信号和核输出信号来实现的,即通过使信号序列邻近氨基酸的磷酸化来开启或关闭核定位信号。另外有些亲核蛋白由于与"胞质滞留因子(cytoplasmic retention factor)"结合导致不能顺利入核。这种控制一般是通过基因调节蛋白与胞质抑制蛋白结合来实现的,使它们被锚定在细胞质的细胞骨架或细胞器上;或者把它们的 NLS 遮蔽住,使它们不能与核输入受体结合。当细胞接受适当的刺激时,这种锚定或遮蔽被解除,基因调节蛋白可运送到细胞核内。总之,蛋白质入核转运作为一种重要的核质物质与信息交流活动,是受到多种因素综合调节的。

有些蛋白质,如细胞核中与新合成 mRNA 结合的蛋白质,既有核定位信号,又有核输出信号。这些蛋白质不断地在核质之间穿梭运输,它们在细胞中的定位取决于输入和输出的相对速率。如果输入速率超过输出速率,这种蛋白质就主要位于细胞核;相反,如果输出速率超过输入速率,蛋白质就主要位于细胞质。因此,改变输入或输出速率可以改变蛋白质的定位。

证明 NLS 必要性的常用策略是突变实验,即通过观察 NLS 突变前后,蛋白质的核定位情况是否出现差别,明确 NLS 的功能。突变实验分为缺失突变和定点突变:缺失突变是指删除全部 NLS,而保留蛋白质的所有剩余序列;而定点突变则主要集中在 NLS 的碱性氨基酸,通常是将碱性氨基酸突变成为无侧链的非极性中性氨基酸——丙氨酸,此外保持 NLS 的氨基酸组成不变,仅改变氨基酸残基的排列顺序也是一种很好的突变策略。对于线性的 NLS 来说,将其连接到任何一个大分子蛋白质中都应该能够被相应的转运蛋白识别。

思考题

1.为何说蛋白质的分选和合成是细胞中最重要的生命活动之一?

2. 根据信号假说的内容,阐述膜蛋白的具体分选途径以及关键步骤。

3. 请设计实验证明蛋白质的分选信号不具备专一性,并阐述蛋白质分选信号不具备专一性的意义和潜在的应用价值。

4. 以溶酶体的形成为例,说明内质网、高尔基体和溶酶体在结构和功能上的联系。

5. 试述蛋白质分选的基本途径和类型,有哪些实验技术可以用于蛋白质定位的研究?

6. 分别简述三种不同有被膜泡的结构组分、运行方式和生理作用。

7. 为何在内质网上进行共转移的信号肽仅为一段导向信号序列,而叶绿体、线粒体膜上后转移的导肽和信号肽中包含有两段或两段以上的导向序列?

8. 哪些机制保证了蛋白质的定向运输?

9. 简述线粒体和叶绿体蛋白质定向转运的异同。

10. 简述亲核蛋白运输的具体过程以及关键成员。

拓展资源

http://en. wikipedia. org/wiki/Protein_targeting

http://www. fastbleep. com/biology-notes/31/172/978

http://www. ncbi. nlm. nih. gov/books/NBK21580/

http://www. nature. com/scitable/content/coordinated-protein-sorting-targeting-and-distribution-in-15018564

http://www. lifeomics. com/? p=24351

参考文献

[1] 王金发. 细胞生物学 [M]. 北京:科学出版社,2003.

[2] 翟中和,王喜忠,丁明孝. 细胞生物学[M]. 3 版. 北京:高等教育出版社,2007.

[3] 翟中和,王喜忠,丁明孝. 细胞生物学[M]. 4 版. 北京:高等教育出版社,2011.

[4] Dancourt J,Barlowe C. Protein sorting receptors in the early secretory pathway[J]. Annu. Rev Biochem,2010,79:777-802.

[5] Erdmann R,Schliebs W. Peroxisomal matrix protein import:the transient pore model[J]. Nature,2005,6:738-742.

[6] Hirsch C,Gauss R,Horn S C,et al. The ubiquitylation machinery of the endoplasmic reticulum [J]. Nature,2009,458:453-460.

[7] Hsu V W,Bai M,Li J. Getting active:protein sorting in endocytic recycling[J]. Nature Reviews Molecular Cell Biology,2012,15:323-328.

[8] Mellman I,Nelson W J. Coordinated protein sorting,targeting and distribution in polarized cells[J]. Molecular Cell Bio,2008(9):833-845.

[9] Lodish H,Berk A,Kaiser C A,et al. Molecular Cell Biology[M]. 6th ed. New York:W. H Freeman and Company,2007.

[10]Zanetti G,Pahuja K B,Studer S,et al. COP Ⅱ and the regulation of protein sorting in mammals[J]. Cell Bio,2012,14:20-28..

模块四
细胞环境、细胞骨架及细胞社会联系

第**7**章　细胞环境

提要　细胞内是一个高度有序的空间,细胞器常以弱键的形式结合在细胞内的蛋白质纤维网络(细胞骨架)上,而胞外基质除了为细胞及其他分子提供结合位点,以及为细胞提供抗压和抗拉力外,还调节着细胞的生长、发育和分化。因此细胞内有生命的环境和细胞外环境共同构成了以细胞为主体的细胞环境,是细胞内和细胞间物质、能量和信息间互作的网络。一旦细胞遭受生物或非生物胁迫时,细胞及其环境共同作出应答反应。因此,良好和有序的细胞环境是细胞和有机体维持正常生命活动的前提条件,细胞环境对细胞结构和功能的维持具有重要意义。

细胞环境包括内环境和外环境,细胞与细胞、细胞与环境之间的存在广泛的相互作用。这些作用主要是通过细胞表面进行的,包括细胞识别、细胞黏着、细胞连接、细胞通讯等。

7.1　细胞内环境

细胞环境是指细胞基质(胞内)和细胞外基质(胞外)中影响细胞生长发育的生理生化因子,同时,还包括细胞内、外基质间的物质、能量和信息的互作网络。细胞内环境(intracellular environment),即细胞质膜以内的环境,是除细胞质膜以内的所有原生质体部分,包括细胞质基质和所有细胞器,以及所有影响细胞生长发育和生理活动的因子。在光学显微镜下,真核细胞内几乎看不到任何结构。直到电镜技术与染色技术的进步及结合才使人们确认真核细胞内由非常发达的膜相结构将细胞质分成若干个大小不同的、独立或相互联系的区室,这些区室就是结构和功能独立的细胞器。细胞内区室化(compartmentalization)是真核细胞的结构与功能特征之一,同时也体现了真核细胞结构与功能的相互适应性。例如:真核细胞将DNA复制局限在细胞核内,因不受胞内物质运输影响而高效准确地进行;叶绿体、线粒体、高尔基体等细胞器都有其独立的结构,其内部具有行使特定功能的各种酶类,使得细胞在正常生长发育的同时能够更灵活、快速地应答环境胁迫或生物胁迫。

电镜下,真核细胞的原生质体是一个拥挤的空间,里面充斥着多而密的球形蛋白质、蛋白质纤维网络(细胞骨架)、大分子物质,以及结构和功能独立的膜性细胞器等(图7-1,彩图3)。通常,细胞器和一些蛋白复合体以弱键的形式结合在细胞骨架上而不能在细胞质基质中随意漂动。在特定的空间里,细胞器之间的互作、细胞器与细胞质基质间的互作、细胞器与细胞质膜的互作、细胞质基质与细胞质膜的互作均时有发生。

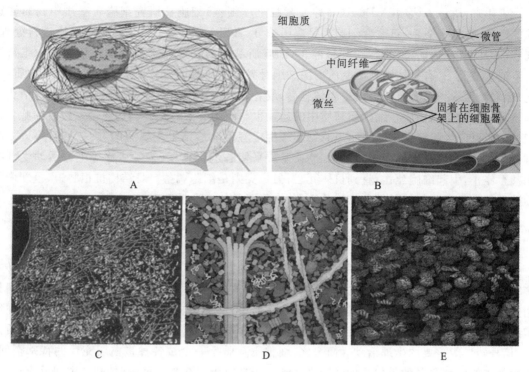

图 7-1　细胞质结构模式图

A、B. 植物细胞及细胞内结构模式图,细胞质中充满了各种多聚蛋白质纤维网络,细胞器和一些大分子物质以弱键的形式结合在细胞骨架上;C. 彩色处理的真核细胞原生质冰冻电镜图像,红色示细胞骨架,绿色示大分子复合物(核糖体),蓝色示质膜和内膜;D、E. 真核细胞 X 衍射结晶计算机模拟图;D. 细胞骨架动态的组装过程;E. 细胞质基质中拥挤的球形蛋白质

7.1.1　细胞质基质的概念

细胞质基质(cytoplasmic matrix)是真核细胞的细胞质中除去可分辨的细胞器以外的胶状物质。曾被称为细胞液(cell sap)、透明质(hyaloplasm)、胞质溶胶(cytosol)等。主要成分为参与中间代谢的数千种酶类、细胞质骨架结构、糖原和脂滴等储藏物以及 mRNA 等物质。

7.1.2　细胞质基质的存在状态

细胞质基质是通过弱键相互作用而形成的高度有序结构,其中蛋白质和其他分子以凝聚状态或暂时的凝聚状态(不溶状态)存在,并与周围水相中的分子处于动态平衡。一旦细胞处在高渗或低渗溶液中,这种靠脆弱的分子间相互作用而形成的动态平衡稳态就会遭到破坏。因此,细胞质基质的研究比其他细胞器研究更为困难。

7.1.3　细胞质基质物质运动的高度自控、有序性

生物体内的物质运输包括细胞间物质运输和细胞内物质运输。无论是细胞间还是细胞内物质运输都是生物体自发、有序地完成的。细胞质中各种代谢活动能高效、有序、自发地进行,这种代谢途径之间的协调一致以及所涉及的物质、能量与信息的定向转移与传递并不是简单依靠酶的活性便能完成的。

近年来，Bjaelde 等用 MDCK（一种犬肾脏上皮细胞）细胞株研究细胞质基质中物质转运泡的运动，结果表明，一旦改变细胞内钙离子浓度、ATP，或用微管解聚药物对细胞进行处理，则有活力的囊泡运动将受抑制，甚至停止，细胞质基质的物质运输与细胞骨架的结构维持有关。通常情况下，有机体细胞质基质内的细胞骨架网络维持着动态平衡，可满足所有物质（囊泡）运输等需求，另外，抗原物质进入细胞后，或者刺激机体产生抗体，或者被机体吞噬、消化分解，直至清除，抗原物质在细胞质基质中的运输也与细胞骨架有关。当病原菌入侵时细胞骨架能够重组以产生防御反应。受胁迫时细胞产生应答反应的结果主要有两类：一类因胁迫太严重，超出了细胞的自恢复能力，导致细胞质基质平衡态遭到破坏、物质运输等生命活动受到抑制甚至停止，引起细胞死亡，直到机体死亡；另一类则是细胞调整自身结构抗拒胁迫，重新恢复细胞质基质及细胞其他各部分结构的平衡，恢复正常的生命活动。

7.1.4　细胞质基质的功能

细胞质基质是一个高度有序且又不断变化的动态结构体系。细胞质基质的功能主要涉及多种酶促反应，参与细胞骨架相关的功能以及蛋白质的合成、加工修饰、运输等。大多中间代谢过程及蛋白质合成与转运都发生在细胞质基质中，部分蛋白质的修饰和选择性降解也在细胞质基质中进行。细胞骨架纤维贯穿细胞质基质并与细胞膜、细胞核共同作用以完成物质运输、信号转导等重要的生理活动。简言之，细胞质基质是一个被各种蛋白质充斥的特殊空间，其功能主要围绕着各种蛋白质的功能来体现。当功能蛋白充当各种酶时，则与中间反应有关；当功能蛋白充当各种蛋白质纤维网络时，则与细胞骨架有关；当功能蛋白充当蛋白酶体、分子伴侣时，则与蛋白质本身的合成、修饰、折叠和降解相关。

1. 完成各种中间代谢过程

中间代谢是有机体吸收营养成分或消化产物后所经历的代谢过程，它实质是一系列化学反应或生化反应的总和，许多中间代谢的反应都需要相应的酶参与。目前，人们了解最多的如糖酵解过程、磷酸戊糖途径、糖醛酸途径以及糖原的合成与部分分解过程等许多中间代谢都在细胞质基质中进行。

2. 与细胞质骨架相关的功能

细胞骨架包括微管、微丝、中间纤维及各种结合蛋白形成的蛋白质纤维网络，既能与细胞膜骨架（或膜蛋白）相连，又能与细胞核纤层相连，它不仅与细胞形态的维持有关，还与胞内物质运输、信息及能量传递等有关。细胞骨架主要分布于细胞质基质中，因此，细胞质基质的功能与细胞质骨架相关，如维持细胞的形态、细胞的运动、细胞内的物质运输等；同时为细胞质基质中的细胞器和其他成分如某些蛋白质（酶）、mRNA 等提供结合位点，以便细胞生命活动高效、有序地进行。

3. 蛋白质的修饰、蛋白质选择性的降解

（1）蛋白质修饰　迄今，已发现 100 余种的蛋白质侧链修饰，绝大多数的修饰都是由专一的酶作用于蛋白质侧链特定位点，侧链修饰对细胞的生命活动十分重要，而很多修饰的生物学机制和意义至今尚不清楚。目前，在细胞质基质中发生的蛋白质修饰的类型主要有磷酸化与去磷酸化（蛋白质的活化或失活开关）、糖基化、甲基化、酰基化以及辅基与酶的共价结合等。

（2）控制蛋白质寿命　蛋白质 N 端第一个氨基酸残基如果是 MTVCSGAP 中的任何一个，则蛋白质稳定，寿命较长；反之则是不稳定且寿命短暂的蛋白质，通常由泛素/26S 蛋白酶体途径介导不稳定蛋白质在细胞质基质中进行降解。

（3）降解变性和错误折叠的蛋白质　翻译好的线性蛋白质要经过多次折叠成正确的立体结构后方能发挥正常功能。细胞有严格的自检系统，一旦发现折叠错误或者因刺激、胁迫等变性且不可修复的蛋白质，就会被泛素化后送到 26S 蛋白酶体中降解，在去泛素化酶的作用下泛素被释放，可循环再利用。

（4）帮助变性或错误折叠的蛋白质重新折叠形成正确构象　有机体或细胞均遵循着高效、节约的原则经营着生命。因此，尽管细胞的自检系统有时已经检出变性或错误折叠的蛋白质，但本着节约的原则，对蛋白质进行解折叠、重折叠比从头翻译蛋白质显得更加高效和经济。这一功能主要靠分子伴侣来完成。分子伴侣为热休克蛋白（heat shock protein，HSP），目前知道的有 3 个家族，即 Hsp60、Hsp70 和 Hsp90。每一个家族中都有不同基因编码的多个蛋白质成员。研究表明，在正常细胞中，热休克蛋白选择性地与畸形蛋白质结合形成聚合物，利用水解 ATP 释放的能量使聚集的蛋白质水解，并进一步折叠成构象正确的蛋白质。

另外，目前在动物细胞生物学中的一个研究热点是与疾病相关的细胞质基质活跃区域（cytomatrix active zone，CAZ），该区域主要存在于神经细胞的突触部分。CAZ 蛋白质的功能主要与化学突触分泌神经递质时的囊泡运输有关，包括突触泡的形成（recruitment）、入坞（docking）以及电压门控的钙离子通道闭合等。一旦 CAZ 区域的主要功能基因（蛋白质）失常，有可能导致动物的神经性疾病。

7.1.5　细胞质基质中的互作简介

细胞质中一些单层膜或双层膜的细胞器虽然具有独立结构、可行使独立的功能，但彼此之间也存在着广泛的相互作用。例如：①细胞器之间的互作，内质网与高尔基体共同承担蛋白质的加工和分选工作，一方面 COPⅡ包被小泡将蛋白质首先从内质网送往高尔基体（顺向运输），然后转运到其他细胞器或者分泌到胞外，内质网和高尔基体膜不断丢失；另一方面，COPⅠ包被小泡将一些驻留蛋白从高尔基体送回内质网（反向运输）的途中，顺便补充了顺向运输时丢失的膜。如果没有反向的膜回收机制，内质网膜可能会被顺向运输很快耗尽。②细胞器与细胞骨架间也存在许多互作，细胞有丝分裂时，细胞核核膜解体、核仁消失，细胞质基质中的细胞骨架成分之一微管解聚，并重新组装成纺锤体微管将染色体拉向两极，完成染色体的一分为二，接着细胞质一分为二，核膜重建并形成新的子细胞。另外，细胞质基质中的大分子物质和细胞器通常是以弱键形式结合在细胞质基质中的细胞骨架上，需要运动时，则利用水解 ATP 释放的能量沿微管进行。③细胞器与细胞膜之间的互作，细胞通过胞吞和胞吐作用不断进行细胞质膜更替的同时，还可能与细胞器或运输小泡之间进行膜替换，如组成型分泌蛋白和调控型分泌蛋白经高尔基体加工和分选后，或者进入其他细胞器行使功能，或者被排出胞外（如胶原纤维的组装），以膜泡形式排出胞外时高尔基体膜就为细胞质膜补充新膜。同时，细胞进行胞吞作用损失的细胞膜也因胞吐作用而得到补充。

此外，细胞质基质中的细胞骨架也可通过膜整合蛋白与胞外基质互作，如整联蛋白（一种膜整合蛋白）同时连接着细胞骨架和细胞外基质，这种双边的黏着（dual attachment）非常有利于细胞与其环境间的物质和信息传递（图 7-2）。整联蛋白普遍存在于脊椎动物细胞表面，属于钙、镁离子依赖型的细胞黏着分子，其通过与胞内骨架蛋白的相互作用介导细胞与胞外基质间的黏着。整联蛋白、生长因子受体与胞内、外蛋白间的互作，可确保细胞定位于适当的位置，以调节细胞的生长、增殖和机体发育。

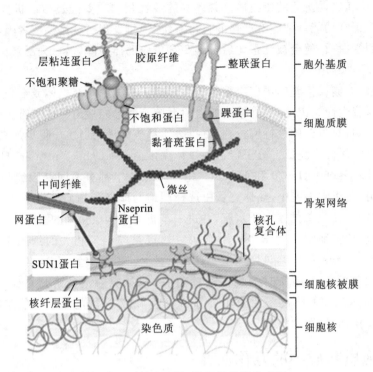

图 7-2　细胞内、外环境间的连接模式图

7.2　细胞外环境

　　细胞外环境（extracellular environment），或称为胞外空间，是指细胞膜以外的环境，是相对于细胞内环境（intracellular environment）而言的。它是指细胞膜以外而仍在有机体以内的所有组分，包括影响细胞功能的各种代谢物、离子、蛋白、非蛋白物质、激素、生长因子等，亦称细胞外基质（extracellular matrix，ECM）或胞外基质。植物细胞的细胞壁，类似于植物细胞的胞外基质，是一个以聚合多糖（和少量蛋白质）为主的复杂结构；动物细胞的胞外基质（ECM）则主要是糖和蛋白质的聚合物。

　　在多细胞动、植物体内，相似的细胞群组成一定的组织和器官。细胞与细胞间、细胞与胞外环境间相互作用以构成完整的生命活动体系。然而，即使是那些无固定关系、不形成一定组织的细胞，如流经全身的血细胞也依赖于细胞间和细胞与胞外环境间的互作。只有细胞间、细胞与胞外环境间的互作正常，动物才能进行细胞迁移、生长、分化和胚胎三维器官和组织的建成等生命活动。植物生长发育和对环境胁迫的应答（防御）反应依赖于细胞壁（ECM）结构和功能的维持，因为细胞壁不仅可以为植物提供结构支持以维持植株挺拔直立、防止微生物入侵等，还可与细胞膜一起参与信号的识别与转导以最大限度地抵抗外界胁迫。通常，植物除细胞壁外，胞间连丝（plasmodesmata）也是植物细胞区别于动物细胞的结构之一。胞间连丝将植物原生质体联系成一个连续体即共质体（symplast），是细胞内物质共质体途径运输的主要通道，如生长素的运输。而在细胞质膜以外还游离着一个空间即质外体（apoplast），存在于如木质部中一些高度特化（或退化）的细胞中，因为没有细胞质中众多细胞器和大分子物质的存在而使得质外体途径成了水分及水溶性成分运输的重要通道。

7.2.1　细胞外基质的概念

细胞外基质(extracellular matrix,ECM),或简称胞外基质,通常指由动物细胞合成并分泌到细胞表面,主要由多糖和蛋白形成的网络结构。ECM 不只是动物细胞外简单的填充物和将多个细胞连接在一起的非特异性凝胶,而是在细胞活动和组织形成中起重要调节作用的动态结构。将体外培养的软骨细胞或乳腺上皮细胞的 ECM 经酶消化后,其合成和分泌活动显著受抑制,而将制备的 ECM 置入培养皿进行体外培养时,则可以恢复其分化和再生其他细胞产品的能力。由此,ECM 蛋白和聚糖组成的网络结构不仅为细胞的黏附、生长、迁移、增殖和分化等提供适宜的场所,还可作为支撑组织和细胞生长的支架以促进组织的修复与再生。

近来,模块蛋白质(modular proteins)的组成、装配(assembly)和结合(binding),包括细胞内肌动蛋白纤维(细胞骨架)、细胞表面的黏着斑、整合素以及 ECM 中蛋白质和受体的相互作用逐渐成为研究热点。不仅因为 ECM 具有蛋白模块化(modularity)特性,可作为稳定的蛋白质框架(scaffold)为其他蛋白质提供的正确结合位点,还因为其可以在体外通过模块重排来调节结构和功能,这为 ECM 的生物学体系研究提供了方便可行的手段。

尽管 ECM 因其所在器官或组织的不同而呈现多样性,但它们均具有相似的大分子结构。与细胞内环境中多数蛋白质呈紧凑(compact)、球形(globular)的特征所不同的是,ECM 中的蛋白质均呈伸展的(extended)、纤维状的(fibrous)形态,而且组成 ECM 的蛋白质均在细胞内合成后分泌到细胞外,自组装成具有功能的结构。ECM 成分按照其功能大致分为 3 种主要类型:胶原作为结构蛋白为细胞提供强度和韧性;蛋白聚糖为细胞提供抗压力;层(纤)粘连蛋白为细胞或其他蛋白质提供结合位点(图 7-3)。

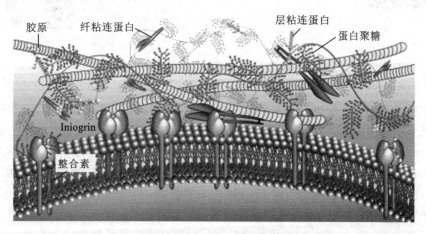

图 7-3　动物 ECM 结构模式图

7.2.2　细胞外基质的组成与功能

1.动物 ECM

(1)胶原(collagen)　这是 ECM 中结构蛋白家族,富含于动物体内,约占人体总蛋白的三分之一,主要存在于肌腱、皮肤、韧带、角膜、软骨等部位。据估计,直径为 1 mm 的胶原纤维可悬挂 10 kg 的重物而不被拉断,其高度的抗拉性为动物体提供了强的抗拉力。胶原纤维的基本结构单位是胶原分子或原胶原(tropocollagen)。原胶原通常由 3 股 α 链盘绕而成右手螺旋，长约 300 nm，直径 1.5 nm。

目前，已发现由以上胶原分子以不同方式组装成的胶原约有 28 种，由 28 种不同的结构基因编码，具有不同的化学结构及免疫学特性，其中Ⅰ、Ⅱ、Ⅲ、Ⅴ及Ⅺ型胶原为有横纹的纤维形胶原，而Ⅳ型胶原主要参与细胞基膜的组装。每种类型的胶原纤维在人体组织中均有其特定的定位，例如：在肌肉组织中当肌肉收缩时，连接肌肉和骨组织的肌腱必须具有很强的抗拉力，因此肌腱中的胶原纤维是与肌肉拉力成平行方向的长胶原纤维；角膜作为眼球的保护层，其 ECM 除了具有韧性外，还必须呈透明状以使光线能够透过视网膜，因此角膜中较厚的中间层是层状的短胶原纤维，这种夹板状的结构为眼球这一精细结构提供强韧性的同时，其胶原有序的包装可以让进入的光线散射程度最小，从而使角膜具有透明度。

尽管胶原纤维类型众多，但都具有以下 2 个特征：①所有的原胶原分子均由 3 条 α 链形成三股螺旋(右手螺旋)；②每条 α 链由重复的 Gly-X-Y 序列构成(图 7-4)，其中 X 常为脯氨酸，Y 常为羟脯氨酸或羟赖氨酸，重复序列使 α 链卷曲为左手螺旋。在胶原纤维内部，原胶原蛋白分子呈 1/4 交替平行排列，形成周期性横纹。

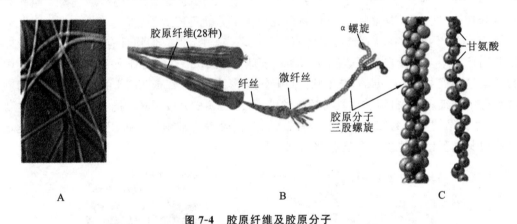

图 7-4 胶原纤维及胶原分子
A. 电镜下的胶原纤维；B. 胶原分子经过多次交联形成胶原纤维模式图；C. 胶原分子及 α 链模式图

关于胶原的合成与装配也有许多研究。组装过程一般经历前胶原、原胶原、胶原原纤维和胶原纤维四个不同的阶段。首先在核糖体上合成仅含有信号肽的原 α 链(pro-α-chain)，又称前原胶原(preprocollagen)，然后三股前体肽在内质网腔中自我装配形成三股螺旋即前胶原(procollagen)。紧接着前胶原进入高尔基体，经过加工修饰后被分泌到细胞外。随后前胶原被两种专一性不同的蛋白水解酶切除 N 端和 C 端的前肽，两端各保留部分非螺旋区便形成胶原(collagen)。胶原通过分子间交联进而聚合成胶原原纤维(collagen fibrilla)，最后装配成胶原纤维(collagen fibers)。原胶原是可溶性的，但是，聚合成胶原纤维就成为不溶性的了。

胶原组装异常可能导致机体疾病。例如，在膳食中缺乏维生素 C 可导致血管和肌腱变脆、皮肤易出血，称为坏血病。维生素 C 是脯氨酰-4 羟化酶及脯氨酰-3 羟化酶的辅因子，脯氨酸的羟化反应是在这两种酶催化下进行的，维生素 C 是生成羟脯氨酸必需的辅因子。一旦缺乏维生素 C，胶原分子中脯氨酸的羟化反应不能充分进行，重复的 Gly-X-Y 序列构成受阻，即胶原分子的 α 链在细胞内合成受阻或被降解。然而，即使有了正常的胶原分子，但在胶原纤维组装(交联)时发生异常或缺陷也会导致疾病，如皮肤过度松弛症就是皮肤和其他结缔组织中其胶原纤维组装不正常，导致其抗拉力或回力降低而使皮肤变得非常松弛，有的还可引起临床上一些更严重的疾病,如早衰或水肿等。因此,组成胶原纤维的结构单元(胶原分子)的形成正常,以及胶原分子交联成胶原纤维的过程正常才能保证机体的功能正常,换而言之,富含胶原的细胞外基质对于动物的生命活动具有重要意义。

(2)蛋白聚糖　蛋白聚糖,就是蛋白分子与多糖的聚合物,但是在与核心蛋白聚合之前,多糖之间先聚合形成多糖链。胶原纤维在 ECM 搭建起框架后,蛋白聚糖或者以单分子形式存在,或者与透明质酸结合成相对分子质量高达数百万、长达几个微米的复合体存在。

目前,ECM 中参与蛋白聚糖的、已明确的多糖连为糖胺聚糖(glycosaminoglycan,GAG),是由重复的二糖单位以"-(A-B)-(A-B)-"形式构成的,此处的"(A-B)"代表一个二糖(A 糖、B 糖)单位。糖胺聚糖的糖基常因带有硫酸基团或羧基而带大量负电荷,因而能够吸引大量阳离子,如 Na$^+$,这些阳离子再结合大量水分子。由此,糖胺聚糖是多孔的、亲水的糖链,能够像海绵一样吸水产生膨压,赋予细胞外基质抗压的能力。

根据糖基连接类型和硫酸基团的数量与位置不同,糖胺聚糖可分为硫酸软骨素(chondroitin sulfate)、硫酸皮肤素(dermatan sulfate)、硫酸角质素(keratan sulfate)和透明质酸(hyaluronic acid)等。前三种多糖链通常由不超过 300 个糖基组成,均带有一个硫酸基团,呈很强的负电性,可与蛋白质共价结合成蛋白聚糖。但是,透明质酸不含硫酸基团,是 D-葡萄糖醛酸及 N-乙酰葡糖胺的双糖单位组成的约 10 万个糖基的大型多糖链,通常不与蛋白质共价结合,而需要一个接头蛋白来聚合成蛋白聚糖复合物(图 7-5)。它的透明质分子能携带 500 倍以上的水分,为目前所公认的最佳保湿成分,被广泛用作化妆品的保湿成分。

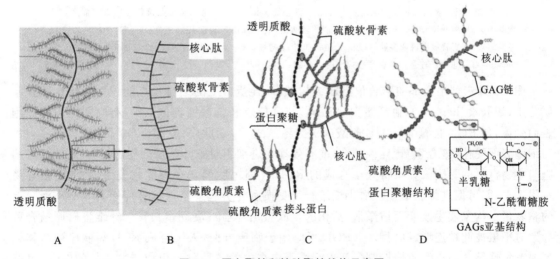

图 7-5　蛋白聚糖和糖胺聚糖结构示意图

A. 由透明质酸聚合的蛋白聚糖复合体;B. 一条蛋白聚糖分子;C. 接头蛋白将一条条蛋白聚糖分子结合在透明质酸分子上形成蛋白聚糖复合体;D. 硫酸角质素多糖链与核心蛋白共价结合形成的一条蛋白聚糖分子,此处的 GAG 是由"半乳糖-N-乙酰葡糖胺"二糖单位重复构成的不分支糖链

不同组织中,胞外基质的蛋白聚糖和胶原纤维可以表现出不同的特性。例如,蛋白聚糖与胶原纤维结合填充在软骨的细胞外基质,蛋白聚糖的抗压性与胶原纤维的抗拉性互补为软骨和皮肤等组织提供了韧性和抗变形性。但如果在骨组织中,胶原与蛋白聚糖复合体添加磷酸氢钙盐后即可使胞外基质具有坚硬的特质。

(3)连接蛋白(纤连蛋白和层粘连蛋白)　细胞外基质中有多种非胶原蛋白,这些蛋白具有多个结构域,为胞外基质中其他大分子和细胞表面受体提供了特异结合位点,从而有助于细胞粘连在胞外基质上,或有助于胞外基质间形成蛋白网络。其中,纤连蛋白(fibronectin,FN)和层粘连蛋白(laminin,LN)研究较清楚。

①纤连蛋白 存在于所有脊椎动物中,是一种大型的、纤维状糖蛋白。同 ECM 中其他成分(胶原、蛋白聚糖)一样,纤连蛋白也由一序列特异的结构单元组成,两个相似的亚基(肽链)构成二聚体,两条肽链的 C 端以二硫键共价相连,形成"V"形分子(图 7-6,彩图 4)。

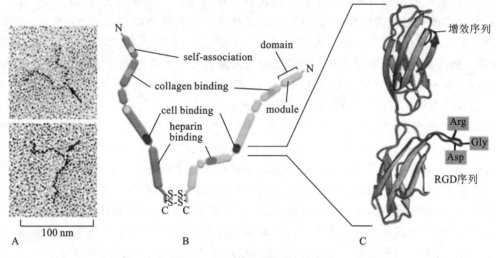

图 7-6　纤连蛋白结构示意图

A.单个纤连蛋白二聚体的电镜照片(镀铂),红色箭头指示 C 端(由二硫键共价相连);B.可能来自相同基因编码,但 mRNA 剪切不同的两条相似的多肽链,其 C 端由二硫键共价结合,每条链约由 2500 个氨基酸组成,并折叠成由灵活多肽片段相连的 5~6 个结构域,每个结构域具有特殊的细胞或分子结合位点(module);C.Ⅲ型纤连蛋白细胞结合位点的 X 衍射结晶图

图 7-6 并未列出全部的结合位点或结构域,纤连蛋白上的结合位点能识别并结合胞外基质分子,如肝素(heparin)、血纤蛋白(Fibrin)结合位点和胶原结合位点等,有的则能识别细胞表面受体,如 RGD 精氨酸(R)-甘氨酸(G)-天冬氨酸(D)三肽序列(Motif)。RGD 三肽序列可与细胞表面受体(整合素)特异性结合,能有效地促进细胞对胞外基质的稳定附着,还能促进细胞与生物材料的黏附。如果将人工合成的 RGD 序列短肽偶联在固体物表面,则细胞很容易黏附上去,即可促进细胞贴壁。血小板结合于受损血管引起细胞内信号传递诱导血小板膜上的整联蛋白构象发生改变而被激活,活化的整联蛋白与血液凝固蛋白——纤维蛋白原结合后导致血小板彼此粘连形成血凝块。RGD 可应用于临床方面,人工合成 RGD 短肽序列与整联蛋白竞争性结合即可竞争性抑制包括血纤维蛋白在内的各种黏附蛋白与血小板的结合,可抑制凝血或避免血栓形成。

纤连蛋白除了可促进细胞与胞外基质黏着,还可为胞外基质的多种蛋白提供多个结合位点,如胶原纤维、蛋白聚糖或其他纤连蛋白均可与其结合。这些结合位点使胞外基质中的蛋白互作成为可能,同时促进细胞外形成稳定的相互联系的蛋白网络,以调节细胞的迁移、生长和分化。

②层粘连蛋白 细胞外基质中的另外一种粘连分子,常由 3 条不同的多肽链(α、β、γ)通过二硫键连接形成具有多结构域的糖蛋白,为具有 3 个短臂、1 个长臂的结构(图 7-7)。每条肽链都有超过 1500 个氨基酸残基,5 种 α 链,β 链和 γ 链各有 3 种,可形成 45 种异构体。主要分布在动物胚胎及成体组织的基膜(basal lamina),是高分子糖蛋白,具有多个结合位点(包括

RGD 三肽序列),供细胞或胞外基质的其他成分附着,层粘连蛋白在基膜组装和其他蛋白质锚定中起重要作用。

目前已分离并鉴定到约 15 种层粘连蛋白,与纤连蛋白一样,层粘连蛋白也对细胞的迁移、生长和分化起调控作用。例如,层粘连蛋白在原始生殖细胞的迁移中起关键作用,此类细胞在胚胎外的卵黄囊中发生,通过血流和胚胎组织途径迁移到发育中的生殖腺,最终产生精细胞或卵细胞。在迁移过程中,胚胎生殖细胞沿着富含层粘连蛋白的细胞表面移动。同时,层粘连蛋白同胶原纤维、蛋白聚糖等胞外基质一起调控机体的三维组织或器官的建成。

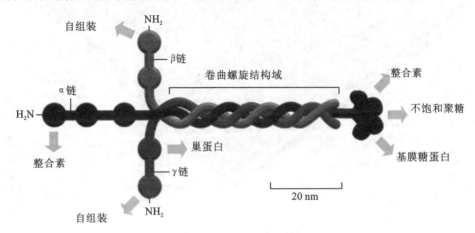

图 7-7　层粘连蛋白的结构模式图

(4)基膜(basal lamina,也指 basement membrane)　目前了解最清楚的胞外基质形式之一,它不同于之前所述的任何生物膜(磷脂双分子层和蛋白复合物),而是一层主要由蛋白质和糖互作形成的 50~200 nm 厚网状大分子结构(图 7-8,彩图 5)。基膜通常存在于上皮组织(如皮肤组织的表皮下面)、消化道和呼吸道内表皮下面、血管内壁下面等,包围着神经纤维、肌肉和脂肪细胞。基膜可以为机体组织、器官提供机械支持,如:红细胞要成千上万次地穿过比其体积还小的毛细血管,如果没有强韧的机械力支撑血管就会被撑破;在肾脏中血液在高压下通过双层基膜被过滤,而双层基膜可将肾小球与肾小管壁隔离开来。同时,基膜还可促进细胞迁移。

虽然胞外基质在不同的组织和生物中组成不同,但通常都由胶原纤维、蛋白聚糖和层(纤)粘连蛋白构成框架(scaffold),而且每种结构均有明确的结构单元,即模块化(modularity),为细胞间或细胞与胞外基质间的粘连和互作提供稳定的机械支持或抗压性等。实际上,胞外基质还在时间和空间上呈现动态变化的特性(dynamic properties)。空间的动态变化指 ECM 纤维可以被细胞拉伸至正常长度的好几倍,而当拉力释放时纤维又可回复原状。对于时间上的动态变化而言,ECM 成分可以持续地被降解或重建。ECM 的时空动态调节为机体的胚胎发育或损伤修复等提供新的胞外基质成分或结构重组,以促进细胞的迁移、生长和分化。

胞外基质的降解主要由含锌的蛋白酶家族来完成的,这类酶称为基质金属蛋白酶(matrix metalloproteinase,MMP),它们或者被分泌到细胞外空间,或者结合在细胞质膜的外表面。尽管有的 MMP 只是特异性地降解 ECM 的某些成分,但整个 MMP 家族几乎可以降解 ECM 的所有组分。MMP 的生理作用机制尚未研究清楚,但其功能主要涉及组织重建、胚胎细胞迁移、伤口愈合。由此,MMP 的超量表达或者缺陷都有可能导致机体疾病,如关节炎、动脉硬化、牙齿和牙龈相关疾病以及进行性肿瘤都与 MMP 基因突变相关。

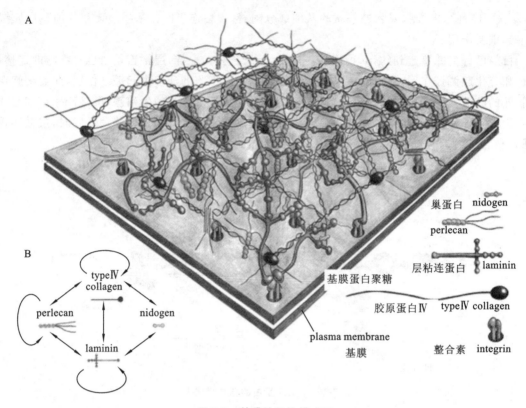

图 7-8　基膜的结构模式图

A. 由多种相互作用形成的基膜模式图；B. 在组成基膜的几种主要蛋白中，如箭头所示胶原蛋白Ⅳ、层粘连蛋白、基膜蛋白聚糖和巢蛋白之间可以相互直接组装，其中前三者均可自我组装

2. 植物细胞外基质（细胞壁）

除动物细胞外，几乎所有生物的细胞都包裹在一个保护性的外被中。原生动物有加厚的细胞外被，而细菌、真菌和植物细胞都由坚硬的细胞壁包裹。在此仅对植物细胞壁作简要介绍。

（1）细胞壁（cell wall）的 90％ 左右是多糖（polysaccharides），包括纤维素（cellulose）、半纤维素（hemicellulose）、果胶（pectin），10％ 左右是蛋白、酶类、矿物质等，而次生壁中还含有大量的木质素（lignin）。

纤维素是地球上最为丰富的有机分子，棉花、亚麻和木材类植物细胞壁都含有丰富的纤维素，为人类提供了重要的工业原料。纤维素分子是由葡萄糖单体通过 β-1,4 糖苷键连接而成的不分支的多糖链，与糖原和淀粉（通过 α-1,4 糖苷键相连的葡萄糖链）不同的是，纤维素分子成束状结合在一起，主要起稳固结构的作用（图 7-9，彩图 6）。纤维素分子成束组成微纤丝，为细胞壁提供了刚性和抗压性能力。

图 7-9B 中的葡萄糖分子重复上百次后形成一个纤维素分子，约由 40 个这样的纤维素分子（cellulose molecule）以氢键组装成结实的一条纤维素微纤丝（cellulose microfibril）。许多的微纤丝组装成层状（或中层），每 20～40 nm 厚的纤维素微纤丝由交联多糖以氢键在其表面相互交联，初生壁就由多个这样的中层组装而成坚固的层板状。中间层的果胶含量尤其丰富，而细胞壁中蛋白质约占干重的 5％，主要是一些酶类。

细胞壁中少量的蛋白质主要负责支撑、保护和防御反应，有的还特化成坚固的蜡质层、角

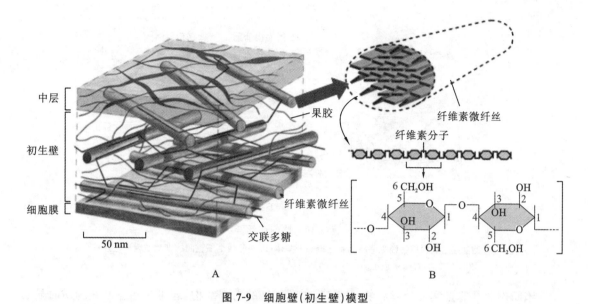

图 7-9 细胞壁(初生壁)模型

A. 由交联多糖(红色)与和纤维素(绿色)以氢键交联而成的细胞壁正交网络模型,其中交联多糖和纤维素形成的网络提供细胞以抗张强度(tensile strength),而果胶网络则提供细胞以抗压性(compression);B. 取一根纤维素微纤丝以示其分子组成,纤维素分子是由 β-1-4 糖苷键连接多个葡萄糖残基而成的无分支的多糖链

质层和硅化细胞,对植物的生命活动具有重要意义。如植物细胞产生渗透压,将细胞质推向四周的细胞壁,而细胞壁给细胞质一个反作用力,从而为细胞乃至整个植株提供机械支撑,并保持植物挺拔的姿态;细胞壁除了为细胞提供机械支撑外,还含有多种酶或酶抑制剂以保护植物免受微生物侵染或昆虫取食等;细胞壁还可接受信号刺激从而引发植物应激反应相关的信号转导;此外,根尖表皮细胞的细胞壁可能含有促进根向地生长的信号分子。

植物的许多受体蛋白,尤其是病原相关分子模式的识别受体蛋白,都具有跨膜分布的特性。在质膜外可以特异地识别并结合配体,将信号转导到细胞内,启动一系列的防御反应又反馈到细胞壁,细胞壁发生应激性地胼胝质沉积、细胞壁加厚或乳突形成等,将微生物的入侵结构有效地限制在一定范围内。而那些可以避开、绕过甚至抑制植物细胞壁第一层防御反应的微生物则进化成植物的致病菌。因此,细胞壁中的多糖和蛋白质共同承担细胞壁的重要功能。

同时,细胞壁与细胞内环境间的微管也有联系,即细胞内微管决定细胞壁的沉积(microtubules orient cell-wall deposition),该机制的依据之一来自细胞内微管的观察结果。聚合的微管与该部分细胞壁的纤维素微纤丝沉积具有相同的方向,整齐一致地排列在细胞膜的内表面,而纤维素微纤丝则排列在细胞膜外表面。牢固的细胞壁(天然屏障)网络结构形成后,为进行细胞间物质交流植物细胞形成了胞间连丝,可调控物质在细胞间的交流和信息传递。

(2)胞间连丝(plasmodesmata):植物细胞不是独立的,而是由胞间连丝连成一个巨大的合胞体(图 7-10)。胞间连丝是贯穿细胞壁、胞间层而连接相邻细胞原生质体的管状通道,相邻两原生质体借质膜通过连丝孔道而连接,直径 40～60 nm。植物的大多数活细胞间都有胞间连丝,胞质可在其间流动,因它们的细胞质被胞间连丝相互连通成一个整体而被称为共质体(symplast)。细胞质膜以外的胞间层、细胞壁及胞间隙,彼此也形成了连续的整体,因为是在细胞质以外而被称为质外体(apoplast)。

胞间连丝负责细胞间水分、物质甚至小泡的运输和转移,有时还可传递化学信息、电信号等刺激而产生级联反应。此外,病毒等病原体有时也可经胞间连丝实现细胞间的传播。

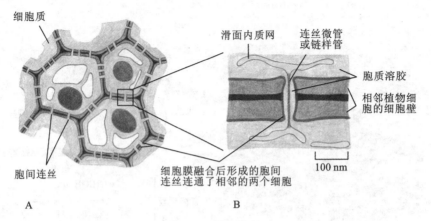

图 7-10　胞间连丝

A.胞间连丝贯穿植物细胞并将细胞连成一个整体;B.相邻两个细胞间的细胞质膜通过连丝孔道

而连接,质膜进入通道后,构成了胞间连丝的外围

胞间连丝并非是实心的丝状物,它有着非常复杂的内部结构,还可在运输某些物质时显示出动态的特点。在某些成熟细胞之间有时并不存在胞间连丝结构,如蚕豆、洋葱气孔保卫细胞之间的壁上就没有。在某些组织细胞的细胞壁区域由一些降解酶(果胶酶、半纤维素酶和纤维素酶)的作用使完整的细胞壁穿孔,其相邻细胞的细胞膜发生融合,即可形成次生胞间连丝。共质体通过此种方式延伸的事实说明胞间连丝在营养和发育通信中扮演着重要的角色。近年的研究还表明,一些病原真菌如稻瘟病菌在侵入细胞后,可通过胞间连丝向周围的细胞扩展,发展成为次级侵染菌丝,同时表明细胞与其内外环境间的联系是植物生长发育的重要条件之一。

简言之,自细胞有丝分裂结束形成两个子细胞后,细胞能以原体积的千百倍迅速增大,细胞膨大后具备一定的形态结构,并能行使各自特定的功能,如具备叶绿体的叶肉细胞负责光合作用,哺乳动物的红细胞虽然没有细胞核但具有氧气运输的重要功能等。然而,这些细胞最初都是由一个细胞(受精卵)不断分裂、分化发育而成的,稳定而平衡的细胞内、外环境是有机体生长发育的必要条件。

思考题

1.细胞质基质与细胞内环境的异同点是什么?

2.简介细胞外基质中大分子的模块化结构及其功能。

3.脱细胞真皮的概念及应用前景是什么?

4.蛋白聚糖概念是什么?

5.简介纤连蛋白的结构和功能。

6.胶原的结构和功能是什么?

拓展资源

http://www.ncbi.nlm.nih.gov/pubmed/15690483? dopt = Citation (BSMB Spring

2003 Meeting Report,Oxford)its theme Extracellular matrix:from structure to function.

http://www. sinobiological. com/Extracellular-Matrix-Molecule-a-985. html? utm＿source＝bing&utm_medium＝cpc&utm_campaign＝Global

http://www. wisegeek. com/what-is-an-extracellular-matrix. htm

http://themedicalbiochemistrypage. org/extracellularmatrix. html

www. HarvardApparatus. com

参考文献

[1] 沈振国. 细胞生物学[M]. 2 版. 北京:中国农业出版社,2010.

[2] 翟中和,王喜忠,丁明孝. 细胞生物学[M]. 4 版. 北京:高等教育出版社,2011.

[3] Bruce Alberts. Molecular biology of the cell[M]. 5th Edition. New York:Garland Science,2008.

[4] Gerald Karp. Cell and molecular biology:Concepts and Experiments[M]. 4th Edition. 分子细胞生物学. 4 版,影印版. 北京:高等教育出版社,2010.

[5] Gerald Karp. 分子细胞生物学[M]. 3 版. 王喜忠,丁明孝,张传茂,等,译. 北京:高等教育出版社,2004.

[6] Gundelfinger E D,Fejtova A. Molecular organization and plasticity of the cytomatrix at the active zone[J]. Curr Opin Neurobiol,2012,22(3):423-430.

[7] Kang Y,Kim S,Bishop J,et al. The osteogenic differentiation of human bone marrow MSCs on HUVEC-derived ECM and β-TCP scaffold[J]. Biomaterials,2012,33(29):6998-7007.

[8] Kulig K M,Luo X,Finkelstein E B,et al. Biologic properties of surgical scaffold materials derived from dermal ECM[J]. Biomaterials,2013,34(23):5776-5784.

[9] Ma R,Li M,Luo J,et al. Structural integrity,ECM components and immunogenicity of decellularized laryngeal scaffold with preserved cartilage[J]. Biomaterials,2013,34(7):1790-1798.

[10] Sreejit P,Verma R S. Natural ECM as biomaterial for scaffold based cardiac regeneration using adult bone marrow derived stem cells[J]. Stem Cell Rev,2013,9(2):158-171.

[11] Turmaine M,Delario G,Al-Shraideh Y,et al. Discarded human kidneys as a source of ECM scaffold for kidney regeneration technologies[J]. Biomaterials,2013,34(24):5915-5925.

第**8**章   细 胞 骨 架

提要   细胞骨架是由微丝、微管和中间纤维构成的蛋白纤维网络结构,它们均由单体蛋白以较弱的非共价键结合在一起,是一种高度动态的结构体系,很容易进行组装和去组装。微丝是由肌动蛋白组成的直径约 7 nm 的丝状纤维,存在于所有真核细胞中,微丝能确定细胞表面特征,使细胞运动和收缩。微管是直径为 24～26 nm 的中空管状结构,在细胞内呈网状和束状分布,影响膜性细胞器的定位并作为膜泡运输的导轨。中间纤维直径为 10 nm 左右,介于微丝和微管之间,由长形、杆状的蛋白装配,是最稳定的细胞骨架成分,使细胞具有张力和抗剪切力,主要起支撑作用。

    细胞骨架(cytoskeleton)是真核细胞中的蛋白纤维网络结构,它所组成的结构体系称为"细胞骨架系统",与细胞内的遗传系统、生物膜系统并称"细胞内的三大系统"。广义的细胞骨架包括细胞质骨架和细胞核骨架。细胞质骨架由微丝(microfilament)、微管(microtubule)和中间纤维(intermediate filament)构成。微丝确定细胞表面特征,使细胞能够运动和收缩。微管确定膜性细胞器(membrane-enclosed organelle)的位置和作为膜泡运输的导轨。中间纤维使细胞具有张力和抗剪切力。细胞骨架的主要作用是维持细胞的一定形态特征,使细胞得以"安居乐业";对于细胞内物质运输和细胞器的移动来说又起到"交通动脉"的作用;细胞骨架还将细胞内基质区域化,并帮助细胞"移动、行走"。细胞骨架除了在维持细胞形态、承受外力、保持细胞内部结构的有序性等方面发挥重要作用外,还参与了许多重要的生命活动(图 8-1),如:在细胞分裂中微管牵引染色体分离;在细胞物质运输中,各类小泡和细胞器可沿着细胞骨架定向转运;在肌肉细胞收缩时,微丝和它的结合蛋白组成动力系统;白细胞的迁移、精子的游动、神经细胞轴突和树突的伸展等方面都与细胞骨架有关。另外,在植物细胞中细胞骨架还参与指导细胞壁的合成。

    真核细胞的细胞核中也存在着一个以蛋白质为主要结构成分的网架体系,称为细胞核骨架,简称核骨架。核骨架包括了核基质、核纤层和核孔复合体等。核基质为 DNA 复制提供空间支架,对 DNA 超螺旋化的稳定起重要作用;核纤层为核被膜及染色质提供结构支架。另外,还有人认为细胞骨架除了细胞质骨架和核骨架以外还包括细胞外基质(extracellular matrix),形成贯穿于细胞核、细胞质、细胞外的一体化网络结构。

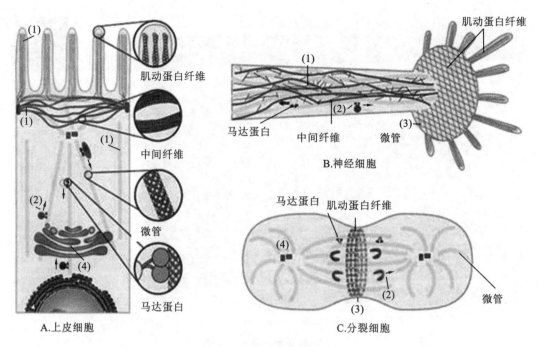

图 8-1　细胞骨架的主要功能

(1)结构和支持；(2)物质运输；(3)收缩和运动；(4)空间组织

8.1　微丝

微丝(microfilament，MF)是由肌动蛋白(actin)组成的直径约 7 nm 的骨架纤维，又称肌动蛋白纤维(actin filament)或纤维状肌动蛋白(fibrous actin)。微丝和它的结合蛋白以及肌球蛋白(myosin)三者构成化学机械系统，利用化学能产生机械运动。

微丝存在于所有的真核细胞中，是一种高度保守的蛋白质，物种间差异(例如藻类与人类)不会超过 20%。微丝首先发现于肌细胞中，在横纹肌和心肌细胞中肌动蛋白成束排列组成肌原纤维，具有收缩功能。在非肌细胞中，细胞周期的不同阶段或细胞流动时，它们的形态、分布会发生变化。非肌细胞的微丝同胞质微管一样，在大多数情况下是一种动态结构，以不同的结构形式来适应细胞活动的需要。

8.1.1　微丝的分子结构

微丝又称肌动蛋白纤维或纤维状肌动蛋白，基本结构单位是肌动蛋白(actin)。肌动蛋白是一种中等大小的蛋白质，由 375 个氨基酸残基组成，分子量为 42 kD，由一个大的、高度保守的基因编码。一般以单体和多聚体两种形式存在(图 8-2)。单体肌动蛋白是由一条多肽链构成的球形分子，又称球状肌动蛋白(globular actin，G-actin)，单体肌动蛋白分子的分子量为 43 kD，其上有三个结合位点：一个是 ATP 结合位点，另两个都是与肌动蛋白结合的蛋白结合位点(图 8-2 A)。肌动蛋白的多聚体形成肌动蛋白丝，称为纤维状肌动蛋白(fibrous actin，F-actin)。在电子显微镜下，F-actin 呈双股螺旋状，直径为 8 nm，螺旋间的距离为 37 nm(图 8-2 B)。

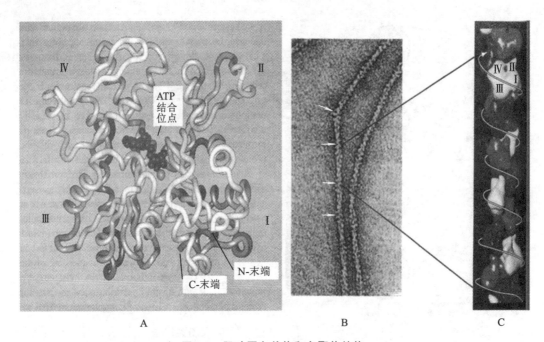

图 8-2　肌动蛋白单体和多聚体结构
A. 肌动蛋白单体三维结构；B. 肌动蛋白丝电镜照片；C. 肌动蛋白丝分子模型

肌动蛋白是真核细胞中含量最丰富的蛋白质之一。在肌细胞中，肌动蛋白占总蛋白的10%，即使在非肌细胞中，肌动蛋白也占细胞总蛋白的1%～5%。肌动蛋白在非肌细胞的胞质溶胶中的浓度为 0.5 mmol/L。在特殊的结构如微绒毛（microvilli）中，局部肌动蛋白的浓度要比典型细胞中的浓度高 10 倍。

肌动蛋白是非常保守的，可与组蛋白相比。高等动物细胞内的肌动蛋白根据等电点的不同可以分为 3 类，α、β 和 γ-肌动蛋白，α-肌动蛋白分布于各种肌肉细胞中，β 和 γ-肌动蛋白分布于肌细胞和非肌细胞中。在哺乳动物和鸟类细胞中至少已分离到 6 种肌动蛋白，4 种为 α-肌动蛋白，分布于各种肌肉（横纹肌、心肌、血管平滑肌和肠道平滑肌）细胞中；2 种为 β 和 γ-肌动蛋白，存在于所有肌细胞和非肌细胞中。其中 β-肌动蛋白通常位于细胞边缘，γ-肌动蛋白与张力纤维有关。肌动蛋白在进化上高度保守，酵母和兔子肌肉的肌动蛋白有 88% 的同源性。不同类型肌肉细胞的 α-肌动蛋白分子一级结构（约 400 个氨基酸残基）仅相差 4～6 个氨基酸残基，β-肌动蛋白或 γ-肌动蛋白与 α-横纹肌肌动蛋白相差约 25 个氨基酸残基。肌动蛋白的编码基因是从同一个祖先基因演化而来。某些单细胞生物，如酵母、阿米巴虫等只有 1 个肌动蛋白基因，而一些多细胞的生物含有多个肌动蛋白基因。人有 6 个肌动蛋白基因，每 1 个基因编码1 种肌动蛋白异构体。某些植物则含有多达 60 个肌动蛋白基因。肌动蛋白需要经过翻译后修饰，主要是进行 N-末端的酰基化和 1 个组氨酸残基的甲基化，这种修饰作用增加了肌动蛋白功能的多样性。

8.1.2　微丝的组装

在适宜的温度下，通常只有结合 ATP 的肌动蛋白单体可组装成微丝。微丝的组装大体经历成核反应、微丝延长和微丝稳定三个阶段。成核反应，即至少有 2～3 个肌动蛋白单体组装成寡聚体，然后开始多聚体的组装。该成核反应需要肌动蛋白相关蛋白（actin-related protein，Arp）Arp2/3 复合物与其他蛋白相互作用，形成微丝组装的起始复合物，肌动蛋白单体与起始复合物结合，形成可以继续组装的寡聚体。延长阶段，肌动蛋白单体与 ATP 结合，组装到微丝末端，因肌动蛋白具有 ATP 酶活性，肌动蛋白单体与 ATP 结合后，ATP 被水解成 ADP。当微丝的组装速度快于肌动蛋白水解 ATP 的速度时，在微丝末端形成一个肌动蛋白-ATP 结合的帽，使微丝变得稳定，可以持续组装。反之，当末端的肌动蛋白结合 ADP 时，肌动蛋白将从微丝上解聚下来。待微丝组装到一定长度时，肌动蛋白的组装和去组装达到平衡状态，微丝长度几乎保持不变，即达到稳定期。微丝具有极性，肌动蛋白单体加到（＋）极端的速度要比加到（－）极端的速度快 5～10 倍。溶液中 ATP-肌动蛋白的浓度也影响组装的速度，当其处于临界浓度时，ATP-actin 可继续在（＋）端添加，而在（－）端开始分离，表现出一种"踏车"（treadmilling）行为（图 8-3）。

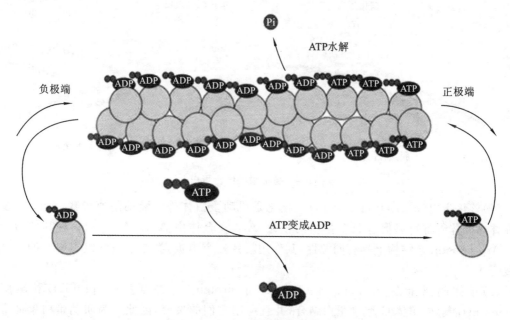

图 8-3　肌动蛋白组装的"踏车"行为

在生物体内，有些微丝是永久性结构，如肌肉中的微丝及上皮细胞微绒毛中的轴心微丝等。有些微丝是暂时性结构，如胞质分裂环中的微丝。在大多数动物细胞中，大约有 70% 的肌动蛋白是游离的单体或者和其他蛋白结合成小的复合物，在游离肌动蛋白分子和微丝之间存在着动态平衡，它们可以帮助激发和调节细胞内微丝的功能。

8.1.3　影响微丝组装的药物

细胞松弛素（cytochalasin）可切断微丝纤维，并结合在微丝末端抑制肌动蛋白聚合到微丝纤维上，特异性地抑制微丝功能。鬼笔环肽（phalloidin）与微丝能够特异性地结合，使微丝纤维稳定而抑制其功能。荧光标记的鬼笔环肽可特异性地显示微丝。

8.1.4　微丝结合蛋白

细胞骨架的结构和功能在很大程度上受其结合蛋白的调节。目前已经分离出来的微丝结合蛋白有 100 多种，根据微丝结合蛋白作用方式的不同，将其分为以下不同类型（图 8-4）。

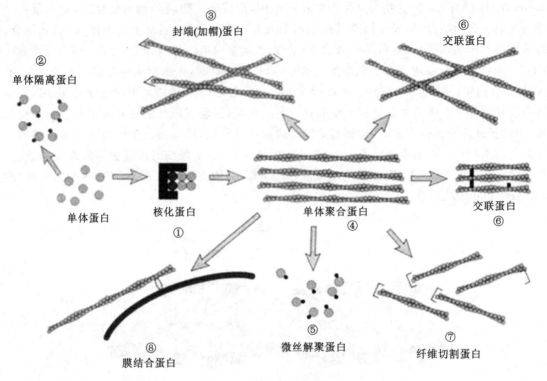

图 8-4 各类微丝结合蛋白

（1）核化蛋白（nucleating protein）　核化是肌动蛋白体外组装的限速步骤，Arp2/3 复合体在体内和体外都可以促进肌动蛋白的核化，Arp 复合体由 Arp2、Arp3 和 5 种其他蛋白构成。Arp 与 actin 在结构上具有同源性，其作用就像一个模板，类似于微管组织中心的 γ 球蛋白复合体。

（2）单体隔离蛋白（monomer-sequenstering protein）　抑制蛋白（profilin）和胸腺素（thymosin）能够同单体 G-肌动蛋白结合，并且抑制它们的聚合，因此称为肌动蛋白单体隔离蛋白。细胞中约有 50% 的肌动蛋白为可溶性肌动蛋白，大大高于肌动蛋白组装所需的临界浓度。但是这些蛋白与其他蛋白结合，构成一个隐蔽的蛋白库。只有当细胞需要组装纤维时，这些可溶性肌动蛋白才被释放出来。如 thymosin 与 actin 结合可阻止其向纤维聚合，抑制其水解或交换结合的核苷酸。

（3）封端（加帽）蛋白（end blocking proteins）　此类蛋白通过结合肌动蛋白纤维的一端或两端来调节肌动蛋白纤维的长度。加帽蛋白同肌动蛋白纤维的末端结合之后，相当于加上了一个帽子。如果一个正在快速生长的肌动蛋白纤维在（＋）极加上了帽子，那么在（－）极就会发生解聚反应。

（4）单体聚合蛋白（monomer polymerizing protein）　如 profilin 结合在 actin 的 ATP 结合位点相对的一侧，能与 thymosin 竞争结合 actin，profilin 可将结合的单体安装到纤维的（＋）极。

（5）微丝解聚蛋白（actin-filament depolymerizing protein）　如 cofilin 可结合在纤维的（－）极，使微丝去组装。这种蛋白在微丝快速组装和去组装的结构中具有重要的作用，涉及细胞的移动、内吞和胞质分裂。

（6）交联蛋白（cross-linking protein）　每一种蛋白含有两个或多个微丝结合部位，因此可以将 2 条或多条纤维联系在一起形成纤维束或网络。分为成束蛋白和成胶蛋白两类:成束蛋白,如丝束蛋白、绒毛蛋白和 α-辅肌动蛋白,可以将肌动蛋白纤丝交联成平行排列成束的结构;成胶蛋白,如细丝蛋白,促使形成肌动蛋白微丝网。

(7)纤维切割蛋白(filament-severing protein)　这类蛋白能够同已经存在的肌动蛋白纤维结合并将它一分为二。由于这种蛋白能够控制肌动蛋白丝的长度,因此大大降低了细胞中的黏度。经这类蛋白作用产生的新末端能够作为生长点,促使 G-肌动蛋白的装配。

(8)膜结合蛋白(membrane-binding protein)　如黏着斑蛋白(vinculin)可将肌动蛋白纤维接在膜上,参与构成黏着带,是非肌细胞质膜下方产生收缩的机器。在剧烈活动时,由收缩蛋白作用于质膜产生的力引起质膜向内或向外移动(如吞噬作用和胞质分裂),这种运动由肌动蛋白纤维直接或间接与质膜相结合后形成。两个典型的例子是红细胞膜骨架和细胞的整联蛋白连接。

8.1.5　微丝的功能

在不同类型的细胞中,甚至是在同一细胞的不同部位,不同的微丝结合蛋白赋予了微丝不同的结构特征和功能。微丝的功能主要可以概括为以下几点。

(1)维持细胞形态,赋予细胞质膜机械强度　微丝遍及细胞质,集中分布于质膜下,并由微丝交联蛋白交联成凝胶态三维网络结构,该区域通常称为细胞皮层(cell cortex)。皮层内的微丝与细胞质膜连接,使膜蛋白的流动性受到某种程度的限制,有助于维持细胞形状和赋予质膜机械强度,如哺乳动物红细胞膜骨架的作用。

(2)参与细胞的运动等重要活动　在不同的细胞或同一细胞的不同部位,微丝参与了诸如肌肉收缩、微绒毛形成、应力纤维形成、细胞运动、胞质分裂和顶体反应等重要功能活动。

① 肌肉收缩　肌肉是一种富含细胞骨架的高效的能量转换器,它直接将化学能转变为机械能。肌肉由肌原纤维组成,肌原纤维由粗肌丝和细肌丝组成,粗肌丝的主要成分是肌球蛋白,细肌丝的主要成分是肌动蛋白、原肌球蛋白和肌钙蛋白。肌球蛋白(myosin)属于马达蛋白,可利用 ATP 产生机械能,最早发现于肌肉组织(Myosin Ⅱ)(图 8-5),20 世纪 70 年代后逐渐发现许多非肌细胞的肌球蛋白,目前已知的有 15 种类型(Myosin Ⅰ～ⅩⅤ)。除Ⅵ型肌球蛋白的运动方向是从微丝的正极端向负极端移动外,其余所有类型都是向微丝的正极端移动。

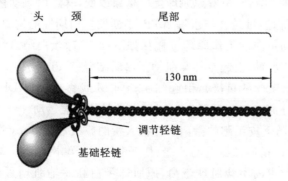

头　颈　　尾部

130 nm

调节轻链

基础轻链

图 8-5　Myosin Ⅱ 结构模型

Myosin Ⅱ是构成肌纤维的主要成分之一。由两个重链和 4 个轻链组成,重链形成一个双股 α 螺旋,一半呈杆状,另一半与轻链一起折叠成两个球形区域,位于分子一端,球形的头部具有 ATP 酶活性(图 8-6)。Myosin Ⅴ结构类似于 Myosin Ⅱ,但重链有球形尾部。Myosin Ⅰ

由 1 个重链和两个轻链组成。Myosin Ⅰ、Ⅱ、Ⅴ都存在于非肌细胞中,Myosin Ⅱ参与形成应力纤维和胞质收缩环,Myosin Ⅰ、Ⅴ结合在膜上,与膜泡运输有关,神经细胞富含 Myosin Ⅴ。

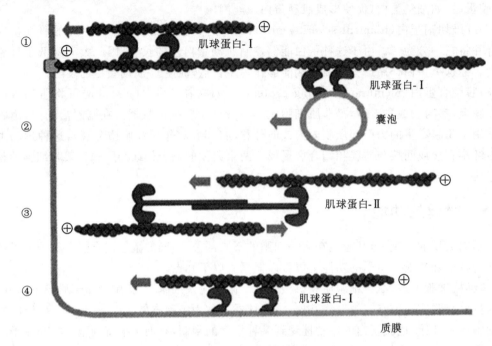

图 8-6　Myosin Ⅱ 的功能

原肌球蛋白(tropomyosin,Tm)分子量为 64 kD,由两条平行的多肽链扭成螺旋,每个 Tm 的长度相当于 7 个肌动蛋白,呈长杆状。原肌球蛋白与肌动蛋白结合,位于肌动蛋白双螺旋的沟中,主要作用是加强和稳定肌动蛋白丝,抑制肌动蛋白与肌球蛋白结合(图 8-7)。

肌钙蛋白(troponin,Tn)分子量为 80 kD,含 3 个亚基,肌钙蛋白 C 特异地与钙结合,肌钙蛋白 T 与原肌球蛋白有高度亲和力,肌钙蛋白 I 抑制肌球蛋白的 ATP 酶活性,细肌丝中每隔 40 nm 就有一个肌钙蛋白复合体(图 8-7)。

肌肉的收缩过程:肌细胞上的动作电位引起肌质网 Ca^{2+} 电位门通道开启,肌浆中 Ca^{2+} 浓度升高,肌钙蛋白与 Ca^{2+} 结合,引发原肌球蛋白构象改变,暴露出肌动蛋白与肌球蛋白的结合位点(图 8-8)。肌动蛋白通过结合与水解 ATP,不断发生周期性的构象改变,引起粗肌丝和细肌丝的相对滑动。肌动蛋白的工作原理可概括如下:a. 肌球蛋白结合 ATP,引起头部与肌动蛋白纤维分离;b. ATP 水解,引起头部与肌动蛋白弱结合;c. Pi 释放,头部与肌动蛋白强结合,头部向 M 线方向弯曲(微丝的负极),引起细肌丝向 M 线移动;d. ADP 释放 ATP 结合上去,头部与肌动蛋白纤维分离。如此循环(图 8-8),完成肌肉收缩运动。

② 微绒毛　在小肠上皮细胞的游离面存在大量的微绒毛(microvilli),其轴心是一束平行排列的微丝,微丝束正极指向微绒毛的顶端,其下端终止于端网结构。微丝束对微绒毛的形态起支撑作用。由于微丝束内不含肌球蛋白、原肌球蛋白和 α-辅肌动蛋白,因而该微丝束无收缩功能。微丝交联蛋白如绒毛蛋白、丝束蛋白、胞衬蛋白等在微丝束的形成、维持及其与细胞质膜的连接中起重要作用。将肌球蛋白的 S1 片段与微绒毛内的微丝结合,用快速冷冻蚀刻电镜技术可显示微绒毛内部微丝束的极性,微丝的正极端在微绒毛的顶部,在微绒毛的基部微丝束与细胞质中间丝相连。

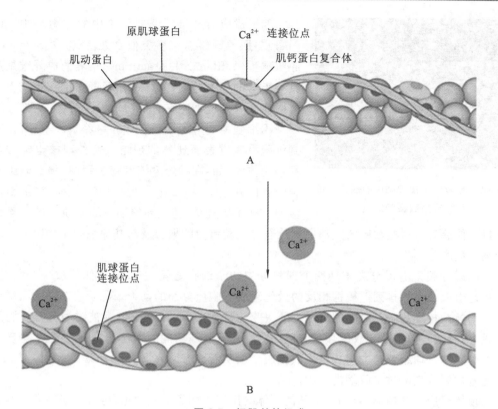

图 8-7　细肌丝的组成

A.肌球蛋白连接位点抑制;肌肉不能收缩;B.肌球蛋白连接位点暴露;肌肉收缩

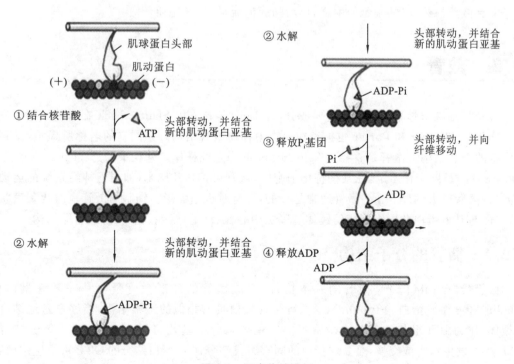

图 8-8　肌肉收缩图解

图 8-9　培养的上皮细胞中的应力纤维
（微丝红色、微管绿色）

③形成应力纤维　非肌细胞中的应力纤维（stress fiber）与肌原纤维有很多类似之处，都包含 Myosin Ⅱ、原肌球蛋白、filamin 和 α-actinin。培养的成纤维细胞中具有丰富的应力纤维，并通过黏着斑固定在基质上。在体内应力纤维使细胞具有抗剪切力（图8-9，彩图 7）。

④细胞的变形运动　在体外培养条件下，可以观察到细胞沿基质表面迁移的现象。这种现象也常常发生在动物体内，如：在神经系统发育过程中，神经嵴细胞从神经管向外迁移；在发生炎症反应时，中心粒细胞从血液向炎症组织迁移；神经元的轴突顺基质上的化学信号向靶目标伸展等。这些细胞的运动主要是通过肌动蛋白的聚合及与其他细胞结构组分的相互作用来实现的。

⑤胞质分裂　有丝分裂末期两个即将分裂的子细胞之间，在质膜内侧形成一个收缩环。收缩环是由大量平行排列但极性相反的微丝组成。胞质分裂的动力来源于收缩环上肌球蛋白所介导的极性相反的微丝之间的滑动。随着收缩环的收缩，两个子细胞被缢缩分开。胞质分裂完成后，收缩环即消失。收缩环是非肌细胞中具有收缩功能的微丝束的典型代表，微丝能在很短的时间内迅速组装与去组装以完成胞质分裂功能。有研究证实，Arp2/3 复合体形成的微丝还起着抑制分裂环过早收缩的作用。

⑥顶体反应　在精卵结合时，微丝使顶体突出穿入卵子的胶质里，融合后受精卵细胞表面积增大，形成微绒毛，微丝参与形成微绒毛，有利于吸收营养。

微丝除了以上功能外，其他如细胞器运动、质膜的流动性、胞质环流等均与微丝的活动有关。抑制微丝的药物（如细胞松弛素）可增强膜的流动，破坏胞质环流。

8.2　微管

微管是细胞质骨架系统中的主要成分，是 1963 年首先由 Slautterback 在水螅细胞中发现的。同年，Ledbetter 和 Porter 也报道在植物中存在微管结构。如同它的名称所提示，微管是一中空的管状结构。微管是直径为 24～26 nm 的中空圆柱体。外径平均为 24 nm，内径为 15 nm。微管的长度变化不定，在某些特化细胞中，微管可长达几厘米（如中枢神经系统的运动神经元）。微管壁大约厚 5 nm，微管通常是直的，但有时也呈弧形。细胞内微管呈网状和束状分布，并能与其他蛋白共同组装成纺锤体、基粒、中心粒、纤毛、鞭毛、轴突、神经管等结构。

8.2.1　微管的分子结构

微管蛋白（tubulin）是微管的基本构件，组成微管的球形微管蛋白是 α-微管蛋白（α-tubulin）和 β-微管蛋白（β-tubulin），这两种微管蛋白具有相似的三维结构，能够紧密地结合成二聚体，作为微管组装的亚基。微管蛋白二聚体两种亚基均可结合 GTP，α 球蛋白结合的 GTP 从不发生水解或交换，是 α 球蛋白的固有组成部分，β 球蛋白结合的 GTP 可发生水解，结合的 GDP 可交换为 GTP，可见 β 亚基也是一种 G 蛋白（图 8-10，彩图 8）。

微管具有极性，微管的极性有两层含义，一是组装的方向性，二是生长速度的快慢。由于

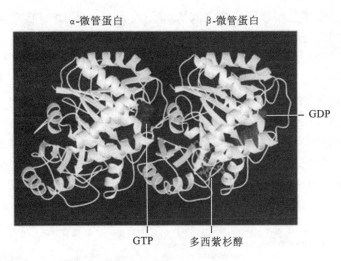

α-微管蛋白　　　　　　β-微管蛋白

GDP

GTP　　　多西紫杉醇

图 8-10　微管蛋白分子模型

微管以 αβ-微管蛋白二聚体作为基本构件进行组装,并且是以首-尾排列的方式进行组装,所以每一根原纤维都有相同的极性(方向性),这样,组装成的微管的一端是 α 微管蛋白亚基组成的环,而相对的一端是以 β 微管蛋白亚基组成的环。极性的另一层含义是两端的组装速度是不同的,正端生长得快,负端则慢。微管去组装也是正端速度快于负端。

微管有单微管、二联管和三联管等三种类型。大部分细胞质微管是单微管(singlet),它在低温、Ca^{2+} 和秋水仙素作用下容易解聚,属于不稳定微管。虽然绝大多数单微管是由 13 根原纤维组成的一个管状结构,但在极少数情况下,也有由 11 根或 15 根原纤维组成的微管,如线虫神经节微管就是由 11 根或 15 根原纤维组成。二联管(doublet)常见于特化的细胞结构。二联管是构成纤毛和鞭毛的周围小管,是运动类型的微管,它对低温、Ca^{2+} 和秋水仙素都比较稳定。组成二联管的单管分别称为 A 管和 B 管,其中 A 管是由 13 根原纤维组成,B 管是由 10 根原维组成,所以二联管是由两个单管融合而成的,一个二联管只有 23 根原纤维。三联管(triplet)通常见于中心粒和基体,由 A、B、C 三个单管组成,A 管由 13 根原纤维组成,B 管和 C 管都是由 10 根原纤维组成,所以一个三联管共有 33 根原纤维。三联管对于低温、Ca^{2+} 和秋水仙素的作用是稳定的。

8.2.2　微管的组装

微管的组装过程相当复杂,受到多种因素的调节,因此,对微管组装的研究结果多来自体外实验。体外实验表明,微管蛋白的体外组装分为成核(nucleation)和延长(elongation)两个反应,其中成核反应是微管组装的限速步骤。成核反应结束时,形成很短的微管,此时二聚体以比较快的速度从两端加到已形成的微管上,使其不断加长。

微管聚合过程需要加入 GTP,因为 β 亚基能够同 GTP 结合。对于微管的组装来说不需要 GTP 水解成 GDP,但是发现 αβ-微管蛋白二聚体加入到微管之后不久所结合的 GTP 就被水解成 GDP。去组装过程中释放出来的 αβ-微管蛋白二聚体上的 GDP 要与 GTP 交换,使 αβ-微管蛋白二聚体重新结合上 GTP,才能作为微管组装的构件。一些酶在微管组装之后对微管蛋白进行修饰使微管处于稳定状态。典型的例子是微管 α 亚基的乙酰化和去酪氨酸作用。微管蛋白的乙酰化是由微管蛋白乙酰化酶催化的,它能够将乙酰基转移到微管蛋白特定的赖氨酸残基上;去酪氨酸作用是由微管去酪氨酸酶(detyrosinase)催化的,它能够除去 α-微管蛋白 C-末端的酪氨酸残基。这两种修饰作用都使微管趋于稳定。

微管在体外组装时处于动态不稳定状态(dynamic instability)。这种不稳定状态受游离微管蛋白的浓度和 GTP 水解成 GDP 的速度两种因素的影响。高浓度的微管蛋白适合微管的生长,低浓度的微管蛋白引起 GTP 的水解,形成 GDP 帽,使微管解聚。GTP 的低速水解适合于微管的连续生长,而快速的水解造成微管的解聚。细胞内的微管是处于这种动态不稳定状态的。微管的组装也表现出"踏车"现象,又称轮回,是微管组装后处于动态平衡的一种现象(图 8-11)。即微管的总长度不变,但结合上的二聚体从(+)端不断向(-)端推移,最后到达负端。造成这一现象的原因除了 GTP 水解之外,另一个原因是反应系统中游离蛋白(携带 GTP 的 αβ-微管蛋白二聚体)的浓度。

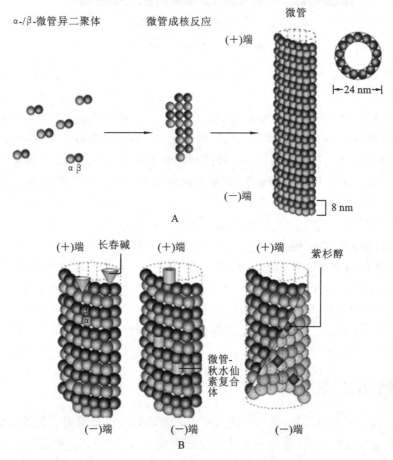

图 8-11 微管的组装及其与药物的结合
A. 微管组装;B. 微管与药物的结合

8.2.3 影响微管组装的药物

有几种药物能够抑制与微管的组装和去组装有关的细胞活动,这些药物是研究微管功能的有力工具,这些药物中用得最多的是秋水仙素、紫杉醇等。秋水仙素(colchicine)是一种生物碱,能够与微管特异性结合。秋水仙素同二聚体的结合,形成的复合物可以阻止微管的成核反应。秋水仙素和微管蛋白二聚体复合物加到微管的正负两端,可阻止其他微管蛋白二聚体的加入或丢失。不同浓度的秋水仙碱对微管的影响不同。用高浓度的秋水仙素处理细胞时，细胞内的微管全部解聚，但是用低浓度的秋水仙素处理动物和植物细胞，微管保持稳定，并将细胞阻断在中期。紫杉醇(taxol)是红豆杉属植物中的一种复杂的次生代谢产物，紫杉醇只结合到聚合的微管上，不与未聚合的微管蛋白二聚体反应，因此维持了微管的稳定。

8.2.4　微管组织中心

微管组织中心(microtubule organizing centers, MTOCs)是细胞质中决定微管在生理状态或实验处理解聚后重新组装的结构。MTOCs 不仅为微管提供了生长的起点，而且还决定了微管的方向性。靠近 MTOCs 的一端由于生长慢而称之为(一)端(minus end)，远离 MTOCs 一端的微管生长速度快，被称为(＋)端(plus end)，所以(＋)端指向细胞质基质，常常靠近细胞质膜。在有丝分裂的极性细胞中，纺锤体微管的(一)端指向一极，而(＋)端指向中心，通常是纺锤体的(＋)端同染色体接触。

MTOCs 的主要作用是帮助大多数细胞质微管组装过程中的成核反应，微管从 MTOCs 开始生长，这是细胞质微管组装的一个独特性质，即细胞质微管的组装受统一的功能位点控制(图 8-12)。细胞中起微管组织中心作用的有中心体、纤毛和鞭毛基部的基体等细胞器。

中心体(centrosome)是动物细胞特有的结构，包括中心粒和中心粒周质基质(pericentriolar matrix)。在细胞间期中心体位于细胞核的附近，在有丝分裂期则位于纺锤体的两极。中心粒(centrioles)是中心体的主要结构，成对存在，即一个中心体含有一对中心粒，且互相垂直形成"L"形排列。中心粒直径为 0.2 μm，长为 0.4 μm，是中空的短圆柱状结构。圆柱的壁由 9 组间距均匀的三联管组成，三联管是由 3 个微管组成，每个微管包埋在致密的基质中。组成三联管的 3 个微管分别称 A、B、C 纤维，A 纤维伸出两个短臂，一个伸向中心粒的中央，另一个反方向连到下一个三联管的 C 纤维，9 组三联管串联在一起，形成一个由短臂连起来的齿轮状环形结构(图 8-13)。微管从中心粒上开始形成。

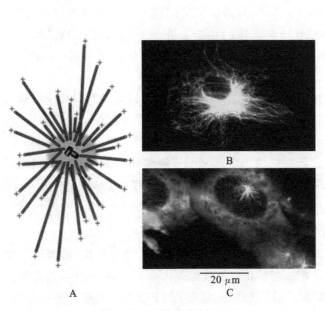

图 8-12　微管组织中心

图 8-13　中心粒立体模型

基体(basal body)是纤毛和鞭毛的微管组织中心,不过基体只含有一个中心粒而不是一对中心粒。基体的结构与中心粒基本一致,其壁由9组三联体微管构成。中心粒和基体在某些时候可以相互转变。如:精子鞭毛的基体起源于中心粒衍生物,该基体在进入卵细胞后,受精卵第一次有丝分裂过程中又形成中心粒。中心粒和基体都具有自我复制的性质,在某些细胞中能自我发生。

其他类型的细胞具有不同类型的MTOCs,如真菌的细胞有初级MTOCs,称为纺锤极体(spindle pole body)。植物细胞既没有中心体,又没有中心粒,所以植物细胞的MOTCs是细胞核外被表面的成膜体。

8.2.5 微管结合蛋白

在体外将细胞裂解后分离出微管,并在4℃下处理使微管去聚合,将冷处理的样品进行离心,除去不溶性的物质,然后将含有微管蛋白二聚体的上清液于37℃温育,让微管组装。但是,经过多次组装-去组装分离纯化的微管蛋白制品中仍然含有少量的其他蛋白,与微管蛋白共分离蛋白存在,说明这些蛋白是与微管蛋白特异性结合的,而不是非特异蛋白的污染。免疫荧光观察培养细胞也发现有与微管结合的蛋白存在,后来将这一类微管辅助蛋白称为微管结合蛋白(microtubule associated proteins,MAPs),在微管结构中占10%~15%。微管结合蛋白分子至少包含一个结合微管的结构域和一个向外突出的结构域。突出部位延伸到微管外与其他细胞组分(如微管束、中间纤维、质膜)结合(图8-14)。

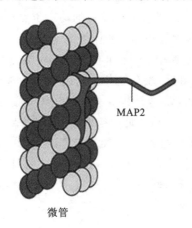

MAP2

微管

图8-14 微管结合蛋白

根据序列特点,将MAPs主要分成Ⅰ型和Ⅱ型(还有其他类型)。Ⅰ型主要对热敏感,存在于神经细胞,MAP1a和MAP1b含有几个重复的氨基酸序列如Lys-Lys-Glu-X,作为同带负电的微管蛋白结合的位点,这些位点可中和微管中微管蛋白间的电荷,维持聚合体的稳定。Ⅱ型热稳定性高,MAP包括MAP2、MAP4、Tau,这些蛋白有几个与微管蛋白结合的18氨基酸重复序列,其中MAP2只存在于神经细胞,MAP2a的含量减少影响树突的生长。

MAPs具有多方面的功能:①使微管相互交联形成束状结构,也可以使微管同其他细胞结构交联。②通过与微管成核点的作用促进微管的聚合。③在细胞内沿微管转运囊泡和颗粒,因为一些分子马达能够同微管结合转运细胞的物质。④提高微管的稳定性。由于MAPs同微管壁的结合,自然就改变了微管组装和解聚的动力学。MAPs同微管的结合能够控制微管的长度以防止微管的解聚。由此可见,微管结合蛋白扩展了微管蛋白的生化功能。

8.2.6 微管的功能

真核细胞内部高度区室化,细胞器与细胞器、细胞器与细胞质基质相互作用,协调统一并形成高度有序的系统,均离不开微管的作用。当用秋水仙素处理体外培养的细胞时,微管很快解聚,细胞变圆,细胞内依赖于微管的物质运输系统完全瘫痪,处于分裂期的细胞停止分裂。大量研究表明,微管具有支架作用,为细胞维持一定的形态提供结构上的保证,并给各种细胞器进行定位;微管可作为细胞内物质运输的轨道,作为纤毛和鞭毛的运动元件,参与细胞的有丝分裂和减数分裂。

(1)维持细胞形态是微管的基本功能　实验证明,微管具有一定的强度,能够抗压和抗弯曲,这种特性给细胞提供了机械支持力。微管能够维持细胞的形态,使细胞不至于破裂。在培养的动物细胞中,微管围绕细胞核向外呈放射状分布(图 8-15,彩图 9),维持细胞的形态。微管能够帮助细胞产生极性,确定方向。例如神经细胞的轴突中就有大量平行排列的微管,确定神经细胞轴突的方向。

图 8-15　以细胞核为中心向外放射状排列的微管纤维

在植物细胞中,微管对细胞形态的维持也有间接的作用。在植物细胞膜的下面有成束微管形成的皮层带,这种皮层带影响纤维素合成酶在细胞质膜中的定位。其结果是产生的纤维素纤维与微管平行排列。

(2)微管对于维持细胞内部的组织也有重要作用　用破坏微管的药物处理细胞,发现膜细胞器特别是高尔基体在细胞内的位置严重受到影响。高尔基体在细胞内的位置一般位于细胞的中央,刚好在细胞核的外侧,用秋水仙素处理细胞后,高尔基体分散存在于四周;若去掉药物,微管可重新组装,高尔基体又恢复其在细胞内的正常位置。

(3)参与细胞内物质运输　微管在核的周围分布密集,并向胞质外周伸展,在线粒体周围也有微管的分布,有的微管直接与高尔基体小泡连接。核糖体可附着在微管及微丝的交叉点上。所以,细胞器移动和胞质内物质转运都和微管有着密切的关系。微管充当细胞内物质运输的路轨,破坏微管会抑制细胞内的物质运输。另有研究发现,色素颗粒的运输是微管依赖性的,色素颗粒实际上是沿微管转运的。鱼的色素细胞中色素分子的分散与聚集、内膜系统中通过小泡进行的蛋白质运输,都是以微管作为轨道的。

依赖于微管的膜泡运输是个需能的靶向转运过程。与微管结合并参与物质运输的马达蛋白有两大类,即驱动蛋白(kinesin)和胞质动力蛋白(cytoplasmic dynein,CyDn),两者均需ATP 提供能量。

驱动蛋白发现于 1985 年,是由两条轻链和两条重链构成的四聚体(图 8-16),外观具有两个球形的头部(具有 ATP 酶活性)、一个螺旋状的躯干和两个扇子状的尾部。通过结合和水解 ATP,导致颈部发生构象改变,使两个头部交替与微管结合,从而沿微管"行走",将"尾部"结合的"货物"(运输泡或细胞器)转运到其他地方。据估计哺乳动物中类似于驱动蛋白的蛋白(KLP,kinesin-like protein or KRB,kinesin-related protein)超过 50 种,大多数 KLP 能向着微管(+)极运输小泡,也有些如 Ncd(kinesin-14)蛋白(一种着丝点相关的蛋白)趋向微管的(一)极。

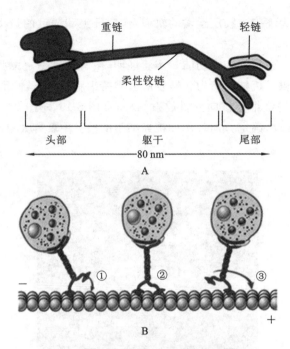

图 8-16　驱动蛋白分子结构模式图

　　驱动蛋白发现于 1963 年,因与鞭毛和纤毛的运动有关而得名。驱动蛋白相对分子质量很大(接近 1.5×10^6),由两条相同的重链和一些种类繁多的轻链以及结合蛋白构成(鞭毛二联微管外臂的动力蛋白具有三条重链)。其作用主要有以下几个方面,在细胞分裂中推动染色体的分离、驱动鞭毛的运动、向着微管(一)极运输小泡(图 8-17)。

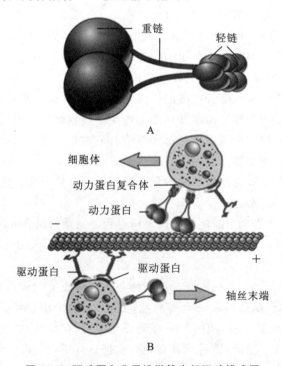

图 8-17　驱动蛋白分子沿微管步行运动模式图

(4)纤毛与鞭毛的运动　纤毛与鞭毛是质膜包围且突出于细胞表面,由微管和动力蛋白等构成的高度特化的细胞结构。纤毛较短,$5\sim10\ \mu m$;鞭毛较长,约 $150\ \mu m$,两者直径相似,均为 $0.15\sim0.3\ \mu m$。鞭毛常见于精子和原生动物,通过波状摆动使细胞在液体介质中游动。纤毛是一些原始动物的运动装置。在高等动物体内,纤毛存在于多种组织的细胞表面,如输卵管、神经元、外胚层、脑膜等组织。相邻的纤毛几乎为同步运动,使组织表面产生定向流动。在人体呼吸道内,数目众多的纤毛可以清除进入气管的异物;输卵管中的纤毛可以使卵细胞向子宫方向移动。近年来,组织学家们研究发现,纤毛除了作为运动装置外,还与细胞信号转导、细胞增殖与分化、组织与个体发育等过程密切相关。

鞭毛和纤毛均由基体和鞭杆两部分构成(图 8-18),鞭毛中的微管为 9+2 结构,即由 9 个二联微管和一对中央微管构成,其中二联微管由 A、B 两个管组成,A 管由 13 条原纤维组成,B 管由 10 条原纤维组成,两者共用 3 条。A 管向相邻的 B 管伸出两条动力蛋白臂(图 8-19),并向鞭毛中央发出一条辐。基体的微管组成为 9(3)+0,结构类似于中心粒。纤毛和鞭毛的运动是依靠动力蛋白水解 ATP,使相邻的二联微管相互滑动。患有慢性支气管炎的病人,主要是因为是鞭毛和纤毛没有动力蛋白臂,不能排出侵入肺部的粒子。

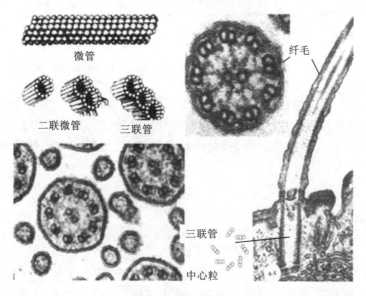

图 8-18　鞭毛的结构

(5)形成纺锤体,参与染色体运动　微管在细胞的有丝分裂中发挥重要作用。当细胞从间期进入有丝分裂期,间期细胞微管网络解聚为游离的 αβ 微管蛋白二聚体,再重组装形成纺锤体,介导染色体的运动;分裂末期,纺锤体微管解聚,又重组装形成胞质微管网络。纺锤体微管分为以下三类:动粒微管是连接染色体动力与两极的微管;极微管则是从两极发出,在纺锤体中部赤道区相互交错重叠的微管;星体微管是位于中心体周围呈辐射状分布的微管。有关染色体运动依赖纺锤体微管组装和去组装的过程详见第十二章。

微管在细胞质中分布广泛,跨越质膜到细胞核,同时细胞中的微管具有很大的蛋白面积,在中度增殖的成纤维细胞有丝分裂间期,微管上的蛋白表面积达 $100\ \mu m^2$,与细胞表面积相等,是核膜的 10 倍,因此,人们认为微管具有足够的空间进行信号转导,近年来人们对微管参与细胞信号转导的研究越来越多,已证明微管参与 ERK(extracellular regulated protein

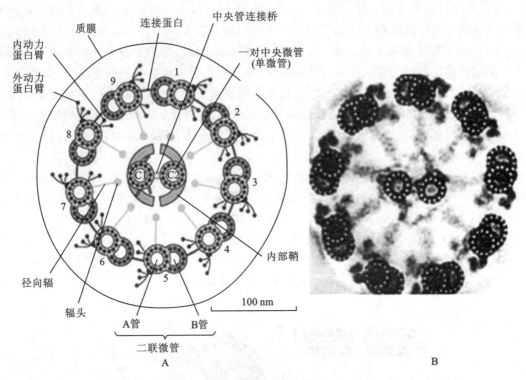

图 8-19 鞭毛轴丝结构

kinases,ERK)等蛋白激酶信号转导通路,信号分子可通过直接与微管作用或通过马达蛋白或通过一些支架蛋白来与微管发生作用。微管的信号转导功能具有重要的生物学功能,它与细胞的极化、微管的不稳定动力学行为、微管的稳定性变化、微管的方向性及微管组织中心均有关。

8.3 中间纤维

中间纤维(intermediate filaments,IF)直径为 10 nm 左右,介于微丝和微管之间。由于其直径约为 10 nm,故又称 10 nm 纤维。IF 在细胞中围绕着细胞核分布,成束成网,并扩展到细胞质膜并与细胞质膜相连。微管与微丝都是由球形蛋白装配起来的,而中间纤维则是由长的杆状的蛋白质装配的。IF 是一种坚韧的耐久的蛋白质纤维。它相对较为稳定,既不受细胞松弛素影响,也不受秋水仙素的影响。与微丝、微管不同的是中间纤维是最稳定的细胞骨架成分,它主要起支撑作用。

8.3.1 中间纤维的类型

IF 的结构相当稳定,即使用含有去垢剂和高盐溶液抽提细胞,中间纤维仍然保持完整无缺的形态。IF 的成分比微丝和微管都复杂。中间纤维具有组织特异性,不同类型细胞含有不同 IF 蛋白质。肿瘤细胞转移后仍保留源细胞的 IF,因此可用 IF 抗体来鉴定肿瘤的来源。如乳腺癌和胃肠道癌含有角蛋白,因此可断定它来源于上皮组织。大多数细胞中含有 1 种中间纤维,但也有少数细胞含有 2 种以上,如骨骼肌细胞含有结蛋白和波形蛋白。

可根据组织来源的免疫原性将 IF 分为 5 类:角蛋白(keratin)、结蛋白(desmin)、胶质原纤维酸性蛋白(glial fibrillary acidic protein)、波形纤维蛋白(vimentin)、神经纤丝蛋白(neurofilament protein)。此外细胞核中的核纤肽(lamin)也是一种中间纤维。

(1)角蛋白　分子量为 40～70 kD,主要分布于表皮细胞中,在人类上皮细胞中有 20 多种不同的角蛋白,分为 α 和 β 两类。β 角蛋白又称胞质角蛋白(cyto-keratin),分布于体表、体腔的上皮细胞中。α 角蛋白为头发、指甲等坚韧结构所具有。根据组成氨基酸的不同,亦可将角蛋白分为酸性角蛋白(Ⅰ型)和中性或碱性角蛋白(Ⅱ型),角蛋白组装时必须由Ⅰ型和Ⅱ型以 1∶1 的比例混合组装成异二聚体,才能进一步形成中间纤维。

(2)结蛋白　又称骨骼蛋白(skeletin),分子量约为 52 kD,分布于肌肉细胞中,它的主要功能是使肌纤维连在一起。

(3)胶质原纤维酸性蛋白　又称胶质原纤维(glial filament),分子量约为 50 kD,分布于星形神经胶质细胞和周围神经的施旺细胞,主要起支撑作用。

(4)波形纤维蛋白　分子量约为 53 kD,广泛存在于间充质细胞及中胚层来源的细胞中,波形纤维蛋白一端与核膜相连,另一端与细胞表面的桥粒或半桥粒相连,将细胞核和细胞器维持在特定的空间。

(5)神经纤丝蛋白　神经纤丝蛋白是由三种分子量不同的多肽组成的异聚体,三种多肽是 NF-L(low,60～70 kD)、NF-M(medium,105～110 kD)、NF-H(heavy,135～150 kD)。神经纤丝蛋白的功能是提供弹性使神经纤维易于伸展和防止断裂。

8.3.2　中间纤维的结构与组装

中间纤维蛋白分子由一个 310 个氨基酸残基形成的 α 螺旋杆状区,以及两端非螺旋化的球形头(N 端)、尾(C 端)部构成。杆状区是高度保守的,由螺旋 1 和螺旋 2 构成,每个螺旋区还分为 A、B 两个亚区,它们之间由非螺旋式的连结区连结在一起(图 8-20)。头部和尾部的氨基酸序列在不同类型的中间纤维中变化较大,可进一步分为:①H 亚区:同源区。②V 亚区:可变区。③E 亚区:末端区。

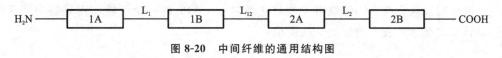

$$H_2N - \boxed{1A} - L_1 - \boxed{1B} - L_{12} - \boxed{2A} - L_2 - \boxed{2B} - COOH$$

图 8-20　中间纤维的通用结构图

IF 的装配过程与 MT、MF 相比较显得更为复杂。根据 X 衍射、电镜观察和体外装配的实验结果推测,中间纤维的组装过程如下(图 8-21):①首先两个单体形成两股超螺旋二聚体(角蛋白为异二聚体);②随后两个二聚体反向平行组装成四聚体,三个四聚体长向连成原丝;③紧接着两个原丝组装成原纤维;④最后 8 根原纤维组装成中间纤维,横切面具有 32 个单体。

由于 IF 是由反向平行的 α 螺旋组成的,所以和微丝、微管不同的是,它没有极性。另外,细胞内的中间纤维蛋白绝大部分组装成中间纤维,而不像微丝和微管那样存在蛋白库,仅约 50% 的处于装配状态。此外 IF 的装配与温度和蛋白浓度无关,不需要 ATP 或 GTP。微管和微丝的组装都是通过单一的途径进行的,并且在装配过程中要伴随核苷酸的水解。而中间纤维组装的方式有很多种,并且不需要水解核苷酸。中间纤维亚基蛋白合成后,基本上全部组装成中间纤维,游离的单体很少。但是在某些细胞(如进入有丝分裂的细胞和刚刚结束有丝分裂

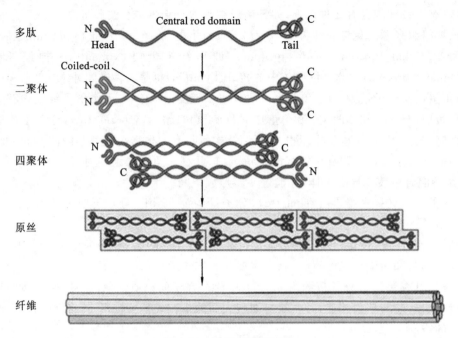

图 8-21　中间纤维的组装

的细胞)中也能看到中间纤维的动态平衡的特性。在这些细胞中,中间纤维在有丝分裂前解聚,有丝分裂后在新的子细胞中进行重新装配。在另外一些情况下(如含有角蛋白的表皮细胞),在整个细胞分裂过程中,IF 都保持聚合状态。

8.3.3　中间纤维结合蛋白

IF 之间的相互作用或 IF 同细胞其他结构间的相互作用是由中间纤维结合蛋白(intermediate filament-associated protein,IFAPs)所介导的,这些结合蛋白能够将中间纤维相互交联成束(也称张力丝,tonofilaments),张力丝可进一步相互结合或是同细胞质膜作用形成中间纤维网络。与肌动蛋白结合蛋白、微管结合蛋白不同,没有发现有中间纤维切割蛋白、加帽蛋白,也没有发现有与中间纤维有关的马达蛋白。IFAPs 的一个可能作用是将中间纤维同微丝、微管交联起来形成大的细胞骨架网络。

8.3.4　中间纤维的功能

目前对中间纤维的功能了解较少,主要原因是迄今没有找到一种能够同中间纤维特异结合的药物。目前已了解的功能有以下几个方面。

(1)为细胞提供机械强度支持　从细胞水平看,IF 在细胞质内形成一个完整的支撑网架系统。向外与细胞膜和细胞外基质相连,向内与细胞核表面和核基质直接联系,中间纤维直接与 MT、MF 及其他细胞器相连,赋予细胞一定的强度和机械支持力。如结缔组织中的波形蛋白纤维从细胞核到细胞质膜形成一个精致的网络,这种网络或同质膜或与微管锚定在一起。

(2)参与细胞连接　中间纤维参与黏着连接中的桥粒连接和半桥粒连接,在这些连接中,中间纤维在细胞中形成一个网络,既能维持细胞形态,又能提供支持力。

(3)中间纤维维持细胞核膜稳定　在细胞核内膜的下面有一层由核纤层蛋白组成的网络,

对于细胞核形态的维持具有重要作用。此外,中间纤维在胞质溶胶中也组成网络结构,分布在整个细胞中,维持细胞的形态。

(4)结蛋白及相关蛋白对肌节的稳定作用　在肌细胞中,有一个由结蛋白(desmin)纤维组成的网状结构支撑着肌节。结蛋白纤维除在 Z 线形成一个环外,还与 IFAPs,包括平行蛋白(paranemin)、踝蛋白与质膜交联在一起。长长的结蛋白纤维穿过相邻的 Z 线,由于结蛋白纤维位于肌节的外围,所以它不参与肌收缩,但是具有结构上的功能,可维持肌节的稳定(图8-22)。在转基因鼠中,如果缺少结蛋白,不能形成健全的肌组织。

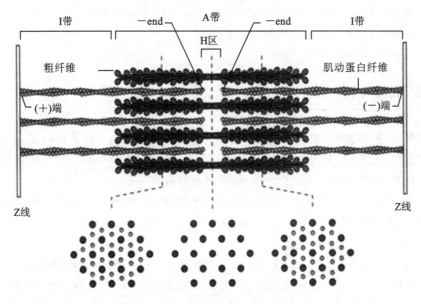

图 8-22　肌节模式图

思考题

1.论述细胞骨架研究的历史与现状。

2.论述三种细胞骨架成分之间的联系。

3.根据本章内容,查阅资料设计实验,证明细胞形态与细胞内微管有关。

4.根据本章内容,查阅资料论述哪些疾病与细胞骨架异常有关? 通过哪些方法可以治疗相关疾病?

5.如何理解细胞骨架的动态不稳定性? 这一现象与细胞生命活动过程有什么关系?

拓展资源

1.杂志类

《中国细胞生物学学报》

《分子细胞生物学报》

《细胞学杂志》

《细胞与分子免疫学杂志》

《Cell》

2. 网站

http://www.cscb.org.cn/

http://www.bscb.org.cn/

http://www.sscb.org.cn/

http://www.zjscb.org/

http://www.wiki8.com/xibaogujia_106476/

http://www.biomart.cn/experiment/430/488/489/16871.htm

http://www.bioon.com/Article/Class306/14152.shtml

http://www.cytoskeleton.com/

参考文献

[1] 翟中和,王喜忠,丁明孝.细胞生物学[M].3 版.北京:高等教育出版社,2007.

[2] 翟中和,王喜忠,丁明孝.细胞生物学[M].4 版.北京:高等教育出版社,2011.

[3] 王金发.细胞生物学 [M].北京:科学出版社,2003.

[4] Agnieszka K,Rzadzinska A K,Schneider M E,et al. An Mctin Molecular Treadmill and Myosins Maintain Stereocilia Functional Architecture and Self-renewal [J]. J. Cell Biol, 2004,164:887-897.

[5] Amos L A,van den Ent F,Löwe J. Structural/functional Homology Between the Bacterial and Eukaryotic Cytoskeletons[J]. Current Opinion in Cell Biology,2004,16:24-31.

[6] Ausmees N,Kuhn J F,Jacobs-Wagner C. The Bacterial Cytoskeleton:An Intermediate Filament-Like Function in Cell Shape[J]. Cell,2003,115:705-713.

[7] Blessing C A,Ugrinova G T,Goodson H V. Actin and ARPs:Action in the Nucleus [J]. Trends in Cell Biology,2004,14:435-442.

[8] Bloom K. Microtubule Cytoskeleton:Navigating the Intracellular Landscape[J]. Current Biology,2003,13:R430-R432.

[9] Costa M L,Escaleira R,Cataldo A,et al. Desmin:Molecular Interactions and Putative Functions of the Muscle Intermediate Filament Protein[J]. Braz J Med Biol Res, 2004,37:1819-1830.

[10] Desai A,Mitchison T J. Microtubule Polymerization Dynamics[J]. Annu. Rev. Cell Dev. Biol,1997,13:83-117.

第9章 细胞社会联系

提要　在多细胞有机体中,细胞之间的连接主要有 3 种类型。①以紧密连接为代表的封闭连接通过形成渗透屏障,阻止溶液中的分子沿细胞间隙进入体内,从而保证了机体内环境的相对稳定,同时阻碍上皮细胞膜蛋白与膜脂分子的侧向扩散,从而维持了上皮细胞的极性。②锚定连接是通过黏着带、黏着斑、桥粒、半桥粒将细胞与细胞或细胞与细胞外基质之间连接在一起,使细胞承受机械力的能力得到增强。③通讯连接是在相邻细胞之间形成连接通道,实现细胞之间在电信号和化学信号上的通讯联系,主要包括间隙连接、胞间连丝和化学突触三种类型。

细胞与细胞间或细胞与细胞外基质间的黏着都是由位于细胞表面特定的黏着分子所介导的。黏着分子主要有 4 大类:钙黏素、选择素、免疫球蛋白超家族及整联蛋白家族。钙黏素是一种 Ca^{2+} 依赖的、同亲型结合的细胞黏着糖蛋白,在胚胎发育不同阶段的细胞识别、迁移和分化,以及成体组织器官的构建和修复中起重要作用。选择素是一类异亲型结合、Ca^{2+} 依赖的、能与特异糖基识别并结合的细胞黏附分子。主要介导白细胞与血管内皮细胞或血小板的识别和黏附。免疫球蛋白超家族既可以介导同亲型细胞黏着,也能介导异亲型细胞黏着,其中神经细胞黏附分子可通过同亲型结合在神经组织的细胞间黏附中起作用,与神经系统的发育、轴突的生长和再生以及突触的形成有密切关系;存在于淋巴细胞、粒细胞和血管内皮细胞的细胞间黏附分子,可以通过异亲型结合机制参与细胞黏附,如内皮细胞的细胞间黏附分子可通过与白细胞表面整联蛋白结合介导白细胞迁移至细胞外,从而在炎症反应中发挥作用。整联蛋白是 Ca^{2+} 或 Mg^{2+} 依赖性的、异亲型结合细胞黏着分子,介导细胞与细胞之间或细胞与细胞外基质间的黏着,在信号转导过程中发挥重要作用。

9.1　细胞社会联系

在多细胞生物体内,没有哪个细胞是"孤立"存在的,它们通过细胞通讯、细胞黏着、细胞连接以及细胞与胞外基质的相互作用构成复杂的细胞社会。细胞的社会联系体现在细胞与细胞间、细胞与细胞外环境甚至机体间的相互作用、相互制约和相互依存。细胞的这种社会联系调节着细胞的迁移、生长以及组织的三维结构,在胚胎发育、组织建成及维持机体稳态平衡等方面发挥重要作用。

9.1.1　细胞连接

细胞连接(cell junction)是指在细胞质膜的特化区域,通过膜蛋白、细胞骨架蛋白或者胞外基质形成的细胞与细胞之间、细胞与细胞外基质之间的连接结构。这样的连接结构既能加强细胞的机械联系和组织的牢固性,同时还能协调细胞间的代谢活动,上皮细胞的细胞连接最为典型。细胞连接的发现和对其结构的逐步了解主要依赖于电镜技术,尤其是冷冻蚀刻技术的应用。近几年来,分子生物学和细胞生物学技术的应用,使人们对各种细胞连接的化学特性和功能有了进一步的认识,根据其结构和功能的特点,将细胞连接分为三种类型:封闭连接(occluding junction)、锚定连接(anchoring junction)和通讯连接(communicating junction)。

1.封闭连接

紧密连接(tight junction)是封闭连接的主要类型,存在于脊椎动物的上皮细胞间,位于上皮细胞近管腔的侧面,封闭了细胞间隙,阻止管腔上皮层内外物质的自由进出,是上皮细胞选择性通透作用的物质基础。电镜下,紧密连接处的相邻细胞质膜紧紧地靠在一起,没有间隙。冷冻断裂复型技术显示出它是由围绕在细胞四周的“焊接线”形成。焊接线又称嵴线,它由成串排列的特殊跨膜蛋白组成。相邻细胞的嵴线相互交联封闭了细胞之间的间隙,其形态结构如图 9-1 所示。

目前从紧密连接的嵴线中至少确定了两类整合蛋白:一类是闭合蛋白(occluding),是相对分子质量为 6×10^4 的 4 次跨膜蛋白;另一类为密封蛋白(claudin),也属于 4 次跨膜蛋白家族。另外还有膜的外周蛋白 ZO,将嵴线锚定在微丝上。

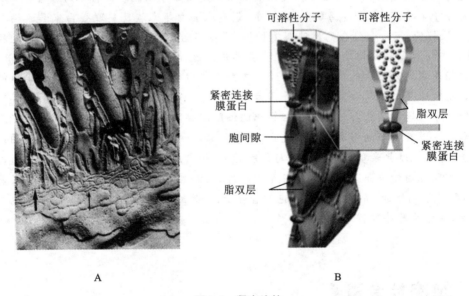

图 9-1 紧密连接

A.兔子上皮细胞的紧密连接(冰冻蚀刻);B.紧密连接的模式图

紧密连接的主要作用是封闭相邻细胞间的接缝,防止溶液中的分子沿细胞间隙渗入体内,从而保证了机体内环境的相对稳定。消化道上皮、膀胱上皮、脑毛细血管内皮以及睾丸支持细胞之间都存在紧密连接,在膀胱中的紧密连接可以防止尿液回流到组织,后两者分别构成了脑血屏障和睾血屏障,能保护这些重要器官和组织免受异物侵害。在各种组织中紧密连接对一些小分子的密封程度有所不同,例如小肠上皮细胞的紧密连接对 Na^+ 的渗漏程度比膀胱上皮大 1 万倍。

各种组织的上皮细胞层在功能上有一个共同点,就是作为一个有选择性通透作用的屏障,能维持上皮层两侧的物质成分差异,存在于上皮细胞之间的紧密连接对此起了重要的作用,即形成上皮细胞膜蛋白与膜脂分子侧向扩散的屏障,从而维持了上皮细胞的极性。例如,小肠上皮细胞是极性细胞,有面向肠腔的顶面(apical face)或游离面,以及基底面(basolateral face)。游离面脂膜与基底面质膜担负不同的功能,游离面含有大量摄取葡萄糖分子的偶联转运蛋白,完成 Na^+ 驱动的葡萄糖同向协同转运;而基底面含有执行被动运输的葡萄糖转运载体蛋白,将葡萄糖转运到细胞外液,从而完成葡萄糖的吸收和转运功能。位于相邻细胞近腔面的紧密连接维持了不同功能运输蛋白在质膜上的不同分布,并封闭了细胞间隙,从而保证了小肠上皮细胞的极性和选择性吸收及运输功能。

2. 锚定连接

锚定连接在机体组织内广泛分布,在那些需要承受机械力的组织内尤其丰富,如心脏、肌肉及上皮组织等。因为当细胞形成组织后,由于细胞间或者细胞与细胞外基质间有锚定连接分散作用力,因而细胞承受机械力的能力得到增强。根据其参与连接的细胞骨架成分的不同,锚定连接可以分为以下两类:一是与中间丝相连的锚定连接,主要包括细胞与细胞间的桥粒和细胞与细胞外基质间的半桥粒;二是与肌动蛋白丝相连的锚定连接,主要包括细胞与细细胞间的黏着带及细胞与细胞外基质间的黏着斑。在两类锚定连接的组成中都包含这样两类蛋白质:一是细胞内附着蛋白,这些蛋白分子位于细胞内,其作用是让某种特定的细胞骨架成分(肌动蛋白丝或中间丝)附着在连接位点上;二是跨膜连接糖蛋白,位于相邻细胞膜上,这些分子的膜内结构域与一种或数种附着蛋白结合,分子的膜外结构域则与另一细胞的跨膜连接糖蛋白分子的膜外结构域结合或与细胞外基质结合(图 9-2A)。

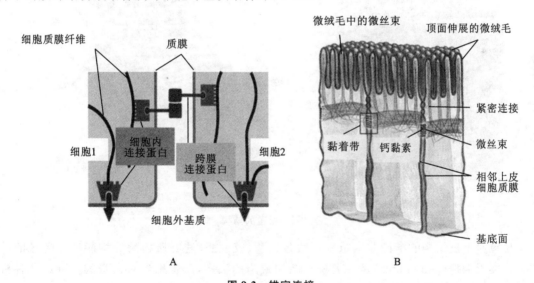

图 9-2 锚定连接

A. 锚定连接模式图;B. 小肠上皮细胞之间黏着带示意图

(1)与肌动蛋白丝相连的锚定连接——黏着带与黏着斑 黏着带(adhesion belt)呈带状环绕细胞,一般位于上皮细胞顶侧面的紧密连接下方(图 9-2B)。此处相邻的细胞膜互相黏合,但并不融合,而是隔有 15～20 nm 的间隙,其间由 Ca^{2+} 依赖的跨膜粘连蛋白(钙黏素)形成胞间横桥相连接。细胞内的锚蛋白有连环蛋白(catenin)、纽蛋白(vinculin)及 α-辅肌动蛋白(α-actinin)等。与黏着带相连的骨架纤维是肌动蛋白丝。连环蛋白介导钙黏素与微丝的连接。由于微丝中的肌动蛋白有收缩功能,此种黏着在脊椎动物形态发生(如神经管形成)时有重要作用。

黏着斑(focal adhesion)是细胞与细胞外基质之间的连接方式,参与的细胞骨架组分也是肌动蛋白丝,跨膜粘连蛋白是整联蛋白,细胞外基质主要成分是胶原蛋白和纤连蛋白,胞内锚蛋白有踝蛋白(talin)、α-辅肌动蛋白、filamin和纽蛋白等。这种连接是以点状接触的形式完成的,所以黏着斑又称点状接触。体外培养的成纤维细胞在培养基中生长时,其细胞膜的某些部位会与底物接触形成黏着斑,从而使细胞铺展开来。因此,黏着斑的形成与分离,对细胞的贴附铺展或迁移运动有着重要意义。

(2)与中间丝相连的锚定连接——桥粒与半桥粒 桥粒(desmosome)存在于承受强拉力的组织中,如皮肤、口腔、食管等处的复层鳞状上皮细胞之间和心肌中。桥粒最明显的形态特征是细胞内锚蛋白形成独特的盘状胞质致密斑,一侧与细胞内的中间丝相连,另一侧与跨膜的粘连蛋白相连,在两个细胞之间形成纽扣样结构,将相邻细胞铆钉在一起,细胞膜之间的间隙约为30 nm(图9-3)。中间丝的性质因细胞类型而异,如在上皮细胞中为角蛋白丝(keratin filaments),在心肌细胞中则为结蛋白丝(desmin filaments)。从桥粒的结构上看,一个细胞质内的中间丝与另一个细胞内的中间丝通过桥粒相互作用,从而将相邻细胞形成一个整体,同时还增强了细胞抵抗外界压力与张力的机械强度的能力。

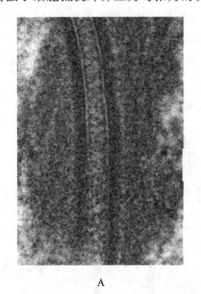
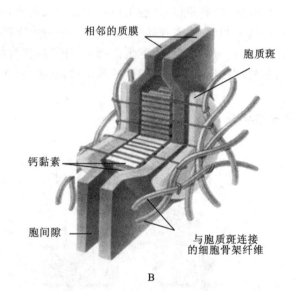

相邻的质膜

胞质斑

钙黏素

胞间隙

与胞质斑连接
的细胞骨架纤维

A

B

图 9-3 桥粒的结构

桥粒对上皮结构的维持非常重要。胰蛋白酶、胶原酶、透明质酸酶等均能破坏桥粒的结构。人类天疱疮(pemphigus)是一类桥粒结构缺陷的疾病,由于患者对自身的一种或几种桥粒连接糖蛋白产生了抗体,与桥粒跨膜连接蛋白结合,破坏桥粒的结构,使上皮细胞松开,导致组织液通过细胞间隙漏入表皮,从而形成水疱。

半桥粒(hemidesmosome)是上皮细胞与基底层的连接装置,结构与桥粒类似,半桥粒是细胞与细胞外基质间的连接形式,参与的细胞骨架仍然是中间丝(图9-4)。它与桥粒的不同之处在于:①只在质膜内侧形成桥粒斑结构,其另一侧为基膜。②穿膜连接蛋白为整联蛋白(integrin)而不是钙黏素,与整联蛋白相连的胞外基质是层粘连蛋白,从而将上皮细胞黏着在基底膜上。③细胞内的附着蛋白为角蛋白(keratin)。

3. 通讯连接

通讯连接是一种在相邻细胞之间形成连接通道的细胞连接,这种细胞连接能实现细胞之

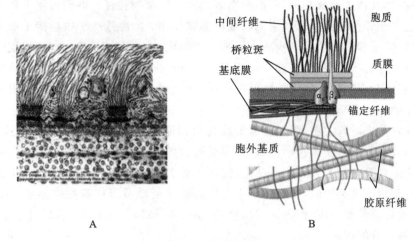

图 9-4 半桥粒结构

间在电信号和化学信号上的通讯联系,从而完成群体细胞的合作协调。通讯连接广泛存在于胚胎和成体的多种细胞之间,在神经细胞、心肌细胞、平滑肌细胞等可兴奋细胞中尤其多见。通讯连接根据其结构和功能分为动物细胞内的间隙连接、植物细胞内的胞间连丝和神经元之间或神经元与效应细胞之间的化学突触三种类型。

(1)间隙连接 间隙连接(gapjunction)即缝隙连接,是最普通也是最奇特的一种细胞连接。在电镜下,间隙连接处的相邻细胞膜之间有一条宽 2~4 nm 的狭缝,间隙连接由此得名。用冷冻蚀刻、X 射线衍射和生化分析等技术发现。间隙连接的基本结构单位是连接子(connexon),每个连接子由 6 个相同或相似的跨膜间隙连接蛋白(connexin)呈环状排列,中央形成一个直径约 1.5 nm 的亲水通道。相同细胞膜上的两个连接子对接便形成完整的间隙连接结构(图 9-5)。

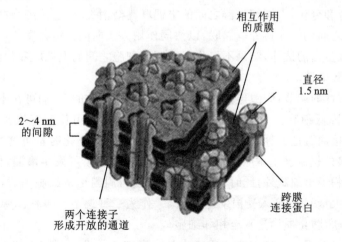

图 9-5 间隙连接

间隙连接中分离出来的相对分子质量 3.2×10^4 的连接子蛋白,较一般蛋白更能够抗去垢剂抽提和蛋白酶的消化。尽管连接蛋白相对分子质量差异较大,但所有连接蛋白都具有 4 个保守的 α 螺旋跨膜区。所有已测序的近 20 种间隙连接蛋白的一级结构都比较保守,其氨基酸序列具有相似的亲水性与疏水性分布,并有相似的抗原性。然而不同类型细胞表达不同的连接蛋白,多数细胞表达1种或几种,它们所组装的间隙连接的孔径与调控机制也有所不同。

间隙连接在相邻细胞间具有代谢偶联或电偶联作用。间隙连接中由连接子形成的细胞间通道,可使无机离子和其他小分子物质直接从一个细胞进入另一个细胞内,使细胞产生代谢互助或偶联。染料注射实验表明,连接子中直径1.5 nm的通道可让无机离子、葡萄糖、氨基酸、核苷酸、维生素、cAMP等小分子通过,但蛋白质、核酸等大分子则不能通过。代谢偶联作用在协调细胞群体的生物学功能方面起着重要的作用,例如,在肝脏中,当血糖浓度降低时,交感神经末梢反应性释放去甲肾上腺素,刺激肝细胞增加糖原分解,将葡萄糖释放到血液中。但是,并不是所有的肝细胞都有交感神经分布,而是通过肝细胞的间隙连接把信号分子从有神经分布的肝细胞传递到没有神经分布的肝细胞,使肝细胞共同对刺激作出反应。当肝细胞中表达连接子蛋白的基因发生突变时,在血糖水平降低时就不能动员肝细胞糖原分解。在一些腺体中,细胞接受外界信号作用后,作为第二信使的Ca^{2+}和cAMP同样通过间隙连接传播到整个腺体,协调腺体的分泌作用。

间隙连接在电偶联中的作用如下。神经元之间或神经元与效应细胞(如肌细胞)之间通过突触(synapse)完成神经冲动的传导。突触可分为电突触(electronic synapse)和化学突触(chemical synapse)两种基本类型。电突触是指细胞间通过间隙连接,电信号可直接通过间隙连接从突触前向突触后传导。相对于化学突触来讲,信号传递速度快了很多。这对于某些无脊椎动物和鱼类快速、准确地逃避反射是十分重要的,如龙虾在外界刺激后的15 ms内即可作出反应。此外,间隙连接在神经元之间的通讯及中枢神经系统的整合过程中也起重要作用,并以此调节和修饰相互独立的神经元群的行为。在心肌中,通过间隙连接的电偶联使心肌细胞同步收缩,保证心脏正常跳动;在小肠中,通过间隙连接电偶联协调平滑肌收缩,控制小肠有规律的蠕动。

间隙连接在胚胎发育中的作用如下。在胚胎发育过程中,间隙连接介导的细胞通讯显得非常重要。如小鼠早期胚胎从八细胞阶段开始,细胞之间普遍建立了细胞间隙连接的电偶联。随着细胞群的发育和分化,不同细胞群之间的电偶联逐渐消失,使这些细胞群向着不同方向发展,而同一细胞群之间仍然保持着电偶联,以协同作用方式向同一途径发育。如果在胚胎早期注射针对间隙连接蛋白的抗体,结果不仅将阻断胚胎细胞之间的电偶联和代谢偶联,还将严重阻碍胚胎发育,导致畸胎。

间隙连接通透性的调节:间隙连接的通道并不是持续开放的,它们可在不同条件下开启或关闭。实验表明,降低细胞内pH或增加细胞内Ca^{2+}浓度均可使间隙连接的通透性迅速降低。因此,间隙连接通道是一种动态变化的结构,在条件发生变化时呈可逆性地开放或关闭。Ca^{2+}调节间隙连接的机制已基本明确。当细胞受损伤时,质膜可发生渗漏,使胞外的Ca^{2+}进入细胞,胞内代谢物溢出细胞外,此时若受损细胞继续与周围正常细胞偶联,可导致周围细胞失衡。实际上,当大量Ca^{2+}涌入受损细胞时,Ca^{2+}作为一种调节剂可使间隙连接通道迅速关闭,阻断细胞间偶联,防止损伤蔓延至相邻细胞。

同时,间隙连接对小分子物质的通透能力具有底物选择性。间隙连接有一个直径约1.5 nm的亲水性通道,研究发现,不同的连接蛋白质对离子或者小分子物质的通透具有不同的偏爱性。如间隙连接的通透能力与底物所带电荷有关,具有电荷选择性。豚鼠耳蜗支持细胞间的间隙连接对阳离子通透性明显比阴离子的大;同样,耳蜗感觉上皮细胞的间隙连接对带正电荷的分子通透性大。

(2)胞间连丝 胞间连丝(plasmodesmata)是植物细胞之间的通讯连接。植物细胞有坚硬的细胞壁,细胞壁含有丰富的纤维素和聚糖,是一种特殊的细胞外基质(图 9-6)。相邻植物细胞依赖细胞壁牢固地结合在一起,因此不需要锚定连接,但植物细胞间仍需要进行通讯,这种通讯是由胞间连丝来实现的。在胞间连丝部位,相邻细胞的质膜穿越细胞壁连在一起,形成一个圆柱形胞质通道,直径为 20～40 nm。在胞间连丝中央有一个狭窄的管状结构,是相邻细胞光面内质网的连续部分,称为连丝小管(desmotubule)。在胞间连丝的质膜与连丝小管之间是细胞质基质组成的环体,可使小分子物质自由通过。

胞间连丝在功能上与动物细胞间的间隙连接类似,它允许分子量小于 800 kD 的分子通过,在相邻细胞间起通讯作用。但通过胞间连丝的分子运输也要受到调节。实验证明,在胞间连丝正常的情况下,有些低分子量的染料分子却不能通过。然而某些植物病毒能制造特殊的蛋白质,这种蛋白质同胞间连丝结合后,可使胞间连丝的有效孔径扩大,使病毒粒子得以通过胞间连丝在植物体内自由播散和感染。胞间连丝还对细胞分化起一定作用,在高等植物中,顶端分生组织的细胞分化与胞间连丝的分布有着相应的关系。随着细胞的生长和延长,侧壁上的胞间连丝逐渐减少,而横壁上的却仍保持很多。植物相邻细胞间的细胞核可经胞间连丝穿壁。

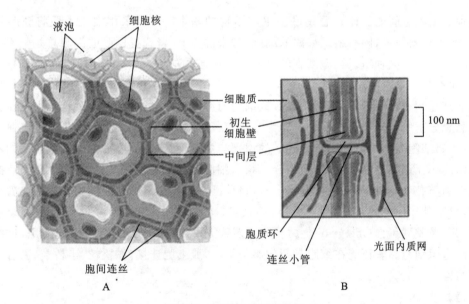

图 9-6　胞间连丝结构模型

(3)化学突触　在可兴奋细胞之间除了通过电突触进行冲动传导外,还可通过化学突触传递冲动信号。化学突触主要存在于神经细胞与神经细胞之间以及神经细胞与肌细胞之间的接触部位。其作用是通过释放神经递质来传导兴奋。由突触前膜(presynaptic membrane)、突触后膜(postsynaptic membrane)和突触间隙(synaptic cleft)三部分组成(图 9-7)。突触前膜和突触后膜之间有 20 nm 宽的突触间隙,使电信号不能通过,为了使信号从突触前膜传递到突触后膜,电信号首先转化为化学信号,这种化学信号是一种小的信号分子,称为神经递质,由突触前膜所在的细胞将神经递质释放到突触间隙内,当神经递质与突触后膜所在的细胞相应受体(配体门通道)结合后,导致突触后膜电位改变,引发动作电位的产生。可见,在化学突触的信号传导过程中,存在一个将电信号转化为化学信号,再将化学信号转变为电信号的过程,因此信号传递速度比电突触要慢。

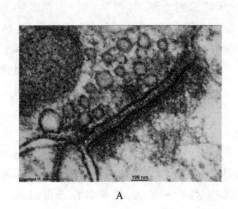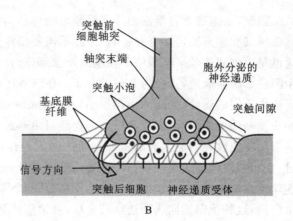

图 9-7 化学突触

A.化学突触电镜照片(具有小囊泡的一侧为突触前膜);B.化学突触的结构模型

9.1.2 细胞黏着

同种类型细胞间的彼此黏着是许多组织结构的基本特征。采用实验手段将胚胎组织分散,然后使其重新聚集,同种组织来源的细胞,如来源于肝、肾或视网膜的细胞总是毫不例外地聚集黏着在一起。同种组织类型细胞的黏着甚至超越种的差异,小鼠肝细胞倾向于与鸡肝细胞黏着,而不与小鼠肾细胞黏着。

目前已经知道,细胞与细胞间的黏着或细胞与细胞外基质间的黏着都是由位于细胞表面特定的黏着分子所介导的。黏着分子均为整合膜蛋白,这些分子通过 3 种方式介导细胞识别与黏着:相邻细胞表面的同种黏着分子间的识别与黏着(同亲型结合),相邻细胞表面的不同黏着分子间的相互识别与黏着(异亲型结合),相邻细胞表面的同种黏着分子借助其他衔接分子的相互识别与黏着(衔接分子依赖型结合)。目前已发现存在高等动物细胞表面的黏着分子有上百种,根据其作用方式,可分为 4 大类:钙黏素(cadherin)、选择素(selectin)、免疫球蛋白超家族(IgSF)及整联蛋白(integrin)。黏着分子多数需要依赖 Ca^{2+} 或 Mg^{2+} 才起作用,这些分子介导细胞识别与黏着还能在细胞骨架的参与下,形成细胞连接,如桥粒、半桥粒、黏着带及黏着斑等结构。

1.钙黏素

钙黏素(cadherin)是一类 Ca^{2+} 依赖的细胞黏附分子,主要介导同亲型细胞间的黏附,能够既作为受体,又作为配体按嗜同性方式相互结合。钙黏素的典型结构为单次跨膜糖蛋白,由 700~750 个氨基酸残基组成,在质膜中常以同源二聚体形式存在。每个钙黏素分子有一个 N 末端胞外结构域、一个跨膜区和一个 C 末端胞内结构域(图 9-8)。胞外结构域约由 110 个氨基酸残基组成,常折叠成 5~6 个钙黏素重复子(cadherin repeat),Ca^{2+} 定位于每个重复子之间,可使胞外区锁定在一起形成一个棒状结构,Ca^{2+} 越多、棒状结构越牢固。若去除 Ca^{2+},胞外区就变得松软,并可迅速被蛋白酶水解。钙黏素同源二聚体在细胞表面延伸,直到与相邻细胞表面的钙黏素同源二聚体结合。钙黏素的胞内结构域可通过连接蛋白与细胞骨架成分相结合:在锚定连接部位,钙黏素通过细胞内锚定蛋白与微丝结合;在桥粒部位,钙黏素通过锚定蛋白与中间丝相结合。

钙黏素的主要功能是介导细胞与细胞之间的嗜同性黏附。实验表明,将编码 E-钙黏素的

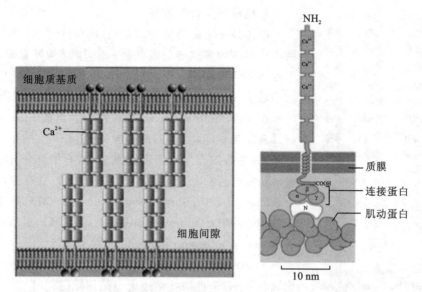

图 9-8　钙黏素结构模式图

DNA 转染至不表达钙黏素也无黏附作用的成纤维细胞,可使后者通过 Ca^{2+} 依赖机制与同类细胞彼此黏附结合,抗 E-钙黏素抗体可以抑制这种黏附。缺失 E-钙黏素可导致上皮性肿瘤发生。将转染不同钙黏素的成纤维细胞混合,可出现表达相同钙黏素的细胞自行分选和相互黏附。由于钙黏素具有这种嗜同性黏附特性,因此它在胚胎发育不同阶段的细胞识别、迁移和分化,以及成体组织器官的构建和修复中起重要作用。

2. 选择素

20 世纪 60 年代,人们发现从外周淋巴结中分离出来的淋巴细胞经过放射性标记后注射到体内,这些淋巴细胞会回到它们最初衍生出来的位点,这种现象称为淋巴细胞归巢(lymphocyte homing)。之后又发现这种归巢现象能在体外进行研究,让淋巴细胞黏附到淋巴器官的冷冻组织切片上,在实验条件下,淋巴细胞会选择性地黏附在外周淋巴结小静脉(最小的静脉)的内皮上。淋巴细胞与小静脉的结合可以被抗体阻断,这些抗体与淋巴细胞表面上特异的糖蛋白结合,这种糖蛋白后来被称为 L-选择素(L-selectin)。

选择素是一类异亲型结合、Ca^{2+} 依赖的、能与特异糖基识别并结合的细胞黏附分子。主要介导白细胞与血管内皮细胞或血小板的识别和黏附。选择素是一类高度糖基化的单次跨膜糖蛋白,其胞外 N-末端是一个凝集素结构域、一个与表皮生长因子(EGF)同源的结构域以及一个与补体调节蛋白同源的结构域。N-末端凝集素结构域可识别特异的寡糖基,是选择素参与细胞间选择性黏附的重要活性部位,表皮生长因子和补体调节蛋白结构域可能具有加强分子间黏附以及参与补体系统调节等作用。已证明表皮生长因子结构域的缺失可影响凝集素结构域的折叠和分子识别。选择素的 C-末端胞内结构域可通过锚定蛋白与细胞内微丝结合。

选择素主要参与白细胞与血管内皮细胞之间的识别与黏着,帮助白细胞从血液进入炎症部位。在炎症发生部位,血管内皮细胞表达选择素,被白细胞识别(依靠自身寡糖链)。由于选择素与白细胞表面糖脂或糖蛋白的特异糖侧链亲和力较小,加上血流速度的影响,白细胞在血管中黏着—分离,再黏着—再分离,呈现滚动方式运动,直到活化自身整联蛋白后,最终才与血管内皮细胞较强地结合在一起,并从相邻血管内皮细胞间进入组织,白细胞就是以这种机制集中到炎症发生的部位。

3. 免疫球蛋白超家族

抗体是一类称为免疫球蛋白(Ig)的蛋白质,由许多相似的结构域组成的多肽链构成。每一个 Ig 结构域都是由 70～110 个氨基酸所组成的紧密的折叠结构。进一步的研究显示 Ig-型结构域存在于很多的蛋白质中,形成免疫球蛋白超家族(immunoglobulin superfamily,IgSF)。虽然 IgSF 的大部分成员具有免疫功能,但有一些介导不依赖 Ca^{2+} 的细胞与细胞的黏着,其中有的介导同亲型细胞黏着,有的介导异亲型细胞黏着。免疫球蛋白超家族成员复杂,主要成员有神经细胞黏附分子(neural cell adhesion molecule,NCAM)、细胞间黏附分子(intercellular adhesion molecule,ICAM)、血管细胞黏附分子(vascular adhesion molecule,VCAM)等。

NCAM 是一类细胞表面糖蛋白,其胞外区有 5 个 Ig 样结构域和 1～2 个Ⅲ型纤粘连蛋白结构域(图 9-9)。NCAM 可通过同亲型结合机制制约相邻细胞的同类分子结合,从而将细胞黏附在一起。NCAM 表达于神经系统的大多数细胞,它们在神经组织的细胞间黏附中起作用,与神经系统的发育、轴突的生长和再生以及突触的形成有密切关系。NCAM 的基因缺陷可引起智力发育迟缓和其他神经系统病变,除了神经组织外,NCAM 也可在肌肉和胰腺等其他组织中表达。

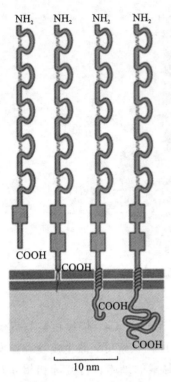

图 9-9　4 种神经细胞黏附分子免疫球蛋白样结构域

10 nm

ICAM 存在于淋巴细胞、粒细胞和血管内皮细胞,它们通过异亲型结合机制参与细胞黏附。例如,内皮细胞 ICAM 可通过与白细胞表面整联蛋白结合介导白细胞迁移至细胞外,从而在炎症反应中发挥作用。

免疫球蛋白超家族成员与钙黏素常在一些细胞上共表达,其中钙黏素介导的细胞黏附作用较强,免疫球蛋白超家族成员介导的细胞黏附作用较弱。例如,在胚胎大鼠胰腺中胰岛的形成需要细胞黏附与聚集,这种黏附有钙黏素和 NCAM 的参与,如果抑制钙黏素的功能,就能阻止细胞聚集和胰岛形成,而 NCAM 功能缺陷可使细胞分选过程受影响,导致胰岛结构排列紊乱。

4. 整联蛋白

整联蛋白(integrin)普遍存在于脊椎动物细胞表面,属于异亲型结合、Ca^{2+} 或 Mg^{2+} 依赖性的细胞黏着分子,介导细胞与细胞之间或细胞与细胞外基质间的黏着(图 10-23)。整联蛋白由 α、β 两个亚基形成跨膜异二聚体。目前至少已鉴定出人有 24 种不同的 α 亚基和 9 种不同的 β 亚基,可与不同的配体结合。

整联蛋白通过与胞内支架蛋白的互相作用介导细胞与细胞外基质的黏着。大多数整联蛋白 β 亚基的胞内部分通过踝蛋白、α-辅肌动蛋白、丝蛋白、纽蛋白等与细胞内的肌动蛋白丝发生互相作用,而胞外部分则通过自身结构域与纤连蛋白、层粘连蛋白等含有 Arg-Gly-Asp(RGD)三肽序列的胞外基质成分结合,从而介导细胞与细胞外基质的黏着。整联蛋白介导细胞与胞外基质黏着的典型结构有黏着斑和半桥粒。因此,如果细胞在含有 RGD 序列的合成肽的培养基中培养,由于合成肽的 RGD 序列与纤连蛋白中的 RGD 序列竞争性地结合在细胞表面的整联蛋白上,阻断细胞与纤连蛋白的结合,细胞便不能贴壁、生长。

尽管特定的细胞外基质蛋白可与多个不同的整联蛋白结合,一种整联蛋白也可与多个不同配体相结合,但不少整联蛋白表现出各自独特的功能,如 α8 基因剔除小鼠表现为肾缺陷,α4 基因剔除小鼠表现为心脏缺陷,α5 基因剔除小鼠表现为血管缺陷。

整联蛋白在信号转导过程中发挥重要作用。整联蛋白的信号转导功能依赖于细胞内的酪氨酸蛋白激酶——黏着斑激酶(focal adhesion kinase,FAK),而 FAK 的活性又依赖于细胞通过整联蛋白与胞外基质配体结合形成黏着斑。一旦与配体结合,整联蛋白就会快速与肌动蛋白骨架产生联系,并聚集在一起形成黏着斑,包括结构蛋白如纽蛋白、踝蛋白及 α-辅肌动蛋白,以及信号分子 FAK、Src 及桩蛋白(paxillin)的募集。此时,FAK 借助踝蛋白等被募集于黏着斑处,彼此交互催化产生特异的磷酸酪氨酸残基,并以此为细胞内酪氨酸激酶 Src 家族成员提供停泊位点。Src 家族成员又使 FAK 其他酪氨酸残基磷酸化,为胞内多种信号传递蛋白提供停泊位点,同时,Src 激酶还活化位于黏着斑处的其他蛋白。通过这种方式,使信号从细胞内进行传递,调节细胞增殖、生长、生存、凋亡等重要生命活动。

思考题

1.细胞连接有哪几种类型,各有什么功能?

2.比较黏着带和黏着斑连接的结构组成和功能。

3.哪种细胞连接含有肌动蛋白纤维?哪种含有中间纤维?哪种含有整联蛋白?哪种含有钙黏素?

4.间隙连接是动态结构,像普通的闸门离子通道一样。它们应答细胞中的变化,可逆地改变构象而关闭通道。如果胞内钙离子浓度上升,间隙连接的通透性可在数秒内下降。请推测这种调节形式对细胞正常活动的意义。

5.通过交换小的代谢产物和离子,间隙连接提供细胞间的代谢和电偶联。那为何神经元通讯主要是通过突触而不是间隙连接?

拓展资源

1.杂志类

《中国细胞生物学学报》

《分子细胞生物学报》

《细胞生物学杂志》

《细胞与分子免疫学杂志》

《中国生物化学与分子生物学报》

《Cell》

《Cell Research》

《Cell Biology International》

《Journal Of Cellular Biochemistry》

2.网站

http://www.cscb.org.cn/

http://www.sscb.org.cn/

http://www.wiki8.com/baoyinzuoyong_105291/
http://www.bioon.com/biology/cell/523634.shtml
http://www.cytoskeleton.com/

参考文献

[1] 翟中和,王喜忠,丁明孝. 细胞生物学[M]. 4 版. 北京:高等教育出版社,2011.

[2] 翟中和,王喜忠,丁明孝. 细胞生物学[M]. 3 版. 北京:高等教育出版社,2007.

[3] Gerald Karp. Cell and molecular biology concepts and experiments[M]. 4th ed. 北京:高等教育出版社,2010.

[4] Gerald Karp. 分子细胞生物学[M]. 王喜忠,丁明孝,张传茂,等译. 北京:高等教育出版社,2004.

[5] Scheckenbach K E. Connexin channel dependent signaling pathways in inflammation[J]. J VascRes,2011,48(2):91-103.

[6] Shaw R M,Fay A J,Puthenveedu M A,et al. Microtubule plus-end-tracking proteins target gap junctions directly from the cell interior to adherens junctions[J]. Cell,2007,128(3):547-560.

[7] Straub A C,Johnstone S R,Heberlein K R,et al. Site specific connexin phosphorylation is associated with reduced heterocellular communication between smooth muscle and endothelium[J]. J Vasc Res,2010,47(4):277-286.

模块五

细胞信号转导系统

第10章　细胞信号转导

提要　生命有机体与内外环境进行物质、能量和信息交流，以维持生存。多细胞生物是高度有序而可控的细胞社会。细胞社会性的维持依赖于细胞间通讯与信号转导调控。信号转导不仅调节细胞的结构组成、新陈代谢与能量代谢，而且决定细胞的增殖、分化、衰老和凋亡等重大生命活动过程，最终整合体现为生物个体生、老、病、死的命运决定。

10.1　细胞信号转导概述

10.1.1　细胞通讯

细胞通讯（cell communication）是指一个细胞发出的信息通过介质（又称配体，ligand）传递到另一个靶细胞并与其特异的受体相互作用，通过细胞信号转导引起靶细胞内一系列生理生化变化等生物学效应的过程。通常，将信号的合成、释放与细胞间的运输，归于细胞信号传导（cell signaling），而将靶细胞对信号的识别、转移、转换与响应过程称为信号转导（signal transduction）。细胞信号转导是细胞间通讯的关键。生命有机体的生长、发育、分化、各种组织器官的形成与功能维持、繁殖、衰老、死亡，都需要高度精确和高效经济的细胞间和细胞内通讯调控而实现。

10.1.1.1　细胞通讯的方式

单细胞生物仅与环境进行简单的信息交换，而多细胞生物则进化出一套精细复杂的通讯调控系统，以保持细胞社会行为的协调统一。细胞通讯方式可归纳为三种：接触性依赖性通讯、依赖于分泌化学信号进行的细胞通讯、缝隙连接或胞间连丝通讯。

（1）接触性依赖性通讯（contact-dependent signaling）：细胞间直接接触，信号分子与受体均为相邻靶细胞表面的跨膜蛋白（图10-1A）。

接触性依赖性通讯是指细胞通过其表面信号分子（受体）与另一细胞表面的信号分子（配体）选择性地相互作用，最终产生细胞应答的过程，即细胞识别（cell recognition）。包括细胞-细胞黏着、细胞-细胞外基质黏着。细胞通过识别作用和黏着形成不同类型的组织，由于不同组织的功能分化的差异，识别本身就意味着选择：①同种同类细胞间的识别，如胚胎分化过程中神经细胞对周围细胞的识别，输血和植皮引起的反应可以看作同种同类不同来源细胞间的识别；②同种异类细胞间的识别，如精子和卵子之间的识别，T与B淋巴细胞间的识别，白细胞与血管内皮细胞的识别；③异种异类细胞间的识别，如病原体对宿主细胞的识别；④异种同类

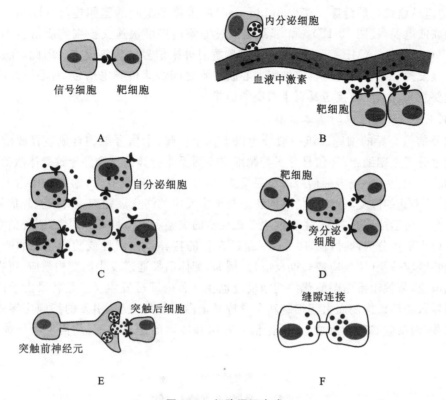

图 10-1　细胞通讯方式

A. 细胞间接触性依赖性通讯：信号细胞质膜上结合蛋白(信号分子)直接与相邻靶细胞的表面受体相互作用。B. 内分泌：由内分泌腺产生的激素，分泌进入血液循环，作用于相应的靶器官。C. 旁分泌：信号细胞分泌局部化学介质释放到细胞外液中，作用于邻近的靶细胞，其作用距离只有几微米。D. 自分泌：细胞对其自身分泌的信号分子起反应。细胞间接触性依赖的信号传递需要细胞膜与细胞膜之间彼此直接接触。E. 神经元与靶细胞之间的化学突触通讯。F. 动物细胞的缝隙连接

细胞间的识别，则较为罕见。近年来，国际上积极推进的人杂兽研究重点在于克服异种同类细胞间或种间的识别隔离。

(2)依赖于分泌化学信号进行细胞通讯，包括内分泌(endocrine)、旁分泌(paracrine)、自分泌(autocrine)和化学突触(chemical synapse)四种类型，这是多细胞生物最普遍的细胞通讯方式。

细胞的分泌化学信号可长距离运输或短距离局部发挥作用。①内分泌：内分泌细胞合成和释放的激素，经血液或淋巴循环运输到机体各部位靶细胞。激素类信号分子，如胰岛素、甲状腺素、肾上腺素等，作用的特点是距离远、范围大、持续时间长(图 10-1B)；②旁分泌：信号发放细胞分泌的信号分子通过细胞外液，局部扩散至邻近细胞。信号分子可被细胞间质所阻滞或被细胞间质中的酶类降解，因此有效作用范围很小，该类型的信号多为生长因子、细胞因子(图 10-1C)。③自分泌：信号分子由细胞分泌后，可被细胞自身或邻近同一类型的细胞的受体接收。与旁分泌类似，信号多为生长因子、细胞因子(图 10-1D)。该类细胞通讯在胚胎早期发育中具有重要意义，可促进同型细胞向同一方向演化。多数肿瘤细胞也可利用自分泌信号促进其生长。④化学突触：神经元轴突末端与其靶细胞之间形成特化的通讯连接，神经元轴突末端包含的突触囊泡在动作电位的刺激下，分泌神经递质于突触间隙内，作用于靶细胞膜上的神经递质受体而引发信号转导(图 10-1E)，实现细胞间电信号-化学信号-电信号的快速转换。

（3）通过动物细胞的缝隙连接（gap junction）或植物细胞间的胞间连丝（plasmodesma）实现代谢偶联或电偶联（图 10-1F）。相邻细胞通过缝隙连接可快速交换细胞质信号小分子，如 ATP、氨基酸、Ca^{2+}、cAMP 等，以协调统一细胞群对外来信号的应答反应。因此，在发育过程中缝隙连接发挥着重要作用。特定细胞如心肌细胞之间快速传导电信号，对心肌细胞的同步收缩有重要意义。缝隙连接还具有半通道的功能。

10.1.1.2 细胞通讯的基本过程

细胞外信号介导的细胞通讯一般分为以下 6 个步骤：①信号细胞合成被释放信号分子；②转运信号分子至靶细胞；③信号分子与靶细胞表面受体特异性结合并导致受体激活；④活化受体启动靶细胞内一种或多种信号的级联反应，信号传递并逐级放大；⑤细胞代谢、细胞形态和运动、基因表达的改变；⑥细胞信号的解除与细胞反应的终止。靶细胞对细胞外信号的反应除与信号分子转运速率有关外，主要取决于靶细胞的类型和反应性质。通常，胞外信号引起的细胞内反应主要可分为两种（图 10-2）：一是已存在的特异蛋白活性或功能状态的改变，引发的细胞应答效应较快（快反应或短期反应）。例如，配体门控通道发生的变构效应，可在几毫秒内改变膜电位，依赖于蛋白磷酸化的细胞反应也在几秒内即可发生。二是转录因子修饰所导致的基因转录激活或抑制而引起细胞新合成特异蛋白数量的改变，引发的细胞应答效应较慢或较为持久（慢反应或长期反应）。无论信号发送和转运的速率如何，均需要数分钟，甚至几小时。

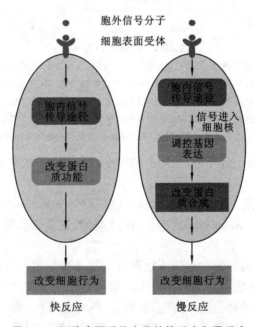

图 10-2　细胞表面受体介导的快反应和慢反应

10.1.2　信号分子

生物细胞所接受的信号分子（signal molecules）多种多样（表 10-1）。

（1）物理信号　电场、磁场、光、声、辐射、温度变化等物理因素是影响生物生长发育的重要外界环境因子，并在生物体内器官、组织、细胞之间或细胞内起信号分子的作用。

表 10-1　信号分子举例

信号分子	合成/分泌位点	化学性质	生理功能
激素			
肾上腺素	肾上腺	酪氨酸的衍生物	升高血压,加快心率和增加代谢
皮质醇	肾上腺	类固醇(胆固醇衍生物)	影响多数组织中蛋白质、糖类和脂质代谢
雌二醇	卵巢	类固醇(胆固醇衍生物)	诱导和维持雌性第二性征
胰高血糖素	胰岛 α 细胞	肽	刺激葡糖糖合成、糖原降解和脂肪分解(如肝细胞和脂肪细胞)
胰岛素	胰岛 β 细胞	蛋白质	刺激肝细胞葡萄糖摄取、蛋白质合成和脂质合成
睾丸酮	睾丸	类固醇(胆固醇衍生物)	诱导和维持雄性第二性征
甲状腺素	甲状腺	酪氨酸衍生物	刺激多种细胞代谢
局部介质			
表皮生长因子(EGF)	多种细胞	蛋白质	刺激上皮细胞等多种细胞的增殖
血小板衍生生长因子(PDGF)	多种细胞(包括血小板)	蛋白质	刺激多种细胞的增殖
神经生长因子(NGF)	各种神经支配的组织	蛋白质	促进某类神经元的存活,促进神经元轴突的生长
组胺	肥大细胞	组氨酸衍生物	扩张血管,增加渗透,有助发炎
一氧化氮(NO)	神经元、血管内皮细胞	可溶性气体	引起平滑肌细胞松弛,调节神经元活性
神经递质			
乙酰胆碱	神经末梢	胆碱衍生物	在许多神经-肌肉突触和中枢神经系统中存在的兴奋性神经递质
γ-氨基丁酸(GABA)	神经末梢	谷氨酸衍生物	中枢神经系统中存在的抑制性神经递质
接触性依赖性信号			
Delta	预定神经元、其他胚胎细胞	跨膜蛋白	抑制相邻细胞以相同的方式分化

(2)生物大分子的结构信号　从广义上讲,细胞信号可以包括生物大分子(蛋白质、多糖、

核酸)的结构信号,这种信号包含在决定大分子三维外形的结构序列顺序信息之中。结构序列靠强大的共价键保持长期稳定,而大分子外形主要靠非共价弱键(氢键、离子键、范德华力和疏水键)维持相对稳定,而且在分子内或分子间识别上起重要作用。即,信号分子的空间微结构在信号转导中具重要地位。

(3)化学信号　包括神经递质(neurotransmitter)、激素(hormone)、局部介质(local mediator)等细胞间信号分子和细胞内的信号分子。根据其化学性质,将化学信号分子分为3类。

①亲水性信号分子(hydrophilic signal molecule)或水溶性信号分子(water-soluble signal molecule):主要代表是神经递质、含氮类激素(除甲状腺激素)、氨基酸及其衍生物、局部介质等,它们不能穿过靶细胞膜,只能通过与细胞表面受体结合,再经信号转换机制,在细胞内产生第二信使(如 cAMP)或激活膜受体的激酶活性(如蛋白激酶),跨膜传递信息,以启动一系列反应而产生特定的生物学效应。

②亲脂性信号分子(lipophilic signal molecule)或脂溶性信号分子(lipid-soluble signal molecule):疏水性信号分子,要穿过细胞质膜作用于细胞质或细胞核中的受体,与胞内受体结合形成激素-受体复合物,活化转录促进因子,结合于特异的基因调控序列,启动基因的转录和表达,主要代表是类固醇激素、甲状腺激素、脂肪酸衍生物、脂溶性维生素(VA、VD)等。

③气体信号分子(gaseous signal molecule):小分子气体分子,包括一氧化氮(nitrogen monoxide,NO)、一氧化碳(carbon monoxide,CO)、硫化氢(hydrogen sulfide,H_2S)、氢气(hydrogen,H_2)等,可通过细胞内或局部细胞间自由扩散,进入细胞直接激活鸟苷酸环化酶产生第二信使 cGMP,影响细胞行为,调节机体生理反应。尽管高浓度的 CO、H_2S 毒性剧烈,但不妨碍其成为生理浓度下的细胞内源性信号调控分子。

化学信号分子具有特异性、高效性和可被灭活的特点。①特异性:只能与特定的受体结合。②高效性:几个分子即可发生明显的生物学效应,如各种激素在血液中的浓度极低,一般在每 100 mL 血液中只有几微克甚至几纳克,但生物活性显著。③可被灭活:当完成一次信号应答后,信号分子会通过修饰、水解或结合等方式失去活性而被及时消除,以保证信息传递的完整性,使细胞免于疲劳。

(4)根据各种信号刺激所导致的细胞行为变化,信号分子可分为以下几类。

①细胞代谢信号分子:促使细胞摄入并代谢营养物质,提供细胞生命活动所需要的能量。

②细胞分裂信号分子:与 DNA 复制相关的基因表达、细胞周期的调节密切相关,促使细胞进入分裂和增殖阶段。

③细胞分化信号分子:它们使细胞内的遗传程序有选择地表达,从而使细胞最终不可逆地分化成为有特定功能的成熟细胞。

④细胞功能信号分子:比如,使肌肉细胞收缩或舒张,使细胞释放神经递质或化学介质等,使细胞能够进行正常的代谢活动,参与细胞骨架的形成等。

⑤细胞死亡信号分子:这是细胞一生中发出的最悲壮、最惨烈的信号。这类信号一旦发出,为了维护多细胞生物的整体利益、维护生物种系的最高利益,就在局部范围内和一定数量上启动细胞的程序化自杀死亡。

10.1.3　受体

受体(receptor)是细胞表面或细胞内的一类大分子,可识别并特异性地与有生物活性的化学信号分子(配体,ligand)结合,从而激活或启动一系列生物化学反应,最后导致该信号物质特定的生物效应。已知的受体大多数为糖蛋白,少数为糖脂(如霍乱毒素受体和百日咳毒素受体),有的则为糖蛋白和糖脂复合物(如促甲状腺激素受体)。

依据受体在靶细胞的分布位置,将目前已确定的受体分为细胞内受体(intracellular receptor)和细胞表面受体(cell-surface receptor)。

(1)细胞内受体　细胞内受体位于细胞质基质或核基质,配体主要为脂溶性信号分子,如类固醇甾体激素、甲状腺激素、维生素 D、视黄酸等。此类受体主要通过调节物质代谢和基因表达而引发细胞效应。所有甾体激素受体都有一个由约 70 个氨基酸残基组成的 DNA 结合部位。热休克蛋白(heat shock protein,Hsp)Hsp 90 一方面有助于受体与激素结合,另一方面遮蔽受体的 DNA 结合部位,使受体与 DNA 只能疏松结合。因此,当不存在激素时,受体易从核上解离;受体与激素结合后,即释放出 Hsp90,显露出 DNA 结合部位,与 DNA 紧密结合并调节其表达。

(2)细胞表面受体　亲水性信号分子,如神经递质、多肽类激素、生长因子、细胞因子、氨基酸及其衍生物、离子以及细胞表面抗原、黏着分子等,通过与靶细胞表面受体结合而实现信号转导。表面受体均为跨膜整合蛋白,作为信号转换器(signal trasducer),将细胞外信号转变为一个或几个细胞内信号,引发细胞效应。根据蛋白质结构、信息转导机制、效应性质等特点,传统上,将细胞表面受体分为三大类。

①离子通道偶联受体(ion channel-coupled receptors):具有离子通道作用的细胞质膜受体称为离子通道受体,主要分布于可兴奋细胞间,介导突触传递,将胞外化学信号转换为电信号,改变膜的通透性,产生细胞电效应。因其配体分子多为神经递质或调质,故又称递质门控通道(transmitter-gated ion channel)或配体门控通道(ligand-gated ion channel)。该类受体为多组成的寡聚体蛋白,除有配体结合位点外,本身就是离子通道的一部分。信号分子同离子通道受体结合,可改变膜的离子通透性。如烟碱样乙酰胆碱受体(nAchR)、γ-氨基丁酸受体(GABAR)和甘氨酸受体等都是离子通道偶联受体。

②G 蛋白偶联受体(GTP binding protein-coupled receptors,GPCRs):为 7 次跨膜蛋白。该类受体与靶蛋白之间需要另一类蛋白介导,即三聚体 GTP 结合蛋白(GTP binding protein),或称鸟苷酸结合调节蛋白(guanine nucleotide-binding regulatory protein),简称 G 蛋白,可与 GTP 或 GDP 可逆性结合,调节靶蛋白的活性。该类受体的靶蛋白是一种酶或一种离子通道,通过改变胞内信号分子的浓度,或改变膜通透性,产生细胞效应。

③酶偶联受体(enzyme-linked receptors):多为一次跨膜蛋白,本身具有酶活性或与酶结合。该类受体多数为蛋白激酶或与蛋白激酶结合,激活后可使胞内专一性蛋白磷酸化,实现细胞信号转导。

受体一般至少有两个功能结构域:结合配体的结构域和产生效应的结构域,分别具有结合特异性和效应特异性。细胞对外界环境信号分子的反应,取决于细胞受体的类型,这是细胞本身内在的固有特征。不同细胞对同一种信号分子可具有不同的受体,而产生不同的细胞效应。同一细胞的不同受体应答不同的胞外信号而产生相同的细胞效应。一种细胞具有多种受体,对不同信号反应,表现为存活、分裂、分化、衰老或凋亡等不同的生命活动状态。信号分子与受体相互作用的主要特征如下:①受体与配体结合的特异性:这是受体的最基本特点。配体与受体分子空间结构的互补性是特异结合的主要因素,受体与配体结合后一定要引起某种细胞效应,以实现其有效性。②饱和性:对某一特定受体来说,它在某一特定细胞中的数目应是有一定限度的。因此,当用浓度递增的配基与之相互作用时,应能观察到在达到某一浓度时,结合作用达到平衡,即表现出配体结合的饱和性。结合量与效应成正比。③可逆性:受体与配体之间的作用,绝大多数是通过氢键、离子键及范德华力等非共价键维系的,为可逆性结合。极个别的天然配基与受体的结合取共价键结合的不可逆方式,如 α-银环蛇毒素与烟碱型乙酰胆碱受体的结合。④高亲和性:一般认为,受体与配体之间的相互作用应呈高亲和性。亲和力越高,专一性就越强,结合量与效应成正比。⑤组织与细胞特异性:受体以不同密度与类型存在于靶细胞或靶组织的不同区域,所以不同靶组织或靶细胞所含的特定受体数目、类型也不相同。同一细胞或不同类型的细胞中,同一配体可能有两种或两种以上的不同受体。同一种信号分子作用于不同靶细胞往往引起不同的细胞应答方式。一个细胞上不同类型受体的组合形成该细胞内在固有的个性特性。⑥受体的可调节性:受体作为细胞的组分之一,并不是静止的、固定不变的,而是处于动态平衡之中。一方面,它们要遵循通常的新陈代谢规律,不断地合成与降解;另一方面,它们又可因各种生理和病理因素的影响而发生变化,这就是受体调节。受体调节有增敏(hypersensitivity)和失敏(desensitization)、上调(up-regulation)和下调(down-regulation)之分。

10.1.4　第二信使与分子开关

10.1.4.1　第二信使(second messenger)

早在 20 世纪 50 年代,美国生理学家 Earl Wilbur Sutherland 研究肾上腺素在肝脏调节糖原降解为葡萄糖时,发现肾上腺素导致糖原激活酶(磷酸)活性增加需要环磷酸腺苷(cAMP)的重要中介作用,并提出激素作用的第二信使学说(second messenger theory)。为此,Sutherland 荣获 1971 年诺贝尔生理学或医学奖。第二信使学说认为,胞外化学信号(第一信使)不能进入细胞,它作用于细胞表面受体,导致胞内产生第二信使,引起靶细胞内一系列的生化反应,诱发细胞产生一定的生理效应。

第二信使是指胞内产生的非蛋白类小分子,通过其浓度的增加或减少,应答胞外信号与细胞表面受体的结合,调节细胞内酶和非酶蛋白的活性,从而在细胞信号转导途径中行使信号放大、分化、整合并传递的功能。第二信使至少有两个基本特性:①是第一信使同其膜受体结合后最早在细胞膜内侧或胞浆中出现、仅在细胞内部起作用的信号分子;②能启动或调节细胞内稍晚出现的反应信号应答。目前公认的细胞内最重要的第二信使包括 cAMP、cGMP、Ca^{2+}、二酰甘油(diacylglycerol,DAG)、1,4,5-三磷酸肌醇(inositol 1,4,5-triphosphate,IP3)、3,4,5-三磷酸肌醇、花生四烯酸及其代谢产物、一氧化氮等。

第二信使在细胞信号转导中起重要作用,它们能够激活信号级联系统中酶的活性,以及非酶蛋白的活性。第二信使在细胞内的浓度受第一信使的调节,它可以瞬间升高且能快速降低,并由此调节细胞内代谢系统的酶活性,控制细胞的基因表达、物质代谢、增殖、分化和生存等生命活动。

10.1.4.2　分子开关

在细胞内一系列信号传递的级联反应中,必须有正、负两种相辅相成的反馈机制进行精确控制。分子开关(molecular switches)是通过激活机制或失活机制精确控制细胞内一系列信号传递的级联反应的蛋白质。分子开关蛋白通过"关闭"和"开启"两种状态的转换调控下游靶蛋白的活性。细胞内信号传递作为分子开关的蛋白质可分两类:一类主要分子开关蛋白为

GTPase 开关蛋白,属 GTPase 超家族,主要由 GTP 结合蛋白组成,包括三聚体 G 蛋白和小分子 G 蛋白,结合 GTP 而活化,结合 GDP 而失活(图 10-3A)。另一类开关蛋白(switch protein)的活性由蛋白激酶(protein kinase)使之磷酸化而开启,由蛋白磷酸水解酶(protein phosphatase)使之去磷酸化而关闭,许多由可逆磷酸化控制的开关蛋白是蛋白激酶本身,在细胞内构成信号传递的磷酸化级联反应(图 10-3B)。

在细胞中具有专门控制 G 蛋白活性的调节因子。鸟苷酸交换因子(guanine nucleotide exchange factor,GEF)促进 GDP 从开关调控蛋白上解离,G 蛋白变构而更利于与 GTP 结合,从而达到活化状态。GTP 酶活化蛋白(GTPase-activating protein,GAP)和 G 蛋白信号调节因子(regulator of G protein-signaling,RGS)则加快 GTP 水解为 GDP。鸟苷酸解离抑制因子(guanine nucleotide dissociation inhibitor,GDI)抑制 GDP 的解离,降低 GTP 酶的水解活性(图 10-3A)。美国科学家 Alfred G. Gilman 和 Martin Rodbell 因发现 G 蛋白及其在细胞信号转导中调控机制而获得 1994 年诺贝尔生理学或医学奖。

蛋白磷酸化和去磷酸化导致蛋白构象改变,活性增强或降低,是细胞内普遍存在的分子机制(图 10-3B)。蛋白激酶和蛋白磷酸水解酶对靶蛋白有特异性,细胞内诸如信号蛋白、结构蛋白、酶、通道蛋白、载体蛋白等的磷酸化和去磷酸化,调控细胞新陈代谢、基因表达、细胞周期等重要生命活动。人类基因组编码蛋白激酶的基因不下 2000 个,编码蛋白磷酸水解酶的基因有 1000 多种。而酵母细胞有 3% 的蛋白是蛋白激酶或蛋白磷酸水解酶。美国科学家 Edwin G. Krebs 和 Edmond H. Fischer 因发现蛋白激酶,确立了蛋白质磷酸化和去磷酸化作为生物学调节普遍机制而获得 1992 年诺贝尔生理学或医学奖。

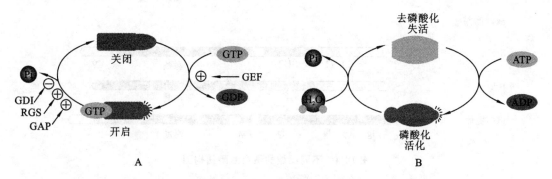

图 10-3 分子开关活化与失活

A. GTPase 开关:通过结合 GTP 的水解,GTPase 开关调控蛋白自由活化态转换为失活态,该过程受 GAP 和 RGS 的促进,受 GDI 的抑制;GTPase 开关调控蛋白的再活化被 GEF 所促进。B. 蛋白磷酸化和去磷酸化:当靶蛋白被蛋白激酶磷酸化时活化;蛋白磷酸水解酶则使靶蛋白去磷酸化时失活。有些靶蛋白具有相反的变化模式

蛋白激酶在细胞内的分布遍及核、线粒体、微粒体和胞液。最早被发现的 cAMP 蛋白激酶(PKA)。20 世纪 80 年代,发现了酪氨酸蛋白激酶,它可以催化自身磷酸化,也可以使其他的蛋白质磷酸化。其磷酸化反应专一地发生在特定的酪氨酸的羟基上。已发现的蛋白激酶约有 300 种,分子内都存在一个同源的由约 270 氨基酸残基构成的催化结构区。在细胞信号传导、细胞周期调控等系统中,蛋白激酶形成了纵横交错的网络。这类酶催化从 ATP 末位(γ位)转移出磷酸并共价结合到特定蛋白质分子中某些丝氨酸、苏氨酸或酪氨酸残基的羟基上,从而改变蛋白质、酶的构象和活性。

根据其底物专一特性,蛋白激酶一般分为 3 大类:①底物专一的蛋白激酶:如磷酸化酶激酶,丙酮酸脱氢酶激酶等;②依赖于环核苷酸的蛋白激酶:如环腺苷酸(cAMP)蛋白激酶,环鸟

苷酸(cGMP)蛋白激酶;③其他蛋白激酶:如组蛋白激酶等。根据其底物蛋白被磷酸化的氨基酸残基,可将蛋白激酶分为5类,即:①丝氨酸/苏氨酸(Ser/Thr)蛋白激酶:蛋白质丝氨酸/苏氨酸的羟基被磷酸化;②酪氨酸(Tyr)蛋白激酶:蛋白质酪氨酸的酚羟基作为磷酸化受体;③组氨酸蛋白激酶:蛋白质的组氨酸、精氨酸或赖氨酸的碱性基团被磷酸化;④色氨酸蛋白激酶:以蛋白质的色氨酸残基作为磷酸化受体;⑤天冬氨酰基/谷氨酰基蛋白激酶:以蛋白质天冬氨酰基/谷氨酰基的酰基为磷酸化受体。不同类型的蛋白激酶见图10-4。

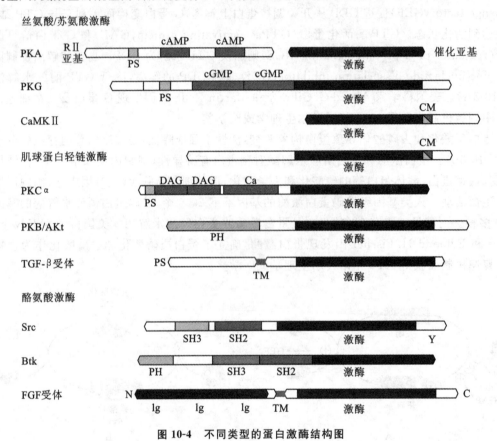

图10-4 不同类型的蛋白激酶结构图

10.1.5 信号转导系统及其特性

10.1.5.1 信号转导系统的基本组成

信号通路(signaling pathway)是指能将细胞外的分子信号经细胞膜传入细胞内发挥效应的一系列反应通路。通常,细胞表面受体介导的信号转导有5个基本步骤(图10-5):① 细胞表面受体特异性识别并结合胞外信号分子(配体),形成配体-受体复合物,导致受体激活;②被激活的受体构象改变,导致信号跨膜转导,靶细胞内产生第二信使或活化的信号蛋白;③通过胞内第二信使或细胞内信号蛋白复合物的装配,引发胞内信号逐级放大的级联反应(signaling cascade);④细胞应答反应:通过酶的逐级激活,改变细胞代谢活性,或者通过基因表达调控蛋白改变细胞基因表达和生长发育,或者通过细胞骨架蛋白的修饰改变细胞形态或运动状态;⑤受体脱敏(desensitization)或受体下调(down-regulation),终止或降低细胞反应。

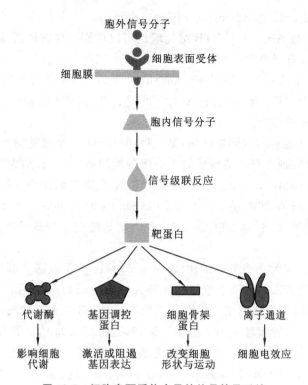

胞外信号分子

细胞表面受体

细胞膜

胞内信号分子

信号级联反应

靶蛋白

代谢酶　基因调控蛋白　细胞骨架蛋白　离子通道

影响细胞代谢　激活或阻遏基因表达　改变细胞形状与运动　细胞电效应

图 10-5　细胞表面受体介导的信号转导系统

10.1.5.2　信号蛋白结合结构域及信号蛋白复合物的形成

受体通过胞内信号蛋白的相互作用组成不同的信号转导信号通路而传播信号。细胞信号转导系统是由细胞内多种行驶不同功能的信号蛋白所组成精确的信号传递链,如转承蛋白、信使蛋白、接头蛋白、基因调控蛋白等,实现信号的放大、转导、分歧或整合。细胞内信号蛋白的相互作用是靠蛋白质模式结合域(modular binding domain)所特异性介导的,多种模式结合域经多重相互作用极大地拓展了细胞内信号网络的多样性。这些模式结合域通常由 40～120 个氨基酸残基组成,一侧有较浅凹形的球形结构域,不具酶活性,但能识别特定氨基酸基序或蛋白质上特定修饰位点,它们与识别对象的亲和性较弱,因而有利于快速和反复进行精细的组合式网络调控。主要的信号蛋白模式结构域如下:

(1)SH2 结构域(Src homology 2 domain)　它是最早鉴定的调节信号转导蛋白相互作用的蛋白质组件,由约 100 个氨基酸残基组成,它可以特异性识别磷酸化酪氨酸残基的氨基酸短序列,介导受体酪氨酸蛋白激酶信号转导途径。Src 是一种癌基因,最初在 Rous sarcoma virus 中发现。人类基因组大约编码 115 种含有 SH2 结构域的 SH2 信号蛋白,一般可分为两大类:一类是除了 SH2 结构域外还具有催化结构域的酶,如蛋白激酶(PI3K 等)或蛋白磷酸水解酶、磷脂酶 C、Ras GAP 结构域、Rho 家族 Src Rho 家族 GEF 结构域;而另一类是无催化活性的接头蛋白(adaptor protein)、锚定蛋白(docking protein)或转录调节因子,如哺乳类的生长素受体结合蛋白 2(Grb2)、ShcA(C 端具有 SH2 结构域,N 端具有 PTB 结构域)、胰岛素受体底物(LRS)、介导的细胞因子信号通路 STAT 等,具有 1 个或多个 SH2 结构域。

(2)SH3 结构域(Src homology 3 domain)　人类基因组编码 253 个 SH3 结构域,由 50～100 个氨基酸组成,结合富含脯氨酸序列(PXXP)和疏水残基的特异序列,如 Src、Nck 等 SH3 结构域。最初也是在 Src 中鉴定到的。

(3)PTB 结构域(phosphotyrosine binding domain) 由约 160 个氨基酸组成,结合 NPXY 氨基酸基序。与 SH2 一样,PTB 结构域也可以识别一些含磷酸酪氨酸的基序,但其结合基序与 SH2 结构域有所差别。

(4)PH 结构域(pleckstrin homology domain) 由 100~120 个氨基酸组成,可以与磷脂类分子 PIP2、PIP3、IP3 等结合,常见于 Akt、SOS 等。此外,PH 结构域可与 G 蛋白 βγ 单位、Gα12、PKC 和 F-actin 等结合。

(5)PDZ 结构域 也称盘状同源区域,是一种由 80~100 个氨基酸残基组成的保守序列。它的名字来源于最早发现含有此结构域的 3 个蛋白质的首字母,分别为哺乳动物突触后密度蛋白 PSD-95(post-synaptic density protein-95)、果蝇肿瘤抑制蛋白 DLG-A(drosophila disc large tumor suppressor A)和闭锁小带蛋白 Zo-1(zonula occludens-1 protein)。PDZ 结构域通常表现为串联重复拷贝,识别膜蛋白 C 端 4~5 个氨基酸残基组成的短肽基序(通常末端为 Val—COOH)。

(6)WW 结构域 又称为色氨酸结构域,是由 38~40 个氨基酸残基组成紧密的三股反向平行 β 折叠结构域,它因以包含两个色氨酸残基为主要特征而得名 WW 结构域,能专一地与含有 XPPXY 保守序列的蛋白质相互作用。见于 Nedd4(E3 泛素连接酶)等。

(7)死亡结构域 指肿瘤坏死因子受体超家族某些成员(如 Fas、TNFRI、DR3、DR4、DR5 和 DR6 等)细胞质区所含约 80 个氨基酸残基的结构域。细胞质中的一些接头蛋白如 TRADD、FADD、RIP、CRADD 和 MADD 等分子也含死亡结构域。胞外配体与死亡受体结合后,受体的死亡结构域可以与胞浆信号蛋白的死亡结构域发生同源或异源结合,募集 caspase 使其相互切割,活化下游凋亡信号。因该结构域的作用是作为一个接头将死亡受体与胞浆信号通路联系起来,所以称死亡结构域。

这些结构域本身均为非催化结构域。一个信号蛋白分子可以含有两种以上的调控结合功能结构域。因此,可以同时与两种以上的其他信号蛋白分子相结合,例如,在蛋白酪氨酸激酶 Btk 中即有 PH 结构域、SH3 结构域和 SH2 结构域等 3 个调控结合元件。同一类调控结合功能结构域可存在于多种不同的信号转导分子中,例如,PH 结构域存在于某些蛋白激酶、小分子 G 蛋白调节分子及细胞骨架蛋白等多种信号转导分子中。这些调控结构域的一级结构不同,对所结合的信号分子具有选择性,这是保证信号分子相互作用具有特异性的基础。

因此,通过这些功能结构域,形成不同的信号蛋白复合物,在时空上增强细胞应答反应的速度、效率和反应的特异性,表现出生命活动的掌握调控力。胞内信号传递通路的高效、快速、精确的有序运行,与特定信号蛋白复合物的装配形成密切相关。细胞内信号蛋白复合物的形成主要有三种不同策略:①细胞表面受体和某些细胞内信号蛋白复合物通过与支架蛋白(scaffold protein)结合形成细胞内信号复合物,当受体结合胞外信号被激活后,再依次激活细胞内信号蛋白并向下游传递(图 10-6A);②依赖激活的细胞表面受体装配细胞内信号蛋白复合物,即表面受体结合胞外信号被激活后,受体胞内段多个氨基酸残基位点发生自磷酸化作用(autophosphorylation)从而为细胞内不同的信号蛋白提供锚定位点,形成短暂的信号转导复合物,分别介导可能不同的下游事件(图 10-6B);③受体结合胞外信号被激活后,在邻近质膜上形成修饰的肌醇磷脂分子,从而募集具有 PH 结构域的信号蛋白,装配形成信号蛋白复合物(图 10-6B)。

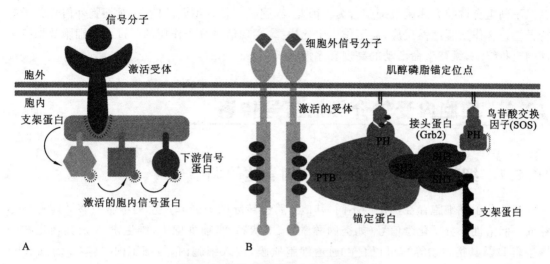

图 10-6　细胞内信号蛋白复合物的形成

　　细胞内信号蛋白依靠支架蛋白、磷脂分子、特异的蛋白结构域结合,形成细胞内信号蛋白复合物,实现信号的传递。A.基于支架蛋白的信号复合物的装配;B.在活化受体上装配信号蛋白或通过肌醇磷脂锚定位点结合的信号蛋白复合物

10.1.5.3　信号转导系统的主要特性

　　(1)特异性(specificity)　取决于受体与配体结合的特异性。细胞受体与胞外配体以非共价键互补结合,形成受体-配体复合物,简称具有"结合"特异性(binding specificity)。受体因结合配体而改变构象被激活,介导特定的细胞反应,从而又表现出"效应器"特异性(effector specificity)。此外,受体与配体的结合具有饱和性和可逆性的特征。

　　(2)信号的级联放大效应(cascade amplification)　信号传递至胞内效应器(通常是酶或离子通道蛋白),引发细胞内信号逐级放大的级联反应(signaling cascade),如果级联反应主要是通过酶的逐级激活,结果将改变细胞代谢活性。如果是离子通道,则改变膜的通透性,产生细胞电反应,影响细胞形态或运动状态。信号转导通路上的各个反应相互衔接,形成一个级联反应过程,连贯有序地依次进行,直至完成。其间,任何步骤的中断或者出错,都将给细胞,乃至机体带来重大的病变。

　　(3)信号蛋白分子活性的可逆性　被激活的各种信号转导分子在完成任务后又恢复到失活状态,准备接受下一轮的刺激,不会总处在激活兴奋状态。蛋白磷酸化和去磷酸化是绝大多数信号分子可逆地激活的普遍机制。当细胞长期暴露在某种形式的刺激下,细胞对刺激的反应将会降低,这就是细胞进行性适应。因此,这种信号级联放大作用又必须受到适度控制,这表现为信号放大作用与信号作用的终止并存。

　　(4)网络化(network)与反馈(feedback)调节机制　细胞信号系统网络化的相互作用是多途径、多层次的,各条通路相互沟通、相互串联、相互影响、相互制约、相互协调,具有收敛、发散和交叉对话(crosstalk)的特点。在细胞内由一系列蛋白质组成的信号转导系统中,细胞对刺激作出适时的反应是细胞完成各种生命活动的基础。细胞网络化效应有利于克服分子间相互作用的随机性对细胞活动的负面干扰。这样的网络特性是由一系列正反馈(positive feedback)和负反馈(negative feedback)环路组成的,及时校正反应的效率和强度,这是细胞生命活动最基本的调控机制。

　　(5)整合作用(integration)　多细胞的每个细胞都处在细胞"社会"环境中,大量的刺激信息以不同组合调控方式调节细胞行为。因此,细胞必须整合不同的信息,对细胞外信号分子的特异性组合作出程序性反应,甚至作出生死抉择,实现信号分子作用的一过性与细胞效果持久性的有机统一,维持生命活动的高度有序性。

10.2 细胞内受体介导的信号传递

10.2.1 细胞内核受体及其对基因表达的调节

受体分子在细胞存在部位的不同,其信号跨膜转导的方式和产生的细胞应答效应亦不尽相同。脂溶性小分子化学信号(如类固醇激素、甲状腺素、前列腺素、维生素 A 及其衍生物和维生素 D 及其衍生物等),可以自由通透细胞质膜,进入细胞内,与细胞内受体(intracellular receptor)结合而实现信号转导。细胞内受体位于细胞质或细胞核内。激素进入细胞后,有些可与其细胞核内的受体相结合形成激素-受体复合物,有些则先与其在胞浆内的受体结合,然后以激素-受体复合物的形式进入核内。

细胞内受体超家族是依赖激素激活的,均为反式转录因子,调控基因表达。这些受体的基本结构极为相似,所含氨基酸残基数为 $400 \sim 1000$,同源性较高。这类受体一般都含有 3 个功能结构域:C 端的结合域是激素的结合位点;中部结构域是 DNA 或热休克蛋白的结合位点,高度保守,富含 Cys,由 $70 \sim 80$ 个氨基酸残基组成两个锌指结构的重复单位;N 端是转录激活结构。不同类型的细胞内受体结构如图 10-7 所示。

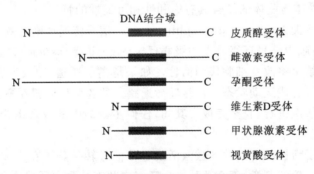

图 10-7 不同类型的细胞内受体结构模式图

在未与激素作用时,受体与热休克蛋白 Hsp90 形成复合物,因此阻止了受体向细胞核的移动及其与 DNA 的结合。当激素与受体结合后,受体构象发生变化,导致热休克蛋白与其解离,暴露出受体核内转移部位及 DNA 结合部位,促使激素受体复合物向内转移,并结合于 DNA 上特异基因邻近的激素反应元件(hormone response element,HRE)。不同的激素-受体复合物结合于不同的激素反应元件。结合于激素反应元件的激素-受体复合物再与位于启动子区域的基因转录因子及其他的转录调节分子作用,从而开放或关闭其下游基因(图 10-8)。类固醇激素诱导的基因活化通常分为两个阶段:①快速的初级反应阶段,直接激活少数特殊基因(转录调控因子)转录;②延迟的次级反应阶段,初级反应的基因产物再激活其他的基因转录,对初级反应起放大作用。

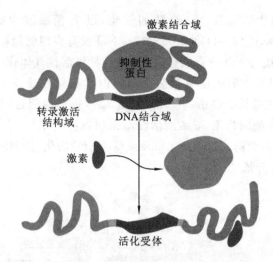

图 10-8 细胞内受体的作用模型

10.2.2 小分子气体介导的信号通路

在生物体和细胞复杂多样的信号转导途径中,气体信号分子以其独有的可连续产生、快速传播扩散等特点,代表一种新的非受体依赖性信号转导机制。一氧化碳、一氧化氮和硫化氢先后被证明是重要的气体信号分子。新近研究甚至证明氢气亦可表现信号分子作用,进一步推动了气体信号分子研究热点的持续。

一氧化氮(nitrogen monoxide,NO)是最早被确定的气体信号分子。早在被确定之前,20世纪 50 年代,人们发现在培养条件下巨噬细胞的杀菌活性依赖于培养基中精氨酸的存在,而精氨酸是 NO 合酶(nitrc oxide synthase,NOS)的底物,因此提示 NO 是一种重要的生物功能分子。血液中的去甲肾上腺素(norepinephrine/noradrenaline, NE/NA)和乙酰胆碱(acetylcholine,Ach)均可血管平滑肌舒张。但长期以来,人们对乙酰胆碱的舒血管机制并不清楚。1980 年,美国科学家 Robert F. Furchgott 发现了 Ach 作用于内皮细胞,产生了一种弥散因子,具有使血管平滑肌松弛的作用,后来被命名为血管内皮细胞舒张因子(endothelium-derived relaxing factor, EDRF)。1986 年,EDRF 被 Furchgott 和 Louis J. Ignarro 确认为NO。Ferid Murad 证明硝酸甘油等治疗心绞痛药物在体内首先被转化为 NO,是 NO 刺激血管平滑肌内的鸟苷酸环化酶(guanylate cyclase,GC),促进 cGMP 形成而使血管扩张,从而解释了 NO 作用的分子机制。Ferid Murad 还发现 GC 有结合于胞膜型和胞浆可溶型(sGC)之分,提出了 GC 功能多元化的学说。1988 年,Polme 等人证明,L-精氨酸(L-arginine,L-Arg)是血管内皮细胞合成 NO 的前体,从而证实了哺乳动物体内可以合成 NO。正是基于"一氧化氮可作为心血管系统的信号分子"的科学发现,Robert F. Furchgott、Louis J. Ignarro 以及Ferid Murad 三位美国科学家获得了 1998 年诺贝尔生理学或医学奖,从而打开了气体分子作为体内信息传播分子的大门。

至此,NO 成为最早被发现的一种气体信号分子,也是一种细胞自分泌和旁分泌的内源性血管舒张因子。由于体内存在 O_2 以及其他与 NO 发生反应的化合物(如超氧离子、血红蛋白等),因而 NO 在细胞外极不稳定,其半衰期只有 2~30 s,只能在组织中局部扩散,被氧化后以硝酸根(NO_3^-)或亚硝酸根(NO_2^-)的形式存在于细胞内外液中。血管内皮细胞和神经细胞是

NO 的生成细胞,NO 的生成需要 NO 合酶的催化,以 L-精氨酸为底物,以还原型辅酶Ⅱ(NADPH)作为电子供体,生成 NO 和 L-瓜氨酸。NO 没有专门的储存和释放调节机制,作用于靶细胞 NO 的多少直接与 NO 的合成有关。NO 这种可溶性气体作为局部介质在许多组织中发挥作用,它发挥作用的主要机制是激活靶细胞内具有鸟苷酸环化酶(guanylate cyclase,GC)活性的 NO 受体。内源性 NO 由 NOS 催化合成后,扩散到邻近细胞,与鸟苷酸环化酶的活性中心 Fe^{2+} 结合,改变酶的构象,导致酶活性增强和 cGMP 水平,Ca^{2+} 下降。cGMP 的作用是通过 cGMP 依赖的蛋白激酶 G(protein kinase G,PKG)活化,抑制肌动-肌球蛋白复合物信号通路,导致血管平滑肌舒张(图 10-9)。

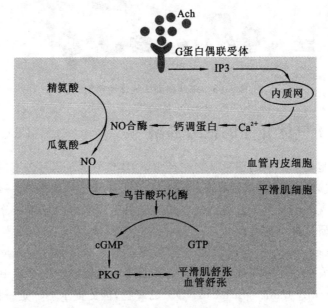

图 10-9 NO 信号通路

血管神经末梢释放乙酰胆碱作用于血管内皮细胞 G 蛋白偶联受体并激活磷脂酶 C,通过第二信使 IP3 导致细胞质 Ca^{2+} 水平升高。当 Ca^{2+} 结合钙调蛋白后,刺激 NO 合酶催化精氨酸氧化形成瓜氨酸并释放 NO,NO 通过扩散进入邻近平滑肌细胞,激活具有鸟苷酸环化酶活性的 NO 受体,刺激生成第二信使 cGMP。而 cGMP 通过 cGMP 依赖的蛋白激酶 G 的活化,抑制肌动-肌球蛋白复合物信号通路,导致血管平滑肌舒张

目前发现的 NOS 主要有 3 型:神经型 NO 合酶(nervous nitric oxide synthase,nNOS)、内皮型 NO 合酶(endothelial nitric oxide synthase,eNOS)、诱导型 NO 合酶(inducible nitric oxide synthase,iNOS)。其中前两者均受钙/钙调蛋白的诱导,称为原生型(cNOS),主要存在于内皮细胞、神经细胞和血小板等,诱导合成正常生理需要量的 NO。而 iNOS 主要存在于巨噬细胞、中性粒细胞、免疫细胞等,在生理状态下不表达,但在细胞因子或内毒素的刺激下呈诱导性表达。开发以 NOS 为靶标的抑制剂不仅能很好地阐明 NO 信号通路作用机制,也是开发 NO 引起的疾病治疗药物的重要思路。

NO 的生理作用非常广泛。它能够抑制平滑肌收缩生长,阻止血小板凝聚以及防止白细胞-内皮细胞黏附。另外,它还参与免疫防御系统、神经传递、血管生成等过程。NO 也有许多神经细胞产生并传递信号,在参与大脑的学习记忆生理过程中具有重要作用。体内 NO 水平和信号失调常发生于某些疾病状态。糖尿病病人具有低于全球平均水平的 NO 水平,动脉粥样硬化常常会导致 NO 信号通路受损。

NO 研究的科学发现,是迄今最成功的商业转化案例。1998 年月 4 月美国辉瑞(Pfizer)制

药公司在美国首次上市的第 1 个口服抗阳痿药 Viagra,音译名为伟哥、万艾可,商品名为西地那非(Sildenafil Citrate)、柠檬酸西地那非。为磷酸二酯酶(phosphodiesterase,PDE)V 选择性抑制剂,能增强在性刺激下 NO 释放引起的阴茎勃起生理反应。

一氧化碳(carbon monoxide,CO)作为第二个重要气体信号分子近年来受到重视。内源性 CO 的产生至少有两种途径:①主要途径是由血红素在血红素氧合酶(hemeoxygenase,HO)催化下氧化生成;②次要途径是由一些有机分子(如酚、四烷盐、膜脂质等)氧化产生。HO 有 HO-1、HO-2 和 HO-3 三种同工酶,HO-1 为诱导型,通常在一些刺激因素下呈诱导性表达;HO-2 和 HO-3 为组成型,在细胞生理状态下即可表达。其中 HO-1 主要分布于单核-巨噬细胞系统及网状内皮细胞内,HO-2 则主要分布于脑和睾丸,胃肠道平滑肌中亦有分布,HO-3 是 1997 年发现的一种新的同工酶,活性较低,在脾、肝、心、肾、脑和睾丸等部位均有发现。3 种同工酶在不同组织中发挥不同的作用,且各具特征。CO 的作用机制类似于 NO,通过激活鸟苷酸环化酶(GC)使 GTP 生成 cGMP,而 cGMP 通过抑制 IP3 的形成、Ca^{2+} ATP 酶电压依赖性 Ca^{2+} 通道的激活,减少平滑肌细胞中的游离 Ca^{2+},从而使平滑肌松弛,引起血管扩张。

硫化氢(hydrogen sulfide,H_2S)是继 NO 和 CO 之后发现的一种新的气体信号分子。H_2S 主要通过胱硫醚-β-合酶(CBS)和胱硫醚-C-裂解酶(CSE)分解 L-半胱氨酸产生 H_2S。另外,L-半胱氨酸还可在天冬氨酸氨基转移酶(AAT)作用下生成 3-巯基丙酮酸,然后被 3-巯基丙酮酸硫转移酶(MST)脱硫产生 H_2S。此外少量 H_2S 可通过葡萄糖氧化代谢过程中产生。生成的硫化氢 1/3 以 H_2S 气体形式、2/3 以硫氢化钠(NaHS)形式存在,NaHS 在体内可解离为钠离子和硫氢根离子,后者与体内的氢离子结合生成 H_2S。H_2S 和 NaHS 之间形成动态平衡,这样既保证了 H_2S 在体内的稳定,也有利于内环境 pH 值的稳定。内源性生成 H_2S 的酶存在组织分布差异,除了肝、肾表达外,CBS 主要表达于神经系统,而 CSE 主要分布于心血管系统,包括心肌、主动脉、肺动脉、肠系膜动脉、尾动脉和门静脉等,MST 是一类锌依赖性酶,在心脏细胞中有表达。

H_2S 具有舒张血管和消化道平滑肌、抑制血管平滑肌细胞增殖等作用,并且参与神经元兴奋、学习和记忆的调节等。H_2S 诱导的血管舒张效应不是由鸟苷酸环化酶、cGMP 通路介导的,其可能机制如下:①通过 KATP 通道途径使容量血管平滑肌舒张;②由 KATP 通道和内皮源性超极化因子共同参与对阻力血管的舒张作用;③细胞外 Ca^{2+} 依赖性:Ca^{2+} 的跨膜转运对平滑肌的收缩具有直接的作用。

新近发现,氢气具有抗氧化、选择性清除毒性自由基、抑制肥大细胞脱颗粒等功能,被证明为一种新的气体信号分子。

随着越来越多的气体信号分子被相继发现,参考 NO 和 CO 的作用机制,形成气体信号分子的一般标准:① 都是小分子气体;② 都可以自由穿透细胞质膜,作用不依赖于细胞表面受体;③ 可以在酶的催化下内源性产生,其产生受体内代谢途径的调控;④生理浓度下都有明确特定的功能;⑤ 其细胞生物学效应依赖或不依赖于胞内第二信使,但都具有明确特定的细胞信号蛋白靶点。

10.3　离子通道偶联受体的信号通路

离子通道偶联受体本身既有信号结合位点,又是离子通道,为多次跨膜蛋白。离子通道偶联受体多由若干相同或不同的亚基组成,这些亚基围绕一个膜上的"孔道"排布。与配体结合后,通道构象变化,瞬时开放、关闭或失活,改变膜电位,将化学信号转变为电信号。受体激活时,离子通道蛋白发生构象变化,使"孔道"开放,阳离子或阴离子即可通过这种孔道进入细胞,其跨膜信号转导不需中间步骤,故亦称配体门控通道或递质门控通道。

根据通道对离子的选择性,可以分成阳离子通道和阴离子通道两类。这与各靠近通道出、入口处的氨基酸残基所带电荷有密切的关系。离子通道(如 N 型乙酰胆碱通道)入口处的氨基酸多带负电荷;反之,阴离子通道(GABA 通道)则多带正电荷。主要存在于神经细胞或其他可兴奋细胞上,负责突触信号传递。其典型的例子就是肌肉的 N 型乙酰胆碱受体。它由四种组成 $\alpha 2\beta\gamma\delta$ 五聚体,每个都由 4 个跨膜区段组成,共同围成一个离子通道。乙酰胆碱的结合位点在 α 的细胞膜外侧。离子通道偶联受体除了分布在可兴奋细胞的细胞膜上(一般为 4 次跨膜蛋白),一些细胞内的信使物质如 cAMP、cGMP 和 IP3 等的受体位于细胞内的各种膜结构之上(一般为 6 次跨膜蛋白),也属于离子通道型。这种受体的激活常常可以改变细胞内离子浓度的变化(如 IP3 使内质网中 Ca^{2+} 外流,提高胞质中游离 Ca^{2+} 浓度)。

根据通道亚基数目和种类的差异,离子通道偶联受体可分为多种类型:

①Cys 环状受体:共有 5 种受体,包括胞外 GABAA(γ-aminobutyric acid,GABA)、甘氨酸、离子型谷氨酸受体(iGluR)、N 型乙酰胆碱、5-HT3 受体等。

②兴奋性氨基酸——谷氨酸调控的阳离子通道受体:包括 NMDA(N-methyl-D-aspartic acid receptor,N-甲基-D-天冬氨酸)受体和非 NMDA 受体,包括海人藻酸(kainate,KA)受体和 AMPA(α-amino-3-hydroxy-5-methyl-4-isoxazole-propionic acid receptor,α-氨基-3-羟基-5-甲基-4-异噁唑丙酸)受体。

③ 受电压门控的胞内阳离子通道受体:如胞内 cAMP 受体、IP3 受体和 Ryanodine 受体。

④和⑤ 为哺乳动物上皮细胞 Na^+ 通道相关的非肽类(腺苷、ATP)和肽类递质(苯丙-甲硫-精-苯丙酰胺,即 FMRF amide)受体。

⑥ 内向整流 K^+ 通道:由 4 个亚基组成的四聚体;每个含有两个跨膜结构域,其间由短的胞外环连接,胞外环中含有一孔区。这一亚类中有两种类型的受体:一是由 ATP 维持着开启状态的 K^+ 通道(KATP),ATP 的非水解性类似物也具有此种作用;另一种则是 KATP 通道的一个亚基,胞内的 ATP 对它具有阻断作用。KATP 通道由两类亚基组成:一种是内向整流 K^+ 通道亚基;另一种是磺酰基脲受体的亚基,后者为 ABC 运载蛋白之一;两者以 4∶4 的化学计量形成功能性八聚体通道。

⑦和⑧两个亚类则为运载蛋白类离子通道,可归属为递质调控的离子通道之列。其中一类属于 ATPase 依赖性载运蛋白,含有 12 个 TM、2 个核苷酸结合结构域和 1 个 Cl^- 通道。任何一个结合结构域上的 ATP 被水解,都会导致 Cl^- 通道开放。另一类,是谷氨酸的载运蛋白,它也含有 Cl^- 通道,通道的开启受谷氨酸的调控。

10.4 G 蛋白偶联受体介导的信号通路

10.4.1 G 蛋白

G 蛋白为 GTP 结合蛋白,与 GTP 或 GDP 可逆性结合的蛋白质,又叫鸟苷酸结合调节蛋白,为具有 GTP 酶活性的蛋白质家族,以前曾称作 N 蛋白和 G/F 蛋白。G 蛋白通过小分子类脂结合于细胞内膜表面。G-蛋白有两大类:①三聚体 G 蛋白,为由 α、β 和 γ 亚基组成的异三聚体,在膜受体与效应器之间的信号转导中起中介作用;②小分子 G 蛋白,为相对分子质量 21000~28000 的小肽,只具有 G 蛋白 α 亚基的功能,在细胞的增殖、黏附、变形运动及胞吞胞吐等过程中起重要作用。通常所讲的 G-蛋白一般是指三聚体 G 蛋白。

三聚体 G 蛋白由 α、β、γ 三个不同亚基构成,总相对分子质量为 10^5 左右。已知人类基因组至少编码 27 中不同的 α 亚基、5 种 β 亚基和 13 中 γ 亚基,形成不同的 G 蛋白三聚体组合。G 蛋白结构上的差别主要表现在 α 亚基(G_α)。α 亚基为一条多肽链,相对分子质量为 39000~45000,其 α 都有两个结合位点:一是结合 GTP 或其类似物的位点,具有 GTP 酶活性,能够水解 GTP;另一个是含有负价键的修饰位点,可被细胞毒素 ADP 核糖基化。β 亚基在多数 G 蛋白中都非常类似,相对分子质量为 36000 左右。γ 亚基相对分子质量在 8000~11000。β 与 γ 亚基以共价键紧密结合为 $G_{\beta\gamma}$ 二聚体复合物。G_α 是效应器的调节亚基。$G_{\beta\gamma}$ 具有"关闭"激活的 G_α 的作用并增强 G_α 与膜的结合,并对许多效应分子如 K^+ 通道、Ca^{2+} 通道、磷脂酶 C-β、腺苷酸环化酶、酪氨酸受体激酶和 MAPK 等有调节作用。

G 蛋白偶联受体与 G 蛋白结合形成复合物,改变受体及 G 蛋白的特性。在静息状态下,G 蛋白以异三聚体的形式存在于细胞膜上,并与 GDP 相结合,而与受体则呈分离状态。当配体与相应的受体结合时,触发了受体蛋白分子发生空间构象的改变,从而与 G 蛋白 α 亚基相接触,这导致 α 亚基与鸟苷酸的亲和力发生改变,表现为与 GDP 的亲和力下降,与 GTP 的亲和力增加,故 α 亚基转而与 GTP 结合。α 亚基与 GTP 的结合诱发了其本身的构象改变,这一方面使 α 亚基与 βγ 亚基二聚体相分离,另一方面促使与 GTP 结合的 α 亚基从受体上分离成为游离的 α 亚基;这是 G 蛋白的功能状态,能调节细胞内的效应蛋白的生物学活性,实现细胞内外的信号传递。当配体与受体结合的信号解除时,完成了信号传递作用的 α 亚基同时具备了 GTP 酶的活性,能分解 GTP 释放磷酸根,生成 GDP,这诱导了 α 亚基的构象改变,使之与 GDP 的亲和力增强,并与效应蛋白分离。最后,α 亚基与 βγ 亚基二聚体结合恢复到静息状态下的 G 蛋白,为新一轮循环做准备(图 10-10)。

根据 α 亚基序列同源性及其调节功能,可将三聚体 G 蛋白分为 G_s、G_i、G_o、G_q、G_{olf}、G_t 和 G_{gust} 等主要类型,信号传递过程发挥各种不同的作用:①调节腺苷酸环化酶(adenylate cyclase,AC)活性,通过 cAMP 实现信号转导;②介导肌醇磷脂的降解,生成 1,4,5-三磷酸肌醇(IP3)和二酰基甘油(DAG),IP3 和 DAG 是重要的第二信使,介导多种受体的信号转导;③调节离子通道,影响 Ca^{2+} 和 K^+ 等离子的跨膜流动。

(1)$G_{s\alpha}$　G_s 兴奋性 G 蛋白(stimulating adenylate cyclase g protein,G_s),与 β-肾上腺素受体、胰高血糖素受体、加压素受体、促肾上腺皮质激素受体等偶联,激活腺苷酸环化酶,产生 cAMP 第二信使,继而激活 cAMP 依赖的蛋白激酶。G_s 也激活心肌、骨骼肌 Ca^{2+} 通道。现已发现,G_s 已有 αS1、αS2 等不同的基因剪切体。

(2)$G_{i\alpha}$　抑制性 G 蛋白(inhibitory adenylate cyclase g protein,G_i),抑制腺苷酸环化酶,产生与 G_s 相反的生物学效应。与之偶联的受体有 α1 肾上腺素受体、前列腺素受体、腺苷受体等。已发现有 $G_{i1\alpha}$、$G_{i2\alpha}$、$G_{i3\alpha}$ 等亚型,分布在不同组织。

(3)$G_{olf\alpha}$　激活腺苷酸环化酶,主要分布在嗅觉神经末梢,传递嗅觉信息。在中枢神经系统与多巴胺能神经传导有关。

(4)$G_{t\alpha}$　分为 $G_{t\alpha-1}$ 和 $G_{t\alpha-2}$,以前统称为 Transducin,可以激活 cGMP 磷酸二酯酶,降低

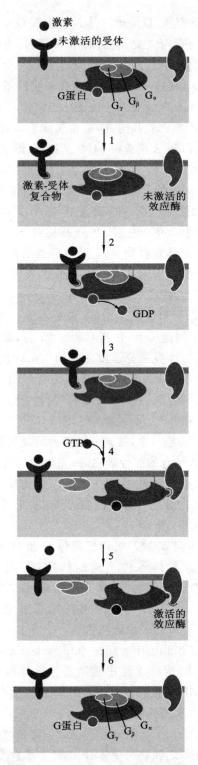

图 10-10 三聚体 G 蛋白解离活化的过程

1.配体(激素)结合诱发受体构象改变;2.活化受体与 G_α 亚基结合;3.活化的受体引发 G_α 亚基构象改变,致使 GDP 与 G 蛋白解离;4.GTP 与 G_α 亚基结合,引发 G_α 亚基与受体和 $G_{\beta\gamma}$ 亚基解离;5.配体-受体复合物解离,G_α 亚基结合并激活效应蛋白;6.GTP 水解成 GDP,引发 G_α 亚基与效应蛋白解离并重新与 $G_{\beta\gamma}$ 亚基结合,恢复到三聚体 G 蛋白的静息状态

cGMP 浓度,分布在视网膜视杆及视锥细胞,与视紫红质(光受体)偶联,参与视觉调节。

(5)$G_{o\alpha}$　分为 $G_{o\alpha1}$ 和 $G_{o\alpha2}$。主要分布于中枢神经系统和心血管系统,参与电压门控 Ca^{2+} 通道及磷脂酶 C 的活化调制,可以产生百日咳杆菌毒素导致的一系列效应。

(6)$G_{q\alpha}$　包括 $G_{\alpha q}$、$G_{\alpha 11}$($G_{y\alpha}$)、$G_{\alpha 12}$、$G_{\alpha 13}$($G_{L11\alpha}$)、$G_{\alpha 14}$、$G_{\alpha 15}$、$G_{\alpha 16}$ 等。分布于体内不同组织细胞,激活不同的 PLC,引起磷脂酰肌醇降解,升高 IP3、DAG,在磷脂酰肌醇代谢途径信号传递过程中发挥重要作用。

(7)$G_{gust\alpha}$　主要分布于舌内味觉上皮细胞,激活磷酸二酯酶,与味觉信号传递有关。

G_s 类的共同特点是有霍乱毒素(choleratoxin,CT)结合位点;G_i 类的共同特点是有百日咳毒素(pertussis toxin,PT)结合位点;而 G_t 均有 CTx 和 PTx 结合位点,但只有 $G_{t\alpha-1}$ 才能与二者结合;G_q 类则对二者都不敏感。

小分子 G 蛋白具有鸟苷酸的结合位点,有 GTP 酶活性,其功能也受鸟苷酸调节,但与跨膜信息传递似乎不直接相关。当结合了 GTP 时即成为活化形式,而当 GTP 水解成为 GDP 时则回复到非活化状态。在结构上与 G_α 类似,而非 α、β 和 γ 三聚体方式存在。其相对分子质量较小,为 20000~30000,G 蛋白的相对分子质量明显低于 G_α,因此被称为小分子 G 蛋白(small G proteins)。继第一个小 G 蛋白 Ras 被发现后,其他如 Rho、SEC4、YPT1 等相继被发现,微管蛋白 β 也被认为是一种小 G 蛋白。根据它们序列同源程度,将小分子 G 蛋白分为 Ras、Rho、Rab、Arf 和 Ran 等主要的亚家族。Ras 蛋白主要参与细胞增殖和信号转导;Rho 蛋白对细胞骨架网络的构成发挥调节作用;Rab 蛋白则参与调控细胞内囊泡的转运与融合。有些具有 SH-3 功能结构区的信号蛋白可将受体酪氨酸激酶途径与由小分子 G 蛋白所控制的途径连接起来,如 Rho(与 Ras 有 30% 同源性)调节胞浆中微丝上肌动蛋白的聚合或解离,调节细胞形态。

10.4.2　G 蛋白偶联受体(GPCRs)

G 蛋白偶联受体通过 G 蛋白连接细胞内效应系统的膜受体,只见于真核生物,参与了诸多细胞信号转导过程。G 蛋白系统是细胞中最常见的信号传递方式。细胞中存在数以千计的特异性 G 蛋白偶联受体。根据对人的基因组进行序列分析所得的结果,人们预测出了近千种 G 蛋白偶联受体的基因,相当于人体所有编码蛋白质基因的 5%。在线虫基因组 19000 个基因中大约编码 1000 中不同的 G 蛋白偶联受体。尽管作用于 G 蛋白偶联受体的氨基酸序列差异较大,作用于受体的信号分子种类多样,但均具有相似的结构特征。G 蛋白偶联受体相对分子质量为 40000~50000,由 350~500 个氨基酸组成组成,形成 7 个由疏水氨基酸组成的 α 螺旋跨膜结构域(transmembrane domain,TM),因此亦称七次跨膜受体。受体肽链的 N 末端在胞膜外,N 末端上常有许多糖基修饰,C 末端在细胞内,肽链的 C 端和连接第 5 个和第 6 个跨膜螺旋的胞内环上都有 G 蛋白的结合位点(图 10-11)。生物体内约 80% 已知的生物活性物质,如激素、神经递质、神经肽、趋化因子以及光子、气味分子等,激活 G 蛋白偶联受体,受体通过与不同的 G 蛋白偶联,使配体的信号通过第二信使 cAMP、磷酸肌醇、二酰基甘油及 Ca^{2+} 等传至效应器分子,从而产生细胞效应。

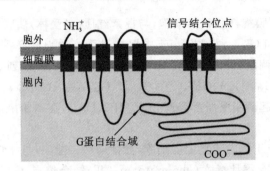

图 10-11 G 蛋白偶联受体的结构图

G 蛋白偶联受体在膜上都具有相同的取向,并含有 7 次跨膜 α 螺旋区(自左至右依次为
TM1～TM7);4 个细胞内肽段(自左至右依次为 C1～C4),C3 环结构域和有些受体的 C2 环是
与 G 蛋白相互作用的位点;TM6 和 TM7 之间的胞外环结合胞外信号(配体)

10.4.3　G 蛋白偶联受体介导的细胞信号通路

G 蛋白偶联受体所介导的细胞信号通路(signaling pathway)按其效应器蛋白的不同,可区分为 3 类:①激活离子通道的 G 蛋白偶联受体;②激活或抑制腺苷酸环化酶(adenylyl cyclase,AC),以 cAMP 为第二信使的 G 蛋白偶联受体;③激活磷脂酶 C(phospholipase C,PLC),以 IP3 和 DAG 作为双信使的 G 蛋白偶联受体。

G 蛋白偶联受体主要通过与两种效应蛋白结合后才能发挥作用:一种是 G 蛋白调控的离子通道,另一种是 G 蛋白活化的酶类活性物质。

第一条信号传导通路不受到任何中间物质进行信号的传递,所以 G 蛋白可以直接调控离子通道。这种"直捷通路"是 G 蛋白信号传导路径中最快捷的一种,可以在 30～100 ns 之间产生作用。而乙酰胆碱通过这样的信号传导路径发挥作用。

另一条作用范围更为广泛的信号传导通路被称作第二信使通路。G 蛋白可以通过激活某些酶来发挥作用,这些酶又可以通过激活一系列生化反应来影响细胞功能。

基于基因序列的同源性差异,G 蛋白偶联受体可被划分为六种类型:A 类(或第一类)(视紫红质样受体);B 类(或第二类)(分泌素受体家族);C 类(或第三类)(代谢型谷氨酸受体);D 类(或第四类)(真菌交配信息素受体);E 类(或第五类)(环腺苷酸受体);F 类(或第六类)(Frizzled/Smoothened 家族)。其中第一类即视紫红质样受体包含绝大多数种类的 G 蛋白偶联受体。它被进一步分为了 19 个子类(A1～A19)。最近,有人提出了一种新的关于 G 蛋白偶联受体的分类系统,被称为 GRAFS,即谷氨酸(glutamate)、视紫红质(rhodopsin)、黏附(adhesion)、frizzled/taste2 以及分泌素(secretin)的英文首字母缩写。它们广泛地参与细胞增殖、分化、迁移,尤其是各类生理活动的调控,包括细胞对激素,神经递质的大部分应答,以及视觉、嗅觉、味觉等。

G 蛋白偶联受体是最重要的药物靶点分子,调控着机体细胞对光线、图像、气味、药物和激素等信息物质的大部分应答。目前,世界药物市场上至少 30% 的现代药物都以 G 蛋白偶联受体作为靶点,多为 G 蛋白偶联受体的激活剂或者拮抗剂。上市的药物中,前 50 种最畅销的药物 20% 就属于 G 蛋白偶联受体相关药物,比如充血性心力衰竭药物 Coreg、高血压药物 Cozaar、乳腺癌药物 Zoladex 等。因此,GPCR 为至关重要的药物治疗靶点。

10.4.3.1　调节离子通道的 G 蛋白偶联受体

受体与配体结合并激活后,通过偶联 G 蛋白的分子开关作用,调控跨膜离子通道的开启与关闭，进而调节靶细胞的活性。例如，心肌细胞的 M2 乙酰胆碱受体和视感细胞的光敏感性受体，都属于这类调节离子通道的 G 蛋白偶联受体。

G 蛋白对离子通道的调节可以通过两种机制：G 蛋白可通过第二信使调节通道的磷酸化；G 蛋白还可通过不依赖第二信使的快速的限制在膜内的途径调节离子通道。后者包括 $G_{\beta\gamma}$ 直接与通道结合进行调节。这种膜内调节方式的优点是它的快速，激活通道仅需几百微秒，GDP、GTP 的转换可能是它的限速步骤。而通过细胞内一些蛋白酶激活通道要花费几秒钟。这种膜内调节方式的另一个优点是通道可同时被几种不同的递质通过信号的交互影响与整合进行调节。已发现，$G_{\beta\gamma}$ 可以不依赖 G_{α} 发挥许多重要的生理功能，如调节离子通道、磷脂酰肌醇激酶以及 G 蛋白偶联受体激酶（GRK）等重要的细胞内分子。

1. G 蛋白 βγ 亚基激活的内向整流钾通道（G protein-gated inwardly rectifying K⁺ channels，GIRKs）

一些神经递质受体为 G 蛋白偶联受体，其效应器蛋白是 Na⁺ 或 K⁺ 通道。神经递质与受体结合引发 G 蛋白偶联受体离子通道的开放与关闭，进而导致膜电位的改变。G 蛋白激活的内向整流型钾通道（GIRK）是内向整流型钾通道超家族中具有代表性的一个家族，最初发现的 GIRK 是心肌房室细胞乙酰胆碱门控钾通道。如乙酰胆碱激活心肌细胞毒蕈碱型 M2 乙酰胆碱毒蕈碱型受体（muscarinic acetylcholine receptor 2），导致与 M2 偶联的 $G_{i\alpha}$ 活化，$G_{i\alpha}$ 结合的 GDP 被 GTP 取代，引发三聚体 G_i 蛋白解离，释放 $G_{\beta\gamma}$ 亚基，$G_{\beta\gamma}$ 致使心肌细胞质膜上相关的效应器 K⁺ 通道开启，随即引发细胞内 K⁺ 外流，从而导致细胞膜超极化（hyperpolarization），减缓心肌细胞的收缩频率。现已发现，除乙酰胆碱外，γ-氨基丁酸、多巴胺、5-羟色胺和阿片肽类等，均能够通过其受体偶联的 G 蛋白 βγ 亚基激活 GIRK，在调节神经元的兴奋性中具有重要作用。GIRK 家族已有 5 个被克隆（GIRK1-5），GIRK 通道可以由不同单位构成异源四聚体或同源四聚体（GIRK1/GIRK4，GIRK1/GIRK2，GIRK4/GIRK4 及 GIRK2/GIRK2）。GIRK 亚基分子有两个跨膜螺旋，螺旋间形成决定离子选择性的中央孔区，N 端（约 90 个氨基酸残基）和 C 端（200 个氨基酸残基以上）区域位于膜内。

2. G_t 蛋白偶联光敏感性受体活化诱发 cGMP 门控阳离子通道的关闭

在人的视网膜中，视锥细胞有 600 万～800 万个，视杆细胞总数达 1 亿以上。视锥细胞光受体感受色彩，视杆细胞光受体接收弱光刺激。视紫红质（rhodopsin）是视杆细胞蛋白偶联的光受体，定位在视杆细胞外段视盘膜上。视紫红质的相对分子质量为 27000～28000，由一分子视蛋白（opsin）和一分子视黄醛（retinene）组成。视蛋白，属 G_t（transducer G 蛋白，G_t）蛋白偶联的光受体，结构与其他 G 蛋白偶联受体类似，也有 7 个 α 螺旋跨膜区段。视黄醛源于维生素 A，维生素 A 在体内可被氧化成视黄醛，是光吸收色素团。视紫红质在亮处分解，在暗处又可重新合成。视网膜上不同视细胞中可有不同的视紫红质，它们能感受不同波段的光线刺激，致使细胞产生神经冲动。每个视杆细胞含有大约 4×10^7 个视紫红质分子。

在暗适应状态下的视杆细胞，光量子被视紫红质吸收后引起视蛋白分子的变构活化，活化的视蛋白使与之偶联的无活性 GDP-G_t 变为激活的 GTP-G_t，形成游离的 $G_{t\alpha}$，进而激活附近的磷酸二酯酶（phosphodiesterase，PDE），PDE 使外段部分胞浆中高浓度的 cGMP 分解。而胞浆中 cGMP 的分解，导致结合于视盘外段的 cGMP 也与膜解离而被分解，而膜结合 cGMP 恰是配体门控非选择性阳离子通道（Na⁺、Ca^{2+}）开放的条件，膜上 cGMP 减少，Na⁺ 通道开放减少。因此最终驱使感光细胞超极化。据估计，一个视紫红质被激活时，可使约 500 个 G_t 激活；虽然传递蛋白激活 PDE 是 1 对 1 的，但一个激活了的 PDE 在 1 s 内可使 4000 多个 cGMP 分子降解。由于酶系统的这种生物放大作用,1 个光量子即可引起大量 Na^+ 通道的关闭,引起一个足以为视觉系统所感知的超极化型电变化。视杆细胞外段和整个视杆细胞都没有产生动作电位的能力,由光刺激在外段膜上引起的超极化感受器电位只能以电紧张性的扩布到达它的终足部分,影响终点(相当于轴突末梢)外的递质释放。

10.4.3.2 激活或抑制腺苷酸环化酶的 G 蛋白偶联受体

在绝大多数哺乳动物细胞应答激素的主要信号转导通路之一是通过 G 蛋白偶联受体激活或抑制腺苷酸环化酶,调节靶细胞内第二信使 cAMP 的水平,进而影响信号通路的下游信号分子事件,产生细胞效应。该信号通路主要涉及 5 种蛋白组分(图 10-12):①刺激性激素受体(receptor for stimulatory hormone,Rs);②抑制性激素受体(receptor for inhibitory hormone,Ri);③刺激性 G 蛋白(stimulatory G-proteins complex,G_s);④抑制性 G 蛋白(inhibitory G-proteins complex,G_i);⑤腺苷酸环化酶(adenylyl cyclase,AC)。

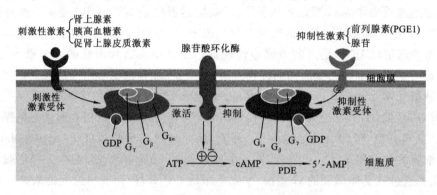

图 10-12 腺苷酸环化酶的激活与抑制

不同的激素-受体复合物,偶联不同的 G 蛋白(G_s 和 G_i)、相同的 $G_{βγ}$ 亚基。$G_{sα}$-GTP 激活腺苷酸环化酶,而 $G_{iα}$-GTP 则抑制腺苷酸环化酶的活性

刺激性激素的受体(Rs)和抑制性激素的受体(Ri)均为 7 次跨膜的 G 蛋白偶联受体,但与之结合的胞外配体不同。已知 Rs 有几十种,包括肾上腺素 β 受体、胰高血糖素受体、后叶加压素受体、促黄体生成素受体、促卵泡激素受体、促甲状腺激素受体、促肾上腺皮质激素受体和肠促胰酶激素受体等;Ri 有肾上腺素 α2 受体、阿片肽受体、乙酰胆碱 M 受体和生长素释放抑制因子受体等。

刺激性激素与相应的刺激性激素受体(Rs)结合,偶联刺激性三聚体 G 蛋白(具刺激性 $G_α$,即 $G_{sα}$),激活腺苷酸环化酶活性,提高靶细胞 cAMP 水平;抑制性激素与相应抑制性激素受体(Ri)结合,偶联抑制性三聚体 G 蛋白活化抑制性 $G_{iα}$,结果抑制腺苷酸环化酶活性,降低靶细胞 cAMP 水平。刺激性和抑制性三聚体 G 蛋白含有相同的 $G_{βγ}$。

腺苷酸环化酶是相对分子质量为 $1.5×10^5$ 的 12 次跨膜蛋白,胞质侧具有 2 个大而相似的催化结构域,跨膜区有 2 个整合结构域,每个含 6 个跨膜 α 螺旋(图 10-13)。腺苷酸环化酶激活后,在 Mg^{2+} 或 Mn^{2+} 存在条件下,催化 ATP 生成 cAMP,细胞内 cAMP 水平急剧增加,使靶细胞产生快速应答;在细胞内还有另一种酶即环腺苷磷酸二酯酶(PDE),可降解 cAMP 生成 5′-AMP,导致细胞内 cAMP 水平下降,从而终止反应信号。因此细胞内 cAMP 的浓度主要由腺苷酸环化酶和磷酸二酯酶的相对活性决定。cAMP 浓度在细胞内的迅速调节是细胞快速应答胞外信号的重要基础。

目前,从哺乳动物中已鉴定并克隆出 9 种膜型 AC 亚型(AC1～9)及一种可溶性的 AC

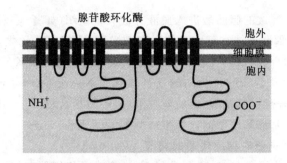

图 10-13　哺乳动物腺苷酸环化酶的结构

哺乳动物腺苷酸环化酶的结构示意图:12 次跨膜蛋白,含 2 个胞浆侧催化结构域,2 个膜整
合结构域(每个含 6 个跨膜 α 螺旋)

(sAC),除 AC9 以外其余 AC 亚型均能被 forskolin 所激活。根据其调节特点,膜结合的 9 种 AC 亚型常被分为 4 组:第 1 组包括 Ca^{2+} 刺激的 AC1、AC3、AC8;第 2 组包括 $G_{\beta\gamma}$ 激活的 AC2、AC4、AC7;第 3 组包括 $G_{i\alpha}/Ca^{2+}$ 抑制的 AC5、AC6;第 4 组包括 forskolin 不敏感的 AC9。

AC 各亚型在组织及不同细胞膜微区(脂筏)的分布、定位、活性及表达水平不尽一致。AC2、AC4 及 AC6 广谱性分布;AC5 表达于心脏和纹状体;sAC 主要表达于睾丸组织;AC1 和 AC3 主要表达于大脑,参与中枢神经系统调节。同一组织的 AC 亚型其分布及相关水平也不尽相同。如在肾组织中,AC 各亚型分布广泛:AC6 和 AC9 分布于所有节段,AC6、AC7、AC9 分布于近曲小管;AC5 分布于肾小球、皮质集合管及髓质外侧集合管,而 AC8 未见表达于肾。

在各种以 cAMP 为第二信使的细胞信号通路中,主要通过 cAMP 激活蛋白激酶 A (protein kinase A,PKA)介导。无活性的 PKA 是含有 2 个调节(regulatory subunit,R)和 2 个催化(catalytic subunit,C)组成的四聚体,在每个 R 上有 2 个 cAMP 的结合位点,cAMP 与 R 是以协同方式(cooperative fashion)结合的,即第一个 cAMP 的结合会降低第二个 cAMP 结合的解离常数(dissociation constant,K_d),因此胞内 cAMP 水平的细微变化就能导致 PKA 释放 C 并快速使激酶活化(图 10-14)。激素引发的蛋白激酶抑制物解离而促使酶的迅速活化是信号转导通路的普遍特征。

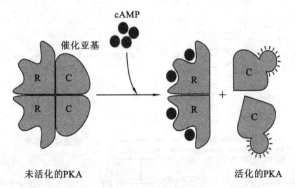

图 10-14　蛋白激酶 PKA 的结构与活化示意图

cAMP 特异性地结合 PKA 调节亚基(R),活化并释放其催化亚基(C)

不同的哺乳动物细胞表达不同的 G 蛋白偶联受体,通过激素刺激受体导致 PKA 激活,但是细胞应答反应可能只依赖于特殊的 PKA 底物。例如,肾上腺素对糖原代谢的效应是通过 cAMP 和 PKA 所介导的,但主要限于肝和肌细胞,它们表达与糖原合成和降解有关的酶。在脂肪细胞中,肾上腺素诱导的 PKA 的激活促进磷脂酶磷酸化而活化,磷脂酶催化三酰甘油水

解生成脂肪酸和甘油。释放的脂肪酸进入血液并被其他组织(如肾、心和肌肉)细胞用作能源。然而,卵巢细胞G蛋白偶联受体在某些垂体激素刺激下导致PKA活化,转而促进2种类固醇激素(雌激素和孕酮)的合成,这对雌性性征发育至关重要。虽然PKA在不同类型的细胞作用于不同底物,但PKA总是磷酸化相同的氨基酸基序X-Arg-(Arg/Lys)-X-(Ser/Thr)-Y(X代表任意氨基酸,Y代表疏水氨基酸)中的丝氨酸(Ser)和苏氨酸(Thr)残基。不同的Ser/Thr蛋白激酶磷酸化不同氨基酸基序中的丝氨酸或苏氨酸靶残基。

1. cAMP-PKA 信号通路对糖原代谢的调节

正常人体维持血糖水平的稳态,需要神经系统、激素及组织器官的协同调节。肝和肌肉是调节血糖浓度的主要组织。脑组织活动对葡萄糖是高度依赖的,因而在应答胞外信号的反应中,cAMP水平会发生快速变化,几乎在20 s内cAMP水平会从$5×10^{-8}$mol/L上升到10^{-6}mol/L水平。细胞表面G蛋白偶联受体应答多种激素信号对血糖浓度进行调节。以肝细胞和骨骼肌细胞为例,cAMP-PKA信号对细胞内糖原代谢起关键调控作用,这是一种短期的快速应答反应。当细胞内cAMP水平增加时,cAMP依赖的PKA被活化,活化的PKA首先磷酸化并活化糖原磷酸化酶激酶(glycogen phosphorylase kinase,GPK),继而使糖原磷酸化酶(glycogen phosphorylase,GP)被磷酸化而激活,活化的GP刺激糖原的降解,生成葡糖-1-磷酸。此外,活化的PKA使糖原合酶(glycogen synthase,GS)磷酸化,抑制其糖原的合成。另一方面,活化的PKA还可以使磷蛋白磷酸酶(phosphoprotein phosphatase,PP)磷酸化而失活(图10-15A);当细胞内cAMP水平降低时,cAMP依赖的PKA活性下降,导致磷蛋白磷酸酶

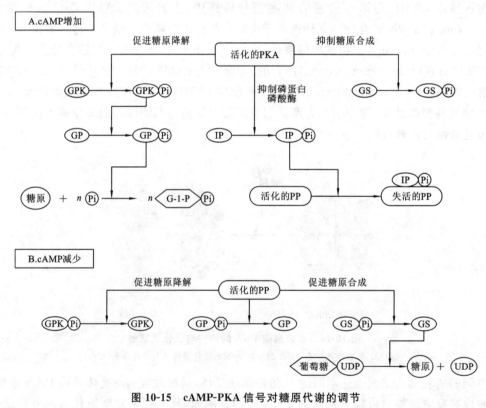

图 10-15　cAMP-PKA 信号对糖原代谢的调节

PKA,蛋白激酶A;PP,磷蛋白磷酸酶;GPK,糖原磷酸化酶激酶;GP,糖原磷酸化酶;GS,糖原合酶;IP,磷蛋白磷酸酶抑制蛋白;G-1-P,葡糖-1-磷酸

抑制蛋白(phosphoprotein phosphatase inhibitory proteins, IP)磷酸化而使磷蛋白磷酸酶(PP)被活化。活化 PP 使糖原代谢中的 GPK 和 GP 去磷酸化而活性降低,导致糖原降解的抑制,活化 PP 还促使 GS 去磷酸化,结果 GS 活性增高,从而促进糖原的合成(图 10-15B)。

2. cAMP-PKA 信号通路对真核细胞基因表达的调控

cAMP-PKA 信号通路对细胞基因表达的调节是一类细胞应答胞外信号的慢反应过程。因涉及细胞核机制,所以需要几分钟乃至几小时。这一信号通路控制多种细胞内的许多过程,从内分泌细胞的激素合成到脑细胞有关长期记忆所需蛋白质的产生。该信号通路反应链可表示为:激素→G 蛋白偶联受体→G 蛋白→腺苷酸环化酶→cAMP→cAMP 依赖的蛋白激酶 A(PKA)→基因调控蛋白→基因转录。

信号分子与受体结合通过 $G_{s\alpha}$ 激活腺苷酸环化酶,胞内 cAMP 浓度增高,cAMP 与 PKA 调节结合,导致催化释放,被活化的 PKA 催化转位进入细胞核,使基因调节蛋白——cAMP 应答元件结合蛋白(cAMP-response element binding protein, CREB)磷酸化,磷酸化的 CREB 与核内 CREB 结合蛋白(CREB binding protein, CBP)特异结合形成复合物,复合物与靶基因调控序列结合,激活靶基因的表达(图 10-16)。

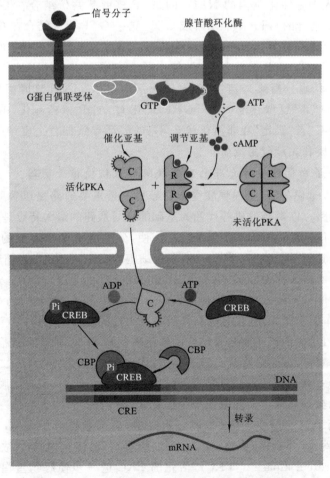

图 10-16 cAMP-PKA 信号通路对基因转录的调控

活化的 PKA 入核,磷酸化 cAMP 应答元件结合蛋白(CREB),磷酸化的 CREB 结合 CBP(CREB 结合蛋白)

形成转录复合物,激活靶基因转录

目前已发现 10 种以上的 CREB。其 C 端有亮氨酸拉链结构，为 DNA 结合部位，N 端为转录活化部位，包括两个不同的区域：一是磷酸化盒（P-BOX）或又称为激酶诱导域，包括多个磷酸化位点，可被多种蛋白激酶如 PKA、PKC 等磷酸化；另一是存在于 P-BOX 两侧的富含谷氨酰胺残基的区域，可能与 RNA 聚合酶的结合有关。CREB 会结合不同的辅助因子，从而激活不同的基因。

不同的信号（配体）通过类似的机制会引发多种不同的细胞反应，这主要取决于 G 蛋白偶联受体的特异性。首先，对某一特定的配体其受体可以不同的异构体亚型存在，并对该配体和特定 G 蛋白有不同的亲和性。现已知肾上腺素受体有 9 种不同的异构体，5-羟色胺的受体有 15 种不同的异构体；其次，人类基因组编码 27 种不同的 G_α、5 种不同的 G_β 和 13 种不同的 G_γ，还有 9 种不同的腺苷酸环化酶。不同组合的多样性决定了通过类似机制可产生众多不同的细胞反应。

有些细菌毒素（bacteriotoxin）含有一个跨细胞质膜的、能催化 $G_{s\alpha}$-GTP 的化学修饰，阻止结合的 GTP 水解成 GDP，使 $G_{s\alpha}$ 持续维持在活化状态。即使在缺乏激素刺激的情况下持续地激活腺苷酸环化酶，产生 cAMP，向下游传递信号。霍乱毒素（cholera toxin，CT）具有 ADP-核糖转移酶活性，进入细胞催化胞内的 NAD^+ 的 ADP 核糖基共价结合在 $G_{s\alpha}$ 上，致使 $G_{s\alpha}$ 丧失 GTP 酶活性，与 $G_{s\alpha}$ 结合的 GTP 不能水解成 GDP，结果 GTP 永久结合在 $G_{s\alpha}$ 上而处于持续活化状态，使腺苷酸环化酶被"锁定"在持续活化状态。霍乱病患者的症状是严重腹泻，其主要原因就是霍乱毒素催化 $G_{s\alpha}$ ADP-核糖基化，致使小肠上皮细胞中 cAMP 水平增加 100 倍以上，导致细胞大量 Na^+ 和水分持续外流，产生严重腹泻而脱水。百日咳博德特氏菌（*Bordetella pertussis*）产生百日咳毒素（pertussis toxin，PT）催化 $G_{i\alpha}$ ADP-核糖基化，结果防止与 $G_{i\alpha}$ 结合的 GDP 的释放，使 $G_{i\alpha}$ 被"锁定"在非活化状态，$G_{i\alpha}$ 的失活导致器官上皮细胞内 cAMP 水平增高，促使液体、电解质和黏液分泌减少。

10.4.3.3 G 蛋白偶联受体介导的磷脂酰肌醇双信使信号通路

除 cAMP-PKA 通路外，G 蛋白偶联受体介导另一条重要通路是以磷脂酶 C 为效应酶的磷脂酰肌醇代谢通路。以磷脂酰肌醇代谢为基础的信号通路的最大特点是胞外信号被膜受体接受后，同时产生 IP3 和 DAG 两个胞内第二信使，分别激活两条不同的信号通路，即 IP3-Ca^{2+} 和 DAG-PKC 途径（图 10-17，彩图 10），调控细胞内 Ca^{2+} 变化，实现细胞对外界信号的应答。因此将该信号通路又称为"双信使系统"（double messenger system）。通过肌醇磷脂信号途径作用的细胞外信号有激素，如血管加压素（vasopressin）；有神经递质，如作用于胰腺和平滑肌的乙酰胆碱、作用于肥大细胞的抗原、作用于血小板的凝血酶等。

双信使 IP3 和 DAG 的产生来自膜结合的磷脂酰肌醇（PI）。细胞膜结合的 PI 激酶将肌醇环上特定的羟基磷酸化，形成磷脂酰肌醇-4-磷酸（PIP）和磷脂酰肌醇-4,5-二磷酸（PIP2），胞外信号分子与 G_o 或 G_q 蛋白偶联的受体结合，通过 G 蛋白开关机制，引起质膜上磷脂酶 Cβ 异构体（PLC β）的活化，致使质膜上磷脂酰肌醇-4,5-二磷酸（PIP2）被水解生成三磷酸肌醇（IP3）和二酰甘油（DAG）两个第二信使。IP3 扩散在胞浆中，而亲脂性分子 DAG 则锚定在质膜上。IP3 刺激细胞内质网（胞内钙库）释放 Ca^{2+} 进入细胞质基质，使胞内 Ca^{2+} 浓度瞬时升高，DAG 激活蛋白激酶 C（protein kinase C，PKC），活化的 PKC 进一步使底物蛋白磷酸化，并可激活 Na^+/H^+ 交换，引起细胞内 pH 值升高。实验研究中，常用佛波醇酯（phorbol ester）模拟 DG 的作用，用 Ca^{2+} 载体离子霉素（ionomycin）模拟 IP3 的作用。

磷脂酶 C 是磷脂酰肌醇信号转导途径中一个关键酶。目前确认的哺乳类 PLC 有 β、γ、δ、

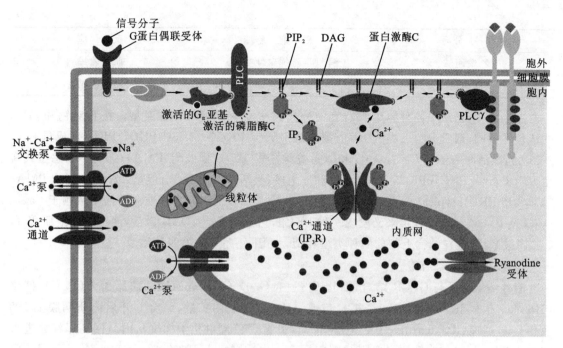

图 10-17　细胞内 IP3-Ca²⁺ 和 DAG-PKC 双信使信号系统与 Ca²⁺ 调控

内质网和线粒体是细胞内的钙库。在内质网膜上有两类 Ca^{2+} 通道：IP3 受体（IP3 门控 Ca^{2+} 通道）和 ryanodine 受体（RyR）。Ca^{2+} 通道开放，顺化学梯度增加胞浆 Ca^{2+} 浓度；细胞质膜、内质网膜上的 Ca^{2+} 泵则逆电化学梯度降低胞浆 Ca^{2+} 浓度。细胞质膜上 Na^+-Ca^{2+} 交换泵在 Na^+ 顺化学梯度进入细胞时，将 Ca^{2+} 泵至细胞外

ε 和 ζ 5 个家族，12 种同工酶。PLCβ 有 4 种亚型（β1～4），PLCγ 有 2 种亚型（γ1 和 γ2），PLCδ 有 4 种亚型（δ1～4）。各种 PLC 有类似的催化活性，有 X 区和 Y 区两个保守性较高的氨基酸序列，分别含有约 150 和 130 个氨基酸残基。此二区在不同家族间的同源性分别为 43% 和 33%，同一亚型间同源性可高达 79%。当酶蛋白折叠，此二区靠近形成活性中心。X 区位置比较恒定，Y 区位置变异较大。PLC 的 N 端有 PH 结构域，其链接结合作用，将信号蛋白拴系到膜表面。2002 年发现 PLC 的一个新构型——PLC ζ，是目前发现的 PLC 家族中最小的亚型，相比较其他亚型缺少了一个 PH 结构域。

不同亚型 PLC 的结构、调控和组织分布各有差异。PLCβ 多分布于神经系统，在卵中也有表达，受 G 蛋白（G_{oa} 或 G_{qa}）偶联调控；PLCγ 在脑、肺及一些肿瘤（乳癌、结肠直肠癌）高表达，其调控与蛋白酪氨酸激酶（PTK）有关。细胞受到刺激后，受体酪氨酸激酶（RTK）活化，它特异性地识别含 SH2 结构域的蛋白质（包括 PLCγ 和 PI3K 激酶），并将蛋白质序列中的酪氨酸磷酸化。而 PLCζ 仅特异分布于睾丸组织，与雄性不育关系密切，PLC ζ 的作用与 IP3 有关。PLCδ 对 Ca^{2+} 最为敏感；PLC ε 主要受 G 蛋白家族 G_{a12} 与 Ras 的调控，这与它特殊的 Ras-GEF、RA 结构域。部分激活磷脂酶 C 的信号分子及靶细胞分布与细胞效应见表 10-2。

表 10-2　某些激活磷脂酶 C 的信号分子

信 号 分 子	靶 细 胞	反 应
肾上腺素	肝细胞（α1 受体）	糖原降解
加压素	肝细胞	糖原降解
PDGF	成纤维细胞	细胞增殖

续表

信 号 分 子	靶 细 胞	反 应
乙酰胆碱	平滑肌（毒蝇碱性受体）	肌肉收缩
凝血酶	血小板	血液凝结

迄今为止，已从不同种属组织器官中分离纯化至少 12 种 PKC 亚型。按其对钙和 DAG 的依赖性不同，通常分为三类：①钙依赖型或经典型 PKC(classical PKC,cPKCs)：成员有 α、$β_1$、$β_2$、γ，激活时需依赖 Ca^{2+}，DAG 和磷脂酰丝氨酸(PS)或佛波酯(PMA)；②钙不敏感型或新型 PKC(novel PKC,nPKCs)：由 δ、ε、η 和 θ 组成，激活时不需 Ca^{2+}，但需 DAG、磷脂或 PMA；③非典型 PKC(atypical PKC,aPKCs)：由 ξ、λ、τ 组成，仅需磷脂类物质激活而不依赖于 Ca^{2+}、DAG 及 PMA。此外，近年来又发现一种 PKCμ，它不需 Ca^{2+}、DAG 激活，而由磷脂酰肌醇-4,5-二磷酸激活，但在结构上与前三种类型相似，为 PKC 超家族第四种类型。

1. IP3-Ca^{2+} 信号通路

胞外信号分子与 GPCR 结合，活化 G 蛋白(G_{oa} 或 G_{qa})，进而激活磷脂酶 C(PLC)，催化 PIP2 水解生成 IP3 和 DAG 两个第二信使。IP3 在细胞内扩散，结合并开启内质网膜上 IP3 敏感 Ca^{2+} 通道(IP3 sensitive Ca^{2+} channels)，引起 Ca^{2+} 顺电化学梯度从内质网钙库释放进入细胞质基质，通过结合钙调蛋白引起细胞反应。内质网膜上 IP3 敏感 Ca^{2+} 通道，又称 IP3 门控 Ca^{2+} 通道(IP3-gated Ca^{2+} channel)，该通道既是 IP3 受体，又是 Ca^{2+} 释放通道。

除 IP3 门控 Ca^{2+} 通道外，在内质网/肌浆网上(ER/SR)体(RyR 受体)存在的 Ryanodine 受体(RyR)也是一种钙释放通道。RYR 的活性受到许多小分子物质(如 Ca^{2+}、Mg^{2+}、NO、咖啡因等)和一些大分子物质如蛋白质的调控。Ryanodine 受体至少有三种亚型：RYR1(骨骼肌)、RYR2(心肌)、RYR3(分布广泛，主要在脑内)。

IP3 门控 Ca^{2+} 通道由 4 个组成，每个在 N 端胞质结构域有一个 IP3 结合位点，IP3 的结合导致通道开放，Ca^{2+} 从内质网腔释放到细胞质基质中。IP3 介导的胞浆 Ca^{2+} 水平升高只是瞬时的，因为质膜和内质网膜上 Ca^{2+} 泵的启动会分别将 Ca^{2+} 泵出细胞和泵进内质网腔。一方面，细胞质基质中的 Ca^{2+} 会促进 IP3 门控对 Ca^{2+} 通道的开启，因为 Ca^{2+} 会增加通道受体对 IP3 的亲和性，促使储存 Ca^{2+} 的更多释放。另一方面，细胞质基质中 Ca^{2+} 浓度升高，又会通过降低通道受体对 IP3 的亲和性，抑制 IP3 诱导的胞内储存 Ca^{2+} 的释放。当细胞中 IP3 通路受到刺激时，这种由细胞质基质中 Ca^{2+} 对内质网膜上 IP3 门控 Ca^{2+} 通道的复杂调控会导致细胞质基质中 Ca^{2+} 水平的快速振荡。

Ca^{2+} 是生物体中最重要的信号分子之一。钙信号主要是通过胞膜而将外界刺激传到细胞内，涉及心脏搏动、神经元信号编码、基因表达的控制、细胞凋亡等生物学过程。钙信号的调节机制复杂并且可以与细胞内其他信号网络形成错综复杂的交互作用。诺贝尔奖得主 O. Loewy 在 1959 年曾言，钙离子就是一切！借助于能与 Ca^{2+} 特异结合的荧光试剂如 Fura-2 和 Fluo-3 的发明和激光共聚焦显微镜的使用，人们已能在活细胞中实时观察和记录细胞中 Ca^{2+} 浓度的微弱变化，从而揭示了作为第二信使的钙信号在细胞中传递的机制。

一般情况 Ca^{2+} 不直接作用于靶蛋白，而是通过 Ca^{2+} 应答蛋白间接发挥作用。钙调蛋白(calmodulin,CaM)是真核细胞中普遍存在的 Ca^{2+} 应答蛋白，相对分子质量为 $1.67×10^4$，多肽链由 148 个氨基酸残基组成，含 4 个结构域，每个结构域可结合一个 Ca^{2+}。钙调蛋白本身无活性，Ca^{2+} 通过别变构作用激活钙调蛋白。结合 Ca^{2+} 后激活靶酶的过程分为两步：首先

Ca^{2+} 与 CaM 结合形成活化态的 Ca^{2+}-CaM 复合体,然后再与靶酶结合将其活化,这是一个受 Ca^{2+} 浓度控制的可逆反应。钙调蛋白激酶(CaM kinase)是较为重要的一类靶酶,动物细胞许多功能活动都是有钙调蛋白激酶所介导的(表 10-3)。如细胞内 Ca^{2+}-CaM 复合物水平的升高有利于启动受精后胚胎发育,强化肌细胞的收缩,刺激内分泌细胞和神经元的分泌。在哺乳动物脑神经元突触处的钙调蛋白激酶Ⅱ,是构成记忆分子通路的重要组分,失去这种钙调蛋白激酶的突变小鼠表现出明显的记忆无能。

表 10-3　受钙调蛋白调节的靶酶

酶	细胞功能	酶	细胞功能
腺苷酸环化酶	合成 cAMP	磷酸化酶	糖原降解
鸟苷酸环化酶	合成 cGMP	肌球蛋白轻链激酶	平滑肌收缩
钙依赖性磷酸二酯酶	水解 cAMP 和 cGMP	钙调蛋白激酶	神经递质合成和分泌
Ca^{2+}-ATP 酶	Ca^{2+} 泵	钙依赖性蛋白磷酸酶	蛋白的去磷酸化
NAD 激酶	合成 NADP	转谷氨酰胺酶	蛋白交联

2. DAG-PKC 信号通路

作为双信使之一的 DAG 结合在质膜上,可活化与质膜结合的蛋白激酶 C(PKC)。PKC 有两个功能区:一个是亲水的催化活性中心,另一个是疏水的膜结合区。在静息细胞中,PKC 以非活性形式分布于细胞质中,当细胞接受外界信号刺激时,PIP2 水解,质膜上 DAG 瞬间积累,由于细胞质中 Ca^{2+} 浓度升高,导致细胞质基质中 PKC 与 Ca^{2+} 结合并转位到质膜内表面,被 DAG 活化。活化的 PKC 进而使不同类型细胞中不同底物蛋白的丝氨酸和苏氨酸残基磷酸化。PKC 是 Ca^{2+} 和磷脂酰丝氨酸依赖性的丝氨酸/苏氨酸蛋白激酶,具有广泛的作用底物,参与众多生理过程,既涉及许多细胞"短期生理效应"如细胞分泌、肌肉收缩等,又涉及细胞增殖、分化等"长期生理效应"。DAG 只是 PIP2 水解形成的暂时性产物,DAG 通过两种途径终止其信使作用:一是被 DAG 激酶磷酸化形成磷脂酸,进入磷脂酰肌醇代谢途径;二是被 DAG 酯酶水解成单酰甘油。由于 DAG 代谢周期很短,不可能长期维持 PKC 活性,而细胞增殖或分化行为的变化又要求 PKC 长期产生效应。此外,磷脂酶催化质膜上的磷脂酰胆碱断裂产生 DAG,用以维持 PKC 的长期效应(表 10-4)。

表 10-4　由蛋白激酶 C 介导的部分反应

组　织	反　　应	组　织	反　　应
血小板	分泌血清紧张素	肥大细胞	释放组胺
肾上腺髓质	分泌肾上腺素	胰腺	分泌胰岛素
肝	糖原水解	脂肪组织	合成脂肪
垂体细胞	分泌 GH 和 LH	甲状腺	分泌降钙素
睾丸	睾丸酮的合成	神经元	释放多巴胺

在许多细胞中,PKC 的活化可增强特殊基因的转录。已知至少有两种途径:一种途径是蛋白激酶激活一个磷酸化的级联系统,使 MAP 蛋白激酶磷酸化,磷酸化的 MAP 蛋白激酶将基因调节蛋白 Elk-1 磷酸化,使之激活,激活了 Elk-1 与一个短的 DNA 序列(称为血清反应元件,SRE)结合,然后与另一个因子(血清反应因子,SRF)共同调节基因表达;另一种途径是蛋白激酶磷酸化并激活抑制蛋白 I-κB,释放基因调节蛋白 NF-κB,使之进入细胞核激活特定基因

的转录(图 10-18,彩图 11)。

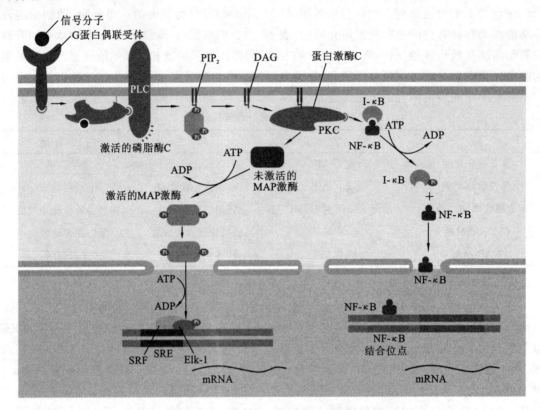

图 10-18　PKC 激活基因转录的两条细胞内途径

一条途径是 PKC 激活一系列磷酸化级联反应,导致 MAP 激酶的磷酸化并使之活化,MAP 激酶磷酸化并活化基因调控蛋白 Elk-1。Elk-1 与另一种 DNA 结合蛋白——血清应答因子(SRF)共同结合在短的 DNA 调控序列(血清应答元件,SRE)上。Elk-1 的磷酸化和活化即可调节基因转录。另一途径是 PKC 的活化导致 I-κB 磷酸化,使基因调控蛋白 NF-κB 与 I-κB 解离进入细胞核,与相应的基因调控序列结合激活蛋白质基因。MAP 激酶:促分裂原活化的蛋白激酶(MAPK)

丝裂原活化蛋白激酶(mitogen-activated protein kinases,MAPKs)是细胞内的一类丝氨酸/苏氨酸蛋白激酶。MAPKs 信号转导通路存在于大多数细胞内,将细胞外刺激信号转导至细胞及其核内,在细胞增殖、分化、转化及凋亡等过程中具有至关重要的作用。MAPKs 信号转导通路在细胞内具有生物进化的高度保守性,在低等原核细胞和高等哺乳类细胞内,目前均已发现存在着多条并行的 MAPKs 信号通路,不同的细胞外刺激可使用不同的 MAPKs 信号通路,通过其相互调控介导不同的细胞生物学反应。目前已确定有 4 条 MAPK 信号转导通路:细胞外信号调节蛋白激酶(extracellular-signal regulated protein kinase,ERKs,又称为p42/44 MAKP)信号通路、c-Jun N 端激酶(JNK)/应激活化蛋白(SAPK)信号通路、p38 MAPK 信号通路和 ERK5/大丝裂素活化蛋白激酶(BMK1)信号通路。每条信号通路都具有高度特异性,具有相对独立的功能,在某些程度上几条信号通路间会有一定的串话(crosstalk)。

10.4.4　G 蛋白偶联受体的失活

大多数 G 蛋白偶联受体被配体激活后,在激发下游信号转导通路的同时,受体本身也会发生快速磷酸化而失活,作用于受体丝/苏氨酸位点的蛋白激酶家族在引起受体磷酸化过程中扮演了重要的角色。这类蛋白激酶家族现已知有两种激酶:第二信使激酶和 G 蛋白偶联受体激酶(G protein-coupled receptor kinases,GRKs)。前者包括 cAMP 依赖的蛋白激酶(PKA)、蛋白激酶 C(PKC)等,其中 PKA 主要作用于 G_s 偶联受体,而 PKC 则作用于 G_q 偶联受体。第二信使激酶主要作用于经典的信号反馈调节通路,介导第二信使系统间的相互对话。GRK 磷酸化失活受体需要阻抑蛋白 β-arrestin 的参与(图 10-19)。

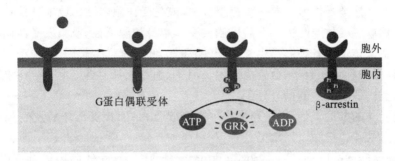

图 10-19　G 蛋白偶联受体的失活

迄今为止,发现 GRKs 共有六种:视紫红质激酶(GRK2)、肾上腺素受体激酶(β-ARKs)的两种异型体(GRK1 和 GRK3)、遗传性慢性舞蹈病患者 4 号染色体中克隆出的 GRK4 和 GRK5 以及一些从果蝇中克隆的多种同源物。GRKs 的分布差异较大,功能特异。例如,GRK2 视紫红质激酶仅存在于视网膜和松果体,GRK4 和 GRK5 局限于大脑和睾丸。GRK1 和 GRK3 广泛分布于哺乳动物神经系统,特别是突触中,调节神经递质受体功能调控密切相关。

$G_{βγ}$ 亚基对 GRKs 具有负调控作用。在众多受 $G_{βγ}$ 亚基调节的效应物中,β-肾上腺素受体激酶是迄今发现的唯一的受反馈机制调节的。G 蛋白相偶联的受体由各种因素引起的失敏,都伴有膜磷脂酶 A2(PLA2)升高,而使用 PLA2 的非特异性抑制剂或阻断 $G_{iβγ}$,均可改善或完全防止受体的失敏,从而证明 PLA2 激活与受体失敏密切相关。细胞膜磷脂在 PLA2 作用下可产生花生四烯酸和溶血性磷脂酰胆碱,后两者可改变细胞膜脂质的微环境,从而扰乱膜受体的定位和亲和力,引起膜受体向细胞中内移(internalization)或隐没(sequestration),这一过程也是受体失敏发生的关键。

PKC 活化 GRK2。GRK2 被 PKC 磷酸化后,对非受体底物的催化活性并无增强,但增加了膜结合视紫红质的活性,说明通过加强 GRK2 向膜的转运而实现 GRK2 的活化。CaM 调控所有 GRKs 的活性。GRK 具有两个 CaM 结合位点,任意的 CaM 结合位点都足以抑制受体磷酸化。

阻抑蛋白 β-arrestin 属可溶性抑制蛋白家族,已被克隆的有 4 个成员:①视性 arrestin,又称 visual arrestin 或 S-antigen,主要分布在视网膜上,介导光信号引起的视紫红质失敏,此类 arrestin 也见于松果体和血细胞;②β-arrestin 1 和 β-arrestin 2,广泛分布于机体的各个部位,以神经系统和淋巴系统分布最多,作用于 G_s 和 G_i 蛋白偶联受体;③视锥体 arrestin,主要介导光信号在视锥体的失敏,也见于松果体、垂体及肺中。其最为重要的作用是促使激活的、磷酸化的受体与 G 蛋白解偶联,加速受体的失敏。在阻抑蛋白的 N 端部分含有一个激活识别区段,具有识别已被激动剂激活的 GPCR 的能力,arrestin 能够与受体胞浆侧第 3 环结合,从而使受体与 G_s 解偶联而失活。此外,β-arrestin 还参与受体内吞与降解、作为支架蛋白参与受体信号胞内转导、核定位的 β-arrestin 1 负调控基因转录等。

10.5 酶偶联受体介导的信号通路

与酶连接的细胞表面受体又称催化性受体(catalytic receptor)、酶偶联受体(enzyme linked receptor)。该类受体为单向一次跨膜蛋白,或是受体胞内结构域本身具有酶活性,或是受体与酶直接偶联。受体与配体结合后可激发受体本身的酶活性,或激发受体偶联酶的活性,使信号继续往下游传递。各种肽类生长因子(胰岛素、胰岛素样生长因子、神经生长因子、表皮生长因子、成纤维细胞生长因子、血管内皮生长因子、血小板源性生长因子等)和细胞因子、淋巴因子等为该类酶偶联受体的信号分子。

酶偶联型受体的共同点如下:①通常为单次跨膜蛋白;②接受配体后发生二聚化而激活,启动其下游信号转导。已知以下六类。

(1)受体酪氨酸激酶(receptor tyrosine kinases,RTKs) 受体胞内段具有酪氨酸激酶结构域,促酪氨酸残基磷酸化;多数肽类生长因子受体属此类。

(2)受体丝氨酸/苏氨酸激酶(receptor serine/threonine kinases) 受体胞内段具有丝氨酸/苏氨酸蛋白激酶活性,主要配体是转化生长因子(transforming growth factor-βs,TGF-βs)。

(3)受体酪氨酸磷脂酶(receptor tyrosine phosphatases) 受体胞内段具有蛋白酪氨酸磷脂酶的活性,其作用是控制磷酸酪氨酸残基的寿命,使静止细胞具有较低的磷酸酪氨酸残基的水平。

(4)受体鸟苷酸环化酶(receptor guanylate cyclase) 受体本身就是鸟苷酸环化酶,其细胞外的部分有与信号分子结合的位点,胞内段有一个鸟苷酸环化酶的催化结构域,可催化 GTP 生成 cGMP;配体如心房肌肉细胞分泌的一组肽类激素心房排钠肽(atrial natriuretic peptides,ANPs)和脑排钠肽(brain natriuretic peptides,BNPs)等。

(5)酪氨酸激酶连接受体(tyrosine kinase linked receptors) 活化的受体可激活与其偶联的酪氨酸激酶,使下游信号蛋白分子酪氨酸残基磷酸化。

(6)组氨酸激酶连接受体(histone kinase linked receptors) 活化的受体可激活与其偶联的组氨酸激酶,使下游信号蛋白分子组氨酸、精氨酸或赖氨酸的碱性基团被磷酸化。

模块六
遗传信息荷载系统

第11章　细　胞　核

提要　细胞核是真核细胞内最大和最重要的细胞器,是遗传信息的储存场所,是细胞遗传与代谢的调控中心。细胞核主要由核被膜、染色质(体)、核仁及核基质组成。

核被膜是真核细胞所特有的双层膜结构,由外核膜、内核膜、核周腔、核纤层和核孔复合体5个部分组成。核被膜作为细胞核与细胞质之间的界膜,将细胞分成核与质两大结构与功能区域,使得遗传物质的复制、转录与蛋白质的翻译在时空上分割开来,保证了各种生命活动有条不紊地进行。与核被膜相联系的核孔复合体是由100多种核孔蛋白构成的复杂结构,主要由胞质环、核质环、中央栓和辐条4种结构亚单位组成。核孔复合体是核质和细胞质之间进行物质交换的亲水通道,经核孔复合体的运输具有双功能和双向选择性,因此可将它视为特殊的跨膜运输蛋白复合体。核纤层是位于内核膜内表面的、由中间纤维交织而成的一层蛋白网络片层结构。核纤层是核膜下的骨架,可以维持核被膜的形状和核孔的位置,参与核膜的解体和重建,同时也为间期染色质提供了附着位点。

核仁是真核细胞间期核中最显著的结构,由纤维中心、致密纤维组分和颗粒组分三部分组成。核仁是核糖体生物合成的场所,功能涉及rRNA的转录、加工和核糖体大小亚基的装配。其中纤维中心是rRNA基因的储存位点;转录主要发生在纤维中心和致密纤维组分的交界处,rRNA主要在致密纤维组分区域进行加工;而颗粒组分是核糖体亚单位成熟和储存的位点。核仁是一种动态结构,其形态和功能随细胞周期呈现周期性的变化,在细胞的有丝分裂期,核仁变小,并逐渐消失。

在真核细胞的核内,除核被膜、核纤层-核孔复合体、染色质及核仁以外的蛋白质纤维网架结构体系称为核基质,又称核骨架。细胞核内很多重要的生命活动与核骨架有关,包括染色体的组装、DNA复制和RNA合成,基因只有结合在核骨架上才能进行转录。

细胞核(nucleus)由 R. Brown 在 1831 年首次命名,是真核细胞内最大、最重要的细胞器,是遗传物质储存、复制和转录的场所,它对细胞遗传与代谢以及细胞生长、繁殖、发育和分化等生命活动起到重要的调控作用。

细胞核在真核细胞内普遍存在,除了高等植物成熟的筛管细胞和哺乳类动物成熟的红细胞外,所有真核生物的细胞都含有细胞核。一般来说,如果失去细胞核最终将会导致细胞死亡。通常每个真核细胞只有一个核,但有些特殊的细胞有双核甚至多核,比如肝细胞和心肌细胞可有双核;而人的骨骼肌细胞有几十个甚至可达数百个核。在不同的物种和不同类型的细胞中,细胞核的形状和大小各异,并且与细胞的形态、大小以及发育阶段有关。大多数的细胞核为球形或椭圆形,但也有长形、扁圆形以及分枝状和网状等不规则形状。细胞核的大小不等,其体积占细胞总体积的 5%~10%;在同一种生物中,由于 DNA 的含量是恒定的,因此核的大小也基本恒定。低等植物细胞核较小，一般直径为 $1\sim4~\mu m$；而高等动物和植物的细胞核直径分别在 $5\sim10~\mu m$ 和 $5\sim20~\mu m$。正在生长的细胞中，核位于细胞中央；在分化成熟的细胞中，常因细胞内含物或特殊结构的存在，核被挤到边缘。

在细胞生活周期中，细胞核以间期核与分裂期的核两种不同状态交替出现。在间期，核外周有核被膜，核被膜上间隔存在核孔，内层核膜下有一个由纤维蛋白形成的核纤层，核内还存在一个蛋白质纤维组成的核基质（即核骨架），它们共同维持核的形状、核内外物质交换以及染色质和染色体的空间位置。在有丝分裂期，核被膜融解，核纤层和核骨架解聚，核仁消失，染色质凝聚形成染色体，此时核消失。当细胞分裂完成，两个子细胞出现时，核又重新形成。

在电镜下观察分裂间期的真核细胞，可以看到典型细胞核的结构主要包括：①核被膜（nuclear envelope）；②核纤层（nuclear lamina）；③染色质（chromatin）；④核仁（nucleolus）；⑤核基质（nuclear matrix）等五个部分（图 11-1）。

原核细胞没有真正的细胞核，DNA 是裸露的，集中在某一区域，但无核膜包被，故称拟核（nucloid）。在原核细胞中也没有核仁和染色体结构。

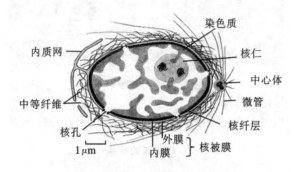

图 11-1　典型间期细胞核横切示意图

11.1　核被膜

核被膜（nuclear envelope）是真核生物细胞核的最外层结构，由两层单位膜所组成。核被膜以及细胞核的出现是生物进化过程中的一大进步。真核细胞由于遗传信息量扩大，基因结构更复杂，所以核被膜包裹在细胞核表面，可将核内物质与细胞质分隔开，形成核、质两个相对独立又互相联系的结构与功能区：DNA 复制、RNA 转录与加工在核内进行，蛋白质翻译则在细胞质中完成，因而为真核生物的基因表达提供了时空隔离的屏障，保证了细胞生命活动的多层次和有序性。而原核生物的基因表达是在同一区间连续进行的。核被膜也使核内形成了一个相对稳定的微环境，保护 DNA 分子免受损伤。同时，核被膜又是选择性渗透膜，可以通过核膜上的核孔进行细胞核和细胞质之间的物质交换以及信息交流。此外，染色体通过核纤层定位于核膜上，以核膜为支架和固着部位，有利于解旋、复制、凝缩和平均分配到子核；核被膜上还附有多种与 DNA 复制、转录、蛋白质生物合成有关的酶类。

核被膜主要由外核膜、内核膜、核周腔、核纤层和核孔复合体等 5 个部分组成（图 11-2、图 11-3）。

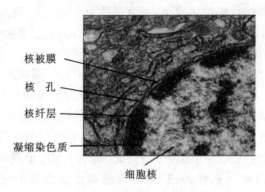

图 11-2　核被膜的透射电镜图片

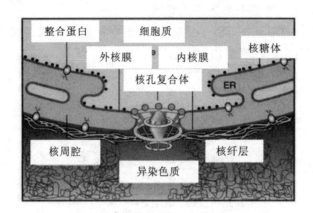

图 11-3　核被膜的结构模式图

11.1.1　核被膜是双层膜结构

核被膜是位于间期细胞核最外层的双层膜结构,由基本平行但不连续的内外两层膜所构成。每层单位膜的厚度约为 7.5 nm。核膜的化学组成和结构与其他生物膜相同。核膜上有许多排列规整的核孔,是细胞核和细胞质物质运输的通道。

(1)外核膜(outer nuclear membrane)　面向细胞质的一层膜为外核膜,其表面附有大量的核糖体颗粒。外核膜在形态和性质上与粗面内质网相近,并且有些部位与内质网膜相连。因此,外核膜可以看成是粗面内质网膜的一个特化区域。此外,外核膜表面附着直径约 10 nm 的中间纤维和微管等细胞骨架成分,起到固定细胞核并维持细胞核形态的作用。

(2)内核膜(inner nuclear membrane)　内核膜面向核基质,表面光滑没有核糖体颗粒,但有一些特异蛋白,如核纤层蛋白 B 受体(lamin B receptor),为核纤层蛋白 B 提供结合位点,因而在紧贴其内表面附有一层纤维网络结构——核纤层,可支持核膜。

(3)核周腔(perinuclear space)　核被膜的内外两层膜之间有 20～40 nm 的透明空隙,称为核周腔或核周间隙。核周腔中充满无定形物质,与内质网腔相通,其宽度随细胞种类和功能状态不同而改变。

11.1.2　核被膜的解体与重建

在真核细胞的细胞周期中,核被膜有规律地解体与重建。在细胞有丝分裂前中期开始时,双层核膜破裂形成单层小膜泡,此时核孔复合体也解体,核纤层去装配;在分裂末期,核膜小泡相互融合,核被膜开始围绕染色体重新组装,核孔复合体同时在核膜上装配,核纤层也重新形成。有关新形成的核被膜的来源和核被膜的这种周期性变化机制目前尚无定论,多数人认为"新核膜来自旧核膜",这一观点的证据来自于对变形虫所做的实验。将变形虫放入含有 ^{3}H-胆碱的培养基中进行培养,^{3}H-胆碱会掺入膜脂的磷脂酰胆碱中,这样变形虫的核膜便被 ^{3}H 标记。将带有放射性标记的核移植到未标记的去核变形虫中,追踪观察一个细胞周期,结果在有丝分裂后所产生的两个子代细胞中发现,细胞的核被膜均带有放射性标记,表明旧核膜均参与了新核膜的重建。更多的实验研究发现:核被膜有序的装配与去装配并不是随机的,需要在核膜特定区域进行;而且受细胞周期调控因子的调节,也与核纤层蛋白、核孔复合体蛋白的磷酸化与去磷酸化有关。

11.2　核孔复合体

核孔(nuclear pore)是内外两层膜在局部融合之处形成的环形开口,是核膜上核质与细胞质进行物质相互交流的渠道,并且和其他生物膜一样具有一定的选择性。1949—1950 年,H. G. Callan 和 S. G. Tomlin 在用透射电子显微镜观察两栖类卵母细胞的核被膜时发现了核孔,随后人们逐渐认识到核孔并不是一个简单的孔洞,而是一个相对独立的复杂结构,1959 年M. L. Watson 将这种结构命名为核孔复合体(nuclear pore complex,NPC)。从单细胞酵母菌到高等哺乳动物,核孔复合体普遍存在于所有真核细胞中。核孔复合体的数目、疏密程度和分布形式在各个细胞中有很大的变化,一个典型的哺乳动物细胞核膜上有 3000~4000 个核孔复合体,相当于每平方微米核膜上 10~20 个。一般来说,转录功能旺盛的细胞其核孔数目较多,如非洲爪蟾一个卵母细胞核孔的总数可高达 3.77×10^7 个;而转录活动低或不进行转录的细胞,核孔复合体数量很少,如成熟的红细胞,每个核上仅有 150~300 个核孔。

11.2.1　核孔复合体的结构模型

关于核孔复合体的精细结构,长期以来一直是细胞形态学研究的目标之一。由于电镜分辨率的提高和超薄切片技术、负染色技术等样品制备技术的发展,尤其是冰冻蚀刻技术的使用,对核孔复合体形态结构的认识大大加深了。

核孔复合体是镶嵌在核孔上的复杂结构,由内外核膜互相融合形成,是多种蛋白质颗粒以特定的方式排布形成的结构。核孔的内径为 80~120 nm,外径为 120~150 nm。将核孔复合体从核膜上分离出来,在电镜下观察,核孔呈圆柱形或对称的八角形(图 11-4),结构相当复杂,最新的核孔复合体结构模型(图 11-5)主要包括以下几个部分。

(1)胞质环(cytoplasmic ring)　又称外环,位于核孔复合体的胞质面一侧,环上伸出 8 条短而卷曲的纤维,对称分布伸向细胞质,并且在胞质环的表面常有 8 个细胞质颗粒位于其上。

(2)核质环(nuclear ring)　又称内环,位于核孔复合体的核质面一侧,其结构比外环复杂,环上也对称连有 8 条细长的纤维伸向核内,并且在纤维的末端形成一个小环,使核质环形成类似"捕鱼笼"(fish-trap)的结构,又称核篮(nuclear basket)结构。在某些生物中,核篮在核质中常同一种交织的纤维层相连,称为核被网格(nuclear envelope lattice)。

(3)中央栓(central plug)　位于核孔的中心,呈颗粒状,实质是中央运输蛋白(central

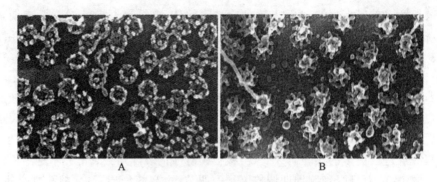

图 11-4　高分辨率扫描电镜观察的核孔复合体照片

A.两栖类卵细胞抽提后核孔胞质面的结构,细胞质颗粒覆盖在 NPC 的胞质环上;B.抽提后核孔核质面的结构,可以看到与核孔复合体相连的核篮。

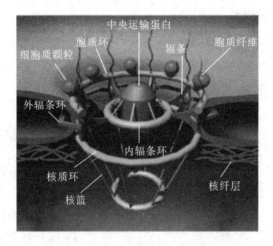

图 11-5　核孔复合体的结构模型

transporter)。

(4)辐条(spoke)　从中央运输蛋白向外伸出 8 个辐条,在辐条的外侧有外辐条环,内侧有内辐条环。辐条结构也比较复杂,可进一步分为 3 个结构域(图 11-6)。①柱状亚单位(column subunit):是辐条的主要区域,位于核孔边缘,连接内、外环,起支撑作用。②腔内亚

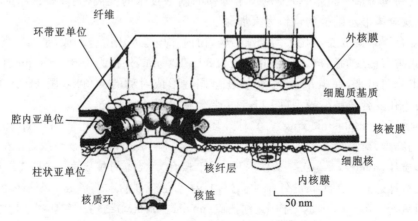

图 11-6　核孔复合体结构模型——辐条结构域

单位(luminal subunit):位于柱状亚单位外侧,是与核膜部分接触的区域,它穿过核膜伸入双层核膜的膜间腔。③环带亚单位(annular subunit):位于柱状亚单位内侧,靠近核孔复合体中心的部分,与内辐条环相连,环绕形成了核孔复合体核质交换的通道。

11.2.2 核孔复合体的蛋白成分

核孔复合体是一个巨大的蛋白质分子复合体,其成分主要是由蛋白质构成,总相对分子质量约为 1.25×10^8,组成核孔复合体的各种蛋白质被统称为核孔蛋白(nucleoporin),估计共有 1000 多个蛋白质分子。在酵母中已发现了 30 多种与核孔复合体相关的蛋白质,在脊柱动物中也鉴定出 10 多种核孔蛋白成分,其中 gp210 与 p62 是最具有代表性的两种蛋白质,它们分别代表了核孔复合体蛋白的两种类型:一类是结构性跨膜蛋白,另一类是功能性核孔蛋白。这两类蛋白质成分在从酵母到人的多种生物中都已被发现和证实,它们在不同的物种中具有很强的同源性,表明核孔复合体的整个结构在进化上是高度保守的。

在已研究的这些蛋白中,不同位置的核孔蛋白行驶不同的功能,有的扮演连接核孔复合体与核膜的角色,如哺乳动物的核孔蛋白 gp210 和 Pom121;有些蛋白含有特征性的结构域,直接参与核质交换,如核孔蛋白 p62 和 Nup153。

(1)gp210 代表一类结构性跨膜蛋白,是第一个被鉴定出来的核孔复合体蛋白。gp210 位于核膜的"孔膜区",直接或间接参与了核孔的形成,在锚定核孔复合体的结构上起重要作用。gp210 功能主要包括三个方面:①介导核孔复合体与核被膜的连接;②在内、外核膜融合形成核孔中起重要作用;③在核孔的核质物质交换活动中起一定作用。

结构特点:它是一种 N-连接糖蛋白,因而与刀豆球蛋白(ConA)有较强的结合作用。

(2)p62 代表一类功能性的核孔复合体蛋白,位于中央颗粒。脊椎动物的 p62 具有两个功能结构域。①疏水性 N 端区:含有 FXFG(Phe-X-Phe-Gly)形式的重复序列,X 为任意氨基酸。这个区域可能直接参与了核孔复合体功能活动中的核质交换。②C 端区:可能通过与其他核孔复合体蛋白成分相互作用,将 p62 分子稳定到核孔复合体上,以支持其 N 端进行核质交换活动。

结构特点:主要是一些 O-连接糖蛋白,因此与麦胚凝集素(WGA)有较强的亲和性。

11.3 核孔复合体的功能

在真核细胞中,核质之间存在着连续而有选择性的双向物质交换,而承担核被膜物质运输功能的是核孔复合体。核孔复合体是一种特殊的跨膜运输蛋白复合体,是核质进行物质交换的双向选择性亲水运输通道。这种运输方式有两种:被动扩散和主动运输。小分子物质可以自由地通过核孔复合体,在核质之间是一种被动运输;而大分子物质通过核孔复合体则是一种耗能的主动运输过程。而双向性是指核孔一方面能介导细胞质基质的蛋白质的入核转运,另一方面又可介导细胞核内的各种生物大分子,如 RNA、核糖核蛋白颗粒(RNP)的出核转运(图 11-7)。

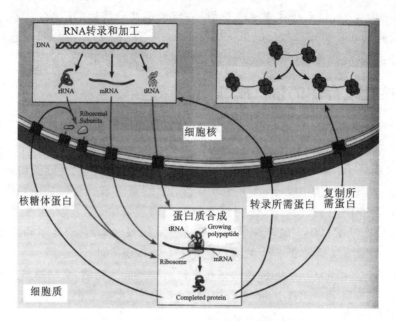

图 11-7　核孔介导的物质核输入和核输出

11.3.1　通过核孔复合体的被动扩散

核孔复合体的被动扩散包括简单扩散(自由扩散)或协助扩散两种形式,一个主要的影响因素是核孔的有效孔径,即核孔复合体中央通道的直径。用胶体金标记不同分子大小的非核组成分子,然后将胶体金颗粒注射到变形虫细胞质内,通过观察它们进入细胞核的速率来测算核孔的有效大小。研究发现金颗粒向核内扩散的速率与分子大小成反比,并由此推测:核孔复合体是被动扩散的亲水通道,其有效直径为 9～10 nm,因此小的水溶性分子包括离子、相对分子质量小于 $50×10^4$ 的小分子代谢产物和小的蛋白质分子,以及直径在 10 nm 以下的物质一般可以自由出入核孔复合体。但是含有信号序列的一些小分子蛋白(如组蛋白 H1),或者由于有的小分子与其他信号序列的成分结合,所以是通过主动运输被送入细胞核的;还有的小分子蛋白质可能会因为与其他大分子相结合,或与一些不溶性结构成分(如中间纤维、核骨架等)结合而被限制在细胞质或细胞核内。

11.3.2　通过核孔复合体的主动运输

由于核孔复合体的存在,核膜并不像想象的是全透性的,而是有选择透过性的。分子大小超过核孔直径的生物大分子,由于不能自由通过核孔通道,其核质分配如亲核蛋白的核输入,各种 RNA 分子及 RNP 颗粒的核输出,主要是通过核孔复合体的主动运输完成的。核孔是非常高效、繁忙的交通孔道,对核质之间的物质交换进行高度精确调控。例如在 DNA 合成期的细胞中,需要每 3 min 从细胞质输入 10^6 个组蛋白分子到细胞核内,以便确保染色质正确包装成染色体,这意味着平均每个核孔复合体每分钟要输入 100 个组蛋白分子。而在快速生长的细胞中,每个核孔每分钟需要输出 3 个新装配的核糖体大小亚基进入细胞质,以满足大量合成蛋白质的需要。

核孔复合体对亲核蛋白的入核和各种 RNA 及核糖体亚单位的出核的主要运输均具有高

度选择性,主要表现在以下三个方面。①对运输颗粒大小的限制。主动运输时核孔的功能直径比被动运输大,为 10～20 nm,甚至可达 26 nm。像核糖体亚单位那样大的 RNP 颗粒也可以通过核孔从核内运输到细胞质中。②通过核孔复合体的主动运输是一个信号识别与载体介导的过程,需要消耗 ATP 能量。③通过核孔复合体的主动运输具有双向性,即核输入与核输出,它既能把复制、转录、染色体构建和核糖体亚单位组装等所需要的各种因子如 DNA 聚合酶、RNA 聚合酶、组蛋白、核糖体蛋白等运输到核内,同时又能将翻译所需的 RNA、组装好的核糖体亚单位从核内运送到细胞质。

1. 核定位信号与亲核蛋白的核输入

亲核蛋白(karyophilic protein)是指在细胞质中合成,然后运输到核内发挥功能的一类蛋白质,如各种组蛋白、DNA 合成酶类、RNA 转录和加工的酶类,以及各种起调控作用的蛋白因子等。大多数亲核蛋白,如组蛋白、核纤层蛋白等在细胞质中合成后,被一次性地转运到细胞核内,并一直停留在核内行使其功能;但也有少数亲核蛋白,如输入蛋白(importin)需要穿梭于核质之间进行功能活动。关于含有 NLS 信号的亲核蛋白从细胞质向细胞核输入的具体过程请见本书蛋白质有关章节。

2. RNA 及核糖体亚基的核输出

真核细胞中 RNA 分子在合成后一般需要经过转录后加工、修饰成熟后才能被转运出核。无论何种类型的 RNA(rRNA、mRNA、tRNA 与 snRNA),都是与相关的蛋白质结合在一起,形成各种 RNP 颗粒转运出核的。例如由 RNA 聚合酶 II 转录的核内不均一 RNA(heterogeneous nuclear RNA,hnRNA),首先需要在核内进行 5′端加帽和 3′端加 polyA 尾以及剪接等加工过程,然后形成成熟的 mRNA 出核,出核转运是一个需要载体和能量的主动运输过程。最近的研究表明,在细胞核中既有正调控信号保证 mRNA 的出核转运,也有负调控信号防止 mRNA 的前体被错误地运输。目前认为 5′端的 m7GpppG"帽子"结构对 mRNA 的出核转运是必要的。而剪接体(spliceosome)可以防止 mRNA 错误出核。mRNA 的出核转运过程是有极性的,其 5′端首先通过核孔复合体,3′端最后离开细胞核。

与核输入相似,细胞核内的物质输出也是一种具有高度选择性的信号介导过程。与核定位信号相对的是核输出信号(nuclear export signal,NES),存在于与 RNA 结合的蛋白质中,是对出核转运起决定作用的氨基酸序列,帮助核内物质通过核孔进入细胞质中。因此,RNA 分子的出核转运需要蛋白质分子的帮助。所谓 RNA 的出核转运,实际上是 RNA-蛋白质复合体的转运,即 RNA 的核输出离不开特殊的蛋白因子的参与,这些蛋白因子本身含有出核信号。目前人们正致力于寻找在 RNA 分子与核孔复合体之间起桥梁作用的信号与载体。已发现一些与 RNA 共同出核的蛋白因子,如 HIV 病毒的 Rev 蛋白、转录因子 TFⅢA、蛋白激酶 A 抑制因子 PKI 等含有核输出信号。

在摇蚊昆虫(Cironomous tentans)幼虫的唾腺中发现的巴尔比亚尼环(Balbiani ring,BR),是由于 RNA 大量合成而显示特别膨大的染色体胀泡,是摇蚊多线染色体的一个大的 RNA 疏松区,在多线染色体中形成独特的环,它为观察信使 RNP 颗粒通过核孔提供了很好的材料。大致过程如下:RNP 的蛋白质中含有核输出信号 NES,通过 NES 可与细胞内的输出蛋白(exportin)受体结合,进一步同 Ran-GTP 蛋白结合,形成 RNP-exportin-Ran-GTP 三体复合体,输出细胞核后,Ran-GTP 水解,释放出结合的 RNA,而 Ran-GDP、exportin 和 RNP 蛋白返回细胞核。

11.4 核纤层

核纤层(nuclear lamina)是位于内核膜下方的一层高电子密度纤维蛋白网络片层结构。核纤层不仅是核膜下的骨架,为细胞核提供结构支持,对于维持细胞核的形态和核重建具有重要作用,同时也为染色质提供锚定位点(图 11-8)。

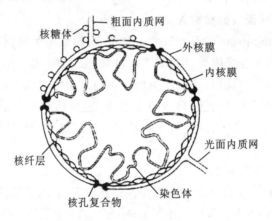

图 11-8 核纤层网络结构

11.4.1 核纤层的形态结构与成分

核纤层纤维蛋白细丝纵横交错排列整齐,编织成网络衬于内核膜下面,与内核膜紧密结合,整体呈球状网络,切面为片层结构。核纤层的厚度因细胞而异,一般为 20～80 nm。其主要成分是一类中间纤维蛋白,称为核纤层蛋白(lamin)。在脊椎动物细胞中构成核纤层的蛋白有 3 种类型,即核纤层蛋白 A、B、C,相对分子质量为 60000～80000。三种类型的核纤层蛋白都以二聚体的形式存在,有球形的头和尾部结构域以及一个杆状的 α 螺旋中心。核纤层是由核纤层蛋白单体组装起来的多聚体的纤维。在分裂期细胞中,核纤层蛋白 A 和 C 分散于细胞质中单独存在;在间期细胞中,二者以头-头、尾-尾相接的方式形成核纤层纤维(图 11-9),再通过核纤层蛋白 B 固着于内层核膜上。

11.4.2 核纤层的作用

核纤层的作用主要包括以下两个方面。

(1)保持核的形态,维持核的轮廓,是核被膜和染色质的支架。

核纤层位于内核膜与染色质之间,与核膜、染色质关系密切,为核被膜和染色质提供了结构支架。当用非离子去垢剂、核酸酶及高盐溶液等抽提方法处理真核细胞,将核膜溶解并将各种核酸和蛋白质等大部分核物质去除后,在保存下来的纤维网络结构中可以观察到:核纤层与核骨架以及胞质中间纤维连成一个整体,使细胞质骨架和核骨架形成连续的网络结构,成为贯穿于细胞核与细胞质的骨架结构体系。

(2)参与核膜和染色质的组装与构建。

核纤层对核膜有支撑、稳定作用,也是染色质的重要附着位点。核纤层在细胞分裂过程中

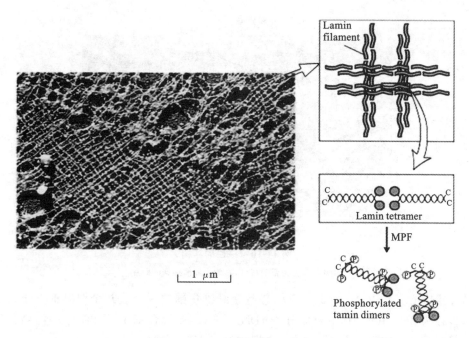

图 11-9　核纤层的结构

呈现周期性的变化。在间期核中,核纤层为染色质提供了在核周边锚定的位点。在分裂前期结束时,核纤层蛋白被磷酸化,导致核纤层解聚同时伴随核膜解体;在分裂末期,核纤肽去磷酸化重新组装,介导了核膜的重建。核纤层的磷酸化与核被膜的解体过程详见"细胞增殖与调控"相关章节。在无细胞的体外核组装系统中,若选择性地除去核纤层蛋白,将全面抑制核膜和核孔复合体围绕染色质的组装进程。因此在分裂期,通过核纤层可逆性的解聚与装配,对核膜的崩解和重建起到了调控作用。

11.5　核仁

核仁(nucleolus)是 Fontana 于 1881 年首先在兔子的细胞中发现的,是真核细胞间期核中最明显的结构。光镜下观察染色细胞,核仁为细胞核中浓密匀质的球体,总是位于核内某染色体的特定部位。

真核细胞间期核中通常只含有一个核仁,但也有 2 个(如非洲爪蟾)或多个的。核仁的大小因细胞类型和生理状态不同而异。在蛋白质合成旺盛和分裂增殖较快的分泌细胞、卵母细胞和肿瘤细胞中,核仁较大;反之,则核仁体积较小,如不具有蛋白质合成能力的肌肉细胞、精子、休眠的植物细胞核仁。核仁的位置也不固定,可以位于核中央,或者靠近内核膜。

核仁的成分包括 rDNA、rRNA 和核糖核蛋白(RNP)。核仁的功能主要是作为 rRNA 基因存储、rRNA 转录加工以及核糖体亚单位装配的场所。

11.5.1　核仁结构

核仁一般呈圆形或卵圆形,无外膜包被,是由多种组分形成的一种网络结构。在电镜下可以观察到核仁有 3 个特征性的区域(图 11-10)。

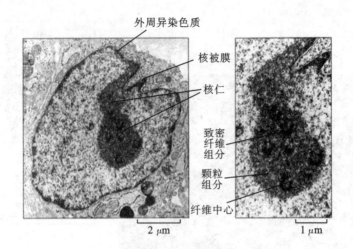

图 11-10　核仁的结构

图中左侧为完整的核仁,右侧为局部观察的照片

(1)纤维中心(fibrillar center,FC)　被致密纤维包围的一个或几个浅染低电子密度的圆形区域,直径为 2~3 nm。其主要成分为 rDNA 和 RNA 聚合酶 I。纤维中心的染色质不形成核小体结构,也没有组蛋白核心存在,是裸露的 rDNA 储存位点。

(2)致密纤维组分(dense fibrillar component,DFC)　呈环形或半月形包围纤维中心,电子密度最高,由 5~10 nm 的致密纤维构成,含有新合成的 rRNA,通常见不到颗粒。DFC 是 rDNA 进行活跃转录合成 rRNA,并进行加工的区域,一般认为转录主要发生在 FC 与 DFC 的交界处。

(3)颗粒组分(granular component,GC)　位于核仁的边缘部位,直径为 15~20 nm,由电子密度较高的核糖核蛋白(RNP)颗粒组成,这些颗粒是正在加工、处于不同成熟阶段的核糖体亚单位前体颗粒,所以 GC 是核糖体亚基成熟和储存的位点。在代谢活跃的细胞核仁中,颗粒组分是主要结构,核仁的大小也主要是由颗粒组分的数量所决定。

除了上述 3 种基本结构外,核仁还有一些其他结构。核仁周围有一层染色质,被称为核仁相随染色质(nucleolar associated chromatin)。核仁相随染色质分为两部分:其中一部分位于核仁周边,包围核仁,称为核仁周边染色质(perinucleolar chromatin);另一部分深入核仁内部,即核仁组织区,称为核仁内染色质(intranucleolar chromatin)。此外,核仁区还有一些无定形物质,被称为核仁基质(nucleolar matrix),核仁的 3 种特征性区域存在于核基质中。

11.5.2　核仁组织区与核仁周期

电镜观察,新核仁的形成和染色体某些特定部位相关,往往出现在核仁组织区附近。核仁组织区(nucleolus organizer region,NOR)定位于细胞核特定染色体的次缢痕处,是含有 rRNA 基因的一段染色体区域,与细胞间期核仁的形成有关。核仁从核仁组织区部位产生,同时与该区紧密相连。例如,人类的核仁组织区位于 10 条(5 对)染色体的一端,这 10 条含有 rRNA 基因的区段以 DNA 袢环的形式聚集到一起形成核仁(图 11-11),而每一个袢环上成串排列的 rRNA 基因就称为一个核仁组织区,是专门为合成 rRNA 提供模板的 rDNA。人类子细胞中新生的核仁有 10 个,但都很小,核仁形成后很快融合成一个大核仁。

近年来研究发现,有很多技术可以显示核内的 NOR,其中最简单、准确的方法是银染法。

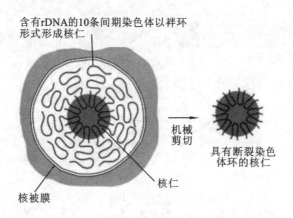

含有rDNA的10条间期染色体以袢环
形式形成核仁

机械
剪切

具有断裂染色
体环的核仁

核仁

核被膜

图 11-11 人染色体中核仁组织中心形成核仁

银染法能够显示出细胞分裂中期染色体上的 NOR。由于正在转录或已经转录的 rRNA 基因部位伴有丰富的酸性蛋白(调节 rDNA 表达),这些酸性蛋白富含巯基(—SH)和二硫键,能将 $AgNO_3$ 中的 Ag^+ 还原成黑色的金属 Ag 颗粒,故银染法可将具有转录活性的核仁组织区特异性染成黑色,而无转录活性的区域不显色。生化和免疫化学研究证明银染蛋白是 RNA 聚合酶 I,其功能是催化 rDNA 转录 rRNA 形成核仁,因此通过这种反应能够特异显示 rRNA 转录的活性。

在细胞有丝分裂过程中,核仁形态和功能随细胞周期呈现周期性的变化,是一个高度动态的结构,称为核仁周期(nucleolus cycle)。一般在有丝分裂前期,核仁首先变形和变小,其后染色质凝集、rRNA 转录停止,核膜破裂进入中期,核仁消失;在有丝分裂末期,核仁组织区 DNA 解凝集,rRNA 重新开始合成,极小的新核仁重新出现在染色体核仁组织区附近,随着核仁物质的聚集最后融合形成正在发育的核仁。

11.5.3 核仁的功能

核仁的形状、大小、数量因生物种类、细胞类型和生理状态而异,但核仁的功能是相同的。核仁的主要功能是 rRNA 的转录、加工和核糖体大小亚基的装配(图 11-12),是细胞合成核糖体的工厂。核仁 DFC 的纤维状物质是由新合成的 rRNA 结合上蛋白质所组成的核糖核蛋白(RNP),RNP 进一步装配成不同成熟程度的核糖体亚单位前体。核仁功能活动的顺序是:从核仁纤维中心开始,再向颗粒组分延续,装配好的核糖体颗粒经核孔进入细胞质。

1. rRNA 基因的转录

核仁的主要功能是进行 rRNA 的合成。真核细胞核糖体含有 4 种 rRNA,即 5.8S rRNA、18S rRNA、28S rRNA 和 5S rRNA,其中前 3 种基因是在核仁中合成的。这 3 种 rRNA 基因定位于染色体的核仁组织区(NOR),基因组成一个转录单位(45S rDNA),负责编码 18S、5.8S 和 28S rRNA(图 11-13)。几乎在所有的真核细胞中均含有多拷贝的 rRNA 基因,成串联重复排列,中间被非转录间隔 DNA 所分开。如人类细胞在每个单倍体基因组中含有 200 个 rRNA 基因拷贝,成簇分布在 5 条不同的染色体上,每一组约含 40 个拷贝。这种成簇分布的串联重复排列使 rRNA 基因被组织在很小的核仁区域,既增加了启动子的局部浓度,也可以让 RNA 聚合酶 I 在一个转录单位内连续动作,即在转录前一个基因之后并不解离

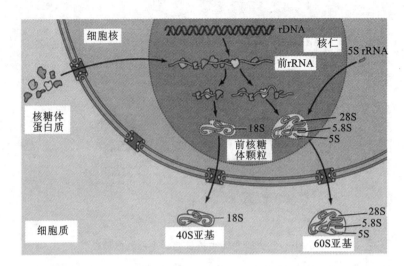

图 11-12　核仁在 rRNA 转录与核糖体装配中的作用

继而活化第二个基因的转录。这种组织方式与高密度分布能够使 rRNA 基因转录高效地进行。

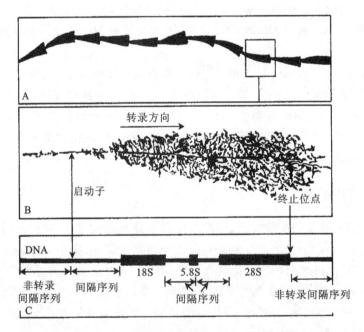

图 11-13　rRNA 基因串联重复排列,被非转录间隔序列隔开

A. 一个 NOR 铺展的电镜标本,可见 11 个转录单位;B. 一个 rDNA 转录单位的放大图;C. 一个 rDNA 单位的基因图谱示意图

由 rRNA 基因转录成 rRNA 的形态过程,最早是由 Miller 等人于 1964 年在非洲爪蟾卵母细胞的核仁电镜标本中观察到的。rRNA 基因在染色质轴丝上呈串联重复排列,新生的 rRNA 链从 DNA 纤维轴向两侧垂直伸出,沿转录方向从一端到另一端有规律地逐渐增长,形成箭头状,外形似"圣诞树",最终形成一个 18S、5.8S 和 28S rRNA 前体分子。

2. rRNA 前体的加工成熟

每个 rRNA 基因转录单位由专一性的 RNA 聚合酶 I 进行转录,产生相同的初始转录产物 rRNA 前体。但在不同的生物中 rRNA 前体大小不同,在哺乳类动物细胞中为 45S rRNA。转录单位转录出 45S 前体后,前体在核仁中很快被甲基化,并剪接为 41S rRNA 前体;41S rRNA 在相同的剪接位点可按照不同的剪接顺序产生 32S 和 20S 等不同的中间前体 RNA,最终将 41S RNA 前体剪接为 28S、18S 和 5.8S RNA(图 11-14)。

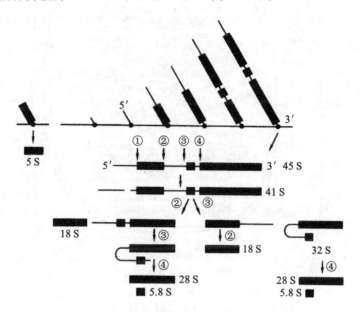

图 11-14 哺乳类 45S rRNA 前体的加工过程

45S 前体在①处切断去掉一段转录间隔变成 41S 前体,然后在②处切断可直接得到 18S rRNA 和另一中间产物(包含 28S 和 5.8S);也可在③处切断,获得两个中间物,然后于其中一个的④位点切断可直接获得 28S 和 5.8S rRNA

真核生物的 5S rRNA 基因与其他三种 rRNA 基因不在同一条染色体上,其基因不定位在核仁组织区,是唯一被单独转录的 rRNA 亚基。5S rRNA 基因的数量比 45S rRNA 转录单位多,人约有 2 000 个 5S rRNA 基因,也是在染色体上成簇串联排列的,中间同样间隔以不被转录的片段。5S rRNA 基因由 RNA 聚合酶Ⅲ负责转录后,只需要进行简单的加工或者根本不需要进行加工,然后即可运输到核仁内参与核糖体大亚基的装配。

3. 核糖体亚单位的组装

真核细胞的核糖体大小亚基是在核仁中形成的。实际上,核仁中 rRNA 的合成、加工与核糖体的装配是同步进行的。45S rRNA 前体分子转录后很快与细胞质运来的蛋白质结合,再进行加工,因此上述 rRNA 前体的加工过程是以核蛋白而不是游离 rRNA 的方式进行的。同位素标记示踪发现,45S rRNA 前体首先与蛋白质结合被包装成 80S 的 RNP 复合体,在加工过程中再逐渐失去一些 RNA 和蛋白质,然后剪切形成两种大小不同的核糖体亚单位前体(图 11-15)。研究表明,核糖体小亚单位成熟较早,大亚单位成熟较晚。在 30 min 内首先是核糖体小亚基在核仁中成熟产生,并很快出现在细胞质中;而核糖体大亚基需要 1 h 左右才能组装成熟。核糖体的两个亚单位只有分别通过核孔进入细胞质中,才能形成功能单位,这可阻止有功能的核糖体与核内加工不完全的 hnRNA 分子接近。

由于核糖体是合成蛋白质的"机器",只要控制了核糖体的合成和装配就能有效地控制细胞内蛋白质的合成速度,调节细胞生命活动的节奏。因此,从某种意义上说,核仁实际上操控蛋白质的合成。

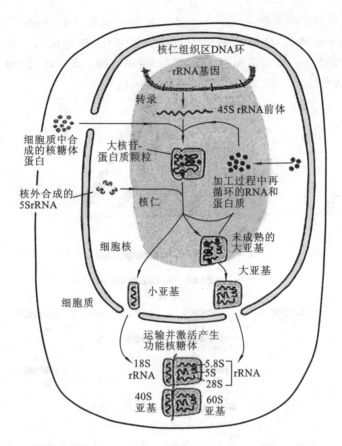

图 11-15　核仁在核糖体亚单位前体组装中的作用图解

11.6　核基质与核骨架

　　核基质(nuclear matrix),亦称为核骨架(nuclear skeleton),是指真核细胞核内除去核被膜、核纤层、染色质与核仁以外存在的一个由纤维蛋白构成的网络状结构。这种网络状结构是由 Ronald Berezney 和 Donald Coffey 于 1974 年在研究大鼠肝细胞核亚微架构时,当他们用核酸酶和去垢剂处理细胞核,除去了 95% 的核物质后,发现了剩下的由水不溶性蛋白质纤维组成的三维网架结构体系(图 11-16),并首次将之命名为核基质。

　　目前对于核骨架有两种理解:广义上认为核骨架包括核基质-核纤层-核孔复合体结构体系,以及染色体骨架(chromosome scaffold);狭义上仅把核基质理解为核骨架。目前较多使用狭义概念。核骨架纤维粗细不等,直径为 3～30 nm,形成三维网络结构与核纤层、核孔复合体相互连接,将染色质和核仁网络在其中。核基质、核纤层、中间纤维三者相互联系形成一个贯穿于核、质间的统一网络系统。这一系统较微管、微丝具有更高的稳定性。

　　核基质呈网络状分布在整个核空间内,与 DNA 复制、RNA 转录和加工、染色体组装与构建等生命活动密切相关。

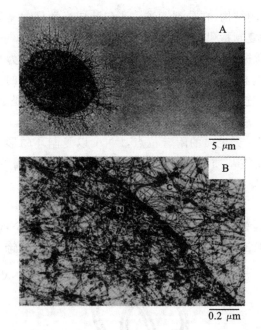

图 11-16　核基质电镜照片

A. 在有去垢剂和 2 mol/L 盐存在下分离的细胞核电镜照片,只剩下由 DNA 包围的核基质。箭头所指是 DNA 环的外界;B. 小鼠成纤维细胞的核基质,首先用去垢剂、高盐提取,然后用核酸酶和低盐处理除去染色质镶嵌 DNA。可见由残存的纤维状基质构成的细胞核(N)和细胞骨架基质构成的细胞质(C)区。

11.6.1　核基质的化学组成

核基质的主要成分是非组蛋白的纤维蛋白,占 96% 以上,也含有少量 RNA,通常认为 RNA 在核基质结构之间起着某种联结和维系作用,它对维持基质三维网络结构的完整性可能是必需的。

组成核基质的蛋白质成分是较为复杂的,它不像细胞质骨架如微管、微丝和中间纤维等是由专一性的蛋白质成分组成,而是含有多种蛋白质成分。其中相当一部分是含硫蛋白,其二硫键具有维持核骨架结构完整性的作用;除纤维蛋白外,还有 10 多种次要蛋白质,包括肌动蛋白和波形蛋白,后者构成核骨架的外罩;核骨架碎片中还存在三种支架蛋白(scaffold proteins),即 SCⅠ、SCⅡ、SCⅢ,其中 SCⅡ、SCⅢ 的功能尚不明确,SCⅠ 是 DNA 拓扑异构酶Ⅱ。除了组成核基质的蛋白质外,还发现不少与核基质结合的蛋白质,如 DNA 聚合酶、RNA 聚合酶等。

11.6.2　核基质的功能

细胞核内很多重要的生命活动与核骨架有关,包括染色体的组装、DNA 复制和 RNA 合成,基因只有结合在核骨架上才能进行转录;核基质的主要功能是作为骨架,提供附着或支撑点。

1. 核基质参与染色体的构建

染色体中存在着染色体骨架,染色体骨架四周是 DNA 袢环(loop),其根部结合在染色体骨架上。现在一般认为核骨架与染色体骨架为同一类物质,30 nm 的染色质纤维就是结合在核骨架上,形成放射环状的结构,在分裂期进一步包装成光学显微镜下可见的染色体。

2. 核基质为 DNA 的复制提供支架

由于核纤层为染色质提供了锚定位点,所以在一段时期内,认为真核生物的 DNA 复制也同细菌 DNA 复制一样,与核被膜结合在一起。但是通过 ^{3}H 标记的实验表明,新合成的放射性 DNA 并不与核被膜相连,而是与核基质结合在一起的。DNA 是通过固定在核骨架上的位点进行复制的(图 11-17),后来的荧光显微镜实验也证明了这一点。

核基质是 DNA 复制时染色质的附着位点,DNA 以复制环的形式锚定在核基质纤维上,新合成的 DNA 也结合在核基质上。核骨架上有 DNA 复制所需要的酶,如 DNA 聚合酶、DNA 引物酶、DNA 拓扑异构酶Ⅱ等。

核基质也是基因转录加工的场所,RNA 的转录同样需要 DNA 锚定在核骨架上才能进行,核骨架上有 RNA 聚合酶的结合位点,使之固定于核骨架上,RNA 的合成是在核骨架上进行的。新合成的 RNA 也结合在核骨架上,并在这里进行加工和修饰。

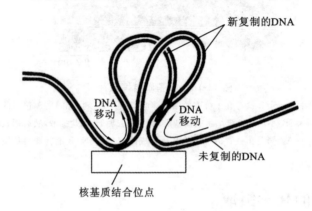

图 11-17 真核生物 DNA 通过在核骨架上的固定位点进行双向复制模型

思考题

1. 细胞核的基本结构及其主要功能是什么?

2. 简述核被膜的超微结构和功能,并说明核被膜与细胞内其他膜结构有何不同。

3. 试述核孔复合体结构模型的主要内容,并依实验数据进一步说明核孔复合体的功能。

4. 核仁是细胞核中重要的、高度动态的结构。请简要说明核仁的结构与细胞周期之间的对应关系。请用简图来表示。

5. 概述核仁的结构及其功能。

6. 核定位序列在蛋白输入核内后并不被切除,蛋白保留其核定位顺序有何重要意义? 核蛋白进入核孔有哪些途径?

7. 核纤层与细胞分裂过程中核被膜的解体与重建有什么关系?

8. 什么是核基质? 它在细胞的生命活动中有何作用?

9. 怎样来显示核骨架-核纤层-中间纤维结构体系? 核纤层起核质骨架桥梁作用所依赖的可能的分子结构基础是什么?

拓展资源

http://www.cytochemistry.net/Cell-biology/nuclear_envelope.htm

http://micro.magnet.fsu.edu/cells/nucleus/nuclearenvelope.html

http://en.wikipedia.org/wiki/Nuclear_pore

http://www.ks.uiuc.edu/Research/npc/

http://en.wikipedia.org/wiki/Nuclear_lamina

http://en.wikipedia.org/wiki/Nucleolus

http://micro.magnet.fsu.edu/cells/nucleus/nucleolus.html

参考文献

[1] 翟中和,王喜忠,丁明孝.细胞生物学[M].3 版.北京:高等教育出版社,2007.

[2] 王金发.细胞生物学 [M].北京:科学出版社,2003.

[3] Karp G. Cell and Molecular Biology[M].4 版.北京:高等教育出版社,2006.

[4] Akey C W, Radermacher M. Architecture of the Xenpus nuclear pore complex revealed by three-dimensional cryo-electron microcopy[J]. J Cell Biol,1993,122:1-19.

[5] Alberts B, Bray D, Johnson A, et al. Essential Cell Biology[M]. New York and London:Garland publishing,Inc. ,1998.

[6] Alberts B, Bray D, Lewis J, et al. Molecular Biology of the Cell[M]. 3rd ed. New York and London:Garland Publishing,Inc. ,1994.

[7] Angus I L, William C E. Structure and function in the nucleus[J]. Science,1998,280 (24):547-553.

[8] Bertil D. A look at messenger RNP moving through the nuclear pore[J]. Cell,1997, 88:585-588.

[9] Bradford T,Mary S M. Getting across the nuclear pore complex[J]. Trends in Cell Biology,1999(9):312-318.

[10] Cooper G M. The Cell, a Molecular Approach [M]. Washington:Sinauer Associates,Inc. ,2000.

[11] De Robertis. Cell and Molecular Biology[M]. 7th Ed. Philadelphia:Saunders College,1980.

[12] Erich A N. Nucleocytoplasmic transport:signals,mechanisms and regulation[J]. Nature,1997,386(24):779-787.

[13] Fruke M,Larry G. Two-way trafficking with Ran[J]. Trends in Cell Biology,1998 (8):175-179.

[14] Karp G. Cell and Molecular Biology:Concepts and Experiments[M]. 6th ed. Hoboken:John Wiley & Sons,Inc. ,2010.

［15］Karolin L,Armin W M,Robin K R,et al. Crystal structure of the nucleosome core particle at 2. 8A resolution［J］. Nature,1997,389(18):251-259.

［16］Lodish H,Berk A,Zipursky S L,et al. Molecular Cell Biology［M］. 4th ed. New York:W. H. Freeman and Company,1999.

第**12**章　染色质与染色体

提要　染色质是间期细胞核内能被碱性染料强烈染色的物质,是由 DNA、组蛋白、非组蛋白及少量 RNA 组成的线性复合结构。染色体是由染色质压缩包装而成的棒状结构,是中期染色质的表现形式。染色质是储存生物遗传信息的物质基础,染色质中储存的遗传信息比单纯的 DNA 碱基序列中储存的遗传信息更丰富、更完整。由于染色质的调控作用,相同的 DNA 碱基序列可以具有不同的遗传状态。

染色质组蛋白是真核染色质的主要结构蛋白,分为 H1、H2A、H2B、H3 和 H4 五种。除组蛋白外,细胞核中所有其他的蛋白质统称为非组蛋白,它们具有多种功能,包括参与染色体的构建、调控基因的表达等。

染色质的基本结构单位是核小体。每个核小体由核心组蛋白 8 个分子组成 4 个异二聚体,146 bp 的 DNA 在外缠绕 1.75 圈,H1 位于核小体 DNA 的进出口处。两相邻核小体之间由连接 DNA 相连。由核小体形成的串珠链是染色质的一级结构,直径 11 nm。核小体链螺旋盘绕,每 6 个核小体为一圈,形成外径为 30 nm 的螺线管。螺线管以染色体骨架为支架形成放射环结构,进而压缩形成中期染色体。至此,DNA 经过四级包装形成了中期染色体。

染色质可分为常染色质和异染色质。异染色质通常没有转录活性,常染色质状态只是基因转录的必要条件而非充分条件。

真核生物的基因表达是一系列顺式作用元件与反式作用因子相互作用,以及染色质 DNA 和组蛋白修饰等多因素、多层次调控的结果。染色质三维空间结构的变化在真核基因表达调控方面具有重要的作用,包括组蛋白修饰、核小体定位、DNA 甲基化以及染色质构象等。染色质构象的变化一方面可以使增强子等调控元件与靶基因相互靠近,从而促进基因表达,同时也可能通过形成空间位阻结构阻碍调控元件作用于靶基因,抑制基因表达。

在细胞有丝分裂的中期,每一条染色体都含有两条染色单体,彼此以一个着丝粒相连。为确保染色体正常复制和稳定遗传,中期染色体需要具备 3 种基本功能元件:一个复制起始点、一个着丝粒和两个端粒。其中着丝粒又称主缢痕,动粒装配在主缢痕处,细胞分裂时为纺锤体微管提供结合的位点。而次缢痕是核仁组织区。

某些生物在发育过程中,有些组织的细胞会出现巨型染色体,包括多线染色体和灯刷染色体。

染色质(chromatin)的概念最早是在 1879 年由 Flemming 提出的,用以描述细胞核中被碱性染料染色后强烈着色的物质。1888 年,Waldeyer 又提出染色体的概念。实质上,染色质和染色体是同一物质在细胞周期不同阶段的不同表现形式,是可以互相转变的形态结构。作为遗传信息的载体,它们在化学本质上没有区别,主要都是由 DNA、组蛋白、非组蛋白及少量

RNA 组成的,只是在结构形态和包装程度上有所不同。染色质出现于间期,呈丝状。它们在核内的螺旋化程度不一,螺旋紧密的部分染色较深,螺旋疏松的部位染色较浅。染色质在光镜下呈现颗粒状,不均匀地分布于细胞核中。细胞分裂时,染色质细丝高度螺旋化形成较粗的柱状或杆状染色体。在真核细胞的细胞周期中,遗传物质大部分时间是以染色质的形态而存在的。

12.1 染色质的概念及化学组成

染色质是指间期细胞核内由 DNA、组蛋白、非组蛋白及少量 RNA 组成的线性复合结构,是间期细胞遗传物质的存在形式。染色体是指细胞在有丝分裂或减数分裂过程中,由染色质聚缩而成的棒状结构。染色质的主要成分是 DNA 和组蛋白,还有非组蛋白及少量 RNA。DNA 与组蛋白是染色质的稳定成分,非组蛋白与 RNA 的含量则随细胞生理状态不同而变化。大鼠肝细胞染色质常被当作染色质成分分析的模型,其中组蛋白与 DNA 含量比例固定,近于 $1:1$;非组蛋白与 DNA 之比是 $0.6:1$,RNA 与 DNA 之比为 $0.1:1$。

12.1.1 染色质 DNA

除少数 RNA 病毒外,所有细胞生物的遗传物质都是 DNA。在真核细胞中,每条 DNA 分子都被包装在染色体中,一个生物储存在单倍染色体组中的总遗传信息,称为该生物的基因组(genome)。

1. DNA 序列的复杂性

真核生物的 DNA 分子一级结构比较复杂,具有多样性。根据 DNA 的复性动力学研究,可把 DNA 的序列分为单一序列、中度重复序列和高度重复序列。构成编码基因的绝大多数是单一序列;重复序列中除了编码 rRNA、tRNA 和组蛋白以及免疫球蛋白的结构基因外,基本上全是非编码序列,其功能与基因组的稳定性、组织形式以及基因的表达调控有关。

(1)单一序列 DNA(unique sequence DNA)　又称非重复序列,在单倍体基因组中,这些序列一般只有一个或几个拷贝。实际上真核生物的绝大多数结构基因都属于非重复的单一序列,如蛋白编码序列。在人类基因组中,这个比例只有 1.5% 左右。

(2)中度重复序列 DNA　拷贝数在 10 个以上的序列称为重复序列(repetitive sequence)。根据基因的重复程度,又可分为中度重复序列和高度重复序列两类。中度重复序列的重复次数为 $10\sim10^5$,如编码 rRNA、tRNA、snRNA 和组蛋白的串联重复序列,它们在基因组中一般有 $20\sim300$ 个拷贝。

(3)高度重复序列 DNA　重复次数在 10^5 以上的称为高度重复序列,由一些短的 DNA 序列首尾相连呈串联重复排列。这类 DNA 只在真核生物中发现,约占脊椎动物总 DNA 的 10%。高度重复序列一般不转录,位于染色体的着丝粒、端粒等部位。高度重复序列 DNA 可进一步分为以下几种不同类型:

①卫星 DNA(satellite DNA):重复单位长 5~100 bp,不同物种重复单位碱基组成不同,一个物种也可能含有不同的卫星 DNA 序列。主要分布在染色体着丝粒部位,如人类染色体着丝粒区 α 卫星 DNA 家族。

②小卫星 DNA(minisatellite DNA):重复单位长 12~100 bp,重复 3 000 次之多。每个小

卫星区重复序列的拷贝数是高度可变的,又称数量可变的串联重复序列。常用于 DNA 指纹技术(DNA finger-printing)做个体鉴定。

③微卫星 DNA(microsatellite DNA):重复单位序列最短,只有 1～5 bp,串联成簇(长度 50～100 bp)。人类基因组中至少有 30 000 个不同的微卫星位点,具高度微卫星多态性(microsatellite polymorphism)。不同个体间有明显差别,但在遗传上却是高度保守的,作为重要的遗传标准,可用于构建遗传图谱(genetic map)及个体鉴定。

2. 染色质 DNA 的 3 种构型

染色质中的 DNA 是由两条反向平行的多聚核苷酸链相互缠绕而形成的双螺旋结构,在构型上,主要是 Watson 和 Crick 提出的右手双螺旋 DNA,即 B 型 DNA。但是,DNA 分子不仅具有一级结构的多样性,还具有二级结构的多态性,其二级结构主要包括 B 型 DNA、A 型 DNA 和 Z 型 DNA 三种(图 12-1,彩图 12)。B 型 DNA 为右手双螺旋结构,是最稳定的 DNA,也是活性最高的 DNA 构象,水溶液和细胞内天然状态的 DNA 大多为 B 型 DNA。DNA 的构型会受不同环境条件的影响而发生改变,A 型 DNA 是 B 型 DNA 的重要变构形式,同样是右手双螺旋 DNA,差别主要在于大沟和小沟有所不同,并且 A 型 DNA 双螺旋更紧密,螺体较宽而短,其分子形状与 RNA 的双链区和 DNA/RNA 杂交分子很相近。Z 型 DNA 为左手螺旋,也是 B 型 DNA 的变构形式。

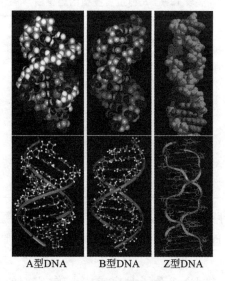

A型DNA　　B型DNA　　Z型DNA

图 12-1　3 种不同构型的 DNA

三种构型 DNA 中,特别是大沟的特征在遗传信息表达过程中起关键作用,基因表达调控蛋白都是通过其分子上特定的氨基酸侧链与沟中碱基对两侧潜在的氢原子供体($=$NH)或受体(O 和 N)形成氢键而识别 DNA 遗传信息的。由于大沟和小沟中这些氢原子供体和受体各异以及排列不同,所以大沟携带的信息要比小沟多。此外,沟的宽窄及深浅也直接影响碱基对的暴露程度,从而影响调控蛋白对 DNA 信息的识别。B 型 DNA 是活性最高的 DNA 构象;变构后的 A 型 DNA 仍有活性;变构后的 Z 型 DNA 活性明显降低。人们推测,在生理状态下,由于细胞内各种化学修饰的影响和结合蛋白的作用有可能使 3 种构型的 DNA 处于一种动态转变之中。此外 DNA 双螺旋能进一步扭曲盘绕形成特定的高级结构,正、负超螺旋是 DNA 高级结构的主要形式。DNA 二级结构的变化与高级结构的变化是相互关联的,这种变化在

DNA 复制与转录中具有重要的生物学意义。

12.1.2 染色质蛋白质

染色质蛋白质包括组蛋白和非组蛋白两类。组蛋白(histone)是染色体的结构蛋白,它与 DNA 非特异性结合组成核小体;非组蛋白(nonhistone)是染色体中除组蛋白以外的其他蛋白质,它与 DNA 特异性相结合,是一类种类繁杂的蛋白质的总称。这些与染色质 DNA 结合的蛋白质负责 DNA 分子遗传信息的组织、复制和阅读。

1. 组蛋白

(1)组蛋白的类型　组蛋白是构成真核生物染色体的基本结构蛋白,是与 DNA 结合存在的小分子碱性蛋白质的总称。通常可以用 2 mol/L NaCl 或 0.25 mol/L HCl/H_2SO_4 处理使组蛋白与 DNA 分开。用聚丙烯酰胺凝胶电泳可以将组蛋白分为 5 种不同的类型:H1、H2A、H2B、H3 和 H4(表 12-1)。它们富含带正电荷的 Arg 和 Lys 等碱性氨基酸(其中 H3、H4 富含精氨酸;H1 富含赖氨酸;H2A、H2B 介于两者之间),可以和 DNA 中带负电荷的磷酸基团结合,一般不要求特殊的核苷酸序列。几乎所有真核生物染色体中均含有这 5 种组蛋白,而且含量丰富。

表 12-1　5 种主要类型的组蛋白

	Lys	Arg	氨基酸残基数/个	相对分子质量/10^4	保守性	存在的部位及结构作用
H1	29%	1%	215	2.30	低	连接线上,锁定核小体
H2A	11%	9%	129	1.45	高	核心颗粒,形成核小体
H2B	16%	6%	125	1.38	高	核心颗粒,形成核小体
H3	10%	13%	135	1.53	极高	核心颗粒,形成核小体
H4	11%	14%	102	1.18	极高	核心颗粒,形成核小体

(2)组蛋白的功能　五种组蛋白在功能上可分为两类:一类是高度保守的核小体组蛋白(nucleosome histone),包括 H2A、H2B、H3 和 H4 四种;另一类是可变的连接组蛋白(linker histone),即 H1。

①核小体组蛋白的作用:将 DNA 分子盘绕成核小体,它们的相对分子质量均较小,可以通过 C 端的疏水氨基酸(如 Val、Ile)互相结合形成聚合体,而 N 端带正电荷的氨基酸(如 Arg、Lys)则向四面伸出与 DNA 分子结合,从而帮助 DNA 卷曲形成核小体的稳定结构。核小体组蛋白没有种属及组织特异性,亲缘关系较远的种属中,四种组蛋白氨基酸序列都非常相似。从整体来说,组蛋白基因在进化过程中保守性很强,其中 H1 变化较大,H3 和 H4 变化最小。H3 和 H4 是所有已知蛋白质中最为保守的,例如海胆组织和小牛胸腺的 H3 氨基酸序列间只有一个氨基酸的差异;牛和豌豆的 H4 组蛋白的 102 个氨基酸残基中仅有 2 个不同,而它们的分歧时间已有 3 亿年。这种保守性表明,H3 和 H4 的功能几乎涉及它们所有的氨基酸,以致任何位置上氨基酸残基的突变对细胞都将是有害的。

②H1 组蛋白:在构成核小体时起连接作用,其相对分子质量较大,有 215 个氨基酸。H1 有一定的种属和组织特异性,H1 在进化上不如核小体组蛋白那么保守。在哺乳类细胞中,组

蛋白 H1 约有 6 种密切相关的亚型,氨基酸顺序稍有不同。但在另一些生物体中,H1 序列变化较大,在某些组织中,H1 被特殊的组蛋白所取代,如成熟的鱼类和鸟类的红细胞中 H1 被 H5 所取代,精细胞中则由精蛋白代替 H1 组蛋白。而有的生物如酵母(*Saccharomyces cerevisae*)缺少 H1,结果酵母细胞差不多所有染色质都表现为活化状态。

(3)组蛋白的化学修饰 组蛋白的氨基酸残基可以被共价修饰,从而影响组蛋白与 DNA 双链的亲和性,改变染色质的疏松或凝集状态来发挥调控基因表达的作用。组蛋白有很多修饰形式,包括其游离在外氨基端的甲基化、乙酰化、磷酸化、泛素化和 ADP 核糖基化等,这些修饰都会影响基因的转录活性。例如,甲基化可发生在组蛋白的赖氨酸和精氨酸残基上,导致转录激活或基因沉默。

2. 非组蛋白

非组蛋白是细胞核中组蛋白之外的其他蛋白质的总称。染色体上除了存在组蛋白以外,还存在大量的非组蛋白。非组蛋白不仅包括以 DNA 作为底物或者作用于组蛋白的一些酶类,如 DNA 聚合酶、RNA 聚合酶和组蛋白乙酰化酶,还包括 DNA 结合蛋白、组蛋白结合蛋白和调节蛋白。特点是既有多样性又有特异性,是 DNA 复制、RNA 转录活动的调控因子。

(1)非组蛋白的特性 ①组蛋白是碱性的,而非组蛋白则大多是酸性的,含有较多的 Asp、Glu 等氨基酸残基,故带有负电荷。②非组蛋白种类的多样性:非组蛋白的量占染色体蛋白的 60%～70%,但它的种类却很多,约有 500 种之多,其中常见的有 15～20 种,包括多种参与核酸代谢与修饰的酶类、HMG 蛋白(high mobility group proteins)、核质蛋白、染色体骨架蛋白、肌动蛋白和基因表达调控蛋白等。组蛋白在各种类型细胞中的浓度是基本相同的,而非组蛋白在不同组织细胞中的种类和浓度各不相同,具有组织特异性和种属特异性。③非组蛋白对 DNA 具有识别特异性:与核小体组蛋白不同,非组蛋白能识别并与特异的 DNA 序列相结合,所以又称序列特异性 DNA 结合蛋白(sequence specific DNA binding proteins)。识别信息存在于 DNA 核苷酸序列本身,识别位点存在于 DNA 双螺旋的大沟部分,识别与结合靠氢键和离子键。在不同的基因组之间,这些序列特异性结合蛋白所识别的 DNA 序列在进化上是保守的。

(2)非组蛋白功能的多样性 由于非组蛋白种类的多样性,因而具有多方面的重要功能,除了一些具有酶的特殊功能外,还参与基因表达调控和染色质高级结构的形成。有些是反式作用因子,有些则是结构蛋白。其主要功能如下。①参与染色体构建:组蛋白将 DNA 双链分子装配成核小体串珠结构后,非组蛋白帮助 DNA 分子折叠,以形成不同的结构域(图 12-2),

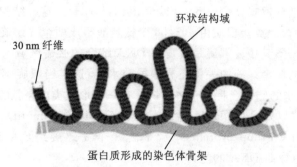

30 nm 纤维

环状结构域

蛋白质形成的染色体骨架

图 12-2 非组蛋白在染色体构建中的作用

从而有利于 DNA 的复制和基因的转录;同时作为染色体的结构支持体,如基质蛋白质和支架蛋白质等。②启动 DNA 复制:启动蛋白、DNA 聚合酶和引物酶等蛋白质以复合体的形式结合在一段特异 DNA 序列上,负责启动 DNA 分子的复制。③控制基因转录,调节基因表达:如含量丰富的高速泳动蛋白(high mobility group protein,HMG),在基因表达调控中起到重要的作用。

3. 序列特异性 DNA 结合蛋白的结构模式

蛋白质与核酸相互作用是基因表达和调控的基本环节,与特异性 DNA 序列结合的蛋白质虽然种类众多,但根据它们与 DNA 结合的结构域不同,可以分属于几种不同的蛋白质家族。现已发现以下几种 DNA 结合蛋白的基本结构模式(图 12-3)。

(1)螺旋-转角-螺旋模式(helix-turn-helix motif) 这种结构模式最早是在原核基因的激活蛋白和阻遏蛋白中发现的,是原核细胞和真核生物中普遍存在的、最简单的一种 DNA 结合蛋白的结构域。两个 α 螺旋中间通过一个非螺旋的肽段相互连接构成 β 转角,其中一个 α 螺旋为识别螺旋(recognition helix),负责识别 DNA 大沟的特异碱基序列,另一个螺旋没有碱基特异性,与 DNA 磷酸戊糖链骨架接触。在与 DNA 特异结合时,这种调控蛋白以二聚体形式发挥作用,结合靠蛋白质的氨基酸侧链与特异碱基对之间形成氢键。

(2)锌指模式(zinc finger motif) 这种蛋白因子往往含有几个相同的"指"结构,包括 Cys_2/His_2 锌指和 Cys_2/Cys_2 锌指两种结构模式。Cys_2/His_2 锌指结构中的共有序列为:-Tyr/Phe-X-Cys-$X_{2\sim4}$-Cys-X_3-Phe-X_5-Leu-X_2-His-X_3-His-,其中 2 个半胱氨酸残基和 2 个组氨酸残基与 Zn^{2+} 形成配位键,形成环。每个锌指单位是一个 DNA 结合结构域,其羧基端与 DNA 结合。如负责 5S RNA、tRNA 和部分 snRNA 基因转录的 RNA 聚合酶Ⅲ所必需的转录因子 TFⅢA 是首先被发现的锌指蛋白,TFⅢA 中含 9 个有规律的 Cys_2/His_2 锌指重复单位。

另一类锌指蛋白含两对半胱氨酸,而不含组氨酸,这类 Cys_2/Cys_2 锌指单位结合 Zn^{2+} 的共有序列是:-Cys-X_2-Cys-X_{13}-Cys-X_2-Cys-。

(3)亮氨酸拉链模式(leucine zipper motif,ZIP) 这是富含 Leu 残基的氨基酸序列所组成的二聚化结构。在构建转录复合物过程中,普遍涉及蛋白质与蛋白质之间的相互作用,形成二聚体是识别特异 DNA 序列蛋白相互作用的共同原则。此类蛋白质中都含有 4~5 个亮氨酸残基,彼此之间精确地相距 7 个氨基酸残基,使得 α 螺旋的每个侧面都能出现一个亮氨酸,这些亮氨酸排成一排,两个蛋白质分子的 α 螺旋之间靠 Leu 残基之间的疏水作用力形成一条拉链状结构。但与 DNA 结合的结构域并不在拉链区,而是在拉链区相邻肽链 N 端带正电荷的氨基酸碱性区。

(4)螺旋-环-螺旋结构模式(helix-loop-helix motif,HLH) 这一结构模式广泛存在于动、植物 DNA 结合蛋白中。此类蛋白质由 40~50 个氨基酸组成两个 α 螺旋,中间被一个或多个 β 转角组成的环区所分开,其中 α 螺旋是负责与 DNA 结合的必需区域。与螺旋-转角-螺旋结构不同,螺旋-环-螺旋的两个螺旋的一侧还有一段疏水区,这样当螺旋-环-螺旋结构位于两个多肽之间时,这两个疏水的侧链会将两个多肽链连在一起形成类似亮氨酸拉链的结构。

除了上述结构模式以外,还有 HMG-盒结构模式(HMG-box motif)。该结构存在于高迁移率蛋白(high mobility group proteins)中,是由 3 个 α 螺旋组成的回飞镖(boomerang-shaped)结构模式,具有弯曲 DNA 的能力。

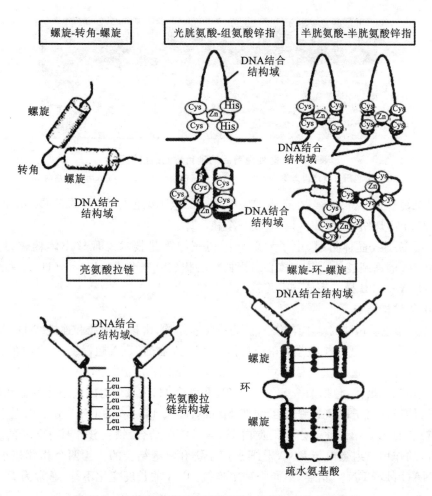

图 12-3　几种主要序列特异性 DNA 结合蛋白的结构特征

12.1.3　染色质的基本结构单位——核小体

20 世纪 70 年代初,一些科学家将染色质经非特异性的核酸酶处理后发现,大多数 DNA 链都被切成长度为 200 bp 的片段。这些片段之所以没有被进一步消化,是由于结合了蛋白质而受到保护,使核酸酶不能随机切割染色体 DNA。根据染色质的酶切降解、电镜图像和光衍射分析等,R. Kornberg 等于 1974 年提出了关于染色质结构的"串珠"模型,认为染色质是由一系列核小体(nucleosome)相互连接而形成的串珠状结构。20 世纪 70 年代末,对核小体的分子结构认识更加清楚。

1. 主要实验证据

(1)当细胞核经温和方法处理裂解后,将染色质铺展后用电镜观察,未经处理的染色质自然结构为 30 nm 的纤丝;而经低盐溶液处理后解聚的染色质,呈现一系列直径为 10 nm、彼此连接的串珠状结构(图 12-4)。

(2)用非特异性微球菌核酸酶消化染色质,部分酶解片段分析结果显示 DNA 多被降解成 200 bp 或其整数倍的片段,分离得到的单体、二体和三体上结合的 DNA 长度分别是 200 bp、400 bp 和 600 bp。

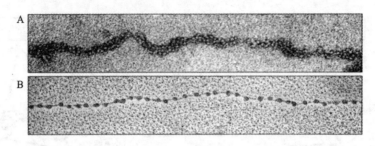

图 12-4　盐处理前后的染色质丝的电镜图片

A. 染色质自然结构为 30 nm 的纤丝;B. 解聚的染色质呈现 10 nm 串珠状结构

(3)用电镜观察 SV40 病毒在宿主细胞中形成的微小染色体,发现约 5 000 bp 的碱基序列上分布有 25 个串珠结构,即 200 bp 形成一个核小体。

(4)应用 X 射线晶体衍射、中子散射和电镜三维重建技术发现核小体颗粒是直径为 11 nm、高 6.0 nm 的扁圆柱体。其中核心组蛋白核心构成时先形成(H3)$_2$·(H4)$_2$ 四聚体,然后再与 2 个 H2A·H2B 异二聚体结合形成八聚体。

2. 核小体结构要点

核小体是染色质包装的基本结构单位,为串珠状结构,由核心颗粒和连接线 DNA 两部分组成(图 12-5,彩图 13)。①每个核小体单位包括 200 bp 左右的 DNA 超螺旋、一个组蛋白核心和一个分子的组蛋白 H1。②组蛋白核心颗粒为八聚体,由 4 种组蛋白(H2A、H2B、H3、H4)各 2 分子组成 4 个异源二聚体,包括两个 H2A·H2B 和两个 H3·H4,构成核小体的盘状核心结构。每个异二聚体通过离子键和氢键结合约 30 bp DNA。③146 bp 的 DNA 分子以左手螺旋缠绕在核心颗粒表面 1.75 圈,每一分子组蛋白 H1 与 DNA 结合,锁住核小体 DNA 的进出口,起稳定核小体的作用。组蛋白与 DNA 是通过离子键和氢键结合的。④两个相邻核小体之间以连接线 DNA(linker DNA)相连,不同物种中连接 DNA 的长度变化不等,通常为 60 bp。

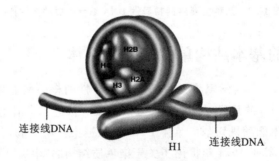

图 12-5　核小体结构示意图

组蛋白与 DNA 间的相互作用是结构性的,基本不依赖于核苷酸的特异序列。正常情况下不与组蛋白结合的 DNA(如噬菌体 DNA 或人工合成的 DNA),可在体外与组蛋白装配成核小体亚单位。因此,核小体具有自组装的性质。

核小体在 DNA 中的定位受不同因素的影响。如与 DNA 特异性位点结合的非组蛋白可影响邻近核小体的位置。DNA 盘绕组蛋白核心的弯曲也是影响核小体定位的一个因素,因为组蛋白核心并不是随机与 DNA 结合,而是与富含 AT 的 DNA 小沟结合,因此核小体倾向于形成富含 AT 和富含 GC 区的理想分布。

12.1.4　染色质包装的结构模型

人类的每个体细胞平均含有 DNA 约 6×10^9 bp,分布在 46 条染色体中,总长达 2 m 多,平均每条染色体 DNA 分子长约 5 cm,而细胞核的直径只有 $5 \sim 8$ μm,这就意味着从染色质 DNA 包装成染色体要压缩近万倍。

1. 染色质包装的多级螺旋模型

染色质是一种动态结构,其形态随细胞周期的不同发生变化。进入有丝分裂时,染色质高度螺旋、折叠形成凝集的染色体,而核小体是染色质包装的基本单位。染色质以核小体作为基本结构逐步进行包装压缩,经 30 nm 染色质纤维、超螺线管,最后压缩包装成染色体,总共经过四级包装(图 12-6)。

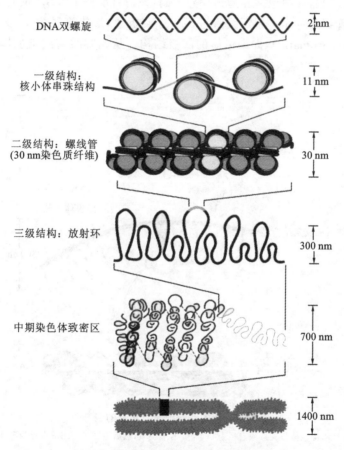

图 12-6　染色体的四级结构:中期染色体

(1)从 DNA 到核小体　核小体的装配是染色体装配的第一步。直径 2 nm 的双螺旋 DNA 与组蛋白八聚体包装成核小体,在组蛋白 H1 的介导下核小体彼此连接形成重复的核小体串珠结构,这是染色质包装的一级结构。一个核小体直径约为 10 nm,由 200 bp DNA 组成,每个碱基对长度为 0.34 nm,因此 DNA 伸展开来的长度约为 70 nm。由此推算,DNA 包装成核小体,大约压缩了 7 倍。

(2)从核小体到螺线管　由核小体串珠结构如何包装成 30 nm 的染色质纤维? 螺线管模型认为,在有组蛋白 H1 存在的情况下,直径为 10 nm 的核小体串珠结构以每圈 6 个核小体为单位螺旋盘绕,形成外径为 30 nm、内径为 10 nm、螺距为 11 nm 的螺线管(solenoid)管状结构,又称染色质纤维。组蛋白 H1 在螺线管中的空间位置尚不清楚,但对螺线管的稳定起着重要作用。螺线管是染色质包装的二级结构。从核小体到螺线管压缩了 6 倍。

(3)从螺线管到超螺线管　30 nm 的染色质纤维进一步螺旋化和折叠形成一系列螺旋域(coiled domain)或环(loop),这些环附着在由非组蛋白构成的染色体支架(chromosomal scaffold)上,由中央向四周伸出,构成放射环。螺旋域的直径是 300 nm。螺旋环进一步形成直径为 700 nm 的超螺旋环(supercoiled loop),或称超螺旋域(图 12-7),这是染色质包装的三级结构。DNA 从螺线管到超螺线管(supersolenoid)估计又压缩了 40 倍。

由螺线管形成 DNA 复制环,每环估计含有 50～100 kb DNA,推测染色质环仍然是基本协同表达的功能单位。典型的超螺旋环的开头和结束都是富含 A-T 对的序列,并与核骨架或核基质蛋白结合在一起,其中包括 II 型拓扑异构酶,该酶可能调节 DNA 的超螺旋程度。

(4)从超螺线管到染色体　超螺线管进一步螺旋折叠,形成直径为 1～2 μm、长度为 2～10 μm 的染色单体(chromatid),即染色体的四级结构。从超螺线管到染色体 DNA 分子被压缩了 5 倍。

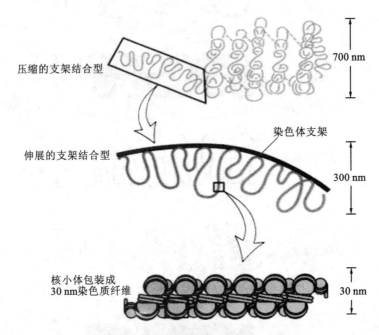

压缩的支架结合型　700 nm

伸展的支架结合型　染色体支架　300 nm

核小体包装成
30 nm染色质纤维　30 nm

图 12-7　从螺线管到超螺线管的包装

30 nm 的染色质纤维沿染色体骨架形成直径为 300 nm 的螺旋域,然后进一步压缩成直径为 700 nm 的超螺线域

根据多级螺旋模型(multiple coiling model),从 DNA 到染色体经过四级包装:

$$DNA \xrightarrow{\text{压缩7倍}} 核小体 \xrightarrow{\text{压缩6倍}} 螺线管 \xrightarrow{\text{压缩40倍}} 超螺线管 \xrightarrow{\text{压缩5倍}} 染色单体$$

经过四级螺旋包装形成的染色体结构,共压缩了 8 400 倍。这个数值也是一个粗略的估算,不同的染色体在压缩时可能有差异,如人类最长的 1 号染色体中的 DNA 包装成染色体时压缩了 8800 倍(图 12-8)。

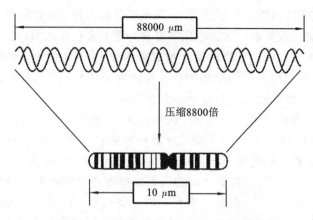

图 12-8　人类 1 号染色体中 DNA 包装倍数

12.1.5　常染色质和异染色质

1. 异固缩

细胞分裂时,核内染色质要凝缩成染色体结构,对碱性染料着色很深;一旦脱离分裂期,染色体去凝集成松散状态,此时染色着色力减弱。但是,有些染色体或其片段的凝缩周期与其他的不同,这种现象称为异固缩(heteropyknosis)。其中在间期或前期过度凝缩,染色很深的,称为正异固缩;在中期凝缩不足,染色很浅的,称为负异固缩。

2. 常染色质和异染色质

根据间期染色质的形态特征、活性状态和染色性能可将其分为两种类型(图 12-9):常染色质(euchromatin)和异染色质(heterochromatin)。

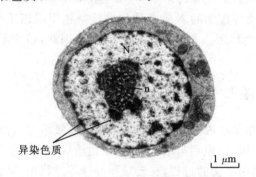

图 12-9　骨髓干细胞超薄切片的电镜照片

图中的 N 和 n 分别表示细胞核和核仁,核仁外染色深的区域是异染色质

在有丝分裂完成之后,大多数高度压缩的染色体要转变成间期的松散状态。但是,大约有 10% 的染色质在整个间期仍然保持卷曲凝缩状态,其染色质纤维折叠压缩程度高,将这种染色质称为异染色质;而将间期核内染色质纤维折叠压缩程度低,相对处于伸展状态的染色质称为常染色质。由常染色质变成异染色质,这本身也是真核生物的一种表观调控的途径。异染色质和常染色质可以通过碱性染料染色区分,间期染色深的是异染色质,染色浅的是常染色质。一般说来,间期染色质既有异染色质区段,也有常染色质区段。

常染色质是间期核中结构较为疏松的染色质,呈解螺旋化的细丝纤维,具有较弱的嗜碱性,染色较浅;其纤维的直径约为 10 nm,螺旋化程度低。电镜下可见均匀分布于核内,多位于细胞核中央部位和核孔的周围。一般而言,常染色质是具有转录活性的基因区,为有功能的染色质,能活跃地进行转录或复制。常染色质一部分介于异染色质之间,也有一部分伴随核仁存在,常以袢环形式伸入核仁内。常染色质是构成染色体 DNA 的主体,在细胞分裂过程中,其螺旋化及解螺旋周期与细胞分裂周期相吻合。构成常染色质的 DNA 主要是单一序列 DNA和中度重复序列 DNA(如组蛋白基因和 tRNA 基因)。

与常染色质相比,异染色质是转录不活跃的部分,是遗传惰性区;在细胞周期中表现为晚复制、早凝缩,即异固缩现象。异染色质又分结构异染色质或组成型异染色质(constitutive heterochromatin)和兼性异染色质(facultative heterochromatin)两类。结构异染色质是指各种类型的细胞中,除复制期以外,在整个细胞周期内都处于凝缩状态的染色质,即永久性的呈现异固缩的染色质。结构异染色质是异染色质的主要类型,其 DNA 包装比在整个细胞周期中基本没有较大的变化。在间期核中,结构异染色质聚集形成多个染色中心(chromocenter)。结构异染色质含有大量相对简单、高度重复的 DNA 序列,如卫星 DNA;多位于中期染色体的着丝粒区、端粒区、次缢痕处,以及 Y 染色体长臂远端 2/3 区段;具有显著的遗传惰性,没有转录活性,不转录也不编码蛋白质;在复制行为上与常染色质相比表现为晚复制早聚缩;在功能上参与染色质高级结构的形成,导致染色质区间性,作为核 DNA 的转座元件,引起遗传变异。兼性异染色质是指在某些细胞类型或一定的发育阶段呈现凝聚状态的异染色质。在一定时期的特种细胞的细胞核内,原来的常染色质聚缩,并丧失基因转录活性,转变为兼性异染色质。这类兼性异染色质的总量随不同细胞类型而变化,一般胚胎细胞含量很少,而高度特化的细胞含量较多,说明随着细胞分化,较多的基因渐次以聚缩状态而关闭,它们从而再也不能接近基因活化蛋白。因此,染色质通过紧密折叠压缩可能是关闭基因活性的一种途径,例如雄性哺乳类细胞的单个 X 染色体呈常染色质状态;而雌性哺乳动物含一对 X 染色体,其中一条始终是常染色质,但另一条大约在胚胎发育的第 16 天发生异固缩化而失活,变为凝集状态的异染色质。在上皮细胞核内,这个异固缩的 X 染色体称为性染色质或巴氏小体(Barr body),在多形核白细胞的核内,此 X 染色体形成特殊的"鼓槌"结构。因此,检查羊水中胚胎细胞的巴氏小体可以预报胎儿的性别。

12.1.6 染色质结构与真核基因表达调控

在真核细胞中,由于相关基因的转录起始被染色质高级结构严格限定,基因组中的启动子元件能否被特定结合蛋白接近、识别与结合,因此染色质成为真核基因调控的主要靶点。真核基因的表达调控是一个动态平衡的过程,在转录和翻译等过程中,染色体的三维空间结构也处于动态变化中,主要表现为组蛋白、核小体等染色质结构的变化。

1. 活性染色质的 DNase Ⅰ超敏感位点与基因表达

活性染色质的一个重要特征是对脱氧核糖核酸酶Ⅰ(DNase Ⅰ)的敏感性提高。早在 20 世纪 80 年代初,研究人员就发现用 DNase Ⅰ 处理染色质时,基因组内大约有 10% 的 DNA 处于对核酸酶敏感的状态,这些区域都是有转录活性的。因此,染色质对 DNase Ⅰ 的敏感性与基因的转录有关,即具有基因表达活性的染色质 DNA 比没有转录活性的染色质区域更容易受核酸酶的作用,称之为核酸酶敏感位点;其中具有高度敏感性的 DNA 特异性位点称为 DNase Ⅰ超敏感位点(DNase Ⅰ hypersensitive site, HS),这些位点或区域将首先受到 DNase Ⅰ 的剪切,其活跃表达的基因对 DNase Ⅰ降解的敏感性要比无转录活性区域高出 100 倍以上,反映了基因活化时其染色质呈开放的疏松型构象。

每个活跃表达的基因都有一个或几个 DNaseⅠ超敏感位点,大多位于具有转录活性基因的 5′端启动子区,少部分位于转录单元的上、下游几十乃至几百 kb 以外的区域。超敏感位点并不是某个特定的碱基位置,而是一段长度为 100～200 bp 的 DNA 序列。在这个高度敏感的区域,染色质结构松散,无核小体结构,染色质 DNA 序列特异性暴露,因而显示出对 DNaseⅠ和 DNaseⅡ等多种核酸酶的优先敏感性。超敏感位点 DNA 通常甲基化程度较低,并可能存在重要的转录因子结合位点。该位点含有特异的 DNA 序列,为特异性 DNA 结合蛋白所识别,因此,它参与了基因表达的调控。超敏感位点的存在是活性染色质的特点,若用游离 DNA 作底物则不出现超敏感位点现象。

超敏感位点的存在对基因的表达是必需的,具有功能的顺式作用元件,如启动子、增强子、抑制因子和绝缘子等都与 DNaseⅠ超敏感位点相偶联。例如,位于人类 β 珠蛋白基因簇上游的位点控制区(locus control region,LCR)元件就具有多个 DNaseⅠ超敏感位点,是 β 珠蛋白基因表达的重要调控元件。当不同的 DNaseⅠ超敏感位点与其下游相应的珠蛋白基因启动子区相互作用并靠近后,将会介导形成珠蛋白基因表达所需的染色质环状结构,启动该基因的表达(图 12-10,彩图 14)。

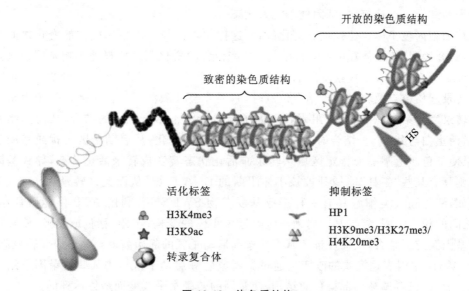

图 12-10　染色质结构

HS 为核酸酶超敏感位点,是开放染色质的重要特征

染色质对 DNaseⅠ的敏感性与两种高速泳动非组蛋白有关,它们是 HMG14 和 HMG17,因而超敏感位点富含 HMG14 和 HMG17 蛋白,活化染色质中每 10 个核小体就结合一个 HMG 分子。当从鸡红细胞染色质中提取出这两种蛋白时,珠蛋白基因不再对 DNaseⅠ表现出敏感性;当将这两种蛋白质重新加到染色质中,敏感性又可得到恢复。HMG 蛋白的 C 端含活性氨基酸,可与核小体核心组蛋白的碱基区域相结合。HMG 蛋白的 N 端 1/3 的区域氨基酸序列与 H1 和 H5 的 C 端十分相似。而 HMG 在核小体位置上与 H1 相近,HMG 和组蛋白相互作用,可以竞争性取代 H1 或 H5,若核小体缺乏 H1 和 H5 将使染色质变得松散,成为具有转录活性的状态。

染色质 DNA 的超敏感位点是调节性 DNA 序列的标记物,其图谱是一项重要的表观遗传学标记。研究人员通过对 125 个不同的细胞和组织类型进行全基因组谱分析而鉴定出大约

290 万个人 DNase I 超敏感位点,并且首次大范围地绘制出人超敏感位点图谱。

2. 核小体定位与基因表达

核小体定位(nucleosome positioning)是指核小体在基因组 DNA 分子上的精确位置。核小体定位已被证实在诸如基因转录调控、DNA 复制和修复、调控进化等多种细胞过程中起着重要作用。基因组上核小体位置的确定涉及 DNA、转录因子、组蛋白修饰酶和染色质复合体之间的相互作用,核小体定位通过暴露或掩蔽一些蛋白质结合位点参与基因调节。

由于核小体在与 DNA 片段结合过程中具有选择性,即在特定的基因组区域内,组蛋白核心颗粒会优先结合一定的 DNA 序列,从而决定了核小体的定位;也使得核小体在染色质中的分布呈现出不均匀性,即某些区域核小体占据率高、某些区域核小体缺乏。一般而言,活性基因组区域核小体比较稀疏,如在基因转录的启动子、终止子以及转录因子结合位点等调控区域内拥有较少数量的核小体。几乎在每一个基因的起点和终点均具有一段约 140 bp 且缺少核小体结构的区域,即无核小体区。调控区核小体缺乏可能是真核生物基因组的基本性质,这有利于起始 DNA 复制的蛋白因子和转录因子及其复合物结合于染色质 DNA 上的相应位点,促进和启动基因的表达。相反,处于抑制状态的基因组区域的核小体数目相对较多,使得大部分转录因子的结合位点被掩藏,基因处于沉默状态。

真核细胞内核小体定位是动态变化的,而这种动态性与基因表达模式的变化之间是密切相关的,研究表明,核小体在 DNA 上几个核苷酸位置的变化都会明显地影响基因的表达。如 Lomvardas 等在研究 β 干扰素基因的转录调控时发现,当位于 TATA 盒的核小体移向下游并暴露出转录起始位点及转录因子结合位点时,基因才会被激活。当核小体定位于启动子区域并占据转录因子结合位点时,将阻碍转录因子与转录因子结合位点的结合,从而抑制基因转录;当激活蛋白与其 DNA 结合时,它们促进了染色质的变化,从启动子区干扰或移动了核小体,结果使染色质上某一个特定区域从转录非活化状态转变成转录活化状态,导致基因的转录。细胞具有某些"工具"能撬开被核小体阻断的 DNA 区域,从而允许转录因子与 DNA 接触。例如,酵母和人类细胞具有一种多亚基复合物 SWI/SNF,利用 ATP 供能破坏组蛋白-DNA 之间的相互作用,参与基因启动子区附近核小体的变构、扩距、移位或交换,使转录因子可以同基因调控区结合,从而保证了基因转录前启动子区的起始前复合物形成和转录起始(图 12-11)。因此,基因表达模式的改变是通过暴露或隐藏启动子区域内某些转录因子结合位点或增强子元件,或者调整局部染色质结构,使基因的转录水平改变而最终达到的。

3. 组蛋白修饰与基因表达

组蛋白是染色质的重要组成成分,最初人们普遍认为它只是起到维持 DNA 折叠结构的作用,后来进一步研究发现通过组蛋白氨基酸残基的共价修饰,可以引起染色质构象的改变,进而导致转录激活或基因沉默。组蛋白修饰是指核心组蛋白氨基末端的 Lys(K)和 Arg(R)等氨基酸残基上发生的多种翻译后修饰,包括乙酰化、甲基化、泛素化和磷酸化等可逆性修饰。组蛋白的不同修饰状态将导致染色质结构及染色质开放程度的变化,同时影响转录因子和修饰酶等蛋白分子在染色质 DNA 上的富集,因此在基因表达调控中发挥重要作用。

组蛋白修饰最基本的作用是调控基因表达。组蛋白甲基化多导致基因沉默,去甲基化则相反;乙酰化一般使转录激活,去乙酰化则相反。当然,也可在此基础上产生复杂的生物学效应。例如:组蛋白 H3K(表示 H3 上的 Lys,下同)的甲基化与 X 染色体失活、基因组印记和异染色质形成有关;H3 乙酰化通过多种机制调控依赖 ATP 的染色质重塑;H2A、H2B 泛素化则与 DNA 损害反应有关。

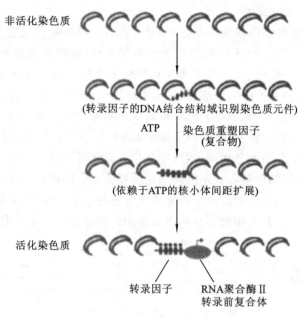

非活化染色质

(转录因子的DNA结合结构域识别染色质元件)

ATP　　染色质重塑因子
(复合物)

(依赖于ATP的核小体间距扩展)

活化染色质

转录因子　　RNA聚合酶Ⅱ
转录前复合体

图 12-11　核小体定位的改变与染色质活化

　　组蛋白甲基化、乙酰化和泛素化都是一个动态的可逆修饰过程,分别通过不同的特异性修饰酶的相互作用,动态地调节组蛋白的修饰状态,进而影响 DNA 与其他功能蛋白的相互作用,来调控基因转录的激活和抑制。其中,甲基化与去甲基化在组蛋白甲基转移酶和去甲基化酶催化下完成;乙酰化和去乙酰化由组蛋白乙酰基转移酶和组蛋白去乙酰基酶催化;而负责磷酸化修饰的主要是蛋白激酶。

　　各种组蛋白修饰方式的作用位点也各不相同,甲基化最容易发生在组蛋白 H3 上;泛素化一般发生在 H2A 和 H2B 的氨基端残基上;乙酰化在 4 种组蛋白上都可发生,其中尤以 Lys 的乙酰化为常见;磷酸化则较少,已知的修饰位点主要是 H3。

　　组蛋白修饰调控基因表达的机制主要有两种。一是直接影响染色质的整体或局部结构,进而影响蛋白质与蛋白质、蛋白质与 DNA 的相互作用。研究发现,组蛋白的乙酰化和磷酸化修饰可有效减少组蛋白携带的正电荷,电荷的变化在一定程度上会影响组蛋白与 DNA 的静电互作;而 H2A、H2B 的泛素化能够减弱染色质中 H2A-H2B 二聚体与 H3-H4 四聚体之间的相互作用,形成更加松散的染色质构象,有利于 DNA 与转录因子等蛋白质的结合或靠近。例如,在人类红细胞 β 珠蛋白基因区域的组蛋白高度乙酰化,染色质结构松散,DNase Ⅰ敏感性较高,转录因子等易与 DNA 结合,该基因区组区域具有较高的转录活性。二是正调控或负调控作用分子与 DNA 的结合或靠近。与染色质相关的作用因子主要通过其特殊的结构域识别特定的组蛋白修饰调控基因表达。研究发现,转录因子与组蛋白处于动态的竞争状态,染色质重塑复合物 SWI/SNF 可促进转录因子替换组蛋白而导致染色质重塑,进而启动基因转录。

　　上述各种组蛋白修饰方式都与相应的基因活化或抑制状态相联系,这些修饰方式及其作用的发挥并不是相互独立的,很多时候组蛋白不同位点上的修饰状态之间有相互促进或抑制的协调关系。例如,核心组蛋白 H3S10 的丝氨酸磷酸化有助于 H3K9 的乙酰化,而后者又可促进 H3K4 的赖氨酸甲基化,随后甲基化的 H3K4 又可稳定 H3K9 的乙酰化,阻止该位点的甲基化使染色质处于活化状态。

4. DNA 甲基化与基因表达

除了组蛋白甲基化修饰因素的影响,染色质中 DNA 的甲基化也会影响到染色质的凝聚状态。DNA 甲基化是指在 DNA 甲基转移酶的催化下,以硫代甲硫氨酸为甲基供体,将甲基转移到胞嘧啶分子的 5′碳原子上,通常 DNA 甲基化发生在启动子区的 CpG 二核苷酸上。DNA 甲基化是哺乳动物基因组的显著特征,人类基因组中 3%～6% 的胞嘧啶是甲基化的,而在植物基因组中由于重复序列比例的升高,甲基化胞嘧啶的比例可能更高。启动子区域的甲基化对基因的表达有明显的抑制作用,哺乳动物 DNA 的甲基化修饰对胚胎发育、X 染色体失活和基因印记等起了重要的调节作用,同时甲基化的异常可导致一些疾病和肿瘤的发生。

总之,染色质的高级结构使真核基因转录的调控机制变得更加多样和复杂,在组蛋白翻译后修饰、核小体定位、染色质开放以及染色体领域等各种因素的共同调节之下,染色质的三维空间结构的动态变化与平衡在调控真核基因表达的过程中发挥了至关重要的作用。

12.2　染色体

染色体(chromosome)是细胞在有丝分裂时遗传物质存在的特定形式,是间期细胞染色质结构紧密包装的结果。在整个细胞周期中,染色体进行凝缩和松展的周期性变化,在中期形成具有特定形态结构的染色体,称为中期染色体。

12.2.1　中期染色体的形态结构

中期染色体的形态结构比较稳定,其形态特征最为典型,由两条相同的姐妹染色单体(chromatid)构成,彼此以一个着丝粒相连,所以一般所描述的染色体形态结构都是指中期染色体(图 12-12)。中期染色体的主要结构分为 5 个部分:着丝粒(centromere)与动粒(kinetochore)、次缢痕(secondary constriction)、核仁组织区(nucleolar organizing region,NOR)、随体(satellite)和端粒(telomere)。

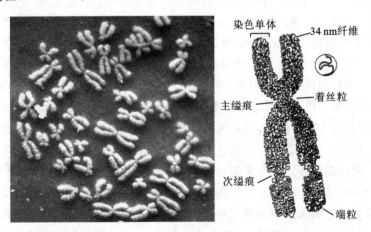

图 12-12　中期染色体的形态结构和电镜图片

(1)着丝粒与动粒　着丝粒(centromere)是染色体中连接两个染色单体的结构,由于着丝粒处的染色质较细、浅染内缢,在染色体的形态上表现为一个缢痕,故又称为主缢痕(primary constriction)。着丝粒有两个基本的功能：一是在有丝分裂前将两条姐妹染色单体结合在一起；另一个是为动粒装配提供结合位点，是有丝分裂时纺锤丝附着的部位。因此着丝粒既是真核生物细胞进行有丝分裂和减数分裂时染色体分离的一种"装置"，也是姐妹染色单体在分开前相互连接的位置。

着丝粒由高度重复的卫星 DNA 序列组成，是一个复合结构，有 3 种不同的结构域（图12-13）。

①动粒结构域（kinetochore domain）：位于着丝粒的外表面，是由着丝粒结合蛋白构成的圆盘结构，负责连接纺锤体动粒微管。在有丝分裂期间，动粒在主缢痕外侧装配，每个中期染色体含有两个动粒。哺乳类动粒超微结构包括 3 层板状结构，即外板（outer plate）、内板（inner plate）和中间间隙（middle space）。内板与着丝粒中央结构域结合，由动粒蛋白与 α 卫星 DNA 结合组装而成。中间间隙电子密度较低，呈半透明区。外板与动粒微管结合，是由一些特异的蛋白质在内板上装配而成的。

②中央结构域（central domain）：位于动粒结构域的下方，是着丝粒的主体结构，是由高度重复的串联卫星 DNA 构成的异染色质。如人染色体着丝粒是重复单元为 171 bp 的重复DNA 序列，称为 α 卫星 DNA，串联重复的次数达 2 000～30 000 次。

③配对结构域（pairing domain）：位于着丝粒结构的内层，负责姐妹染色单体相互连结。在配对结构域，人们发现了两类蛋白：内着丝粒蛋白（inner centromere protein）和染色单体连接蛋白（chromatid linking proteins），二者与染色单体配对有关。

着丝粒的这 3 种结构域确保了真核细胞纺锤丝附着于着丝粒上，使复制的染色体在细胞分裂中可均等地分配到子细胞中，发生有序的染色体分离。若着丝粒丢失了，那么染色体就失去了附着到纺锤丝上的能力，细胞分裂时就会随机地进入子细胞。

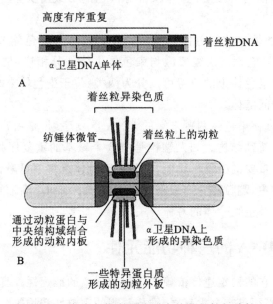

图 12-13　人染色体有丝分裂中的着丝粒与动粒

在细胞有丝分裂的中期，着丝粒位于染色体上，将染色体分为两条臂——短臂（p）和长臂（q）。根据着丝粒在染色体上所处的位置，可以将染色体分为 4 种类型（图 12-14）。①中着丝粒染色体（metacentric chromosome）：着丝粒位于染色体的中部，两臂长度相等或大致相等。

②近中着丝粒染色体（submetacentric chromosome）：着丝粒偏离中部，两条臂长短不等，分别称为短臂和长臂。③近端着丝粒染色体（subtelocentric chromosome）：着丝粒靠近染色体一端，短臂极短，并在染色体末端形成圆形或圆柱形染色体片段，即随体（satellite）。④端着丝粒染色体（telocentric chromosome）：着丝粒位于染色体末端，只有一个长臂。

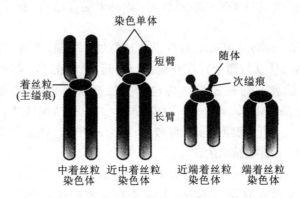

图 12-14　根据着丝粒位置进行的染色体分类图示

（2）次缢痕　相对于主缢痕，某些染色体臂上存在的其他的浅染缢缩部位称次缢痕（secondary constriction）。次缢痕处部分 DNA 发生松散，故而变细、内缢。每种生物染色体组中至少有一条或一对染色体上有次缢痕，有些次缢痕还可以形成核仁组织区。次缢痕的数目、位置和大小是某些染色体的重要形态特征，因此可以作为鉴定染色体的标记。

（3）核仁组织区　核仁组织区（nucleolar organizing region，NOR）是细胞核特定染色体的次缢痕处含有 rRNA 基因的一段染色体区域，与核仁的形成有关，但并非所有次缢痕都是核仁组织区。

（4）随体　随体指的是少数染色体臂末端存在的圆球形染色体节段，宛如染色体的小卫星，故名卫星（satellite）。它通过次缢痕区与染色体主体部分相连，是识别染色体的重要形态特征之一。随体根据在染色体上的位置可以分为两类：位于染色体末端的称为端随体，位于两个次缢痕之间的称为中间随体。

（5）端粒　端粒是真核染色体两臂末端的 DNA 重复序列，是由富含 G 的、短的非转录序列随机串联重复而成的特殊结构。如人端粒是由 6 个碱基的重复序列（TTAGGG）与许多结合蛋白组成。端粒具有重要的生物学功能，可防止染色体末端项目融合，保证每条染色体的完整性。在正常人体细胞中，端粒随着体细胞分裂次数的增加而逐渐缩短，因此认为端粒重复序列的长度与细胞的衰老及生物个体的寿命有关。

12.2.2　染色体 DNA 的三种功能元件

DNA 是遗传物质，它的稳定遗传依赖于复制和分离的准确性。真核生物在进行有丝分裂和减数分裂时，染色体必须具有自主复制、维持复制的完整性和均等分配到两个子细胞中的能力，以确保在细胞世代遗传中的稳定性。为了达到这一目的，染色体必须具有三种功能元件，即自主复制 DNA 序列、一个着丝粒 DNA 序列和两个端粒 DNA 序列。端粒、复制起点和着丝粒处的 DNA 是构成染色体 DNA 的关键序列（key sequence），称为染色体 DNA 的功能元件（图 12-15），它是 DNA 结构稳定遗传的功能序列。

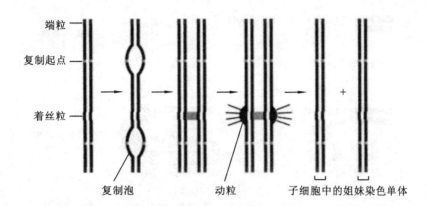

端粒

复制起点

着丝粒

复制泡　　动粒　　子细胞中的姐妹染色单体

图 12-15　真核细胞染色体稳定遗传的三种功能元件

(1) 自主复制 DNA 序列　自主复制 DNA 序列(autonomously replicating DNA sequence, ARS)是染色体正常起始复制所必需的序列。不同来源的自主复制 DNA 序列都具有一段 11～14 bp 的、同源性很高的、富含 AT 的高度保守序列,这段共有序列及其上、下游各 200 bp 左右的区段是自主复制序列发挥其功能所必需的:200 bp-A(T)TTTAT(C)A(G)TTTA(T)-200 bp。自主复制 DNA 序列应具有至少一个 DNA 复制起点,以确保染色体在细胞周期中能够自我复制,维持染色体在细胞世代传递中的稳定性和连续性。绝大多数真核细胞的染色体含有多个复制起点,以确保全染色体快速复制。

(2) 着丝粒 DNA 序列　着丝粒 DNA 序列(centromere DNA sequence,CEN)与染色体的分离有关,它能确保已完成复制的染色体在细胞分裂时平均分配到 2 个子细胞中去。着丝粒 DNA 序列是真核细胞在有丝分裂和减数分裂时,两个姐妹染色单体附着的区域,对于不同来源的着丝粒 DNA 序列进行序列测定和分析发现,它们的共同特点是都含有两个彼此相连的核心区,其中一个是 80～90 bp 的 AT 区,另一个是 11 bp 的高度保守区(-TGATTTCCGAA-)。一旦改变这两个核心区中的序列,着丝粒 DNA 序列便会丧失其生物学功能。

(3) 端粒 DNA 序列　端粒 DNA 序列(telomere DNA sequence,TEL)是线性染色体两端的特殊序列,这种序列在原生动物、真菌、植物和哺乳动物的染色体中广泛存在。一个基因组内的所有端粒都是由相同的重复序列组成,但不同物种间的端粒重复序列是不同的,如酵母和人体细胞染色体内的端粒基本序列分别为 G_{1-3}T 和 TTAGGG。端粒的存在可以保证线性染色体的独立性和遗传稳定性,即不被环化、黏合和降解。

在大多数真核生物中,染色体端粒 DNA 序列不是染色体 DNA 复制时连续合成的,而是由端粒酶(telomerase)催化合成后添加到染色体末端。端粒酶是一种核糖核蛋白复合物,具有逆转录酶活性,自身含有一个 RNA 分子,可作为延长 DNA 末端合成的模板,然后再将合成的端粒重复序列加至染色体的 3′端(图 12-16)。端粒在不同物种细胞中对于保持染色体稳定性和细胞活性都有重要作用,端粒酶能延长缩短的端粒(缩短的端粒其细胞复制能力受限),从而增强体外细胞的增殖能力。但是,在正常人体细胞中端粒酶的活性被抑制,只有在造血细胞、部分干细胞和生殖细胞等必须不断分裂复制的细胞中,才可以检测到具有活性的端粒酶。在肿瘤细胞中端粒酶被重新激活,使癌细胞得以无限制地增殖。

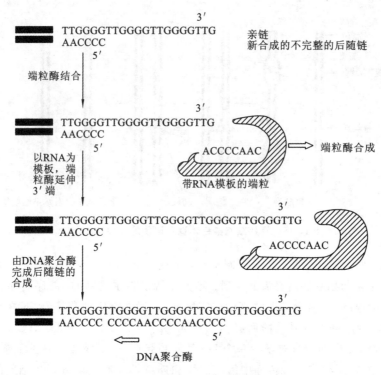

图 12-16　端粒酶介导的端粒合成

12.2.3　染色体的数目

各种生物体细胞的染色体一般成对出现,每一对染色体的形状、大小和着丝粒的位置相同,这一对染色体互称为同源染色体。性细胞染色体为单倍体(haploid),用 n 表示;体细胞为二倍体(diploid)以 $2n$ 表示,还有一些物种的染色体成倍增加成 $4n$、$6n$、$8n$ 等,称为多倍体(polypoid)。在同一动物体内也存在不同倍体的细胞,如大鼠肝中同时有 $2n$、$4n$、$8n$ 和 $16n$ 等多倍体肝细胞。染色体的数目因物种而异,如在植物中染色体最少的仅 2 对染色体,最多的物种可达 $400\sim600$ 对。同一生物物种的染色体数目是相对恒定的,如人类染色体数($2n$)为 46,黑猩猩为 48,果蝇为 8,家蚕为 56,小麦为 42,水稻为 24,洋葱为 16 等。

12.2.4　核型与染色体显带

1. 核型与核型分析

一个体细胞有丝分裂中期的全部染色体,按其数目、大小和形态特征顺序排列所构成的图像就称为核型(karyotype)。而核型分析是对染色体进行测量计算的基础上,进行分组、排队、配对并进行形态分析的过程(图 12-17)。核型分析对于探讨人类遗传病的机制、物种亲缘关系与进化、远缘杂种的鉴定等都有重要意义。将一个染色体组的全部染色体逐条按其特征画下来,再按长短、着丝粒的位置、随体与副缢痕的数目等形态特征排列起来的图称为核型模式图(idiogram),它代表一个物种的核型模式。

2. 染色体显带

由于许多物种的各个染色体靠普通的制片染色方法不易精确地识别和区分,在 20 世纪

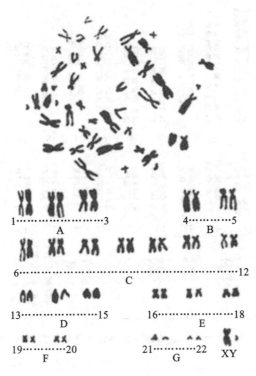

图 12-17　正常男性的染色体核型

60 年代末发展起来的显带技术,即用各种特殊的处理和染色方法使各条染色体显示出各自的横纹特征(带型)的方法成为研究核型的有力工具。

染色体显带技术(chromosome banding technique)能够精确识别和区分每一条染色体。染色体经过一定程序的处理,并用特定的染料染色后,使染色体在其长轴上显示出一个个明暗交替或深浅不同的横纹,这样的横纹就称为染色体带(chromosome band)。每条染色体都含有一定数量、一定排列顺序、一定宽窄和染色深浅或明暗不同的带,这就构成了每条染色体的带型(chromosome banding)(图 12-18)。染色体显带技术的发展为核型研究提供了有力的工具,目前已发展了 Q 带、G 带、R 带、C 带、T 带和 N 带等几种常用的染色体显带技术。

Q 带(Q-bands)法又称喹吖因荧光染色法。用氮芥喹吖因或双盐酸喹吖因荧光染料染中期染色体后,在紫外线激发下所呈现的明暗相间的带,一般富含 AT 碱基的 DNA 区段表现为亮带,富含 GC 碱基的 DNA 区段表现为暗带。此方法分类简便,可显示独特的带型,但标本易褪色。

G 带(Giemsa-bands)法是最常用的显带技术,简便易行,带纹清晰,标本可长期保存。将中期染色体制片,经胰酶、盐溶液、碱、热、尿素或去污剂等处理后,再用 Giemsa 染料染色后所呈现的特征性带型。既可鉴别每一条染色体,还可鉴别染色体的缺失、重复、易位等。一般来说,G 带与 Q 带相符,但也有例外,如 Q 带显示的人 Y 染色体的特异荧光,在 G 带带型上并不出现。

R 带(reverse bands)法是指中期染色体经磷酸盐缓冲液保温处理,以吖啶橙或 Giemsa 染色,结果所显示的带型和 G 带明暗相间带型正好相反,所以又称反带。G 带法端部不染色的可用 R 带法染色,则末端带深,可将末端清晰显示出来。G 带法与 R 带法两种方法并用可确定染色体的缺失部分。

C 带(C bands)法主要显示着丝粒附近的结构异染色质,也可显示其他染色体区段的异染色质部分。

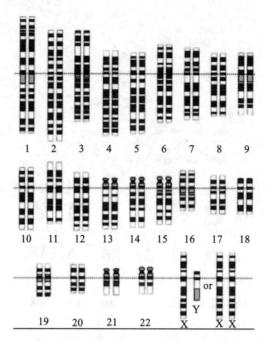

图 12-18　人类细胞中期染色体显带示意图

T带又称末端带(terminal bands),是对染色体末端区的特色显带法,染色体端粒部位经吖啶橙染色后能够产生特殊的末端带型,可用于分析染色体末端结构畸变。

N带(N bands)法又称 Ag-As 染色法,主要用于染核仁组织者区的酸性蛋白质。

染色体显带技术最重要的应用就是明确鉴别一个核型中的任何一条染色体,乃至某一个易位片段,同时显带技术也用于染色体基因定位和研究物种的核型进化及可能的进化机制。从果蝇到人,有丝分裂的染色体普遍存在特殊的带型。一个物种某一条染色体上的标准带型在进化上是非常稳定的特征。这就提示,染色体带作为更大范围的结构域对细胞的功能可能是重要的。有人估计,即使最细的带纹也应含有 30 个或更多的环状结构域,并且已知富含 AT 的带和富含 GC 的带都含有基因。近年来发展的显带染色体显微切割和分子微克隆技术,已有可能研究染色体某几个带纹的 DNA 性质,这是联系细胞遗传学与分子遗传学之间的重要桥梁。

12.3　巨大染色体

在某些生物的细胞中,特别是在它们生活周期的某些阶段,可以观察到一些特殊的染色体,它们体积巨大,相应的细胞核和整个细胞的体积也增大,所以称之为巨大染色体(giant chromosome),包括多线染色体(polytene chromosome)和灯刷染色体(lampbrush chromosome)。由于体积大,易于观察,巨大染色体是研究染色体结构与功能的较好材料。

12.3.1　多线染色体

多线染色体由意大利细胞学家 E. G. Balbiani 首先于 1881 年在双翅目摇蚊幼虫的唾腺细胞中发现。在正常情况下,间期核的 DNA 复制之后不久细胞即进行分裂,DNA 含量减半,恢复到复制前的含量,因而各细胞染色体的 DNA 含量可保持恒定。但在双翅目昆虫幼虫的唾液腺、气管和肠细胞,以及植物的胚珠细胞中却发现了多线染色体。

1. 多线染色体的形成

多线染色体是一种缆状的巨大染色体,是由核内有丝分裂产生的多股染色单体平行排列而成的结构。由于细胞核内 DNA 多次复制而细胞不分裂,所产生的子染色体整齐排列,且体细胞内同源染色体配对,紧密结合在一起,从而阻止了染色体纤维进一步聚缩,因而形成了体积很大的由多条染色体组成的多线染色体。

多线染色体所在的细胞处于永久间期阶段,不分裂,因而随着复制的不断进行,核体积不断增加,多线化细胞的体积也相应增大。同种生物的不同组织以及不同生物的相同组织的多线化程度各不相同。例如,在果蝇唾腺细胞中,每一个多线染色体都是经过大约 10 个循环的 DNA 复制产生的,因而形成 $2^{10}=1\,024$ 条同源 DNA 拷贝。形成的多线染色体比同种有丝分裂染色体长 200 倍以上,4 条配对的染色体全长可达 2 mm。配对染色体的着丝粒部位结合在一起形成染色中心(图 12-19)。

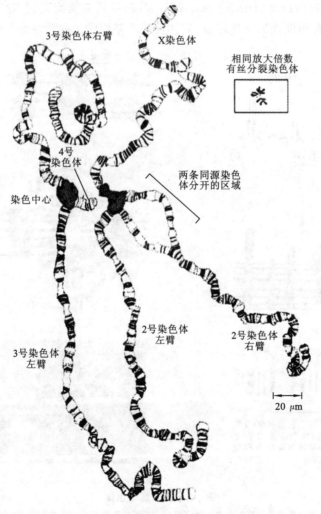

图 12-19　果蝇唾液腺细胞全套多线染色体

压片法制备的 4 条配对的同源染色体,着丝粒区连接,聚集形成大的染色中心

2. 多线染色体的带及间带

在光学显微镜下观察染色的多线染色体结构,可以看到每条多线染色体都是由一系列暗带和明间带交替组成的。每条带和间带(interbands)都是由 1 024 个拷贝平行排列的染色质环状结构域彼此对应包装的结果(图 12-20A)。同时也已证明,85%的 DNA 存在于带内,15%的 DNA 分布在间带,每条带区都对应于染色体上染色粒的聚合区域。带区的染色体包装程度比间带染色质高得多,所以带区深染而间带几乎不着色。在果蝇的总基因组中,约有 5000 条带和 5000 条间带,以后又证明了每条带含有多个基因。

多线染色体上带的数目、形态、大小及分布位置都很稳定,每条带能根据它的宽窄及间隔予以识别。对每条带给以标号,从而得到多线染色体的带谱。多线染色体的带谱分析在遗传学中有重要作用,比较不同种多线染色体的带谱可进行物种进化的研究。

3. 多线染色体与基因活性

多线染色体并非是细胞内的惰性结构,而是动态的。在果蝇个体发育的某个阶段,多线染色体的某些带区可以看到疏松膨大而形成胀泡(puff),即疏松区(图 12-20B)。疏松区是紧密缠绕的 DNA 分子松开,即基因活跃转录的部分,故疏松区总能检测到 RNA。胀泡的出现、生长和消失过程是一种周期性的可逆现象,直接反映了基因转录的活性谱。

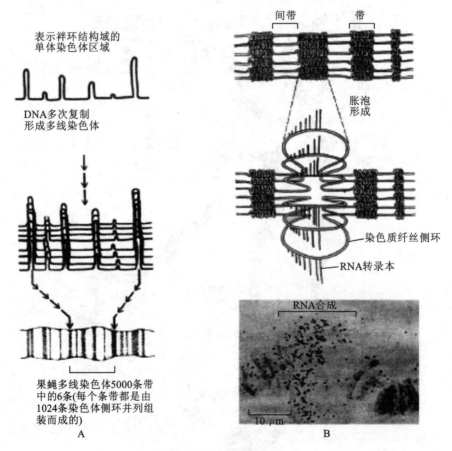

图 12-20　多线染色体

A. 多线染色体上的带是通过同源染色体袢环区对应并行排列形成的;B. 多线染色体胀泡形成示意图

12.3.2 灯刷染色体

灯刷染色体(lampbrush chromosome)是卵母细胞进行第一次减数分裂时,停留在双线期的染色体。它普遍存在于动物界的卵母细胞中,其中以两栖类卵母细胞的灯刷染色体最为典型(图 12-21),也研究得最深入。在植物界,也有关于灯刷染色体的报道,如玉米雄性配子减数分裂中出现不很典型的灯刷染色体,而大型的单细胞藻类地中海伞藻具有典型的灯刷染色体。

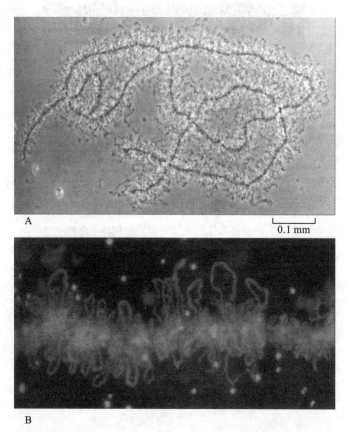

图 12-21 两栖类卵母细胞减数分裂 I 期灯刷染色体电镜照片

1. 灯刷染色体的超微结构

灯刷染色体(lampbrush chromosome)是卵母细胞进行第一次减数分裂时,停留在双线期的染色体。它是一个二价体,由两条同源染色体通过交叉配对形成,含 4 条染色单体。这种状态在卵母细胞中可维持数月或数年之久。

灯刷染色体由轴和侧丝组成,形似灯刷。染色体轴由高密度的染色粒(chromomere,是指染色质凝集而成的颗粒)串联形成轴丝,每条染色体轴长 400 μm,由主轴染色粒向两侧伸出成对对称的侧环(图 12-22),一个平均大小的环约含 100 kb DNA。两栖类一套灯刷染色体约有 10 000 个侧环。

2. 灯刷染色体的转录功能

灯刷染色体是一类处于伸展状态具有正在转录的环状突起的巨大染色体。卵母细胞发育中所需的全部 mRNA 和其他物质都是从灯刷染色体转录下来合成的。大部分 DNA 以染色粒形式存在,没有转录活性,而侧环是 RNA 活跃转录的区域,每个侧环由一个大的转录单位或几个转录单位组成。转录的 RNA 3′端借助 RNA 聚合酶固定在侧环染色质轴丝上,游离的 5′端结合大量蛋白质形成核糖核蛋白体(RNP)。转录过程中由于基质厚薄和转录 RNA 分子长短的不同,侧环具有粗细变化的过程。灯刷染色体是研究基因表达极为理想的实验材料。有证据表明,存在于灯刷染色体上的环形结构可能与基因的活性有关。

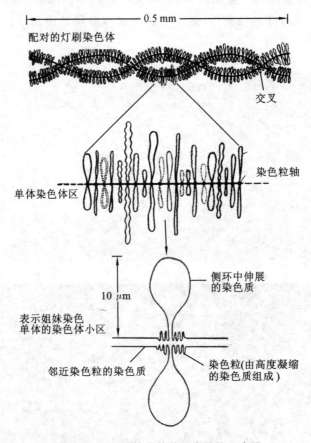

图 12-22 灯刷染色体的形态结构示意图

思考题

1.染色质按功能分为几类？它们的特点是什么？

2.组蛋白可分为几种类型？哪一种在进化上最保守,如何证明？

3.组蛋白和非组蛋白在染色质中的作用是什么？它们如何参与表观遗传的调控？

4.试列出几种结合蛋白与特异 DNA 序列结构的模式。

5.试述核小体的结构要点。核小体与 DNA 复制、转录有何关系？

6.试述从 DNA 到染色体的包装过程。DNA 为什么要包装成染色质？

7.间期核内的 30 nm 染色质纤维如何包装成染色体？其中多级螺旋模型与骨架和放射环模型的基本内容是什么？

8.染色体应具有的关键序列有哪些？分析中期染色体的 3 种功能元件及其作用。

9.在间期细胞核内如何区分常染色质和异染色质、结构异染色质和兼性异染色质？

10. 多线染色体和灯刷染色体典型地分别存在于何种动物细胞内？在结构与功能上各有何主要特征？有何研究意义？

拓展资源

http://en. wikipedia. org/wiki/Chromatin

http://en. wikipedia. org/wiki/Nucleosome

http://en. wikipedia. org/wiki/Heterochromatin

http://en. wikipedia. org/wiki/Chromosomes

参考文献

[1] 翟中和,王喜忠,丁明孝. 细胞生物学[M]. 3 版. 北京:高等教育出版社,2007.

[2] 王金发. 细胞生物学 [M]. 北京:科学出版社,2003.

[3] Karp G. Cell and Molecular Biology [M]. 4 版. 北京:高等教育出版社,2006.

[4] 蔡禄,赵秀娟. 核小体定位研究进展[J]. 生物物理学报,2009,25(6):385-395.

[5] 王珝琲. 染色质与真核基因调控[J]. 医学分子生物学杂志,2006,3(1):1-7.

[6] 王维,孟智启,石放雄. 组蛋白修饰及其生物学效应[J]. 遗传,2012,34(7):810-818.

[7] 亓合媛,张昭军,李雅娟,方向东. 染色质构象调控真核基因的表达[J]. 遗传,2011,33(12):1291-1299.

[8] A Gregory Matera. Nuclear bodies:multifaceted subdomains of the interchromatin space[J]. Trends in Cell Biology,1999,9:302-309.

[9] Alberts B,Bray D,Johnson A,et al. Essential Cell Biology[M]. New York and London:Garland publishing,Inc. 1998.

[10] Alberts B,Bray D,Lewis J,et al. Molecular Biology of the Cell[M]. 3rd ed. New York and London:Garland Publishing,Inc. 1994.

[11] Cooper G M. The Cell,a Moleculer Approach[M]. Washington:Sinauer Associates Inc,2000.

[12] De Robertis. Cell and Molecular Biology [M]. 7th ed. Philadelphia:Saunders College,1980.

[13] Lodish H,Berk A,Zipursky S L,et al. Molecular Cell Biology[M]. 4th ed. New York:W H Freeman and Company,1999.

第13章 核 糖 体

提要 核糖体是一种没有被膜包裹的颗粒状结构,是合成蛋白质的细胞器,广泛存在于一切细胞内,其主要成分是 RNA(rRNA)和蛋白质(r 蛋白)。在真核细胞中,细胞质核糖体按照其分布状态分为游离核糖体和与膜结合的核糖体两类。核糖体在细胞中负责完成"中心法则"里由 RNA 翻译成蛋白质的过程。蛋白质合成包括肽链的起始、肽链的延伸和肽链的终止 3 个主要阶段。核糖体在细胞内不是单个独立地执行功能,而是由多个甚至几十个核糖体串连在一条 mRNA 分子上构成多聚核糖体,高效地进行肽链的合成。

核糖体是一种核糖核蛋白颗粒(ribonucleoprotein particle),是细胞内合成蛋白质的细胞器,其功能是按照 mRNA 所携带的信息将氨基酸高效精确地合成多肽链。1953 年,E. Robinson 和 R. Brown 用电镜观察植物细胞时发现了这种颗粒结构,1955 年 G. E. Palade 在动物细胞中也观察到类似结构,因为其富含核苷酸,1958 年 R. B. Roberts 建议把这种颗粒命名为核糖核蛋白体,简称核糖体(ribosome)。在真核细胞中,细胞质核糖体以其分布状态分为游离核糖体(free ribosome)和与膜结合的核糖体(membrane-bound ribosome)两类。同一种生物的游离核糖体与膜结合核糖体在结构上是没有区别的,它们的不同只在于两者在细胞中分布位置上的差异。蛋白质的起始合成阶段均在游离核糖体上完成,但分泌蛋白质在起始合成 80 个左右的氨基酸后会转位到与粗面内质网结合的核糖体上继续合成并转运。

13.1 核糖体的类型与结构

13.1.1 核糖体的基本类型与化学组成

1. 类型

核糖体有两种基本类型:一种是原核细胞的核糖体,另一种是真核细胞的核糖体。两种核糖体都由两个大小不同的亚基(subunit)组成,每个亚基都含有大量的 rRNA 和蛋白质。原核细胞的核糖体较小,沉降系数为 70 S,相对分子质量为 $2.5×10^6$,由 50 S 和 30 S 两个亚基组成(图 13-1);而真核细胞的核糖体体积较大,沉降系数是 80 S,相对分子质量为 $4.2×10^6$,由 60 S 和 40 S 两个亚基组成。

2. 化学组成

核糖体的大小两个亚基都是由核糖体 RNA(rRNA)和核糖体蛋白(ribosomal proteins)组成的,原核生物和真核生物细胞质核糖体的大小亚基在蛋白质和 RNA 的组成上存在较大

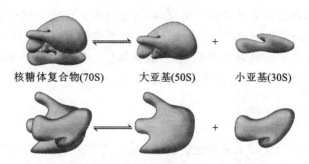

图 13-1　原核细胞核糖体结构模式图(不同侧面观)

的差别(表 13-1)。原核细胞 70S 核糖体包含 3 种沉降系数不同的 rRNA 和大约 55 种蛋白质，16S rRNA 和 21 种蛋白质共同组成小亚基，大亚基则由 5S rRNA、23S rRNA 和 34 种蛋白质构成。真核细胞拥有沉降系数为 80S 的核糖体，包含 40S 的小亚基和 60S 的大亚基。真核细胞的核糖体包含 4 种沉降系数不同的 rRNA 及超过 80 种蛋白质。其中，18S rRNA 和约 33 种蛋白质构成小亚基，而大亚基则由 5S rRNA、5.8S rRNA、28S rRNA 和约 49 种蛋白质协同构成。由表 13-1 可知，70S 和 80S 核糖体都含 5S rRNA，其结构大小十分接近，都由 120 或 121 个氨基酸组成，可一定程度表明原核生物和真核生物在进化上的亲缘关系。5S rRNA 是残存在生物体内的分子化石。此外真核生物的线粒体或叶绿体中也含有 70S 的核糖体，根据"内共生学说"，真核细胞中的线粒体及叶绿体都是由被其他细胞吞噬的细菌演化而来的，所以这两种细胞器中存在的核糖体与细菌细胞中的比较相似。

表 13-1　原核细胞与真核细胞核糖体成分比较

类型	核糖体大小		亚基	亚基大小		亚基蛋白数	亚基 RNA	
	S 值	相对分子质量		S 值	相对分子质量		S 值	碱基数
原核细胞核糖体	70 S	2.5×10^6	大亚基	50 S	1.6×10^6	34	23 S	2 904
							5 S	120
			小亚基	30 S	0.9×10^6	21	16 S	1 542
真核细胞核糖体	80 S	4.2×10^6	大亚基	60 S	2.8×10^6	～49	25～28 S	≤4 700
							5.8 S	160
							5 S	120
			小亚基	40 S	1.4×10^6	～33	18 S	1 900

13.1.2　核糖体的结构

1. RNA 的结构

对 500 多不同种生物的核糖体的研究表明，不同生物来源的 16 S rRNA 的序列组成具有进化上的保守性。尽管不同种的 rRNA 一级结构可能有所不同，但它们都折叠成相似的由多个臂环组成的二级结构。通过中子衍射技术分析可获得 rRNA 臂环的三级结构，再根据与蛋白质结合的 rRNA 序列及蛋白质与蛋白质之间的关系，已经提出了 70 S 核糖体的小亚基单位中 rRNA 与全部 r 蛋白关系的空间模型。

2. 蛋白质的结构

核糖体有 55 种蛋白质，几乎所有蛋白质的一级结构都不同，也没有同源性。而不同原核生物的核糖体蛋白质之间却有很高的同源性，序列分析和免疫反应都证明了这一点，说明不同物种细胞中的核糖体可能来源于共同的祖先,在进化上非常保守。核糖体蛋白大多有一个球形的结构域和一个伸展的尾部,球形结构域分布于核糖体的表面,而其伸展的尾部深入核糖体内折叠的 rRNA 分子中。一些功能分析表明,核糖体蛋白质本身可能不参与将遗传信息变成蛋白质的反应,而只对核心 rRNA 起辅助和支持作用。

13.1.3　核糖体自组装

当蛋白质和 rRNA 合成加工成熟之后就要开始装配核糖体的大小两个亚基,真核生物核糖体亚基的装配地点在细胞核的核仁部位,原核生物核糖体亚基的装配则在细胞质中。关于核糖体的合成步骤在第 11 章已有详细介绍,请参阅。核糖体大小亚基装配完成后,可经核孔运输到细胞质。一般来说核糖体的合成过程需要超过 200 种蛋白质的协同配合,以便完成聚合、加工核糖体内的 4 个 rRNA,以及将 rRNA 和多种核糖体蛋白捆绑、组装在一起。大小亚基在细胞质中可分离存在,但两者嵌合成完整核糖体后才具备翻译能力。核糖体拥有五十多种不同的元件,就像一台复杂的缝纫机。令人惊叹的是,核糖体不仅能够组装蛋白质,还能完成自我组装。2000 年,Venkatraman Ramakrishnan、Thomas A. Steitz 及 Ada E. Yonath 等人发布了完整核糖体的精确原子结构,这一成就为他们赢得了 2009 年的诺贝尔化学奖。十多年来,人们一直在深入研究核糖体的功能机制,但对核糖体的自我组装并不了解。

如果将核糖体中的 rRNA 和蛋白质全部分离提纯,可再将这些组分重新组装成有活性的核糖体,这些分离后的组分若将其混合在细胞结构的条件下,它们能自行装配,如果给重建的核糖体提供合适的工作条件(包括 mRNA、tRNA、能量氨基酸及辅助因子等),它们又能有活性地合成多肽链,这种重组现象称为自组装。核糖体是一种典型的自组装结构,即没有样板或亲体结构所组成的结构。在其自组装过程中发现,蛋白质逐批与 rRNA 结合形成核糖体的大、小亚基,所以这些蛋白质按照与 rRNA 结合的顺序分为“初级结合蛋白”和“次级结合蛋白”。有一些蛋白质是直接与 rRNA 结合,称为初级结合蛋白,而另外一些蛋白质却不直接与 rRNA 结合,则是与初级结合蛋白相结合的次级结合蛋白。也就是说核糖体上蛋白质装配是有一定顺序和规律的。因为在核糖体自组装过程中,可以通过减去某一种蛋白质来验证该蛋白质在亚基装配及亚基中的作用。据此,可将 30S 亚基上的蛋白质分为三类:①开始装配所必需的蛋白质,它们先和 rRNA 特定区段结合,形成核糖体亚基的核心;②结合后可为后一批蛋白提供结合位点;③非 30S 亚基形成所必需,但却是显示其活性所必需的。同时研究人员也指出,细菌核糖体的自我组装机制,为人们提供了抗生素攻击的新靶点。细菌中的这种蛋白/RNA区域有鲜明的特征,人们可以特异性地靶标这一过程,而不对人类的核糖体造成影响。

13.1.4　核糖体蛋白质与 rRNA 的功能

核糖体上具有一系列与蛋白质合成有关的结合位点和催化位点(图 13-2)。与 mRNA 结合的位点,位于 16 S rRNA 的 3′端,可以准确识别 mRNA 5′的甲基化帽子结构;A 位点(又称氨酰基位点)可与新掺入的氨酰-tRNA 结合;P 位点(又称肽酰基位点)可与延伸中的肽酰-tRNA结合;E 位点脱氨酰 tRNA 的离开 A 位点到完全释放的一个位点;与肽酰 tRNA 从 A 位点转移到 P 位点有关的转移酶(即延伸因子 EF-G)的结合位点;肽酰转移酶的催化位点。

过去一直认为在核糖体中一定有某种蛋白质在催化蛋白质合成中起重要作用。目前认为,在核糖体中 RNA 是起核心作用的结构和功能成分。核糖体 RNA 的功能主要表现在以下几个方面:①具有肽酰转移酶活性;②为 tRNA 提供结合位点(包括 A 位点、P 位点和 E 位点);③为多种蛋白质合成因子提供结合位点;④在蛋白质合成起始时参与同 mRNA 选择性地结合以及肽链延伸时与 mRNA 结合。

r 蛋白在翻译过程中也发挥着重要的作用,如果缺失某一种 r 蛋白或对它进行化学修饰,或 r 蛋白的基因发生突变,都将会影响核糖体的功能,降低多肽合成的活性。目前关于 r 蛋白的功能有多种推测,主要有:①对 rRNA 折叠成有功能的三维结构十分重要;②对核糖体的构象变化起到"微调"作用;③在核糖体的结合位点及催化位点上与 rRNA 共同作用。

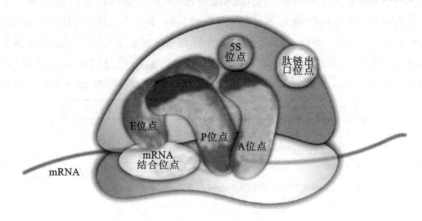

图 13-2 核糖体中主要活性部位示意图

13.2 多聚核糖体与蛋白质的合成

13.2.1 多聚核糖体

核糖体是蛋白质合成的机器,但核糖体在细胞内并不是单个孤立地执行功能,而是由多个甚至几十个核糖体串联在一条 mRNA 分子上高效地进行肽链的合成。这种具有特殊功能与形态结构的核糖体与 mRNA 的聚合体称为多核糖体(polyribosome 或 polysome)(图 13-3)。

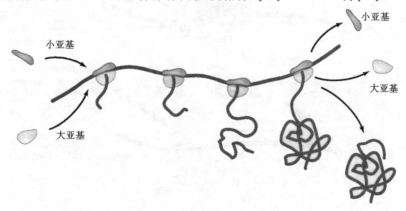

图 13-3 多聚核糖体模式图

每种多核糖体所包含的核糖体数量是由 mRNA 的长度来决定的,也就是说,mRNA 越长,合成的多肽相对分子质量越大,核糖体的数目也越多。在真核细胞中每个核糖体每秒能将两个氨基酸残基加到多肽链上,而在细菌细胞中可将 20 个氨基酸加到多肽链上,因此合成一条完整的多肽链平均需要 20 s 至几分钟。

13.2.2 核糖体的功能-蛋白质的合成

蛋白质合成,或称 mRNA 翻译是细胞中最复杂的合成活动。蛋白质的合成需要携带氨基酸的各种 tRNA、核糖体、mRNA、不同功能的蛋白质、阳离子、GTP 等的协同参与。原核细胞蛋白质合成最为清楚,以原核细胞为例,蛋白质合成包括 3 个主要阶段:肽链的起始、肽链的延伸和肽链的终止(图 13-4)。翻译起始阶段,核糖体与 mRNA 结合并与氨酰-tRNA 生成起始复合物;肽链的延伸阶段,核糖体沿 mRNA 由 5′向 3′移动,并通过转肽反应使多肽链延伸;终止阶段,在 RF(release factor 释放因子)作用下识别终止密码,使核糖体解体,并终止多肽合

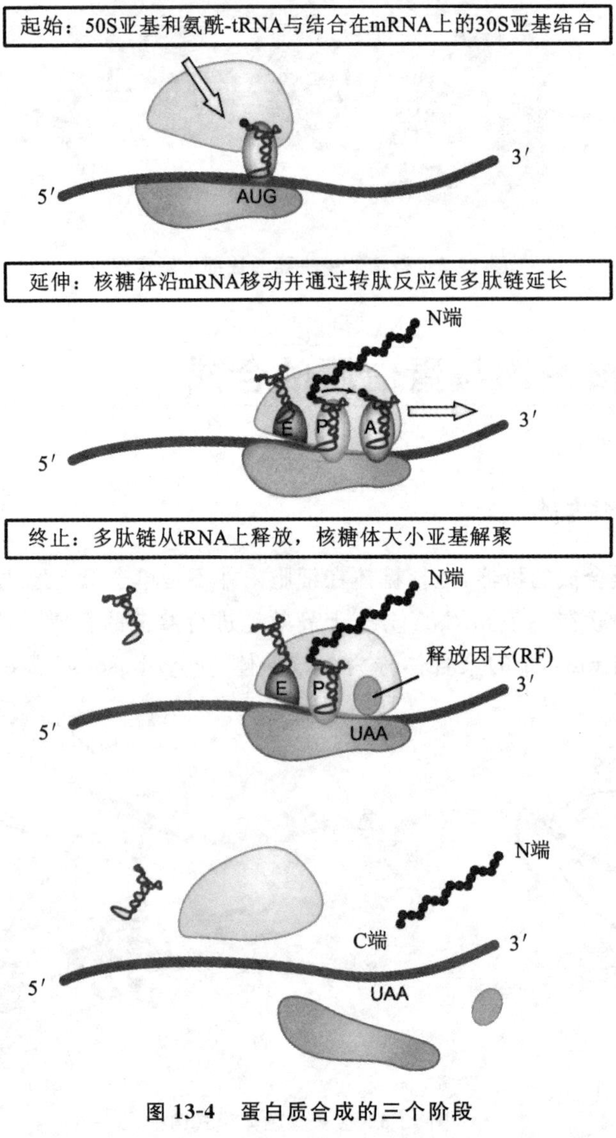

图 13-4　蛋白质合成的三个阶段

成。核糖体再循环是核糖体参与的翻译中的最后一个过程。在该过程中,核糖体复合物发生解体,以便投入下一次使用。该过程是在核糖体再循环因子(ribosome recycle factor,RRF)和参与蛋白质合成过程中转位的延伸因子(EF-G)的协同作用下完成的。核糖体在其再循环过程中由 RRF 的结构域 I 识别结合核糖体的功能。RRF 的结构域 II 则具有将核糖体解离为大、小亚基的能力。

13.2.3　核糖体展示技术的简介

核糖体展示技术(ribosome profiling)是多聚核糖体分离和深度测序技术(deep sequencing)相结合的新兴组学技术,可以精确地测定正在被翻译的转录本并具有组学广度。对非编码 RNA 研究而言,这既是一个新的高度又是一门新的技术。核糖体展示技术是将正确折叠的蛋白及其 mRNA 同时结合在核糖体上,形成 mRNA-核糖体-蛋白质三聚体,使目的蛋白的基因型和表型联系起来,可用于抗体及蛋白质文库选择、蛋白质体外改造等。运用此技术已成功筛选到一些与靶分子特异结合的高亲和力蛋白质,包括抗体、多肽、酶等,是蛋白质筛选的重要工具。核糖体展示技术完全在体外进行,与噬菌体或酵母菌展示技术相比,具有建库简单、库容量大、分子多样性强、筛选方法简便、无需选择压力,还可通过引入突变和重组技术来提高靶标蛋白的亲和力等优点,是一种筛选大型文库和获取分子进化强有力的方法。如何进一步地提高该系统的稳定性,特别是如何防止 mRNA 的降解和形成稳固的蛋白质-核糖体-mRNA 三聚体无疑是该技术的关键问题。随着对核糖体展示技术的进一步研究,以上问题将逐步得到解决,核糖体展示技术作为一种新兴的克隆展示技术,必将在蛋白质相互作用研究、新药开发以及蛋白组学等方面显示出更为广泛的应用空间。

13.2.4　RNA 在生命起源中的地位

细胞中的 RNA 有 3 种类型,即 mRNA、tRNA 和 rRNA。很早就知道 RNA 具有信息功能,并把 mRNA 定义为信使 RNA,同时人们也知道许多病毒的基因载体是 RNA。RNA 具有催化功能是 20 世纪 90 年代才被发现的事情,随后人们把一系列具有催化作用的 RNA 统称为核酶(ribozyme)。核酶不仅可催化 RNA 和 DNA 水解、连接、mRNA 的剪切等,某些 RNA 还可在体外催化 RNA 聚合反应、RNA 的磷酸化以及氨基化和烷基化等多种反应。rRNA 具有肽酰转移酶活性,在蛋白质的合成过程中起关键作用。

根据 RNA 既具有信息载体的功能,又具有酶的催化功能的特点,推测 RNA 可能是生命起源中最早的生物大分子。由于 DNA 比 RNA 稳定,而且双链比单链更稳定,更易于存储大量遗传信息并稳定遗传。因此,可能在漫长的生物进化过程中 DNA 逐渐代替 RNA 成为主要的遗传信息载体。同时,由于蛋白质结构的多样性和构象的多样性,不仅表现出蛋白质催化功能的多样性,也表现出蛋白质的催化效率远远高于 RNA。

思考题

1. 核糖体上有哪些活性部位?它们在多肽合成中各起什么作用?
2. 核糖体如何与内质网密切配合完成分泌蛋白的合成?
3. 简述多聚核糖体形成的生物学意义。

4.原核生物与真核生物的核糖体构成有哪些异同？

拓展资源

http://www.qstheory.cn/kj/ywcz/201401/t20140102_308460.htm
http://www.ebiotrade.com/newsf/2014-2/2014212110808661.htm
http://news.sciencenet.cn/htmlnews/2009/10/223902.shtm

参考文献

［1］张必良，王玮.RNA 在核糖体催化蛋白质合成中的作用［J］.中国科学,2009,39(1)：69-77.

［2］Edri S,Tuller T. Quantifying the effect of ribosomal density on mRNA stability［J］. PLoS One,2014,9(7)：e91057.

［3］Weissman J S,Ghaemmaghami S,Newman JRS,et al. Nicholas ingolia discusses ribosome profiling ［J］. science,2009,324(5924)：218-223.

［4］Kohler R,Boehringer D,Greber B,et al. YidC and Oxa1 form dimeric insertion pores on the translating ribosome［J］. Mol cell,2009,34(3)：344-353.

［5］Kedrov A,Sustarsic M,Caumanns J J,et al. Elucidating the native architecture of the YidC：ribosome complex［J］. J Mol Biol,2013,435(22)：4112-4124.

模块七

细胞重大生命
活动与调控

第**14**章 细胞周期与调控

　　提要　　细胞的繁殖是通过细胞生长和分裂两个过程共同协调完成的,通常用细胞周期这个概念去描述。细胞周期主要分为两个时段:分裂期(M 期)和分裂间期(G_1 期、S 期、G_2 期)。分裂间期是细胞为分裂期进行各种物质和能量的准备阶段,其中 S 期主要担负着 DNA 的精准复制这一重要使命。细胞分裂期(M 期)主要包括前期、前中期、中期、后期、末期和胞质分裂期。各个不同的时期都有着其鲜明的生理生化特征,只有完整经历这一连续变化过程,细胞才能由一个母细胞分裂成为两个子细胞。

　　有丝分裂和减数分裂是细胞分裂中两种重要的分裂方式,前者是普通体细胞的主要分裂方式,后者是生殖细胞的主要分裂方式。通过对于有丝分裂和减数分裂过程和特点的详细介绍,充分展示出细胞分裂时染色体的精准分配的重要性及减数分裂中染色体重组对于生命的重大意义。

　　细胞的生长和分裂的控制机制非常保守。其中起主要调控作用的为三大类蛋白质即细胞周期蛋白(cyclin)、细胞周期蛋白依赖性激酶(cyclin-dependent kinase,Cdk)和细胞周期蛋白依赖性激酶抑制剂(cyclin-dependent kinase inhibitor,CKI)。周期蛋白在细胞周期中呈周期性变化,不同的细胞周期时段表达属于自己的周期蛋白。且不同的周期蛋白与其相应的 Cdk 结合,从而调控 Cdk 的活性。Cdk 是在细胞周期调控中起主要作用的蛋白激酶,由于受周期蛋白的激活而得名,Cdk 必须要与 cyclin 相结合才能发挥其调控作用。CKI 是细胞的一种重要的抑制周期调控蛋白的手段,它主要分为两大家族 Ink4 和 Kip,CKI 可以通过抑制 cyclin、Cdk 或者两者的复合物从而对于整个周期运转起到调控作用。细胞处于细胞周期的不同时期都有其代表性的 cyclin-Cdk 复合物并起着决定性的调控作用。一旦这些重要的周期调控蛋白发生变化将直接或间接导致各种病变甚至癌症。

　　细胞在长期的进化过程中,形成了一系列能接受外界信号或检测细胞自身错误的检验机制。这类负反馈机制被激活后能及时地中断细胞周期的运行,只有细胞修复或排除了异常后,细胞周期才能恢复运转。细胞周期检验点保证了在细胞周期中上一期事件完成以后才开始下一期的事件。常见的细胞周期检验点主要存在于 4 个时期:①G_1/S 期检验点;②S 期检验点;③G_2/M 期检验点;④中/后期检验点,又称纺锤体组装检验点。

14.1　细胞周期

　　早在 1665 年,Robert Hooke 第一次用拉丁文 cellar(小室)这个词来描述他用自制的显微镜所观察到的软木薄片中的镂空方形结构。随着显微技术的发展，175 年后 Schleiden 和 Schwann 提出了著名的"细胞学说"（cell theory）进一步揭示了细胞是所有生命的本源。在这一学说成为 19 世纪生物科学的里程碑的同时，有一个问题一直萦绕在人们心中：细胞是怎么形成的呢？尽管当时不少科学家认为细胞是自然界自发产生的，但是德国病理学家 Virchow 在 1855 年却提出了完全对立的观点：所有的细胞都必须由已存在的细胞所衍生。

　　随着光学显微镜的发展，越来越多的科学家致力于观察和记录细胞复制和分裂的过程。1879 年，Walther Flemming 成功的观察并记录到动物细胞分裂的全过程，并用 mitosis 一词来描述细胞有丝分裂这一过程。随后的许多年中，人们又观察到细胞有丝分裂中减数分裂（meiosis）这一特殊的生殖细胞分裂方式。至此，我们已经清楚地认识到，生命的存在依赖于细胞的增殖。通常情况下，细胞增殖（cell proliferation）包含两个过程即细胞分裂（cell division）和细胞生长（cell growth）。细胞分裂是细胞将遗传信息精准的复制并平均分配至两个子细胞中的过程。而细胞生长则是细胞为了分裂所做的物质与能量的准备过程。正在分裂的细胞要得到正常的子细胞，就必须协调好这两个过程。

14.1.1　细胞周期概述

　　具有增殖能力的细胞从一次细胞分裂结束开始，通过一系列物质和能量的准备，到下一次细胞分裂结束为止，称为一个细胞周期。细胞周期最基础的作用是遗传物质的精确复制，然后将这些遗传物质均等地分配到两个子细胞中。

14.1.2　真核细胞周期的划分

　　在光学显微镜下，根据观察到染色体的形态特征，一般可以将真核细胞的细胞周期分为两个独立的阶段即有丝分裂期（mitosis）和分裂间期（interphase）。有丝分裂期又称 M 期，而分裂间期则人为地将其分了三个时期：G_1 期、S 期、G_2 期。以 DNA 复制合成的时期为标准定为 S 期，这是整个细胞周期中极为重要的环节之一。G_1 期和 G_2 期最主要的任务就是不断地进行基因选择性转录合成特定的蛋白质，并储存其他物质和能量使细胞总体体积增大，为细胞遗传物质的合成和细胞分裂做好准备（图 14-1）。

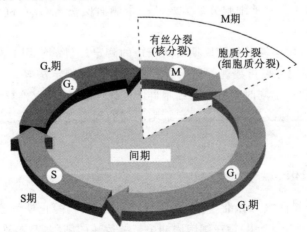

图 14-1　细胞周期分成四个时期：G_1 期、S 期、G_2 期、M 期

G_1期:细胞形态呈扁平状、一般紧贴在培养皿表面,细胞表面较为光滑。这一时期除了合成细胞所需的各种蛋白质、脂类、糖类等大分子物质外,还有一项重要任务就监控细胞的状态是否适合进入 S 期的 DNA 复制阶段。G_1 期的这个监控作用又称为 G_1 限制点(restrict point),主要负责对外监控细胞的外界环境是否能够给后期的 DNA 复制提供充足的营养和特殊的信号;对内监测与 DNA 复制和细胞分裂周期相关的基因(cell division cycle gene,cdc 基因)是否已经正确合成。如果此时由于外界环境不佳或者无特殊的信号刺激,G_1 期的限制点不能顺利通过,细胞就有可能延迟进入 S 期或暂时脱离细胞周期进入特殊的静止状态,即 G_0 期。

S 期:细胞形态与 G_1 期无明显差别,细胞内染色体处于极松散的状态以利于 DNA 的复制。胞内 DNA 根据半保留、半不连续的复制原则精确地完成复制,并遵循 GC 含量高的片段先复制而 AT 含量高的片段后复制、常染色质先复制而异染色质后复制等复制原则。在真核细胞中,新复制的 DNA 立即与组蛋白(S 期同步合成)缠绕结合形成核小体结构。

G_2期:细胞形态较前面就有较大的区别,细胞渐渐隆起,表面由于微绒毛的增多也显得粗糙,此时复制后的 DNA 已经形成了分明的两条染色质纤维。G_2 期合成的主要是染色体浓缩以及形成有丝分裂器所需的成分。同时在细胞 G_2 晚期开始合成有丝分裂因子。G_2 期的细胞需要检测 DNA 的复制是否完成,细胞的生长大小是否合适及外界环境因素等,为后期细胞有丝分裂做好准备。

M 期:此时细胞形态已经变成球形,容易悬浮在培养液中。其主要事件包括核膜的崩解、染色质的凝缩、纺锤体的组装等。最后染色体平均分配到两个子细胞中,保持了子细胞在遗传上的一致性。M 期蛋白质合成下降,RNA 合成及其他代谢几乎停止,这是由于细胞分裂所需要的物质和能量均在间期合成和贮备完成。

综上所述,一个标准的细胞周期通常包括 4 个时期,并且沿着 G_1 期—S 期—G_2 期—M 期的顺序周而复始地运转。不同类型的细胞其细胞周期的持续时间差异很大。以高等生物为例,细胞周期持续时间的差异主要由 G_1 期决定,相应的 S 期、G_2 期和 M 期的时间则是比较固定的大约 30 min。当然也有特殊的细胞没有明显的 4 个时期,如受精卵卵裂的过程。几乎观察不到 G_1 期和 G_2 期的出现,细胞一旦完成 S 期 DNA 的复制马上就进入 M 期。整个过程中,细胞的体积不断地缩小。此种细胞分裂方式从一个侧面反映出 G_1 期和 G_2 期对于细胞生长、维持正常大小的重要性。

在某些工作中,常常会涉及细胞周期时间长短的测定。目前常用的测定方法主要有脉冲标记 DNA 复制法、细胞分裂指数观察测定法和流式细胞仪测定法等。如果只需要测定细胞周期总时间,只需要通过不同时间段内对细胞群体进行计数,则可以推算出细胞群体的倍增时间。又或者应用缩时摄像技术,在准确测定细胞周期的同时还可以测定分裂期和分裂间期的准确时间。

14.1.3 细胞类群

以细胞的周期分裂行为为标准,将细胞分为周期中细胞、静止期细胞和终末分化细胞三类。①周期中细胞(cycling cell)指在细胞周期中持续运转的细胞,又被称为连续分裂细胞,如部分骨髓细胞、表皮生发层细胞等。这部分细胞的生物学功能是通过持续分裂以满足机体某些组织细胞不断更新的需要。②静止期细胞(quiescent cell)指暂时离开细胞周期,去执行一定的生物学功能,在适当的刺激下可重新进入细胞周期的细胞,又称为 G_0 期细胞或休眠细胞,如淋巴细胞中的记忆细胞可以长时间不进行分裂,当对应的病原菌侵入时,记忆细胞会再次转化并大量复制。③终末分化细胞(terminal cell)则是那些彻底脱离细胞周期,永久性地丧失分裂能力,只执行其特定生理活动机能的细胞,又称终端细胞,如神经细胞、肌肉细胞等。

14.1.4　细胞周期的同步化

细胞同步化(synchronization)是指在自然发生或经人为处理后,细胞群体处于细胞周期同一时相的现象。

1. 自然同步化

(1)多核体生物　如黏菌的营养阶段为无细胞壁、多核的变形虫状原生质。数量众多的核处于同一细胞质中,进行同步化分裂,使细胞核达 108 个,整个黏菌体积达 5~6 cm。

(2)部分水生动物的受精卵　如海参的卵裂前 9 次分裂都是同时进行,而海胆则是前 3 次的卵裂是同步的。

(3)解除增殖抑制后的同步分裂　如真菌的休眠孢子移入适宜环境后,可同步分裂。

2. 人工同步化

(1)选择同步化　主要通过物理方法将细胞群中某些处于特殊时期的细胞收集起来,达到细胞周期均一的方法。

①有丝分裂选择法:由于 M 期细胞形态变圆与培养皿的附着性较低,通过轻轻振荡可以使其脱离器壁从而与其他时期的细胞分离开来。该方法的优点是操作简单,同步化程度高,细胞不受药物伤害。缺点则是获得的细胞数量较少,因分裂细胞仅占总培养细胞的 1%~2%。

②细胞沉降分离法:M 期细胞体积相对较大,可用离心分离。该方法可以适用于任何悬浮培养的细胞。但是由于细胞的种类和生长状态差异大,此法同步化程度较低。

(2)诱导同步化

①DNA 合成阻断法:选用 DNA 合成的抑制剂,可逆地抑制 DNA 合成。优点是同步化程度高。缺点为产生非均衡生长,个别细胞体积增大。

②中期阻断法:用秋水仙素等细胞分裂抑制剂将正处于 M 期的细胞阻断在中期,其主要机制是破坏纺锤体的微管聚合。其他时期的细胞受影响较少,能够继续运转直到 M 期。在药物的持续作用下,细胞不断向 M 期转变,根据有丝分裂选择法,可以得到大量的处于 M 期的细胞。优点表现为无非均衡生长现象。缺点则是可逆性较差,对细胞的生理活性有较明显的影响。

(3)条件突变体的筛选　利用不同的条件突变体,可以特异性的研究细胞周期中的不同时期的重要事件。此种方法在酵母中应用的较为广泛,通过条件突变体的筛选目前已经得到了近几十种细胞周期突变体。每种突变体被阻止在细胞的不同阶段,为进一步研究细胞周期的分子调控机制提供了良好的素材。

14.2　细胞分裂

细胞分裂包括大部分体细胞所进行的有丝分裂和生殖细胞所进行的减数分裂,是细胞增殖中最为重要的环节。我们先从有丝分裂着手为大家介绍这个高度协调的生命活动。有丝分裂有着鲜明的形态学特征如染色质凝聚成为染色体、中心体的复制、纺锤体的出现、姐妹染色单体的分开、胞质分裂等(图 14-2)。

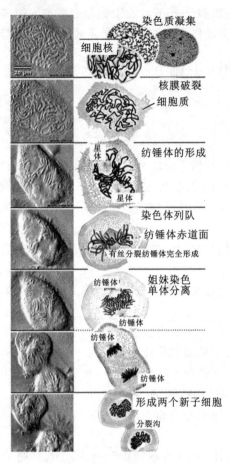

染色质凝集

细胞核

核膜破裂
细胞质

星体
纺锤体的形成
星体

染色体列队
纺锤体赤道面
有丝分裂纺锤体完全形成

纺锤体
姐妹染色单体分离
纺锤体

纺锤体
纺锤体

形成两个新子细胞
分裂沟

图 14-2　细胞有丝分裂过程

14.2.1　参与细胞分裂的亚细胞结构

在细胞有丝分裂中,常常会观察到一些特有的亚细胞结构如中心体、纺锤体、动粒与着丝粒等。这些亚细胞结构在整个核分裂过程中起着至关重要的作用,下面对其一一介绍。

1.中心体

(1)中心体组成和结构　动物细胞和低等植物细胞中都有中心体,它常常位于细胞核附近的细胞质中。研究显示每个中心体含有一对中心粒,并相互垂直排列。中心粒周围为云状电子致密物,称为中心粒周围物质(pericentriolar material,PCM)。中心粒周围物质因围绕在中心粒四周而得名,它是由数量众多的蛋白质构成的无定型物质,它在中心体部位的聚集在一定程度上依赖于中心粒的存在(图 14-3)。

中心体蛋白可分为三种:第一种是中心体长驻蛋白,如 $\alpha/\beta/\gamma/\delta/\varepsilon$ 微管蛋白,中心粒周围蛋白(pericentrin),中心体蛋白(centrin)等;第二种是中心体乘客蛋白,它们只在 M 期才会定位到中心体上,如 NuMa、POPA 等;第三种是中心体调节蛋白,如 cyclin A、cyclin B1、Cdk2 等。

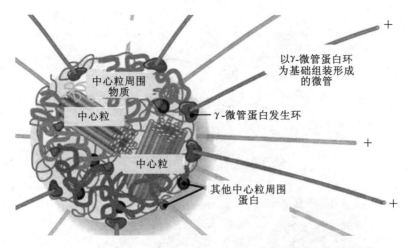

以γ-微管蛋白环
为基础组装形成
的微管

中心粒周围
物质

中心粒

γ-微管蛋白发生环

中心粒

其他中心粒周围
蛋白

图 14-3　中心粒周围物质

　　centrin 蛋白是普遍存在于中心体和纺锤体极体上的蛋白成分,分子量约为 20 kD,含有四个保守 EF-hand 结构域(helix-loop-helix),每个结构域均可结合一个钙离子。目前已鉴别出 4 种 centrin 蛋白(centrin1p、2p、3p、4p)。在哺乳动物中 centrin1p 基因的表达具有组织特异性,主要在睾丸组织中和少数细胞中表达。centrin2p、centrin3p 在细胞中主要定位于中心体和纤毛基体上,在多种组织中普遍存在。centrin 蛋白对中心粒的产生、微管组装及纤毛的形成等有着重要的作用。

　　中心粒周围蛋白(pericentrin)是中心粒周围物质的重要组成成分,主要参与中心体的组织。α 和 β 微管蛋白组成的异二聚体是构成微管的基本单位。γ 微管蛋白存在于所有的真核生物中,是一种非常保守的蛋白质,并且由多基因编码构成自己的蛋白家族。γ 微管蛋白环状复合体是微管的发生装置,主要作用是连接微管和中心体。虽然它含量很少,但对胞内微管的装配起始、装配方向的决定等起着重要的调节作用。

　　(2)中心体的复制　中心体与 DNA 复制类似为半保留复制,即以母中心粒为模板复制合成新的子中心粒。在分裂间期,中心体被精确的复制并分离这一过程被称为中心体复制。

　　根据中心体在细胞周期中的形态变化,中心体复制周期可被分为四个过程:中心粒解离(即母子中心粒垂直定位解除),中心粒复制(包括中心粒复制的起始及延伸),中心体成熟,中心体分离。中心粒解离出现在 G_1 晚期,是中心体复制开始的预兆。中心粒复制一般始于 S 早期,在 S 期后期和 G_2 期子代中心粒延长,在有丝分裂期生长成熟。最终伴随细胞有丝分裂的进行,半保留复制的中心体进入子代细胞(图 14-4)。

　　(3)中心体的数量控制　正常情况下,每个母中心粒在一个细胞周期内只能复制出一个子中心粒,表明在中心体复制过程中肯定存在一个控制中心粒个数的组装机制。研究显示母中心粒是通过捕获和聚集中心粒装配蛋白到其外周,对中心粒复制施加空间上的调控。研究推测一个母中心粒周围可能会生成很多子中心粒的"种子",但是由于 PCM 中包含装配因子是有限的,因此只有一个能最终形成新中心粒。

　　(4)中心体的生理功能　中心体是大部分真核细胞主要的微管组织中心。在细胞间期,它主要调节微管的数量、极性和空间分布,维持胞内微管的动态平衡。在有丝分裂中,以中心体为基点,以微管为主要骨架建立的两极纺锤体结构是染色体的精确分离所必需的。因此中心体异常常伴随着癌症的发生,如前列腺癌、宫颈癌、膀胱癌等多种恶性肿瘤的细胞中都发现了

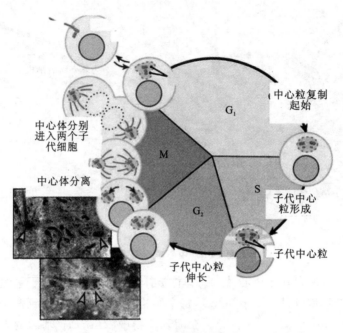

图 14-4　中心体复制周期

中心体的异常。

2. 纺锤体

（1）纺锤体的组成结构　纺锤体是真核细胞有丝分裂或减数分裂过程中形成的中间宽两端窄的纺锤状的亚细胞结构，主要由大量纵向排列的微管构成。

纺锤体一般出现于前期的初期（pre-prophase），并在分裂末期（telophase）逐渐消失。纺锤体主要组成元件包括极间微管、动粒微管、星体微管和附着在微管上的动力分子、分子马达以及一系列复杂的超分子结构（图 14-5）。

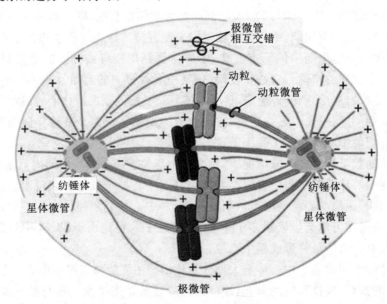

图 14-5　纺锤体主要元件模式图

①动粒微管:连接染色体上动粒与两极的微管。

②极微管:从两极发出,在纺锤体赤道面形成相互交错的微管。

③星体微管:中心体周围呈辐射分布的微管。

(2)纺锤体的功能 在细胞分裂中,纺锤体主要有两个生理功能:首先帮助染色体在分裂中期定位到细胞板上,并且在后期正确的分离到两个子细胞中,纺锤体的正确装配是染色体列队的必要条件;其次它决定着胞质分裂的分裂面。

(3)纺锤体的组装 当细胞由间期进入有丝分裂期时,纺锤体的组装是最为明显也是最重要的一个细胞生命过程。在中心体的分离的过程中,随着细胞核膜破裂的时间的不同,存在两种完全不同的机制(图 14-6)。

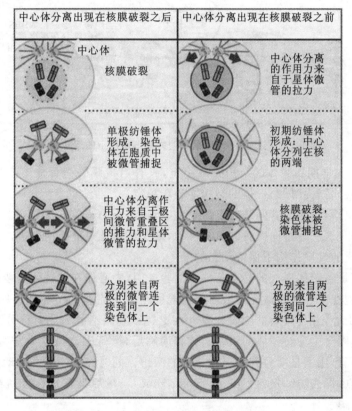

图 14-6 纺锤体组装的两种机制

当中心体的分离过程发生在细胞核膜破裂之后时,由于没有核膜的阻拦,已经复制并凝缩的染色体迅速与中心体周围的微管结合。而这时的中心体还没分离,因此可以在细胞内观察到一个以中心体为中心,染色体成放射状散布在周围的单极纺锤体(monopolar spindle)。随后在两种动力蛋白的共同作用下,中心体开始分离。一种是 kinesin 蛋白家族的 Eg5 与来自姐妹中心体的极微管结合,通过沿微管正向运动将中心体推向两极。另一种是来自胞质的Dynein 锚定在质膜上,通过沿微管负向运动将中心体进一步拉近两极(图 14-7)。

当中心体的分离过程发生在细胞核膜破裂之前时,这时 Eg5 蛋白由于存在核膜内,所以不能参与中心体的分离。取代它的是胞质里的其他蛋白,将来自姐妹中心体的极微管结合并通过滑动将中心体推向两极。同时来自胞质的 Dynein 锚定在质膜上,将中心体进一步拉近两极,而这一拉力在此过程中占主要作用。当中心体移动到细胞核的两极时,形成早期纺锤体

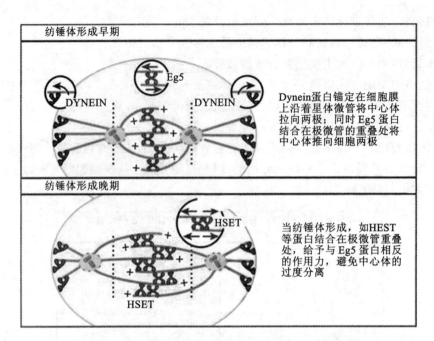

纺锤体形成早期

Eg5

DYNEIN   DYNEIN

Dynein蛋白锚定在细胞膜上沿着星体微管将中心体拉向两极；同时 Eg5 蛋白结合在极微管的重叠处将中心体推向细胞两极

纺锤体形成晚期

HSET

HSET

当纺锤体形成，如HEST等蛋白结合在极微管重叠处，给予与 Eg5 蛋白相反的作用力，避免中心体的过度分离

图 14-7　纺锤体不同时期在动力蛋白作用下的运动机制

(primary spindle)。早期纺锤体的结构并不稳定，只有当核膜破裂释放出来的染色体被来自两极的动粒微管共同捕捉时，纺锤体的结构才趋于稳定。

当纺锤体成熟后，极间微管间结合上另一种 kinesin 蛋白家族的 HEST。该种蛋白和 Eg5 的运动方向正好相反，它通过向微管的负极移动，避免纺锤体过度拉向两极。纺锤体的长度就在上述三类蛋白质的共同作用下保持动态的平衡。

(4)中心体不是纺锤体形成的必要条件　实验证明，中心体在纺锤体的装配过程中并不是必需的。动物细胞在中心体被激光捣毁后仍旧能够组装出完整的纺锤体，只是纺锤体的位置不在细胞的几何中心，并且其后的胞质分裂也会受其影响而不能完成对称分裂。当细胞中不含中心体，染色体则会主导纺锤体的组装。核膜崩解后，微管围绕染色体开始装配，并且在动力蛋白与微管共同作用下自动排列为极性相反的两组。同时在微管远端的动力蛋白会将这些微管束集中到一点，形成纺锤极区(spindle polar zone)。最后染色体会自动在赤道板排列整齐，纺锤体组装完毕。

3. 着丝粒

着丝粒是真核生物细胞在进行细胞分裂时作为染色体分离控制点的一种复合结构，由所在区域的染色体 DNA 和多种蛋白质共同组成(图 14-8)。着丝粒包含 3 个结构域：动粒结构域(kinetochore domain)、中央结构域(central domain)和配对结构域(paring domain)。其中最主要的功能结构为动粒结构域。其位于着丝粒表面，由动粒主体结构和围绕其外层的纤维冠(fibrous corona)组成。细分起来，动粒主体结构由 3 层板状结构(内层、外层、中间层)组成(图 14-9)。

(1)着丝粒 DNA 的特点　中央结构域位于动粒结构域的下方，具有高度重复的卫星DNA 构成的异染色质：①真核生物的着丝粒中通常为高度重复的卫星 DNA 序列，形成非常大型的串联排布。不但物种之间的着丝粒卫星 DNA 序列差异很大，而且同一物种不同染色体之间的着丝粒卫星 DNA 序列的数量差异也很大，但是同一物种的着丝粒卫星 DNA 序列是

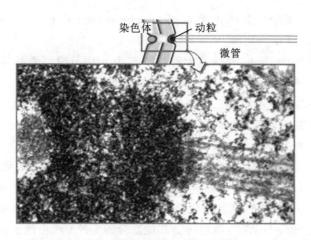

图 14-8　着丝粒结构域电镜图

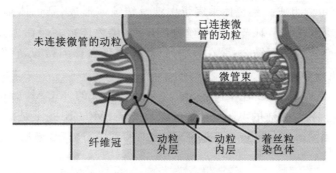

图 14-9　动粒结构域模式图

高度保守的;②靠近着丝粒染色质趋向于具有异染色质状态,但是也有部分具有转录活性的基因也能存在于着丝粒核心区域和着丝粒边缘区域(图 14-10)。边缘着丝粒的异染色质被视为着丝粒异染色质与常染色质之间的物理屏障,能够减少减数分裂中染色体重组对于着丝粒的影响。还有研究显示边缘着丝粒区域能够吸引黏着蛋白以保证姐妹染色单体维持结合直到后期;③通常情况下,着丝粒中反转录转座子(retrotransposon)的含量显著低于染色体其他部位,但是目前也发现了一些高度保守只出现在着丝粒的反转录转座子的存在。许多研究表明,外源转座子插入着丝粒会改变着丝粒功能,因此着丝粒的核心区域可能通过自带的转座子发生的不对称重组从而保持均匀分布,并移除插入的外源转座子。

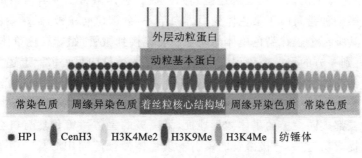

图 14-10　中期着丝粒结构模式图

(2)着丝粒蛋白质的特点　着丝粒中的蛋白质大致可以分为三类:着丝粒蛋白质

(centromere protein)CENP、染色体乘客蛋白(chromosomal passengers)、MCAK(mitotic centromere-associated kinesin)。

①着丝粒蛋白:到目前为止,着丝粒中存在着至少 6 种组成型着丝粒蛋白质(centromere protein),包括 CENP-A(CenH3)、CENP-B、CENP-C、CENP-H、CENP-I(hMis6)和 hMis12,这些蛋白质也因此被命名为基本蛋白质(foundation proteins)。不包括 CENP-B,其余 5 种基本蛋白质都能够出现在所有具有功能的动粒装配的活性着丝粒(active centromere)中,而绝不出现在缺乏动粒装配的失活的着丝粒(inactive centromere)中。

内层动粒的一个基本特征是含有一种特化的组蛋白 H3 变种,它被称为着丝粒组蛋白 H3 (centromeric histone H3,CenH3)。在着丝粒核心区域的核小体中,CenH3 替代了 DNA 典型的组蛋白 H3,因为 CenH3 的 C 端有一段类似于组蛋白 H3 的组蛋白折叠结构域。因此含有 CenH3 的核小体将着丝粒 DNA 与染色体上其他部分的 DNA 严格地区别开来。

②染色体乘客蛋白:细胞有丝分裂的一组调控蛋白分子,由 Aurora B 激酶、Survivin 及 Borealin/DasarB 等蛋白组成。染色体乘客蛋白涉及纺锤体形成、染色体排列、姐妹染色单体分离以及胞质分裂等多种调节环节。在有丝分裂早期,染色体乘客蛋白主要在着丝粒上表达并参与修正动粒与微管的错误结合;而在分裂后期,随着蛋白移向微管,它们在纺锤体中部聚集,参与后期的胞质分裂的过程。

③其他蛋白:着丝粒区域还含有 kinesin 蛋白家族的 MCAK(mitotic centromere-associated kinesin)。和大多数的 Kinesin 蛋白家族不同,MCAK 并不是沿着微管行走,而是能够加速微管(+)端的解聚。最近有证据显示 MCAK 和 Aurora B 激酶一起执行对于动粒结合错误的修改功能。

(3)动粒与微管结合的机理　在有丝分裂发生的早期,微管的运动就变得十分活跃,而且两极星体微管的形成和生长使细胞内中心区域遍布随机角度的微管。此时,核膜破裂,这一瞬间染色体被释放,由于微管的随机分布,染色体上的动粒在纤维冠的帮助下总会捕捉到至少一条对应角度的星体微管。随后星体微管迅速拉动染色体向同极的中心体移动,在此过程中,更多的星体微管结合到染色体的动粒上形成微管束。然后染色体上对应的没有连接上微管的动粒会在这一过程中随机与另一极的星体微管结合,一旦发生结合,就会在该星体微管的作用下向另一极运动。期间,同一个染色体上的另一个动粒会捕捉到另一极更多的微管,最终两者的力量达到动态平衡,染色体于是就位列于纺锤体中心面上(图 14-11)。

(4)动粒与微管错误结合的修正　研究发现微管对动粒的捕捉过程有可能出现两种错误(图 14-12)。①染色体上的两个动粒都连接到同一极的星体微管上或者两极的星体微管连在同一个动粒上。第一种错误由于染色体受力方向单一,会被拉向一极,姐妹染色单体在后期无法分离。②由于其中一个姐妹染色单体的动粒没有连接到微管,姐妹染色单体无法分离,就停留在中间板处,直到一方的星体微管失去连接,染色体才被拉向另一极。上述情况都是有丝分裂过程中的严重错误,姐妹染色单体不能分离并分别进入两极,从而违背了有丝分裂的基本初衷。这两类错误发生时,星体微管之间的角度都很小,因此这种连接不稳定,微管很容易脱落。当染色体两个动粒都被同一极的星体微管捕捉,另一极的星体微管仍然有机会捕捉面朝这极的动粒。一旦捕捉成功,在另一极微管的牵引下染色体慢慢趋向中心板。由于错误连接的微管容易脱落,因此最终完成正确连接的两极星体会分别连到不同的动粒上。

综上所述,微管与动粒的正确结合是后期姐妹染色单体分离的前提,因此为了确保这一过程的正确进行,以下几个事件是必须完成的:每个复制后的姐妹染色单体必须要各自装配一个

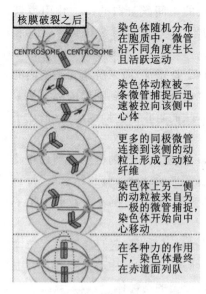

核膜破裂之后	
	染色体随机分布在胞质中,微管沿不同角度生长且活跃运动
	染色体动粒被一条微管捕捉后迅速被拉向该侧中心体
	更多的同极微管连接到该侧的动粒上形成了动粒纤维
	染色体上另一侧的动粒被来自另一极的微管捕捉,染色体开始向中心移动
	在各种力的作用下,染色体最终在赤道面列队

图 14-11　染色体列队过程

动粒与微管的正常连接

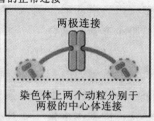

单极连接	两极连接
染色体上一个动粒与该极的中心体连接	染色体上两个动粒分别于两极的中心体连接

动粒与微管的非正常连接

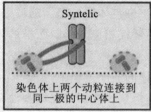
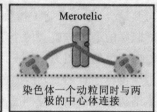

Syntelic	Merotelic
染色体上两个动粒连接到同一极的中心体上	染色体一个动粒同时与两极的中心体连接

图 14-12　动粒与微管的结合

着丝粒;动粒必须要在染色体的主缢痕上并且面朝相反的方向;动粒必须与其对应的星体微管结合;一旦动粒与微管的结合发生错误,要能进行有效的修正。

14.2.2　细胞有丝分裂过程

根据细胞形态特点,有丝分裂过程可以被人为划分为六个时期:前期、前中期、中期、后期、末期、胞质分裂期。

1. 前期

(1)染色质凝缩为染色体　凝缩使染色体不易互相缠绕,从而在有丝分裂时较易分开进入不同的子细胞。间期细胞进入有丝分裂前期时,核的体积明显增大,细丝状的染色质逐渐凝缩变短变粗,形成染色体。染色质的凝缩是前期最重要的生理事件。在整个凝缩过程中,有两种蛋白质起着重要的作用,其分别是粘连蛋白(cohesin)和凝缩蛋白(condensin)。这两种蛋白质统一称为 Smc(structural maintenance of chromosome)蛋白。Smc 复合物的结构通常包含两个 Smc 蛋白的异二聚体和两个或多个非 Smc 蛋白亚基,其上含有 ATP 结合位点,从而使该复合物能够在 ATP 能量调节下形成高度动态的结构。

粘连蛋白的复合体构成了蛋白环套住两个姐妹染色单体,保持两者的结合。只有在分裂后期,复合物才会解离,从而允许姐妹染色单体在纺锤体的牵引下分别移向细胞两极。凝缩蛋白主要促进染色质的凝缩。

(2)中心体确立分裂极并准备纺锤体的装配　动物细胞有丝分裂前期时,靠近核膜复制出两个中心体。由于两个中心体之间的微管相互作用将中心体推向两极,所以在核膜破裂后形成两极之间的纺锤体。

2. 前中期

自核膜破裂起到染色体排列在赤道面上为止。前中期最重要的事件有核膜的崩解与核纤层的分解、纺锤体的装配、染色体的列队。

(1)核膜的崩解与核纤层的分解　随着核被膜解聚并裂变为许多小膜泡,前中期突然启动。这一过程是伴随着核纤层的解聚——核孔蛋白和核纤层的中间丝蛋白的磷酸化引发解聚。以脊椎动物为例,解聚后的核纤层蛋白 A 和 C 溶解于周围细胞质中,而核纤层蛋白 B 和核膜小泡紧紧结合。

(2)纺锤体的装配　纺锤体的微管在有丝分裂前期时不稳定性增加,原来游离在细胞内的长微管解聚,在中心体的周围则观察到微管从中心体向各个方向延伸,深入到细胞内部。从一个中心体伸出的微管部分与另一极的中心体的微管相互作用,从而阻止了它们的解聚,形成了纺锤体的基本框架——具有典型的两极形态。

(3)染色体的列队　核膜破裂后染色体分散于细胞质中,一个随机伸出的微管遇到动粒就与其结合,因此开始了捕获该染色体的过程。动粒完成与来自两极的动粒微管相结合后,每个复制好的染色体就与两个纺锤极相连。朝向两极的附着被称为双向定位,在着丝粒上产生了方向相反的作用力。

值得注意的是,在纺锤体的装配过程中,染色体不仅仅是被动的乘客,它们能够稳定纺锤体结构并且帮助纺锤体完成组装。特别是在那些没有中心体结构的细胞和中心体被特异性去掉的细胞中,染色体、马达蛋白、微管三者共同作用形成了有丝分裂的纺锤体。

3. 中期

从染色体排列到纺锤体赤道面上,到染色单体开始分离并向两极运动之前的这段时间称为中期(metaphase)。染色体在动粒微管的牵引下在赤道面处呈放射状排列,并处于不断摆动的状态。中期染色体浓缩变粗,此时期显示出该物种所特有的染色体的数目和形态,是显微镜观察染色体的最佳时期。

4. 后期

后期(anaphase)是两条姐妹染色单体分离并在动粒微管的牵引下移向两极的时期。子染色体向两极的移动是靠纺锤体的活动实现的。根据纺锤体的活动特征,人为将后期划分为后期 A 和后期 B。

(1)后期 A　动粒微管牵引姐妹染色单体移向两极的本质是动粒微管的缩短(图 14-13)。这一过程是由两个因素共同作用的:一是近中心体端动粒微管的解聚,二是动粒处微管亚基的丢失。该过程依赖于既结合在微管上又结合在动粒上的一种类似马达蛋白的作用,该蛋白水解 ATP,从而获能完成动粒端的微管解聚(图 14-13)。

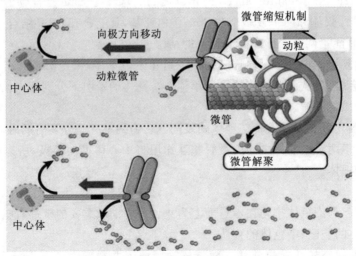

图 14-13　动粒微管变短是由于解聚造成的

(2)后期 B　细胞两极被拉长,姐妹染色单体进一步分开(图 14-14)。这一过程主要是极间微管的相互滑动和星体微管与质膜的作用。

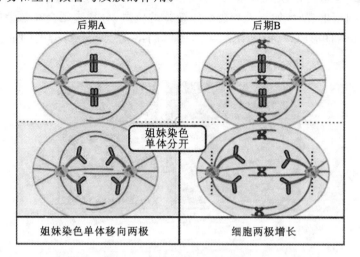

图 14-14　后期 A 动粒微管变短;后期 B 极微管增长

5. 末期

从子染色体到达两极开始到形成两个独立子细胞为止称为末期(telophase)。其中最主要的事件是子细胞核的重建(图 14-15)。核被膜小泡先是聚集在单个染色体的周围,随后彼此融合,重新形成核膜。在这一过程中,核纤层蛋白去磷酸化重新组装形成核纤层网状结构,并且伴随着核孔蛋白在核膜上重新装配。一旦核膜装配完成,核孔就开始泵入核蛋白,细胞核逐渐膨胀变大。同时染色体去凝缩重新分散成为染色质,开始进行基因的转录,核仁出现。

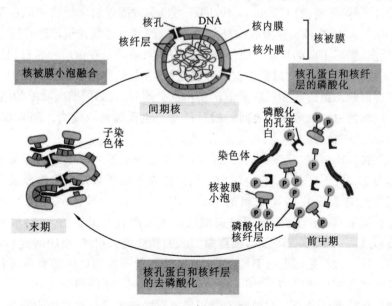

图 14-15　核膜的分解与重组

6. 胞质分裂

细胞质的分裂称胞质分裂(cytokinesis)。胞质分裂通常开始于后期,直到末期两个子细胞核形成才完成。这一过程包含如下 4 个主要步骤。

(1)在动物细胞中首先可以观察到分裂沟(furrow)的出现 分裂沟是后期质膜发生的皱折和凹陷,这一凹沟总是出现在垂直于纺锤体长轴的方向,通常位于纺锤体的赤道处(图14-16)。分裂沟刚刚出现时,如果人为改变纺锤体的位置,分裂沟则会在纺锤体对应的新位置出现;但是分裂沟一旦形成,这时即使除去纺锤体的结构也不会对分裂沟的位置产生任何的影响。

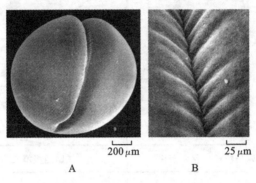

200 μm   25 μm
A   B

图 14-16 分裂沟的形态

此时在胞内还有一个重要的结构同样决定着分裂沟的位置——Stem body(图 14-17)。Stem body 的主要结构为小微管束(可能是纺锤体微管的残留,也可能是新从两极星体形成的),它位于染色体列队时的赤道板上。每束微管都是正极相对并且在正中有重叠区。这一重叠区恰好是两极纺锤体的正中部分。Stem body 能对其附近的细胞皮层产生信号刺激,从而促使肌动蛋白、肌球蛋白等的聚集并组装形成收缩环。实验证明,如果 Stem body 结构不能正确形成,则不会出现蛋白质在细胞皮层的聚集,更不会组装成为收缩环。反之,除去纺锤体结构,人工在细胞皮层附近制造出 Stem body,同样可以引发附近肌动蛋白和肌球蛋白的聚集和组装。因此,Stem body 直接决定着收缩环的形成,虽然其信号调控机理还有待进一步研究。

(2)肌动蛋白、肌球蛋白的聚集和收缩环的收缩 收缩环是在胞质分裂过程组装的临时结构,一旦收缩完成就会解聚。它通常出现在分裂沟处,并与细胞质膜胞质面的相关蛋白紧密结合。收缩环主要由肌动蛋白丝和肌球蛋白丝互相重叠排列,就如同肌肉收缩的结构和机理,收缩环也是通过肌动蛋白和肌球蛋白之间的相对滑动产生很强的收缩力。随着收缩环的收缩,细胞直径减小,细胞一分为二。

(3)细胞膜的融合 在收缩环收缩的后期可以观察到细胞内有一束连接两个子细胞的微管束结构被称为 Midbody(图 14-17)。这个结构最主要的功能是控制胞质分裂末期子细胞的分离过程。当染色体没有在后期正确的分离,Midbody 这一桥状结构就不会崩解。只要Midbody 不发生崩解,两个子细胞就无法完成细胞膜的融合和最终的分离,最后会形成双核细胞。因为要形成两个独立的子细胞,细胞膜的表面积要增大很多,新的细胞膜的产生是子细胞分离的前提。这一过程是随着分裂沟下陷,旧质膜不断和细胞质内的膜系统相互融合形成新的质膜。最终在收缩环的收缩下,两个子细胞膜完全融合,子细胞分离。

高等植物细胞的胞质分裂是在细胞的中间形成新的细胞壁从而将细胞一分为二。末期时纺锤丝在两极处解体消失,只有中间区的纺锤丝被保留下来,并且微管数量增加,逐步向周围扩展,最终形成桶状结构——成膜体。与此同时,内质网和高尔基器所形成一些包含颗粒(多糖和糖蛋白)的小泡沿微管被运输到赤道区,经过融合形成了盘状膜结构——细胞板。细胞板不断融合周围的膜泡直到扩展至原来的细胞壁,最终完成胞质分裂,形成两个独立的子细胞。

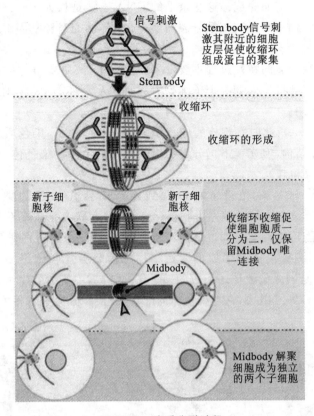

图 14-17　胞质分裂过程

随后,纤维素在基质内沉积,完成新细胞壁的组建。在形成细胞板的过程中,有些内质网连同其间的原生质细丝保留在细胞板中,形成贯穿两个子细胞的胞间连丝。

(4)细胞器的不均等分配　细胞质中的许多细胞器,如线粒体、叶绿体等不是均等分配,而是随机进入两个子细胞中。间期细胞的内质网是与核膜紧密结合,沿着微管骨架排列。当细胞进入 M 期时,重组的微管将内质网释放到胞质中。在胞质分裂的过程中,内质网也随之被一分为二。而高尔基体在 M 期被分解成为许多的小片段,并且通过马达蛋白结合到纺锤体微管上。在后期高尔基体随着纺锤体的运动而移向两极最终进入两个子细胞中。

14.2.3　细胞减数分裂

减数分裂(meiosis)的特点是二倍体细胞经过两次连续的细胞分裂,而 DNA 只复制一次,最终形成单倍体的配子,随后再经受精作用使细胞恢复二倍体。减数分裂过程中同源染色体间发生交换重组,使配子遗传多样化,从而增强了后代的适应性,因此减数分裂在保证物种染色体数目稳定的同时,也促进了物种适应环境变化不断进化。

1. 减数分裂的过程

减数分裂是由紧密连接的两次有丝分裂所构成。通常减数分裂 I 期是同源染色体的分离,减数分裂 II 期是姊妹染色单体的分离。有丝分裂细胞在进入减数分裂之前要经过一个较长的间期,称前减数分裂间期。前减数分裂间期也可分为 G_1 期、S 期和 G_2 期。和有丝分裂不同的是,此时 S 期延续的时间较长并且 DNA 的复制只完成其总量的 99.7%～99.9%,剩下的

DNA将在减数分裂Ⅰ的前期完成。这些余下的DNA通常是长为1000～5000 bp的小片段，散布于整个基因组,它们主要是与减数分裂前期Ⅰ染色体的配对和基因重组密切相关。

1)减数分裂Ⅰ

(1)前期Ⅰ　减数分裂的特殊过程主要发生在前期Ⅰ,其主要事件为同源染色体的配对、交换与重组,随后分离随机进入到两个子细胞中。通常人为划分为5个时期:细线期、偶线期、粗线期、双线期、终变期。

①细线期(leptotene):此时细胞核的体积增大,核仁也较大。染色质已经完成复制,并且开始凝缩成细纤维样结构,但光镜下仍分辨不出两条染色单体。染色体上出现一系列大小不同的颗粒状的结构(染色粒)。

②偶线期(zygotene):在光镜下可以看到两条结合在一起的染色体,称为二价体(bivalent)。此时同源染色体配对被称为联会(synapsis)。联会是从端粒处开始,同源染色体间出现若干接触点,随后这种结合如拉链样不断地向其他部位延伸,直到整对同源染色体的侧面紧密联会。此时同源染色体间形成的紧密结构称为联会复合体(synaptonemal complex, SC)(图14-18)。SC是同源染色体间形成的梯子样的结构,主要由侧生组分、中间区和连接侧生组分与中间区的SC纤维组成,它与染色体的配对、交换和分离密切相关。

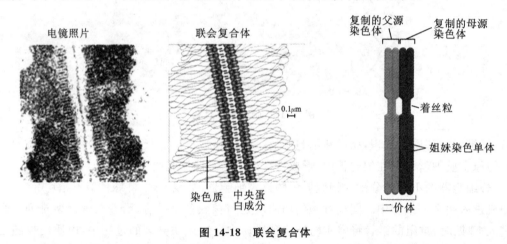

图14-18　联会复合体

一直以来人们都认为是SC将同源染色体组织在一起,从而使伸入SC的DNA之间发生重组,但有实验显示在某些因基因突变而不能形成SC的酵母中,同源染色体间的DNA照样可以发生重组交换。因此现在一般认为它为同源染色体间交换提供结构支架,并与交换的完成有关。偶线期DNA是在S期中没有完成复制的0.1%～0.3%的DNA,这部分DNA主要与同源染色体的配对和重组关系密切。

③粗线期:此时染色体进一步凝缩并与核膜结合紧密。每对同源染色体都经过复制凝缩,因此染色单体形态明显,一对同源染色体含四个染色单体被称为四分体(tetrad)。在电镜下可以明显的观察到装配完成的联会复合体的结构,并且在SC结构的中央有很多间隔不规则、电子密度大的小体出现。通常认为这些小体就是交换发生的部位,即同源染色体非姐妹染色单体之间发生DNA的重组交换,所以称作重组结(recombination nodule)(图14-19,彩图15)。重组结的结构还不是很清晰但可以确定主要由蛋白质组成,其间复制合成的一小部分DNA称为P-DNA,它们主要编码与DNA剪切和修复相关的酶。

④双线期:染色体进一步变短变粗,联会复合体发生去组装而逐渐解体,配对的同源染色

体开始分开但是并不完全,可观察到非姐妹染色单体交换部位仍有接触,从而形成交叉(chiasma)(图 14-20)。交叉被认为是同源染色体中非姐妹染色单体交换重组的形态学证据,每对染色体平均形成 2~3 个交叉。

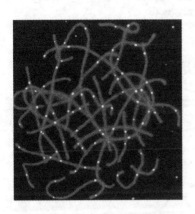

图 14-19　黄色荧光显示重组节

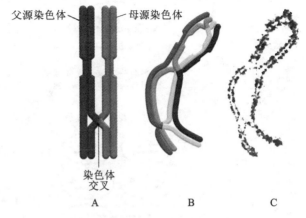

图 14-20　交叉

⑤终变期:此时可观察到交叉向染色体两端移动,这一现象被称为交叉端化,逐渐同源染色体仅依靠端部的交叉维持其结合。此时,中心体已经复制并移向两极,纺锤体装配完成,一旦核膜崩解,则标志着前期Ⅰ的结束。

(2)中期Ⅰ　此时染色体在动粒微管牵引下震荡排列在赤道面上。在第一次减数分裂的中期,大多数脊椎动物中每对同源染色体至少存在一个交叉。直到同源染色体完全分开前,由交换产生的交叉仍将两者紧紧联系在一起并且协助二价染色体定位并稳定在中期的平面上。

(3)后期Ⅰ　在动粒微管的牵引下,同源染色体分离并随机移至两极。此时才真正发生染色体数目减半,但每个子细胞的 DNA 含量仍为 2C。同源染色体随机且独立地分向两极,使母本和父本染色体重新组合。这种染色体组的重组有利于产生变异。

(4)末期Ⅰ　染色体到达两极后,去凝集呈现细丝状、核膜重建、核仁出现,同时完成胞质分裂。也有部分细胞没有明显可见的染色体的去凝集。

2)减数分裂Ⅱ间期

在减数分裂Ⅰ和Ⅱ之间的间期极短,不会进行 DNA 的合成,或者物质的准备。有些生物甚至没有间期,而由末期Ⅰ直接转为前期Ⅱ。

3)减数分裂Ⅱ

可分为前、中、后、末四个时期,与有丝分裂相似。连接在姐妹染色单体着丝粒上的微管向相反的方向牵引,最终得到单倍体的配子细胞。

2. 减数分裂的生物学意义和缺憾

(1)保证了有性生殖生物个体世代之间染色体数目的稳定性　减数分裂能使生殖细胞(配子)中染色体数目减半,即由体细胞的 2n 条染色体变为 n 条染色体的雌雄配子,再经过两性配子的结合,合子的染色体数目又再次变为 2n,这一过程使有性生殖的后代保持了亲本固有的染色体数目,保证了遗传物质的相对稳定。

(2)为有性生殖过程中的变异提供了遗传基础　①通过同源染色体的配对,来自父本和母本的同源染色体之间以随机自由组合进入配子,形成的配子可产生多种多样的遗传组合(图 14-21A)。雌雄配子结合后就可出现多种多样的变异个体,使物种得以繁衍和进化,为自然选择提供丰富的材料。②通过同源染色体上非姐妹染色单体对应片段发生交换,使同源染色体上的遗传物质发生重组,最终形成不同于亲代的遗传变异(图 14-21B)。

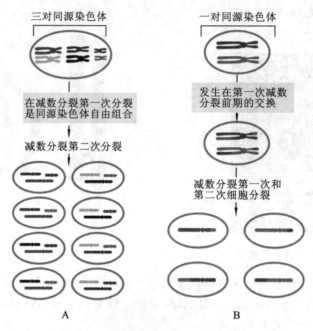

图 14-21 有性生殖产生变异的基础

(3)减数分裂的缺憾 在细胞发生减数分裂时,如果某对染色体或两条染色单体在后期不能正常的分开而同时进入同一子细胞,则导致该子细胞多一条染色体而另一子细胞少一条染色体,这种现象称为染色体不分离。假如是部分染色体没有正常分离,比如 21-三体综合征,是由于配子体形成时,21 号染色体两条姐妹染色单体移动到了一侧,而其他染色体正常分离,在形成合子时,21 号染色体就会有三条姐妹染色单体。这种染色体数目的不平衡会使 21 号染色体上的基因编码量增加,从而干扰胚胎的正常发育(图 14-22)。

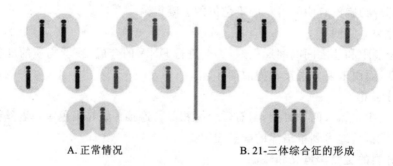

图 14-22 染色体不分离现象

14.3 细胞周期调控机制

在细胞有丝分裂过程中,为了确保它们复制了所有的 DNA 和细胞器,并且以可控且有序的方式分开,真核细胞具有一套复杂的调控蛋白网络——细胞周期调控系统。已发现的与细胞周期调控有关的分子很多,主要有三大类:细胞周期蛋白(cyclin)、细胞周期蛋白依赖性激酶(cyclin-dependent kinase,Cdk)、细胞周期蛋白依赖性激酶抑制剂(cyclin-dependent kinase inhibitor,CKI)。这些基因被称为细胞周期基因(cell division cycle gene,cdc),其中 Cdk 是调控网络的核心,具有激酶的活性,可是这种活性的体现只能出现在 cyclins 与之结合的时候。cyclin 对 Cdk 具有正性调控作用,CKI 有负性调控作用,三者共同构成了细胞周期调控的分子基础。

14.3.1　细胞周期蛋白

从 1983 年第一次发现周期蛋白后,随后的十年间人们从各种生物体中克隆分离了数十种周期蛋白(cyclin)。这些蛋白的表达具有典型的周期性和时期特异性(图 14-23)。它们本身并没有激酶活性,但能和相应 Cdk 激酶形成复合物并激活其活性(图 14-24)。不同的 cyclin 在细胞周期中表达的时期不同,并且与不同的 Cdk 结合形成复合物。该复合物能迅速磷酸化其下游一系列的调控蛋白,最终影响细胞周期的运转。而 cyclin 本身则通过泛素依赖性的蛋白酶水解途径被降解失活,其对应的 Cdk 活性也被随之抑制。细胞内各条信号通路想要调控细胞周期的运转,最终都是通过影响 cyclins 的表达作用于相应的 Cdk 而完成的。

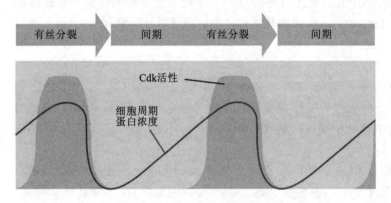

图 14-23　周期蛋白的周期性

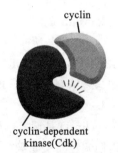

图 14-24　cyclin 与 Cdk
形成复合物

现已发现的哺乳动物的 cyclin 有九大类,主要有 cyclin A、B、C、D 和 E 等。虽然 cyclin 分子在结构差异很大,但它们都存在一个高度保守的细胞周期蛋白盒(cyclin box)序列(约 100 个氨基酸),其功能是与 Cdk 结合。同时 cyclin 的近 N 端还含有一段由 9 个氨基酸残基组成的特殊序列称为降解盒(destruction box),其功能是参与 cyclin 的泛素化降解过程。根据作用时期不同,周期蛋白和其对应的 Cdk 形成的复合物主要分为 G_1-Cdk、G_1/S-Cdk、S-Cdk 和 M-Cdk(如表 14-1、图 14-25)。

表 14-1　不同时相的 cyclin-Cdk 复合物的组成

细胞周期蛋白 Cdk 复合物	细胞周期蛋白	Cdk 激酶
G_1-Cdk	cyclin D	Cdk4、6
G_1/S-Cdk	cyclin E	Cdk2
S-Cdk	cyclin A	Cdk2
M-Cdk	cyclin B	Cdk1

1. cyclin A

cyclin A 属于 S 期到 M 期的周期蛋白，它的高表达与其他 cyclins 一样，与细胞增殖失控和肿瘤发生有关（图 14-25）。cyclin A 基因家族有 cyclin A1 和 cyclin A2 两个成员，cyclin A2 基因首先在原发性肝癌细胞中被发现的。Cyclin A2 从 G_1 晚期开始表达，主要与 Cdk2 结合。其复合物主要功能是促进 S 期 DNA 合成，帮助细胞通过 G_2/M 期检验点进入 M 期。实验显示，将抗 cyclinA 的抗体注射到细胞中将抑制细胞 DNA 的合成。在体外，Cdk-cyclin 可以使 DNA 复制因子 RF-A 磷酸化并增强其活性。cyclin A1 与 cyclin A2 序列有 48% 同源性，但是两者表达并不同步，说明它们在功能上并不能互相替代。cyclin A1 的功能目前还不清楚，只发现它在人类睾丸和某些组织细胞中高表达，在小鼠胚胎细胞中表达时，如特异性阻断其表达可导致精子生成障碍。

研究表明，肿瘤细胞中 cyclin A 表达显著高于正常细胞，但是还不能确定 cyclin A 为原癌基因。常见的白血病的发生与 cyclin A 的高表达密切相关。通过对原发性肝癌研究发现，cyclin A、D、E 均不同程度高表达，并且几种复合物相互协调，共同促进细胞周期的运转，使癌细胞保持旺盛的生长和分裂能力。

2. cyclin B

cyclin B 从晚 S 期开始合成在 G_2 期末含量最高，与 Cdk1 结合诱导细胞分裂并促进细胞通过 G_2/M 期检验点（图 14-25）。cyclin B 持续升高可使细胞停滞于分裂期，而 cyclin A 的持续升高并不影响细胞分裂的完成。

3. cyclin C

cyclin C 与所有 cyclin 的同源性最低，主要在果蝇及人类细胞中被发现。它与其他 G_1 期 cyclin 不同的是其 mRNA 和蛋白质水平在 G_1 早期表达最高。有关 cyclin C 研究较少，目前尚不知与之结合的 Cdk，也不知其作用于细胞周期的哪个时期。

4. cyclin D

cyclin D 是调控细胞周期 G_1 期的关键蛋白，是一个比其他 cyclins 更加敏感的指标，对细胞周期调控至关重要。在细胞水平上的各种实验显示，cyclin D 为细胞 G_1/S 期转化所必需。在 G_1 期早期，cyclin D 开始表达并立即与 Cdk4 或 Cdk6 等多种激酶结合（图 14-25）。两者的复合物的底物仍知之甚少，仅知道会引发 Rb 蛋白（retinoblastoma protein）的磷酸化，从而释放出 E2F，促进其下游多种基因的表达。如果抑制 cyclin D 的表达，细胞将不能顺利进入 S 期。当细胞周期通过 G_1 期后，cyclin D 则迅速降解。因此 cyclin D 主要在 G_1 期起调控作用，被认为是生长因子的感受器。细胞内多种重要的信号通路蛋白都能作用于 cyclin D 从而影响细胞周期的运转。

在 cyclin D 的三个亚型中，人们对 cyclin D1 的了解和认识最深刻。cyclin D1 的编码基因位于 11q13 上，全长仅约 15 kb，与其他周期蛋白相比分子质量最小，该蛋白稳定性较差，其半衰期很短不足 25 min。由于 cyclin D1 的 N 末端缺少一个"降解盒"片段，因此它的降解并不是通常周期蛋白的泛素化降解途径。并且它是 G_1 期细胞增殖信号的关键蛋白质，其过度表达直接导致细胞增殖失控而恶性化。在胃癌组织中 cyclin D1 阳性率显著高于正常组织，同样在其他多种肿瘤，如乳腺癌、淋巴癌、原发性肝癌中表达阳性率也明显高于正常组织。因此在正常组织中 cyclin D1 不表达或低表达而在多种肿瘤中均可观察到 cyclin D1 单独或与 Cdk4 复合物的过表达。

cyclin D2 其表达峰值在 G_1 晚期。给 G_1 期细胞微量注射 cyclin D2 抗体，可使表达 cyclin

D2 的淋巴细胞停滞在 G_1 期，说明 cyclin D2 是细胞从 G_1 期向 S 期转移所必需的。正常和恶性组织中未见 cyclin D3 基因异常及其蛋白的过度表达。目前认为 cyclin D3 似乎不直接反映恶性度，而是肿瘤发展到晚期的结果。

5. cyclin E

人类 cyclin E 基因定位于染色体 19q12-q13，分子量为 50 kDa，半衰期仅 30 min。cyclin E 也是原癌基因，其表达在 G_1/S 期达到峰值（图 14-25）。cyclin E 表达在 cyclin D 表达之后，Rb 蛋白被 cyclin D-Cdk4 复合物磷酸化后释放 E2F，E2F 入核促进 cyclin E 的表达。新合成的 cyclin E 与 Cdk2 结合进一步促进更多 cyclin E 的合成，从而推动细胞周期的运转（图 14-26）。当细胞进入 S 期后，cyclin E 很快即被降解。大量实验显示，Cdk2-cyclinE 活性为 S 期启动所必需。cyclin E 也可以通过非磷酸化 RB 蛋白途径完成促进细胞周期从 G_1 期进入 S 期，这可能与 Myc 和 Ras 联合激活 cyclin E 依赖激酶有关。

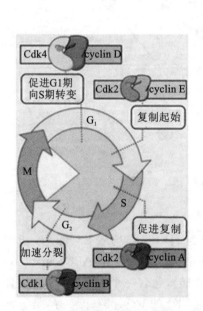

图 14-25　不同时相对应的 Cdk 复合物

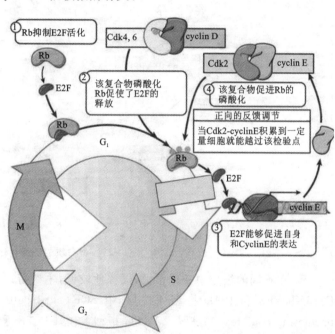

图 14-26　cyclin D 复合物与 cyclin E 复合物协同作用

TGF-β 是一种重要的哺乳动物细胞的生长抑制因子，有实验显示 Cdk2-cyclinE 复合物是 TGF-β 信号通路的重要靶蛋白之一。它能有效地抑制 Cdk2-cyclinE 复合物的活性从而停滞细胞周期的正常运转。同时研究显示 *cyclin E* 异常表达与一些肿瘤发生和预后都有密切相关。在肺癌、乳腺癌、卵巢癌、结肠癌、食管癌、胃癌、膀胱癌及白血病等多种恶性肿瘤中常可以观察到 cyclin E 的过表达，它与肿瘤细胞侵袭能力强、易转移、恶性度高等特性也密切相关。

尽管周期蛋白 cyclins 之间无论结构还是功能，都有着较大的差异；但是研究发现 cyclin 之间能够互相替代。这一现象最早是在酵母中被发现，如今在小鼠中也得到了证实。例如，当 cyclin E 缺失时，小鼠依然能够存活生长。很有可能其他的 cyclins 代替了 cyclin E 充当了引发 S 期的作用，尽管这些替代 cyclins 不可能完全体现 cyclin E 的生理功能。

14.3.2 周期蛋白的泛素化降解过程

泛素蛋白仅由 76 个氨基酸残基组成,高度保守且普遍存在于真核细胞中。在蛋白质的泛素化降解过程中,E1(ubiquitin-activating enzyme,泛素激活酶)的半胱氨酸残基与泛素的羧基末端形成高能硫酯键从而激活泛素蛋白,此过程由 ATP 供能。然后 E1 将泛素交给 E2(ubiquitin-conjugating enzyme,泛素结合酶),在 E3(ubiquitin-ligase,泛素连接酶)的作用下 E2 将泛素连接到靶蛋白的赖氨酸残基上(图 14-27)。不断重复这个过程,泛素就被不断加到靶蛋白上形成泛素链。共价结合到泛素上的蛋白质最终能被特定的 26S 蛋白酶体识别并降解成为多肽和氨基酸并释放出泛素单体分子,这是细胞内短寿命蛋白和一些折叠异常蛋白降解的普遍途径。

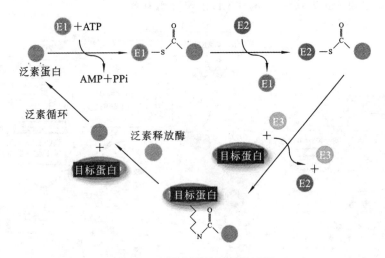

图 14-27 蛋白质的泛素化过程

E3 在不同的组分中变化很大,同源性较低,主要可以分为 HECT 结构域 E3、RING 指型 E3、U-boxE3 和 PHD 指型 E3。其中 SCF(skp1-cullin-F-box protein)和 APC(anaphase promoting complex)都是属于 RING 指型 E3(图 14-28,彩图 16),包含一个 RING 和 E2 结合的锌指结构域。其中 SCF 负责降解 G_1 期的周期蛋白和某些 CKI 如 p21、p27、p57 等,是一种

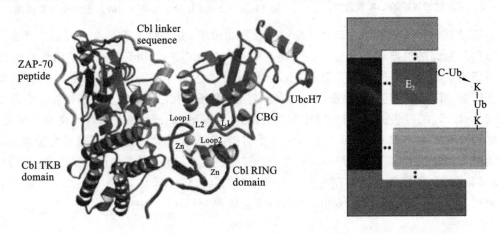

图 14-28 RING 型 E3 结构模式图

多亚基构成的蛋白复合物,具有 E3 泛素连接酶的功能。APC(anaphase promoting complex)主要活跃于分裂后期,并且与两个 E2 作用(UBCH5 和 UBCH10),单独一个 E2 不足以支持APC 的全部作用。

14.3.3　细胞周期蛋白依赖激酶(Cdk)

Cdks 是一类依赖 cyclin 的蛋白激酶,在细胞周期调控网络中处于主导地位。目前发现 7 名成员,即 Cdk1~Cdk7,同源性较高,其分子量为 30~40 kD,属丝氨酸和苏氨酸激酶类。在细胞周期中 Cdks 的含量是较稳定的,因此它们依赖与细胞周期中不同的 cyclins 的结合形成复合物从而被激活。Cdks 激活后的底物主要有 Rb、E2F、p53、p107、p103 等,具有很多重要的生理功能。

有些 Cdks 可以结合一种以上的 cyclin,如 Cdk2 可以与 cyclin D、cyclin E 和 cyclin A 分别结合,并在细胞周期不同的时期发挥其生理功能;另一些 Cdks 可以与同一 cyclin 结合,如 Cdk1 和 Cdk2 都可以与 cyclin A 结合,当然不同的复合物功能存在区别。有些 Cdks 还具有调节细胞分化和细胞凋亡的功能。Cdk2~Cdk5 通常参与 G_1 向 S 期转换,特别是 Cdk4 和 Cdk2 在肿瘤中常会出现异常表达。Cdk4 是在 G_1 期运转时最重要的因子之一,因此 Cdk4 基因的扩增、突变或高表达常常诱发肿瘤,如乳腺癌、胃癌、淋巴癌等。当肿瘤细胞被诱导分化时,Cdk4 表达减弱,其活性及稳定性也随之降低。Cdk2 是 S 期启动 DNA 复制的关键激酶,同时也是 G_2 期运行的必要条件,而不同时期功能的差别主要取决于与 Cdk2 结合的 cyclin 的种类。研究表明细胞由 G_1 期进入 S 期主要依靠 cyclin E 与 Cdk2 的共同参与,一旦进入 S 期,cyclin E 逐步降解,Cdk2 与 cyclin A 结合形成新复合物从而使细胞由 S 期进入 G_2 期。

一般情况 Cdk 必须与 cyclin 结合才能活化,但研究显示 Cdk3 不与任何 cyclin 结合,Cdk5 则可以与 P35 结合而被激活。对于 Cdk-cyclin 复合物的生理功能的研究还有待进一步深入,该系列复合物对于细胞周期的调控,特别是癌症的发生,都有着巨大的作用。

14.3.4　细胞周期蛋白依赖性激酶抑制剂(CKI)

细胞中还存在对细胞周期起负调控作用的细胞周期蛋白依赖性激酶抑制因子(Cdk inhibitor,CKI),CKI 系列蛋白与 cyclin 或 cyclin-Cdk 复合物竞争性抑制结合,阻止其调控作用。目前发现的 CKI 分为两大家族。INK4(Inhibitor of Cdk 4)家族,如 p15、p16、p18、p19,它们能特异性抑制 Cdk4-cyclin D1、Cdk6-cyclin D1 复合物。其中 p16 是最具有代表性的肿瘤抑制因子,它的表达量在细胞周期中保持恒定。Kip(Kinase inhibition protein)家族,包括 p21、p27、p57 等。能抑制大多数 Cdk 的激酶活性,p21/CIP1 还能与 DNA 聚合酶 δ 的辅助因子 PCNA(proliferating cell nuclear antigen,增殖细胞核抗原)结合,从而抑制 DNA 合成。

1. p16

p16 基因定位于 9p21,它能竞争性结合 Cdk4、Cdk6,从而抑制了 cyclin D-Cdk 复合物下游的 Rb 基因的磷酸化,阻止细胞由 G_1 期向 S 期运转。其在人类基因中有着较为频繁的突变率,甲基化也是其常见的一种失活方式。p16 不仅可直接抑制 cyclin D-Cdk4、cyclin D-Cdk6 复合体的活性,还可通过活化 CIP/KIP 家族蛋白,间接抑制 cyclin E、cyclin A-Cdk2 复合体的活性。75% 的肿瘤细胞系都存在 p16 基因纯合性缺失和突变,因此 p16 基因在癌症的发生中起着重要的作用。如肺癌、肝癌、胰腺癌、卵巢癌、乳腺癌中都发现有较高频率的 p16 基因表达异常。p16 的缺失和 cyclin D 的过表达通常同时出现的癌症细胞中,两者相互作用,促进了癌细胞的周期运转。由于 p16 能够制止细胞周期的运转,因此现在被视为治疗癌症的重要靶基因。

2. p21 即 WAF1 / CIP1

该基因定位于 6p21.2,全长约 2.1 kb,能与多个细胞周期调控蛋白如 cyclins、Cdk 和 PCNA 结合发挥功能作用。p21 几乎能抑制所有的 cyclin-Cdk 复合物,因此在细胞周期的多个时期都能发挥作用被认为是潜在的抑癌基因。在多数癌症细胞中,p21 基因未见突变,它主要是通过蛋白质的表达水平异常引发细胞生长的失控。应用免疫组化技术或发现 p21 在绝大多数乳腺癌、喉癌较正常组织表达水平高,并且 p21 的表达与癌细胞的分化程度有着密切关系。

3. p27

该基因定位 12p12～12p13 交界处,在人类癌症发生中也担负着重要的作用。p27 很少发生基因水平的突变,它主要依赖于蛋白质表达水平对细胞周期运转行进调控。p27 既能抑制已结合到 cyclin 并激活的 Cdk,也能抑制 Cdk 的激活过程。p27 在静止期有调控细胞功能,它可以作为多种癌症预后不良的一个独立性指标。

4. p57

该基因定位于 11p11.5,全长 2.2 kb,主要介导 Cdk 的抑制阻止细胞通过 G_1/S 期。由于 p21 上有两个 p57 结合位点,p57 的表达可以直接导致 P21 的上调,从而引发一系列后续反应。它是一个候选抑癌基因,人类消化道、肺部肿瘤中常常会存在 p57 基因表达下调;乳腺癌等肿瘤的发生常与其杂合性缺失有关,而 p57 在结肠癌、肝癌和卵巢癌中则常有高表达。

CIP/KIP 家族中,p21、p27 和 p57 均通过多种途径抑制 cyclin-Cdk 复合体的活性。p21 是 CKI 中研究最清楚的一种。p21 为 p53 的下游调控因子,p53 突变及 p21 蛋白的异常表达在肿瘤发生、发展中起重要作用,常见于人类多种恶性肿瘤中。

14.3.5 细胞周期检验点

细胞在长期的进化过程中发展出了一套保证细胞周期中 DNA 复制和染色体分配精准的检查机制,通常被称为细胞周期检验点(check point)又称为限制点(restriction point)。当细胞周期中出现异常,如 DNA 损伤或 DNA 复制受阻,这类负反馈机制就被激活,及时地中断细胞周期的运行,只有细胞修复或排除了异常后,细胞周期才能恢复运转。细胞周期检验点保证了在细胞周期中上一期事件完成以后才开始下一期的事件。细胞周期检验点主要存在于 4 个时期:①G_1/S 期检验点;②S 期检验点;③G_2/M 期检验点;④中/后期检验点,又称纺锤体组装检验点。

1. G_1/S 期检验点

在 G_1/S 期检验点,DNA 损伤通常会引起 p53 所诱发的周期的停滞。正常细胞内 p53 的表达水平通常很低,当出现 DNA 损伤时,p53 被刺激表达且活性迅速升高。p53 可引发下游多种重要基因的转录,如 p21、Bax 和 Mdm2。如前所述,p21 是一种有效的细胞周期抑制蛋白,通过抑制几乎所有的 cyclin-Cdk 复合物的活性来阻止损伤 DNA 的复制(图 14-29)。Mdm2 则主要通过负反馈环调节 p53 而起作用。它可以结合并抑制 p53 的转录活性,并且促进其泛素化水解途径降解。如果细胞严重受损,无法修复损伤 DNA 时,p53 则会通过激活

Bax、Fas 和参与氧化应激反应等的相关基因,诱导细胞发生凋亡。如果 p53 突变或者缺失,受损 DNA 正常复制将会产生大量的突变,最终造成细胞癌变。

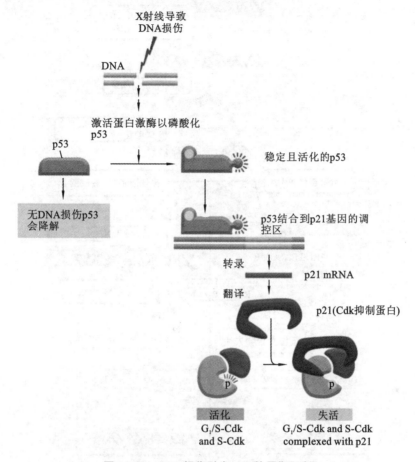

图 14-29　DNA 损伤引发 p53 的周期阻断

　　有些蛋白激酶如 ATM 和 ATR 可以识别 DNA 损伤,它们能够磷酸化 Chk1(checkpoint kinase 1,Chk1)和 Chk2,接下来磷酸化下游的 Cdc25A 和 p53。当 p53 被激活后,引起 p21 表达量迅速升高,过量的 p21 结合到 Cdk2-cyclin E 复合体上会造成该复合体失活。同时被磷酸化的 Cdc25A 由于被蛋白酶体识别降解,Cdk2-cyclin E 复合体也会处于失活状态。该复合物受到抑制后,能够阻止 cdc45 蛋白向 DNA 复制起点募集这一过程。而 Cdc45 这一蛋白又是解旋酶 Mcm-7 的关键激活因子,因此这种方式能够有效抑制未起始复制的复制起始点。综上所述,无论哪条途径都在 G₁/S 检验点延缓了细胞周期的进程(图 14-30)。

　　G₁ 期还有一个重要事件也影响着周期的顺利运转——CKI 的降解(图 14-31)。当 Cdk-cyclin 形成复合物时,只要有 CKI 的存在也无法行使其生理功能,因此就有了由 SCF 复合体所诱发的 CKI 的泛素化降解过程。SCF 复合体是由 Cdc53、Skp1、F-box 蛋白和一个含有 Ring 指结构域的蛋白 Rbx1 所组成。Rbx1 充当了泛素化中 E3 的角色将 CKI 与泛素化 E2 连接起来从而启动了整个泛素化的过程,最终通过降解 CKI,从而激活了 Cdk-cyclin 复合物使周期顺利运转(图 14-31)。

　　在 G₁ 期环境因素同样起着决定性的作用。当外界环境适合(提供足够生长因子)时,生长因子与细胞表面受体结合引发细胞内一系列的信号传递,最终诱发所谓早期应答基因(early

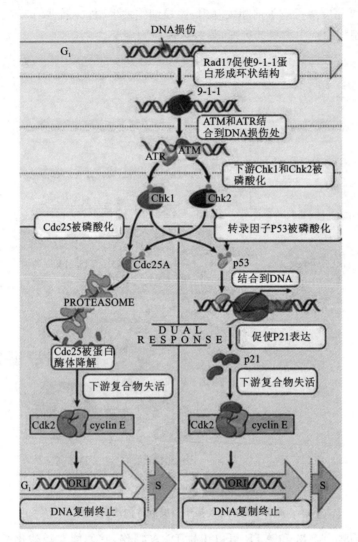

图 14-30   DNA 损伤引发 ATM 和 ATR 的周期阻断

response genes),继而进一步诱导滞后早期应答基因(delayed early response genes)而 cyclin D 就是其中之一。

2. S 期的检验点

　　S 期的检验点机制尚不明确,但研究表明,DNA 链复制的起始是受到严格调控的。DNA 链复制的引发需要组装一个含多种蛋白的复制前复合物 pre-RC(pre-replication complex)到复制起始位点处。已发现多种生物类型的细胞中均存在一个多亚基蛋白复合物,称为复制起始点识别复合物(origin recognition complex,ORC),它是 DNA 复制起始所必需的。其次 Cdc6 和 Cdt1 也是十分保守的,Cdc6 在 G_1 期早期与染色质结合,到 S 期早期解离下来。随后 pre-RC 将诱导 MCM(minichromosome maintenace complex)复合物的结合,一旦 MCM 结合到 DNA 上 Cdc6 和 Cdt1 就变得无关紧要了。MCM 蛋白复合物又被称为 DNA 复制执照因子。在细胞中去除任何一种 MCM 蛋白都将使 DNA 失去复制起始的功能。DNA 要想复制就必须与 MCM 接触并结合,随着复制过程的进行,"执照"信号不断减弱直到消失。到达 G_2 期时细胞核不再含有"执照"信号,DNA 的复制也随之结束并不再起始。只有等到下 M 期后,

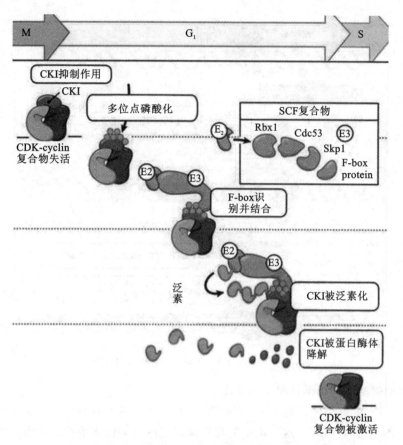

图 14-31　G₁ 期 CKI 的降解调控机制

染色质才能与执照因子结合重新开始准备下一轮 DNA 的复制。因此这种"DNA 复制执照因子学说"有效的解释了在整个细胞周期中 DNA 复制有且只能复制一次的现象。接下来为了开启 DNA 的合成,Cdk 和 DDK 与 Cdc45-GINS 结合形成复合物并与 pre-RC 复合物相结合。随后 Cdk 磷酸化 Cdc6 造成其降解,同时 Geminin 与 Cdt1 结合抑制了其活性,最终 DNA 合成正式开始(图 14-32)。

3. G₂/M 期检验点

在 G₂ 期、M 期所需的周期蛋白不断积累并形成 Cdk1-cyclin B 复合物。该复合物刚形成时并无激酶活性,然后被 Cak(激活 Thr161)和 Wee1(激活 Thr14 和 Tyr15)两种激酶磷酸化。这两种酶的作用相互抵消,只有当 Cdc25 去除 M-Cdk 上的抑制性的磷酸化位点(Thr14 和 Tyr15)后,该复合物才真正具有活性(保留 Thr161),从而推动细胞进入 M 期。

当 DNA 损伤出现在 G₂ 期时,同样会引起细胞周期阻滞。此作用类似于 G₁ 期的检验机制,可分为两种,一种是不依赖于 p53 蛋白。DNA 损伤出现后,Chk1/2 被以 ATM 依赖的方式激活。它通过磷酸化 Cdc25,加速了 Ccc25 与 14-3-3 蛋白的结合,该复合物出核阻止了 M-Cdk复合物的激活。另外一种是依赖于 p53 蛋白。p53 也可以在 G₂/M 检验点上发挥作用。当出现 DNA 损伤后,p53 表达增强,引发其下游 p21 和 14-3-3s 表达上调,cyclin B 与 14-3-3s 特异性结合,从而被阻止在核外无法入核。另外,p53 通过诱导表达 Gadd45——周期阻滞和 DNA 损伤诱导因子,加速 Cdk1-cyclin B1 复合物分解。

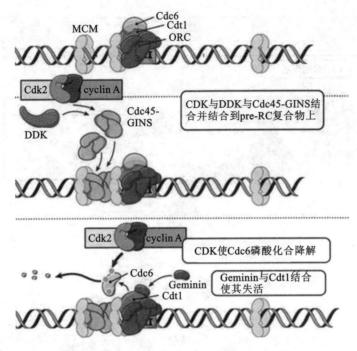

图 14-32　DNA 复制起始受 Cdk 和 DDK 调控

4. 中/后期检验点即纺锤体组装检验点

纺锤体检验点能够迫使细胞停留在 M 期,只有当所有染色体都正确的附着到纺锤体后,细胞才能进入有丝分裂后期。这一机制能够确保细胞内的染色体平均分配给两个子细胞。纺锤体检验点的功能缺陷将导致姐妹染色单体错误分配,从而产生非整倍体的子细胞,最终导致癌症的发生。该检验点主要的核心蛋白包括 Mad(Mad1、Mad2、Mad3/ BubR1)、Bub(Bub1、Bub3)、Mps 和一些必需蛋白。

细胞进入分裂后,Bub1 最先定位于着丝粒上,并作为基础招募其他 SAC 蛋白如 Mad1、Mad2、BubR1、Bub3 和 Mps1 等至着丝粒。Mad1 被招集到着丝粒上后,胞质中的 Mad2 随之而来形成 Mad1-Mad2 二聚体;与此同时,BubR1 与 Bub3 结合形成 BubR1-Bub3 二聚体。在 G_2/M 期,由 Mad2、BubR1、Bub3 和 Cdc20 形成四聚体,称为中期检验点复合物 MCC(mitotic checkpoint complex)。MCC 与分裂后期促进复合体(anaphase promoting complex,APC)结合并有效抑制其活性。

Bub3 和 BubR1 二聚体主要感受姐妹染色单体上着丝粒间的张力,促使与纺锤体微管错误连接的姐妹染色单体纠正错误,从而保证分裂后期姐妹染色单体能正确分配到子细胞中。当着丝粒和纺锤体微管正确连接,并且在姐妹染色单体间产生合适张力后,着丝粒上的 Mad1-Mad2 二聚体解聚并导致 Cdc20 从 MCC 复合体上被释放出来。游离的 Cdc20 与 APC/C 结合并使后者活化。活化后的 APC/C 通过泛素化降解途径使 securin 降解,从而 separase 被释放出来。游离的 separase 可降解连接姐妹染色单体着丝粒的 SCC1(sister chromatid cohesion protein 1,SCC1),最终使姐妹染色单体分离。同时,活化的 APC 通过泛素化介导的蛋白质降解途径使细胞 cyclin B1 降解,促进细胞进入后期(图 14-33)。综上所述,纺锤体检验点蛋白的表达及功能的正常,对于维持细胞染色体的稳定性和抑制肿瘤的发生都是不可或缺的。该系列蛋白的非正常表达可导致细胞出现非整倍体,甚至癌变。

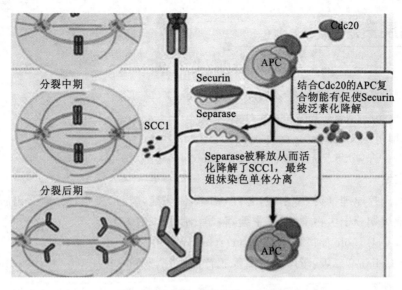

图 14-33　纺锤体检验点

部分研究认为,胞质分裂是细胞周期最后一步检验点,称为胞质分裂检验点或收缩环检验点(contractile ring checkpoint)。这一检验点主要控制检查收缩环的构建和收缩,如异常则阻止细胞胞质分裂的发生。在细胞动力学结构紊乱时,此检验点使细胞成为含 2 个 G_2 期核周期阻滞的细胞,该现象在酵母和高等真核细胞系统均存在。

思考题

1. 大剂量的电离辐射会阻断细胞分裂。

A. 这是怎么发生的?

B. 如果有一种突变细胞 M 不能停止细胞分裂,该细胞受到照射后会有什么结果?

C. 如果突变细胞 M 不接受辐射,该突变会有什么生物效应?

D. 如果成人接受大剂量的照射,他在几天内便会死亡,请阐述原因。

2. 正端导向和负端导向的马达蛋白都结合在纺锤体交叠区,请阐述它们是如何确定纺锤体主轴长度的。

3. 什么会导致染色体不分离现象? 在有丝分裂和减数分裂时发生这样的情况分别会产生什么结果?

4. 在实验室中,M 博士受命培育一种像狗一般大小的老鼠,以你的观点 M 博士可以利用以下哪个策略来实行? 试解释每种选择的可能后果。

A. 阻断所有细胞凋亡

B. 阻断 P53 的功能

C. 过量产生生长因子等

5. 当来自两个相互分离的不同亚群中的个体交配,他们的子代通常表现出杂交优势。你如何解释这种现象?

拓展资源

1. 网站

中国生物学学会——细胞苑:bbs. cscb. org. cn

生物谷:http://www. bioon. com/biology/

生物秀:http://bbs. bbioo. com/

http://www. wiki8. com/xibaozhouqi_106624/

2. 参考书籍

细胞周期调控原理:(英)摩尔根,著,李朝军,潘飞燕,戴谷,梁娟,译. 科学出版社,2010.

现代细胞周期分子生物学:成军主编,科学出版社,2010.

Essential Cell Biology(Third Edition):Garland 出版集团出版,2012.

Lewin's Cells(第二版,影印版):高等教育出版社,2011.

参考文献

[1] 翟中和,王喜忠,丁明孝. 细胞生物学[M]. 3 版. 北京:高等教育出版社,2007.

[2] 翟中和,王喜忠,丁明孝. 细胞生物学[M]. 4 版. 北京:高等教育出版社,2011.

[3] 王金发. 细胞生物学[M]. 北京:科学出版社,2003.

[4] 何润生,腾俊琳,陈建国. 中心体复制及调控机制研究进展[J]. 中国细胞生物学学报,2012,34(12),1187-1196.

[5] 丁戈,姚南,吴琼,刘恒,郑国锱. 着丝粒结构与功能研究的新进展[J]. 植物学通报,2008,25(2):149-160.

[6] 高燕,林莉萍,丁健. 细胞周期调控的研究进展[J]. 生命科学,2005,17(4):318-322.

[7] Barr F A,Gruneberg U. Cytokinesis:Pacing and Paking the Final cut[J]. Cell,2007,131:847-860.

[8] Nigg E A. Centrosome Duplication:of Rules and Licenses[J]. Tr Cell Biol,2007,17:215-221.

[9] Walczak CE,Heald R. Mechanisms of Mitotic Spindle Assembly and Function[J]. Int Rev Cytol,2008,265:111-158.

第**15**章　细胞分化与基因表达调控

提要　人们很早就注意到,在胚胎发育早期,卵裂球的细胞之间并没有形态和功能上的差别,但到胚胎成熟期时,生物体内出现了几十种甚至上千种不同类型的细胞,这些细胞在形态、结构及生化组成上具有明显的差异,并执行不同的功能。在个体发育中,一种相同类型细胞经细胞分裂后逐渐在形态、结构和功能上形成稳定性差异,产生不同的细胞类群的过程称为细胞分化。因此,从受精卵发育为正常成体动物过程中,细胞多样性的出现是细胞分化的结果(图15-1)。完整的细胞分化概念包括时空两个方面的变化过程,时间上的分化是指不同发育时期细胞之间的区别;空间上的分化是指处于不同空间位置上同一种细胞的后代之间出现的差异。

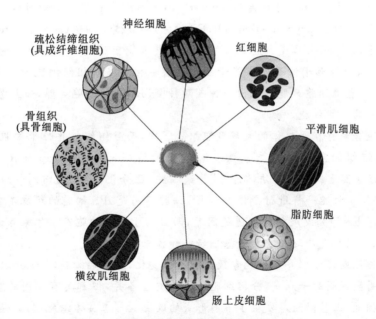

图 15-1　人体不同组织分化的细胞类型和形态

在发育中,细胞分裂产生许多不同类型的细胞,这些细胞再组合形成复杂而精确的发育图案。基因组决定发育图案,那么基因组是怎样影响发育图案的呢? 所有细胞的基因组几乎都是一样的。细胞类型的不同并不是因为它们的遗传信息不同,而是它们表达的基因不同。因此,细胞分化的本质是基因选择性表达的结果。基因的选择性表达控制了四个影响发育的主要过程:①细胞增殖——产生更多的细胞;②细胞分化——不同细胞在不同位置具有不同特征;③细胞间相互作用——影响细胞和细胞间的行为协调;④细胞运动——细胞形成有一定结构的组织和器官(图15-2)。在胚胎发育中,这些过程都是同步发生的。细胞分化的分子基础是细胞固有基因在时空上精确的、严格有序的表达。每一种特定类型的细胞只表达基因组中一小部分遗传信息。在基因选择性激活、转录和翻译过程中任一环节的微小错误都将可能导致细胞异常分化甚至癌变。

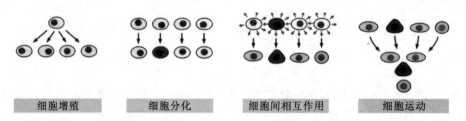

细胞增殖　　　　细胞分化　　　　细胞间相互作用　　　　细胞运动

图15-2　多细胞动物的四个重要细胞活动:细胞增殖、细胞分化、细胞相互作用及细胞运动

在细胞分化过程中,细胞往往由于高度分化而完全失去了再分裂的能力,最终衰老死亡。为了弥补这一不足,机体在发育适应过程中保留了一部分未分化的原始细胞,称之为干细胞(stem cell)。干细胞是一类未达终末分化、具有自我更新和分化潜能的细胞。

根据干细胞的分化潜能可以分为全能干细胞(totipotent stem cell)、多能干细胞(pluripotent stem cell)和单能干细胞(unipotent stem cell)。根据干细胞所处的发育阶段又可将其分为胚胎干细胞(embryonic stem cell,ES细胞)和成体干细胞(somatic stem cell)。胚胎干细胞是全能干细胞,而成体干细胞是多能干细胞或单能干细胞。全能干细胞具有形成完整个体的分化潜能,如胚胎干细胞。多能干细胞具有分化出多种组织细胞的潜能,如造血干细胞、神经细胞。单能干细胞只能分化出一种或两种密切相关的细胞类型,如上皮组织基底层的干细胞和肌肉中的成肌细胞。

成体干细胞普遍存在于机体的大多数组织器官中,而且组织特异性干细胞同样具有分化成其他细胞或组织的潜能。如诱导性多潜能干细胞(induced pluripotent stem cells,iPS cells),是指通过基因重新编排方法,"诱导"普通细胞(已分化的细胞)回到最原始的胚胎发育状态,能够像胚胎干细胞一样进行分化。与ES细胞不同是iPS细胞的获取不需要损毁胚胎,因而避免了阻碍ES研究发展的伦理道德问题,而且由于iPS细胞有个体来源的特异性,即不涉及免疫排斥,所以具有广泛而重要的基础研究和临床应用价值。

细胞分化失控或者分化异常可能导致细胞恶性变化,成为癌细胞(cancer cell)。癌细胞与正常分化细胞明显不同的一点是,分化细胞的细胞类型各异,但都具有相同的基因组;而癌细胞的细胞类型相近,但基因组却发生了不同形式的改变。与正常体细胞相比,癌细胞的许多生物学行为,包括增殖过程、代谢规律、形态学特点等都发生了非常明显的变化,而且这些差异是可以在细胞水平遗传的。癌细胞的种种生物学特性主要归结于其基因表达及调控方式的改变。癌症关键基因分为两大类,一类是原癌基因(proto-oncogen),是调控细胞生长和增殖的正常细胞基因,在进化上高等保守。对于这类基因,功能获得型突变促使细胞形成癌瘤,其活动过多的突变形式即为癌基因(oncogene)。另一类基因是肿瘤抑制基因(tumor suppressor gene),是一类生长控制基因或负调控基因,对于这类基因,功能丧失的突变将导致细胞癌变。

<h1>15.1　个体发育与细胞分化</h1>

　　在个体发育过程中,通过有控制的细胞分裂增加细胞的数目,通过有序的细胞分化增加细胞的类型,进而由不同类型的细胞构成生物有机体的组织与器官,执行不同的功能。使胚胎细胞由最初的一致形态趋向于异样化和复杂化,由相对同质性结构变为异质性结构,由可塑性趋向于稳定性。

<h2>15.1.1　个体发育</h2>

　　多细胞生物的个体发育是指从受精卵开始,经过细胞分裂、组织分化、器官形成,直到发育成性成熟个体的过程。从生长、发育、成熟到形成子代的卵细胞或精子,直至个体逐渐衰老死亡,构成了个体发育史。从形态上看,个体发育过程经历了生长、分化和形态发生。

　　高等动物的个体发育可以分为胚胎发育和胚后发育两个阶段。胚胎发育是指受精卵发育成为幼体,胚后发育则是指幼体从卵膜孵化出来或从母体出生后,发育成为性成熟个体的过程。

1. 胚胎发育

　　虽然动物的种类繁多,但是胚胎的发育依然拥有相似的过程,主要包括受精、卵裂、囊胚、原肠胚及器官形成等阶段。

　　(1)卵细胞　卵细胞具有极性,细胞核靠近北极(或动物极),即极体释放部位。母体物质(卵黄)则主要储存在于南极(或植物极)。以爪蟾为例,爪蟾的卵直径约 1 mm(图 15-3A),卵上面颜色较深的一端为动物极,下部颜色较浅的一端为植物极。动物极和植物极具有不同的mRNA 和细胞器,在受精后随着卵裂分布到不同的细胞中。如在植物极聚集和编码基因表达调控蛋白 VegT 以及信号通路成员 Wnt(图 15-3B)。结果,含有植物极细胞质的细胞将会产生信号来调控周围细胞的行为并形成肠道——身体的内部组织,而含有动物极细胞质的细胞将会形成外组织。

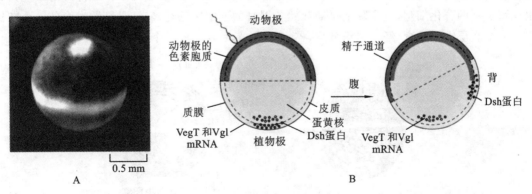

图 15-3　爪蟾卵及其不对称性

A. 卵受精前的侧面观;B. 示卵内分子的不对称性分布及这些分子随着受精是如何变化并决定了背腹部的不对称性

　　(2)卵裂　根据生物种类的不同,卵的受精可以发生在卵母细胞发育的任何阶段。爪蟾的受精卵从受精后 1 h 开始进行细胞分裂,称为卵裂。受精卵细胞快速分裂形成许多小的细胞,而卵的整体大小不变(图15-4)。第一次卵裂是沿着从动物极到植物极的卵轴方向进行;第二次卵裂的方向相同,但是分裂面与第一次的相垂直;第三次卵裂的方向与卵轴相垂直,但分裂面稍稍偏向动物极一侧。这样受精卵经过三次卵裂就形成具有八个细胞的胚胎,上面的四个细胞较小,下面的四个细胞较大(图15-4),那些在卵中不对称分布的决定物质将分配到具有不同命运的细胞中(图15-5)。

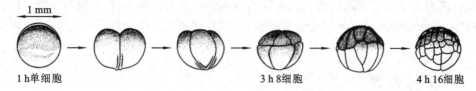

图15-4　爪蟾受精卵的早期分裂过程

细胞分裂使受精卵迅速成为许多小细胞,在前12次分裂时,所有的细胞都同时分裂,但是不对称分裂,所以植物级由于卵黄存在,细胞较少、较大

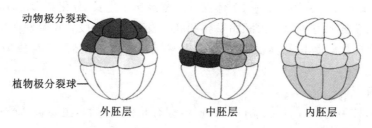

图15-5　在胚胎分裂早期就可以区分三胚层

内胚层细胞大部分来源于植物极,外胚层细胞大部分来源于动物极,中胚层细胞既来源于植物极又来源于动物极。图中标为颜色部分将会发育为未来的胚层

(3)原肠胚　随着卵裂细胞逐渐增多,胚胎形成了一个内部有腔的球状胚,称为囊胚。囊胚内的腔称为囊胚腔,随后囊胚腔缩小,细胞内陷,形成一个新腔,即原肠腔。随着凹陷向内逐渐推进,原肠腔逐步扩大,囊胚腔进一步缩小。这个时期的胚具有了三个胚层:外胚层、中胚层和内胚层,称为原肠胚(图15-6)。原肠胚的外胚层由仍然包在胚胎表面的动物极细胞构成,内胚层由内陷的植物极细胞构成,中胚层位于外胚层与内胚层之间。此时,虽然形态学上尚未出现可识别的分化细胞,但实际上早期胚胎各器官的预定区已经确定,是胚胎发育的一个转折点。三个胚层继续发育,经过组织分化、器官形成,最后发育成一个完整的幼体。

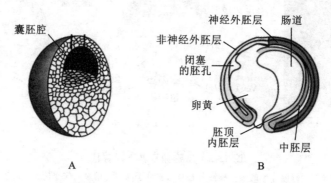

图15-6　爪蟾发育中的囊胚和原肠胚

A.囊胚;B.爪蟾原肠胚时期胚胎横切面示三个胚层的位置

2. 胚后发育

许多动物的幼体在形态结构和生活习性上都与成体差别较小,因此,幼体不经过明显的变化就逐渐长成为成体。如爬行动物、鸟类和哺乳动物,对于这些动物来说,胚后发育主要是指身体的长大和生殖器官的逐渐成熟。而有些动物的幼体与成体,在形态结构和生活习性上具有明显的差异。如两栖类,这类动物在胚后发育过程中,形态结构和生活习性均发生显著的变化,而且这些变化是集中在短期内完成的。这种类型的胚后发育过程称为变态发育。

15.1.2　细胞分化

多细胞生物的个体发育过程中,受精卵分裂产生的是一个克隆的细胞,那么有机体又是如何形成不同的组织和器官呢? 在个体发育过程中,除了细胞分裂外,还有一个更重要的事件,那就是细胞分化(cell differentiation)。细胞分化是在个体发育过程中,由一种相同的细胞类型经过细胞分裂后逐渐在形态、结构和功能上形成稳定性差异的过程。生物在个体发育过程中,通过细胞分裂增加细胞的数目,通过细胞分化增加细胞的种类,形成不同的组织器官,最终形成完整的生命有机体。细胞分化过程常常伴随着细胞增殖与细胞凋亡,分化细胞的最终归宿往往是细胞的衰老和死亡。

细胞分化遵循以下特点:①分化细胞来自共同的母细胞——受精卵;②在个体发育中,细胞分化是一种相对稳定和持久的过程,但在一定的条件下,细胞分化又是可逆的;③对于大多数生物种类来说,虽然细胞形态各异、功能不同,但仍保持几乎全部基因组;④细胞分化是被特定刺激所诱导,细胞分化先于形态差异的形成(即细胞在发生可识别的形态变化之前,就已受到约束而向特定方向分化),细胞分化由遗传因子所调控。

1. 细胞分化的稳定性

一般情况下,已经分化成为某种特定的、稳定类型的细胞不可能逆转为未分化状态或者成为其他类型的分化细胞,即细胞分化是细胞原有的高度可塑性潜能逐渐减小和消失的过程。例如,培养的上皮细胞会持久地保持其类型特点,不能再转化为成纤维细胞或肌细胞。但是,在某些特殊情况下,已经分化的细胞仍有可能重新获得分化潜能,转向分化为另一种类型的细胞。如高度分化的植物细胞在适当条件下培养可失去已分化的特性重新进入未分化状态成为全能性细胞进行重新分裂,并通过再分化形成根茎并最终发育成植株。动物细胞不能完全去分化,但已分化的细胞在改变条件的情况下可转变成其他类型的细胞。如胚胎期细胞表达的一些基因会在出生以前按时间顺序关闭,但某些成体细胞在特殊情况下可能恢复表达胚胎性基因,如肝细胞和胰腺细胞表达的甲胎蛋白(AFP)。

2. 细胞分化的时空效应

多细胞生物的细胞分化具有时空效应。在个体的细胞数目大量增加的同时,分化程度越来越复杂,细胞间的差异也越来越大,而且同一个体的细胞由于所处位置不同而在细胞间出现功能分工,头与尾、背与腹、内与外等不同空间的细胞表现出明显的差别。低等生物仅有几十个细胞和两三种细胞类型。人类体细胞总数达到 10^{15} 个,含有 1000 种以上的不同类型。高等生物细胞的多样化为形成多种组织器官以及机体复杂功能的分工提供了基础,使机体更好地适应变化的外界环境。这使细胞分化研究变得更有趣,但也带来了更多的理论上和实验技术上的困难。细胞分化存在于机体的整个生命过程中,但胚胎期是细胞分化最典型和最重要的时期,因此胚胎期细胞常成为细胞分化研究的主要对象。

3. 细胞分化的普遍性

在个体整个生命过程中均有细胞分化活动,胚胎期是最重要的细胞分化时期。另外,细胞分化也存在于成体细胞中,如多能造血干细胞可分化为不同血细胞。而且,细胞分化并不是多细胞有机体独有的特征,单细胞生物甚至原核生物也存在细胞分化问题。

4. 单细胞有机体的细胞分化

枯草菌芽孢的形成、啤酒酵母单倍体孢子的形成及萌发等都是典型的单细胞分化过程。特别是黏菌在孢子形成过程中,由单细胞变形体形成蛞蝓形假原质团,并进一步分化成柄和孢子的过程,均涉及一系列特异基因的表达。生物进化过程实际上也是分化由简单渐趋复杂的演变过程,分化给生物多样性提供了基础。与多细胞有机体细胞分化不同的是,前者多为适应不同的生活环境,而后者则通过细胞分化构建执行不同功能的组织和器官。因此,多细胞有机体在其分化程序与调节机制方面显得更为复杂。

5. 细胞的全能性

在胚胎发育过程中,细胞由全能(totipotency)局限为多能(pluripotency),即可分化为多种类型的细胞,最后成为稳定型单能(unipotency)的趋向是细胞分化的普遍规律。单个细胞在一定条件下分化发育成为完整个体的能力称为细胞全能性。全能性细胞具有完整的基因组,并可以表达基因组中所有的基因,分化形成有机体各种类型的细胞。生殖细胞,尤其是卵细胞是潜在的全能性细胞,可以进行孤雌生殖。两栖类在形成胚泡之前的受精卵和卵裂球、哺乳动物和人类的受精卵以及8细胞期以前的卵裂球的每个细胞均具有全能性。在胚胎发育的三胚层形成后,细胞所处的微环境和空间位置关系发生了变化,细胞的分化潜能受到限制,只能向发育为本胚层的组织器官的若干种细胞的方向分化,成为具有多能性的细胞。虽然理论上体细胞应该是全能性的,但是研究发现,大多数动物的体细胞已经"单能化",它们虽然含有全套基因组,但已经有相当程度的分化和专一化,不可能重新再分化发育为一个完整个体,也难以分化成其他类型的细胞。体细胞全能性仅保留在少数低等动物中,如水螅的细胞可以发育为一个新个体。由"全能"向"多能",最后到"单能",是细胞分化的一个共同规律。

大量体外(in vitro)实验研究表明,如果将动物体细胞的核移植到卵细胞或受精卵的胞质中时,这个具有新核的细胞可以发育为一个新的个体,说明成熟的体细胞的细胞核在分化过程中仍保持全能性(图15-7)。1997年英国科学家维尔穆特(Wilmut)、坎贝尔(Campbell)等人利用体细胞克隆技术将取自绵羊乳腺细胞的核移植入另一去核的羊的卵细胞中,成功培育出世界上第一只克隆哺乳动物——"多莉"(Dolly)。这意味着可以利用动物的一个组织细胞,像翻录磁带或复印文件一样,大量生产出相同的生命体。这一成果被认为是20世纪生物学研究领域的一项重大突破。

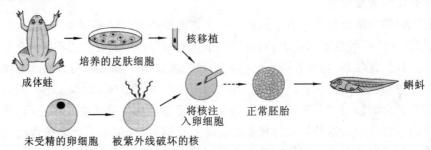

图 15-7　细胞核在细胞分化过程中仍保持全能性

6. 转分化与再生

分化既有相对不可逆性,在一些特殊情况下,又有一定的可逆性,典型的例子就是细胞的去分化(dedifferentiation)。去分化(也称脱分化)是指分化的细胞失去其特有的结构与功能变成具有未分化特征的细胞的过程。

(1)转分化　一种类型的分化细胞转变成另一种类型的分化细胞的现象称转分化(transdifferentiation)。细胞类型的转变主要有两大类,一类是成体干细胞的转分化,另一类是已分化的细胞的转分化。转分化经历了去分化和再分化的过程。如水母横纹肌细胞经转分化可形成神经细胞、平滑肌细胞、上皮细胞,甚至可形成刺细胞。而植物体细胞在一定条件下形成由未分化细胞群组成的愈伤组织,进而可以发育成完整的植株(图 15-8)。

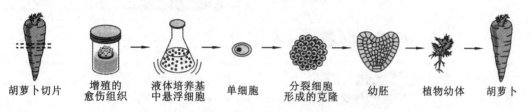

胡萝卜切片　　增殖的　　液体培养基　　单细胞　　分裂细胞　　幼胚　　植物幼体　　胡萝卜
　　　　　　　愈伤组织　中悬浮细胞　　　　　　形成的克隆

图 15-8　胡萝卜分化细胞再生成完整的植株

人们通常认为,细胞分化是一种单向行为:胚胎干细胞分化成人体各类具有一技之长的细胞,一旦分化结束,这些"专业细胞"的"职责"就确定不变了。而"多莉"羊的诞生表明,在特定情况下,具有"特定职业"的细胞可以突破藩篱。2007 年,美国和日本科学家将成体皮肤细胞转化为诱导多功能干细胞(induced pluripotent stem cells,iPS cells),后者具有和胚胎干细胞类似的功能,可以分化成各种成体组织细胞,并避免了胚胎干细胞研究带来的伦理障碍,由此也成为近年来干细胞研究的热点领域之一。

众所周知,大脑细胞和皮肤细胞含有同样的遗传信息。然而,在"转录因子"的控制下,这两种细胞内的遗传密码的解读大相径庭。韦尼希教授研究小组使用一个病毒激活老鼠皮肤细胞中的 3 种转录因子,它们在神经前体细胞中具有很高的浓度。3 周后,约十分之一的皮肤细胞变成了神经前体细胞,得到的神经前体细胞能发育成 3 种大脑细胞:神经细胞、星形胶质细胞和少突(神经)胶质细胞。这些新神经细胞不但功能完备,还可与实验室中的其他神经细胞形成突触,科学家称之为"诱导神经细胞"。

随后他们进一步揭示了转分化过程中的三个转录因子的作用(图 15-9):利用转录因子Ascl1、Brn2 及 Myt1l 进行转分化,其中 Ascl1 能作为一种靶向前驱因子,迅速占据成纤维细胞中最同源的基因组位点;而 Brn2 和 Myt1l 则本身并不会直接接近成纤维细胞的染色质;另一个因子 Brn2 通过 Ascl1 召集到后者的基因组位点。这些研究结果表明,转录因子之间的精确配合,以及关键靶基因上的染色质变化是转分化为神经细胞或其他细胞类型的关键决定因素。这一新发现改变了人们对细胞分化的认识。他们认为体细胞转化为诱导多功能干细胞的过程不再被看做是细胞发展过程中的"反转"现象,而是倾向于认为,多功能阶段只是细胞分化的多种状态之一。

2010 年,美国斯坦福大学干细胞与再生医学研究所的科学家韦尼希(Wernig)研究团队首次直接将实验鼠皮肤细胞成功转化为功能性的神经细胞。这一发现预示着:细胞间转换"职业"或许并不需诱导多功能干细胞作为"中介"。

(2)再生　　生物体受外力作用创伤而缺失一部分后发生重建的过程称为再生

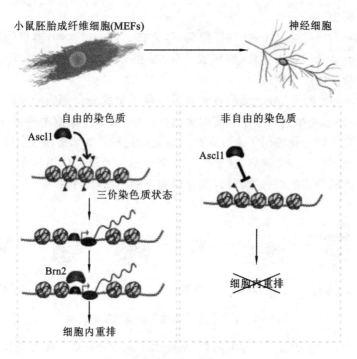

图 15-9　成纤维细胞向神经细胞直接转分化层级机制

（regeneration）。生物界普遍存在再生现象。再生现象又从另一侧面反映了细胞的全能性。转分化是再生的基础，也就是说再生过程中，有些细胞首先要发生去分化，然后发生转分化，再形成失去的器官或组织。不同物种中，细胞分化状态的可塑性有很大不同，因此其再生能力也有明显差异。一般来说，植物比动物再生能力强，低等动物比高等动物再生能力强。从水螅中部切下占体长 5% 的部分，便可长成完整的水螅；而两栖类却只能再生形成断肢；人和其他高等哺乳动物只具有组织水平（除肝脏外）的再生能力。而且再生能力通常随着个体年龄增大而下降。

　　近年来，随着干细胞研究领域的重大突破，以干细胞为核心的再生医学越来越受到科学家及临床工作者的关注，该领域国际竞争日趋激烈，已成为衡量一个国家生命科学与医学发展水平的重要指标。干细胞与再生医学具有重大的临床应用价值，其通过干细胞移植、分化与组织再生，促进机体创伤修复、疾病治疗。干细胞与再生医学将改变传统对于坏死性和损伤性等疾病的治疗手段，对疾病的机理研究和临床运用带来革命性变化。我国是世界人口大国，由创伤、疾病、遗传和衰老造成的组织、器官缺损，衰竭或功能障碍也位居世界各国之首，以药物和手术治疗为基本支柱的经典医学治疗手段已不能满足临床医学的巨大需求。基于干细胞的修复与再生能力的再生医学，有望解决人类面临的重大医学难题。

15.1.3　影响细胞分化的因素

　　细胞的分化命运取决于两个方面：一是细胞的内部特性，二是细胞的外部环境。前者与细胞的不对称分裂以及随机状态有关，尤其是不对称分裂使细胞内部得到不同的基因调控成分，表现出一种不同于其他细胞的核质关系和应答信号的能力；后者表现为细胞应答不同的环境信号，启动特殊的基因表达，产生不同的细胞行为。如分裂、生长、迁移、黏附及凋亡等，这些行为在形态发生中具有极其重要的作用。探讨细胞内在和外在因素及基因之间的调控关系,是研究细胞分化问题的重要途径。

1. 胞内因素

(1)受精卵细胞质的不均一性对细胞分化的影响 卵母细胞的细胞质中除了储存营养物质和多种蛋白质外,还含有多种 mRNA,其中多数 mRNA 与蛋白质结合,不能被核糖体识别,处于非活性状态,称为隐蔽 mRNA。胚胎正常发育是起始于卵母细胞这些储存信息(因源于母本又称母本信息)的表达,而这些信息在细胞中呈定位分布(即不均匀的分布)。植物极具有大量的卵黄小体和储备的营养物质,而动物极则含有较少的储备营养,但含有细胞核、核糖体、线粒体及内质网和色素颗粒。一些特定类型的 mRNA 位于细胞质的特定区域。

在受精后卵细胞质重新定位,少数母体 mRNA 被激活,合成早期胚胎发育所需要的蛋白质。随着受精卵早期细胞分裂,隐蔽 mRNA 被不均一地分配到子细胞中,从而决定细胞分化的命运。影响卵细胞向不同方向分化的细胞质成分——决定子(cytoplasmic determinants)支配着细胞分化的途径。受精卵在数次卵裂中,决定子一次次地被重新改组、分配。卵裂后,决定子的位置固定下来,并分配到不同的细胞中,子细胞便产生差别,这一作用也称为母体效应(maternal-effect)。对细胞骨架功能的研究发现,微管与特异 mRNA 的运输定位有关,而肌动蛋白纤维维持卵母细胞的不对称性。

(2)细胞分化中的核质关系 细胞核和细胞质的相互作用是细胞生存和细胞分化正常进行的必要条件。它们在个体发育中相互依存、分工协作,细胞核起主导作用,共同协作完成由基因型(包括核基因和质基因)所预定的各种基因表达过程,包括对外界环境条件变化做出的反应。发育过程中细胞核内的"遗传信息"均等地分配到子细胞中,为蛋白质(包括酶)合成提供各种 RNA,控制细胞代谢方式和分化程序;而细胞质则是蛋白质合成的场所,并为 DNA 复制、mRNA 转录、tRNA 或 rRNA 合成提供原料和能量,同时细胞质通过调节和制约核基因的活性影响细胞的分化,如细胞质的不等分配。

①细胞质对细胞核的影响:细胞质对核的影响是多方面的。在早期胚胎中,由于细胞质中某些物质成分的分布有区域性,细胞质成分是不均质的。因此,在细胞分裂时细胞质呈不等分配,即子细胞中获得的细胞质成分可能是不相同的。这些尚不完全明确的细胞质成分可以调控核基因的选择性表达,使细胞向不同方向分化。例如,当鸡的红细胞与培养的人 HeLa 细胞(去分化的癌细胞)融合后,核的体积增大 20 倍,染色质松散,出现 RNA 和 DNA 合成,鸡红细胞核的重新激活是由于 HeLa 细胞的细胞质调节的结果。又如,将培养的爪蟾肾细胞核注入蝾螈的卵母细胞内,分析蛋白质合成情况发现,某些原来在肾细胞中表达的基因"关闭"了,而另一些基因则被激活,开始表达正常肾细胞不表达的蛋白质。这说明,卵细胞细胞质中的某些成分可以激活或抑制核基因的活动。

②细胞核对细胞质的影响:细胞核对细胞质也有决定作用。如伞藻(acetabularia)的帽形是核决定的。如果将伞形帽品种的核移植到去核的菊花形帽的伞藻的细胞中,在第 2 周可出现一中间帽形,到第 3 周,帽完全变成了伞形;反过来移植,则变成菊花形帽(图 15-10)。

细胞分化过程中,越来越多的基因产物生成并加入到细胞质成分中,外来的某些因素(如激素和细胞间信号)作用于细胞,也使细胞质生成新的成分,因此,基因表达的细胞内环境一直处于不断变化之中,核内基因的表达状态也不断被调整,这种细胞核与细胞质的相互作用持续整个细胞的分化过程。

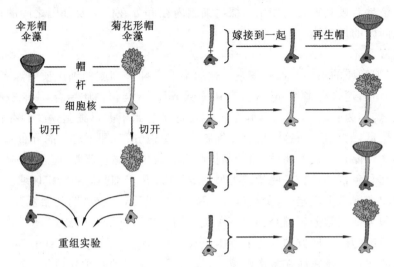

图 15-10 伞藻移植实验

2. 胞外因素

多细胞生物的细胞生活在细胞社会中,各细胞群体必然要建立相互协调关系才能形成具有正常形态和生命活动的群体。因此,相邻细胞间的相互作用对细胞分化具有重要影响。影响细胞分化的细胞外因素主要包括:胞外物质(各种信号分子)诱导的细胞之间的相互作用以及环境因素。

对胚胎中细胞影响最大的环境因素就是周围细胞的信号。在某些情况下,邻近的相似细胞互相交换信号促使它们分化。通过相互竞争,某个或某些组织细胞胜出——不仅向特定的方向分化,而且向周围细胞分泌信号阻止它们以同样的方式分化,这一现象就是侧向抑制。另一种可能应用更广的策略是,一组细胞最初都具有同样的发育潜力,这些细胞外的某个信号促使这些细胞内的某个或某些细胞向不同方向分化,具备不同的特征。这一过程被称为诱导相互作用。

(1)诱导和抑制对分化的影响 通过分泌各种信号分子,一部分细胞对邻近细胞产生影响,并决定邻近细胞分化方向及形态发生,这种细胞间的相互作用既有诱导(induction)作用也有抑制(inhibition)作用。某些诱导信号是短距离的,它们通过细胞间作用传递。另外一些是长距离的,通过那些在细胞外基质中弥散的信号分子来调控。诱导事件的最终结果是相应细胞内 DNA 转录的改变,即某些基因被激活而另外的基因被抑制。不同的信号激活不同的基因调控蛋白。而且,有些基因调控蛋白在细胞中的作用还依赖于细胞内被激活的其他蛋白质,因为这些蛋白质通常协同作用。结果是对相同信号不同响应产生了不同类型的细胞。这一响应同时依赖于信号前细胞内已经存在的基因调控蛋白和细胞即将接受到的其他信号。

①近端组织的相互作用:在研究胚胎早期发育过程中发现,一部分细胞会影响周围细胞使其向一定方向分化,这种作用即为近端组织的相互作用,也称胚胎诱导(embryonic induction)或分化诱导。近端组织的相互作用是通过细胞旁分泌产生的信号分子旁泌素(又称细胞生长分化因子)来实现的。如眼的发生,正常情况下,视泡诱导与其接触的外胚层发育成晶状体,而当把视泡移植到其他部位后也能够诱导与之接触的外胚层发育成晶状体。

在胚胎发育中,已分化的细胞也能够抑制邻近细胞进行相同分化而产生负反馈调节作用。如将发育中的蛙胚置于含成体蛙心组织碎片的培养液中,胚胎不能产生正常的心脏;用含成体蛙脑组织碎片的培养液培养蛙胚,也不产生正常的脑,说明已分化的细胞可产生某种物质,抑制邻近细胞向相同方向分化。

在实验胚胎学中,为了研究细胞和组织间是怎样相互作用的,需要将正在发育的动物的细胞和组织移除、重排、移植或隔离生长,结果往往是令人吃惊的。例如将早期胚胎分为两半,两部分都会产生一个完整的个体。诱导的相互作用可以在原本等同的细胞中建立起有序的差异。两栖类早期原肠期胚胎细胞间具有明显的相互作用。如在蝾螈移植实验中,将一种原肠胚(深色供体)胚孔的动物极细胞移植到另一种原肠胚(浅色受体)不同的位置,结果移植的胚孔物质诱导宿主发育成一个全新的胚胎:一个符合双生体(siamese twins),并且新胚胎的颜色与宿主的相似(图 15-11)。通过这些现象的总结,我们可以了解一些细胞间的相互关系和细胞行为的规则。

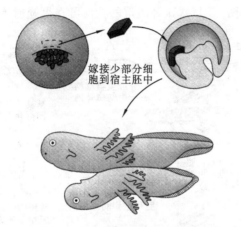

图 15-11　胚胎初级诱导作用实验

将深色素的蝾螈原肠胚胚孔背唇细胞移植到浅色素蝾螈原肠胚,出现第二个胚胎发育,如同复合双生。由于复合双生是浅色素的,那么深色素的背唇细胞必须被浅色素的宿主细胞诱导分化成第二个胚

②远距离细胞相互作用:在细胞之间的分化调节方式中,除了相邻细胞之间的作用外,还有远距离的调节作用。远距离细胞相互作用是通过激素作用实现的。激素是某些细胞分泌的多种信息分子的总称,它们经过血液或淋巴的运输,到达一定距离外所作用的靶细胞。经过一系列的信号传递过程,影响靶细胞的分化。如在昆虫变态中,幼虫的蜕变和化蛹受激素影响。脑激素是脑部产生的神经内分泌物质,若从已经成熟的幼虫中将脑取出,就不能化蛹。若将脑回植到体内,则此幼虫又恢复化蛹能力,推断脑激素实际是一种促蜕皮激素。而保幼激素则由咽侧体产生,能促进幼虫发育,但阻止变态。若将幼龄虫的咽侧体切除,则提前化蛹,变为成虫。

激素作用的特点是靶细胞的特异性。同样的激素对不同的靶细胞产生不同的作用,这取决于靶细胞膜上的受体和靶细胞中的决定。微量甚至痕量的激素可以促发一系列级联放大效应,产生复杂的变化。激素通过调节分化,协调机体广泛和复杂的发育过程。

(2)细胞记忆与决定

①细胞记忆(cell memory):动植物的复杂性主要依赖于遗传调控系统。细胞具有记忆性,细胞表达什么基因及细胞的分化行为不仅受周围细胞信号影响,还依赖于细胞以前和现在所处的环境。信号分子的有效作用时间是有限的,但细胞可将这种短暂作用储存起来并形成长时间的记忆,逐渐向特定方向分化。

②细胞决定(cell determination)：细胞记忆使得细胞在其形态、结构和功能等分化特征尚未表现出来就已经确定了细胞的分化命运，这就是细胞决定。细胞决定是细胞潜能逐渐受限的过程，也是有关分化的基因选择性表达前的过渡阶段，具有高度的遗传稳定性。细胞在这种决定状态下，沿特定类型分化的能力已经稳定下来，一般不会中途改变。

果蝇的成虫盘(imaginal discs)移植实验便是一个很好的例子。果蝇成虫盘是幼虫体内尚未分化的细胞团，变态期后不同的成虫盘可以逐渐发育为果蝇的腿、翅、触角和躯体的各部分结构。实验表明，如果将一个尚未出现任何分化特征，但已经"决定"的成虫盘的一部分移植到另一个幼虫体内，它将不理会所处的位置，仍然按所处的决定状态分化发育为预定的器官。例如，将决定发育为翅的成虫盘的一部分移植到一个成体果蝇的腹腔中，它将一直保持未分化状态并不断增殖，也可以被多次移植。以后再将这种成虫盘取出，移植于幼虫体内，它仍将分化形成相应的成体结构(翅)(图 15-12)，这种决定的特性可在果蝇遗传实验中稳定遗传上千代。

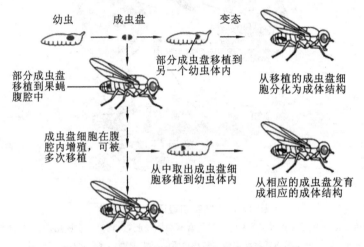

图 15-12 果蝇成虫盘细胞决定状态的移植实验

曾有人提出，决定是细胞 DNA 的重排或基因调控蛋白级联作用，但目前尚不了解决定的分子本质以及决定和分化之间的确切关系，例如，"决定"是根据哪些因素来选择基因表达的？全能细胞什么时候开始获得决定指令？其分子本质是什么？决定的可逆性如何？目前，在进行分化机制研究时，细胞决定是一个重要的阶段。

③细胞命运决定早于细胞变化：细胞的决定与细胞的记忆有关。通过细胞标记技术，我们可以直接观察到胚胎正常发育时单个细胞的命运。细胞可能死亡、可能成为某种类型细胞、形成器官的一部分，或产生遍布全身的后代细胞。了解细胞命运就是要了解细胞的内在特征。例如：一方面，一个将要发育为神经的细胞就已经被保证无论其细胞周围环境如何改变都将会变成神经细胞，这样一个细胞的命运就被决定了；而另一方面，某类细胞与具有其他命运的细胞在生化上是一致的，只是细胞所处的位置不同，位置不同使细胞将来所受影响不同。实验胚胎学的主要结论是：由于细胞的记忆性，在表现出明显的分化特征前，细胞命运就已经被决定了。

(3)细胞识别与黏合　发育分化中细胞之间的特异亲和性称为细胞黏合(cell adhesion)，包括细胞识别、细胞迁移和细胞聚集等过程。将不同类型的胚胎细胞用同位素标记后混合，发现细胞开始为混合聚集，然后分离，再按相同细胞类型重新发生接触、黏合在一起，相同细胞之间的聚合运动速度明显大于非同类细胞间的速度。从受精、胚泡植入、形态发生到器官形成都与细胞识别与黏合密切相关。如将蝾螈的原肠胚三个胚层的游离细胞体外混合培养,各胚层细胞又将自我挑选,相互黏着,依然形成外胚层在外、内胚层在内、中胚层介于二者之间的胚胎。进一步的实验发现,胚胎细胞的聚合具有组织特异性而没有种属特异性。细胞识别作用由位于细胞表面或结合于质膜上的复合物(糖蛋白、蛋白聚糖及糖脂)进行相互识别、黏着、聚集并相互作用,以利于形态发生以及正常结构的构建和维持。

(4)位置效应　我们前面已经谈到,细胞在分化为特定细胞类型前很久就被区域性决定。实验证明,改变细胞所处的位置可导致细胞分化方向的改变,这种现象称为位置效应(position effect),它决定了在所有图案形成步骤中的细胞行为的影响,位置信息是产生效应的主要原因。在发育过程中,最令人感兴趣、同时可能也是研究难度最大的课题之一就是发育中的位置信息(positional information)的获取及其对分化的影响。

从单个受精卵开始,细胞一方面以时间为主轴有序地进行分化,形成不同类型的细胞,另一方面又严格按照预定的整体规划蓝图进行增殖、迁移、排列以及和其他类型细胞进行组合,形成各种组织和器官,最后形成和功能相适应的、具有极其复杂的三维立体构造的成熟胚胎。那么,在不断分裂和移动中的细胞如何感知自己的瞬间空间位置并依此决定分化方向或调整移动路径?细胞如何得知已经迁至适当位置并应该开始参与形成不同的组织和器官?细胞如何控制自己的位置使其在分化发育中不超越一定的空间界限(例如不越过体轴中线)?

鸡的腿和翅膀的发育是位置效应的一个典型例子。在鸡的胚胎中,腿和翅是同时从侧腹部以舌状芽的方式开始形成的。起初,这两个附肢的芽非常相似并且没有分化,但一个简单的实验证实这一相似性具有欺骗性。腿芽底部的一小块将来发育为大腿的微分化组织,可以被切下来并连接到翅芽的顶部。奇怪的是,这块组织并不发育为翅的顶部,也不发育为大腿组织,而是会变成趾(图 15-13)。这一实验显示,早期的腿芽细胞已经被决定发育成为腿的结构,但并没有被决定是发育为腿的哪部分特定结构,它的发育仍要依赖于翅芽的信号,所以它发育成为附肢顶部结构而不是底部结构。不论是腿还是翅,控制附肢每个特定部分发育的信号都是相同的,两类附肢的不同在于发育早期各自细胞内部状态的不同。

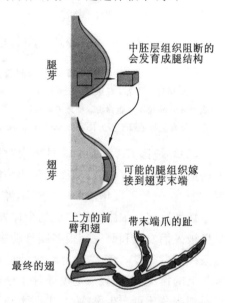

图 15-13　原本发育为大腿的组织在移植到鸡翅芽后形成了趾

细胞如何得知已经迁至适当位置并根据位置信息开始参与形成不同的组织器官?到目前为止,我们讨论的都是控制简单有无选择的信号分子:要么是有,要么是没有。在很多情况下,响应是分级别的。例如,高浓度的信号促使细胞向一个方向分化,中浓度信号促使细胞向另一方向分化,低浓度信号促使细胞向第三个方向分化。一个重要的问题是,信号分子以什么方式从信号源分泌出去并建立了信号浓度梯度。距离信号源远近不同的细胞按照接受信号的不同向不同方向分化。

通过这种方式影响一整个区域的信号被称为形态发生素(morphogen)。形态发生素在胚胎的特定部位合成和分泌,然后沿着浓度梯度递减的形式向周围组织扩散,细胞通过适当的受体"感知"自身部分的形态发生素的浓度,细胞就可以估测自己离形态发生素产生源有多远。

实际上，形态发生素强调的仍然是位置信息对形态发生的影响。脊椎动物的附肢发育为这一问题的研究提供了很好的例子。在胚胎附肢芽一侧的某些细胞可以分泌 Sonic hedgehog 蛋白——一个 hedgehog 家族信号分子成员，这个蛋白质从其源头向外扩散，形成了形态发生素浓度梯度来控制附肢芽上沿拇指到小拇指细胞的特征。如果在芽的另一侧也移植一团能够产生信号的细胞，那么将会产生镜像复制的趾图案（图 15-14）。

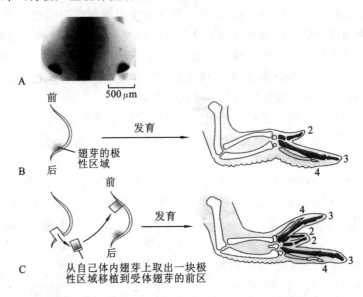

图 15-14　鸡附肢发育中的 Sonic hedgehog 形态发生素

A. 通过原位杂交显示的 4 天鸡胚中 Sonic hedgehog 的表达情况，基因表达在身体的中线和两个翅芽的后部边缘，Sonic hedgehog 蛋白由这些地方向往扩散；B. 正常的翅发育；C. 移植一块极性区域的组织导致了翅的镜像复制。趾的发育类型依赖于所处位置的 Sonic hedgehog 浓度，距离该信号源远近不同而发育为不同类型的趾

（5）环境因素　环境中多种因素对机体的发育有一定的影响，如温度、光线等，这些因素可能造成第一次不等卵裂，从而是影响细胞分化的原因之一。如豚鼠的孕期为 68 天，如果在妊娠 18～28 天给母鼠增温 3～4 ℃/h，胎鼠脑重可减轻 10%。

性别决定是细胞分化和生物个体发育研究领域的重要课题之一。环境对性别决定的影响早已被人们发现和研究。很多爬行动物通过与环境作用决定其性别。如某些蜥蜴类在较低温度条件下（24 ℃）全部发育为雌性，而温度提高（32 ℃）则全部发育为雄性。而某些龟类则出现相反的情况，即在较低温度条件下全部发育为雄性，而温度提高则全部发育为雌性。环境因素对细胞分化可产生影响，并进而影响到生物的个体发育。

15.1.4　细胞分化常用研究方法

细胞在不同的分化阶段合成不同的蛋白质，可以用 Northern 杂交、原位杂交、示踪技术和免疫化学的方法分别显示其特定的 mRNA 和蛋白质，作为细胞分化不同阶段的标记物。例如，在表皮角质形成细胞分化中，可以分别用整合素 $\alpha_3\beta_1$、$\alpha_6\beta_4$、P-钙离黏素等标记基底细胞，用角蛋白 5/14 标记稍微分化的细胞，用角蛋白 1/10 和外皮蛋白标记更进一步分化的细胞。另外，葡萄糖磷酸盐异构酶（glucose phosphate isomerase，GPI）有两种等位基因形式，即 GPIa 和 GPIb，二者在淀粉凝胶上电泳速率不同，应用 GPI 同工酶作为细胞标记物可研究胚胎发育中组织来源及分化。

组织培养技术是研究细胞决定和分化的重要手段。例如,采用细胞培养方法在昆虫、两栖类及鸟类的分化发育研究中已积累了大量详细的资料。但哺乳动物为胎生,有羊膜包裹,难以直接进行体外观察。哺乳动物的胚胎在子宫中植入后作体外培养存在很大技术难度,在 20 世纪 90 年代以前,最长只能培养到胚胎 7 天的早期体节(somites)阶段。近年来胚胎培养技术得到了很快发展,如已分别从小鼠胚泡的内细胞群和外胚层分离出多能性细胞,将它们种植在经过放射处理的饲养层细胞上,可以生长和增殖。1995 年和 1998 年人类已经分别成功地分离、纯化和鉴定了小鼠和人的胚胎干细胞,目前正在积极研究通过多种方式诱导其定向分化。

哺乳动物细胞的转录进程不能直接观察,转录后是否翻译也无法肯定,最经典和目前最广泛使用的仍然是移植实验(图 15-11),特别是分散的单个细胞的移植。胚胎期动物的决定时间可用细胞移植方法来观察。

通过筛选遗传突变寻找控制发育过程的基因,利用这种方法可以找到那些某一特征正常发育中需要的基因。通过对所发现基因的克隆和测序,分析其蛋白质产物和功能。遗传学方法对于那些可以在实验室喂养并且生活周期短的动物来说是最简单的方法。这一方法最先用于果蝇,通过一系列饱和突变遗传筛选,已经找到了大量与果蝇早期发育相关的基因,通过互补实验可区分单基因突变和多基因突变。通过表型将这些基因分类,基因表型相似的一组基因编码的蛋白质很可能协同工作参与一个特定的发育过程。

15.2　细胞分化的分子基础

每种生物的 DNA 都编码了构建它们细胞所需的所有 RNA 和蛋白质分子。可是完整地描述一种生物的 DNA 序列,无论是细胞的几百万个核苷酸,还是人类的几十亿个核苷酸,都无法让我们重建该生物体,正如一个英语词汇表不能让我们得以重现莎士比亚的戏剧一样。在这两种情况下,问题在于要知道 DNA 序列中的元件或词汇表上的单词是如何使用的。在什么情况下生产每种基因产物,以及一旦生产出来以后它们将做些什么?

上面我们介绍了影响细胞分化的各种因素,无论是母体 mRNA 的作用还是细胞间的相互作用,其结果是启动特定基因的表达。因此细胞分化的本质是基因在时空顺序上差异表达的结果。

人们已经知道,受精卵和成体细胞一样,细胞核中含有几乎相同的完整的基因组(遗传指令),而单纯的细胞分裂中的 DNA 复制等过程不可能产生不同的细胞。那么,为什么具有相同遗传物质的细胞在发育过程中出现了如此大的分化差异?由一个受精卵及其产生的同源细胞如何转变成功能、结构和三维空间组成上高度复杂的胚胎?细胞分化的分子基础是什么?受到哪些因素的调控?异常分化是否可能引致机体功能缺陷或者带来严重的疾患?这些都是数百年来许多科学家十分关注但尚未获得完全解决的问题。本节将围绕细胞分化的分子基础及其调控机制进行讨论。

15.2.1　细胞分化是基因选择性表达

现有的数以百万计的动物都各不相同,它们似乎有着完全不同的发育机制,但在胚胎发育早期却有着惊人的相似性。

研究发现,发育中许多基本的机制不仅在脊椎动物中是一致的,而且在无脊椎动物中也是高度保守的。这些进化保守的分子决定了一定的细胞类型，标记身体不同区域的区别，并建立身体图案。不同物种的同源蛋白在功能上可以相互替代。在小鼠中表达的果蝇蛋白具有在果蝇中相同的功能，如 vice versa 就可以控制眼的发育和大脑的结构。不同物种控制发育基因的相似性暗示动物可能是从具有这些基因的共同祖先进化而来的。生物个体的各种类型的体细胞均含有来自遗传的、相同的整套基因。亲缘关系越近的物种，基因组之间的差异越小。

1. 细胞分化的实质是基因的选择性表达

人们曾经对细胞分化的分子机制提出过一些假说，例如核遗传物质不均等、染色体丢失、基因扩增和 DNA 重排等。在不同生物发育过程中，确实观察到细胞分化时出现了染色体减少或丢失、B 淋巴细胞 DNA 重排等。但经过进一步的实验研究后，发现这些现象只发生在某些个体的某些特定的阶段，并不是细胞分化的普遍规律。

细胞分化的主要特征是新的、特异性蛋白质的合成，随后细胞在生化组成、结构和功能方面发生变化，细胞表型出现差异。中心法则(central dogma)表明，蛋白质都是在细胞质中以特异的 mRNA 为模板翻译而来，而 mRNA 携带的遗传信息则转录自核内基因的特定 DNA 碱基序列，因此，任何蛋白质的结构都取决于特定 DNA 碱基序列。分化是基因按一定规律表达的结果。

人体基因组的基因总数为 3 万～3.5 万个，如果将一系列不同细胞中的 mRNA 表达模式进行比较，就会发现在不同细胞类型之间几乎每个活性基因表达水平都不一样。但是多数差别要细微得多。每种细胞类型都有其特有的 mRNA 丰度模式。大量研究发现，在个体分化发育过程中，这些基因并不全部表达，而是按一定的时空顺序发生差异性表达，转录生成不同的 mRNA，翻译出不同的蛋白质，从而使细胞之间逐渐出现差别。

在个体发育过程中基因按照一定程序相继活化的现象，称为基因的差异表达(differential expression)或顺序表达(sequential expression)。如人和动物的红细胞、心肌细胞都来自同一胚层，后来分化出的红细胞合成血红蛋白，而心肌细胞则合成肌动蛋白和肌球蛋白，胰岛细胞合成胰岛素，这些细胞都是在个体发育过程中逐渐形成的。用编码上述四种蛋白的基因分别作探针，对三种细胞中提取的总 DNA 的限制性酶切片段进行 Southern 杂交，结果显示三种细胞的基因组中均存在上述四种蛋白的基因(表 15-1)。而用同样的四种基因片段作探针，对上述三种细胞中提取的总 RNA 进行 Northern 杂交实验，结果表明，仅在心肌细胞中表达肌球蛋白和肌动蛋白 mRNA、红细胞中表达 β-珠蛋白 mRNA，胰岛细胞中则表达胰岛素 mRNA(表 15-1)。

表 15-1　分子杂交技术检测基因及其表达

细胞类型　基因类型	心肌细胞	红细胞	胰岛细胞	心肌细胞	红细胞	胰岛细胞
	细胞的总 DNA			细胞的总 RNA		
肌动蛋白、肌球蛋白基因	+	+	+	+	−	−
β 珠蛋白基因	+	+	+	−	+	−
胰岛素基因	+	+	+	−	−	+
杂交方法	Southern 杂交			Northern 杂交		

生物体在个体发育的不同时期、不同部位，通过基因水平、转录水平等的调控，表达基因组中不同的基因，这正是细胞分化、个体发育的基础。由于细胞分化发生于有机体的整个生命进程中，所以基因的选择性表达在生命过程各阶段都有体现。即使在细胞分裂过程中，基因的选

择性表达同样存在。如在细胞分裂间期、分裂期,仅仅是部分基因表达合成特定的蛋白质和酶用于分裂过程,绝大部分基因不表达。不仅如此,基因的选择性表达在单细胞原核、真核生物生长发育中,甚至在病毒的生命活动中都表现明显,这充分体现了基因选择性表达的普遍性。

2. 组织特异性基因与管家基因

分化的主要标志首先是细胞内开始合成新的特异性蛋白质。如成熟红细胞分化过程中出现血红蛋白和碳酸酐酶,角质细胞中出现不同种类的角蛋白,肌细胞中出现肌球蛋白和肌动蛋白等。这些蛋白质或是作为细胞生命活动的特异催化剂,或是作为组成细胞结构成分的材料。随后,分化中的细胞出现新组装生成的特异性亚细胞结构组分,如肌细胞内与收缩有关的肌节和肌浆网,上皮细胞的细胞骨架等。在神经细胞分化中,胞质中可见乙酰胆碱和肾上腺素等化学介质、神经细胞黏合分子、神经纤维电压门控离子通道和突触小泡蛋白等,胞体也逐渐出现多个突起。如昆虫 H 细胞在胚胎第 6 天时出现轴突,6～12 天树突发育并迅速分支,并可观察到有传递神经冲动的突触样结构。在此需要强调的是,分化细胞中形成的各种新的蛋白质与细胞结构的变化以及细胞将要执行的功能相一致。

细胞分化是通过严格而精密调控的基因表达实现的。分子杂交等大量实验表明,在细胞的全套基因组中,只有少数基因(5％～10％)表达。基因组中所表达的基因大致可分为两种基本类型。

(1)管家基因(house-keeping gene)　它是维持细胞最基本生命活动的基因,在所有细胞中均需表达,这类基因称为管家基因。如染色质的组蛋白、膜蛋白、核糖体蛋白、细胞周期蛋白、微管蛋白、糖酵解酶系及多种酶蛋白基因等。

(2)奢侈基因(luxury gene)　它是指不同的细胞类型进行特异性表达的基因,也称组织特异性基因(tissue-specific genes)。如卵清蛋白基因、肌肉细胞的肌动蛋白基因和肌球蛋白基因、红细胞的血红蛋白基因、上皮细胞的角质蛋白基因和胰腺细胞中的胰岛素基因等。这类基因与各类细胞的特殊性有直接的关系,是在各种组织中进行差别选择性表达的基因。实验研究证明,细胞分化是奢侈基因按一定顺序表达的结果,表达的基因数占基因总数的 5％～10％。这些基因是否精确有控地进行差异表达,决定了生命历程中细胞的增殖、分化、细胞周期的调控、细胞衰老、癌变及死亡等过程。这种差异表达不仅涉及基因转录水平和转录后加工水平上的精确调控,而且还涉及染色体和 DNA 水平,翻译和翻译后加工与修饰水平上的复杂而严格的调控过程。

3. 基因差异表达的调控

细胞分化是奢侈基因按一定时空顺序表达的结果,表达的基因占基因总数的 5％～10％。某些特定奢侈基因表达的结果形成一种类型的细胞,另一组奢侈基因表达的结果则出现另一类型的分化细胞。因此细胞分化是按照一定程序启动或关闭某些基因的表达。另外,分化细胞间的差异往往是一群基因而不仅仅是一个基因表达的差异。在基因的差异表达中,包括结构基因和调节基因的差异表达,差异表达的结构基因受组织特异性表达的调控基因的调节(图15-15)。

15.2.2　细胞分化的基因表达调控

细胞分化是生物发生中的一个极为复杂的过程,其中基因差别表达是细胞分化过程的关键环节,但不能简单地归结为专一基因群的稳定开放或关闭。事实是调节细胞分化过程的环节要涉及基因表达的各个水平和细胞生命活动的许多方面。

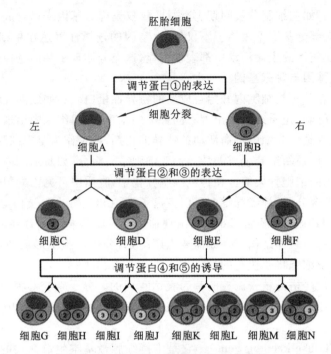

图 15-15　基因组合调控对发育的重要性

细胞基因组 DNA 序列中含有合成数千种蛋白质和 RNA 分子的信息。一个细胞典型地只表达基因的一部分,多细胞生物中不同类型细胞的出现是因为表达了一组不同的基因。而且,细胞能根据环境的变化(如来自其他细胞的信号),改变它们的基因表达模式。如果一种生物不同细胞类型之间的差别依赖于细胞表达的特定基因,那么从 DNA 到 RNA 到蛋白质这条途径中,基因表达可以在许多步骤上受到调控。

细胞分化的调控可以发生在不同的水平,如 DNA 水平、转录水平、翻译水平以及蛋白质形成后活性调节水平等,其中转录水平的调控是最重要的(图 15-16)。本节我们主要介绍转录水平的调控机制。

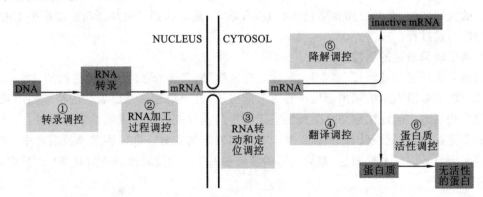

图 15-16　真核基因表达过程中的 6 个调控步骤

基因表达转录起始的调节,首先是基因中的顺式作用元件和反式作用因子相互作用的结果。顺式作用元件由启动子、增强子和沉默子等组成,它们通过与通用转录因子及(或)特定转录因子(基因调节蛋白)结合而启动或者促进基因转录(图 15-17)。

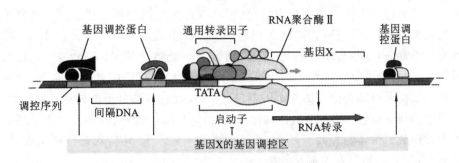

图 15-17　真核基因表达调节区

(1)基因调节蛋白中的 DNA 结合基序　细胞是如何决定转录成千上万个基因中的哪些基因呢？各个基因的转录是由离转录起始位点较近的 DNA 调节区域调控的。有些调节区域很简单，就像一个开关，可由单个信号开或关。许多其他的调节区域则很复杂，就像是微处理器，响应不同的信号，对它们进行解释和整合，以便将邻近的基因打开或者关闭。无论复杂还是简单，这些开关装置均含有两个基本成分。

①具有特定序列的一小段 DNA：染色体中的 DNA 由一条很长的双螺旋组成。两股 DNA 彼此间盘绕在双螺旋中形成 2 个沟，较宽的沟称为大沟，较窄的沟称为小沟。

基因调节蛋白必须识别深埋在这个结构中的特定核苷酸序列。现已清楚，双螺旋外部点缀有 DNA 序列信息，基因调节蛋白可以识别它们而不必打开双螺旋。每个碱基对的边缘都暴露在双螺旋的表面，不论在大沟还是小沟都呈现出氢键供体、氢键受体，以及疏水区域各具特征的模式，供蛋白质识别。但是，对于 4 种碱基对的排列而言，只有位于大沟的模式显著不同。因为如此，基因调节蛋白一般都结合到大沟上（图 15-18）。这些特定核苷酸序列的长度通常不到 20 个核苷酸对，作为特定基因调节蛋白的识别位点，其功能相当于遗传开关的基本组分。目前已经鉴定出来数千个这样的 DNA 序列，每一个都由不同的基因调节蛋白（或一套相关的基因调节蛋白）识别。

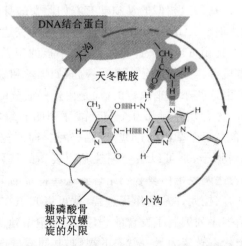

图 15-18　基因调节蛋白对 DNA 大沟的结合

图中显示了一种接触，DNA-蛋白质交界面典型地由 10~20 种这样的接触组成，其中涉及不同的氨基酸，每一种都为蛋白质-DNA 相互作用做出贡献

②识别并结合这段 DNA 的基因调节蛋白：生物大分子识别一般有赖于两个分子表面的

恰好适配。一个基因调节蛋白识别一段特异的 DNA 序列是因为蛋白质表面与双螺旋上结合区域特殊的表面结构广泛互补,如同锁和钥匙一样。许多调控蛋白含有一组 DNA 结合结构基序中的某一小部分,这些基序一般利用 α 螺旋或 β 折叠结合到 DNA 大沟上。正如我们上面已经看到的,这个大沟足以区别不同 DNA 序列的信息,这种适配是如此完美,以至于有人提出核酸基本结构单位和蛋白质的大小一起进化,从而允许这些分子能相互连锁起来。

转录因子结构主要包括 DNA 结合结构域、激活结构域。此外,许多转录因子还含有促进与其他蛋白质形成二聚体的表面。另外,还包括转录抑制因子,其功能是抑制基因转录,结构主要包括 DNA 结合结构域和抑制结构域。

DNA 结合蛋白基序主要包括"锌指"结构、"螺旋-转角-螺旋"、"碱性-亮氨酸拉链"及"同源异型结构域",该结构域由 3 段 α 螺旋组成,属"螺旋-转角-螺旋"家族(图 15-19)。

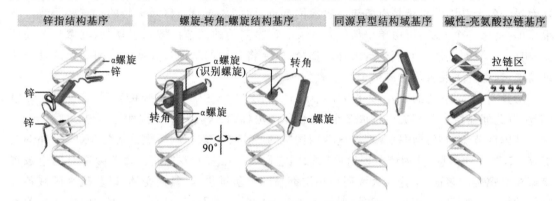

图 15-19 转录因子结合 DNA 的方式

(2)调控 DNA 序列决定发育程序　不同物种间基因具有很大的相似性,昆虫、软体动物和哺乳动物都有很多相同的重要细胞类型,如消化系统、神经系统和皮肤等。特别是哺乳动物中的老鼠、猪和人具有非常相似的基因组组成,但它们的外形结构却相差很大。如果是基因组决定了身体结构,那么为什么基因组相似的动物却有着如此大的身体结构差异呢?

著名的细胞生物学家艾伯茨(Alberts)曾形象地将基因组表达的所有蛋白质看做是一个结构工具箱内的成分。用工具箱可以构造许多东西,如小孩的工具箱可以通过不同组合方式来制造小车、房子、桥、起重机等。某些成分需要在一起,如螺丝和螺母,车轮、轮胎和车轴总是在一起,但物品最终并不是由这些东西来决定的,而是由这些成分的组装方式来决定的。

多细胞动物的每个基因含有几千到几万个核苷酸序列的非编码 DNA 序列,构造一个多细胞生物需要的指令就包含在每个基因的这些非编码序列,即调控序列上。这些序列可能含有许多独立的调控单元或增强子,是可以结合调控基因表达的特异性蛋白质复合物的 DNA 序列。细胞内合成的基因表达调控蛋白复合物结合到这些特定的 DNA 序列上调控基因的表达。如果我们了解了所有的调控元件及其作用过程,就可以知道在不同条件下基因将产生不同的产物。可以说,这些调控序列编制了发育的程序:在细胞增殖的同时,通过参照环境了解细胞所处位置、细胞由一个状态转变为另一状态的规则,共同通过现有蛋白质的活化调控一组新基因的表达(图 15-20)。

(3)转录因子与真核生物的基因转录　前面我们描述了基因开关的基本组分:基因调节蛋白和这些蛋白质识别的特异 DNA 序列。现在我们要讨论这些组分如何运行,从而响应不同的信号将基因打开或关闭。

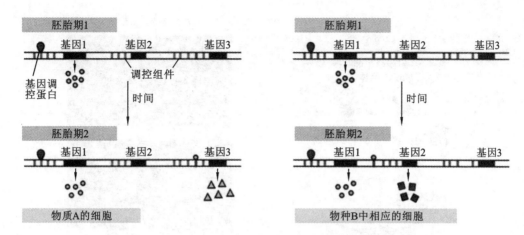

图 15-20　调控 DNA 序列决定发育中基因的表达图案

基因开关如何工作？最初来源于研究大肠杆菌如何适应它们生长培养基中条件的改变。随后在 λ 噬菌体中进行的类似实验得到许多相同的结论，并帮助确立了其内在的机制。许多相同的原理也适用于真核细胞。然而由于在高等生物中它们的 DNA 包装成染色质，所以形成了极其复杂的新的调控机制。真核生物是如何形成其复杂的基因开关呢？下面我们将讨论真核细胞中转录调控过程。

真核细胞的基因转录需要转录因子、RNA 聚合酶以及其他蛋白因子的参与。真核生物的转录因子包括通用转录因子和特异转录因子。前者与结合 RNA 聚合酶的核心启动子位点结合，后者与特异基因的各种调控位点结合。RNA 聚合酶结合到启动子上起始转录。

首先，真核生物的基因调控蛋白即便它们结合的 DNA 位点远离它们施加影响的启动子，它们也能有效发挥作用，这就意味着单个启动子可以受到分布在 DNA 上的几乎无限数量的调节序列的调控。

其次，转录所有蛋白质编码基因的真核生物 RNA 聚合酶 II 不能独立起始转录。它需要一组通用转录因子，在转录开始进行之前，它们必须在启动子上组装起来形成一个基础复合物。

最后，真核生物 DNA 包装成染色质为调控提供了很多原核细胞所不具备的机会。

①真核生物基因调节蛋白的"远距离作用"模式：真核基因激活蛋白结合的 DNA 位点最初称为增强子，因为它们的存在显著地"增强"或加速了转录速率。让人吃惊的是这些激活蛋白能够结合到远离启动子几千个核苷酸的位置上。此外，真核激活蛋白结合到真核基因上游或下游时都能影响它的转录。增强子为什么能够远距离发挥作用呢？它们与启动子之间又是如何通讯的呢？

目前，已提出许多"远距离作用"模型。简而言之，启动子和增强子之间的 DNA 链可以形成袢环，使结合在增强子上的激活蛋白（特异性转录因子）能与结合到启动子上的蛋白质（RNA 聚合酶、通用转录因子或者其他蛋白因子）靠近并接触（图 15-21），从而增强基因转录活性。

②真核基因的调控区：真核基因的调控区由一个启动子和调节 DNA 序列组成。由于结合到远距离启动子的 DNA 上时，真核基因调节蛋白能够调控转录，所以控制基因表达的 DNA 序列常常占据很长一段 DNA。我们这里要介绍的真核基因的调控区将包括含启动子在内的参与调节一个基因转录的全部 DNA 序列。通用转录因子和聚合酶进行组装形成基础转

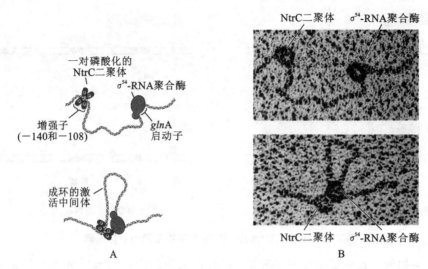

图 15-21　远距离的基因活化

A. NtrC 是一种细菌调节蛋白,通过促进 RNA 聚合酶与启动子复合物从最初的结合状态向形成起始复合物状态的过渡激活转录(弯曲、靠近并接触);B. 电镜下观察到 NtrC 与 RNA 聚合酶相互作用,位于它们之间的 DNA 形成环

录装置,全部调节序列结合上基因调节蛋白,来调节启动子上组装过程的速率。

③转录因子促进转录的方式:激活基因转录的基因调节蛋白大部分都是基因激活蛋白,也就是上面所说的特异转录因子。真核基因激活蛋白诱导染色质变化,促进 RNA 聚合酶和通用转录因子在转录起始位点上完成基础转录装置的组装(图 15-22)。结合增强子的特异性转录因子与基础装置的各种组分相互作用,激活基础转录装置的活性。

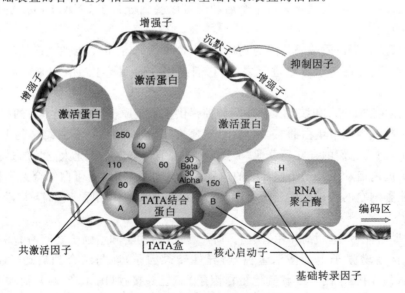

图 15-22　真核基因启动子上的整合

④糖皮质激素对成骨细胞分化的调控:基因转录水平的调控错综复杂,受到多种因素的影响,包括转录因子与特异 DNA 序列的亲和力,及其与临近 DNA 位点上结合的其他转录因子之间协同作用的能力。如糖皮质激素对成骨细胞分化过程的调控,糖皮质激素在成骨细胞前

体的不同分化阶段中起着不同的作用。由此导致其对骨骼产生双向效应：糖皮质激素诱导早期成骨细胞的分化，提高了早期成骨指标碱性磷酸酶的活性；而在细胞分化的晚期阶段，糖皮质激素不仅抑制成骨细胞的增殖、分化，而且还促进成骨细胞的凋亡，进而导致骨保护素等相关成骨基因的表达受到抑制。糖皮质激素穿过成骨细胞膜进入胞质并与胞内糖皮质激素受体（GR）结合，形成激素-受体复合物，后者通过与其他核转录因子等的相互作用被活化，然后受体以二聚体形式进入细胞核，作用于 DNA 上的糖皮质激素受体作用元件（GRE），启动或抑制相应靶基因的 mRNA 转录（图 15-23），从而调节成骨细胞的分化过程。

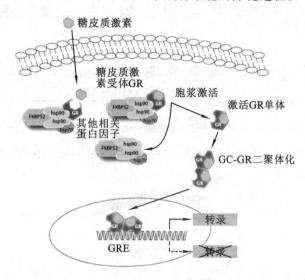

图 15-23　糖皮质激素激活特异转录因子 GR，影响成骨细胞分化过程中相关基因的转录

（4）脊椎动物中的同源异型选择基因（homeotic selector genes）　除了上述转录调控因子外，同源框基因也对基因转录进行调控。20 世纪 80 年代初，在用果蝇第三染色体上 Antp 基因的 cDNA 作探针进行分子杂交实验时，首次发现与 Antp 相邻的两个基因有共同的 DNA 片段，这一 DNA 序列被称为同源框（homeobox，Hox），共 180 bp，它编码一个含 60 个氨基酸的蛋白质。果蝇的 Antp 及其邻近的 2 个基因的同源框编码的蛋白质的氨基酸序列相似性为80%～90%。此后，这一 DNA 序列又相继在小鼠和人类以及许多低等动物的若干基因中被发现，这些基因和昆虫的 Hox 复合物一样，都分别位于不同的染色体上。序列比对结果发现，每个复合物的每个基因都能在果蝇中找到对应的基因。

研究发现，同源框的蛋白产物呈螺旋-转角-螺旋的立体构型，含有一段 9 个（42～50）氨基酸的片段，可以和 DNA 双螺旋的主沟吻合，附着在邻近于 TAAT 的碱基。因此，它能识别所控制的基因启动子的特异序列，即所谓应答元件，从而在转录水平调控基因表达。

在漫长的进化过程中，不同生物的 Hox 基因编码的蛋白质的氨基酸序列变化很小，表现出很强的保守性，这种保守性提示它们具有非常重要的生物学意义。目前认为，同源框在从无脊椎动物到脊椎动物的形态发生中与前后体轴结构的发育有密切的关系。例如，哺乳动物的Hox 基因（HoxA、HoxB、HoxC 和 HoxD）可以在果蝇中部分替代果蝇同源异型基因的功能，即哺乳动物的这四个复合物等价于昆虫的整个复合物，即触角足复合物和双胸复合物，而且每个复合物上基因的表达顺序都与预期在染色体上的顺序一致，并且都在前后轴上特定的区域表达（图 15-24）。

细胞分化中翻译与翻译后水平的调节是否存在及其调节效率如何目前尚无定论。研究认

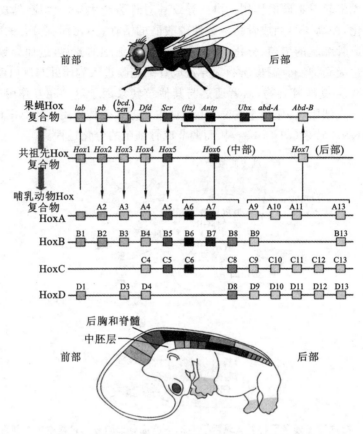

图 15-24 果蝇和小鼠同源框基因及其时空表达模式

上排为果蝇触角足复合物和双胸复合物中的基因,下排为哺乳动物中对应的 4 个复合物,它们都是
按照其在染色体上的位置来排列的

为,在分化细胞内并没有专门翻译某种 mRNA 而不翻译其他 mRNA 的机制,但是在 mRNA
翻译成多肽以及多肽的加工和运输过程可能发生分化调节。例如,不同的 mRNA 合成后地降
解速率差别很大,珠蛋白 mRNA 的半衰期约 17 h,各种生长因子的半衰期仅为 30 min。实验
发现,某些雌激素可以通过选择性地降解 mRNA 在翻译水平对分化进行调节。另外,翻译后
的某些蛋白质常以前体形式存在,然后经过肽链的剪切、修饰等被激活为有功能的活体形式,
蛋白质的亚单位生成后的定位和组装为大分子的过程等都是可调控的。

15.2.3 果蝇发育的调控

1. 果蝇的发育过程

果蝇胚胎发育从受精后开始大约持续一天,随后胚胎由卵鞘中孵出称为幼虫。幼虫经历
三个蜕皮阶段后发生蛹化。在蛹期,身体经过变态过程,最后大约于受精后第 9 天发育为成体
果蝇。

2. 果蝇身体图案形成的基因调控

基因是如何协调形成体型的?在果蝇遗传学的大量研究中发现了一系列决定细胞类型空
间排列和果蝇身体结构的发育相关基因。通过 DNA 或 RNA 探针的胚胎原位杂交或免疫原
位杂交可以显示 mRNA 及蛋白质的空间分布,这样我们就可以观察到不同细胞的内在差异,

而这些差异是由在不同发育过程中各调控基因差别表达所决定的。通过分析突变和非突变细胞嵌合动物,可以发现作为调控身体结构系统一部分的基因是如何行使功能的。例如,果蝇身体图案的构建由下面几组体轴基因和体节基因所调控。

(1)四组体轴基因　在受精前,果蝇未来胚胎的体轴就被卵细胞中四组基因所决定,受精后,每组基因以形态发生素浓度梯度的方式影响发育。所有四组基因均来自母本基因组,故亦称其为母体效应基因(maternal-effect gene)或卵的极性基因。原位杂交实验显示,编码四组基因调控蛋白的 mRNA 通过附着在细胞骨架上沿胚胎长轴方向定位于不同区域,因此提供了一种定位信息(图 15-25)。

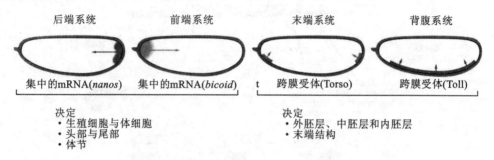

图 15-25　四组调节体轴的母体效应基因的分布

①前端极性基因:基因调控蛋白 Bicoid 的 mRNA 聚集于未来胚胎的前部,翻译出的 Bicoid 蛋白从前向后扩散并形成了浓度梯度,调控未来胚胎头部的发育。

②后端极性基因:基因调控蛋白 Nanos 的 mRNA 则聚集于未来胚胎的后部,并由后向前建立了浓度梯度,与未来胚胎腹部及生殖细胞的形成有关。

③末端极性基因:聚集在胚胎两端的特异调控蛋白基因的表达产物通过激活跨膜的酪氨酸受体 Torso,促进头尾两端和肠原基的发育。

④背腹极性基因:这类基因表达的产物由滤泡细胞产生并运输到未来胚胎腹部,并激活另一个跨膜受体 Toll,调控胚胎背、腹部的发育。

(2)三组体节基因　起始的 Bicoid 和 Nanos 建立的浓度梯度促进了胚胎前后轴的发育,之后分节基因将这一图案进一步细致化。三组体节基因控制着果蝇体节的数量,其中任何一个分节基因的突变都会改变体节的数目和体节内的组织,但不改变整体的极性。体节基因是胚胎内细胞表达的,所以它们的表达产物属于胚胎基因组的最早产物,而非母体效应基因的产物。

3. 前后体轴的形成

前面我们曾提到过同源异型选择基因即 Hox,该基因突变则导致同形异位作用,即在高等真核生物中,经常发生某一器官异位生长的现象。我们知道,Hox 基因是一类与胚胎发育及细胞分化调节相关的基因,在脊椎动物发育中,Hox 具有控制体节的特征、调节中枢神经系统和确定前后分化关系等作用。

果蝇中具有 8 个这样的基因组成一个相互关联的家族(图 15-26)。它们组成了两个紧密的基因簇——双胸复合物基因簇和触角足复合物基因簇。双胸复合物基因控制胸部和腹部体节的发育,而触角足复合物基因控制胸部和头部体节的发育。同源异型基因在染色体上的排列次序不仅与这些基因在胚胎发育中活化的时间顺序一致,而且与果蝇沿躯体前后轴的空间表达顺序相符(图 15-26)。

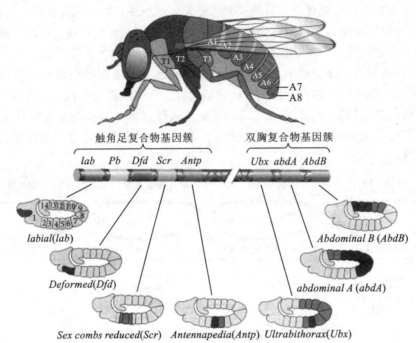

图 15-26　果蝇 Hox 基因沿躯体前后轴的空间表达顺序

Hox 基因表达的开与关,在时间和空间上调控果蝇的个体发育和形态发生。该基因的突变将造成身体的一部分结构转变成另一部分结构,也就是说将导致身体某一部位的性状特征在其他部位出现,并有可能干扰机体各部分的正常发育。例如,腿可以在头部替代触角长出,而在双胸突变体中(如 Ubx 基因突变),原本应该是平衡器的位置长出了另一对翅(图 15-27)。

正常果蝇　　　　　　　　Ubx基因突变果蝇

图 15-27　果蝇 Hox 基因突变

4. 器官和附肢

分节基因将身体分为相同的区块,而同源异型选择基因则赋予每个体节不同的特征。这一原理同样适应于昆虫成体,包括腿、翅、触角、口器和外生殖器的发育。

一个附肢内部图案的形成过程随着早期图案建立而发生。前后轴、背腹轴信号系统将囊胚按照前后轴、背腹轴和分节基因表达边界进行了垂直的划分。在这些边界的内部,基因表达的组合使得一些细胞成为了成虫盘细胞。它们随着幼虫的发育生长并具有自己的内部图案,并在蛹期分化形成成体的附肢。眼和触角是由一对成虫盘发育而来,翅和胸的一部分是由另一对发育而来,第一对足也是由另一对成虫盘发育而来(图 15-28)。

每个成虫盘的细胞都很相似,但它们的命运早已被决定。如果一个成虫盘被移植到幼虫的另一个成虫盘上,并发育到蛹期,被移植成虫盘仍然会向其原本的器官分化。这表明成虫盘对其原来位置具有记忆性,同源异型选择基因对这一记忆机制具有重要作用。

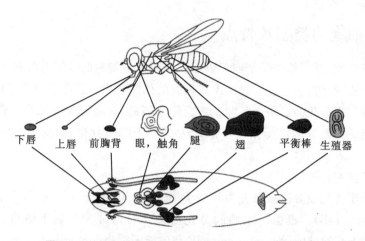

图 15-28　果蝇幼虫的成虫盘和其对应的成体果蝇结构

15.3　干细胞

　　在细胞分化过程中,细胞往往由于高度分化而完全失去了再分裂的能力,最终衰老死亡。为了弥补这一不足,机体在发育适应过程中保留了一部分未分化的原始细胞,称为干细胞(stem cell)。一旦生理需要,这些干细胞可按照发育途径通过分裂而产生分化细胞。干细胞是一类具有自我更新和分化潜能的细胞,在一定条件下,它可以分化成多种功能细胞(图15-29)。

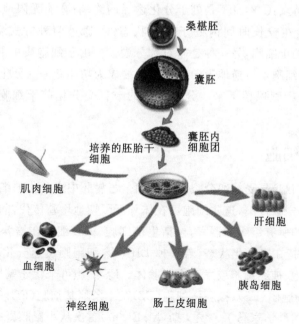

图 15-29　胚胎干细胞可以分化成多种功能细胞

15.3.1 干细胞的类型及特点

在胚胎的发生发育中,单个受精卵可以分裂发育为多细胞的组织或器官。在成年动物中,正常的生理代谢或病理损伤也会引起组织或器官的修复再生。胚胎的分化形成和成体组织的再生是干细胞进一步分化的结果。胚胎干细胞是全能的,具有分化为几乎全部组织和器官的能力。而成体组织或器官内的干细胞一般认为具有组织特异性,只能分化成特定的细胞或组织。

1. 干细胞的类型

根据干细胞所处的发育阶段可分为胚胎干细胞(embryonic stem cell,ES 细胞)和成体干细胞(somatic stem cell)。根据干细胞的分化潜能又可以分为全能干细胞(totipotent stem cell,TSC)、多能干细胞(pluripotent stem cell)和单能干细胞(unipotent stem cell)。胚胎干细胞是全能干细胞,而成体干细胞是多能干细胞或单能干细胞。全能干细胞具有形成完整个体的分化潜能。多能干细胞具有分化出多种细胞组织的潜能,如造血干细胞、神经细胞。单能干细胞只能向一种或两种密切相关的细胞类型分化。如上皮组织基底层的干细胞,肌肉中的成肌细胞。

成体干细胞存在于成年动物的许多组织和器官,一般认为具有组织特异性,只能分化成特定的细胞或组织,从而使组织、器官保持生长和衰老的动态平衡。这个传统观点目前受到了挑战,因为最新的研究表明,成体干细胞普遍存在于机体的大多数组织、器官中,而且组织特异性干细胞同样具有分化成其他细胞或组织的潜能,也就是说干细胞具有横向分化的能力。

2. 干细胞的特点

干细胞具有以下特点:①本身不是处于分化途径的终端;②能无限地增殖分裂;③干细胞可连续分裂几代,也可在较长时间内处于静止状态;④通过两种方式生长,一种是对称分裂——形成两个相同的干细胞,另一种是非对称分裂——由于细胞质中的调节分化蛋白不均匀地分配,使得一个子细胞不可逆地走向分化的终端成为功能专一的分化细胞,而另一个保持亲代的特征,仍作为干细胞保留下来。分化细胞的数目受分化前干细胞的数目和分裂次数控制。

15.3.2 胚胎干细胞

胚胎干细胞(ES 细胞)是受精卵分裂发育早期——囊胚中未分化的细胞团,将内细胞团分离出来进行培养,在一定条件下,这些细胞可在体外无限期地增殖传代,同时还保持其全能性,可以分化出成体动物的所有组织和器官,包括生殖细胞。ES 细胞在培养条件下,若加入白血病抑制因子 LIF,则保持在未分化状态,若去掉 LIF,ES 细胞则迅速分化,最终产生多种细胞系,如肌肉细胞、血细胞、神经细胞或发育成胚胎体。ES 细胞可来源于畸胎瘤细胞(EC)、桑椹球细胞(ES)、囊胚内细胞团(ES)、拟胚体细胞(ES)及生殖原基细胞(EG)等。

早在 1970 年,英国科学家马丁·埃文斯(M. Evans)首次从小鼠胚囊中分离出小鼠胚胎干细胞,并在体外获得成功培养。小鼠胚胎干细胞在体外可以分化成各种细胞,包括神经细胞、造血干细胞和心肌细胞(图 15-30)。令人惊奇的是,这些细胞还具有自发发育成某些原始结构的趋势。

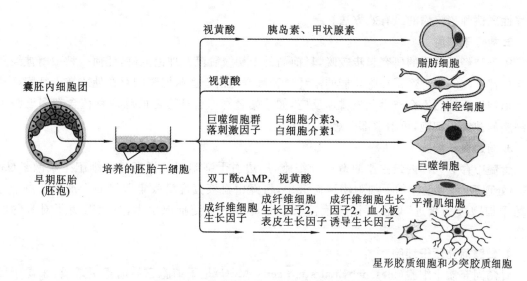

图 15-30　培养鼠胚胎干细胞以产生分化细胞

来源于鼠早期胚胎的胚胎干细胞可以体外培养成单层,或者培养形成聚集状态的胚状体,胚状体细胞在加入不同因子的培养基中培养,可以向不同方向分化

15.3.3　成体干细胞

成年动物的许多组织和器官(如表皮和造血系统)具有修复和再生能力。成体干细胞在其中起着关键的作用。在特定条件下,成体干细胞或者产生新的干细胞,或者按一定的程序分化,形成新的功能细胞,从而使组织和器官保持生长和衰老的动态平衡。过去认为成体干细胞主要包括上皮干细胞和造血干细胞。最近研究表明,以往认为不能再生的神经组织仍然包含神经干细胞,说明成体干细胞普遍存在。成体干细胞经常位于特定的微环境中,微环境中的间质细胞能够产生一系列生长因子或配体,与干细胞相互作用,控制干细胞的更新和分化。

成体干细胞可由以下几方面获得:①胚胎细胞:胚胎干细胞定向分化,或移植分化而成。②胚胎组织:分离胚胎组织、细胞分离或培养而成。③成体组织:从脐血、新生儿胎盘、骨髓、外周血、骨髓间质及脂肪细胞等获得。

1. 造血干细胞

造血干细胞是体内各种血细胞的唯一来源,它主要存在于骨髓、外周血、脐带血和胎盘组织中。最近,我国科学家又在肌肉组织中发现了具有造血潜能的干细胞。在分化过程中,造血干细胞首先分化为骨髓样祖细胞或淋巴样细胞:前者可以产生大量各种骨髓细胞,或者骨髓细胞和 B 淋巴细胞;后者产生以 T 淋巴细胞为主的大量各种淋巴细胞。骨髓样祖细胞再经历一定过程形成仅产生单一细胞类型的母细胞。

实验证明,辐射杀灭小鼠全身的造血干细胞后,通过注射新的干细胞,小鼠又可以得以存活。同样的原理,干细胞现在也可用于治疗人类的疾病治疗。在临床治疗中,造血干细胞应用较早,在 20 世纪 50 年代,临床上就开始应用骨髓移植(BMT)方法来治疗血液系统疾病。该方法是通过大剂量放化疗(即预处理),清除患者体内的恶性细胞,然后把预先采集的自体或异体造血干细胞经静脉回输给患者,使患者重建正常造血和免疫功能,从而达到根治目的的一种治疗手段。随着人们对造血干细胞特性的深入了解、移植相关技术的进展,造血干细胞移植技术逐渐成熟并得到广泛应用,现已成为治疗人类血液系统疾病、先天性遗传疾病以及多发性和转移性恶性肿瘤疾病的最有效方法。

2. 神经干细胞

关于神经干细胞的研究起步较晚,目前尚处于初级阶段。理论上讲,任何一种中枢神经系统疾病都可归结为神经干细胞功能的紊乱。脑和脊髓由于血脑屏障的存在使之在干细胞移植到中枢神经系统后不会产生免疫排斥反应,如给帕金森综合征患者的脑内移植含有多巴胺生成细胞的神经干细胞,可治愈部分患者症状。

3. 周边血干细胞

骨髓中存有人体内最主要的造血干细胞,周边血干细胞则是指经过白细胞生长激素(G-CSF)处理后,将骨髓中的干细胞驱至血液中,再经由血液分离机收集取得的干细胞。由于与骨髓干细胞极为相近,现已逐渐取代需要全身麻醉的骨髓抽取手术,从而避免了对骨髓的损伤。

4. 骨髓间充质干细胞

骨髓间充质干细胞(mesenchymal stem cells,MSC)是干细胞家族的重要成员,来源于发育早期的中胚层和外胚层。最初在骨髓中发现,因其具有多向分化潜能而日益受到人们的关注。如 MSC 在体内或体外特定的诱导条件下,可分化为脂肪、骨、软骨、肌肉、肌腱、韧带、神经、肝、心肌、内皮等多种组织细胞,连续传代培养和冷冻保存后仍具有多向分化潜能,可作为理想的种子细胞用于衰老和病变引起的组织器官损伤修复。

15.3.4 诱导性多潜能干细胞

诱导性多潜能干细胞(induced pluripotent stem cells,iPS 细胞),是指通过基因重新编排的方法,诱导普通细胞回到最原始的胚胎发育状态,能够像胚胎干细胞一样进行分化,这样的细胞被称为 iPS 细胞。

1. iPS 细胞的特征

iPS 细胞最初是日本学者山中伸弥(S. Yamanaka)于 2006 年利用病毒载体将四个转录因子 Oct4、Sox2、Klf4 和 c-Myc(分别编码人类的 hOct4、hSox2、hKlf4 和 hc-Myc 因子)的组合转导分化的体细胞(成人的成纤维细胞),使其重编程。转化 30 天后,在人类胚胎干细胞生长条件下进行诱导培养,细胞能够继续分裂增殖并扩大细胞群落,最终分离获得了类似于胚胎干细胞的一种细胞类型,即人的 iPS 细胞(图 15-31)。从形态学、细胞表面标记物的表达、基因表达特征、表观遗传性状及体内外分化潜能等方面进行综合比较分析,结果发现,人的 iPS 细胞和胚胎干细胞之间存在惊人的相似性。人的 iPS 细胞形态为圆形、大核仁、小胞浆,细胞群呈现长而扁平且致密的特征。2012 年山中伸弥与英国发育生物学家格登(Gurdon)因他们在细胞核重新编程研究领域的杰出贡献而获得诺贝尔生理学或医学奖。

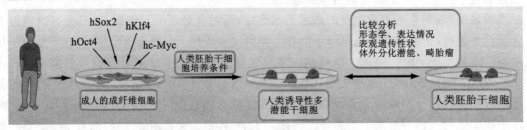

图 15-31 转录因子诱导人类多能干细胞

iPS 技术是干细胞研究领域的一项重大突破。随着 iPS 技术的不断发展以及技术水平的不断更新,它在生命科学基础研究和医学领域的优势已日趋明显。由于 iPS 细胞与 ES 细胞不同,其获得不需要损毁胚胎,因而避免了阻碍 ES 细胞研究发展的伦理道德问题,而且由于具有个体来源的特异性,不涉及免疫排斥,所以具有广泛而且重要的基础研究和临床应用价值。

2. iPS 细胞建立的简单过程

iPS 细胞建立的过程主要如下:①分离和培养宿主细胞(即成体细胞);②通过病毒介导或者其他的方式将若干个多能性相关的基因导入宿主细胞;③将病毒感染后的细胞接种于饲养层细胞上,并于 ES 细胞专用培养体系中培养,同时在培养中根据需要加入相应的小分子物质以刺激重编程;④出现 ES 样细胞克隆后进行 iPS 细胞的鉴定(细胞形态、表观遗传学、体外分化潜能等方面)。

3. iPS 技术的应用前景

从 iPS 细胞首次在实验动物中诞生,然后到 iPS 细胞建立方法的逐渐完善,再到 iPS 细胞研究在人类细胞中获得成功,最后到 iPS 细胞应用于疾病模型动物的治疗,整个过程只用了短短一年半的时间。这种快速发展的原因在于对过去大量知识的积累和运用,更在于观念上的大胆创新。

在理论研究方面,iPS 细胞的出现让人们对细胞多能性的调控机制有了突破性的新认识。细胞重编程是一个复杂的过程,除了受细胞内因子调控外,还受到细胞外信号通路的调控。在实际应用方面,iPS 细胞的获得方法相对简单和稳定,不需要使用卵细胞或者胚胎。目前,iPS细胞在体外已成功地被分化为神经元细胞、神经胶质细胞、心血管细胞和原始生殖细胞等,在神经系统疾病、心血管疾病等方面的作用也日益呈现。iPS 细胞的建立进一步拉近了干细胞和临床疾病治疗的距离,iPS 细胞在细胞替代性治疗以及发病机理的研究、新药筛选及临床疾病治疗等方面具有巨大的潜在价值。

15.4　细胞分化与癌细胞

细胞分化失控或者分化异常可能导致细胞恶性变化,成为癌细胞(cancer cell)。癌细胞与正常分化细胞明显不同的一点是,分化细胞的细胞类型各异,但都具有相同的基因组;而癌细胞的细胞类型相近,但基因组却发生不同形式的改变。与正常体细胞相比,癌细胞的许多生物学行为,包括增殖过程、代谢规律、形态学特点等都有非常明显的变化,而且这些差异是可以在细胞水平遗传的。

一般认为,细胞癌变是细胞去分化的结果,即已经分化的细胞回复到未分化的状态,因此,癌细胞和胚胎细胞具有许多相似的生物学特性。癌细胞除了具有其来源细胞的部分特性外,主要表现出低分化和高增殖的特征。

体内正常细胞分裂增殖的生物学行为受到细胞群体的调控,必须在适当的时间和地点减缓或者停止增殖。例如,终末分化的细胞(成熟血细胞、角质化细胞等)的周期延迟,增殖减慢,最后会停止生长和增殖。癌细胞不遵从这种群体控制的基本规律,在体内表现为异常的过度增殖,导致生长失控,称为不受控增殖。

癌细胞可用两个遗传特性来定义。它们或它们的后代:①通过打破正常的细胞分裂限制而增殖;②侵入并依据在正常情况下属于其他细胞的领地。正是由于这些行为综合在一起而使得癌症特别危险。一个独立的异常细胞如果不会比它周围的正常细胞增殖更快,那么它就不会造成明显危害。如果它的增殖失去控制,就会引发肿瘤,或成赘生物(neoplasm),即一团无限增殖的异常细胞。只要赘生物细胞仍然以单细胞团簇生在一起,就是良性肿瘤(benign);只有当细胞获得了侵入周边组织的能力,即肿瘤呈恶性(malignant)时,才被认为是癌症。

通常,侵入力是指逃脱、进入血流或淋巴,在身体其他部位形成继发性肿瘤(称为转移)的能力。由干细胞自我更新的组织和细胞类型更容易发生癌变,尤其是上皮组织,据统计,目前人类肿瘤的90%以上是上皮源性的,这是因为上皮包含许多分裂中的干细胞,易于受到致癌因素的侵袭,发生突变,转化为癌细胞。

15.4.1 癌细胞的生物学特征

在体内癌细胞有无限生长、转化和转移三大特点,因此能够无限增殖形成肿瘤,并可转移到身体其他部位,还会产生有害物质,破坏正常器官结构,使机体功能失调,威胁生命。体外培养的癌细胞有三个显著的基本特征:不死性,迁移性和失去接触抑制。除此之外,癌细胞还有许多不同于正常细胞的生理、生化和形态特征。

1.癌细胞的形态特征

(1)大小形态不一 癌细胞通常比它的源细胞体积要大,核质比显著高于正常细胞,可达1:1,正常的分化细胞核质比仅为1:(4~6)。核形态不一,并可出现巨核、双核或多核现象。癌细胞核大、核仁数目多,核膜和核仁轮廓清楚。电镜下的超微结构特点是胞质呈低分化状态,含有大量的游离核糖体和部分多聚核糖体,内膜系统尤其是高尔基体不发达,微丝排列不够规律,细胞表面微绒毛增多变细,细胞间连接较少。

(2)染色体异常 核内染色体呈非整倍态(aneuploidy),某些染色体缺失,而有些染色体数目增加(图 15-32,彩图 17)。正常细胞染色体的不正常变化,会启动细胞凋亡过程,但是癌细胞中,细胞凋亡相关的信号通路产生障碍,导致癌细胞具有不死性。

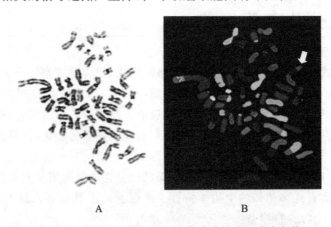

A   B

图 15-32 显示结构和数目异常的乳腺癌细胞染色体

(3)细胞骨架异常 正常细胞的细胞质中具有高度组织化的细胞骨架网络结构,而癌细胞中的细胞骨架紊乱,某些成分减少,骨架组装不正常,导致形态发生很大变化。

(4)细胞表面特征改变 癌细胞丢失了质膜上的主要组织相容性抗原(MHC),经修饰膜上的原有抗原而产生了新的质膜抗原,即 MHC-抗原复合物。癌细胞表面产生肿瘤相关抗体

(tumor associated antigen)。癌细胞表面的糖蛋白减少,如粘连蛋白(具有粘连作用),彼此之间的黏着性较小,导致在有机体内容易分散和转移。同时,癌细胞表面糖蛋白减少,致使细胞间识别作用减弱,也促进了细胞与细胞间分开。

2. 癌细胞的生理特征

(1)细胞周期失控　每一个生命个体中,都存在一个决定细胞是否、何时开始生长、分裂或死亡的精密程序,即细胞周期调控机制,其在相关基因的控制下,调控细胞的生长、分裂和死亡。细胞周期调控机制的破坏导致细胞的失控性生长,是几乎所有的肿瘤细胞的一个根本的共同特征。许多癌基因、抑癌基因突变的结果是改变了细胞周期的调控,包括细胞周期启动、运行和终止的异常,使本来应脱离细胞周期而停止增殖或应自行凋亡的细胞不断地进入细胞周期,从而出现无限制、自主的细胞增殖和分裂。

(2)具有迁移性　癌细胞的细胞间黏着性下降,具有浸润性和扩散性,易分散和转移。这是由于癌细胞能合成并分泌一些蛋白酶,降解细胞表面的某些结构,使胞外基质中纤粘连蛋白显著减少,细胞间黏性降低;同时由于高尔基体中缺少了某些糖基转移酶,使膜蛋白合成受阻并使血管基底层和结缔组织穿孔,癌细胞可以进出毛细血管,通过循环系统在体内长距离转移(图 15-33,彩图 18)。

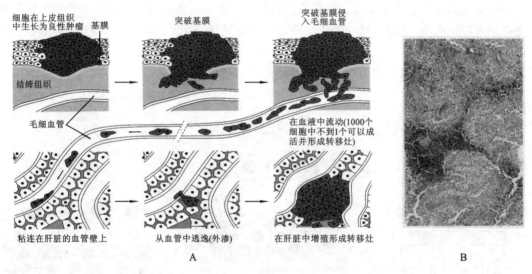

图 15-33　肿瘤的形成与迁移

A.肿瘤迁移过程示意图;B.红色区域为肝癌细胞转移灶

(3)接触抑制丧失　正常细胞在体外培养时表现为贴壁生长和汇合成单层后停止生长的特点,即接触抑制现象。而癌细胞失去接触抑制能力,在单层细胞融合后仍然不停止生长,增殖的细胞爬到邻近细胞的表面,继续分裂增殖,形成多层堆积,这种不受控增殖特性表现为细胞丧失接触抑制能力(图 15-34)。

(4)定着依赖性丧失　正常真核细胞(除成熟血细胞外)大多须黏附于特定的细胞外基质上才能抑制凋亡而存活,称为定着依赖性(anchorage dependence)。肿瘤细胞失去定着依赖性,可以在琼脂、甲基纤维素等支撑物上生长。

(5)去分化现象　正常不同组织的细胞都是高度分化的特异性细胞,而癌细胞不论在形态、功能和代谢诸方面都类似未分化的胚胎细胞,即当组织恶变成癌之后,细胞的多种表型又回到了胚胎细胞的表型,出现去分化现象。

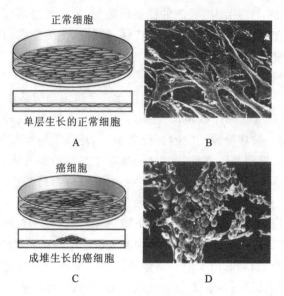

正常细胞

单层生长的正常细胞

A　　　　　　　B

癌细胞

成堆生长的癌细胞

C　　　　　　　D

图 15-34　癌细胞接触抑制丧失

肿瘤形成都是体细胞多基因突变累积的结果。基因突变能通过改变细胞分化能力来增加突变细胞克隆的大小。因此,对一个产生稳定生长的突变子克隆的异常干细胞而言,其基本规则必定是出乎意料的:或者大于 50％子代细胞必须仍然是干细胞,或者分化过程必须遭受破坏,结果导致子代干细胞保持不确定分裂和避免死亡(图 15-35)。

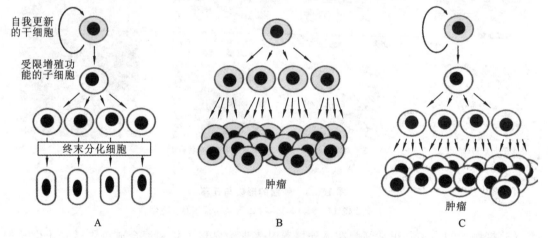

自我更新
的干细胞

受限增殖功
能的子细胞

终末分化细胞

肿瘤

肿瘤

A　　　　　　　　B　　　　　　　　C

图 15-35　来自干细胞的细胞生产的正常调控和紊乱调控

A.产生新的分化细胞的正常策略;B、C.能引起增殖失控的两类紊乱

(6)对生长因子需要量降低　正常二倍体细胞的培养基中必须含有一定浓度的血清(5％以上)才能分裂增殖。癌细胞在体外培养比较容易,癌细胞在 2％的低血清状态下也能生长,提示癌细胞可能自分泌刺激细胞生长的某些血清因子。正常人类体细胞有一定寿命,培养传代一般不超过 50 次,但培养的癌细胞具有永生性(immortality)。体外培养的癌细胞对生长因子的需要量显著低于正常细胞,这是因为自分泌或其细胞增殖的信号途径不依赖于生长因素。某些固体癌细胞还能释放血管生成因子,促进血管向肿瘤生长,获取大量增殖所需的营养物质。

　　(7)代谢旺盛　肿瘤组织的 DNA 和 RNA 聚合酶活性均高于正常组织,核酸分解过程明显降低,DNA 和 RNA 的含量均明显增高。蛋白质合成及分解代谢都增强,但合成代谢超过分解代谢,甚至可夺取正常组织的蛋白质分解产物,结果可使机体处于严重消耗的恶病质(cachexia)状态。

15.4.2　癌细胞行为的分子基础

　　肿瘤是一种基因病,但并非遗传,是由携带遗传信息的 DNA 的病理变化而引起的疾病。主要是体细胞 DNA 突变,失去对其生长的正常调控,导致异常增生。恶性肿瘤的形成往往涉及多个基因的改变。

1. 癌的发生过程

　　细胞的恶性转变需要多个遗传改变,即一个细胞发生多次遗传突变,因此癌症的繁盛是一个渐进过程,涉及多级反应和突变的积累。DNA 复制过程中的基因突变率为 10^{-6},人的一生中细胞分裂次数约为 10^{16},因此,每个基因可能的突变次数是 10^{10} 次,加上环境诱变,因此,肿瘤的发生率是很低的。绝大多数的基因突变位点不会致癌,癌症的发生至少在一个细胞中发生 5～6 个基因的突变。在此过程中,癌变的细胞系越来越不受体内调节机制的控制,并逐渐向正常组织侵染。在癌细胞发生恶性转变之后,癌细胞继续积累突变,赋予突变细胞新的特性,使癌细胞更具危险性。

　　这里我们要讨论的一个关于癌发生的渐进性的例子是宫颈癌(图 15-36,彩图 19)。在癌变易发区,细胞首先组织成多层鳞状上皮(A、E),这些上皮细胞通常仅在基底层发生增殖,新增的细胞随后移至表面,并在移动过程中进行分化,形成扁平的富含角蛋白的非分裂细胞,在到达表面时脱落;而在低度损伤中,分裂细胞不再被局限于基底层,而是处于表皮下继续分化,但只是轻微的病变(B、F);如果任其发展,这些轻微损伤的细胞大部分将会自然退化,但其中一小部分(约 10%)可能会进一步转变成为高度损伤细胞,在这些严重的异常斑点中,大部分或全部表皮层被未分化的分裂细胞所占据,这些细胞和细胞核的大小形状通常是高度变异的,但细胞仍然局限于基底膜的表皮侧(C、G);如果不予治疗干涉,异常组织可能只是继续存在而不会进一步发展下午,甚至可能自然退化,但有至少 30%～40% 的病变将会进一步发展下去,并在数年内产生浸润性癌(D、H)——一种恶性损伤,细胞越过并破坏基底层,侵入下面的组织,并通过淋巴实现转移(metastasis)。

　　显然,要成功发展成一个肿瘤,细胞必须在演化过程中获得一连串的异常特性,即一组具有破坏性的新特性。6 个关键特性使细胞能够进行恶性生长:①它们漠视调节细胞增殖的外部信号和内部信号;②它们倾向于避免通过细胞凋亡而自杀;③它们通过逃脱复制性衰老和避免分化而设法避开对增殖的程序性限制;④它们在遗传上是不稳定的;⑤它们自其原来的组织逃出(即具有侵入性);⑥它们在异地幸存和增殖(即能够转移)。

2. 癌症关键基因

　　癌症是一种遗传学疾病,它由体细胞中的突变引起。按照癌症危险性是否是由于基因产物过多或过少的活动,可将癌症关键基因(cancer-critical gene)分为两大类。一类是原癌基因(proto-oncogen),它是调控细胞生长和增殖的正常基因,在进化上高等保守。对于这类基因,功能获得型突变促使细胞形成肿瘤,其活动过多的突变形式称为癌基因(oncogene)。另一类基因是肿瘤抑制基因(tumor suppressor gene),也称抑癌基因,它是一类生长控制基因或负调控基因,对于这类基因,功能丧失的突变将导致细胞癌变。

E 正常上皮组织　F 低度上皮肿瘤　G 高度上皮肿瘤　H 浸润性瘤

图 15-36　子宫颈上皮癌发育过程的几个阶段

A～D.示意图;E～H.相对于这些改变的子宫颈上皮切面图;A、E.在正常复层扁平上皮中,分裂细胞局限于基底层;B、F.在低度恶性上皮内瘤形成中,分裂细胞可在上皮组织下 1/3 所以各处发现,表面细胞仍是扁平的并显示分化的迹象,但不完全;C、G.在高度恶性上皮内瘤形成中,所以上皮细胞层中的细胞正在增殖,且不显示分化迹象;D、H.当细胞穿过或破坏基底层并侵入下面的结缔组织时,真正的恶性肿瘤才开始

(1)原癌基因与抑癌基因　原癌基因是细胞内与细胞增殖相关的基因,是维持机体正常生命活动所必需的,在进化上高度保守。当原癌基因的结构或调控区发生变异,则突变为癌基因,其基因产物增多或活性增强时,使细胞过度增殖,从而形成肿瘤。而抑癌基因的产物是抑制细胞增殖,促进细胞分化,以及抑制细胞迁移,因此起负调控作用。通常认为抑癌基因的突变是隐性的,即只有当两个基因拷贝都丢失或失活才会使细胞失去增殖的控制,而只要有一个拷贝是正常的,就能够正常调控细胞的周期(图 15-37)。因此,大多数癌基因都是由原癌基因突变而来。

(2)原癌基因的激活　促进细胞增殖相关基因和抑制细胞增殖相关基因的协同作用,才能共同调控细胞的正常增殖进程。恶性肿瘤的发生归根到底是因为原癌基因的激活和抑癌基因的功能丧失,往往涉及多个基因的改变。原癌基因的激活方式多种多样,但可以概括为三个基本类型。基因的改变可以:①导致序列的微小变化(如点突变);②较大幅度的改变(如部分缺失);③染色体易位(涉及 DNA 螺旋的断裂和再结合)。

(3)原癌基因与癌的发生　目前已发现近百种癌基因。癌基因编码的蛋白质主要包括生长因子(growth factor)、生长因子受体(GFR)、信号转导蛋白、转录因子、抗凋亡蛋白、细胞周期调控蛋白及 DNA 修复蛋白等几大类型(图 15-38)。细胞信号转导是细胞增殖与分化过程的基本调节方式,而信号转导通路中蛋白因子的突变是细胞癌变的主要原因。如人类各种癌症中约 30% 的癌症是信号转导通路中的 ras 基因突变引起的。癌基因的产物常常是正常细胞不表达、或表达量很少、或表达产物活性不能调控的一类蛋白质。

(4)肿瘤抑制基因与癌变　抑癌基因也称为抗癌基因,实际上是正常细胞增殖过程中的负调控因子,其编码的蛋白质在细胞周期的检控点上起阻止周期进程的作用,从而抑制细胞生

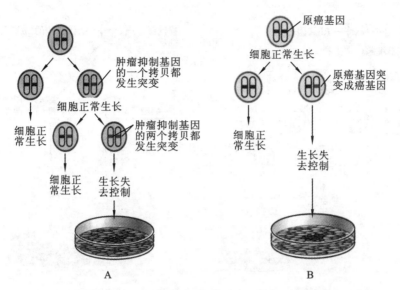

图 15-37　肿瘤抑制基因与原癌基因突变对细胞的影响

A.肿瘤抑制基因突变对细胞的影响；B.原癌基因突变对细胞的影响

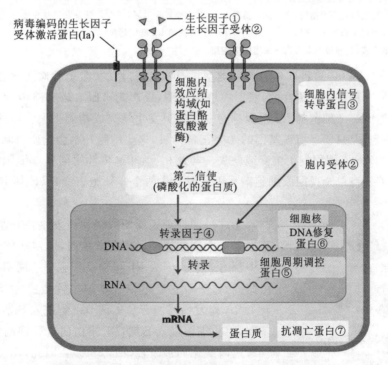

图 15-38　参与细胞生长调控的 7 种类型的蛋白质

长,并阻止细胞癌变。早在 1960 年,有人将癌细胞与同种正常成纤维细胞融合,所获杂交细胞的后代只要保留某些正常亲本染色体时就可表现为正常表型,但是随着染色体的丢失又可重新出现恶变细胞。这一现象表明,正常染色体内可能存在某些抑制肿瘤发生的基因,它们的丢失、突变或失去功能,使激活的癌基因发挥作用而致癌。如在研究视网膜母细胞瘤过程中,发现了肿瘤抑制基因 Rb,该基因突变失活将导致肿瘤发生(图 15-39)。

视网膜母细胞瘤在童年期出现,肿瘤是从未成熟视网膜的神经前体细胞发展而来,发病率

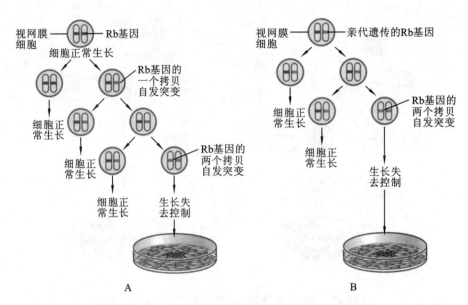

图 15-39　Rb 基因突变与视网膜细胞瘤的形成图

A. 视网膜细胞瘤的患者在出生时,Rb 基因的两个拷贝都是正常的,只是在后来连续发生了 Rb 基因的自
发突变导致形成视网膜细胞瘤,由于这种情况很少,并需要较长时间,所以是散布发生并在成年之后;B. 在家
族性视网膜细胞瘤患者中,他们出生时就携带了一个突变的 Rb 基因拷贝,后经自发突变,使两个 Rb 基因都
成为突变的形式,这样很快发展为成视网膜细胞瘤

非常低,约为 1/20000。这种疾病有两种类型:一种是遗传性的,多个肿瘤通常独立发生,影响
患者的双眼;另一种是非遗传性的,只形成单个肿瘤,仅影响单眼。患有遗传性视网膜母细胞
瘤的个体,其体内每个细胞的 Rb 基因都有一个拷贝发生缺失或功能丢失。因此,这些细胞易
于转变成癌细胞,但只要保留该基因的一个正常拷贝,这些细胞并不会癌变。除非发生体细胞
突变,导致两个 Rb 基因均发生突变或缺失。与此相反,非遗传性视网膜母细胞瘤是非常罕见
的,因为它们需要在单个视网膜细胞谱系中同时发生两个体细胞突变,以破坏 Rb 基因的两个
拷贝。

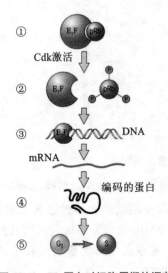

图 15-40　Rb 蛋白对细胞周期的调节

①通过调控细胞周期抑制肿瘤发生:Rb 基因编码的 Rb
蛋白是一个细胞周期通用调节蛋白,通常在体内几乎所有细
胞中都有表达。因为 Rb 蛋白是细胞分裂周期进程中的主要
限制因素之一,它通过结合基因调控蛋白,如转录因子 E_2F
及 DNA 修复所需酶等负责调节细胞进入 S 期的一系列关键
基因,阻止细胞进入 S 期,Rb 蛋白的这种抑制作用在适当时
候通过磷酸化而被减轻(图 15-40)。因此,Rb 基因的丢失可
能允许细胞不适当地进入细胞分裂周期。正因为如此,Rb
基因远远不只是一个在罕见的儿童期癌症中发生突变的基
因,在几种常见类型的癌症中也有缺失,如肺癌、乳腺癌和膀
胱癌。这些更常见的癌症通过一系列比视网膜母细胞瘤更
复杂的遗传改变而发生。似乎在所有这些癌症中,Rb 基因
的丢失在其发展过程中常常是一个主要步骤。

②通过诱导细胞凋亡抑制肿瘤发生:正常细胞的癌变除

了与细胞增殖的失调有关外,细胞死亡的减少也在癌细胞积累中起重要作用。生物体内各种组织细胞通过增殖与凋亡来维持数量的平衡。一旦这种平衡被打破就会导致一些疾病的产生,如癌症。在所有与调控细胞凋亡的癌症关键基因中,有一个基因与绝大多数组织中的肿瘤有关,这个基因称为 p53。p53 基因是迄今发现与人类肿瘤相关性最高的基因。在所有恶性肿瘤中,50％以上会出现该基因的突变。该基因编码一种分子量为 53 kDa 的磷酸化蛋白。

像所有其他肿瘤抑制因子一样,p53 在正常情况下对细胞分裂起着减慢或监视的作用。当细胞中 DNA 受到损伤时,p53 会判断 DNA 变异的程度,如果变异较小,这种基因就促使细胞自我修复,若 DNA 变异较大,p53 就诱导受损细胞凋亡。通过细胞凋亡促进/抑制因子如 Bax/Bcl2 等蛋白,p53 可完成对细胞凋亡的调控作用(图 15-41)。Bcl-2 可阻止凋亡形成因子如细胞色素 C 等从线粒体释放出来,具有抗凋亡作用;而 Bax 可与线粒体上的电压依赖性离子通道相互作用,介导细胞色素 C 的释放,具有促凋亡作用。p53 可以通过上调 Bax 的表达水平,以及下调 Bcl-2 的表达共同完成促进细胞凋亡作用。

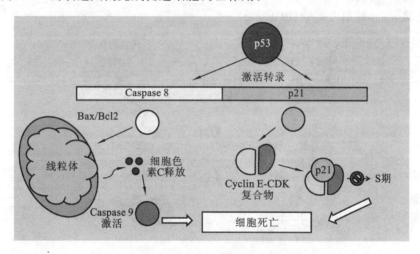

图 15-41　p53 通过诱导细胞凋亡起到抑癌作用

另外,像 Rb 基因一样,p53 也可以通过调节细胞周期过程阻止细胞增殖。其调节功能主要体现在 G_1/S 和 G_2/M 期校正点的监测,与转录激活作用密切相关。p53 下游基因 p21 编码蛋白是一个依赖 Cyclin 的蛋白激酶抑制剂,一方面 p21 可与一系列 Cyclin-CDK 复合物结合,抑制相应的蛋白激酶活性,导致 Cyclin-CDK 无法磷酸化 Rb(图 15-41),促使非磷酸化状态的 Rb 保持与 E_2F 的结合,使 E_2F 这一转录调节因子不能活化,引起 G_1/S 期阻滞。由此可见,p53 基因/蛋白既可以诱导受损细胞停止生长,也可以通过开启靶标基因启动受损细胞的凋亡,从而抑制肿瘤的发生。

15.4.3　诱发癌变的因素

能够引起癌症的因素多而各异,但最容易理解的是那些引起 DNA 损伤和产生突变的因子。这些致癌因子大致分为 3 种类型:化学因素、物理因素和生物因素。

1. 化学致癌因素

这类因素是目前导致肿瘤的主要原因,其来源广、种类多。按化学结构可分为如下几类。①亚硝胺类,这是一类致癌性较强,能引起动物多种癌症的化学致癌物质。在变质的蔬菜及食品中含量较高,能引起消化系统、肾脏等多种器官的肿瘤。②多环芳香烃类,这类致癌物以苯并芘为代表,将它涂抹在动物皮肤上,可引起皮肤癌。这类物质广泛存在于沥青、汽车废气、煤烟、香烟及熏制食品中。③芳香胺类,如乙萘胺、联苯胺、4-氨基联苯等,可诱发泌尿系统的癌症。④烷化剂类,如芥子气等,可引起白血病、肺癌、乳腺癌等。⑤氨基偶氮类,如用二甲基氨基偶氮苯(即奶油黄,可将人工奶油染成黄色的染料)掺入饲料中长期喂养大白鼠,可引起肝癌。⑥碱基类似物,如 5-溴尿嘧啶等,进入细胞能替代正常的碱基掺入到 DNA 链中而干扰DNA 复制合成。⑦氯乙烯,是目前应用最广的一种塑料聚氯乙烯,由氯乙烯单体聚合而成。大鼠长期吸入氯乙烯气体后,可诱发肺、皮肤及骨等处的癌症。⑧某些金属,如铬、镍、砷等也可致癌。

化学致癌物引起人体癌症的作用机制很复杂。少数致癌物质进入人体后可以直接诱发肿瘤,这种物质称为直接致癌物。大多数化学致癌物进入人体后,需要经过体内代谢活化或生物转化,成为具有致癌活性的最终致癌物,才能引起癌症发生,这种物质称为间接致癌物。在体内参与此类化合物代谢的主要为 p450 酶系。尽管这些化学致癌剂的结构不同,但它们至少有一个特性是共同的,即引发突变(图 15-42)。

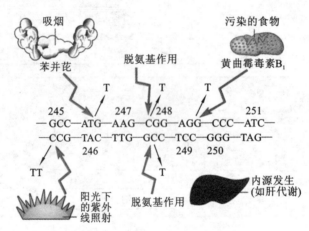

图 15-42 某些化学致癌物的作用机制

图中随机选择了 p53 基因中 7 个密码子,它们在人的癌症患者中有 50% 会发生缺失或突变。图中显示了集中不同致癌化学物作用于该序列引起突变的机制。每种致癌物都引起一种不同的碱基置换。另外,由于内源代谢引起的脱氨作用,也会导致 C→T 突变

2. 物理致癌因素

物理致癌因素包括灼热、机械性刺激、创伤、紫外线、放射线等。值得高度重视的是,辐射危害可以来自环境污染,也可以来自医源性。比如多次反复接受 X 射线照射检查或放射性核素检查可使受检人群患肿瘤概率增加,若用放射疗法治疗某些疾病,也可诱发某些癌症。

3. 生物致癌因素

生物致癌因素包括病毒、霉菌、寄生虫、细菌等。其中以病毒与人体癌症的关系最为重要,研究也最深入。

(1)癌症病毒 与人类肿瘤发生关系密切的有四类病毒,即逆转录病毒(如 T 细胞淋巴瘤病毒、HTLV-I)、乙型肝炎病毒(HBV)、乳头状瘤病毒(HPV)和 Epstein-Bars 病毒(EBV),后三类都是 DNA 病毒(表 15-2)。

表 15-2　与人类癌症有关的病毒

病　　毒	相 关 癌 症	高发病率地区
DNA 病毒		
乳多空病毒家族	良性	全世界
乳多空病毒疣	宫颈癌	全世界
（许多不同株系）		
肝 DNA 病毒家族		
乙型肝炎病毒	肝癌	东南亚、热带非洲
孢疹病毒家族		
EB 病毒	伯基特淋巴瘤（B 淋巴细胞的癌症）	西非、新几内亚岛、中国南部、格林南
RNA 病毒		
逆转录病毒家族		
人 T 细胞白血病病毒Ⅰ型（HTLV-Ⅰ）	成人 T 细胞性白血病/淋巴瘤	日本、西印度群岛
人类免疫缺陷病毒（HIV，艾滋病毒）	卡波济（氏）肉瘤	中非和南非

　　DNA 病毒常常携带有能破坏宿主细胞的细胞分裂控制基因，使其增殖失控。通过这种方式起作用的 DNA 病毒典型的包括人乳头状瘤病毒。癌症相关病毒的确切作用往往难以阐明，因为从最初病毒感染到发展成癌症潜伏期达数年之久。而且，病毒的作用还与环境因素和遗传事件密切相关。

　　（2）霉菌与癌症发生　　霉菌的种类很多，与癌症发生关系比较明确的有黄曲霉菌，它产生的黄曲霉毒素（aflatoxin）是一类杂环化合物，可引起人和啮齿类、鱼类、鸟类等多种动物的肝癌。黄曲霉菌非常容易在湿热的环境中生长，一些非洲国家和我国南方一些地区气候湿热，粮食、花生、玉米等农产品保管不善极易发生霉变，食用这种被黄曲霉菌污染的粮食或食物，可能与一些非洲、亚洲国家肝癌的高发病率有关。黄曲霉毒素 B_1 是肝癌的主要致癌因素之一，气候是形成我国肝癌分布地区差异的重要环境条件。合理有效地保管粮食和食品，防止霉变，或对被污染较轻的食品去除霉菌毒素，又不影响食物的营养质量，对防止肝癌发生有积极意义。

　　（3）寄生虫、细菌与人体肿瘤　　慢性感染寄生虫和细菌也可能促进一些癌症的发生。例如能引发胃溃疡的幽门螺杆菌似乎是胃癌发生的主要原因。在世界一些地区的膀胱癌与感染一种寄生扁虫——曼氏血吸虫有关。

　　总的来说，化学和物理致癌物是改变细胞原有的遗传信息，而病毒则将新的遗传信息导入细胞而诱发癌症，通过病毒基因表达在某一时间起致癌作用。癌细胞保持着全部或部分病毒基因组，即使有关的病毒基因组没有得到表达，病毒 DNA 也仍然存在。病毒致癌的机制复杂，如 HTLV-I 和 EBV 等病毒感染后，起致癌启动作用的病毒基因在症状明显的癌细胞中已不再表达，而 HPV 则正好相反，常常只有那些起致癌作用的病毒基因在癌细胞里得到表达。

15.4.4　肿瘤的起源与进化

对肿瘤的起源有两种见解，其一是认为来源于去分化的体细胞，其二是认为来源于干细胞。虽然在某些低等动物中已分化的细胞可以去分化，但在哺乳动物中通常已分化的细胞不再具备自我更新的能力，即使发生突变也只是功能异常而不至于转化。而许多成体组织中干细胞是一直存在的，并不断更新，突变更容易在干细胞中累积。所以现在普遍倾向于认为肿瘤来源于恶性干细胞。有些组织，如肝、肾虽然不具有干细胞，但其细胞在特殊情况下也具有分裂能力，因而也是致癌物的靶细胞。

1. 肿瘤细胞类似于干细胞

肿瘤细胞和干细胞有很多相似之处，均有自我更新和无限增殖能力、较高的端粒酶活性、相同的调节自我更新的信号转导途径，如 Hedgehog、Notch、Wnt 及 NF-κB 等信号途径。

Hedgehog 信号通路参与早期神经系统发育和毛囊形成的调控，Hedgehog 途径中的抑制物突变后，信号系统活性增高，可诱导中枢神经系统癌的产生。Notch 信号通路调控造血干细胞的自我更新，通过抑制造血干细胞的特定分化阶段，控制造血干细胞向粒系或淋巴系分化，Notch 信号通路的过度表达可诱导恶性淋巴瘤的产生。在黑色素瘤和一些肠道肿瘤中存在异常的 Wnt 信号，尤其是 Wnt 途径的组成成分，如 β-catenine、APC、Axin 等发生基因突变。以上结果提示，机体一生中细胞的生长、分化由相似的生长调控机制调节，其异常可引起细胞过度增殖，导致肿瘤。

来自许多肿瘤的大量证据都得出同样的结论：大多数肿瘤都起源于单个异常细胞（单克隆细胞），如果单个异常细胞注定会引发肿瘤，那么它必须将其异常传递给后代，即这种异常必须是可遗传的，这点在雌性哺乳动物 X 染色体的随机失活中得到充分表现（图 15-43）。在哺乳动物中，雌、雄细胞中的染色体不同，雌性有两条 X 染色体，而雄性有一条 X 染色体和一条 Y 染色体，结果雌性细胞所含 X 染色体拷贝数目是雄性的 2 倍。为了弥补这一差异，哺乳动物进化出一种剂量补偿机制来平衡雌雄之间 X 染色体基因产物的数量。

最初失活哪条 X 染色体的选择，是从母代细胞继承的那条（X_m）还是从父代细胞继承的那条（X_p），是随机进行的，一旦 X_m 或 X_p 已经失活，那么在该细胞后代随机的所有分裂细胞中，它都保持沉默。由于 X 染色体失活是随机的，所以每个雌性个体的细胞克隆群组成的都是嵌合体（图 15-43）。作为发生于早期胚胎的一个随机过程的结果，事实上，雌性哺乳动物体内的每个正常组织都是一个由带有不同的遗传失活 X 染色体的细胞组成的混合体（图 15-43A 中红色细胞和白色细胞组成的混合体表示正常组织）。然而，当肿瘤细胞被用于测试一个 X 连锁标志基因的表达时，常常发现它们使相同的 X 染色体失活，这暗示着它们都来源于单个癌性的生成细胞。从这一点看，一个肿瘤中的细胞具有相同的起源。

2. 肿瘤干细胞

我们知道，要想彻底治愈肿瘤，唯一的希望就是将肿瘤细胞斩草除根。然而很多时候，那些似乎已经被消灭的癌症又会卷土重来。肿瘤的形成是一个涉及多基因突变的微进化过程，多次突变形成肿瘤细胞的异质性。其中少量的细胞具有很强的增殖能力，肿瘤细胞生长、转移和复发的特点与干细胞的基本特性十分相似，于是一些科学家提出一种假说，认为这里所说的"根"是存在癌细胞中的一个子集——肿瘤干细胞（cancer stem cell or tumor stem cell，CSC/TSC；也称为癌症干细胞）。这类细胞能够保持休眠状态，从而逃避化疗或放疗，并在几个月或几年后形成新的肿瘤。

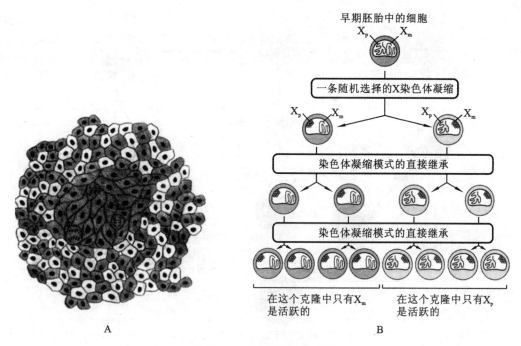

图 15-43　肿瘤的单克隆起源

A. 来自 X 染色体失活嵌合体的证据证明癌症的单克隆起源；B. 雌性哺乳动物中凝缩失活的 X 染色体的克隆遗传

　　美国癌症研究协会（AACR）2006 年将肿瘤干细胞定义为：肿瘤中具有自我更新能力并能产生异质性肿瘤细胞的细胞。肿瘤干细胞假说认为，并非肿瘤中的所有细胞在肿瘤的增殖和生长中起作用，仅仅是肿瘤中一小部分被称为肿瘤干细胞的细胞，具有增殖和广泛的自我更新能力（图 15-44）。大部分肿瘤细胞失去了自我更新和增殖的能力，分化成为肿瘤细胞，构成了肿瘤的表型特征。

3. 肿瘤干细胞的生物学特性

　　肿瘤干细胞具有高度增殖和分化能力，但又不同于普通干细胞，此类干细胞具有发展成为肿瘤的特性。肿瘤干细胞对肿瘤的存活、增殖、转移及复发有着重要作用。从本质上讲，肿瘤干细胞通过自我更新和无限增殖维持着肿瘤细胞群的生命力，肿瘤干细胞的运动和迁徙能力又使肿瘤细胞的转移成为可能；肿瘤干细胞可以长时间处于休眠状态并具有多种耐药分子而对杀伤肿瘤细胞的外界理化因素不敏感，因此肿瘤往往在常规肿瘤治疗方法消灭大部分普通肿瘤细胞后又重新复发。因此，肿瘤干细胞被推测为肿瘤发生的细胞起源。

　　（1）肿瘤干细胞的实验依据　20 世纪 50 年代索瑟姆（Southam）等首次进行了肿瘤细胞自体/异体移植实验，后来众多实验都相继证实并非每个肿瘤细胞都有再生肿瘤的能力，只有一小部分肿瘤细胞在体外实验中可以形成克隆，即仅有极少亚群的癌细胞能广泛地增殖。在异种移植模型中，只有移植入大量的肿瘤细胞才能形成植瘤。20 世纪 70 年代帕克（Park）等研究发现从小鼠腹水的骨髓瘤细胞分离出的正常的造血干细胞，在体外克隆形成实验中能够形成克隆的癌细胞仅占万分之一至百分之一。在白血病细胞移植实验中，小鼠腹水中分离的骨髓瘤细胞移植到体内，只有 1%～4% 的骨髓瘤细胞能在脾脏形成克隆，这些骨髓瘤细胞与通常造血细胞一样，只有少量的细胞能形成克隆，这些能形成克隆的骨髓瘤细胞很可能就是骨髓瘤干细胞。

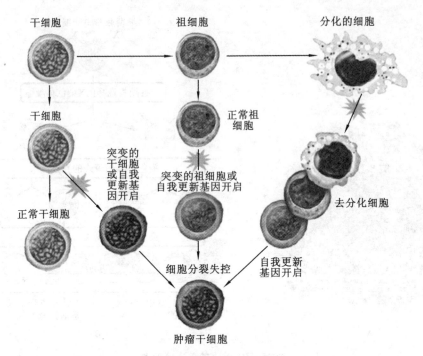

图 15-44　肿瘤干细胞的生成

在实体瘤中,细胞的不同表型和体外培养时仅一小部分细胞具有克隆形成性。例如,只有千分之一至五千分之一的肺癌、卵巢癌和神经母细胞瘤细胞可在软琼脂中形成克隆。如上文中的白血病干细胞,这些观察引出了这样的假设:仅少数癌细胞是实际上致瘤性的细胞,且这些致瘤细胞能被认为是诱发癌症的根源。究竟何种细胞行使肿瘤起源细胞的功能?

(2)肿瘤干细胞理论假说　目前有两种理论解释(图 15-45)。一是随机化理论:认为肿瘤细胞具有同质性,即每一个肿瘤细胞都具有新生肿瘤的潜力,但是能进入细胞分化周期的肿瘤细胞很少,是一个小概率随机事件。另一个是分层理论:认为肿瘤细胞具有功能异质性,只有有限数目的肿瘤细胞具有产生肿瘤的能力,但这些肿瘤细胞再生肿瘤是高频事件。虽然两种理论都认为只有很少数量的肿瘤细胞能再生肿瘤,但是机制是完全不同的。目前的实验结果倾向于第二种解释,即肿瘤组织中存在数量稀少的癌细胞,在肿瘤形成过程中充当干细胞的角色,具有自我更新、增殖和分化的潜能,虽然数量少,却在肿瘤的发生、发展、复发和转移中起着重要作用,由于其众多性质与干细胞相似,所以这些细胞被称为肿瘤干细胞。肿瘤干细胞能不对称产生两种异质的细胞,一种是与之性质相同的肿瘤干细胞,另一种是组成肿瘤大部分的非致瘤癌细胞。

4. 肿瘤干细胞的应用前景

当前肿瘤治疗的目的是尽可能杀死所有肿瘤细胞,但实际上大部分肿瘤经过一段时间缓解期后又复发。根据干细胞理论,这种传统的治疗方法并没有将肿瘤干细胞完全杀死,仍具有无限增殖能力。研究发现,在 80% 前列腺癌中表达的特异标记前列腺干细胞抗原是前列腺癌治疗很好的靶点。静脉注射前列腺干细胞抗原单克隆抗体治疗前列腺癌,可以延长小鼠的存活时间,并基本抑制前列腺癌肺转移。针对肿瘤干细胞的重要位点进行肿瘤免疫治疗的研究正在进行中,越来越多的学者提出肿瘤治疗应该针对肿瘤干细胞,即使肿瘤体积没有缩小,但由于其他细胞增殖能力有限,肿瘤将逐渐退化萎缩,也许人类能够真正治愈肿瘤。

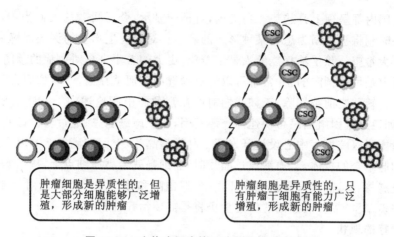

图 15-45　实体瘤细胞的两种异质性理论模型

5. 癌症与生命起源

2013 年,美国亚利桑那州立大学保罗·戴维斯(P. Davies)及澳大利亚国立大学的查尔斯·莱恩威弗(C. Lineweaver)从一种新的角度看待癌症的起源:他们认为癌症不是由突变所致,而是就像衰老一样,是嵌入生命的不可剥离的一部分,其进化的根源可追溯到多细胞生物的起源时期。因此,他们认为,治疗癌症要转换思维模式,就像衰老一样,癌症是深嵌入生命的不可剥离的一部分,癌症不可能被治愈,但绝对可以减轻病情,例如延缓发病或延长休眠期等。将癌症的起源与生命起源、胚胎发育联系起来,挑战了传统的关于癌症的观点,这一研究结果发表在《物理世界》杂志上。

戴维斯和莱恩威弗既是理论物理学家,又是经验丰富的天体生物学家。他们凭借自己的见解和交叉学科的优势希望为解决癌症问题探索新的思路。戴维斯将癌症描述成为一种返祖表现型:将癌症设想为细胞内一种古老程序的执行,这些程序事先加载在各种细胞基因组,就像 Windows 系统遭受到某种损害后默认成"安全模式"。

该理论预测,随着癌症发展到后期的恶性阶段,多细胞生物体内高度保守的基因序列将逐步被表达。为验证此说法,他们将通过癌组织活检获得的基因表达数据与 16 亿年前的生物进化树作了比较。但如果是这种情况,为何进化过程没有淘汰古代的癌症"子程序"? 戴维斯解释说:因为在胚胎发育的早期阶段,它满足了胚胎发育的某些关键功能。在胚胎发育时期很活跃的基因,此后一直处于休眠状态,这些基因当癌症发生时重新切换回活跃状态。

癌症生物学家很早就知道癌症与胚胎发育的这一关联,但很少有人理解这个事实的意义。如果新的推论是正确的,研究人员会发现癌症恶性阶段将更多地重新表达胚胎发育起始阶段的某些基因。

当生命的形式发生了重大变化,从单细胞生物进化成多细胞生物时,地球上的低氧水平使得癌细胞恢复到最古老的代谢形式,即无氧呼吸。无氧呼吸可消耗很少的氧气产生很大的能量,但需要大量的能源物质糖类。他们预测,如果夺取癌细胞的糖类物质,并使其处于氧饱和状态,它们的代谢将逐渐减慢,最终死亡。诚然,任何科学的新发现都需经过漫长的实践验证,并不断获得新的认识给以完善。新理论的发现也许可以为未来癌症的治疗提供新的线索。

15.4.5　癌症治疗的现状与未来

随着人口老龄化、西式饮食习惯的扩散、烟草消费量的不断增加,以及环境变化等,癌症发病率在全球范围内都呈现上升趋势。在美国,有预测显示,今天活着的人们当中,将有约50%在生命的某一时刻将被诊断为患有某种形式的癌症。对癌症生物学的深入理解为我们与癌症斗争带来了更大希望。除了治疗能给人带来希望,更大的希望来自对癌症的预防和早期诊断。许多癌症实际上是可以预防的,并常常可以通过筛选而被扼杀在摇篮中,如原发肿瘤的及早发现就可以在它们转移之前被切除,正如我们前面在宫颈癌中所论述的。一些新型的分子生物学检测手段,如通过基因组测序可快速筛查癌基因,发现患癌隐患;通过验血诊断并治疗癌症,如美国马萨诸塞州医院癌症中心设计开发了一种微型晶片,上面布满了7.8万个细点,细点上布有能同癌细胞结合的抗体,当血液流过晶片时,癌细胞就会黏在细点上,从而实现快速诊断。这些领域的进展将有可能大大降低癌症死亡率,但预防和筛选绝对不可能对控制癌症完全有效。未来的许多年里,多种成熟的恶性癌症仍将是需要治疗的常见病。

1. 癌症治疗的现状

目前对癌症的治疗是基于细胞周期控制的丧失和癌细胞的遗传不稳定性特点。癌细胞与正常细胞具有某些明显的特征性区别,如 DNA 修复机制丢失引起的遗传不稳定性。现有的大多数有效的抗癌疗法都利用了癌细胞这些分子缺陷,如放疗、化疗,这些方法优先选择杀死特定类型的癌细胞,因为这些突变体从辐射损害中幸存下来的能力降低。在放疗过程中,正常细胞的 DNA 将遭受损害,并在被修复之前,其细胞周期停止运转;而那些同时在多个细胞周期监控点有缺陷的肿瘤细胞却丧失了阻止细胞周期运行的能力,因此在辐射后仍继续增殖,这些细胞试图在携带有缺陷的染色体条件下进行分裂,但由于它们承受着灾难性 DNA 损伤,因此几乎都将在几天后死亡(图 15-46)。

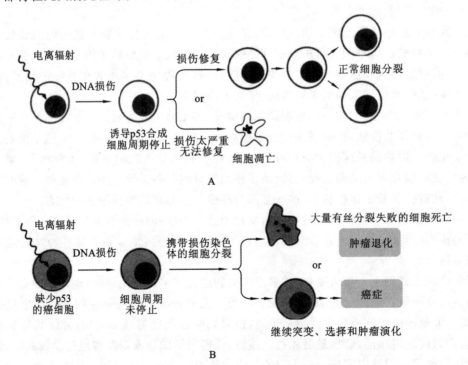

图 15-46　电离辐射对正常细胞(A)和癌细胞(B)的影响

许多由 DNA 损伤导致的细胞死亡是通过诱导细胞凋亡而实现的,而凋亡缺陷的癌细胞则可能逃避放疗、化疗的作用,因而这种缺陷将可能增加癌细胞对辐射和不同种类化疗药物的抗性。遗传不稳定性本身可能有利于也可能不利于抗癌治疗。尽管许多传统疗法都利用了癌细胞遗传不稳定性的一个致命弱点,但该特性也使得癌症的根治更加困难,因为很多癌细胞具有很高的突变型,而且多数癌细胞群体在许多方面都是异质性的,因此很难用一种疗法来治疗。

2. 癌症治疗的未来

随着对癌症生物学和进行性肿瘤的深入了解,现在对癌症这类疾病的治疗不仅仅局限于以细胞周期停滞和 DNA 修复过程的缺陷为治疗靶目标,而是希望找到更强大、更具选择性的途径直接根除癌细胞。近年来,提出了许多攻击癌细胞的大胆的新途径,并发现其中许多途径可在模式动物中起作用——通常是降低或阻止小鼠肿瘤的生长。如阻断一些肿瘤细胞过于依赖的自身超量表达的特殊蛋白质——Her2,有望在人类乳腺癌的治疗中有所突破。另一种方法是以化疗药物直接传递给癌细胞为目标,针对像 Her2 那样的细胞表面丰富的蛋白质,可以利用抗体和毒素结合增加杀死癌细胞的概率。

(1)攻击缺乏 p53 的癌细胞　前面曾提到,绝大多数组织中的肿瘤与 p53 基因的丢失和突变有关,该突变基因在癌细胞中高水平且异质性表达突变的 p53 蛋白。动物模型实验结果表明,突变的 p53 蛋白能够通过抑制野生型 p53 蛋白以及其他蛋白质的正常功能而促使肿瘤的形成、侵入和转移。因此,阻止突变型 p53 蛋白的积累和活性可能提供一种新的癌症治疗和诊断靶点。另外,以癌细胞为目标的一条巧妙途径利用了 p53 蛋白的丢失。现已构建了一个缺乏编码 p53 阻断蛋白的基因的腺病毒,该缺陷型病毒只在 p53 蛋白丢失失活的细胞中复制,将这种经过修饰的腺病毒注入肿瘤,则该病毒可能有望在缺乏 p53 蛋白的癌细胞中增殖并只杀死这种癌细胞而不损伤正常细胞。这种治疗策略正在进行临床试验。

(2)靶向特异癌基因和蛋白质的小分子　miRNA 是一种单链的非编码 RNA,参与多种与人类癌症密切相关的生物学过程,如细胞增殖、分化、凋亡等。研究发现,miRNA 能够被化学小分子所靶向,基于小分子扰动的基因芯片数据、癌症中的差异表达基因以及 miRNA 所调控的靶基因等信息,在 17 种人类癌症中构建了小分子和 miRNA 的关联网络,利用小分子化合物靶向 miRNA 将成为一种新型的癌症治疗方法。该研究的成果将有利于与 miRNA 相关药物的研发,为癌症治疗提供更加安全、高效的候选药物。

(3)阻断癌细胞的营养　癌细胞需要形成新的血管来维持其营养需求,因此阻断血管发生的治疗方法应该在许多不同类型的癌症中都有效。血管内皮生长因子是新血管生长必需的信号分子,临床试验正在研究利用血管内皮抑素来阻断这些信号分子。这就提供了一条有望攻击这些细胞而不损害非癌组织中的血管的治疗途径。

(4)癌症干细胞　治疗癌症如果不把癌症干细胞彻底清除,癌症很容易复发和转移。最近,科学家发现癌症干细胞含有一种标志蛋白,有望对癌细胞做到"斩草除根"。例如,日本京都大学研究人员在罹患大肠癌的鼠细胞中发现一种 Dclk1 蛋白质,含有这种蛋白质的细胞会在较长一段时间内持续产生癌细胞。他们通过基因操作成功地有选择地清除了含 Dclk1 蛋白质的细胞,实验鼠体内的大肠癌组织面积缩小了 80% 以上,有些甚至完全消失,而且未发现副作用。而此前人们陆续发现的癌症干细胞所含的一些标志物质同时也存在于正常干细胞内,如果以这些物质为目标清除癌症干细胞的话,会误伤到正常干细胞,导致副作用的出现。研究人员表示,这是首次找到只存在于癌症干细胞内的标志物质,以此物质为目标,可实现对癌症干细胞的精准攻击,有望用来研发几乎没有副作用的抗癌药物。另外,Dclk1 蛋白质很可能也是胰腺癌、胃癌等其他癌症的标志蛋白。

癌症往往令人闻之色变，人们习惯将其视为一种存活期较短的致命疾病。然而，目前越来越多的学者提出了另一种建议，即把癌症当做一种慢性病，让患者与之长期安全地共存，以最大限度地提高生命质量，而这样的观念正在被国际医学界所普遍接受。对此，世界卫生组织等国际机构已经把癌症定义为一种慢性病。也就是说，癌症的发生和发展都不是那么明显，它也许就像糖尿病、高血压一样，只要加强预防、早发现、早治疗，其实并没有人们想象得那么可怕。其实，人的一生都是与疾病共存的，正如我们前面曾提到的癌症与生命起源的关系，也许癌症的确就像衰老一样，是嵌入我们生命的不可剥离的一部分。也许短期内不会出现人们所期望的治愈方法，但是把癌症的危害缩小到人们能够容忍的一种慢性病的状态，可能更有现实意义。因为，治疗的目的是控制和减小癌症对生命的危害，而非不顾人的身体健康完全消灭癌症。正如美国癌症研究所所长 A. V Eschenbach（安德鲁·埃森巴赫）所说："我们将尽最大努力，力争使癌症成为一种人类可与之共存，而非置人于死地的普通疾病"。为此，他向全美的癌症研究人员提出了一项挑战性任务——使人类在与癌症的斗争中首次把主动权掌握在自己手中。

思考题

1. 分析问题

(1) 举例说明细胞质对细胞分化的影响。

(2) 细胞分化是基因差别表达的结果，你能举例说明吗？

(3) 有关干细胞研究的最新动态，你了解哪些？你认为干细胞在疾病治疗中的应用前景如何？

(4) 尼古丁不但是使吸烟者成瘾的物质，而且如果吸烟者得了肺癌，尼古丁还可干扰癌症化疗药的作用，这也是肺癌患者必须戒除吸烟习惯的另一个重要理由。美国国家科学院癌症研究所的科学家将不同的癌细胞株暴露于尼古丁（相当于每天吸烟一盒的血中浓度），因尼古丁能够逆转细胞自然凋亡的 2 个基因（如 p53、p21）的活动，干扰用来治疗非小细胞肺癌（non small cell lung cancer，NSCLC）的 3 种药（吉西他宾、顺铂和泰素）杀癌细胞的能力，从而保护癌细胞。你能用自己所学的细胞生物学相关知识解释尼古丁这一效应的生物学机制吗？

(5) 你现在在一所癌症研究所开展本科毕业论文研究工作。导师告诉你：除了血细胞，人体内所有正常细胞都必须要贴壁生长，即具有贴壁依赖性。因此，如果细胞被除去细胞外基质的话，则即便在生长因子存在的情况下也不能正常增殖并可能被诱导凋亡。你认为某些具有不依赖贴壁生长能力的癌细胞具有哪些风险性？为什么？

2. 实验设计

(1) 肝组织和脑组织的功能是不同的，如何通过实验证明是基因差异表达的结果？

(2) 请根据鸡的肢芽发育的研究，设计一个实验证明位置信息在形态建成中的作用。

(3) Hans Spamann 和 Hilde Mangold 是如何通过蝾螈胚胎移植实验证明了初级诱导？

(4) 设想您目前在一所癌症研究中心从事小鼠肿瘤发生研究，你们的研究可能涉及多肿瘤相关基因。

① 您工作的实验室常用软琼脂克隆形成率分析（soft agar colony forming assay）方法来检测肿瘤细胞生长及成瘤性的变化，您了解该方法的基本原理吗？

② 假如你们正在研究的一个基因是转录因子 E_2F，该转录因子在哺乳动物细胞中控制

G_1/S 的转换。

　　a. E_2F 在细胞中通常是如何被调节的?

　　b. E_2F 的不适当激活如何导致癌症?

　　c. 您能否设计一个实验以证明过量的游离 E_2F 将导致肿瘤的发生?(别忘记设置对照实验。)

　　(5)您工作的实验室正在研究如何利用干细胞治疗帕金森综合征。目前你们已通过基因敲除建立了一个帕金森综合征小鼠模型,然后通过体外诱导干细胞分化为神经细胞,并将这些神经细胞移植到模型小鼠的大脑中以达到治疗目的。

　　①用一只小鼠来源的干细胞治疗另一只与其没有任何亲缘关系的帕金森综合征小鼠,这种治疗方法存在什么潜在的生命危险?

　　②用成体干细胞进行干细胞治疗实验存在哪两种潜在的忧患?

　　③鉴于上述①、②两方面的问题,你决定选用与帕金森综合征小鼠在遗传学上相同的胚胎干细胞来进行上述治疗实验。请问你为何不直接从模型小鼠体内分离这种胚胎干细胞呢?

拓展资源

http://ocw.mit.edu/courses/:MIT open courseware (Massachusetts institute of technology)

http://www.cellbio.com/courses.html cell and molecualr biology online

http://homepages.gac.edu/~cellab/index-1.html:Cell Biology Laboratory Manual

http://www.studiodaily.com/2006/07/cellular-visions-the-inner-life-of-a-cell/:studiodaily:Cellular Visions:The Inner Life of a Cell

http://www.nclark.net/Biology:amazing biology teacher resources

http://www.intechopen.com/source/html

参考文献

[1] 王金发. 细胞生物学[M]. 北京:科学出版社,2003.

[2] 翟中和,王喜忠,丁明孝. 细胞生物学[M]. 4 版. 北京:高等教育出版社,2011.

[3] 张新跃,钱万强. 细胞的分子生物学[M]. 4 版. 北京:科学出版社,2002.

[4] Alberts B,et al. Molecular Biology of the Cell [M]. 5th ed. New York:Garland Science,2008.

[5] Aoi T,Yae K, Nakagawa M,et al. Generation of pluripotent stem cells from adult mouse liver and stomach cells [J]. Science,2008,321(5889):699-702.

[6] Goh A M,Coffill C R,Lane D. The role of mutant p53 in human cancer [J]. The Journal of pahtology,2011,223(2):116-126.

[7] Iorio M V,Croce C M. MicroRNA dysregulation in cancer:diagnostics,monitoring and therapeutics. A comprehensive review [J]. EMBO Molecular Medicine,2012,4(3):143-159.

[8] Iorio M V,Croce C M. MicroRNA involvement in human cancer [J]. Carcinogenesis,

2012,33(6):1126-1133.

[9] Miura K,Okada Y,Aoi T,et al. Variation in the safety of induced pluripotent stem cell lines [J]. Nature Biotech,2009,27:743-745.

[10] Nakagawa M,Koyanag M Tanabe K,et al. Generation of induced pluripotent stem cells without Myc from mouse and human fibroblasts [J]. Nature Biotech,2008,26:101-108.

[11] Takahashi K,Tanabe K,Ohnuki M,et al. Induction of pluripotent stem cells from adult human fibroblasts by defined factors [J]. Cell,2007,131(5):861-872.

[12] Wilson J,et al. Molecular Biology of the cell,Problem Book [M]. 5th ed. New York:Garland Science,2008.

第**16**章   细胞衰老与凋亡

提要   衰老和死亡是所有生物都存在的一种生命现象,也是重要的生命过程。生物体的衰老和死亡可以发生于分子、细胞、组织乃至器官系统和整体的各个层面。

衰老作为一种自然规律,是指机体各器官功能普遍的、逐渐降低的过程。衰老有两种不同的情况,一种是正常情况下出现的生理性衰老,另一种是疾病引起的病理性衰老。细胞衰老的的过程中,其形态机构、生化代谢以及基因调控等方面都会发生改变。引起细胞衰老的机制错综复杂,影响较为深远的理论有线粒体衰老、活性自由基衰老、复制性衰老与端粒缩短、rDNA与衰老等。其他各种细胞衰老的主导分子机制因受种属、组织细胞类型以及应激类型和条件等多重因素的影响也不尽相同,最终信号的传递也是通过不同的信号途径传递的。

细胞凋亡是机体自我保护机制,是长期遗传、进化的结果。其对于多细胞生物个体发育的正常进行,自稳平衡的保持以及抵御外界各种因素的干扰都起着非常关键的作用。细胞凋亡与坏死是两种截然不同的细胞学现象。细胞凋亡属诱发行为,其诱因很多。诱导细胞凋亡的因子包括来自生物组织外部的信号和内部产生的自杀信号、生存信号,细胞只有接受胞内外信号的刺激才能启动凋亡。细胞凋亡的途径主要有 Caspase 依赖的由死亡受体起始的外源途径和由线粒体起始的内源性途径、Caspase 非依赖的细胞凋亡及内质网应激启动的凋亡途径。凋亡是多基因严格控制的过程。这些基因在种属之间非常保守,如 Bcl-2 家族、Caspase 家族、癌基因 C-myc 及抑癌基因 p53 等,随着分子生物学技术的发展,对多种细胞凋亡过程有了更深入的认识。凋亡过程的紊乱可能与许多疾病的发生有直接或间接的关系,如肿瘤、自身免疫性疾病等,能够诱发细胞凋亡的因素也很多,如射线、药物等。

衰老具有多层含义,个体衰老可以具体表现为整体衰老、细胞衰老、细胞内的细胞器衰老、细胞内生物大分子衰老等不同层次。个体的衰老与死亡在一定程度上和细胞的死亡与衰老有关,但细胞的死亡与衰老和机体的衰老与死亡并不同步,它们贯穿整个生命过程。细胞衰老是组织衰老的基础,也是机体清除受损细胞的重要途径;组织中,经常发生正常的细胞死亡,它具有广泛的生物学意义,是维持组织机能和形态所必需的。

16.1   细胞衰老

16.1.1   Hayflick 界限

由于各个器官本身的复杂性以及内分泌器官之间相互作用的复杂性,细胞水平可以从体内细胞和离体细胞两方面来阐述。细胞衰老(cellular senescence)一般含义是指复制衰老(replicative senescence,RS),即体外培养的正常细胞经过有限次数的分裂后,停止生长,细胞形态和生理活动发生显著改变的现象。迄今为止,除了干细胞和大多数癌细胞外,来自不同生物、不同年龄供体的原代培养细胞均存在复制衰老现象。

1881年,德国生物学家August Weismann就提出:有机体本身可能会死亡,因为组织不可能永远能够自我更新,而细胞凭借分裂来增加数量的能力也是有限的。但诺贝尔奖得主法国医生Alexis Carrel却认为,体外培养的细胞是能够永生不死的,如果它停止增殖是因为培养条件不适宜了。他声称在纽约洛克菲勒研究所里培养的鸡心脏成纤维细胞持续分裂了34年。这种观点得到当时人们的普遍认同,即所有脊椎动物的细胞在体外培养时均能够无限次分裂。但事实上没有人能够重复Carrel的工作。有研究者对Carrel的细胞培养实验提出了质疑,认为培养液中每天添加的鸡胚提取物中可能混有鸡胚细胞。这时候,美国生物学家Leonard Hayflick证实人成纤维细胞的复制能力是有限的,首次提出了细胞水平上的衰老现象。

1958年,Hayflick在Wistar研究所从事癌细胞的研究,他将癌细胞的提取物加到人的正常胚胎细胞的培养基中,希望看到正常细胞发生癌变。结果非他所愿,细胞不但没有癌变,还停止了生长。起初Hayflick认为自己在细胞培养的技术上有问题,后来他与Paul Moorhead一同精心设计了一系列实验,证明正常的体外培养细胞只能进行有限次数的分裂。Hayflick与Moorhead将已分裂40次的正常男性成纤维细胞与已分裂10次的正常女性成纤维细胞混合培养,同时用单独培养的细胞作为对照;当单独培养的细胞停止分裂时,检查混合培养的细胞,发现仅剩下了具有巴氏小体标志的女性成纤维细胞。这一实验说明细胞停止分裂是由细胞自身因素决定的,与外界环境条件无关。Hayflick同时还注意到了正常细胞具有有限分裂次数,而癌细胞(如HeLa细胞)则能够在体外无限增殖。这一发现导致了细胞永生化概念的提出。1961年,Hayflick发表了他的实验结果:体外培养的成纤维细胞具有一定的增殖限度,平均只能传代40~60次便逐渐失去分裂能力。1974年,澳大利亚的生物学家MacFarlane Burnett在他的著作《内在变异》中首次将这一发现称为Hayflick界限。Hayflick及其后续的研究者们对培养细胞在衰老过程中发生的变化进行了详细的观察,发现了细胞衰老过程中形态结构方面的各种变化,如细胞核、细胞器(内质网、叶绿体、线粒体等)都有较明显的变化,致密体的形成,尤其随着年龄的增长,脂褐质(lipofuscin)、老年色素、脂色素(lipochrome)等的积累,形成的老年斑等都是最直接的证据。

对于体外培养细胞的细胞衰老研究,当前常用的生物学特征有两个:一是生长停滞,细胞停止分裂,并且这种停滞是不可逆的,即使添加生长因子也无济于事;二是衰老相关的β-半乳糖苷酶(senescence associated β-galactosidase,SAβ-gal)的活化。β-半乳糖苷酶是溶酶体内的水解酶,通常在pH 4.0的条件下表现活性,而在衰老细胞中pH 6.0条件下即表现出活性。随着培养细胞传代次数的增加,细胞群体中表达衰老相关β-半乳糖苷酶的细胞日益增多。将细胞固定后,用pH 6.0的β-半乳糖苷酶底物溶液进行染色,就能明显区分年轻和年老的培养细胞(图16-1)。

16.1.2 细胞衰老的特征

细胞衰老过程包括生化、细胞器以及基因水平几方面的变化。值得注意的是,并非所有细胞都会发生特征性的衰老相关改变,有些仅可能出现部分特征性的变化。同样,下面所列出的特征性变化也并非对所有细胞衰老状态通用。Hayflick及其他的研究人员通过观察培养细胞

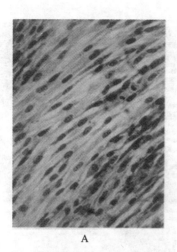

图 16-1　体外培养的青年与老年人的成纤维细胞显微形态
A. 青年人的成纤维细胞；B. 老年人的成纤维细胞

衰老过程形态结构的变化，发现主要有核膜内折、染色质固缩，内质网蛋白质合成量减少、肿胀，细胞内脂褐质积累，细胞间连接减少等变化。

1. 结构的变化

（1）细胞核的变化　在体外培养的二倍体细胞中发现，细胞核的大小是倍增次数的函数，随着细胞分裂次数的增加，核不断增大。

细胞核衰老变化最明显的是核膜内折（invagination），这在培养的人肺成纤维细胞中比较明显。在体内细胞中也可观察到核膜不同程度的内折，神经元细胞尤为明显，这种内折与龄俱增。染色质固缩化是衰老细胞核中另一个重要变化。体外培养的细胞中，晚代细胞的核中可看到明显的染色质固缩化，而早代细胞的核只有轻微的固缩现象。除了培养细胞外，体内细胞，如老年果蝇的细胞、老年灵长类的垂体细胞及老年大鼠颌下腺的腺泡细胞中，都可观察到染色质的固缩化。衰老细胞还常常出现核内容物，核仁也发生变大等明显的变化。

细胞核内与衰老密切联系的还有端粒。端粒（telomere）是线状染色体末端的 DNA 重复序列，是真核染色体两臂末端由特定的 DNA 重复序列（TTAGGG）及一些结合蛋白组成的特殊结构，除了提供非转录 DNA 的缓冲物外，它还能保护染色体末端免于融合和退化，在染色体定位、复制、保护和控制细胞生长及寿命方面具有重要作用，并与细胞凋亡、细胞转化和永生化密切相关。每当细胞分裂一次，染色体的端粒就会逐次变短一些，构成端粒的一部分基因的 50～200 个核苷酸会因多次分裂而不能达到完全复制（丢失），以致细胞终止其功能不再分裂。所以端粒的长度反映细胞复制史及复制潜能，被称作细胞寿命的"有丝分裂钟"。当端粒变得特别短而不具有末端保护作用的时候，大多数细胞遭受老化（图 16-2）。

（2）内质网与高尔基体的变化　衰老细胞的内质网结构变得不典型，核糖核蛋白体颗粒从内质网上脱落，内质网数量减少、不规则、肿胀呈现出空泡状，弥散于细胞质中。Hasan 和 Glees 比较了不同年龄大鼠海马细胞的内质网结构，发现年轻动物的细胞中，糙面内质网发育良好，排列有序，而在年老动物中，这种有序的排列已不复存在，内质网弥散性地分散于核周胞质中。在衰老大鼠的侧前庭核及小脑浦肯野细胞中，均观察到糙面内质网解体的趋势。体外培养的人胚肺成纤维细胞，26 次倍增以前的细胞内质网膜腔膨胀扩大，含有不定形的致密物质，且为核糖体所覆盖，而 40 次倍增以后的细胞内质网膜腔未见膨胀，所含不定形致密物质亦

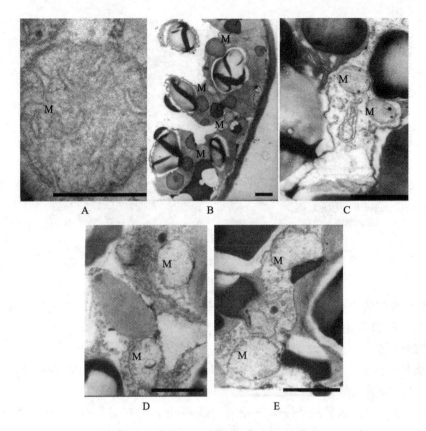

图 16-2　烤烟叶肉细胞线粒体超微结构变化

A.苗期:线粒体结构简单;B.欠熟期:线粒体结构相对发达;C.适熟期:线粒体内膜溶解及电子致密
物;D.适熟期:线粒体出现空泡;E.过熟期:线粒体内膜完全溶解。

M 表示线粒体(mitochondria),Bar＝1 μm

少,且具无核糖体覆盖区段。总的说来,衰老细胞中糙面内质网的总量似乎是减少了。高尔基体数量随着细胞衰老而明显增多,囊泡肿胀并出现扁平囊泡断裂崩解,网状结构消失,以致其加工和分泌功能及囊泡的运输功能减退。

(3)线粒体的变化　线粒体的老化与细胞衰老关系密切。线粒体的 DNA、电子传递体系及 ATP 酶随增龄活性降低,形态结构和功能均出现一系列变化。

多数研究者发现,线粒体的数量随年龄减少,而其体积则随龄增大。例如,在衰老小鼠的神经肌肉连接的前突触末梢中可以观察到线粒体数量随年龄减少。在小鼠、大鼠及人肝的衰老细胞中,线粒体发生膨大,嵴排列紊乱,膨大的线粒体中有时可见到清晰的嵴,偶尔亦会观察到线粒体内容物呈现网状化并形成多囊体,以及外膜破坏,多囊体释出的情况。基质内变得不透明,含有颗粒或电子致密体。在培养的人成纤维细胞中,还观察到两种不同类型的线粒体:Ⅰ型固缩紧密,Ⅱ型大而疏松,通常每个细胞只含一种类型的线粒体;随着倍增次数的增加,Ⅰ型线粒体越来越多。

(4)致密体的生成　致密体(dense bodies)是衰老细胞中常见的一种结构,绝大多数动物细胞在衰老时都会有致密体的积累。除了致密体外,这种细胞成分还有许多不同的名称,如脂褐质(lipofuscin)、老年色素、血褐质(hemofuscin)、脂色素(lipochrome)、黄色素(yellow pigment)、透明蜡体(hyaloceroid)及残体(residual bodies)等。较近的研究表明,致密体是由溶酶体或线粒体转化而来。多数致密体具单层膜且有阳性的磷酸酶反应,这和溶酶体是一致的。少数致密体由线粒体转化而来,可以观察到双层膜结构,有时嵴的结构也依稀可见。脂褐质是自由基诱发的脂质过氧化作用的产物。

(5)膜系统的变化 功能健全的年轻细胞的膜相是典型的液晶相,这种膜的脂双层比较柔韧,脂肪酸链能自由移动,每个脂质分子与其相邻分子之间的位置交换极其频繁,镶嵌于其中的蛋白质分子表现出最大的生物学活性。衰老的或有缺陷的膜通常处于凝胶相或固相,其磷脂的脂肪酸尾被"冻结"了,而不能自由移动,因此镶嵌于其中的蛋白质也就不再能运动了;在机械刺激或压迫等条件下,膜容易出现裂隙,降低其选择通透及其他功能。此外,细胞衰老时,细胞间间隙连接及膜内颗粒的分布也发生变化,且间隙连接在细胞间离子和小分子代谢物的交换上也起着重要的作用。研究发现,培养的人胚成纤维细胞间的间隙连接明显减少,组成间隙连接的膜内颗粒聚集体变小,并且衰老细胞间隙连接的减少使细胞间代谢耦联减弱。

(6)细胞骨架的变化 细胞骨架与细胞的增殖和分化密切相关,其重要组成部分微丝对细胞表面生物大分子的转录和表达有重要作用。随着细胞衰老,微丝数量减少,结构和成分发生变化,肌动蛋白含量下降,引发微丝对膜蛋白的运动作用失衡,对受体介导的微丝相关信号系统发生变化,从而导致从细胞膜到细胞核的跨膜信息减弱、生物大分子转录表达能力以及细胞活力下降等后果。此外,细胞的核骨架体系也发生衰老相关的变化。核骨架除了维持细胞核形态外,还涉及染色质的包装、DNA 复制、基因转录加工等功能。有研究发现一种相对分子质量为 220×10^3 的大分子的核骨架蛋白在衰老细胞中大量存在,在年轻细胞中含量较少,其经二硫键还原剂处理后明显减少,推测可能与衰老细胞的染色质固缩有关。

2. 分子水平的变化

细胞执行衰老的分子主要包括染色体端粒(telomere)和端粒酶(telomerase)、p53、p16INK48、PMI-NB、原癌基因(如 c-fos、c-jun、ras、raf、bcl-2 和 cyclinD1)等,衰老时这些分子的表达、活性和结构都可能发生不可逆的改变。衰老细胞会出现脂类、蛋白质和 DNA 等分子水平的损伤,主要表现在 DNA 复制转录受到抑制,但也有个别基因会异常激活,端粒 DNA 丢失,线粒体 DNA 特异性缺失,DNA 氧化、断裂、缺失和交联,甲基化程度降低。mRNA 和 tRNA 含量降低,蛋白质合成速率降低,细胞内蛋白质发生糖基化、羰基氨甲酰化、脱氨基等修饰反应,导致蛋白质稳定性、抗原性以及可消化性下降。酶分子的活性中心被氧化,金属离子 Ca^{2+}、Zn^{2+}、Mg^{2+}、Fe^{2+} 等丢失,酶分子的结构、溶解度、等电点发生改变,总的效应是酶失活。不饱和脂肪酸被氧化,引起膜脂之间或与脂蛋白之间交联,膜的流动性降低。

3. 细胞功能的变化

大量的数据显示,细胞衰老的结构损伤和基因表达异常可以导致功能下降和紊乱。第一,不可逆的细胞分裂中止。目前认为端粒的缩短是衰老细胞脱离细胞分裂周期的主要原因,这可以解释为何细胞增生活跃的组织易于出现细胞衰老。第二,对某些细胞凋亡信号的不敏感。有证据表明衰老的人体二倍体肺成纤维细胞可以发生 p53 蛋白上游调节分子的失活,阻碍了 p53 蛋白的积聚。所以当细胞在经受 DNA 损伤时不能活化 p53 依赖的细胞凋亡途径,转而成为衰老基础上的细胞坏死(necrosis)。第三,基因表达谱变更。基因表达谱芯片研究结果还提示,细胞衰老时多数原癌基因表达或活性降低,抑癌基因表达或活性升高。原癌基因在培养的年轻细胞中诱导表达则可产生类似衰老形态,如 ras、raf 在 p16[INK4a] 等蛋白可诱导细胞早衰,JunB 也可通过 p16[INK4a] 的作用抑制细胞增殖。第四,新陈代谢紊乱。细胞内水分的含量减少、细胞内酶的活性降低,新陈代谢速度减慢,细胞内呼吸速度减慢,细胞膜及内膜系统的流动性和通透性发生改变,细胞内外物质交换及细胞内物质运输能力降低等。

16.1.3 细胞衰老的机制

引起细胞衰老的机制错综复杂,各种细胞衰老的主导分子机制因受种属、组织细胞类型以及应激类型和条件等多重因素的影响而各异。有关细胞衰老的学说,学术上比较认可的有几十种,20 世纪 90 年代以来,细胞衰老的分子机制(原因及假说)的研究才有了重大进展,比如单基因的突变导致寿命的显著延长、端粒和端粒酶与细胞衰老关系的发现等,归纳起来影响较为深远的学说有:线粒体衰老(mitochondrial ageing)、活性自由基衰老(reactive species ageing)、复制性衰老与端粒缩短(replicative ageing and telomere shortening)、rDNA 与衰老、衰老的表观调控(epigenetic regulation of sensecence)、沉默信息调节蛋白复合物(silencing information regulator complex,Sir complex)等。

1. 线粒体 DNA 损伤

1972 年 Denham Harman 首次提出线粒体 DNA 与衰老密切相关的假说,之后的研究者发现许多与个体衰老有关的退行性疾病(衰老病)的主要原因是 mtDNA 的变异,这被认为是氧自由基对 mtDNA 氧化损伤的结果。在线粒体氧化磷酸化生成 ATP 的过程中,约 4% 的氧转化为活性氧(reactive oxygen species,ROS)。mtDNA 裸露于基质,缺乏结合蛋白的保护,易受自由基伤害。而催化 mtDNA 复制的 DNA 聚合酶 γ 不具有纠错功能,复制的错误频率高,故 mtDNA 最容易发生突变,据估计其突变率是细胞核 DNA 的 10~100 倍。随年龄增加等因素的影响,mtDNA 突变积累,线粒体氧化磷酸化能力降低,细胞产生 ATP 的量越来越少,这是发生衰老的基础。

通过 PCR 技术,大量实验证明 mtDNA 也存在固定片段的缺失,虽然在不同组织处于不同位置,但其缺失率说明并非偶然损伤,并且这种缺失率都随着年龄的增长而显著升高,在老年大白鼠肝线粒体中是 4834 bp,人膈肌中是 3.4 kb,人骨骼肌中是 5 kb,人脑中是 4977 bp。Peter. M 发现小鼠骨骼肌 mtDNA 缺失分别发生在重链和轻链复制位点上,影响了遗传物质的复制。各种老年性疾病如线粒体肌病、肿瘤、AD 病等患者的 mtDNA 中都能观察到片段缺失。

2. 活性自由基学说

氧化损伤导致衰老是最早形成的理论(即自由基致衰老理论),能够解释至少一部分衰老及老年退行性疾病,也仍然是当前主流理论之一。近年来,氧产生的自由基日益受到人们的重视,脂质过氧化,蛋白质氨基酸的交联氧化,DNA、RNA 交联或氧化以及多糖高分子氧化等对有机体均可造成不同程度的损伤。衰老的一条重要的途径就是因自由基引起细胞功能的多方面异常。自由基是体内独立存在的、含有一个或一个以上未配对电子的离子、原子、原子团或分子,普遍存在于生物系统。生物体内常见的自由基有:氧离子自由基、羟基自由基、过氧化羟基自由基、氢自由基、有机自由基、烷氧基自由基、有机过氧自由基、脂质自由基、氧化脂质自由基以及过氧化脂质自由基等,其中·OH 的化学性质最活泼。低浓度适量的自由基为人体生命活动所必需,它可以促进细胞增殖,刺激白细胞和吞噬细胞杀灭细菌,消除炎症,分解毒物。过多自由基则会引起 DNA、蛋白质和脂类,尤其是多不饱和脂肪酸等大分子物质变性和交联,造成不饱和脂肪酸氧化成超氧化物形成脂褐素,破坏细胞膜及其他重要成分,使蛋白质和酶变性等。一旦自由基引起的损伤积累超过了机体的修复能力,就导致细胞衰老。

一般情况下,机体内存在一套抗氧化防御机制,保护生物大分子免受自由基损伤,这些抗氧化的机制包括:酶类自由基清除剂,如超氧化物歧化酶(superoxide dismutase,SOD)、过氧化氢酶(catalase,CAT)、谷胱甘肽巯基转移酶(glutathione S-transferase,GST)及过氧化物酶(glutathione peroxidase,GPX)等;亲水性自由基清除剂,如谷胱甘肽、抗坏血酸等;亲脂性自由基清除剂,如泛醇、类黄素等;维护还原环境的细胞机制,如葡萄糖-6-磷酸脱氢酶等。抗氧化基因的转基因动物实验证明强化抗氧化防御机制有助于延缓衰老,如过量表达 SOD 和 CAT 的转基因果蝇的寿命比对照延长 30%。

3. 复制性衰老与端粒缩短

端粒(telomere)是保护真核细胞染色体末端并维持其完整的特殊的 DNA-蛋白质复合物,它像帽子一样扣在染色体的两端,从而维护染色体的完整性和稳定性,防止染色体被降解、融合和重组,使分裂后得到的子代细胞能准确地获得完整的遗传信息。细胞增殖次数与端粒 DNA 长度有关。端粒 DNA 由两条长短不同的 DNA 链构成,一条富含 G,另一条富含 C。富含 G 的那条链以 $5'\rightarrow3'$ 指向染色体末端,此链比富含 C 的链在其 $3'$ 末端尾处可多出 $12\sim16$ 个核苷酸的长度,即 $3'$ 悬挂链($3'$ overhang strand),一定条件下能形成一个大的具有规律性很高的鸟嘌呤四联体结构,此结构是通过单链之间或单链内对应的 G 残基之间形成 Hoogsteen 碱基配对,从而使 4 段富含 G 的链旋聚成一个的四联体 DNA。也有人认为,端粒 G 链序列可以形成稳定的发卡结构,它和四联体结构都被认为与端粒 DNA 的保护功能有关。

不同物种的端粒重复序列和长度不同,人类的端粒 DNA 由($5'$-TTAGGG-$3'$)反复串联而成,不具有编码任何蛋白质功能,进化上高度保守,总长度 $5\sim16$ kb,随着每次细胞分裂的进行,染色体末端丢失 $50\sim200$ bp。

Harley 等 1961 年发现体细胞染色体的端粒 DNA 会随细胞分裂次数增加而不断缩短。细胞 DNA 每复制一次端粒就缩短一段,当缩短到一定程度时,可能会启动 DNA 损伤检测点,激活 p53,后者把缩短的端粒识别为 DNA 双链断裂,从而使细胞周期停止,于是细胞便进入了 M_1 期,端粒长度继续缩短,最终当细胞端粒的长度缩短到极限,长度为 $2\sim4$ kb 时,细胞进入 M_2 期,染色体变得不稳定并发生染色体重排,双着丝粒染色体的形成和非整倍性变化等畸变,导致复制性衰老而死亡。可见染色体的端粒有细胞分裂计数器的功能,能记忆细胞分裂的次数,因此,端粒的缩短被称作是能触发衰老的分子钟。

端粒的长度还与端粒酶(telomerase)的活性有关,端粒酶是一种逆转录酶(reverse transcriptase),是一种特殊的 RNA-蛋白质复合物,负责端粒重复序列的从头合成和端粒长度的维持,能以自身的 RNA 为模板合成端粒 DNA,修复被损伤的端粒使其延长。在端粒酶处于抑制状态的细胞分裂时,DNA 不完全复制会引起端粒 DNA 的少量丢失,随着细胞分裂次数的增加,端粒不断缩短,到一定程度就不能保护染色体的稳定,细胞最终停止分裂而走向衰老与死亡(图 16-3)。最近中科院动物研究所、武汉大学的研究人员在研究中发现了一种新型端粒和端粒酶相互作用蛋白 hnRNP A_2,证实其具有解开端粒 G-quadruplex,促进哺乳动物细胞中端粒延伸的功能。揭示端粒的这一延伸机制对于深入了解细胞衰老机制,开发出有效的癌症新治疗新策略具有重要的意义。

4. rDNA 与衰老

这部分研究主要是在酵母中进行的,啤酒酵母(*Saccharomyces cerevisiae*)是单细胞真核生物,尽管在许多方面与多细胞生物有很大差别,但包括衰老在内的基本生命过程与多细胞生物是一致的。它作为模式生物,在生物医学研究中发挥了极为重要的作用。啤酒酵母早在 1959 年就作为人类衰老(寿命)研究的模式生物,目前已成为衰老研究的公认模型,啤酒酵母衰老的研究为人体衰老机制的认识提供了重要的线索。

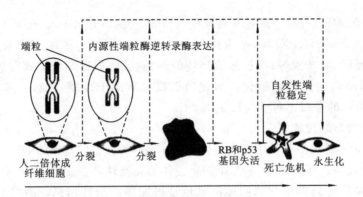

图 16-3　端粒长度的缩短激发了细胞衰老途径

1989 年,Egilmez 和 Jazwinski 提出啤酒酵母衰老的细胞质衰老因子假说。1997 年,由于认识到染色体外 rDNA 环(ERC)可能就是这种细胞质衰老因子,Sinclair 等提出了酵母复制衰老的 ERC 积累学说。啤酒酵母 rDNA 座位占整个基因组 10%,由编码 rRNA 的 9 kb 重复单元串联重复 100～200 个拷贝组成,定位于染色体 XII。每 1 个重复单元含有 1 个潜在 DNA 复制起始点,每 1 个起始点有 3 个 10～11 bp 的自主复制序列(ARS)。由于酵母 rDNA 的高度重复性和 DNA 复制的单向模式,从而表现出固有的重组特性和基因组不稳定性。rDNA 串联重复序列之间因同源重组而从基因组中切出,形成最初的染色体外 rDNA 环(ERC)。而 ERC 具有自身 ARS,能在每 1 次 S 期复制 1 次,而在母细胞内呈指数增长。同时,由于酵母出芽分裂的不对称性,ERC 在分裂时保留在母细胞中而不进入子细胞,从而使母细胞中大量积累 ERC 而变得衰老,子细胞由于在细胞分裂时没有 ERC 进入而维持正常寿命。用双向电泳法也证明,年老细胞中也发现许多密闭的环状 rDNA,而年轻的细胞中则以线性的基因组 DNA 为主,只含有极少数的环状 rDNA。ERC 的积累导致细胞衰老,并伴随着核仁的裂解。

5. 细胞衰老的表观调控

真核细胞基因组含有两类遗传信息:一类是传统意义上的遗传信息,即 DNA 序列所提供的遗传信息;另一类是表观遗传学信息,它提供了何时、何地、以何种方式去应用遗传信息的指令。表观遗传学主要是对染色质重塑、DNA 甲基化、组蛋白修饰、X 染色体失活、非编码 RNA 调控等多方面进行研究。

(1)组蛋白去乙酰化(histone deacetylation)参与细胞衰老　组蛋白去乙酰化酶 Sir2 对酵母和哺乳动物细胞的存活、衰老、凋亡等生理活动的调节起着重要的作用。啤酒酵母细胞中,rDNA 座位和组蛋白包装成沉默的异染色质,是抑制 ERC 形成的一种主要机制,这种异染色质也会在端粒和 HML 座位形成。Sir2 蛋白在这 3 个区域的沉默中起核心作用,并是关键的寿命调节蛋白。研究发现,增加 Sir2 基因一个额外拷贝可抑制 rDNA 重组和延长寿命;相反,Sir2 缺失可增加 rDNA 重组频率 10 倍左右,同时,具有组蛋白乙酰转移酶活性的转录辅助因子 CBP/p300 活性下降,最终导致细胞失去自我增殖的能力而进入衰老过程。

(2)染色质的重塑　染色质重塑(chromatin remodeling)是基因时序性表达调控的重要环节。Narita 实验室的工作发现,衰老的人二倍体成纤维细胞核中常出现呈点状凝集的异染色质结构,并定义这种现象为衰老相关异染色质凝集(SAHF)。进一步研究证实 SAHF 这种大规模的异染色质重塑现象主要集中于 E_2F 靶基因的启动子区,它的形成直接导致增殖相关基因无法正常表达。这也是细胞借助表观遗传机制在染色质水平整体调控基因关闭,从而使衰老状态得以有效维持的经典例证。对人体黑色素细胞的研究结果也证实,染色质重塑介导了细胞衰老。

越来越多的证据表明,不同表观遗传机制之间存在着协同作用,以共同完成对特定生物学事件的调节。例如,DNA 甲基转移酶 DNMT3b 对染色体中心粒 DNA 重复序列的甲基化作用必须依赖于组蛋白甲基转移酶 SUV39H1 优先对 H3K9 进行甲基化修饰。而 miRNA 同样可以调节其他表观遗传过程,如小鼠体内 miR-160 可以负调节组蛋白去乙酰化酶 HDAC 的表达水平;同样也发现有靶向 DNA 甲基转移酶的 miRNA 的存在。正是由于多种表观遗传因素的交互作用,共同调控细胞的命运归宿,所以对于生命个体来说,包括衰老、疾病等在内的关键生物学事件,也同样受各种表观遗传机制的实时性相互制衡的调控。

6. 沉默信息调节蛋白复合物与衰老

沉默信息调节蛋白复合物(Sir complex),简称 Sir 复合物,包括 Sir1、Sir2、Sir3、Sir4,通常存在于异染色质中。它们一方面与 RAP1(Ras-like GTP 1,属于小分子 G 蛋白 Ras 超家族成员之一)和组蛋白 H3/H4 结合,一方面附着在核基质上。Sir 复合物的功能是阻止它们所在位点的 DNA 的转录。在酵母中,Sir 通常存在于端粒及与性别有关的 HML(left homologous mating region)和 HMR(right homologous mating region)位点上。

1994 年 Kenedy 等发现,在一种被称为 SIR4-42 的酵母突变体中,Sir3 蛋白和 Sir4 蛋白发生重新分布的现象,即由端粒等处向核仁转移,这种转移伴随着酵母寿命的延长,表明核仁的沉默化与寿命的延长有关。从这个突变体中,分离的 Sir4 蛋白缺少羧基末端的 121 个氨基酸残基。这个区域本是 Sir4 蛋白与端粒和 HML/HMR 位点的 RAP1 蛋白相互作用的结构域。缺少这一结构域使 Sir4 复合物得以自由定位,从端粒和 HM 位点转移至核仁,使核仁的 rDNA 处于沉默状态,抑制了复制、同源重组及 ERC 的生成和积累,从而延长了寿命。

16.1.4 细胞衰老的信号途径

20 世纪 90 年代以来,随着细胞生物学、分子生物学的发展,对细胞衰老的研究进入到基因水平。细胞衰老过程是借助于衰老途径(senescence pathway)实现的,其中,由 Rb 和 p53 控制的信号途径至关重要,Rb 即成视网膜细胞瘤基因,是世界上第一个被克隆和完成全序列测定的抑癌基因。当这些途径所涉及的关键调节因子发生突变,细胞将延缓衰老或绕过衰老程序继续增殖。已证实的与细胞衰老发生相关的两条信号传导途径,即 $p19^{ARF}/p53/p21^{Cip1}$ 途径和 $p16^{INK4a}/Rb$ 途径,它们都与细胞周期蛋白依赖激酶抑制因子(cyclin-dependentase inhibitor,CKI)密切相关,而 p53 和 pRb 蛋白是两个重要的肿瘤抑制因子,在诱导细胞衰老方面起着决定性的作用。

CKI 是细胞周期调控网络的主要成员之一,在周期调控中具有重要的地位。细胞衰老状态下,各细胞衰老发生信号传导途径使得 CKI 激活,与周期蛋白依赖激酶(CDKs)或周期蛋白依赖激酶复合物(cyclin/CDKs complex)结合,抑制 CDKs 的蛋白激酶活性,使细胞分裂周期停止。现已发现两个 CKI 家族:INK4 家族和 Cip/Kip 家族。INK4 家族包括 p15(INK4b)、p16(INK4a)、p18(INK4c)和 p19(INK4d),它们均可特异性抑制 CDK4/6;Cip/Kip 家族包括 p21(Waf1/Cip1)、p27(Cip2)和 p57(Kip2)。大部分 CKI 在人类衰老细胞表达上调,其中研究最多的是 p21 和 p16。CKI 家族可以广泛地作用于 cyclin/CDKs 复合物,抑制它们的活性,通过多种途径抑制细胞周期进程。

1. $p19^{ARF}/p53/p21^{Cip1}$ 信号途径

细胞衰老时细胞周期抑制因子 $p19^{ARF}$ 能够与 p53 的负调节因子 MDM2 原癌蛋白(原癌基

因 MDM2 的表达产物)结合并促进其降解,而 MDM2 可促进 p53 蛋白降解,因此 p19^{ARF} 可增强 p53 蛋白的稳定性,使细胞内 p53 蛋白水平增高。p53 作为 p21 的上游转录因子,可以诱导 p21$^{CIP1/WAF1}$ 基因的表达,再通过抑制细胞 CDK2、CDK4 和 CDK6 来抑制 Rb 和 E$_2$F/DP 的磷酸化过程,进而诱导细胞生长停滞。

p53 的激活是通过由 ATM/ATR,Chk1/Chk2 蛋白直接或间接地磷酸化 p53 蛋白,以及 p19^{ARF} 抑制 MDM2 的激活来实现的。当细胞的基因组 DNA 受到损伤时,根据损伤的严重程度,可以活化不同的基因表达来阻止细胞增殖,诱导 G$_1$ 和 G$_2$ 期细胞周期停滞;严重时可以通过诱导细胞凋亡来消除异常细胞。在一些细胞中,DNA 损伤、端粒异常以及 myc 和 ras 等癌基因的上调表达会通过 p53 通路来导致细胞衰老。在细胞衰老的机制中,p53 通路在当中起作用是必要的,而且足以引起细胞衰老。

2. p16^{INK4a}/Rb 途径

有些实验结果说明细胞在 p53 敲除后,还能呈现衰老状态,这种细胞往往或多或少地表达包周期的抑制因子 p16^{INK4a}。p16 基因是一种抑癌基因,在细胞周期的 G$_1$ 期调控中起重要作用。近年来发现它在细胞衰老过程中起重要作用,它在复制性衰老时多呈高表达,主要通过 p16-cyclinD/CDK-RB 途径调控细胞周期。

p16^{INK4a} 基因表达能够选择性地抑制周期蛋白依赖激酶 CDK4 和 CDK6,进而抑制 pRb 磷酸化,处于非磷酸化活性状态的 Rb 通过与转录因子 E$_2$F 因子结合,Rb 与 E$_2$F 结合屏蔽了 E$_2$F 的转录激活结构域,抑制 DNA 复制,阻断了从细胞周期 G$_1$ 期进入 S 期导致下游基因的表达,造成生长停滞。而 E$_2$F 能激活重要的细胞周期蛋白 cyclin E 和 cyclin A,启动 DNA 复制。体外培养的永生细胞系中常可见 p16^{INK4a} 突变,许多细胞进入衰老时,p16^{INK4a} 均过度表达,其持续表达导致了细胞衰老。细胞中导入 p16^{INK4a} 基因可出现衰老表型,p16^{INK4a} 反义核酸可延缓人二倍体成纤维细胞的衰老进程。最早研究显示,在细胞衰老反应中 pRb 协助 p53 起作用,近来一些研究表明,在诱导细胞衰老反应中,pRb 可能和 p53 的作用同样重要。衰老细胞的 Rb 处于组成性低磷酸化状态,表明在细胞衰老反应中 Rb 激酶活性下调。p16^{INK4a} 是 CDK4 和 CDK6 的抑制物,它在人成纤维细胞及上皮细胞衰老中表达均上调。因此,p16^{INK4a} 高表达可能是衰老细胞中 Rb 低磷酸化的原因。与此一致的是,p16^{INK4a} 和它的上游调节物如 Bmi21、CBX7、ID1 及 ETS1 都以 Rb 依赖的方式调节细胞衰老。

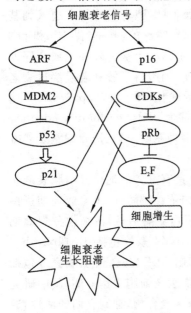

图 16-4 细胞衰老信号途径
ARF:p19^{ARF};p21:p21^{Cip1};
p16:p16^{INK4a};⇨激活;⊥抑制

p19^{ARF}/p53/p21^{Cip1} 途径和 p16^{INK4a}/Rb 途径的联系:在细胞衰老过程中,有些抑癌基因激活、有些癌基因失活,它们最终都参与了 Rb 和 p53 途径,这并不意味着两个途径是彼此独立的,相反,它们在多个水平相互作用,互相联系。例如,p53 诱导了 p21^{Cip1} 的活性,而 p21^{Cip1} 可以抑制 CDK 对 Rb 的磷酸化而引起衰老。E$_2$F$_1$ 转录激活使 Rb 途径失去功能,但是诱导 p53 依赖的细胞程序性死亡。另外,这两个途径还通过形成复合物而相互联系,Rb 可与 MDM2 结合,一方面阻止 MDM2 促进 p53 降解过程,另一方面,这种结合能够解除 Rb 对 E$_2$F$_1$ 转录活性的抑制,从而使 Rb 途径失活(图 16-4)。因此,不仅 p53 或 pRb 失活会延缓或抑制细胞衰老,而且只要两个途径中的 $p21^{Cip1}$ 或 INK4a 等任何关键分子失活都会造成这种结果。

细胞老化是正常细胞对一系列压力刺激做出应答的生理反应,细胞老化可被多种细胞信号途径诱发,其中也涉及本文尚未谈到的其他分子途径,但是这些信号途径最终都整合于以 p53 和 pRb 为核心的两条信号途径,这些信号的积累效应导致细胞整体发生老化。

3. 端粒-p53-PGC 途径

端粒和线粒体都可能涉及衰老相关的过程,但是两者的相互作用机制尚不清楚。研究表明,p53 基因除了抑制细胞的生长、阻断 DNA 的复制,从而导致细胞凋亡外,还能够抑制过氧化物酶体增殖物活化受体 γ 协同刺激因子(peroxisome proliferator activated receptor gamma coactivator,PGC)基因的表达。PGC 是细胞代谢过程和线粒体功能的主要调控因子,也是核受体 PPARr 的一种转录辅助活化因子,在能量代谢、肝脏、肌肉以及组织的糖代谢中有重要作用。端粒损伤可以激活 p53 基因调控的细胞生长停滞,p53 抑制了 PGC 基因的表达,进而导致线粒体数量减少和功能下降,使得细胞的能量代谢异常,ATP 生成量减少、糖生成受损和活性氧(ROS)增加,最终引起细胞的衰老。由此可以推测细胞存在"端粒-p53-PGC"衰老途径,这个途径不仅解释了 p53 对细胞衰老与凋亡的双重调节作用,而且在于将端粒功能丧失与器官功能降低联系了起来,也可能与衰老相关疾病相联系。

16.1.5　个体衰老与细胞衰老

对于多细胞生物,特别是哺乳动物,现有的细胞衰老模型尚不能解释个体衰老。研究发现,在人体或其他哺乳动物衰老的过程中,至少某些器官或组织中的细胞确实发生了变化。但这些变化却各不相同,难以与体外细胞衰老的特征统一起来。例如人体的器官移植表明,受者的存活率与器官供者的年龄成负相关;而在小鼠的器官移植过程中却未观察到这一现象。又如,早老病患者体内细胞在体外培养时的表现不一致。Werner 综合征患者的细胞较正常细胞分裂得慢,而 Hutchinson-Gilford 综合征患者的细胞较正常细胞分裂得快。同时,这两种细胞又都表现出对凋亡诱导因子或"胁迫"因素更敏感。尽管研究者在动脉硬化、前列腺增生等病理条件下观察到与体外细胞衰老类似的生物学特征,但多数体外培养细胞中发掘出的衰老标记,如分裂周期延长、表达衰老特异基因等均无法在体内的衰老过程中得到验证。对于端粒在细胞衰老过程中的作用,关于小鼠与人类细胞得到的结论也不尽相同。某些种属小鼠细胞的染色体端粒在其生命过程中始终保持相当的长度,没有明显缩短。端粒酶基因剔除的小鼠在其前 5 代并不表现出明显的异常症状,而此后几代中出现睾丸、皮肤和造血系统等分裂活跃的器官缺陷,但导致这些症状的原因也可能是基因剔除后小鼠染色体不正常,而且这些症状与正常衰老表型有明显不同。

为什么体外培养的细胞与体内细胞的差距如此之大呢? 研究认为,原因主要是细胞在体外所处的环境与体内有很大不同。比如一般培养条件下,细胞处于 20% 的氧浓度中,远远高于生理状况(3%);另外,体外传代培养细胞需要用胰酶处理细胞,体内细胞不可能遭遇这一状况。胰酶处理在破坏细胞间连接的同时亦会消化掉细胞表面的受体等分子的胞外部分。此外,最大的不同可能在于,体内细胞处于三维的生理环境中,而常规进行细胞衰老研究的培养细胞往往仅在二维方向上与其他细胞发生联系。这使得细胞接受的各种信号差别很大,无疑影响到细胞的行为。鉴于此,研究者们正在努力开发新型的三维细胞培养方法,以期更好地模拟体内条件下细胞的生长状况。

另一方面,研究发现,若将与 RA 和 SIPS 相关基因如编码端粒酶 RNA 组分,以及 p53、p21、p16、CDK4、Rb 和 E_2F_1 等基因剔除或突变后,小鼠或人并未表现出明显的衰老特征,而是易发肿瘤。由此推测体外细胞的衰老机制与细胞的癌化相关。

综上所述,迄今还未有实验证据表明体外培养细胞的复制型衰老或胁迫诱导的早熟性衰老,与体内组织或个体的衰老有直接的关联。目前更倾向于将细胞衰老看做是有机体在长期演化过程中形成的防止细胞过度生长或癌化的一种保护机制。体内细胞衰老的机制是什么,以及如何在体外研究体内的细胞衰老,这对研究者而言仍然是一个巨大的挑战。

16.1.6　细胞衰老的研究意义和展望

最近,有研究成果为科学界展示了一个延缓衰老的美好前景,即清除体内的衰老细胞有可能使机体免受衰老的损害。该工作首次证明了衰老细胞可推动衰老进程,去除该细胞对个体有益,这被认为将有望从根本上推进衰老领域的研究和应用。且随着对细胞衰老及细胞衰老调控相关性疾病的机制逐渐明确,人们将能更好地理解衰老相关性疾病的发病机制,为治疗多种衰老相关性疾病提供新的治疗靶点和开辟新的治疗途径。然而,如何通过调节细胞衰老进程治疗衰老相关性疾病,且在治疗中避免不良反应,将是一项重要挑战。

近年来,也有科学家报道将来源于年轻健康小鼠肌肉中的干/祖细胞注射入快速老化模型小鼠(senescence accelerated prone mouse,SAMP8)体内,与对照组体弱和早衰的情况不同,接受了干/祖细胞的小鼠健康状况得到改善,并比预期多存活了 1～2 倍长的时间。这提示我们,随着生物医学的发展,以干细胞移植为代表的再生医学主要是使外源多能性干细胞进入体内填补受损组织的结构和功能,这是一种由外向内的修复治疗,而衰老医学研究通过清除体内衰老细胞来延缓衰老进程,抵抗衰老相关疾病则是一种自内而外的清除疗法。随着该项重要技术的逐步发展和融合,未来对衰老的研究和治疗将会有望取得更多的突破。

16.2　细胞凋亡

16.2.1　细胞凋亡的概念

细胞死亡有两种方式:一种是在一些损伤因素作用下细胞不能保持离子平衡而被动发生的非特异性的变化和结构的改变,称为细胞坏死;另一种是细胞在接受某种信号或受到某种因素刺激后的一种主动的由基因控制的有序的死亡过程,称为细胞程序性死亡(programmed cell death,PCD),即细胞凋亡(apoptosis)。

在生物的生长发育过程中,细胞凋亡是不可或缺的一个重要方面。细胞凋亡是机体自我保护机制,是长期遗传、进化的结果。其对于多细胞生物个体发育的正常进行,自稳平衡的保持以及抵御外界各种因素的干扰方面都起着非常关键的作用。通过细胞凋亡,有机体得以清除机体内部不断衰老、磨损、畸变、过剩、已完成生理功能或不再需要的细胞,而不引起炎症反应;另外,又可通过细胞增殖加以补充。如发育过程中手和足的成形过程就伴随着细胞的凋亡。胚胎时期,它们呈铲状,以后指或趾之间的细胞凋亡,才逐渐发育为成形的手和足(图16-5)。再如,胚胎发育过程中产生了过量的神经细胞,它们竞争靶细胞所分泌的生存因子,只有接受了足够量的生存因子的神经细胞才能存活,其他的细胞则发生凋亡。在幼体发育过程中,幼体器官的缩小和退化,如两栖类蝌蚪尾的消失等,都是通过细胞凋亡来实现的。在成熟个体的组织中,细胞的自然更新、被病原体感染细胞的清除也是通过细胞凋亡来完成的。在发育过程中和成熟组织中,细胞发生凋亡的数量是惊人的。例如,健康的成人体内,在骨髓和肠中,每小时约有 10 亿个细胞凋亡。此外,各种免疫细胞对靶细胞的攻击并引起其死亡,也是基于细胞凋亡。

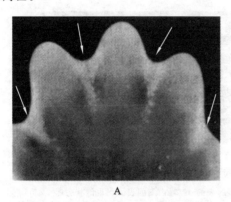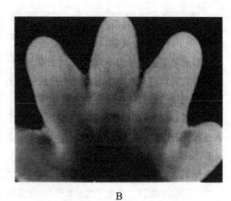

图 16-5　小鼠趾发育过程中的细胞凋亡

A.胎鼠趾,图中箭头所示为凋亡细胞,被染料特异性标记;B.发育后期的胎鼠趾,凋亡细胞被吞噬后形成趾间隔

16.2.2　细胞凋亡的特征

细胞凋亡一词,即 apoptosis,源自古希腊语,意指花瓣或树叶的脱落、凋零。其生物学意义在于强调这种细胞的死亡方式是自然的生理学过程,是受基因调控的主动的生理性细胞自杀行为。这种现象最早是 1965 年被科尔(Kerr)发现的。他观察到在局部缺血的情况下,大鼠肝细胞连续不断地转化为小的圆形的细胞质团。这些细胞质团由质膜包裹的细胞碎片(包括细胞器和染色质)组成。起初他称这种现象为皱缩型坏死,后来发现这一现象与坏死有本质区别。1972 年科尔将这一现象命名为细胞凋亡。此后,细胞凋亡很快受到各国生物学家的重视,迅速成为 20 世纪 90 年代生命科学的一大研究热点。

1. 形态学特征

细胞凋亡的发生过程,在形态学上可分为三个阶段。①凋亡的起始。这个阶段的形态学变化表现为细胞表面的特化结构(如微绒毛)消失、细胞间接触消失,但细胞膜依然完整,未失去选择透性;细胞质中,线粒体大体完整,但核糖体逐渐从内质网上脱离,内质网囊腔膨胀,并逐渐与质膜融合;染色质固缩,形成新月形帽状结构等形态,沿着核膜分布。这一阶段经历数分钟,然后进入第二阶段。②凋亡小体的形成。首先,细胞核呈波纹状(rippled)或呈折缝样(creased),部分染色质出现浓缩状态、高度凝聚、边缘化,最后核染色质断裂为大小不等的片段,与某些细胞器如线粒体一起聚集,为反折的细胞质膜所包围。从外观上看,细胞表面产生了许多泡状或芽状突起(图 16-6)。以后,逐渐分隔,形成单个的凋亡小体。③凋亡小体逐渐为邻近的细胞所吞噬并消化。从细胞凋亡开始,到凋亡小体的出现仅数分钟之久,而整个细胞凋亡过程可能延续 4~9 h。

2. 主要生化特征

细胞凋亡的主要生化特征之一是 DNA 发生核小体间的有控断裂。在活化的核酸内切酶

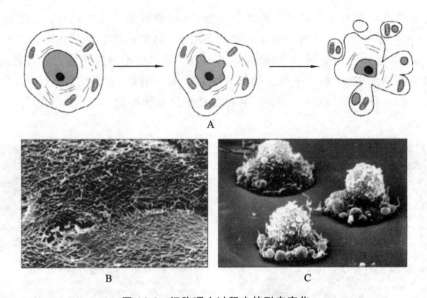

图 16-6 细胞凋亡过程中的形态变化

A.细胞凋亡形态变化示意图;B.正常细胞的表面;C.凋亡细胞表面出现泡状突起

作用下,DNA 逐步断裂,结果产生含有不同数量核小体单位的片段。Dnase Ⅰ和Ⅱ是 Ca^{2+}/Mg^{2+} 依赖性的,Zn^{2+} 是其有效的抑制剂。正常情况下,核内 Zn^{2+} 浓度较高,但在凋亡细胞中,Ca^{2+} 浓度升高,置换了核内的 Zn^{2+},通过信号传导途径,激活核酸内切酶或蛋白酶等,从而诱导凋亡的发生。基因组 DNA 的降解产物在进行琼脂糖凝胶电泳时,形成了特征性的梯状 DNA 条带(DNA ladder),其大小为 180~200 bp 的整数倍。到目前为止,梯状条带仍然是鉴定细胞凋亡最可靠的方法之一。

另一个凋亡细胞的生化特征是组织转谷氨酰胺酶(tissue transglutaminase,Ttg)的积累并达到较高的水平。Ttg 是转谷氨酰胺酶家族成员之一,它除了具有 Ca^{2+} 依赖的转谷氨酰胺活性外,还能结合并水解 GTP,在信号转导过程中发挥作用。研究表明 Ttg 在多数细胞凋亡过程中表达水平均有升高,与细胞凋亡过程中染色质的固缩、凋亡小体的形成等关系密切,降低 Ttg 的表达水平能抑制细胞的凋亡。Ttg 是依赖于 Ca^{2+} 的酶,在正常细胞中,由于细胞质 Ca^{2+} 浓度较低(低于 1 mmol/L),Ttg 的活性很低;当凋亡起始时,Ca^{2+} 浓度上升,从而使 Ttg 活化。Ttg 催化某些蛋白质的翻译后修饰,主要是通过建立谷氨酰胺和赖氨酸之间的交联以及多胺掺入蛋白质而实现的,其结果导致蛋白质聚合。而这类蛋白聚合物不溶于水,不被溶酶体的酶所降解,它们进入凋亡小体,有助于保持凋亡小体暂时的完整性,防止有害物质的逸出。

16.2.3 细胞坏死与细胞凋亡的区别

细胞凋亡与细胞坏死是两种截然不同的细胞学现象。二者在起因、过程和死亡效应方面有着本质的区别(表 16-1)。

表 16-1 细胞凋亡与细胞坏死的区别

特　征	细胞凋亡	细胞坏死
诱导因素	生理及弱刺激	强烈刺激
细胞数量	单个细胞	成群细胞

续表

特 征	细胞凋亡	细胞坏死
膜完整性	保持到晚期	早期即丧失
染色质	凝集呈半月状	稀疏呈网状
细胞核	早期固缩断裂	晚期破碎
细胞器	无明显变化	肿胀、坏死
胞内容物	无释放	释放
细胞形状	形成凋亡小体	破裂成碎片
基因组 DNA	有控降解	随机降解
大分子合成	一般需要	不需要
基因调控	有	无
后果	不引起炎症反应	引起炎症反应
意义	生理死亡方式	病理死亡方式

细胞凋亡是一种主动的由基因决定的细胞自我破坏过程,而坏死则是极端的物理、化学因素或严重的病理性刺激引起的细胞损伤和死亡。在细胞凋亡过程中,细胞质膜反折,包裹断裂的染色质片段或细胞器,然后逐渐分离,形成众多的凋亡小体,凋亡小体则为邻近的细胞所吞噬。整个过程中,细胞质膜的完整性保持良好,死亡细胞的内容物不会逸散到胞外环境中去。在细胞坏死时,细胞质膜通透性增高,细胞器变形、膨大,细胞肿胀,最后细胞破裂,将细胞内容物释放到胞外。在死亡效应方面,凋亡的细胞没有完全裂解,不会发生炎症反应。而坏死的细胞裂解释放出内含物,常导致炎症反应(图16-7)。

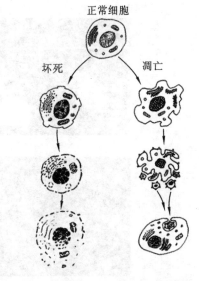

图 16-7 正常细胞可通过坏死或凋亡消亡示意图

16.2.4 细胞凋亡的检测方法

1. 形态学检测方法

细胞发生凋亡时具有固有的形态特征,如细胞核缩小、染色质边缘化、凝集,凋亡晚期还会出现由核碎片与胞质内的部分细胞器混合在一起,且被细胞膜包裹形成的凋亡小体。利用光学显微镜可以观察到核固缩、质浓缩和凋亡小体;通过透射电子显微镜还能够清晰地观察到细胞微绒毛的消失,内质网、高尔基体及核被膜的膨大,染色体的边集化及凋亡小体(图16-8)。通过荧光显微镜或激光共聚焦显微镜可以观察细胞染色质的形态学变化(图16-9)、膜结构及通透性的改变,从而鉴别凋亡细胞、正常细胞及坏死细胞。其中,透射电镜检查细胞凋亡被认为是最经典、可靠的判定细胞凋亡的方法。但观察凋亡细胞的形态特征耗时费力,不适于大量凋亡样本的检测。

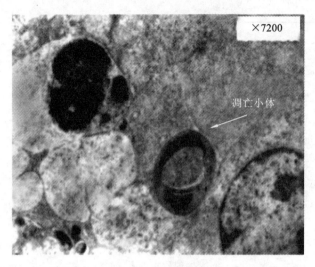

图 16-8　透射电镜下肿瘤细胞凋亡小体超微结构

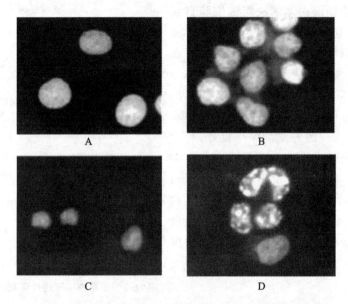

图 16-9　Hela 细胞凋亡过程中核染色质的形态学变化

A. 对照组；B. 细胞核呈波纹状或呈折缝样；C. 细胞核的染色质高度凝聚、边缘化；D. 细胞核裂解为碎块，产生凋亡小体

2. 细胞凋亡的 DNA 片段化检测

细胞发生凋亡时，DNA 降解的发生早于细胞形态学的变化，所以建立 DNA 分子水平的检测对早期疾病的诊断有很重要的作用。

(1)凝胶电泳检测　琼脂糖凝胶电泳是最早用于研究凋亡生化改变特性的方法。正常活细胞的凝胶电泳为一条正常的基因组 DNA 条带，细胞凋亡时核酸内切酶被激活，将 DNA 切成 $50\sim300$ kb 的大分子质量 DNA，然后进一步分解成 $180\sim200$ bp 整数倍的核小体 DNA 片段，在凝胶电泳中形成梯形条带，这是凋亡的特异结果，但并非必然结果(图 16-10)。凋亡过程中，裂解是标志细胞最终走向死亡的不可逆的重要过程，因此，凝胶电泳也曾被认为是细胞凋亡判定的金标准之一。但是，此法特异性和敏感性差，只能进行半定量检测，且缺乏定位性特征，在病理形态学研究中价值不大，比较适用于体外培养的非增殖性细胞的检测。

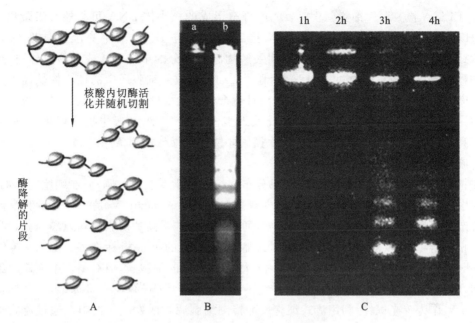

图 16-10 细胞凋亡的典型特征

A. DNA 梯状条带产生过程示意图。细胞凋亡时,细胞内特异性核酸内切酶活化,染色质 DNA 被随机地在核小体间切割,降解成 180~200 bp 或其整数倍片段。B. 正常细胞与凋亡细胞的 DNA 电泳照片。a 为对照的正常人胚肾 293 细胞 DNA;b 为过量表达肿瘤坏死因子受体 1(TNFR1)发生凋亡的 293 细胞 DNA。C. 凋亡细胞凋亡小体中的 DNA 被提取出来,长度相差 200 bp 或其整数倍的 DNA 分子电泳呈现梯状条带

(2)原位末端缺口标记法 原位末端缺口标记法(transferase biotin-dUTP nick end labeling,TUNEL)是一种将分子生物学和免疫组织化学相结合的原位检测凋亡细胞 DNA 片段的方法。其基本原理为:细胞发生凋亡时核酸内切酶被激活,染色质或 DNA 被核酸内切酶切割后产生 180~200 bp 的含 3′-OH 末端的片断,脱氧核苷酸末端转移酶将结合有荧光素的核苷酸(dNTP)标记到缺口 3′-OH 的末端,依次加入 HRP 抗荧光素抗体和 HRP 显色底物 DAB,凋亡细胞显色明显,而正常细胞没有 DNA 断裂或者只有少量的 DNA 发生断裂,故不被显色。TUNEL 法因其灵敏高而被广泛用于各种凋亡细胞的检测,由于在坏死细胞内也可能存在 DNA 片段化,所以只有 DNA 链普遍断裂才能证明细胞发生凋亡(图 16-11)。该法过程若处理不当易造成假阳性,且结果主观性强。TUNEL 试验须设阴、阳性对照。

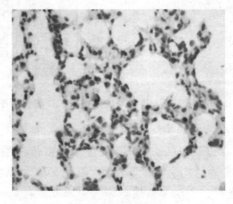

图 16-11 TUNEL 法显示小鼠肺实质组织的 DNA 片段化染色后结果

（3）ELISA 检测法　细胞凋亡时，DNA 降解形成的核小体 DNA 可与核心组蛋白 H2A、H2B、H3、H4 等紧密结合，形成复合体，抗组蛋白和抗 DNA 的单克隆抗体双抗夹心法（ELISA）即可特异地定量测定细胞凋亡时裂解物胞质部分的单核小体或寡核小体，作为凋亡尤其是早期凋亡的指标。通过 ELISA 检测凋亡细胞释放到细胞质中的核小体从而确定细胞凋亡程度。此方法既可定性又可以定量，而且适合检测大批量样本，不需要特殊的仪器。试验过程中，如果裂解细胞的时间过长，可能导致细胞核中的 DNA 片段也被计算在内，进而导致结果偏高，因此不同的细胞，需要经过数次摸索才能确定最佳检测条件。

3. 流式细胞仪检测

在正常细胞中，磷脂酰丝氨酸（PS）只分布在细胞膜脂双层的内侧，而在细胞凋亡的早期，细胞膜中的磷脂酰丝氨酸（PS）由脂膜的内侧翻向外侧。Annexin V 是一种与磷脂酰丝氨酸有高度亲和力的 Ca^{2+} 依赖性磷脂结合蛋白，通过细胞外侧暴露的磷脂酰丝氨酸与凋亡早期细胞的胞膜结合。Annexin V 被作为检测细胞早期凋亡的灵敏指标之一。另外，碘化丙啶（propidium iodide，PI）是一种核酸染料，它不能透过完整的细胞膜，但对凋亡中晚期的细胞和死细胞，PI 能够透过细胞膜而使细胞核着色。将 Annexin V 进行荧光素标记，以已标记了的 Annexin V 作为荧光探针，利用流式细胞仪可检测细胞凋亡的发生。细胞在通过流式细胞仪（flow cytometry assay，FCA）激光焦点时可以发生光的散射，可以通过对不同角度反射光的分析得到细胞大小、形状和结构的变化。Annexin V 和 PI 的匹配使用，可以将处于不同凋亡时期的细胞区分开来。用流式细胞仪检测细胞凋亡率既可以定性又可以定量，具有操作简单、快速和敏感等许多优点，但检验样品前需要获得单细胞悬液才能更好地检测（图 16-12）。

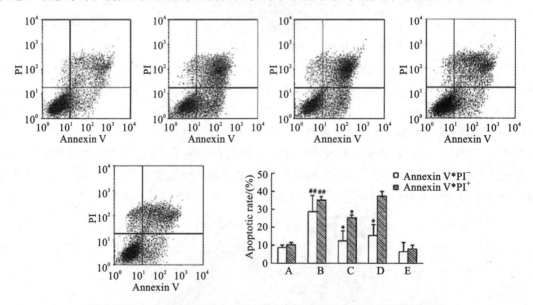

图 16-12　Annexin V-EGFP/PI 双染法进行流式细胞仪检测细胞凋亡率

4. 凋亡相关因子 Caspase 活性的检测

Caspase 家族是细胞凋亡过程中的关键元件，它与多数蛋白酶一样在细胞内以无活性的酶原形式存在，其激活与超常表达均引起细胞凋亡，因此又称为死亡蛋白酶，可通过与众多蛋白因子的相互作用调控细胞凋亡。至今在细胞坏死中未发现有 Caspase 的活化，Caspase 的失活可能使细胞从凋亡转入坏死，因此检测细胞中 Caspase 的活力可以作为区分凋亡和坏死的一个标准。检测 Caspase 活力可用免疫印记杂交（Western blot）技术分析酶原的加工和底物水解的产物，或用人工底物（DIE2V3D4-X）检测酶活力，也可对活化的 Caspase 做亲和标记（图 16-13），另外，也可利用荧光分光度计分析。这些检测技术结合荧光显微镜和流式细胞仪分析，将会对凋亡细胞作较为准确的定性和定量检测，灵敏度高、特异性强（图 16-14，彩图 20）。

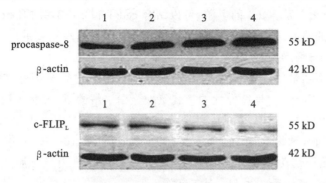

图 16-13　免疫印迹杂交检测活化的 Caspase-8

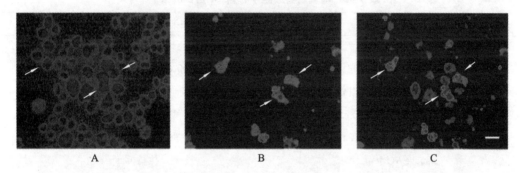

图 16-14　荧光免疫细胞化学双标法检测核染色质凋亡的形态学变化与活化的 Caspase-3 蛋白酶的表达

A. Hoechst33342 染色；B. Caspase-3；C. Combined

16.2.5　细胞凋亡的分子调控机制

目前认为，细胞凋亡是在一定的生理或病理条件下，遵循自身的程序，由基因调控的需依赖完整线粒体产生能量并伴有蛋白质合成的主动细胞死亡过程。细胞凋亡包括 3 个时期：第一个时期是定型期，靶细胞接到死亡指令，开始程序死亡；第二个时期是实施期，细胞内出现了一系列的形态和生化变化，如细胞核凝集、细胞缩小、形成膜泡、微绒毛丧失、染色体 DNA 降解、形成核小体长度为单位的 DNA 片段等；第三个时期是吞噬期，凋亡小体被周围的吞噬细胞消化吞噬，凋亡完成。

1. 线虫的 ced 基因与细胞凋亡

对细胞凋亡分子调控机制的早期认识来自于对秀丽隐杆线虫（*Canohabditic elegans*）的遗传学研究，长久以来线虫一直作为研究细胞凋亡机制核心组分的一个良好的模型。线虫的细胞数目恒定，总共有 1090 个细胞，在发育过程中，161 个细胞在发育的不同阶段凋亡而消失。

通过采用体细胞突变的方法研究，已证明有十几个基因在线虫细胞凋亡中起作用。ced-1、ced-2、ced-5、ced-6、ced-7、ced-8 和 ced-10 是伴随着细胞凋亡表达的基因，若发生突变，细胞凋亡产生的凋亡小体不能被吞噬细胞所吞噬。由此推测，这 7 个基因与吞噬凋亡细胞的调节功能有关。而 ced-3、ced-4 和 ced-9 基因在细胞凋亡中起决定作用;ced-3、ced-4 基因是线虫细胞凋亡启动或继续所必需的,两者缺一都不能激活细胞凋亡;ced-9 是抑制细胞凋亡的基因,与 ced-3、ced-4 基因作用完全相反,能防止细胞过度凋亡,ced-9 功能不良线虫往往在胚胎期即死亡。这 3 个基因的产物以线性的方式互相调节,其中 ced-4 可以结合 ced-3,并且导致 ced-3 活化。而 ced-9 位于 ced-3 及 ced-4 的上游,可以结合 ced-4 和 ced-3,并抑制 ced-3 活化。线虫细胞凋亡的调控机理的研究结果,对研究哺乳动物的分子调控具有重要的启发作用。

2. Caspase 家族与细胞凋亡

遗传学和分子生物学的综合研究表明,在哺乳动物胞质中裂解细胞结构分子的中心成分是 Caspase 蛋白酶。Caspase 是特异性的半胱氨酸蛋白水解酶,简称胱解酶。它们是一组存在于胞质中的半胱氨酸蛋白酶,其共同特点是特异性断开靶蛋白中天冬氨酸残基后面的肽键。到目前为止已发现哺乳动物 Caspase 家族共有 16 个成员(表 16-2)。其中 Caspase-1(ICE)与线虫中的 ced-3 在结构与功能上有很多相似之处。来自人的 T 淋巴细胞和人静脉内皮细胞中的 Caspase-3(CPP32)基因产物也与 ced-3 有关。

表 16-2 哺乳动物细胞中 Caspase 蛋白酶家族

名称(别名)	在细胞凋亡过程中的功能
Caspase-1(ICE)	IL-1 前体的切割;参与死亡受体介导的凋亡
Caspase-2(Nedd-2/ICH1)	起始 Caspase 或执行 Caspase
Caspase-3(apopain/CPP32/Yama)	执行 Caspase
Caspase-4(Tx/ICH2/ICErel-Ⅱ)	炎症因子前体的切割
Caspase-5(ICErel-Ⅲ/TY)	炎症因子前体的切割
Caspase-6(Mch2)	执行 Caspase
Caspase-7(ICE-LAP3/Mch3/CMH-1)	执行 Caspase
Caspase-8(FLICE/MACH/Mac5)	死亡受体途径的起始 Caspase
Caspase-9(ICE-LAP6/Mch6)	起始 Caspase
Caspase-10(Mch4/FLICE2)	死亡受体途径的起始 Caspase
Caspase-11(ICE3)	IL-前体的切割;死亡受体途径的起始 Caspase
Caspase-12	内质网凋亡途径的起始 Caspase
Caspase-16	未知
Caspase-16	未知
Caspase-16	未知

Caspase 在细胞内以酶原(pro-Caspase)的形式存在。这些酶原的结构很类似,都由肽链 C 端的催化区和 N 端区两部分组成。不同 Caspase 的 N 末端结构域变化较大。Caspase-8 和 Caspase-10 的 N 端区含死亡效应结构域(death effector domain,DED),含有 6 个疏水螺旋。Caspase-1、Caspase-2、Caspase-4、Caspase-5、Caspase-9、Caspase-16 含有 Caspase 募集结构域 (Caspase recruitment domain,CARD),不同 Caspase 的催化区很相像,都由一个大亚基(分子量为 20 kD)和一个小亚基(分子量为 10 kD)组成,大亚基和小亚基通过两个 Asp 残基的片段连接。当细胞发生凋亡时,该片段在其中一个 Asp 处被切断,形成由大亚基和小亚基组成的异二聚体,即为有活性的酶。Caspase 的活化有两种方式,即同源活化(homo-activation)和异

源活化（homer-activation）。这两种活化方式密切相关，一般来说后者是前者的结果。同源活化是酶源分子达到一定浓度时，就彼此切割或构象改变产生有活性的二聚体形式，发生同源活化的 Caspase 被称为启动或上游 Caspase，包括 Caspase-2、Caspase-8、Caspase-9 和 Caspase-10。上游 Caspase 活化后又可招募并切割家族中的其他成员，使其活化，此活化方式称为异源活化。以异源活化方式激活的 Caspase 称为执行或下游 Caspase，包括 Caspase-3、Caspase-6 和 Caspase-7。执行 Caspase 是启动 Caspase 的底物。这样上游 Caspase 激活下游 Caspase，引起蛋白质水解级联反应，使反应得以放大（图 16-15）。执行 Caspase 能降解许多胞内蛋白等特异性底物导致细胞解体，如 Caspase-3 或 Caspase-6 降解死亡底物核蛋白——聚腺苷二磷酸核糖聚合酶（PARP），产生分子质量为 85 kD 的片段，抑制 DNA 的修复，激活的核酸内切酶将核小体 DNA 裂解成为分子大小为 200 bp 整数倍的片段，使电泳图像呈阶梯状；裂解核纤层，使染色质失去附着点而浓缩；降解胞质肌动蛋白和其相关蛋白 α-fodrin，影响质膜和细胞骨架蛋白的结构和功能，使凋亡的细胞形成包膜的凋亡小体；使细胞凋亡抑制蛋白 Bcl-2 失活，促使细胞凋亡等。

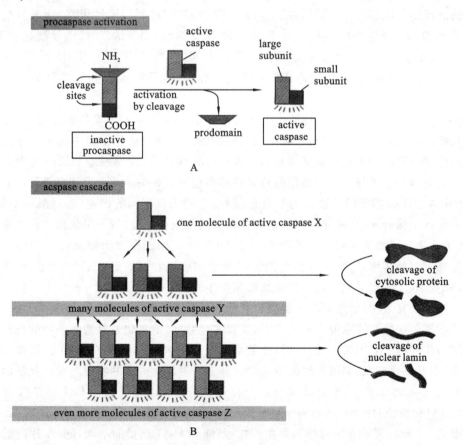

图 16-15　Caspase 酶原的激活（A）及其级联放大反应（B）

　　Caspase 酶原激活所需的蛋白酶称为适配体蛋白，其具有特殊的结构域，如 C 末端的死亡结构域（death domain，DD）、N 末端的死亡效应结构域（DED）及胱解酶募集结构域（CARD）。这些结构域都包含 6 个 α 螺旋。含有 DED 的适配体蛋白有 FADD 和 TRADD。含有 CARD 的适配体蛋白有 Apaf-1、受体作用蛋白 RIP 和 RIADD 等。通常，适配体蛋白分子的 N 末端含有死亡效应结构域（DED）或胱解酶募集结构域（FADD），可分别与 pro-Caspase 的 DED 和

CARD 相结合;C 末端含有死亡结构域与相关受体胞质内的死亡结构域相互作用。因此,适配体蛋白分子能将相应受体产生的死亡指令传递给瓦解细胞结构分子的 Caspase 蛋白酶家族。

3. 细胞凋亡的诱导因子与抑制因子

(1)细胞凋亡的诱导因子　细胞凋亡属于诱发行为,其诱因很多。诱导细胞凋亡的因子即致凋因子包括来自生物组织外部的信号和内部产生的自杀信号、生存信号,细胞只有接受胞内外信号的刺激才能启动凋亡。

①外部信号:能诱发细胞凋亡的化学药物、物理因素和生物因素。化学药物包括细胞生长抑制剂,如生长激素、抑制激素、促黄体激素释放素、秋水仙碱等。物理因素有 X 射线和 γ 射线、高温等。生物因素包括微生物抗原、病毒、毒素等。它们依不同类型的细胞及不同的发育阶段对细胞凋亡的诱导具有不同的效应。

②内部信号:包括肿瘤坏死因子(TNF-α)、白介素(IL-2、IL-6)、FasL、Apo2L 和 Apo3L等。TNF 的毒性很大,除了可诱导多种肿瘤细胞的凋亡外,还诱导炎症应答基因和胁迫应答基因的表达。Apo3L 的序列与 TNF 很接近,功能也类似,但毒性却较小。FasL 主要诱导外周血中的淋巴细胞通过凋亡而被清除。Apo2L 与 FasL 的序列同源性很高,处于静息期的外周血 T 淋巴细胞不受它影响。但是,一旦它们被 IL-2 激活,则 Apo2L 可诱导细胞发生凋亡。此外,细胞表面蛋白质也可能参与其调节。例如,FasL 以及 TNF 的作用,EGF/FNF 受体超家族成员之 Apo-L/Fas 抗原在受到其单克隆抗体作用时,可诱导产生 B 淋巴细胞瘤的细胞凋亡。

③其他因子:整合素(integrin)是一类细胞黏附分子,为跨膜异二聚体糖蛋白,它介导细胞与基质及细胞与细胞之间的黏附,在维持组织结构的完整性与信号传递中起重要作用。锚定依赖性细胞的黏附依赖于整合素受体与基质蛋白特异性结合,这类细胞如果脱落则会诱发细胞凋亡。因此整合素参与了相邻细胞因特异性存活信号的丧失而被激发的自杀程序。皮质激素、甲状腺素和肿瘤坏死因子被认为是自杀信号,它们来自不同的细胞,都可激活细胞凋亡。皮质激素是肾上腺分泌的,可导致哺乳动物胸腺淋巴细胞自杀性死亡;甲状腺素是由甲状腺分泌的,可诱发蝌蚪尾部细胞凋亡。神经营养因子(NTF)、睾酮或肾上腺素(ACTH)等对于动物的生存具有重要作用,这些生存信号消失可导致细胞凋亡。缺乏 NTF 可导致神经细胞发生凋亡,降低 ACTH 水平也可诱发相应的细胞发生凋亡。

近年来的研究表明,活性氧与细胞凋亡有密切关系,它可能是细胞凋亡的介质之一。正常细胞中活性氧的产生与清除处于平衡状态,换言之,活性氧的氧化及其清除系统的抗氧化处于平衡是细胞生存的重要因素。而一旦活性氧水平升高或抗氧化剂水平降低(氧化和抗氧化不平衡状态)引起氧化应激,则可导致细胞凋亡。许多引发氧化应激的物理因素和化学因素可诱导细胞凋亡。如电离辐射、紫外线可通过直接辐射分解水分子产生 · OH 而导致对细胞内 DNA、蛋白质和膜脂的损伤,从而诱导细胞凋亡。Forrest 等用 $0.5\sim10\ \mu mol/L$ 的 H_2O_2 处理鼠胸腺细胞 10 min,可诱导胸腺细胞发生凋亡,且随着 H_2O_2 剂量的增加,DNA 片段的百分比也增加。同样,抗氧化剂的减少也可以导致凋亡。有实验证明,SOD 缺乏的 T 淋巴细胞更易被 TNF、电离辐射及高温所损伤,一些能降低细胞内 GSH 含量的抗肿瘤药物使细胞对氧化应激诱导的凋亡更为敏感。

细胞内活性氧来源于线粒体氧化、微粒体细胞色素 P450 系统和质膜 NAD(P)H 氧化酶。线粒体活性氧对于细胞凋亡十分重要,因为细胞活化要求增加氧化磷酸化。在细胞凋亡时,电子传递链可能被阻断,导致 O_2 被电子直接还原,而这些电子在正常情况下应传向氧化磷酸化;

实验表明,活性氧介导的 DNA 损伤导致聚 ADP 核糖转移酶的活化和 P53 的积累,二者均与凋亡有关。聚 ADP 核糖转移酶的活化使 ADP 核糖聚合成聚 ADP 核糖导致了细胞内 NAD(P)H 的快速耗竭 ATP 储存崩溃,结果细胞凋亡。此外,氧化应激也可以导致细胞膜脂质过氧化。活性氧很容易与细胞膜上的各种不饱和脂肪酸及胆固醇反应,这种直接加到细胞上的氧化损伤能导致细胞凋亡。脂质过氧化物介导凋亡的机制尚不清楚。

氧化应激诱导凋亡的另一个机制,可能是由于刺激了某些死亡基因程序,这些基因可能与线虫发育过程中的 ced-3 和 ced-4 死亡基因相类似。细胞内的活性氧可能使氧化应激敏感的核转录因子如 NF-κB 活化,从而诱导凋亡。

氧化应激介导的细胞凋亡在免疫学上也有重要的意义,如 T 淋巴细胞活化和 AIDS 发病机理。有人提出细胞凋亡是 AIDS 中 T 淋巴细胞衰竭的原因,该原因至少部分涉及氧化应激。第一,AIDS 患者由于 GSH 合成有限,致使还原性巯基水平降低,严重地降低了活化 T 淋巴细胞抵抗氧化应激的能力;第二,这种感染 HIV 的 T 淋巴细胞表现出低水平的 SOD、过氧化氢酶,使它们对 H_2O_2、电离辐射和高温敏感。因此,这种感染 HIV 的 T 淋巴细胞将由于活性氧的激发而凋亡。总之,氧化应激与细胞凋亡的关系越来越为人们所重视,澄清氧化应激在细胞凋亡中的作用,能为 AIDS、自身免疫疾病和许多其他疾病提供新的治疗措施。

(2)细胞凋亡的抑制分子　迄今为止,已发现多种细胞凋亡抑制分子,包括 p35、CrmA、IPAs、FLIPs 和 Bcl-2 家族等。其中 p35 和 CrmA 是广谱凋亡抑制剂,是病毒基因编码的蛋白质。p35 来源于杆状病毒,CrmA 来自牛痘病毒。

p53 是在哺乳动物中发现的典型的抑癌基因,其产物主要存在于细胞核内。p53 在诱导细胞发生凋亡中起的作用同 ced-3、ced-4。p53 还能监测 DNA 分子的完整性,一旦发现某处有损伤或病变,它马上将细胞分裂进程停止,防止细胞以不完整或病变 DNA 为模板复制而产生新的然而有病的细胞。与此同时,它动员力量积极修复损伤 DNA,若难以修复时,它将诱导细胞进入凋亡,结果是清除了无用或有害的细胞,保卫了机体的安全。

p53 基因是人肿瘤有关基因中突变频率最高的基因。人类肿瘤有 50% 以上是由 p53 基因的缺失造成的,在肺癌和结肠癌等许多肿瘤中都发现了 p53 的缺失或突变。将 p53 基因重新导入已转化的细胞中,则可能产生两种不同的结果:①生长阻遏;②细胞凋亡。前者是可逆的,后者则不可逆。两种结果的导向取决于生理条件及细胞类型。在皮肤、胸腺及肠上皮细胞中,DNA 的损伤导致 p53 蛋白的积累并伴随着细胞凋亡,说明在这些细胞中,细胞凋亡是依赖于 p53 蛋白的。然而在另一些条件下,p53 蛋白并不是细胞凋亡的必要条件,例如,缺少 p53 基因的小鼠发育过程似乎很正常,但是长到 6 个月时,几乎无一例外地都产生了肿瘤。其胸腺细胞对糖皮质激素诱导凋亡的敏感性与正常细胞相同,但对辐射和药物产生了明显的抗性,说明糖皮质激素诱导的胸腺细胞的凋亡与 p53 蛋白无关。因此,并不是所有引起细胞凋亡的途径都要求 p53 的参与,但 c-myc 诱导的细胞凋亡需要 p53 的表达。

FLIP(FLICE-inhibitory protein)能抑制 Fas/TNFR1 介导的细胞凋亡。它有多种变异体,但 N 端功能区完全相同,C 端长短不一。FLIP 通过 DED 功能区与 FADD 和 Caspase-8、Caspase-10 结合,拮抗它们之间的相互作用,从而抑制 Caspase-8、Caspase-10 募集到死亡受体复合体和它们的起始化。

(3)吞噬细胞对凋亡细胞的识别作用　正在凋亡的细胞以及凋亡小体的最终结局是被邻近的吞噬细胞迅速识别和吞噬,进而被吞噬细胞内的溶酶体酶彻底消灭。这是机体保持正常生理功能的需要,否则凋亡细胞的内含物外泄,就会引起炎症反应和次级损伤。同时,如果凋亡淋巴细胞的核小体释放出来,还会刺激正常活细胞合成 DNA 免疫球蛋白,这可能是某些系统性红斑狼疮患者血中有核小体 DNA、抗核抗体以及有炎性自身抗体产生的原因。

那么,吞噬细胞究竟是如何识别凋亡细胞的?最近的研究结果提示,吞噬细胞上至少有三类受体,凋亡细胞上也有相应的死亡标记,介导二者的相互应答反应。由于凋亡细胞膜的剧烈变化,细胞表面糖蛋白失去唾液酸侧链,使原来处于隐蔽状态的单糖暴露出来,从而可与吞噬细胞表面的植物凝集素结合;凋亡细胞膜磷脂可能失去其对称性,磷脂酰丝氨酸暴露于细胞表面,从而可被吞噬细胞表面的受体识别;吞噬细胞吞噬凋亡细胞时分泌血小板凝集素(thrombospondin,TSP),它是许多细胞都可分泌的糖蛋白,能介导多种细胞之间和细胞与基质之间的相互作用。在吞噬细胞表面可能还有磷酸酯、蛋白多糖等细胞表面受体,其与凋亡细胞表面的相应成分结合,均可使吞噬细胞识别凋亡细胞,并将其吞噬。

16.2.6　细胞凋亡途径

细胞凋亡的途径主要有 Caspase 依赖性的由死亡受体起始的外源性途径和由线粒体起始的内源性途径,Caspase 非依赖性的细胞凋亡及内质网应激启动的凋亡途径。

1. Caspase 依赖性的细胞凋亡

(1)死亡受体起始的外源性途径　死亡受体介导的细胞凋亡起始于死亡配体与受体的结合。死亡配体主要是肿瘤坏死因子(TNF)家族成员。肿瘤坏死因子是一种具有多种生物学效应的细胞因子。最初发现存在于注射细菌脂多糖后的小鼠血清中,能够使肿瘤组织出血坏死,故此得名。TNF 主要由激活的单核-巨噬细胞分泌,诱导细胞凋亡和诱发炎症反应是其主要的生理效应。死亡配体的生物学功能是通过与细胞表面的受体结合来实现的。TNF-R1 和 Fas(Apo-1,CD95)是死亡受体家族的代表成员。它们的胞质均含有死亡结构域(death domain,DD),负责招募凋亡信号通路中的信号分子。在外源途径中,以 Fas 为例,配体与之结合后引起 Fas 的聚合,聚合的 Fas 通过胞质区的死亡结构域招募接头蛋白 FADD(Fas-associating death domain-containing protein)和 Caspase-8 酶原,形成死亡诱导信号复合物 DISC(death inducing signaling complex)。Caspase-8 酶原在复合物中通过自身切割而被激活,进而切割执行者 Caspase-3 酶原,产生有活性的 Caspase-3,导致细胞凋亡(图 16-16)。另一方面,活化的 Caspase-8 还通过切割 Bcl-2 家族成员 Bid 将凋亡信号传递到线粒体,引发凋亡的内源途径,使凋亡信号进一步扩大。通过以上途径,产生 Fas 配体的杀伤性 T 淋巴细胞可以诱导被病原体感染的靶细胞发生凋亡;而被损伤的细胞可以通过自己产生 Fas 配体和蛋白质,导致自身的凋亡。

(2)线粒体起始的内源性途径　在细胞凋亡的内源途径中,线粒体处于中心地位。当细胞受到内部(如 DNA 损伤)或外部(如紫外线、γ 射线、药物、一氧化氮、活性氧等)的凋亡信号刺激时,胞内线粒体的外膜通透性会发生改变,向细胞质基质中释放出凋亡相关因子,引发细胞凋亡。线粒体释放到细胞质基质中的凋亡因子有多种,其中最著名的是细胞色素 C。1996年,美国 Emory 大学王晓东博士领导的研究小组发现,在 HeLa 细胞提取物中加入 dATP 能够诱发 Caspase-3 被切割,以及外源细胞核 DNA 断裂等典型的凋亡特征。他们将 HeLa 细胞提取物经过柱层析后分为两种组分,流出组分和吸附组分,并发现这两种组分只有合并起来才能诱导凋亡。他们进而对吸附组分进行了分级纯化,最终发现相对分子质量为 16×10^3 的蛋白质是凋亡的必需因子。出乎大家的预料,序列测定的结果表明这一蛋白质是细胞色素 C。紧接着,他们从流出组分中分离克隆到了另外两个凋亡的必需因子:Apaf-1(apoptosis

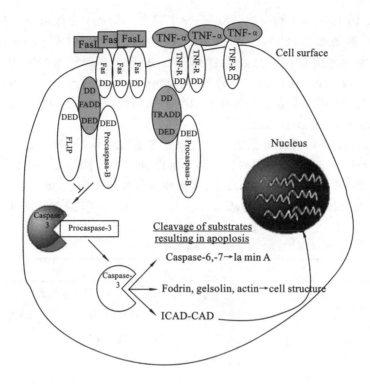

图 16-16　外源性细胞凋亡途径——死亡受体激活 Caspase

protease activating factor-1）和 Caspase-9，从而建立了细胞凋亡内源性途径的模型（图16-17）。细胞色素 C 是线粒体电子传递链的成员之一，在细胞的呼吸作用中担当电子传递的角色。细胞接受凋亡信号刺激，如发生不可修复的 DNA 损伤时，细胞色素 C 从线粒体中释放到细胞质

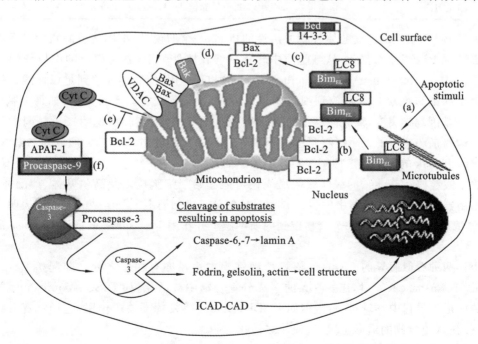

图 16-17　内源性细胞凋亡途径——线粒体释放细胞色素 C 激活下游 Caspase

中,与另一个凋亡因子 Apaf-1 结合,诱导细胞发生凋亡。Apaf-1 是线虫凋亡分子 ced-4 在哺乳动物细胞中的同源蛋白,相对分子质量为 160×10^3,N 端含有 Caspase 募集结构域(CARD)。它与细胞色素 C 结合后发生自身聚合,并进一步通过 CARD 招募细胞质中的 Caspase-9 酶原,形成一个很大的凋亡复合体(apoptosome),相对分子质量为 $(700 \sim 1600) \times 10^3$。Caspase-9 酶原在凋亡复合体中发生自身切割而活化,活化的 Caspase-9 再进一步激活 Caspase-3 和 Caspase-7 酶原,引起细胞凋亡。

在哺乳动物细胞中,线粒体外膜通透性的改变主要受到 Bcl-2(B-cell lymphoma gene-2)蛋白家族的调控(表 16-3)。Bcl-2 是线虫抗凋亡蛋白 ced-9 的同源物。Bcl-2 家族成员含有一个或者多个 BH(Bcl-2 homology)结构域,大多定位在线粒体外膜上,或受信号刺激后转移到线粒体外膜上。根据其功能可以分为两组:Bcl-2、Bcl-x、Bcl-w 等抑制细胞凋亡;Bax、Bak 等促进细胞凋亡。

表 16-3　Bcl-2 家族成员

基 因 产 物	功　　能
Bcl-2	凋亡抑制因子,可与 Bax 和 Bak 结合
Bcl-x	其 L 型抑制凋亡,S 型促进凋亡,可与 Bax 和 Bak 结合
Bcl-w	凋亡抑制因子
Bax	凋亡促进因子,可与 Bcl-2、Bcl-xl、EIB19K 结合
Bak	凋亡促进因子,亦可做抑制剂,可与 Bcl-2、Bcl-xl、EIB19K 结合
MCL-1	凋亡抑制因子
Bad	凋亡促进因子,可与 Bcl-2、Bcl-xl 结合
ced-9	线虫中的凋亡抑制因子,为 Bcl-2 的同源物
EIB19K	腺病毒凋亡抑制因子,与 Bax 和 Bak 结合

关于 Bcl-2 家族调控线粒体外膜通透性的机制,一个假说是,细胞接受凋亡信号后促凋亡因子 Bax 和 Bak 发生寡聚化,从细胞质中转移到线粒体外膜上,并与膜上的电压依赖性阴离子通道(voltage-dependent anion channel,VDAC)相互作用,使通道开放到足以使线粒体内的凋亡因子如细胞色素 C 等释放到细胞质基质中,引发细胞凋亡。实验证明,如果细胞中 Bax 和 Bak 的基因均被突变,细胞能够抵抗大多数凋亡诱导因素的刺激,说明二者是凋亡信号途径中关键的正调控因子。而抑制凋亡因子 Bcl-2 和 Bcl-x 能够与 Bax/Bak 形成异二聚体,通过抑制 Bax 和 Bak 的寡聚化来抑制线粒体膜通道的开启。

除了线粒体,Caspase 的级联激活反应还可能起始于细胞核以及高尔基体、溶酶体、内质网等细胞器。在这些细胞器中发生的凋亡起始的分子机制尚不十分清楚。有研究表明当细胞内 Ca^{2+} 浓度升高时,Caspase-7 会移位到内质网膜上并作用于 Caspase-9,激活 Caspase 的级联反应。

上述两种看似迥异的 Caspase 依赖性细胞凋亡途径亦有相似之处。即起始 Caspase 如 Caspase-8、Caspase-9 等,均在一些大的多成分复合物中被活化,如 DISC、apoptosome 等。在复合物的形成过程中,多种接头蛋白如 FADD、Apaf-1 等发挥了关键作用,它们负责引导起始 Caspase 进入复合物的适当位置,进而使之活化。

2. Caspase 非依赖性的细胞凋亡

研究表明在很多动物细胞中,当使用 Caspase 的抑制剂,或者将 Caspase 剔除之后,细胞仍然可以发生凋亡。因此研究者推测细胞内存在不依赖于 Caspase 的凋亡途径。相对 Caspase 依赖性的细胞凋亡，Caspase 非依赖性的细胞凋亡的机制还不完全清楚。已知线粒体在 Caspase 非依赖性的细胞凋亡过程中同样发挥了关键作用。除了细胞色素 C，线粒体能够向细胞质内释放多个凋亡相关因子，引发 Caspase 非依赖性的细胞凋亡（图 16-18）。

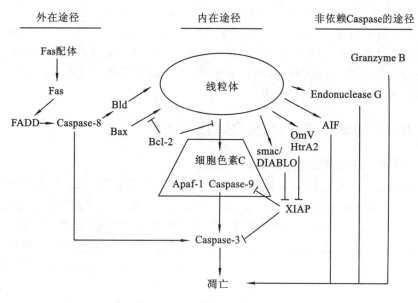

图 16-18　细胞凋亡途径示意图

凋亡诱导因子（apoptosis inducing factor，AIF）是 1999 年克隆的第一个能够诱导 Caspase 非依赖性细胞凋亡的因子。它位于线粒体外膜。在凋亡过程中，AIF 从线粒体转移到细胞质内，进而进入细胞核，引起核内 DNA 凝集并断裂形成 50 kb 大小的片段，而非细胞凋亡典型的为 200 bp 的片段。线粒体释放的另一个因子限制性内切核酸酶 G（endonuclease G，Endo G）也能引发 Caspase 非依赖性的细胞凋亡。Endo G 属于 Mg^{2+} 依赖性的核酸酶家族，定位于线粒体。在线粒体中，它的主要功能是负责线粒体 DNA 的修复和复制。受到凋亡信号的刺激后，Endo G 从线粒体中释放出来进入细胞核，对核 DNA 进行切割。在 Caspase 未被激活的情况下，产生典型的以核小体为单位的 DNA 片段。研究发现，线虫中 Endo G 的同源蛋白也具有促进凋亡的作用。

3. 内质网的凋亡信号途径

内质网功能的有效发挥，是保证细胞活动和生存的关键。当内质网处于被干扰的状态下，未能折叠的蛋白质将会在其区域聚集。内质网膜上的受体一旦探测到了施加于内质网的干扰，将会起始非折叠蛋白反应（UPR），以保证内质网的正常生理功能。如果这种干扰一直继续，而应急反应没有发挥作用，那么细胞就会启动凋亡程序。内质网的凋亡信号途径主要是通过内质网内释放的蛋白质分子与 Caspase 蛋白家族中的 Caspase-8 以及其他蛋白如 Bap31、IRE1 等组合成蛋白质复合物，作用于 Bcl-2 家族中的 Bid、Bim，进而作用于线粒体，进入线粒体通路的细胞凋亡信号途径。

4. 两种最新发现的凋亡形式

在诱导细胞凋亡或者细胞程序性死亡的诸多因素中，细胞间质是被研究最多的对象。而与细胞连接有关的细胞凋亡被称为失巢凋亡（anoikis），其中失巢的意思是指细胞间失去了黏着。而失巢凋亡的起始，通常都是从抗黏着的物质开始的。此通路中所涉及的关键酶有EGF、EGFR、ERK、JNKs等，其发挥作用最终也要通过 Bcl-2 蛋白家族和线粒体。

Asher 等人首次提出了副凋亡(para-apoptosis)的概念，其典型特征是由线粒体和内质网肿胀造成的胞质空泡化。最近，Sperandi 等人对一种非凋亡形式的程序性细胞死亡进行了深入研究，他们将其称为 paraptosis。与凋亡相比，副凋亡形式的程序性细胞死亡有着截然不同的形态学特点。当细胞发生副凋亡时，细胞体积变大，电子显微镜下观察可见细胞内出现大量由线粒体和内质网肿胀形成的胞质空泡。发生自噬性程序性细胞死亡的细胞在电镜下观察也可看到大量的胞质空泡，但这种空泡来源于溶酶体，与副凋亡中的空泡来源不同。但迄今为止，关于副凋亡的研究报道还不是很多。

16.2.7 植物细胞和酵母细胞的程序性死亡

1. 植物细胞的程序性死亡

植物细胞的程序性死亡研究开始较晚，分子机制还不甚清楚。最早的相关报道发表于1994 年，研究者在拟南芥的过敏反应中发现了细胞凋亡现象。之后逐渐有报道证明，程序性细胞死亡在植物中也广泛存在。与动物类似，在正常的植物发育进程，如导管的分化、通气组织的形成、糊粉层的退化、绒毡层细胞的死亡、胚胎发育过程中胚柄的退化、单性植物中花器官的程序性退化等过程，以及对环境胁迫的反应如缺氧、高盐等，和病原体入侵引发的过敏反应中，均存在细胞程序性死亡过程。其中典型的是木质部管状细胞(tracheary element，TE)的成熟过程。管状细胞是植物体负责运输及机械支持的厚壁组织细胞，成熟时都是死细胞。管状细胞的分化包括细胞伸长、细胞壁增厚、木质化和细胞自溶即程序性死亡过程。另一方面，植物细胞在受某些真菌或细菌感染后会发生主动、快速的死亡，同时触发体内的防御反应，从而限制了病原体的生长和扩散，这一现象称为过敏反应，也是典型的细胞程序性死亡过程。

与动物细胞凋亡相比，植物细胞程序性死亡的最大特征性差异在于，死亡细胞的残余物被细胞壁固定在原位，不是被周围细胞吞噬，而是被自身液泡中的水解酶消化。在形态方面，植物细胞的程序性死亡过程随诱发机制的不同而有所差异。在过敏反应中，可观察到染色质凝聚，DNA 降解为 50 kb 大小的片段，细胞质膜及液泡膜皱缩破裂，质壁分离，末期细胞内含物泄漏到质外体(apoplast)中；而在管状细胞分化的程序性死亡过程中，细胞壁增厚，随着液泡膜的破裂，核 DNA 被迅速降解，细胞内含物被水解消化，最后仅剩下细胞壁。

能够诱导植物细胞发生程序性死亡的因素有多种，主要包括活性氧和植物激素等。如水杨酸、一氧化氮能够协同促进植物细胞过敏反应中的细胞程序性死亡，以便有效限制入侵病原体的侵染范围。乙烯、赤霉素能够促进细胞程序性死亡，而细胞分裂素和脱落酸则能够抑制细胞程序性死亡。植物体内离子浓度平衡的破坏会导致过敏性的细胞程序性死亡，表现在离子通道蛋白的基因突变会改变植物细胞对过敏反应诱发凋亡的敏感性。

2. 酵母细胞的程序性死亡

酵母作为生物学研究的模式生物由来已久，在细胞有丝分裂、细胞衰老等基本生命活动的机制阐明过程中扮演了重要角色。之前人们一直认为酵母不发生程序性死亡，因为对于单细胞生物，细胞的"自杀"就等于个体生命的结束，对个体生存是无益的。直到 1997 年，研究者出乎意料地发现一种酵母突变株 cdc48 具有程序性死亡现象。研究表明，一些药物，如低浓度的双氧水或醋酸、较高浓度的盐或糖、植物抗真菌多肽等能够诱导酵母发生细胞程序性死亡。酵母程序性死亡的形态学特征与动物细胞凋亡类似：DNA 发生凝聚、边缘化和断裂，细胞色素 C

从线粒体释放等。不但如此,越来越多的研究表明酵母的细胞程序性死亡机制与动物细胞的凋亡机制有类似之处。在酵母中发现了 Caspase 的类似物 Ycal,Ycal 的缺失降低了酵母细胞对凋亡诱导因子的敏感性。在酵母细胞中还发现了哺乳动物中凋亡因子 HtrA2/Omi 的类似物 Nma(nuclear mediator of apoptosis)Ⅲ。NmaⅢ 通常定位于细胞质内,当酵母处于应激状态时,NmaⅢ 在核内聚集,引发凋亡。另外,研究发现酵母中还存在动物细胞凋亡抑制因子 XIAP 的同源分子 BIR。关于酵母程序性死亡的生理意义,有研究者认为单细胞生物的"主动自杀"能够清除适应不良的个体以及控制群体的数量,特别是在应激状态下能够将有限的营养供给具有最佳适应性的个体。

与动物细胞凋亡的研究相比,目前植物及酵母细胞的程序性死亡机制的研究尚处于初级阶段,还未发现类似动物细胞 Caspase 的关键性执行因子。研究者对拟南芥和酵母的全基因组进行检索,没有发现动物细胞 Caspase 的同源分子。由此推测在程序性死亡机制的演化过程中,植物和真菌细胞中的执行及调节因子与动物细胞发生了结构上的区别。另一方面,实验证明将动物细胞 Bcl-2 家族成员通过转基因的方法在植物细胞中表达后,会对植物细胞的程序性死亡产生效应。说明植物细胞与动物细胞存在结构不同而功能类似的调节因子。例如 Bax 的抑制因子 BI-1(baxinhibitor-1)是一组在演化过程中高度保守的基因,已发现在不同的真核生物物种包括动物、植物和真菌中均发挥抑制作用。

越来越多的实验证据表明,细胞程序性死亡机制在细胞生命的演化过程中具有共同的起源。而不同物种研究体系的建立,将有助于揭示各种程序性死亡途径之间的复杂关系。细胞凋亡是一个十分复杂、精密的过程。随着对凋亡机制进行更深入的研究及免疫学和分子生物学等技术的发展,对细胞凋亡的定性研究逐渐向定量研究推进。以上的研究方法具有各自的特点,也存在着局限性,所以在研究细胞凋亡时需要结合特异、灵敏,同时又能定量的多种检测手段进行检测,为所进行的研究提供更加准确、客观的依据,更好地为威胁人类健康的疾病的发生、发展、早期诊断和治疗等重大医学问题开辟更加有效的研究途径。

思考题

1.试述 Hayflick 界限提出的意义。随着科学的发展,人类能否在培养的细胞中突破这种界限?

2.动物细胞的死亡方式有哪几种? 其异同点是什么?

3.细胞凋亡对于多细胞生物有何生理意义?

4.导致细胞衰老的因素很多,除了文中所讲到的,你认为还应该考虑哪些因素?

5.简述细胞凋亡的检测方法,并说明其机理。针对不同时期的细胞凋亡应有不同的检测方法,为细胞早期和中晚期找到适合的检测方法。

6.何为 Caspase 家族? 在细胞凋亡过程中起何作用?

7.试述植物细胞凋亡和动物细胞凋亡的区别。

8.你认为导致细胞衰老的主要机制是哪一个? 为什么?

9.调控细胞衰老的因子有哪些? 它们是如何发挥作用的?

10.如果让你来研究细胞衰老,你会从哪方面着手? 简述你的理由及方案。

11.在生物的发育过程中,凋亡过程的紊乱可能与许多疾病的发生有直接或间接的关系,请举例说明。随着细胞衰老研究的深入,与细胞衰老的相关性疾病的治疗也逐渐明朗,癌症就是其中之一,试述细胞衰老所取得的进展,以及对于治疗癌症可借鉴的地方。

12.随着细胞凋亡和细胞衰老机制的研究深入,综合以上两方面提出你对于肿瘤治疗的新看法。

13.影响细胞凋亡的因素有很多,除了文中提到的你认为还有哪些?

拓展资源

生物技术网站:http://www.biotech.org.cn/

生物谷:http://www.bioon.com/biology/

小木虫学术论坛:http://emuch.net/

生物秀论坛:http://bbs.bbioo.com/

MIT OCW(麻省理工学院开放式课程):http://www.myoops.org/cocw/mi

参考文献

[1] 翟中和,王喜忠,丁明孝.细胞生物学[M].4版.北京:高等教育出版社,2011.

[2] 潘大仁.细胞生物学[M].北京:科学出版社,2007.

[3] 李瑶.细胞生物学[M].北京:化学工业出版社,2011.

[4] Takano S,Shiomoto S,Dorn GW. Molecular Mechanisms That Differentiate Apoptosis from Programmed Necrosis[J]. Toxicol Pathol,2006,41(2):227-234.

[5] Halicka HD,et al. DNA Damage Signaling Assessed in Individual Cells in Relation to the Cell Cycle Phase and Induction of Apoptosis[J]. Crit Rev Clin Lab Sci,2012,49(5-6):199-217.

[6] Leach AP. Apoptosis:Molecular Mechanism for Physiologic Cell Death[J]. Clin Lab Sci,1998,11(6):346-349.

[7] Salminen A,et al. Beclin 1 Interactome Controls the Crosstalk between Apoptosis,Autophagy and Inflammasome Activation:Impact on the Aging Process[J]. Ageing Res Rev. 2013,12(2):520-534.

[8] He K,et al. Dynamic Regulation of Genetic Pathways and Targets During Aging in Caenorhabditis Elegans[J]. Aging(Albany NY),2014,6(3):216-230.

[9] Roy N,et al. Damaged DNA Binding Protein 2 in Reactive Oxygen Species(ROS) Regulation and Premature Senescence[M]. Int J Mol Sci,2012;16(9):11012-11026.

[10] Hashemi M. The Study of Pentoxifylline Drug Effects on Renal Apoptosis and BCL-2 Gene Expression Changes Following Ischemic Reperfusion Injury in Rat[J]. Iran J Pharm Res,2014,16(1):181-189.

彩　图

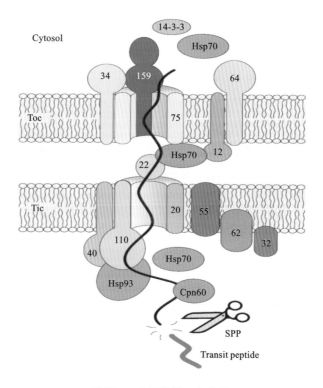

彩图 1　叶绿体转运复合体

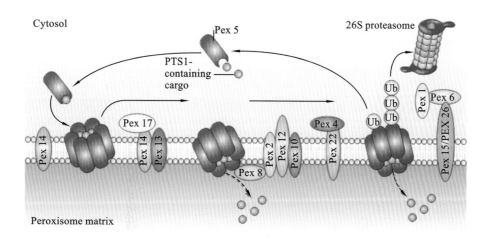

彩图 2　瞬时小孔运输模型

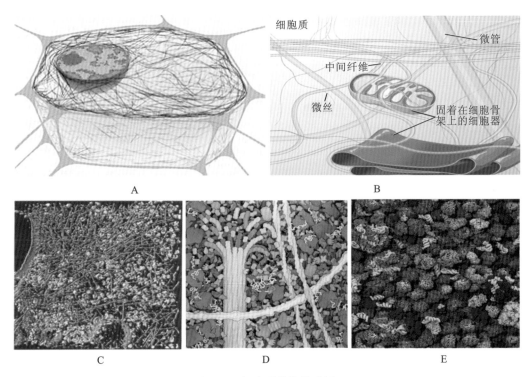

彩图 3　细胞质结构模式图

A、B. 植物细胞及细胞内结构模式图,细胞质中充满了各种多聚蛋白质纤维网络,细胞器和一些大分子物质以弱键的形式结合在细胞骨架上;C. 彩色处理的真核细胞原生质冰冻电镜图像,红色示细胞骨架,绿色示大分子复合物(核糖体),蓝色示质膜和内膜;D、E. 真核细胞 X 衍射结晶计算机模拟图;D. 细胞骨架动态的组装过程;E. 细胞质基质中拥挤的球形蛋白质

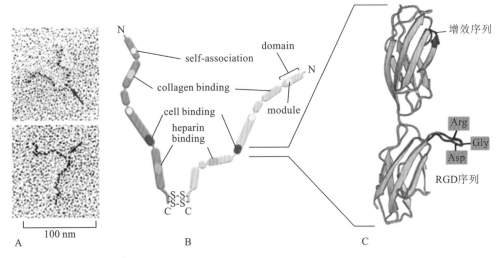

彩图 4　纤连蛋白结构示意图

A. 单个纤连蛋白二聚体的电镜照片(镀铂),红色箭头指示 C 端(由二硫键共价相连);B. 可能来自相同基因编码,但 mRNA 剪切不同的两条相似的多肽链,其 C 端由二硫键共价结合,每条链约由 2500 个氨基酸组成,并折叠成由灵活多肽片段相连的 5~6 个结构域,每个结构域具有特殊的细胞或分子结合位点(module);C. Ⅲ型纤连蛋白细胞结合位点的 X 衍射结晶图

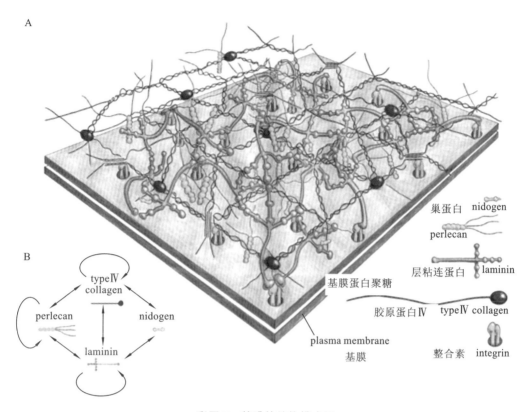

彩图 5　基膜的结构模式图

A. 由多种相互作用形成的基膜模式图;B. 在组成基膜的几种主要蛋白中,如箭头所示胶原蛋白Ⅳ、层粘连蛋白、基膜蛋白聚糖和巢蛋白之间可以相互直接组装,其中前三者均可自我组装

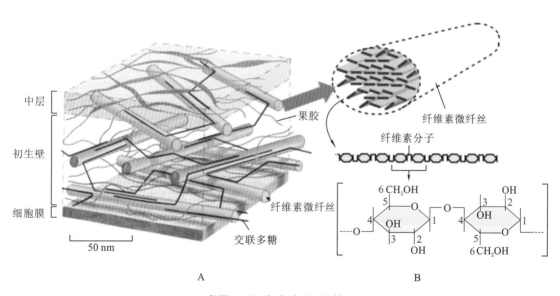

彩图 6　细胞壁(初生壁)模型

A. 由交联多糖(红色)与和纤维素(绿色)以氢键交联而成的细胞壁正交网络模型,其中交联多糖和纤维素形成的网络提供细胞以抗张强度(tensile strength),而果胶网络则提供细胞以抗压性(compression);B. 取一根纤维素微纤丝以示其分子组成,纤维素分子是由 β-1-4 糖苷键连接多个葡萄糖残基而成的无分支的多糖链

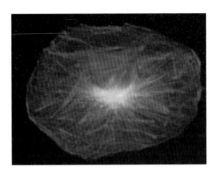

彩图 7 培养的上皮细胞中的应力纤维(微丝红色、微管绿色)

α-微管蛋白　　　　　　β-微管蛋白

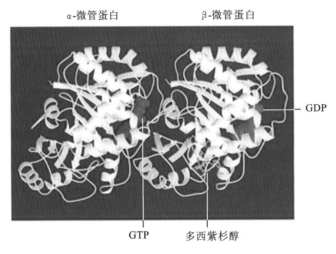

—— GDP

GTP　　　　多西紫杉醇

彩图 8 微管蛋白分子模型

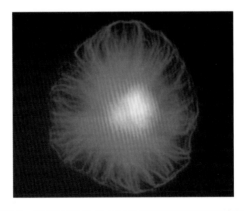

彩图 9 以细胞核为中心向外放射状排列的微管纤维

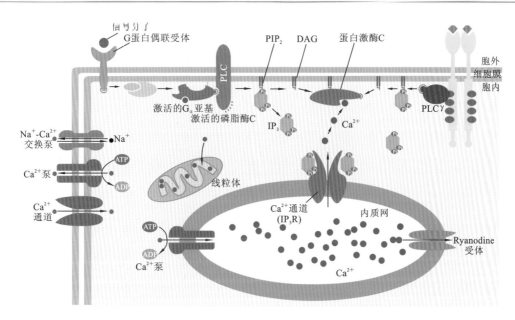

彩图 10 细胞内 IP3-Ca²⁺ 和 DAG-PKC 双信使信号系统与 Ca²⁺ 调控

内质网和线粒体是细胞内的钙库。在内质网膜上有两类 Ca²⁺ 通道：IP3 受体（IP3 门控 Ca²⁺ 通道）和 ryanodine 受体（RyR）。Ca²⁺ 通道开放，顺化学梯度增加胞浆 Ca²⁺ 浓度；细胞质膜、内质网膜上的 Ca²⁺ 泵则逆电化学梯度降低胞浆 Ca²⁺ 浓度。细胞质膜上 Na⁺-Ca²⁺ 交换泵在 Na⁺ 顺化学梯度进入细胞时，将 Ca²⁺ 泵至细胞外

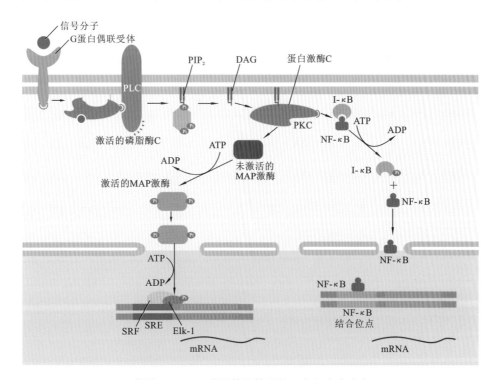

彩图 11 PKC 激活基因转录的两条细胞内途径

一条途径是 PKC 激活一系列磷酸化级联反应，导致 MAP 激酶的磷酸化并使之活化，MAP 激酶磷酸化并活化基因调控蛋白 Elk-1。Elk-1 与另一种 DNA 结合蛋白——血清应答因子（SRF）共同结合在短的 DNA 调控序列（血清应答元件，SRE）上。Elk-1 的磷酸化和活化即可调节基因转录。另一途径是 PKC 的活化导致 I-κB 磷酸化，使基因调控蛋白 NF-κB 与 I-κB 解离进入细胞核，与相应的基因调控序列结合激活蛋白质基因。MAP 激酶：促分裂原活化的蛋白激酶（MAPK）

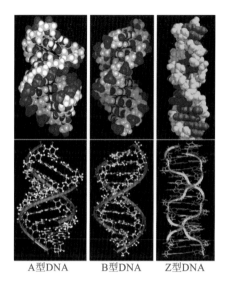

A型DNA　　B型DNA　　Z型DNA

彩图 12　3 种不同构型的 DNA

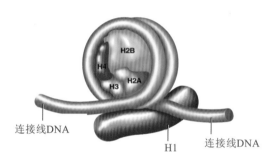

连接线DNA　　　　　　　H1　　连接线DNA

彩图 13　核小体结构示意图

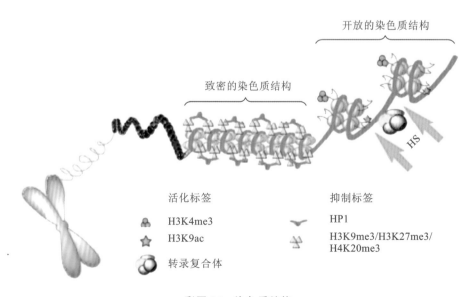

彩图 14　染色质结构

HS 为核酸酶超敏感位点,是开放染色质的重要特征

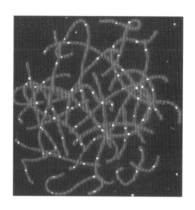

彩图 15 黄色荧光显示重组节

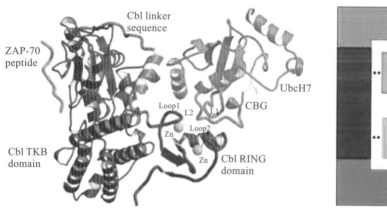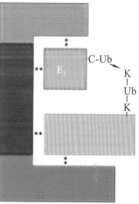

彩图 16 RING 型 E3 结构模式图

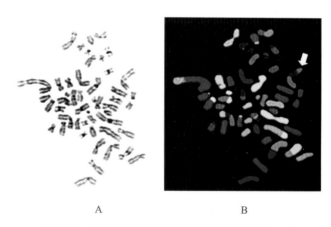

A   B

彩图 17 显示结构和数目异常的乳腺癌细胞染色体

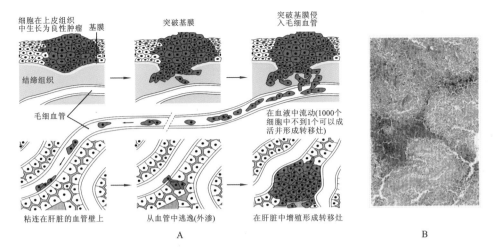

彩图 18　肿瘤的形成与迁移

A.肿瘤迁移过程示意图；B.红色区域为肝癌细胞转移灶

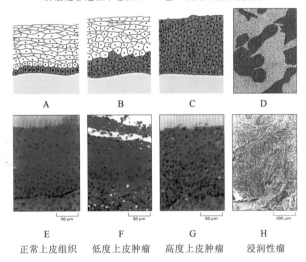

正常上皮组织　　低度上皮肿瘤　　高度上皮肿瘤　　浸润性瘤

彩图 19　子宫颈上皮癌发育过程的几个阶段

　　A～D.示意图；E～H.相对于这些改变的子宫颈上皮切面图；A、E. 在正常复层扁平上皮中，分裂细胞局限于基底层；B、F. 在低度恶性上皮内瘤形成中，分裂细胞可在上皮组织下 1/3 所以各处发现，表面细胞仍是扁平的并显示分化的迹象，但不完全；C、G. 在高度恶性上皮内瘤形成中，所以上皮细胞层中的细胞正在增殖，且不显示分化迹象；D、H. 当细胞穿过或破坏基底层并侵入下面的结缔组织时，真正的恶性肿瘤才开始

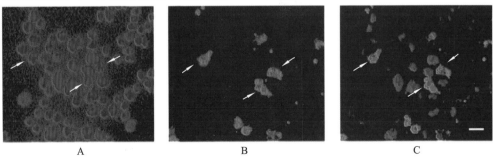

彩图 20　荧光免疫细胞化学双标法检测核染色质凋亡的形态学变化与活化的 Caspase-3 蛋白酶的表达

A. Hoechst33342 染色；B. Caspase-3；C. Combined